中国国家标准汇编

515

GB 27888～27911

（2011年制定）

中国标准出版社　编

中国标准出版社

北　京

图书在版编目(CIP)数据

中国国家标准汇编:2011年制定.515:GB 27888～27911/中国标准出版社编.—北京:中国标准出版社,2012

ISBN 978-7-5066-6960-3

Ⅰ.①中…　Ⅱ.①中…　Ⅲ.①国家标准-汇编-中国-2011　Ⅳ.①T-652.1

中国版本图书馆CIP数据核字(2012)第197835号

中国标准出版社出版发行
北京市朝阳区和平里西街甲2号(100013)
北京市西城区三里河北街16号(100045)

网址 www.spc.net.cn
总编室:(010)64275323　发行中心:(010)51780235
读者服务部:(010)68523946

中国标准出版社秦皇岛印刷厂印刷
各地新华书店经销

*

开本 880×1230 1/16　印张 39　字数 1 064 千字
2012年9月第一版　2012年9月第一次印刷

*

定价 220.00 元

出 版 说 明

1.《中国国家标准汇编》是一部大型综合性国家标准全集。自1983年起，按国家标准顺序号以精装本、平装本两种装帧形式陆续分册汇编出版。它在一定程度上反映了我国建国以来标准化事业发展的基本情况和主要成就，是各级标准化管理机构，工矿企事业单位，农林牧副渔系统，科研、设计、教学等部门必不可少的工具书。

2.《中国国家标准汇编》收入我国每年正式发布的全部国家标准，分为"制定"卷和"修订"卷两种编辑版本。

"制定"卷收入上一年度我国发布的、新制定的国家标准，顺延前年度标准编号分成若干分册，封面和书脊上注明"20××年制定"字样及分册号，分册号一直连续。各分册中的标准是按照标准编号顺序连续排列的，如有标准顺序号缺号的，除特殊情况注明外，暂为空号。

"修订"卷收入上一年度我国发布的、被修订的国家标准，视篇幅分设若干分册，但与"制定"卷分册号无关联，仅在封面和书脊上注明"20××年修订-1,-2,-3,……"字样。"修订"卷各分册中的标准，仍按标准编号顺序排列(但不连续)；如有遗漏的，均在当年最后一分册中补齐。需提请读者注意的是，个别非顺延前年度标准编号的新制定的国家标准没有收入在"制定"卷中，而是收入在"修订"卷中。

读者配套购买《中国国家标准汇编》"制定"卷和"修订"卷则可收齐由我社出版的上一年度我国制定和修订的全部国家标准。

3. 由于读者需求的变化，自1996年起，《中国国家标准汇编》仅出版精装本。

4. 2011年我国制修订国家标准共1 989项。本分册为"2011年制定"卷第515分册，收入国家标准GB 27888～27911的最新版本。

中国标准出版社

2012年8月

出版说明

目　　录

ICS 47.020.30
U 50

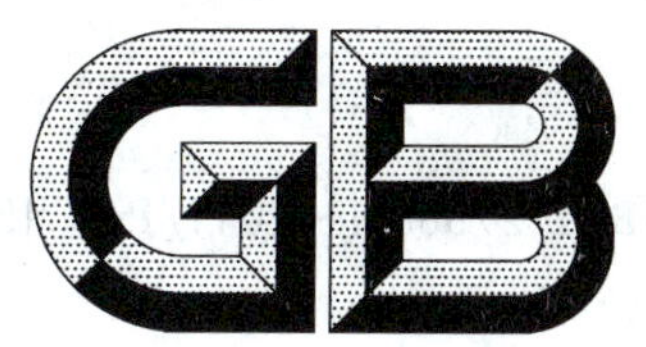

中华人民共和国国家标准

GB/T 27888.1—2011/ISO 15749-1:2004

船舶与海上技术 船舶与海上结构物的排水系统 第1部分:卫生水排放系统设计

Ships and marine technology—Drainage systems on ships and marine structures—Part 1:Sanitary drainage-system design

(ISO 15749-1:2004,IDT)

2011-12-30 发布　　2012-06-01 实施

中华人民共和国国家质量监督检验检疫总局
中国国家标准化管理委员会　发布

前　言

GB/T 27888《船舶与海上技术　船舶与海上结构物的排水系统》分为5个部分：

——第1部分：卫生水排放系统设计；

——第2部分：重力系统的卫生水排放及排水管道；

——第3部分：真空系统的卫生水排放及排放管道；

——第4部分：卫生水排放和污水处理管；

——第5部分：甲板、货舱和泳池的排水。

本部分为GB/T 27888的第1部分。

本部分按照GB/T 1.1—2009给出的规则起草。

本部分使用翻译法等同采用ISO 15749-1:2004《船舶与海上技术　船舶与海上结构物的排水系统　第1部分：卫生水排放系统设计》。

与本部分规范性引用文件中的国际文件有一致性对应关系的我国文件如下：

——GB/T 27888.2　船舶与海上技术　船舶与海上结构物的排水系统　第2部分：重力系统的卫生水排放及排水管道(ISO 15749-2:2004,MOD)；

——GB/T 27888.3　船舶与海上技术　船舶与海上结构物的排水系统　第3部分：真空系统的卫生水排放及排放管道(ISO 15749-3:2004,IDT)；

——GB/T 27888.4　船舶与海上技术　船舶与海上结构物的排水系统　第4部分：卫生水排放和污水处理管(ISO 15749-4:2004,IDT)；

——GB/T 27888.5　船舶与海上技术　船舶与海上结构物的排水系统　第5部分：甲板、货舱和泳池的排水(ISO 15749-5:2004,IDT)。

本部分由中国船舶工业集团公司提出。

本部分由全国船用机械标准化技术委员会管系附件分技术委员会(SAC/TC 137/SC 3)归口。

本部分起草单位：中国船舶工业综合技术经济研究院、无锡金羊管件有限公司、中船澄西船舶修造有限公司。

本部分主要起草人：张美玲、王俊、老铁佳、罗发元、王锡铭、袁雪峰、王亚庆。

船舶与海上技术 船舶与海上结构物的排水系统 第1部分:卫生水排放系统设计

1 范围

GB/T 27888的本部分,连同ISO 15749-2～15749-5适用于船舶与海上结构物的居住区域和粮库区域的废水排放系统(卫生水排放系统)的规划和设计。

风雨甲板、货舱和泳池的排水见ISO 15749-5。

GB/T 27888(所有部分)给出了有关卫生要求和海上环境保护的基本规则和最低要求。

本部分不适用于能产生可燃气/氧混合物的油类和化学污染废水管路系统。

2 规范性引用文件

下列文件对于本文件的应用是必不可少的。凡是注日期的引用文件,仅注日期的版本适用于本文件。凡是不注日期的引用文件,其最新版本(包括所有的修改单)适用于本文件。

ISO 727-1 承压的管件用未增塑的聚氯乙烯(PVC-U)、氯化聚氯乙烯或丙烯腈(PVC-C)、丁二烯或苯乙烯(ABS)制的带普通管套的管配件 第1部分:米制系列[Fittings made from unplasticized poly (vinyl chloride) (PVC-U), chlorinated poly (vinyl chloride) (PVC-C) or acrylonitrile/butadiene/styrene (ABS) with plain sockets for pipes under pressure—Part 1:Metric series]

ISO 1461 钢铁装配件热浸镀锌层 技术要求和试验方法(Hot dip galvanized coatings on fabricated iron and steel articles—Specifications and test methods)

ISO 15749-2 船舶与海上技术 船舶与海上结构物的排水系统 第2部分:重力系统的卫生水排放及排放管道(Ships and marine technology—Drainage systems on ships and marine structures—Part 2: Sanitary drainage, drain piping for gravity systems)

ISO 15749-3 船舶与海上技术 船舶与海上结构物的排水系统 第3部分:真空系统的卫生水排放及排放管道(Ships and marine technology—Drainage systems on ships and marine structures—Part 3: Sanitary drainage, drain piping for vacuum systems)

ISO 15749-4 船舶与海上技术 船舶与海上结构物的排水系统 第4部分:卫生水排放和污水处理管(Ships and marine technology—Drainage systems on ships and marine structures—Part 4: Sanitary drainage, sewage disposal pipes)

ISO 15749-5 船舶与海上技术 船舶与海上结构物的排水系统 第5部分:甲板、货舱和泳池的排水(Ships and marine technology—Drainage systems on ships and marine structures—Part 5: Drainage of decks, cargo spaces and swimming pools)

关于污水处理设备性能试验国际排放的推荐标准和指南 IMO MEPC.2(Ⅵ) 1977年1月[1] IMO [IMO Publication MEPC.2 (Ⅵ) Recommendation on international effluent standards and guidelines for performance tests for sewage treatment plants, January 1977]

船舶污水系统操作、检查和维护导则 IMO MSC/Circ.648及附则 IMO

1) 国际海事组织出版,伦敦。可在国际海事组织秘书处出版社获得(英国伦敦W1V,皮卡迪利101-104)。

(IMO Publication MSC/Circ 648 Annex guidelines for the operation,inspection and maintenance of ship sewage systems)

船用塑料管应用指南 IMO A.753(18) IMO

[IMO Publication A.753(18) Guidelines for the application of plastic pipes on ships]

3 术语和定义

下列术语和定义适用于本文件。

3.1

废水 wastewater

因使用而发生变化的非流动水,如污水(污染水)、到达排水管后的雨水、海水和冷凝水。

注1:此类废水中的灰水和污水有所区别。

注2:根据废水出处将其分类,见第4章的表1。

3.2

灰水 grey water

待处理的废水,不包括污水。

3.3

污水 sewage

来自马桶、小便池和浴盆及附属物,医疗区域(药房、医院等)及医疗区域洗手池、浴缸及排放管,装有活体动物处所的废水及与上述污染水混合的其他类型的废水。

注:污水的定义按 MARPOL 73/78(Ⅳ)。

3.4

卫生水排放系统管路 pipes in sanitary drainage systems

3.4.1

排放管 drain line

卫生水排放系统中,从排放处到集污柜或污水处理设备的所有含有废水的管路(重力系统或真空系统)。

3.4.1.1

连接管 connecting line

(重力系统)两端分别连接排放装置和气密装置的短管。

3.4.1.2

连接管 connecting line

(真空系统)两端分别连接排放装置和真空控制阀的短管。

3.4.1.3

支管 branch line

3.4.1.3.1

独立支管 single branch

(重力系统)排放管的一部分,连接气密装置与收集管。

3.4.1.3.2

独立支管 single branch

(真空系统)排放管的一部分,连接带整体式真空装置的污水装置和真空控制阀与收集管。

3.4.1.3.3

收集管 collecting branch

收集多个独立支管的废水,引向重力输送管或集管的管道。

3.4.1.3.4

立管　riser branch

垂直向上的独立支管或收集管。

注：仅适用于真空系统。

3.4.1.4

重力输送管　gravity delivery line

贯通一层或多层甲板的垂向管路，供水给集管。

注：仅适用于重力系统。

3.4.1.5

集管　manifold

汇集重力输送管和各支管废水的管路。

3.4.1.6

总排水管　main sewer

集合多个集管的废水至污水处理设备或集污柜的管路。

注：真空系统的总排水管也可作为一个阀组。

3.4.1.7

阀组　valve manifold

一段两端封闭的短管，带有各排放管路用连接接头（如集管），包括管路与真空发生器的接头、管路与压力表和压力控制开关的接头、冲洗装置的接头。

注：仅适用于真空系统。

3.4.2

通风管　vent line

供卫生水排放系统通风、无废水通过的管路。

3.4.3

污水排放管　sewage disposal pipe

卫生水排放系统中将通过污水处理设备或集污柜的废水输送至排放口的压力管。

3.5

漏水口　drain

集中废水并泄入排放系统的开口。

示例：甲板排水口、盥洗池、浴缸、淋浴盆、马桶和小便池内的排水口。

注：船舶建造中使用术语“开式进水口”或“开口”。

3.6

污水处理装置　sewage treatment plant

对污水进行净化和消毒的设备。

3.7

集污柜　collector tank

暂时存放未经处理的废水的容器。

3.8

中继柜　intermediate tank

接收排水管废水，并通过压力管引入集污柜或污水处理装置的容器。

3.9

混合缓冲水箱　mixing and equalization tank

位于废水处理设备前，用于混合并平衡来自排放管路的废水，确保供给污水处理装置的废水无液压或污染冲击。

3.10

贮存柜　holding tank

所在航区不允许各船外排放时,用于暂时存放经处理装置处理的废水的容器。

3.11

污泥贮存柜　sludge storage tank

存放经污水处理装置处理的残渣,随后排至舷外或岸上的容器。

3.12

真空发生器　vacuum generation plant

产生废水从漏水口开始在管路中输送所需真空度的装置。

3.13

排放口　disposal point

污水处理管路废水排出舷外的一端,一般指外板上废水排出口或经外部处理设备处理后的排出口。

3.14

关闭装置　closing device

防止从舷外进水的管路附件。

3.15

设备利用率　availability of the plant

工作时间占工作时间和维修时间之和的比例。

3.16

维修期　breakdown period

装置因修理和维护而不能使用的时间。

4　规划

4.1　总则

排放系统的设计和安装应符合 GB/T 27888 的本部分的要求。为提高设备利用率,每条管路连接的卫生设备数量应有所限制。每条排放管连接的支管数量不应超过 ISO 15749-3 的规定。

4.2　分类

废水根据出处分类,见表 1。

表 1　废水分类

废水源		废水类型
卫生水排放系统		
厕所设施	浴盆、马桶、小便池	污水
	漏水口的排出物	污水或灰水
医务室	所有排放装置(包括洗涤、洗澡装置,漏水口及排水装置)	污水
盥洗室	浴缸、淋浴、洗手池、洗涤台、漏水口[a]	灰水或污水
厨房餐室	水池、洗涤槽、排水孔、室内设施	灰水
其他处所	中央空调(若凝结水排放到甲板)、洗衣房、过道、食物冷藏室、游泳池、漩涡浴池	灰水

[a] 马桶或小便池旁漏水口排出的废水定义为污水(见 3.3)。

4.3 废水量

设计装置时,废水的最低排放量应符合表2的要求。

表2 废水最低排放量

单位为升

船型	每人每天废水最低排放量			
	非真空装置		真空装置	
	污水	黑水和灰水	污水	黑水和灰水
客船	70	230	25	185
海船(非客船)	70	180	25	185
注:上述值为推荐值,与国家法规或船级社规定的不同之处应予考虑。				

沿岸航行的船舶,经与主管机关协商,其废水量可低于上述标准。

4.4 废水性质

排放系统应仅排放3.1规定的废水。

如有必要,应采取措施防止3.1规定之外的其他废水通过排放系统,其他类型废物的粉碎装置不应连接到废水管上。

5 卫生和环境要求

5.1 降低噪声和气味

5.1.1 噪声

装置的设计和安装应使产生的噪声尽可能小,并不传播噪声。如有必要应采取隔声措施,保证舱室内噪声不超过限值。

5.1.2 气味

装置的设计和安装应不产生难闻的气味,必要时安装通风装置。

5.2 卫生要求

5.2.1 单独管路

为满足卫生要求,灰水和污水应分开排放,不同类型的废水应使用各自的排放管。

5.2.2 排入集污柜

若将废水排入集污柜,则灰水和污水排放管可以在最接近集污柜之前汇集于一个共同的排放管,即主排水管。

卫生水排放系统使用共同的集污柜存放灰水和污水,则灰水管在靠近集污柜处应设水压密封。在这种情况下,为确保卫生设备可靠操作,宜安装通风管。

5.2.3 排入污水处理装置

将废水排入污水处理装置应满足生产商的要求。

在污水处理装置前宜安装混合缓冲水箱，确保进水无冲击。

6 排放系统的结构

6.1 概述

废水从漏水口开始，经排放管路进行输送。

排放管路将废水排入集污柜或污水处理装置。

连接排放管的旁通管路，按 ISO 15749-4 的规定，直接将废水输送至壳板排放口。

集污柜或污水处理装置排出的废水，经污水排放管输送至排放口。

注：特定情况下，污水处理装置净化后的废水先排入贮存柜再向舷外排放，或排入外部处理设备，或通过压载水系统排放。

6.2 主要系统元件

排放系统包括以下元件：

——排放管；

——通风管(用于排放管、集污柜、污水处理装置)；

——中继柜(必要时采用)；

——真空发生装置(用于真空系统排水管)；

——集污柜；

——混合缓冲水箱；

——污泥贮存柜；

——舷外排水或淤泥用泵、连接外部处理设备用泵、污水处理装置用泵；

——污水排放管路和贮存柜(如使用)。

6.3 耐腐蚀

管子、模制件和附件及其他系统构件应耐腐蚀性废水及其成分的腐蚀。

7 排放管

7.1 要求

7.1.1 材料

根据安装位置，并考虑到船级社规范，管子和附件应采用以下材质：

——钢(也含扩口钢管)；

——球铁和可锻铸铁；

——不锈钢(也含扩口管)；

——铜镍合金(也含扩口管)；

——未增塑的聚氯乙烯 PVC-U。

塑料管应按 IMO 决议 A.753(18)进行认可，仅其低播焰和发烟特性由船级社自行规定。

7.1.2 耐热性

排放管的管子模制件和附件应能承受表 3 给出的工作温度。

表 3 工作温度

按 7.1.1 规定的管子类型	最高持续工作温度/℃
钢管	100
扩口钢管	60
扩口不锈钢管	100
扩口铜镍合金管 CuNi10Fe1.6Mn	
铜镍合金管 CuNi10Fe1.6Mn	
聚氯乙烯管 PVC-U	60

7.1.3 流通性

管路、模制件和附件内侧表面应光滑，接头上无阻止废水流动或产生淤积的突起或凹陷。

7.1.4 表面防护

钢管宜予以表面防护，如镀锌或表面涂层。镀锌应采用符合 ISO 1461 的热浸镀锌。

未经表面防护处理的钢管在安装后，外表面应涂防腐蚀化合物。

7.2 管路布置

7.2.1 总则

热的区域不应铺设排水管路。

管路布置应便于接近维修和维护，如过道区，应不拆卸系统构件即可进行维修。

清洁开口数目和位置的选择应便于使用清理工具。废水管应布置在其服务的舱室。穿过水密舱壁、甲板和其他水密结构的通舱管件数量应降至最低。

7.2.2 医疗区域

7.2.2.1 医务室排放管应经过消毒设备，一旦发生污染，消毒设备应予启动，在引入总排水管的管路中布置得最低。

7.2.2.2 排放管不准许穿过手术室、消毒室和隔离病房。

7.2.2.3 排放管应避免经过医用区，若无法避免，应布置在衬垫后面，并应无接头封闭于一个套箱内，本条要求不包括 7.2.2.2 的医疗处所。

7.2.2.4 医用区包括：药房、病房、隔离病房、卫生舱、手术室、消毒室、药剂室、牙科、口腔外科、妇产科、射线科、实验室等。

7.2.3 居住舱室和公共舱室

7.2.3.1 排放管应避免通过居住舱室和公共舱室。若与客户达成协议，在技术可行情况下，允许采用声音隔离等手段后穿过这些舱室。

7.2.3.2 若管道布置在天花板上方或墙板内，则应设置门或可拆板用于对管路接头和阀进行检测。

7.2.4 配膳室

7.2.4.1 厨房和肉类准备间引出的排放管应通过撇油器。这些管路引入撇油器，应并入一根公共管路,并与其他废水管分开布置。

注:当上述舱室的废水直接舷外排放或污水处理装置无法确保净化时,安装撇油器。

7.2.4.2 食物冷藏室排放管直接引入集污柜或污水处理装置。

注:食物冷藏室内的冷凝水可通过单独的排放管排入舱底排水系统排放。

7.2.4.3 废水管路不应通过食品加工间、粮食贮舱室、鱼类加工间和鱼舱。

7.2.5 货物冷藏室

排放管不应通过冷藏室。

一般规定,冷藏室上方不应布置卫生处所。

7.2.6 储藏室

为避免机械损伤,储藏室内管路应予固定。

7.2.7 液舱

排放管路不应通过饮用水、淡水、进给水、燃油或润滑油舱。如果由于设计原因无法避免,应得到船级社批准。

7.2.8 电气设备舱室

废水管路不应通过无线电通信室、罗经室和蓄电池室。在技术可行情况下,若与客户达成协议,可以通过,但仅限于焊接连接管。

7.2.9 通舱管件

穿过水密舱壁、甲板和其他气密、水密结构的通舱管件以及附件的安装应使用一个能提供完整的结构密封和保证管路可靠连接的接头。

水密结构不允许采用贯穿螺栓。

耐火舱壁或甲板贯穿件应符合船级社的规定。

7.2.10 食品舱室的管路

7.2.10.1 一般要求

一般情况下,食品舱室不准许安装污水管和废水管,如果无法避免,应符合附加要求。例如:防护管路的布置需符合7.2.10.2~7.2.10.5的规定。

7.2.10.2 管接头

管接头应为不可拆型,应符合下述要求:

a) 钢管:焊接接头;

b) 套接管和插接管:焊接套管或套筒接头;

c) 聚氯乙烯管:粘接套筒接头。

7.2.10.3 排放接头(甲板漏水口)

用外螺纹连接排放管与漏水口的附件,应符合以下要求:

a) 钢管:使用不老化密封胶的螺纹接头或焊接接头;

b) 套接管和插接管:使用内螺纹的连接套筒,对于直式套筒接头的漏水口,接头应符合7.2.10.2b)的要求;

c) 聚氯乙烯管:使用不老化密封胶的螺纹接头。

7.2.10.4 水平管

各种类型的高架水平管应在管隧中铺设，应保证自管隧向各舱室外部的有效排放。

管隧内侧难以接近之处，应避免采用套接式和插接式接头。

7.2.10.5 立管

套接式和插接式接头管或聚氯乙烯管的立管布置应防止机械损害。

7.2.11 居住舱室管

生活区和食堂区的高架水平管的接头应符合7.2.10.2和7.2.10.3的规定。

7.2.12 管支架

管支架分为固定式和可拆式。

确定支架形式和布置时，应充分注意到保证实际上弯管吸收管路纵向膨胀的能力。

采用适当方法补偿由船体弹性变形引起的排水管长度延伸（如：足够大的弯管）。

聚氯乙烯管的支架应满足下述要求：

——贯穿甲板的立管应在半甲板高度处支持；

——管路方向改变的立管应在各个转折处支持。

表4数值拟作为指导，应规定精确的支架间距，以保证支架能焊接到支架座上（如：刚架或桁架）。

表4 管路支架间距

公称通径 DN	32	40	50	65	80	100	125	150
最大间距/m	2				3			

7.2.13 补充规定

7.2.13.1 概述

下述规定适用于客船和其他需提供浮性证明的船型。

7.2.13.2 舱壁甲板上方的卫生设备及其各自排放管的布置应保证一旦管路破损且船舶临时倾斜时，整个舱室不被浸没。

7.2.13.3 舱壁甲板下方带有开式进口的排放管应连接至中继柜。中继柜对每个水密舱柜都非常重要。

中继柜底部与基线间距至少应不小于460 mm。

真空系统排水管路应设计为立管并布置在舱壁甲板上方。

7.2.13.4 从不同水密舱室到中继柜、集污柜或污水处理装置的排放管，应在水密舱壁处安装关闭装置以隔离舱室。

应能在舱室甲板上方可达处关闭这些设备，关闭装置应具有指示“关闭”位置的标志。

7.2.13.5 舱壁甲板下方的带有开式进口的排放管在通过其他水密舱室时应为封闭管路。这些排放管应安装在上述水密舱室破损区域以外。

如果排放管与船壳板的间距大于分舱载重线上平行于外板0.2B[2]处的垂向长度，上述要求应予以满足。

2） B表示船舶分舱载重线上的最大船宽。

布置在双层底的管路至少应距离基线不小于460 mm。

7.3 设计

7.3.1 适用的管接头和模制件

7.3.1.1 钢管

——平法兰；
——法兰；
——可锻铸铁附件；
——焊接套筒接头；
——柔性接头；
——其他适用柔性接头，如安装件和管路间的橡皮套筒；
——垫密式机械接头；
——已证实性能合格的其他连接方法。

7.3.1.2 套接管和插接管

可使用管接头、模制件和其他适用柔性接头，如安装件和管路间的橡皮套筒。

7.3.1.3 铜镍管

——法兰；
——模制件；
——柔性接头，如安装件和管路间的橡皮套筒；
——垫密式机械接头；
——已证实性能合格的其他接头方法。

7.3.1.4 聚氯乙烯管

可使用符合ISO 727-1规定的适当的柔性接头，如安装件和管路间的橡皮套筒。

7.3.2 补充规定

管路布置、管子和连接处的选择根据预计的废水排放量而定，有关要求在下述标准中给出：
——ISO 15749-2 重力系统排放管路；
——ISO 15749-3 真空系统排放管路；
——ISO 15749-4 卫生水排放系统；
——ISO 15749-5 甲板、货舱和泳池排放。

8 集污柜

8.1 要求

8.1.1 集污柜内表面应有涂层用以防护废水腐蚀。

8.1.2 内壁面应光滑并避免安装加强筋，如无法避免，加强筋应垂向布置。

8.1.3 舱室底部应朝漏水口方向保持一定倾斜。

8.2 设备配置

集污柜应符合下述最低设备配置要求：

——1个高位报警；

——1个冲洗和/或蒸汽装置的接口；

——1个清洁口；

——排放管、污水排放管和通风管的接口；

——如有要求，应在大型集污柜内设置圆钢踏步用于进入柜内；

——沉淀设备/混合搅拌设备；

——透气接口。

8.3 容量确定

按4.2分类废水的最低排放量确定集污柜容量：

——重力系统按ISO 15749-2的规定；

——真空系统按ISO 15749-3的规定。

8.4 通风

具体规定见第10章。

8.5 排放

污水排放管路的布置应符合ISO 15749-4的规定。

9 污水处理装置

9.1 要求

污水处理装置应符合IMO MEPC.2(Ⅵ)的要求。舷外排放污水的污染程度不应超过其中的规定值。

污水处理装置应得到船级社的认可证书。

注：污水处理装置应使用下列处理方法满足要求：

——生物处理；

——机械和化学处理；

——电化学处理；

——膜-生物处理；

——上述各种方法的组合处理。

9.2 设备

污水处理装置应安装故障报警器。

9.3 透气

具体规定见第10章。

9.4 排放

污水排放管路的布置应符合ISO 15749-4的规定。

10 污水处理装置通风

10.1 概述

具体规定见 ISO 15749-2 和 ISO 15749-3。

10.2 透气管

10.2.1 公称直径

污水处理装置和集污柜透气管的最小公称直径为 DN 50。

10.2.2 排风口

透气口不应靠近空调和透气装置的进风口,否则无法起到除气味的作用。

10.2.3 管子类型和尺寸

透气管与排放管采用相同类型管子。

10.2.4 安装

透气管的倾斜度应足够自排水,否则应在透气管的最低处安装排水装置。

11 污水排放管

污水排放管的结构、管路关闭部位和排放位置见 ISO 15749-4。

12 试验

12.1 验收试验

验收试验包括排放系统的运转和工作可靠性试验,管路布置图应正确并符合 GB/T 27888 的本部分及 ISO 15749-2～15749-4 的要求。

由公认的监督管理机构和生产商提出特殊的规定和要求应予满足。

12.2 排放管路试验

真空系统排放管路的试验见 ISO 15749-3。

12.3 污水排放管路试验

污水排放管路应能承受 1.5 倍的工作压力。

13 管系运行

13.1 维护

系统移交时,操作员应收到卫生水排放系统和其组成部件的维护说明书。该说明书应由安装公司或系统制造商编制。

说明书应包括详细安全信息以及所有可能由于系统元件失效或错误操作引起的危害。

编制使用说明时,IMO MSC/Circ.648 及附则的规定均应考虑。例如:久未使用的气密装置应重新注水。

13.2 备件

船上易损备件的清单由系统生产商给出。

14 图形符号和简化画法

卫生水排放系统的管路布置图、流程图上应采用图形符号和简化画法表示。管子、管路连接件、附件和设备的符号参见附录 A,大部分部件图形符号及简化画法取自相关标准。

附 录 A
(资料性附录)
图 形 符 号

表 A.1 管路元件技术图纸上的图形符号和简化画法

序号	名称	图形符号和简化画法[a]	备注 使用	符合 ISO 7000 的 注册号[b]	参考标准
1 废水管路					
1.1	一般管路	1	—	—	ISO 4067-1、 ISO 14617-3
1.2	污水管	» 2	—	—	—
1.3	卫生设备用 灰水管	» 3	—	—	
1.4	非卫生设备用 灰水管	» 4	甲板排水	—	
1.5	通风管	» 5	—	—	
1.6	专用废水管	» 6	—	—	
1.7	聚水器	» 7	真空输运 系统	—	
2 断路设备					
2.1	一般关闭设备	8	冲洗接头/ 端部清洗配件	—	—
2.2	国际废水排放 接头 MARPOL	MP 9	—	—	—
2.3	盲法兰	10	盲法兰接头	—	—
2.4	壳板泄水口	11	—	—	—
3 附件					
3.1	隔离附件	12	—	—	ISO 4067-1

表 A.1(续)

序号	名称	图形符号和简化画法[a]		备注 使用	符合 ISO 7000 的 注册号[b]	参考标准
3.2	隔离阀	13		真空阀	0510	—
3.3	隔离闸阀	14		—	—	ISO 10628
3.4	止回阀	15		自闭止回阀、 真空止回阀	—	—
3.5	真空破断器	16		进气口	—	—
3.6	无锁定非气密 排水孔	» a) 17	b) 18	—	—	—
3.7	带有锁定气密 排水孔、 无锁定非气密 排水孔	» a) 19	b) 20	—	—	ISO/R 538
4 装置(泵、容器、联合件)						
4.1	液泵	21		废水泵	0134	ISO 4067-1
4.2	真空泵	22		真空阀	0137	ISO 10628
4.3	喷射泵	23		喷液真空泵	—	
4.4	存储装置	24		滤污器、 污水处理装置	0101	—
4.5	圆顶端存储 装置(耐压液舱)	25		真空发生装置	0103	—
4.6	分离器	26		撇油器	0122	—
5 其他						
5.1	液箱	» 27		集污柜、中继 柜、污水柜、废 水池、舭部舱	—	—

表 A.1（续）

序号	名称	图形符号和简化画法[a]	备注 使用	符合 ISO 7000 的 注册号[b]	参考标准
5.2	遥控点	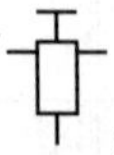 » 28	D 型或 E 型	—	—
6　排放件					
6.1	马桶	» 29	真空式 抽水马桶	—	ISO 4067-2、 ISO 1964
6.2	小便池	» 30 31	—	—	
6.3	脸盆架，洗手池	» 32	—	—	
6.4	水池	» 33	痰盂、水槽	—	
ISO 15749-2 和 ISO 15749-3 未包含的耗能设备					
6.5	洗碟机	 34	—	—	ISO 1964
6.6	洗衣机	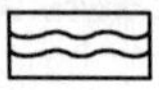 35	—	—	
6.7	干衣机	 36	—	—	—
6.8	空调	 37	—	—	—
6.9	马铃薯去皮机	 38	—	—	—
6.10	饮用水制冷器	 39	—	—	—
6.11	浴缸	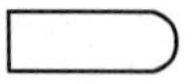 » 40	—	—	ISO 4067-2
6.12	淋浴盆	» a) 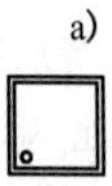 41　b)  42	—	—	ISO 4067-2

表 A.1(续)

序号	名称	图形符号和简化画法[a]		备注使用	符合 ISO 7000 的注册号[b]	参考标准
6.13	浴盆	» 43		—	—	ISO 4067-2
6.14	厨房水池(单)	» a) 44	b) 45	—	—	—
6.15	厨房水池(双)	» a) 46	b) 47	—	—	—

注:a)俯视图,b)正视图。

[a] 为了区别图形符号和简化画法,表中简化画法用"»"标记。

[b] ISO 7000《图形符号　索引和大纲》(《Graphical symbols for use on equipment—Index and synopsis》)。

参 考 文 献

[1] 经1978年议定书修订的1973年国际防止船舶造成污染公约(MARPOL) 附则Ⅳ 防止船舶污水污染规则.

[2] ISO 1964 造船 船舶布置图中元件表示法(Shipbuilding—Indication of details on the general arrangement plants of ships).

[3] ISO 4067-1 技术制图 设备 第1部分:卫生管道、供热、通风和管道的图形符号(Technical drawings—Installations—Part 1:Graphical symbols for plumbing,heating,ventilation and ducting).

[4] ISO 4067-2 建筑和市政工程制图 设备 第2部分:卫生器材的简化画法(Building and civil engineering drawings—Installations—Part 2:Simplified representation of sanitary appliances).

[5] ISO 7000 设备用图形符号 索引和大纲(Graphical symbols for use on equipment—Index and synopsis).

[6] ISO 10628 工艺加工装置用流程图 总则(Flow diagrams for process plants—General rules).

[7] ISO 14617-3 简图用图形符号 第3部分:连接件与有关装置(Graphical symbols for diagrams—Part 3:Connections and related devices).

[8] ISO/R 538 船舶管系安装图常用符号(Conventional signs to be used in the schemes for the installations of pipeline systems in ships).

ICS 47.020.30
U 50

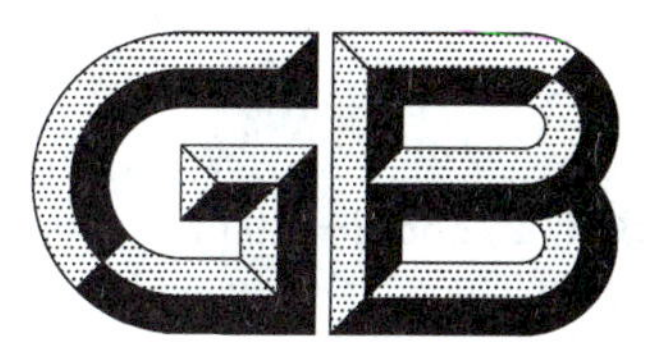

中华人民共和国国家标准

GB/T 27888.2—2011

船舶与海上技术　船舶与海上结构物的排水系统　第2部分：重力系统的卫生水排放及排水管道

Ships and marine technology—Drainage systems on ships and marine structures—Part 2: Sanitary drainage, drain piping for gravity systems

(ISO 15749-2:2004, MOD)

2011-12-30 发布　　　　2012-06-01 实施

中华人民共和国国家质量监督检验检疫总局
中国国家标准化管理委员会　发布

前　言

GB/T 27888《船舶与海上技术　船舶与海上结构物的排水系统》分为5个部分：

——第1部分：卫生水排放系统设计；

——第2部分：重力系统的卫生水排放及排水管道；

——第3部分：真空系统的卫生水排放及排放管道；

——第4部分：卫生水排放和污水处理管；

——第5部分：甲板、货舱和泳池的排水。

本部分为GB/T 27888的第2部分。

本部分按照GB/T 1.1—2009给出的规则起草。

本部分使用重新起草法修改采用ISO 15749-2:2004《船舶与海上技术　船舶与海上结构物的排水系统　第2部分：重力系统的卫生水排放及排放管道》。

本部分与ISO 15749-2:2004相比存在技术性差异，这些差异涉及的条款已通过在其外侧页边空白位置的垂直单线(|)进行了标示，并在附录A中给出了相应技术性差异及其原因的一览表。

与本部分规范性引用文件中的国际文件有一致性对应关系的我国文件如下：

——GB/T 27888.1　船舶与海上技术　船舶与海上结构物的排水系统　第1部分：卫生水排放系统设计(ISO 15749-1:2004,IDT)；

——GB/T 27888.4　船舶与海上技术　船舶与海上结构物的排水系统　第4部分：卫生水排放和污水处理管(ISO 15749-4:2004,IDT)。

本部分由中国船舶工业集团公司提出。

本部分由中国船舶工业标准化技术委员会管系附件分技术委员会(SAC/TC 137/SC 3)归口。

本部分起草单位：无锡金羊管件有限公司、中国船舶工业综合技术经济研究院。

本部分主要起草人：张美玲、王俊、老铁佳、罗发元、王锡铭、袁雪峰。

船舶与海上技术　船舶与海上结构物的排水系统　第2部分:重力系统的卫生水排放及排水管道

1　范围

GB/T 27888的本部分规定了重力系统的卫生水排放及排水管道的管子、管路布置、公称管径确定等要求。

本部分适用于船舶与海上结构物重力系统(重力排放)卫生水排放管路的设计。

设计和基本要求见ISO 15749-1。

2　规范性引用文件

下列文件对于本文件的应用是必不可少的。凡是注日期的引用文件,仅注日期的版本适用于本文件。凡是不注日期的引用文件,其最新版本(包括所有的修改单)适用于本文件。

ISO 65　按照ISO 7/1攻丝的碳素钢管(Carbon steel tubes suitable for screwing in accoedance with ISO 7-1)

ISO 4200　焊接和无缝平端钢管　管的尺寸和单位长度重量(Plain end steel tubes,welded and seamless—General tables of dimensions and masses per unit length)

ISO 9329-1　压力用途的无缝钢管　交货技术条件　第1部分:规定室温性能的非合金钢(Seamless steel tubes for pressure purposes—Technical delivery conditions—Part 1:Unalloyed steels with specified room temperature properties)

ISO 9330-1　压力用途的焊接钢管　交货技术条件　第1部分:规定室温性能的非合金钢管(Welded steel tubes for pressure purposes—Technical delivery conditions—Part 1:Unalloyed steel tubes with specified room temperature properties)

ISO 15749-1　船舶与海上技术　船舶与海上结构物的排水系统　第1部分:卫生水排放系统设计(Ships and marine technology—Drainage systems on ships and marine structures—Part 1:Sanitary drainage-system design)

ISO 15749-4　船舶与海上技术　船舶与海上结构物的排水系统　第4部分:卫生水排放和污水处理管(Ships and marine technology—Drainage systems on ships and marine structures—Part 4:Sanitary drainage,sewage disposal pipes)

船用塑料管应用指南　IMO A.753(18)　IMO

[IMO Publication A.753(18) Guidelines for the application of plastic pipes on ships]

3　术语和定义

ISO 15749-1界定的术语和定义适用于本文件。

4 重力系统

4.1 概述

4.1.1 重力系统排放管路通过重力将废水引入集污柜或污水处理装置。

4.1.2 污水处理装置下游的废水管不属于重力系统,其结构形式见 ISO 15749-4。

4.1.3 图 1 给出了重力系统用排放管及排放系统的示例。

4.2 工作压力

卫生水系统管(排水管和通风管)的工作压力[1](内部压力)不应超过 0.5 bar。

5 管子

5.1 一般要求

根据布置位置,下述管子适用于重力排放管和通风管:

——符合 5.2 的钢管;

——符合 5.3 的套接管和插接管[2]、铜镍铁合金管(CuNiFe);

——符合 5.4 的铜镍铁合金管(CuNiFe);

——符合 5.5 的聚氯乙烯管(PVC-U),符合 IMO A.753(18)的塑料管。

公称管径见表 1。

表 1 排放管的公称管径

公称管径 NB	32	40	50	65	70	80	100	125	150
钢管、铜镍铁合金管	×	×	×	×	—	×	×	×	×
套接管和插接管	—	×	×	—	×	×	×	×	×
聚氯乙烯管	×	×	×	×	—	×	×	×	×
注:×适用于该管;—不适用于该管。									

5.2 钢管

下述类型管适用:

——符合 ISO 4200 和 ISO 9329-1 的无缝钢管 S 235 JR;

——符合 ISO 4200 和 ISO 9330-1 的焊接钢管 S 235 JR;

——符合 ISO 65 的螺纹钢管 S 185。

钢管尺寸见表 2。

---

1) 定义见 ISO 7268《管件 公称压力的定义》(《Pipe components—Definition of nominal pressure》)。

2) 下文指套接管和插接管。

表 2　钢管尺寸

<table>
<tr><td colspan="2">公称管径 NB</td><td>32</td><td>40</td><td>50</td><td>65</td><td>80</td><td>100</td><td>125</td><td>150</td></tr>
<tr><td colspan="2">管外径 d/mm</td><td>42.4</td><td>48.3</td><td>60.3</td><td>76.1</td><td>88.9</td><td>114.3</td><td>139.7</td><td>168.3</td></tr>
<tr><td rowspan="3">壁厚 S_{min}/mm</td><td>A</td><td colspan="8">4.5</td></tr>
<tr><td>B</td><td colspan="3">6.3</td><td colspan="2">7.1</td><td colspan="2">8</td><td>8.8</td></tr>
<tr><td>N</td><td colspan="3">2.3</td><td>2.6</td><td>2.9</td><td>3.2</td><td>3.6</td><td>4</td></tr>
<tr><td colspan="10">注：其他符合船级社规定的壁厚也可使用。</td></tr>
</table>

壁厚系列的选择取决于布置位置，见表 3。

表 3　不同布置位置的管壁厚系列

位　　置	壁厚系列
同一介质液柜	A
不同介质液柜[a]	B
干舷甲板或舱壁甲板下方 通往舷外带封闭设备的泄水口的管路	A
干舷甲板上方	N
货舱	B

[a] 取得船级社认可后方可使用。

5.3 套接管和插接管

套接管和插接管尺寸见表 4。相同尺寸的铜镍铁合金管(CuNi10Fe1.6Mn)也适用，N 系列管壁厚仅在表 3 所示布置位置处适用。

表 4　套接管和插接管尺寸

<table>
<tr><td>公称管径 NB</td><td>40</td><td>50</td><td>70</td><td>80</td><td>100</td><td>125</td><td>150</td><td>200</td><td>250</td><td>300</td></tr>
<tr><td>管外径 d/mm</td><td>42</td><td>53、54</td><td>73、76</td><td>89</td><td>102(103)、108</td><td>133</td><td>159</td><td>219</td><td>273</td><td>325</td></tr>
<tr><td>壁厚 S_{min}/mm</td><td colspan="2">1.5</td><td colspan="2">1.6(1.5)</td><td>2(1.5)</td><td>2.5(2)</td><td>2.5</td><td>3.0</td><td colspan="2">4.0</td></tr>
<tr><td colspan="11">注：括号中尺寸用于不锈钢的套接管和插接管。</td></tr>
</table>

5.4 铜镍铁合金管

铜镍铁合金管(CuNi10Fe1.6Mn)的尺寸见表 5，壁厚系列的选择取决于布置位置，见表 3。

表 5 铜镍铁合金管尺寸

<table>
<tr><td colspan="2">公称管径 NB</td><td>32</td><td>40</td><td>50</td><td>65</td><td>80</td><td>100</td><td>125</td><td>150</td></tr>
<tr><td colspan="2">管外径/mm</td><td>38</td><td>44.5</td><td>57</td><td>76</td><td>89</td><td>108</td><td>133</td><td>159</td></tr>
<tr><td rowspan="3">壁厚 S_{min}/mm</td><td>A</td><td colspan="3">2.5</td><td>3</td><td>3.5</td><td>3.5</td><td colspan="2">4</td></tr>
<tr><td>B</td><td colspan="3">—</td><td>4</td><td colspan="2">5</td><td colspan="2">6</td></tr>
<tr><td>N</td><td colspan="5">2</td><td colspan="3">2.5</td></tr>
<tr><td colspan="10">注：其他符合船级社规定的壁厚也可使用。</td></tr>
</table>

5.5 聚氯乙烯管

聚氯乙烯管的尺寸见表 6，仅表 3 中 N 系列壁厚适用。

表 6 聚氯乙烯管的尺寸

公称管径 NB	32	40	50	65	80	100	125	150
公称管径 d/mm	40	50	63	75	90	110	140	160
壁厚 S_{min}/mm	3	3.7	4.7	3.6	4.3	5.3	6.7	7.7

6 排放管路布置

6.1 管路布置

管路布置(包括通风管)应符合 ISO 15749-1 的规定。

6.2 漏水孔

所有卫生水排放设施或甲板漏水孔均应安装气密装置。

6.3 管路倾斜

6.3.1 所有排放管应自行排水，有适当倾斜，斜度应尽可能平均。

从漏水孔引入重力输送管和集管的支管应尽可能短。

特殊情况下，若排放管无倾斜，应采取措施保证废水依靠船舶横倾或纵倾排出。

6.3.2 管路相对于基线的倾斜度见表 7，并应考虑在船上布置位置。

表 7 管路倾斜度

管　　路	倾斜度
支管(不包括马桶)	1∶100～1∶66.7
马桶支管、集管、总管	1∶66.7～1∶50

6.3.3 船舯区域废水管至少应向下布置一层甲板高度到船的两侧或船舯。

6.4 清扫口

为便于清洗，排水管上应布置清扫口。

厨房或马桶排水管均应设置清洁口。

7 公称管径确定

7.1 概述

排水管的公称管径根据废水排放速度确立。独立支管的公称管径见表 9。

7.2 独立支管

7.2.1 表 8 给出了卫生水排放装置，如厨房设施、洗衣机、漏水孔和其他独立支管的公称管径和废水排放速度。

注：表 8 未包括的排水装置，其废水排放速度应根据接头尺寸、污水量和排水时间确定。

表 8 带气密装置的排放设施管的独立支管的排放速度和公称管径

<table>
<tr><th>序号</th><th colspan="2">排水装置</th><th>流速≈/
(L/s)</th><th>公称管径 NB</th></tr>
<tr><td>1</td><td colspan="2">马桶</td><td>2.5</td><td>100</td></tr>
<tr><td>2</td><td colspan="2">小便池</td><td>0.5</td><td>32～50</td></tr>
<tr><td>3</td><td colspan="2">浴盆</td><td>0.5</td><td>32 或 40</td></tr>
<tr><td>4</td><td colspan="2">浴缸</td><td>1.0</td><td>50</td></tr>
<tr><td>5</td><td colspan="2">脸盆</td><td>0.5</td><td>32 或 40</td></tr>
<tr><td>6</td><td colspan="2">水槽</td><td>1.0</td><td>40 或 50</td></tr>
<tr><td>7</td><td colspan="2">水池</td><td>0.9～1.2</td><td>50</td></tr>
<tr><td>8</td><td rowspan="3">服务设备</td><td>洗碟机、
带漏水孔的小型厨房设备</td><td rowspan="2">0.3～1.2</td><td>a</td></tr>
<tr><td>9</td><td>马铃薯去皮机</td><td>65、70 或 80[b]</td></tr>
<tr><td>10</td><td>洗衣机</td><td>1.5</td><td>50、65 或 70[b]</td></tr>
<tr><td>11</td><td colspan="2">漏水孔(甲板漏水孔)</td><td>1～2</td><td>40、50、65、70 或 100[b]</td></tr>
<tr><td colspan="5">[a] 连接管路公称管径，符合生产商要求。
[b] NB 70 仅适用于军舰和窝接式接头管。</td></tr>
</table>

7.2.2 连接至排水孔的支管尺寸应根据相应排放速度选择。

三个卫生水排放装置，但只准许有一个浴缸，可以与一个排放口的支管连接。

7.2.3 如果管路布置简便且卫生水排放装置易于同处安装时，浴缸、脸盆和漏水孔也可连接到公称管径 NB 50 的总管。

7.3 支管

支管尺寸见表 9。

表 9　支管的总排放速度和公称管径

净排放速度≈/(L/s)	0.3	0.6	3	6	24
公称管径 NB	32	40	50	65 或 70[a]	80
[a] NB 70 仅适用于窝接式接头管。					

7.4　重力输送管和集管

重力输送管和集管的尺寸见表 10。

表 10　重力输送管和集管的总排放速度和公称管径

总排放速度≈/(L/s)		0.3	0.9	3	9	27	80	135	300
公称管径 NB	灰水	32	40	50	65 或 70[a]	80	100	—	—
	污水							125	150
[a] NB 70 仅适用于窝接式接头管。									

上述管路的公称管径应不小于馈入管的最大管径。

集管的公称管径根据与之相连的重力输送管的尺寸确定。

7.5　污水管

7.5.1　马桶连接管

根据马桶连接管的数目，支管和重力输送管公称管径宜按表 11 和表 12 确定。

小便池连接管路的公称管径见表 13。

表 11　马桶支管

马桶连接数	支管公称管径 NB		
	钢管/铜镍铁合金管	套接管和插接管	聚氯乙烯管
3	100	100	
6	125		
10	150	125	

表 12　马桶重力输送管

马桶连接数	重力输送管的公称管径 NB		
	钢管/铜镍铁合金管	套接管和插接管	聚氯乙烯管
6	100	100	
12	125		
20	150	125	

7.5.2 小便池连接管

卫生处所安装的小便池也可以连接至马桶支管和重力输送管，不必考虑表11和表12中规定的公称管径。

小便池支管尺寸见表13。

表13 小便池支管

小便池连接数	支管的公称管径 NB		
	钢管/铜镍铁合金管	套接管和插接管	聚氯乙烯管
3	50		
7	65	70	65

7.5.3 其他连接管

其他污水排放(病房区)支管的公称管径见表9。

8 集污柜和污水处理设备

集污柜和污水处理装置的设计应考虑下列要素：

——ISO 15749-1中表2规定的废水最低排放量；

——必要时，集污柜和污水处理设备的容量与废水最低排放量的差值；

——根据船舶行驶区域，集污柜或污水处理设备内的废水必要的或协议的存放时间；

——ISO 15749-1的规定。

9 管路试验与操作

验收试验、泄漏试验和操作说明见ISO 15749-1。

10 排放

集污柜或污水处理装置引出的污水排放管和污水应急排放见ISO 15749-4。

11 废水排放系统示例

图1给出了重力系统排放管路简化示意图，是卫生排水系统的一部分。图形符号和简化画法见ISO 15749-1。

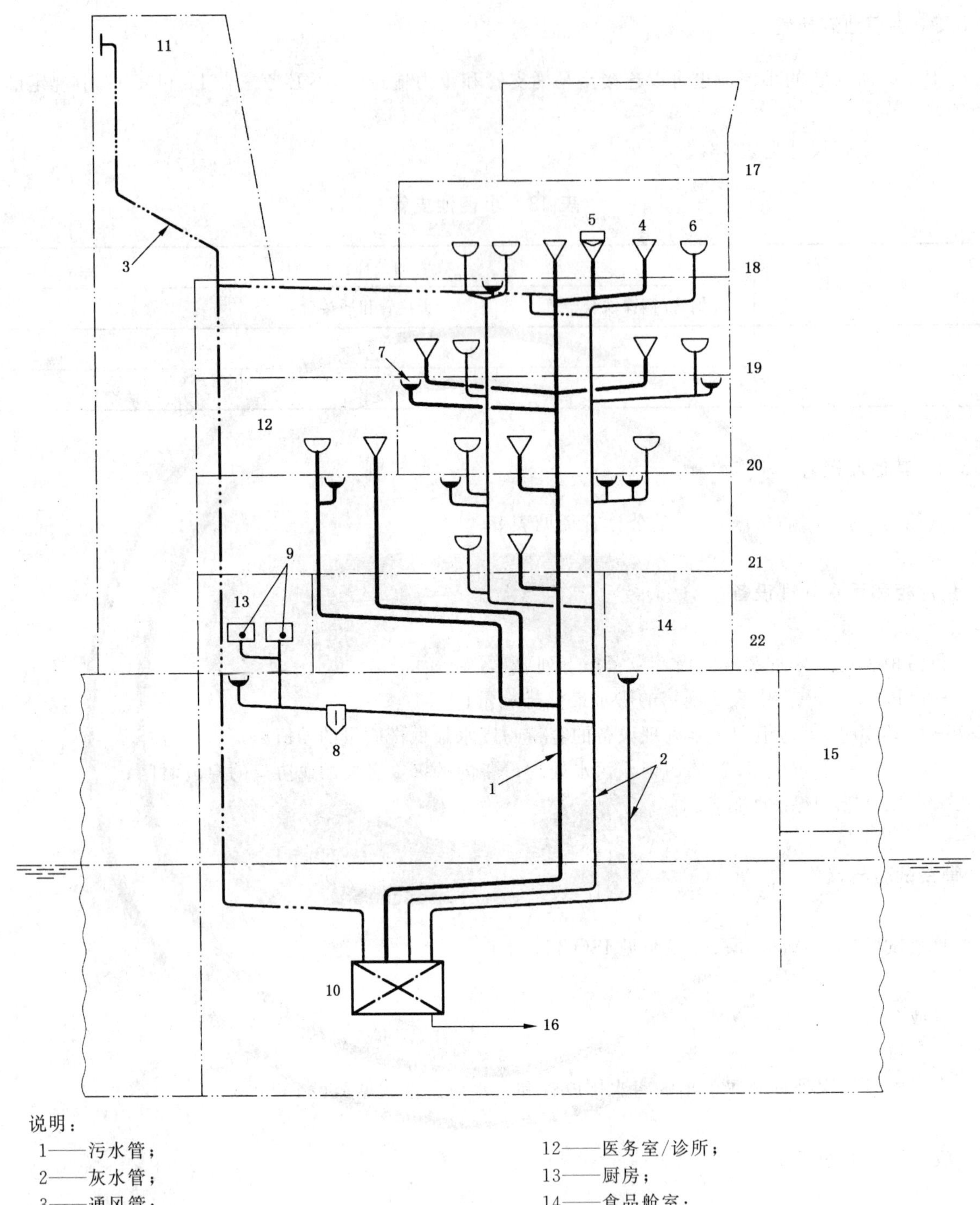

说明：

1——污水管；
2——灰水管；
3——通风管；
4——马桶；
5——小便池；
6——脸盆；
7——气密漏水口；
8——撇油器；
9——水槽；
10——带有污水处理装置的集污柜或中继柜；
11——烟囱；
12——医务室/诊所；
13——厨房；
14——食品舱室；
15——货舱；
16——符合 ISO 15749-4 的排放；
17——桥楼；
18——上层建筑第 4 甲板；
19——上层建筑第 3 甲板；
20——上层建筑第 2 甲板；
21——上层建筑第 1 甲板；
22——第 1 甲板，干舷/舱壁甲板。

图 1　重力系统排放管路简化示意图

附　录　A
（资料性附录）
GB/T 27888 的本部分与 ISO 15749-2:2004 的技术性差异及其原因

表 A.1 给出了 GB/T 27888 的本部分与 ISO 15749-2:2004 的技术性差异及其原因。

表 A.1　GB/T 27888 的本部分与 ISO 15749-2:2004 的技术性差异及其原因

GB/T 27888 的本部分的章条号	技术性差异	原　　因
表 4	1）　增加了公称管径 NB 为 200、250 和 300 的套接管和插接管尺寸； 2）　增加了三档管外径：54、76、108	适应我国国情

参 考 文 献

[1] ISO 7268 管件 公称压力的定义(Pipe components—Definition of nominal pressure).

ICS 47.020.30
U 50

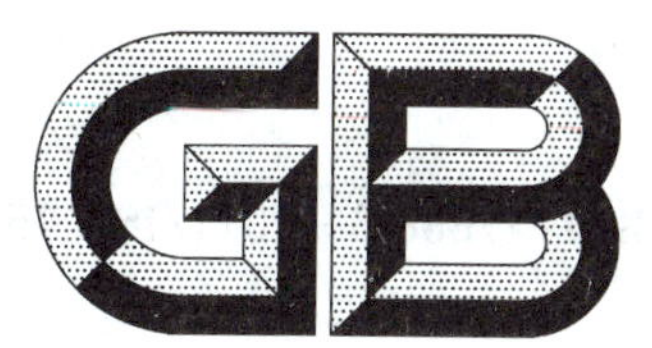

中华人民共和国国家标准

GB/T 27888.3—2011/ISO 15749-3:2004

船舶与海上技术　船舶与海上结构物的排水系统　第3部分:真空系统的卫生水排放及排放管道

Ships and marine technology—Drainage systems on ships and marine structures—Part 3:Sanitary drainage,drain piping for vacuum systems

(ISO 15749-3:2004,IDT)

2011-12-30 发布　　2012-06-01 实施

中华人民共和国国家质量监督检验检疫总局
中国国家标准化管理委员会　发布

前言

GB/T 27888《船舶与海上技术　船舶与海上结构物的排水系统》分为5个部分：

——第1部分：卫生水排放系统设计；

——第2部分：重力系统的卫生水排放及排水管道；

——第3部分：真空系统的卫生水排放及排放管道；

——第4部分：卫生水排放和污水处理管；

——第5部分：甲板、货舱和泳池的排水。

本部分为GB/T 27888的第3部分。

本部分按照GB/T 1.1—2009给出的规则起草。

本部分使用翻译法等同采用ISO 15749-3:2004《船舶与海上技术　船舶与海上结构物的排水系统　第3部分：真空系统的卫生水排放及排放管道》。

与本部分规范性引用文件中的国际文件有一致性对应关系的我国文件如下：

——GB/T 27888.1　船舶与海上技术　船舶与海上结构物的排水系统　第1部分：卫生水排放系统设计(ISO 15749-1:2004,IDT)；

——GB/T 27888.4　船舶与海上技术　船舶与海上结构物的排水系统　第4部分：卫生水排放和污水处理管(ISO 15749-4:2004,IDT)。

本部分由中国船舶工业集团公司提出。

本部分由全国船用机械标准化技术委员会管系附件分技术委员会(SAC/TC 137/SC 3)归口。

本部分起草单位：无锡市金羊管道附件有限公司、中国船舶工业综合技术经济研究院。

本部分主要起草人：王俊、张美玲、老轶佳、罗发元、王锡明、袁雪峰。

船舶与海上技术　船舶与海上结构物的排水系统　第3部分:真空系统的卫生水排放及排放管道

1　范围

GB/T 27888的本部分规定了船舶和海洋结构物的真空系统及其管子和附件、排放管路布置、排放管路容量、集污箱和污水处理装置、空气量的确定等。

本部分适用于船舶和海洋结构物的真空系统用卫生水排放管道的设计。

2　规范性引用文件

下列文件对于本文件的应用是必不可少的。凡是注日期的引用文件,仅注日期的版本适用于本文件。凡是不注日期的引用文件,其最新版本(包括所有的修改单)适用于本文件。

ISO 65　按照ISO 7/1攻丝的碳素钢管(Carbon steel tubes suitable for screwing in accordance with ISO 7-1)

ISO 264　承压管用硬聚氯乙烯(PVC)平承口管件　安装长度　公制系列(Unplasticized polyvinyl chloride(PVC) fittings with plain sockets for pipes under pressure—Laying lengths—Metric series)

ISO 4200　焊接和无缝平端钢管　管的尺寸和单位长度重量(Plain end steel tubes, welded and seamless—General tables of dimensions and masses per unit length)

ISO 9329-1　压力用途的无缝钢管　交货技术条件　第1部分:规定室温性能的非合金钢(Seamless steel tubes for pressure purposes—Technical delivery conditions—Part 1:Unalloyed steels with specified room temperature properties)

ISO 9330-1　压力用途的焊接钢管　交货技术条件　第1部分:规定室温性能的非合金钢管(Welded steel tubes for pressure purpose—Technical delivery conditions—Part 1:Unalloyed steel tubes with specified room temperature properties)

ISO 15749-1　船舶与海上技术　船舶与海上结构物的排水系统　第1部分:卫生水排放系统设计(Ships and marine technology—Drainage systems on ships and marine structures—Part 1:Sanitary drainage-system design)

ISO 15749-4　船舶与海上技术　船舶与海上结构物的排水系统　第4部分:卫生水排放和污水处理管(Ships and marine technology—Drainage systems on ships and marine structures—Part 4:Sanitary drainage, sewage disposal pipes)

船用塑料管应用指南　IMO A.753(18)[1)]　IMO
[IMO Publication A.753(18) Guidelines for the application of plastic pipes on ships]

3　术语和定义

ISO 15749-1界定的术语和定义适用于本文件。

1)　国际海事组织出版,伦敦。可在国际海事组织秘书处出版社获得(英国伦敦W1V,皮卡迪利101-104)。

4 真空系统

4.1 功能概述

真空排水管系的功能如下：

——收集马桶、小便池、浴盆以及支管或集管线上其他排水设备所排出的废水；

——以真空方式将废水引入集污箱或废水处理装置。

废水以“水栓”(污水栓)的形式，在水塞前后压力差的作用下排放。

4.2 说明

4.2.1 真空系统的排放管路从某一排放设备的漏水口开始。

真空式抽水马桶具有整体式真空装置，其他排放设备通过非真空短管连接至独立真空阀。

真空系统的排放管路终止于真空发生装置。

4.2.2 真空发生装置引出废水通过压力管输送到集污箱或污水处理装置。

注：真空发生装置与集污箱或污水处理装置也可以为一个整体。

4.2.3 集污箱或污水处理装置引出的下游污水处理管不属于真空系统。

此类管件及其他压力管的设计应符合 ISO 15749-4 的规定。

带有排水管的真空系统排放管路见图 2。

4.2.4 应根据船型、结构、舱室布置和人员数量，配置一套、两套或更多可满足船上各部分需要的真空系统。

4.3 工作压力

工作压力在 0.4 bar～0.7 bar 绝对压力之间(相应的许用负压为－0.3 bar～－0.6 bar 之间)。

4.4 排放设备

4.4.1 真空式抽水马桶

应配备带有排水和冲水阀控制机构的抽水马桶。真空式抽水马桶见图 A.5。

一次冲水量大约为 1.2 L。

4.4.2 小便池和浴盆

这些卫生水排放装置没有真空装置，所以应通过连接管连接至独立的真空装置(真空阀)。

4.4.3 洗手池和其他排放设备

这些卫生水排放装置没有真空装置，所以应通过连接管连接至独立的真空装置(真空阀)。

5 管子

根据布置位置，下述管件适用于真空系统排水管道和通风管道：

——符合 5.1 的钢管；

——符合 5.2 和 5.3 的带承插式接头的钢管和铜镍铁合金管，下文指承插式接头管；

——符合 5.3 的铜镍铁合金管；

——符合 5.4 的给水用硬聚氯乙烯(PVC-U)管，塑料管应符合 IMO A.753(18)决议；

——管子的低播焰和排烟特性应符合船级社的要求。

公称管径见表1。

表1　排水管的公称管径

单位为毫米

管子类型	钢管和铜镍铁合金管	给水用硬聚氯乙烯(PVC-U)管和窝接式接头管
公称内径 NB	40	40
	50	50
	100	—

5.1　钢管

应采用下述管件类型：

——符合 ISO 4200 和 ISO 9329-1 的无缝钢管 S 235 JR；

——符合 ISO 4200 和 ISO 9330-1 的焊接钢管 S 235 JR；

——符合 ISO 65 规定的螺纹钢管 S 185。

外径和壁厚见表2。

表2　钢管尺寸

单位为毫米

公称内径 NB	外径 d	壁厚 S_{min}
40	48.3	2.3
50	60.3	
100	114.3	3.2

5.2　承插式接头管

应采用尺寸符合表3要求的窝接式接头管件，相同尺寸的铜镍铁合金管件也适用。

表3　承插式接头管尺寸

单位为毫米

公称内径 NB	外径 d	壁厚 S_{min}
40	42	1.4
50	53	

5.3　铜镍铁合金管

应采用尺寸符合表4的铜镍铁合金管件。

表4　铜镍铁合金管尺寸

单位为毫米

公称内径 NB	外径 d	壁厚 S_{min}
40	44.5	2
50	57	

5.4 给水用硬聚氯乙烯(PVC-U)管

应采用尺寸符合表5的给水用硬聚氯乙烯(PVC-U)管件。

表5 给水用硬聚氯乙烯(PVC-U)管尺寸

单位为毫米

公称内径 NB	外径 d	壁厚 S_{min}
40	50	3.7
50	63	4.7

6 附件

6.1 要求

应使用符合4.3规定的真空用附件,截流闸应保证管道通畅。

6.2 试验

泄漏试验应按附录B中B.2的要求进行。

7 排放管路布置

7.1 管路布置

应符合ISO 15749-1的规定,真空排水管路可任意方向布置,但应避免在短距离内改变方向。

7.2 水平布置

7.2.1 倾斜

水平布置的管路应相对吸口方向呈轻微倾斜(约2∶1 000)。

7.2.2 气水分离器

气水分离器应整体安装在立管前的水平管中不超过40 m的距离内。

7.3 连接管

连接排放装置和真空阀的非真空管路应有不低于2∶1 000的倾斜度。如果有要求,应确保连接管路的通风无阻碍。

7.4 立管

7.4.1 同层甲板上连接至同一立管的真空式厕所或真空阀不应超过三个。立管的长度不应超过一层甲板的高度(最长为3 m)。更长的支管需得到生产商的同意。

注:假定三个以上真空式厕所或真空阀不会同时工作。

7.4.2 如果立管仅连接一个真空式厕所或真空阀时,可能会贯穿一层甲板以上,应在各层甲板上安装带有安全装置的水平导管,以防止回流,见图2。

7.4.3 立管引入水平集管之前，应在集管的上游安装真空止回附件，除非管路入口处提高至3倍管径。

7.4.4 如果收集管从上方引入集管，应在立管和集管接头处安装防回流装置。

7.5 汇入支管

引入集管的管件进水方向与水流夹角不应超过45°。不应采用T型和直角弯管。不允许使用下游接头或互为反向流向的接头，见图1。接头内表面应光滑。

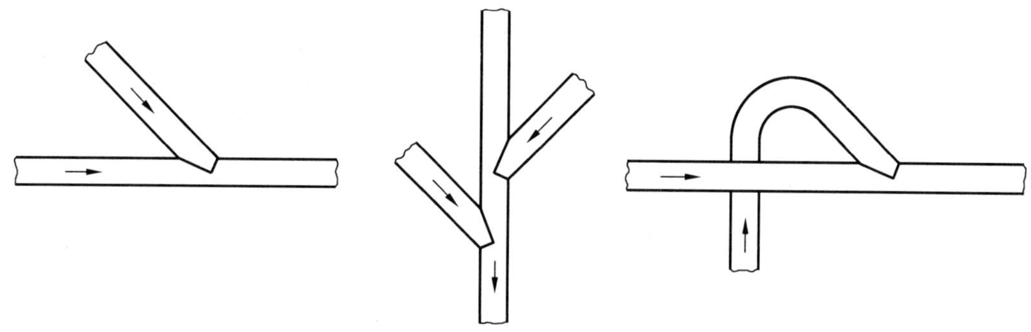

图1 汇入支管

7.6 弯管

管件弯曲半径应不小于管子外径的3倍。

7.7 清扫口

无法通过其他方式清扫的排放管路应布置清扫口。

7.7.1 钢管的清扫口

应提供下列装置：

——带有六角头螺旋塞的支管；或

——无孔法兰；或

——球阀(应布置为使其能经常清洗)。

7.7.2 承插式接头管的清扫口

对真空管路应提供适当的清扫口。

7.7.3 PVC-U管的清洁口

应采用下列PVC-U模制附件：

——符合ISO 264规定的统一型号的适配螺纹管接头；

——作为关闭装置适配的衬套和螺帽。

7.7.4 铜镍铁合金管的清扫口

应提供下列装置：

——铜镍铁合金管支管；或

——无孔法兰；或

——球阀。

8 排放管路容量

8.1 连接

管件的公称内径和排放管路的真空装置数量见表 6。

表 6 管件尺寸

管件	公称内径 NB	真空装置数量[a]
单支管	40	2
收集管	50	2～32
立管	40	1～3
集管	50	≤32
[a] 真空式抽水马桶(完整式)和真空阀。		

无真空装置时,一个真空阀不应连接两套以上的排放设备。

8.2 集管

某一管路堵塞时为保证其功能,多个真空装置应至少分别布置于两个集管。

安装于一个舱室内的顺列式抽水马桶应连接至两个分别独立的集管。

8.3 总排水管

不能独立连接至真空发生装置的集管应连接至总排水管(或阀箱)。

总排水管的设计应尽可能短,并与真空发生单元呈一定倾斜度。

总排水管连接 6 个以上的集管时,其公称内径应为 NB 100。

9 集污箱和污水处理装置

集污箱和污水处理装置的详细设计应考虑下列内容:

——符合 ISO 15749-1 中表 2 的废水最低排放量要求;

——若需要,应考虑排放量与废水最低排放量的不同;

——若需要或经认可,集污箱或污水处理装置内的废水存放时间取决于船舶运营区域;

——一般要求应符合 ISO 15749-1。

10 空气量的确定

10.1 污水排放所需空气量

污水排放所需空气量 P_1 按公式(1)计算。

$$P_1 = W \times b_1 \times f_1 \times f_2 \quad \cdots\cdots(1)$$

式中：

b_1 ——一个污水真空装置一次空气消耗量的数值(通常为 60 L),单位为升(L)；

f_1——抽水马桶每小时的使用次数(常规值,见表 7)；

f_2——系统泄漏损失系数(通常为 1.25)；

P_1——污水排放所需空气量的数值,单位为升每小时(L/h)；

W——带有整体式真空装置的抽水马桶和与真空装置相连接的小便池的数量。

表 7 马桶每小时使用次数(f_1)

船型	货船	客船	渡船	日间游览船
f_1	5	6	7～9	12

10.2 灰水排放所需空气量

灰水排放所需的空气量 P_2 按公式(2)计算。该公式在一定范围内不适用,例如:日间游览船灰水排放所需空气量由生产商规定。

$$P_2=\frac{K\times m\times b_2}{a\times n}+\frac{K\times m}{a} \qquad (2)$$

式中：

a ——峰值次数(通常为 2 次)；

b_2 ——一个灰水真空装置一次空气消耗量的数值(通常为 50 L),单位为升(L)；

K ——其所产生的灰水通过真空排水管路排放的人员数量[2)]；

m ——人均每 24 h 用水量的数值(通常为 5 L 或 15 L),单位为升(L)；

n ——一个真空装置一次用水量的数值(通常为 5 L 或 15 L)[3)],单位为升(L)；

P_2——灰水排放所需空气量的数值,单位为升每小时(L/h)。

11 管路的试验与操作

验收试验、泄漏试验和设备操作说明见 ISO 15749-1 和 GB/T 27888 的本部分的附录 B。

12 排污管

集污箱或污水处理装置下游的排污管见 ISO 15749-4。

13 系统示例

图 2 给出了作为卫生水排放系统的一部分的、引入集污箱或污水处理装置的真空排放管路的简化示意图(带有整体式真空发生单元)。

图解符号及简化表示法见 ISO 15749-1。

2) 人员数量仅指船上可用居住舱室内的人员数量。

3) 通用的设计评估量。

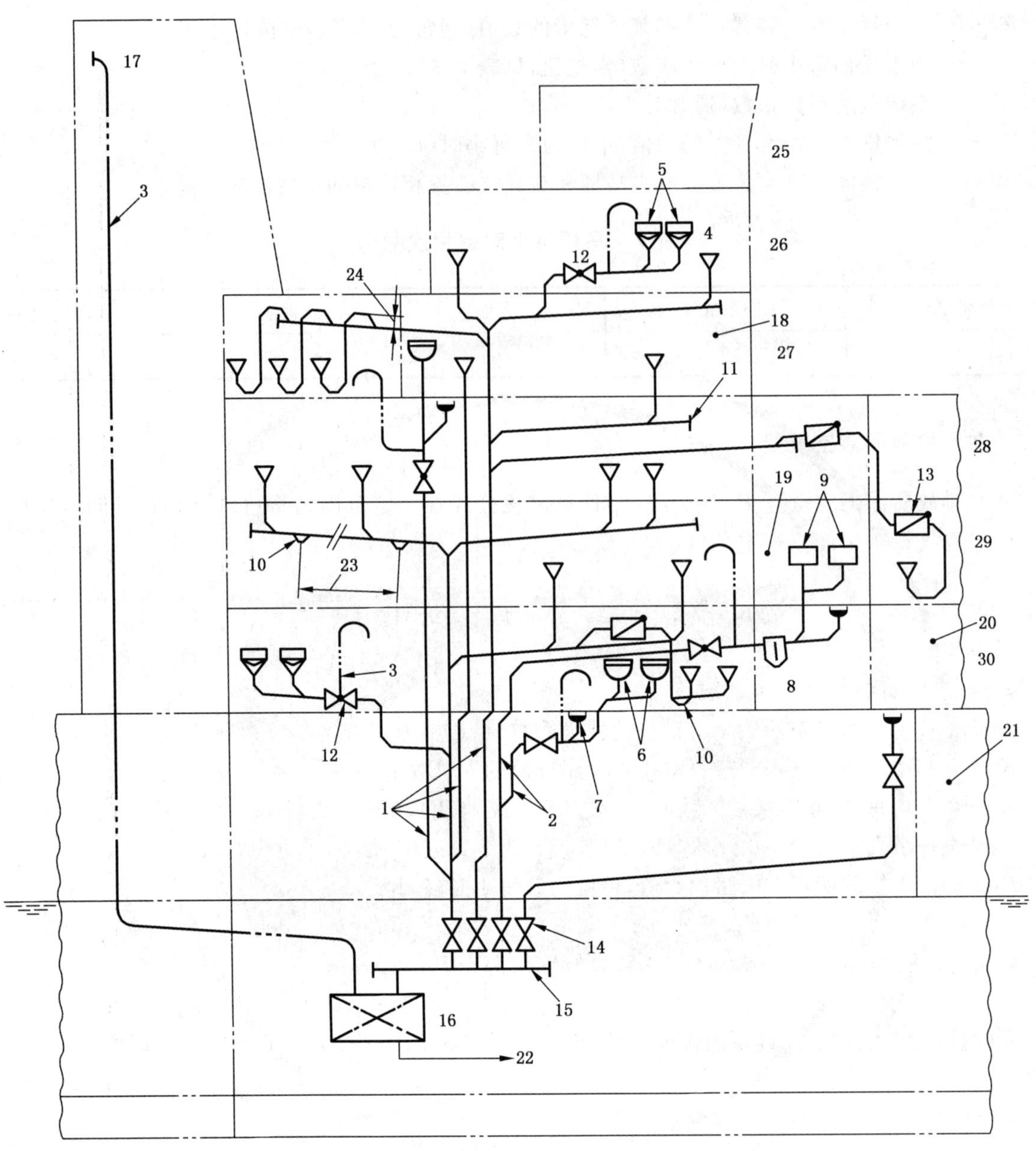

说明：

1——污水管；
2——灰水管；
3——透风管；
4——抽水马桶(真空式马桶)；
5——小便池；
6——洗脸盆；
7——气密漏水口；
8——汽油分离器；
9——水槽；
10——真空阻水器；
11——清洗口；
12——真空阀；
13——真空止回附件；
14——关闭附件；
15——集管阀或总排水管；
16——带真空发生单元的集污箱；
17——烟囱；
18——病房；
19——厨房；
20——配膳室；
21——货舱；
22——符合 ISO 15749-4 的排放；
23——距离 30 m～40 m；
24——120 mm；
25——桥楼；
26——上层建筑第 4 甲板；
27——上层建筑第 3 甲板；
28——上层建筑第 2 甲板；
29——上层建筑第 1 甲板；
30——第 1 甲板、干舷/舱壁甲板。

图 2　带有真空排放管路的卫生水排放系统示例

附 录 A
（资料性附录）
管路系统酸洗清洁方法示例及操作说明

警告：管路系统酸洗前，应进行泄漏试验。

泄漏试验的必要性在于管路酸泄漏仅能临时维修，并对设备造成破坏。

下列酸适用于管路系统清洗……………………………………………………………

酸洗后的化学中和使用………………………………………………………………

警告：负责管路系统清洗的工作人员应配备一定的保护设施（例如：防护手套、防护眼镜和防护衣）以防止酸性腐蚀。

警告：应指出，清洗液的排放可能会受停泊港口的限制。

若有要求，清洗酸应按说明进行稀释。

清洗应按下列步骤进行。

A.1 需酸洗的管路（左舷或右舷）应通过阀1和阀2关闭起来，见图A.1和图A.2，且应关闭真空发生装置。

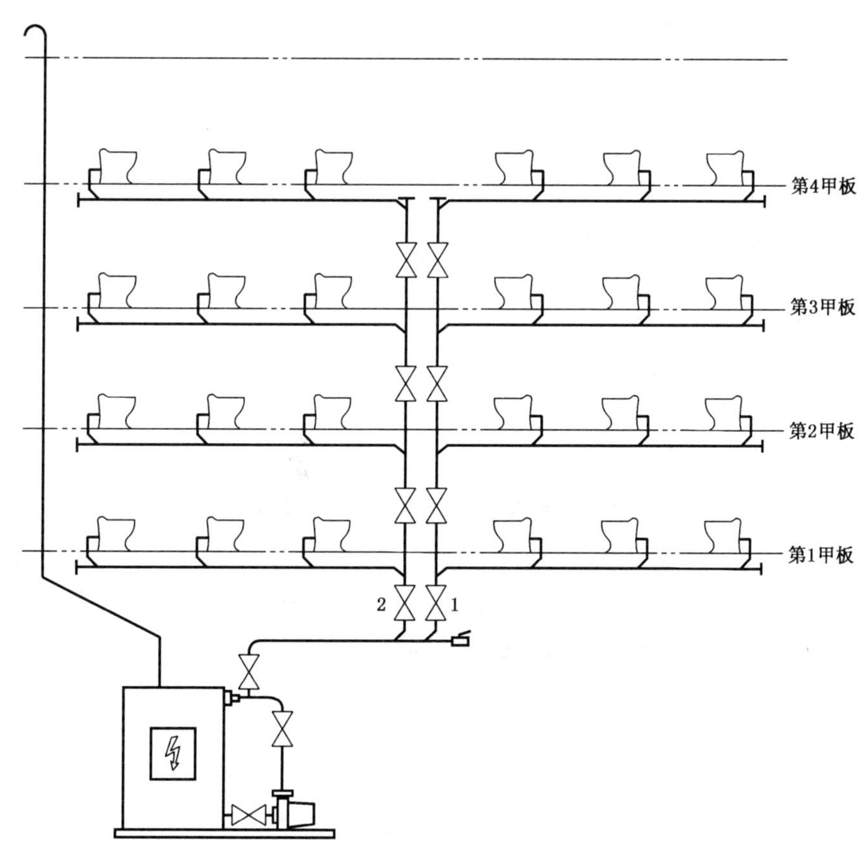

说明：

1——阀—关闭附件；

2——阀—关闭附件。

图 A.1 甲板间有关闭附件的管路系统

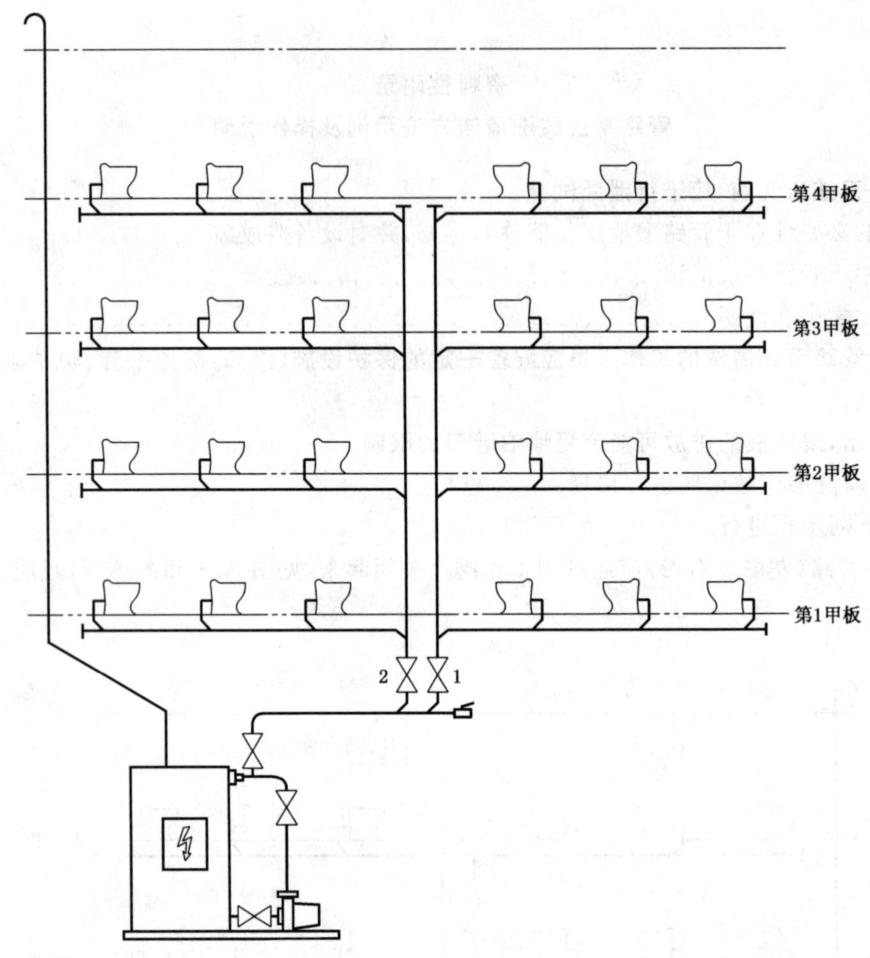

说明：

1——阀—关闭附件；

2——阀—关闭附件。

图 A.2　甲板间无关闭附件的管路系统

A.2　各层甲板间无关闭装置时，应将管路中除了管路末端以外的所有真空式抽水马桶拆卸，剩下的开口用塞子闭合，见图 A.4。塞子应能承受管路充盈时的静水压力。

A.3　装有关闭各层甲板上与其他甲板排放管路相邻管路的关闭附件时，关闭其中的阀 3、4、5、6、7 和 8，见图 A.3。

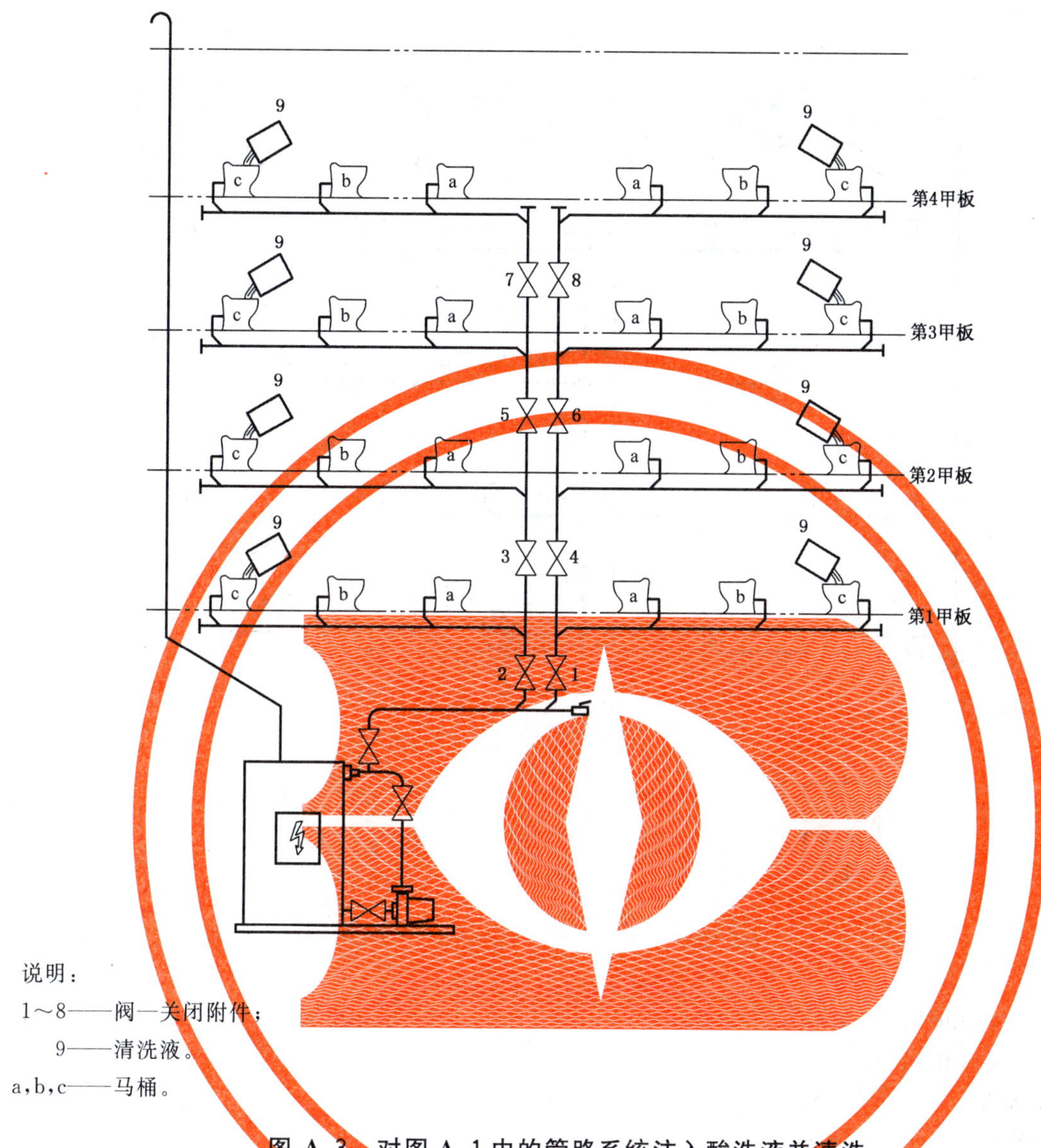

说明：

1～8——阀—关闭附件；

9——清洗液；

a,b,c——马桶。

图 A.3 对图 A.1 中的管路系统注入酸洗液并清洗

A.4 废水阀控制管应与所有马桶管路分离开，但仍与管路系统连接，并用旋塞封闭螺纹接管。

A.5 管路末端待清洗的马桶应注满清洗液 9 直到槽中满水，见图 A.3，排放阀应能手动开启。

用清洗液注满管路，直到其在马桶中有所剩余，布置见图 A.4。各层甲板管路末端应采用旋塞 4 通气，以保证管路系统充满清洗液。

A.6 清洗液应在管路系统中静置 24 h。

A.7 按 A.6 静置后，开启真空发生装置，打开阀 1～8，并重新安装抽水马桶控制管。

A.8 冲洗马桶 3 次～4 次。为防止氧化皮堵塞管路，应从底层甲板靠近重力排放管路的马桶开始，顺序：第 1 甲板、第 2 甲板、第 3 甲板等，马桶 a、马桶 b、马桶 c 等，见图 A.3。

A.9 A.8 所述步骤不适用于图 A.2 中的管路系统。首先，管路系统通过旋塞通风。应按照 A.8 的步骤：从首甲板及管路始端开始进行清洗，闭合阀 1 和阀 2，重新安装抽水马桶，开启阀 1 和阀 2 并冲洗马桶 3 次～4 次。

A.10 冲洗后，从各层甲板管路末端的抽水马桶开始用中和液清洗。

集污箱内的水和酸洗液混合液应进行中和处理，经测试纸检测后抽空。

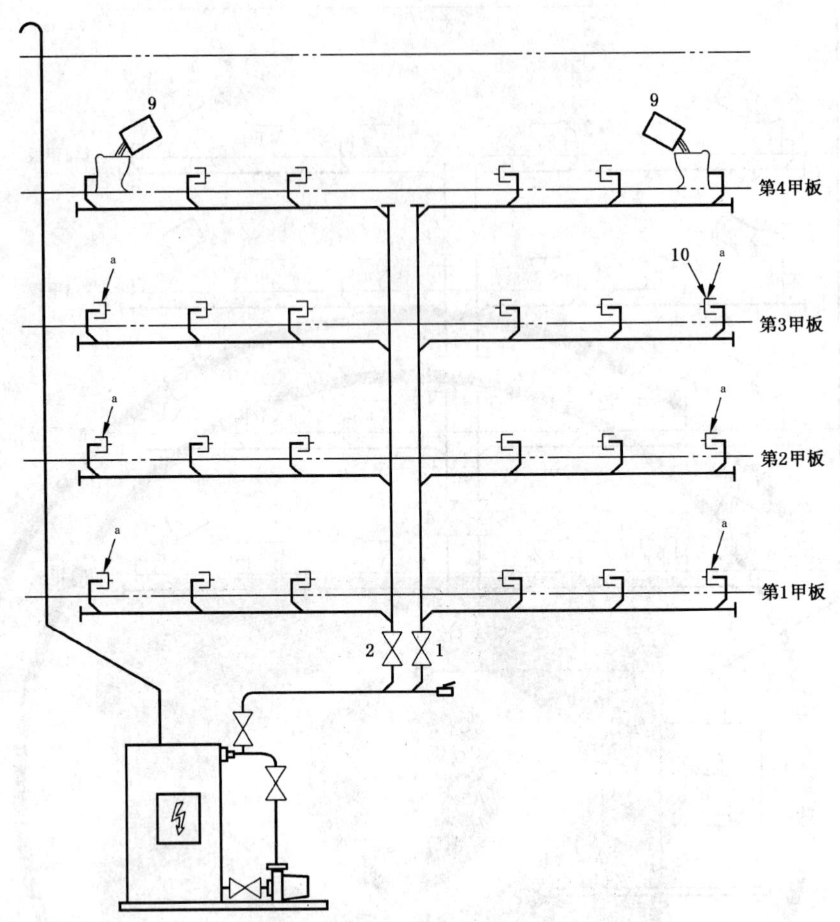

说明：

1——阀—关闭附件；

2——阀—关闭附件；

9——清洗液；

10——旋塞。

[a]酸性。

图 A.4 对图 A.2 中的管路系统注入酸洗液并清洗

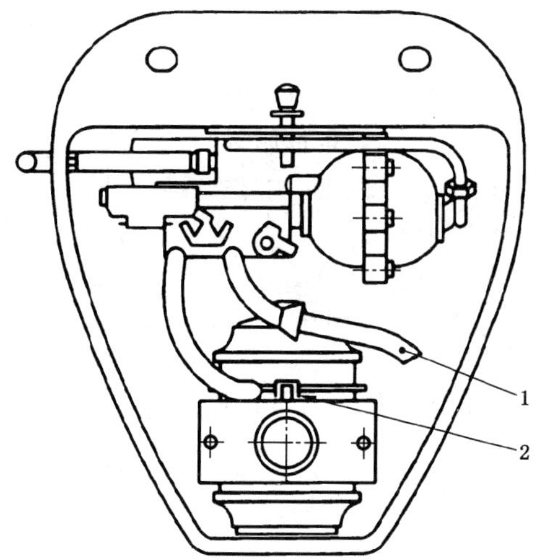

说明：

1——控制管；

2——锁止帽。

图 A.5 真空式抽水马桶

附　录　B
（规范性附录）
试 验 方 法

B.1　一般要求

无客户和承包商协定的其他试验规范时应进行下述试验。

B.2　泄漏试验

B.2.1　试验方法

管路系统的整体和/或部分管系应采用下述方法进行试验：

a)　所有开口用适合的旋塞封闭；

b)　整个或部分受测试的管系应抽至真空－80 kPa(管路系统应采用测试泵抽真空)。

B.2.2　试验标准

B.2.2.1　装置最终泄漏试验

应满足下列要求：

a)　管系应未连接抽真空阀，真空度下降幅度不应超过 10 kPa：

——带有低压容器的管系，试验期为(180 min±2 min)；

——不带有低压容器的管系，试验期为(60 min±2 min)。

b)　连接抽真空阀后，在管系试验前应确认是否有设备操作失误(若有应将其重置)。

B.3　管系试验

B.3.1　废水排放

试验中，应在大气压和常温下模拟设计流量和最低排放量。

管系试验应在常规操作下完成。

B.3.1.1　试验方法

应采用下列步骤：

a)　确定整个管系中排放设备的数量。

b)　对整个装置按表 B.1 的规定，确定同时排放废水的装置数量。

c)　试验中，应选择远离真空装置、连接至不同的总排水管的排放装置。

d)　洗脸池、厨房水池、浴缸等排放装置应注水至溢出。浴缸和洗衣机应尽可能连接洗脸池，且洗碟机应尽可能连接厨房水池。洗衣机和洗碟机应满负荷运行。

e)　试验进行时，被选择的排放装置应同时排放，通过排放废水，使自动抽真空设备操作至少三次。真空式抽水马桶应清洗一次。

表 B.1 同步排水性能试验

船型	总排水管路上排放装置的数量	同时操作的排放装置的数量和型式	
		真空式抽水马桶	其他装置
货船	1～9	1	1
客船	1～9	1	1
	10～20	2	2
	21～32	3	2
日间游览船	1～9	1	1
	10～20	3	2
	21～32	5	3

B.3.1.2 试验标准

无论是单独排放或同时排放，所有卫生排放装置应能彻底排水且不受其他设备阻拦。

无论是单独排放或同时排放，卫生排放装置在操作上不应存在区别。

B.3.2 管路真空度检查

B.3.2.1 试验方法

试验废水排放时应按 B.3.1 的规定控制管路真空度。

管路末端的抽真空装置应连接压力表，便于计算最高静压降和管路末端最高流速。试验应使用在真空装置处连接的压力表。

B.3.2.2 试验标准

真空度应大于抽真空装置操作所需真空度。

B.3.3 真空装置的操作

B.3.3.1 真空发生器和废水泵的性能

进行上述试验时应检测管系。对废水和真空度的等级，通过控制操作时间和开关阀以检测技术设备的性能是否满足管系要求。

所有阀门应满足招标的要求。

B.3.3.2 真空装置的控制和监控系统

由于各系统的控制和监控细节需要分别记录，各系统的试验方法应一致。

按下文叙述，在试验中通过监控和控制系统来试验系统常规操作下的性能。

应通过依次对设备故障进行模拟，检查系统识别和显示故障的功能，以符合控制逻辑，并观察和记录系统响应(关闭和报警)。

参 考 文 献

[1] ISO 727-1 Fittings made from unplasticized poly(vinyl chloride)(PVC-U),chlorinated poly(vinyl chloride)(PVC-C) or acrylonitrile/butadiene/styrene(ABS) with plain sockets for pipes under pressure—Part 1: Metric series.

ICS 47.020.30
U 50

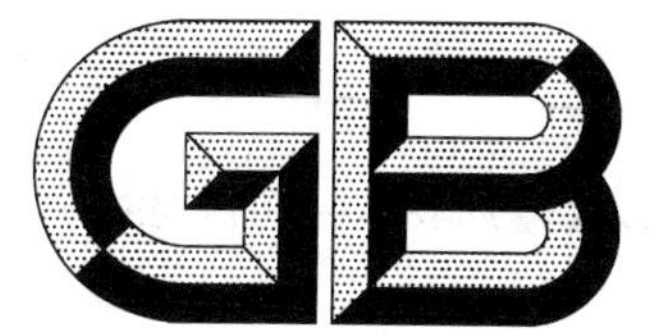

中华人民共和国国家标准

GB/T 27888.4—2011/ISO 15749-4:2004

船舶与海上技术　船舶与海上结构物的排水系统　第4部分：卫生水排放和污水处理管

Ships and marine technology—Drainage systems on ships and marine structures—Part 4: Sanitary drainage, sewage disposal pipes

(ISO 15749-4:2004, IDT)

2011-12-30 发布　　2012-06-01 实施

中华人民共和国国家质量监督检验检疫总局
中国国家标准化管理委员会　发布

前　言

GB/T 27888《船舶与海上技术　船舶与海上结构物的排水系统》分为5个部分：

——第1部分：卫生水排放系统设计；

——第2部分：重力系统的卫生水排放及排水管道；

——第3部分：真空系统的卫生水排放及排放管道；

——第4部分：卫生水排放和污水处理管；

——第5部分：甲板、货舱和泳池的排水。

本部分为GB/T 27888的第4部分。

本部分按照GB/T 1.1—2009给出的规则起草。

本部分使用翻译法等同采用ISO 15749-4:2004《船舶与海上技术　船舶与海上结构物的排水系统　第4部分：卫生水排放和污水处理管》。

与本部分规范性引用文件中的国际文件有一致性对应关系的我国文件如下：

——GB/T 27888.1　船舶与海上技术　船舶与海上结构物的排水系统　第1部分：卫生水排放系统设计(ISO 15749-1:2004,IDT)；

——GB/T 27888.5　船舶与海上技术　船舶与海上结构物的排水系统　第5部分：甲板、货舱和泳池的排水(ISO 15749-5:2004,IDT)。

本部分由中国船舶工业集团公司提出。

本部分由全国船用机械标准化技术委员会管系附件分技术委员会(SAC/TC 137/SC 3)归口。

本部分起草单位：中国船舶工业综合技术经济研究院、无锡市金羊管道附件有限公司、中船澄西船舶修造有限公司。

本部分主要起草人：王俊、张美玲、老轶佳、罗发元、王锡明、袁雪峰、钱琨。

船舶与海上技术　船舶与海上结构物的排水系统　第4部分:卫生水排放和污水处理管

1　范围

GB/T 27888的本部分规定了船舶与海洋结构物的卫生水排放系统的污水处理、废水出口、管件等。

本部分适用于船舶与海洋结构物的卫生水排放系统的污水处理管的设计。

2　规范性引用文件

下列文件对于本文件的应用是必不可少的。凡是注日期的引用文件,仅注日期的版本适用于本文件。凡是不注日期的引用文件,其最新版本(包括所有的修改单)适用于本文件。

ISO 4200　焊接和无缝平端钢管　管的尺寸和单位长度重量(Plain end steel tubes, welded and seamless—General tables of dimensions and masses per unit length)

ISO 9329-1　压力用途的无缝钢管　交货技术条件　第1部分:规定室温性能的非合金钢(Seamless steel tubes for pressure purposes—Technical delivery conditions—Part 1: Unalloyed steels with specified room temperature properties)

ISO 9330-1　压力用途的焊接钢管　交货技术条件　第1部分:规定室温性能的非合金钢管(Welded steel tubes for pressure purpose—Technical delivery conditions—Part 1: Unalloyed steel tubes with specified room temperature properties)

ISO 15749-1　船舶与海上技术　船舶与海上结构物的排水系统　第1部分:卫生水排放系统设计(Ships and marine technology—Drainage systems on ships and marine structures—Part 1: Sanitary drainage-system design)

ISO 15749-5　船舶与海上技术　船舶与海上结构物的排水系统　第5部分:甲板、货舱和泳池的排水(Ships and marine technology—Drainage systems on ships and marine structures—Part 5: Drainage of decks, cargo spaces and swimming pools)

3　术语和定义

ISO 15749-1界定的术语和定义适用于本文件。

4　污水处理

4.1　一般要求

卫生水排放系统的废水处理有下列特点:

——废水通过废水存储装置和污水处理管舷外排放或输送至外部处理装置(见4.2);

注:GB/T 27888的本部分的废水存储装置包括集污箱、污水处理装置或各系统的真空发生装置。

——通过重力排放管系直接舷外排放(见 4.4)。

4.2 带有存储装置的排放口

4.2.1 处理管系

连接存储装置和排水口的处理管应设计为压力管，见图 1。

图 1 给出了存储装置(例如:集污箱、污水处理装置)到排水口之间的卫生水排放系统污水处理管的简化示意图。

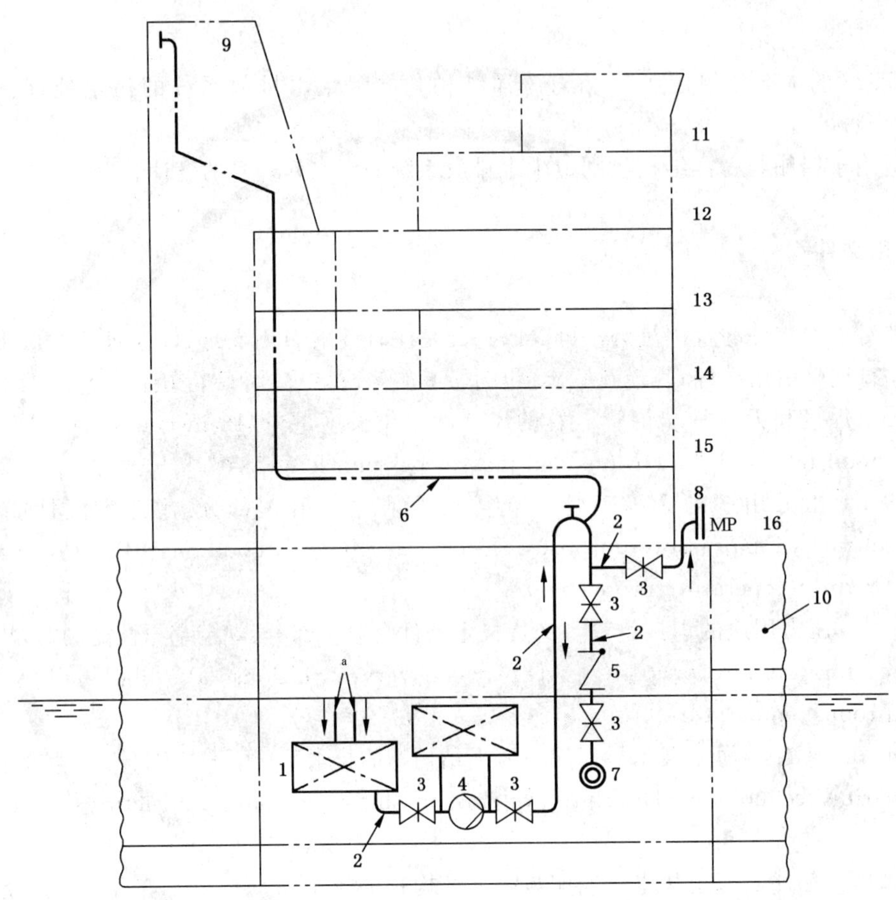

说明:

1——污水处理装置、集污箱或真空发生装置;
2——污水处理管;
3——阀;
4——废水泵;
5——止回阀;
6——透气管;
7——壳板废水排放口;
8——国际废水岸接头(MARPOL 法兰);
9——烟囱;
10——货舱;
11——桥楼;
12——上层建筑第 4 甲板;
13——上层建筑第 3 甲板;
14——上层建筑第 2 甲板;
15——上层建筑第 1 甲板;
16——干舷/舱壁甲板。
[a] 居住区和服务舱室的废水。

图 1 排水口上游带有存储装置的污水排放系统示例

4.2.2 舷侧排放

4.2.2.1 关闭设备

应在废水泵和排水口之间(Z管段)的排放管上安装关闭设备、附件,见图2。关闭设备应符合船级社的规定。

应根据夏季载重线/舱壁甲板最低漏水孔的垂直间距选择附件的布置形式、数量和类型。

注:漏水孔包括污水处理装置的紧急溢出口或化学剂量口。

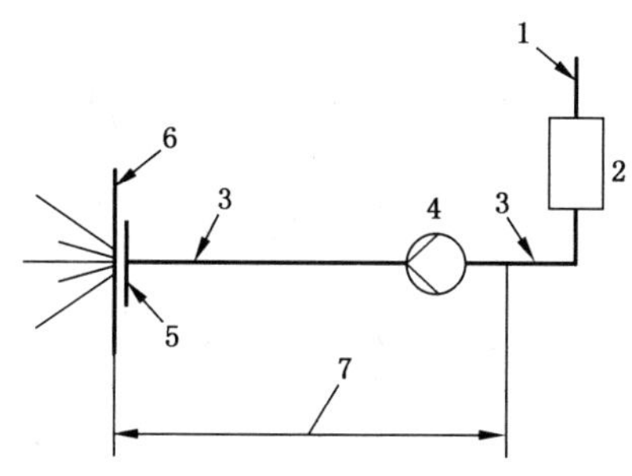

说明:
1——排水管;
2——存储装置(例如:集污箱或污水处理装置);
3——污水处理管;
4——泵;
5——排废水口;
6——船壳板;
7——Z管段。

图2 Z管段

4.2.2.2 漏水口

4.2.2.2.1 污水处理管在船壳板处应安装止回阀。若不能在船壳板上直接安装关闭附件,应将连接船壳板与关闭附件的管路进行加厚设计,见6.1和图3。

单位为毫米

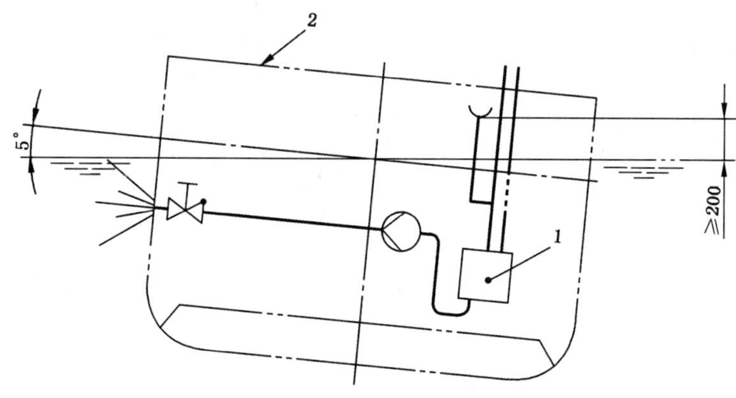

说明:
1——废水存储装置;
2——干舷甲板。

图3 4.2.2.2.1示例

4.2.2.2.2 当船舶向左/右舷横倾 5°、排水系统最低进口至少高于夏季载重线 200 mm 时，废水箱或污水处理装置的废水泵的吸入管或压力管应安装附加止回附件，见图 4。

单位为毫米

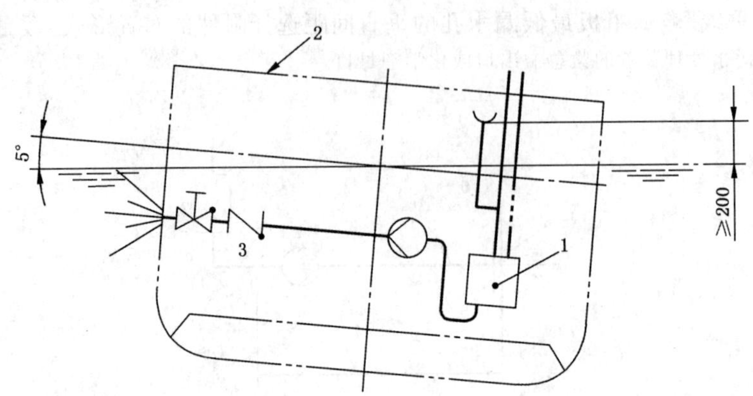

说明：

1——废水存储装置；

2——干舷；

3——在泵的上游或下游安装。

图 4 4.2.2.2.2 示例

4.2.2.2.3 当船舶横倾 5°、管路溢流峰值至少高于夏季载重线 200 mm 时，可采用单管环路作为第二止回附件，见图 5。

单位为毫米

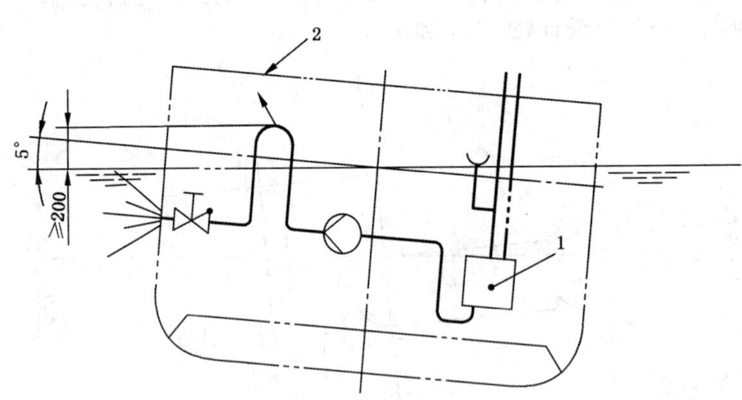

说明：

1——废水装置；

2——干舷甲板。

图 5 4.2.2.2.3 示例

4.2.2.2.4 当船舶加载至夏季载重线且横倾5°、排水系统最低入口位于吃水线或更低时，船壳板上的排水口应安装闸阀，作为4.2.2.2.2的第二止回附件。此时，不必关闭止回阀，见图6。

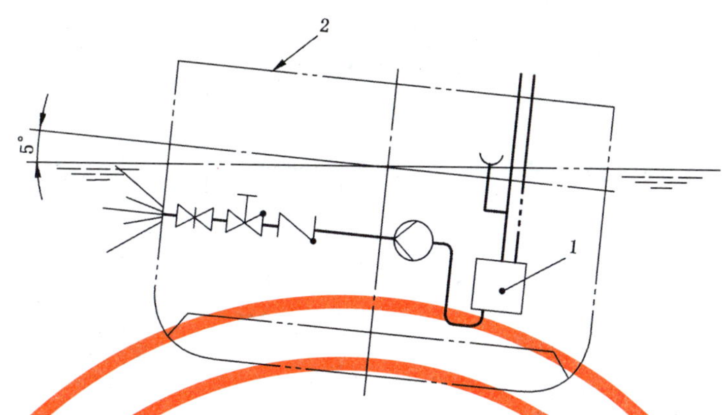

说明：

1——存储装置或污水处理装置；

2——干舷甲板。

图6 4.2.2.2.4示例

4.2.2.2.5 客船的废水排放系统最低入口低于舱壁甲板时，污水处理装置的排放管应安装关闭止回阀和第二止回附件，见图7。在此情况下，集污箱的排放管除了安装上述两个止回附件外，还需安装闸阀，见图8。

可以用单管环路代替第二止回附件，管路峰值应至少高于舱壁甲板200 mm。

若客船的漏水孔仅在舱壁甲板上方布置，从集污箱或污水处理装置引入舱壁甲板下方舱室的管路无废水泄漏(见图7)，应在壳板处安装自行关闭止回阀和带有关闭附件的Z管段。

平行布置的泵，在各泵的排放侧应安装关闭附件。

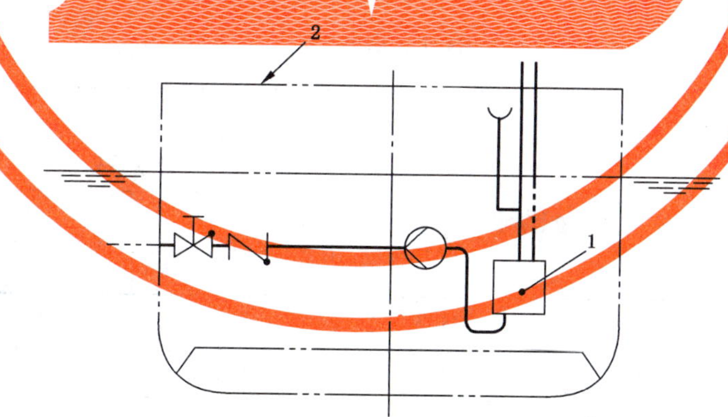

说明：

1——污水处理装置；

2——干舷甲板。

图7 4.2.2.2.5示例1

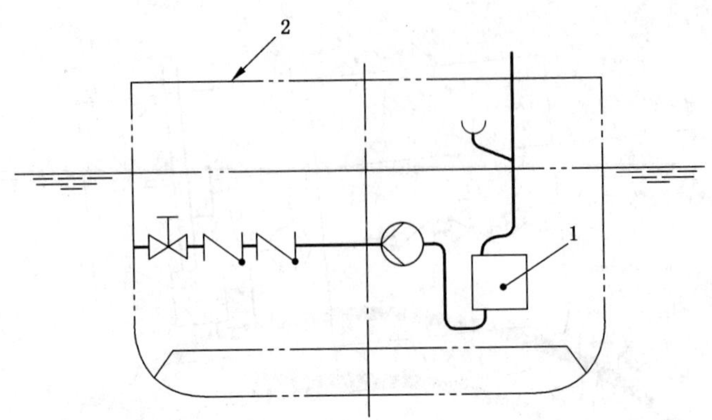

说明：

1——废水装置；

2——干舷甲板。

图 8 4.2.2.2.5 示例 2

4.2.3 排放至外部处理装置(通岸接头)

4.2.3.1 一般要求

废水处理管应连接位于甲板的废水排放接头，以使废水能向左/右舷外排放。

4.2.3.2 管壁厚度

表 1 的 N 系列钢管应符合整个区域排放管路的要求。

表 1 钢管尺寸

单位为毫米

公称内径 NB	外径 d	壁厚 S_{min}			
		壁厚系列			
		A	B	N	
				D[a]	E[b]
65	76.1	4.5	7.1	2.6	2.9
80	88.9	4.5	7.1	2.9	3.2
100	114.3	4.5	8	3.2	3.6
125	139.7	4.5	8	3.6	4
150	168.3	4.5	8.8	4	4.5

[a] 符合 ISO 4200，壁厚范围 D 的管件。

[b] 符合 ISO 4200，壁厚范围 E 的管件。

4.2.3.3 废水排放接头

为连接国际废水通岸接头，废水排放接头应安装法兰(MARPOL 法兰)。

4.3 旁通管排放

4.3.1 一般要求

在允许将污水排放入海的区域，可通过旁通管路向舷外直接排放。布置形式见图9。

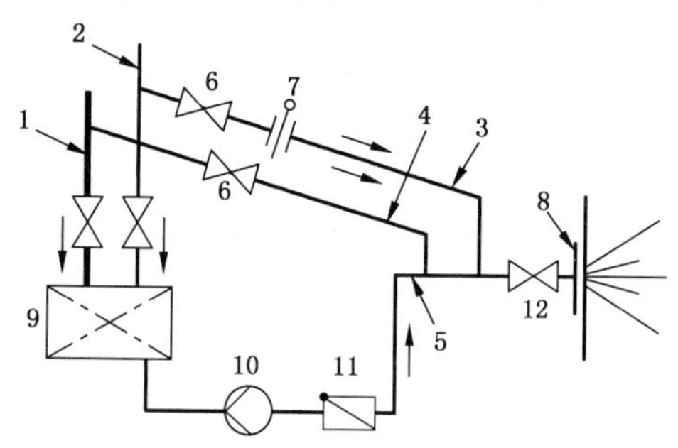

说明：
1——污水排放管路；
2——灰水排放管路；
3——污水旁通管；
4——灰水旁通管；
5——污水处理管路；
6——隔离闸阀；
7——通过双联盲板法兰关闭，可选；
8——壳板废水排放；
9——存储装置(例如：集污箱)；
10——泵；
11——止回阀；
12——外板关闭设备。

图9 旁通管

4.3.2 管路布置

重力排放管系的旁通管路通过废水处理管直接连接污水总排水管，其中废水处理管从废水存储装置到船壳板排水口。

旁通管路入口应紧跟附加关闭设备安装关闭闸阀。

旁通管路水流方向应向污水处理管注入，接口尽可能接近船壳板上的关闭附件。

旁通管路的关闭设备应符合4.4规定。

4.3.3 关闭设备

重力排放管系在船壳板处的关闭装置应符合第5章的最低要求。

4.4 密闭舱室废水经排水管直接舷侧排放

4.4.1 基本要求

引自干舷甲板/舱壁甲板下方的舱室，或干舷甲板/舱壁甲板上方的密闭舱室、风雨密舱室的排放管路，应按4.4.2根据长度 F 和船长 L 比例关系安装关闭设备。

客船限界线下方舱室的排水管路应在船壳板处安装带有操作装置的螺旋止回阀。

操作装置应安装在舱壁甲板上方且易接近的地方，并附有“开/关”位置指示器。

位于干舷甲板/舱壁甲板上方的第1甲板舱室上方或更高的舱室，尽管可能安装了风雨密门和关闭设备，可视为露天舱室。由这些舱室引出并直接通往舷侧的管路应符合 ISO 15749-5 的规定。

4.4.2 关闭设备的结构形式

4.4.2.1 一般要求

图 10～图 19 给出了船壳板处及管路中关闭设备可能的结构形式示例。

注：图 10～图 16 的结构形式不适用于客船极限吃水下方舱室的排放管路。为满足其他船型破舱稳性的要求，仅当漏水口位于破舱水线上方时采用这些结构形式。

在图 10～图 19 中：

——F 为漏水口与夏季载重线/夏季木材载重线的垂向间距；

——L 为船体垂向间长。

4.4.2.2 $F \leqslant 0.01\ L$

船壳板处安装螺旋止回阀，使其能在干舷甲板上方工作点通过指示器进行关闭操作，可以采用图 10 示例。

还可以采用另一种形式，在船壳板处安装关闭路闸阀，使其能在干舷甲板上方工作点通过指示器进行关闭操作，并在管路上安装自行关闭的止回附件，见图 11。

机舱内的排水管上可以在船壳板上安装可就地操作的关闭闸阀，并在管路上安装止回附件，见图 12。

4.4.2.3 $0.01\ L < F \leqslant 0.02\ L$

分别安装在船壳板处和夏季载重线/极限吃水上方的管路上的两个止回附件，应随时易达，见图 13；或者，若图 13 中的形式不适用时，可以在两个止回附件之间或下游安装易达的关闭闸阀，见图 14 和图 15。

还可以采用的另一种形式，在船壳板处安装一个止回附件和一个螺旋止回阀，见图 16。

4.4.2.4 $F > 0.02\ L$

船壳板处安装止回附件，可以采用图 17 示例。

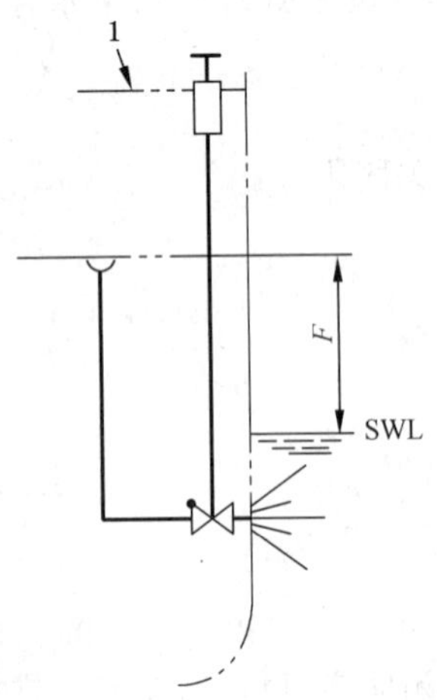

说明：

1——干舷甲板或舱壁甲板。

图 10 螺旋止回阀

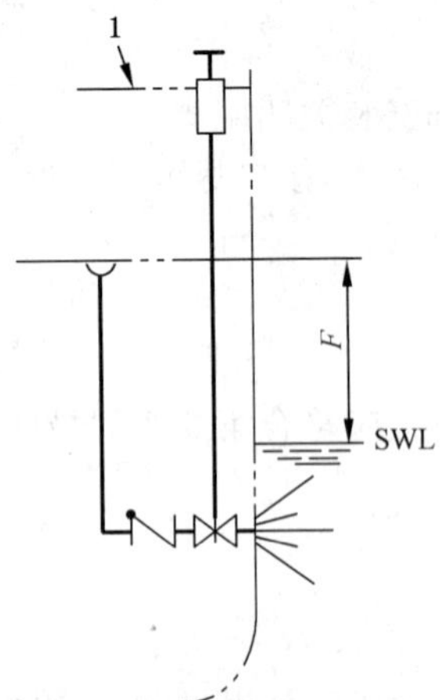

说明：

1——干舷甲板或舱壁甲板。

图 11 关闭闸阀

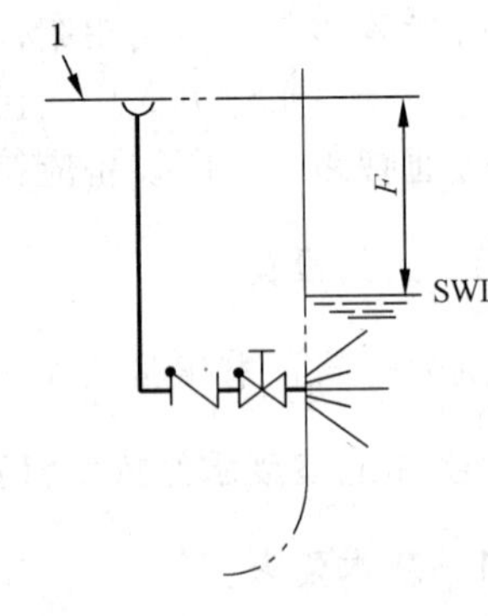

说明：

1——干舷甲板或舱壁甲板。

图 12 就地操作关闭闸阀

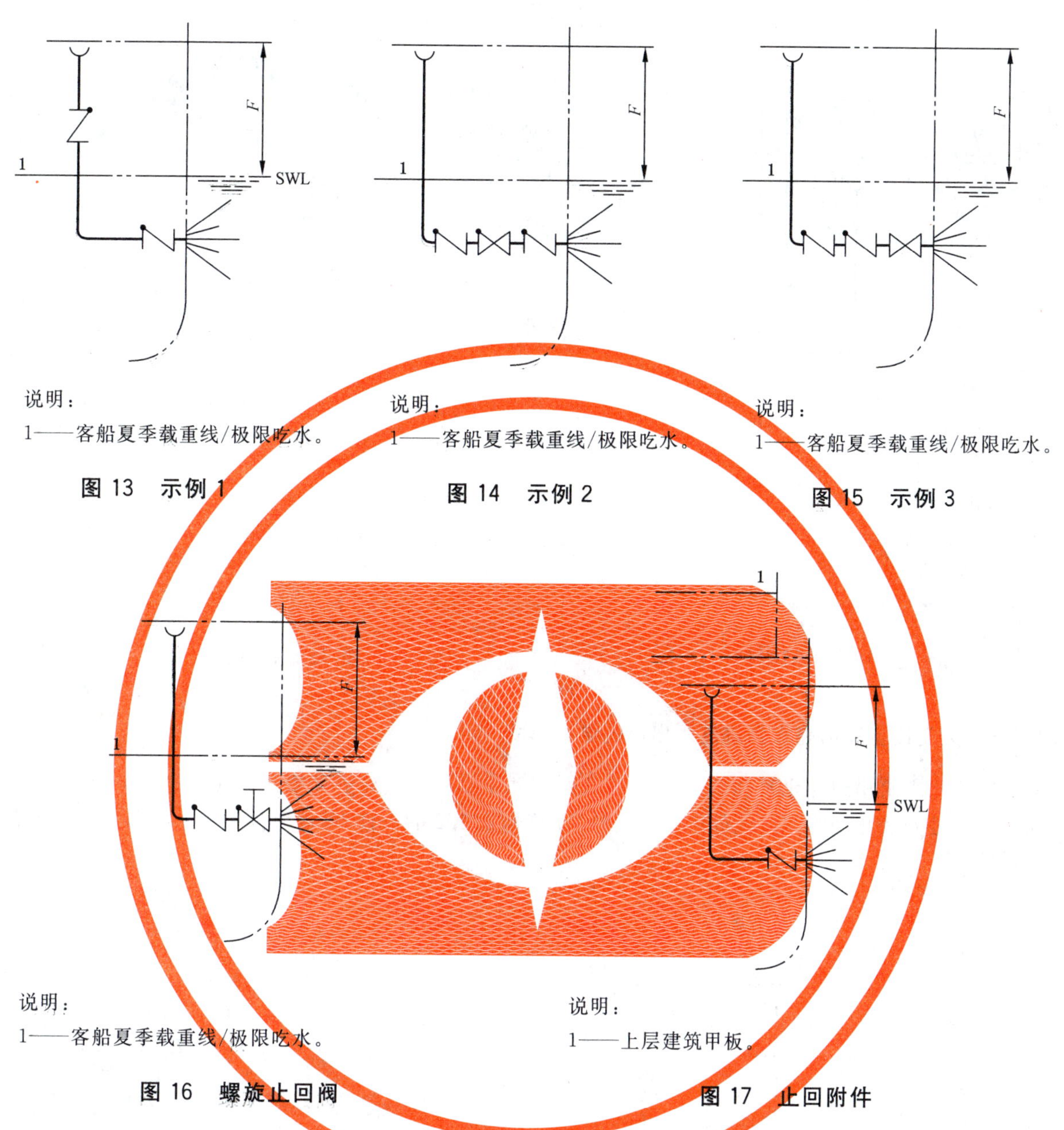

说明:

1——客船夏季载重线/极限吃水。

图 13 示例 1

说明:

1——客船夏季载重线/极限吃水。

图 14 示例 2

说明:

1——客船夏季载重线/极限吃水。

图 15 示例 3

说明:

1——客船夏季载重线/极限吃水。

图 16 螺旋止回阀

说明:

1——上层建筑甲板。

图 17 止回附件

4.4.2.5 客船限界线下方舱室的排放

船壳板处安装螺旋止回阀,使其能在干舷甲板上方工作点通过指示器进行关闭操作,可以采用图 18 示例。

还可以采用另一种形式,分别安装在船壳板处和分舱载重线上方管路中的两个止回附件应随时可达,见图 19。

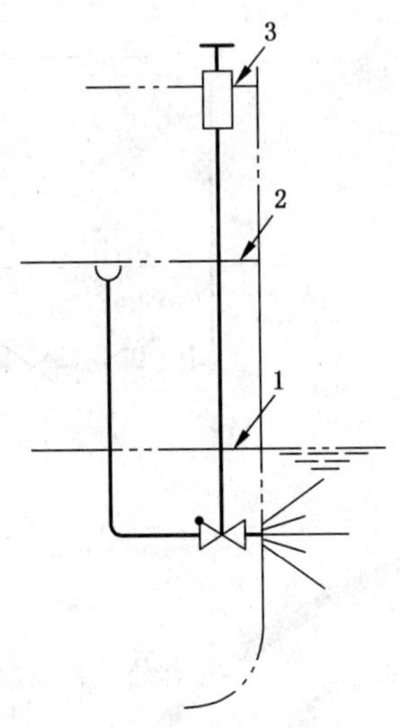

说明：

1——分舱载重线；

2——极限吃水；

3——舱壁甲板。

图 18　止回附件示例 1

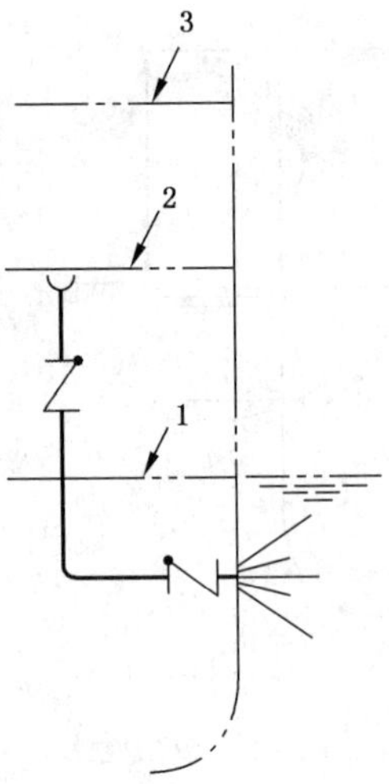

说明：

1——分舱载重线；

2——极限吃水；

3——舱壁甲板。

图 19　止回附件示例 2

4.4.3　关闭设备和船壳板处排废水出口的结构形式

管路的废水出口原水平位置低于干舷甲板超过 450 mm 或高出夏季载重线不超过 600 mm 时，应在船壳板处安装止回附件。此处的止回附件，在符合 4.4.2 的条件下，可不采用表 1 中 B 系列壁厚的管路，见图 20。

单位为毫米

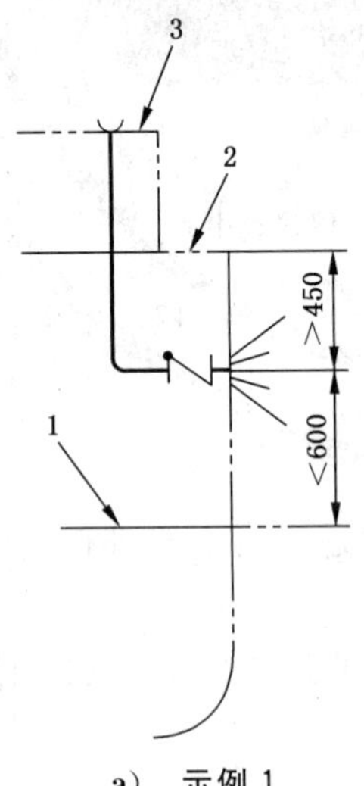

a）　示例 1

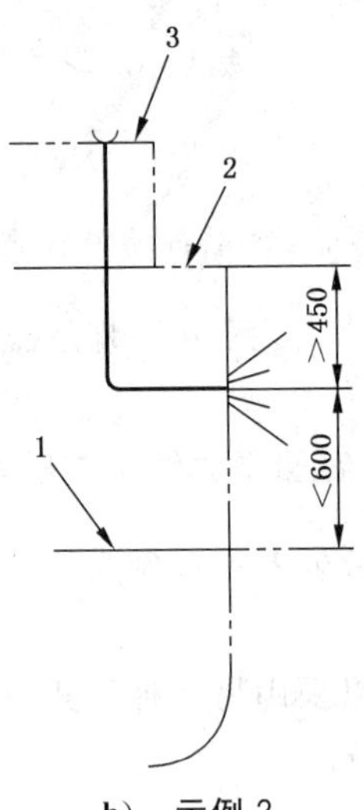

b）　示例 2

1——夏季载重线；

2——干舷；

3——上层建筑甲板。

图 20　4.4.3 示例

5 废水出口

5.1 位置

船壳板排水出口尽可能远离舷梯和救生艇下水处。

废水出口应尽可能远离航行方向的海水入口。

污水出口应尽可能布置于夏季载重线下方。

5.2 结构形式

污水出口处应安装符合舷外接头要求的焊接法兰。

6 管件

6.1 管子

污水处理管(压力管)、旁通管、引至船壳板处污水出口的排放管应采用钢管。

下述类型管适用,相关尺寸见表1:

——符合 ISO 4200 和 ISO 9329-1 规定的无缝钢管 St 37.0;

——符合 ISO 4200 和 ISO 9330-1 规定的焊接钢管 St 37.0。

可以采用下列最小壁厚:

——A 系列适用于污水处理管、排水管、引至船壳板处废水出口的旁通管;

——B 系列适用于船壳板上的舷外废水出口和船壳板前的关闭附件之间的管路段,如果此附件不是直接安装在船壳板上的,对 4.2.2.2.3 中的单环管路也适用;

——N 系列适用于符合 4.2.3 的污水处理管(压力管),由废水存储装置引出至废水排放接头(MARPOL 法兰)。

6.2 泵

选用的泵应适用于 GB/T 27888 的本部分规定结构的排放管路的操作。

6.3 附件

所要安装的附件有关闭设备和其他开关装置,在废水处理管路应包括闸阀和止回附件。

作为关闭设备使用的附件应为厂内制造的,且采用相关船级社认可的延展性良好的材料。

参 考 文 献

[1] ISO 7608 Shipbuilding—Inland navigation—Couplings for disposal of oily mixture and sewage water.

ICS 47.020.30
U 50

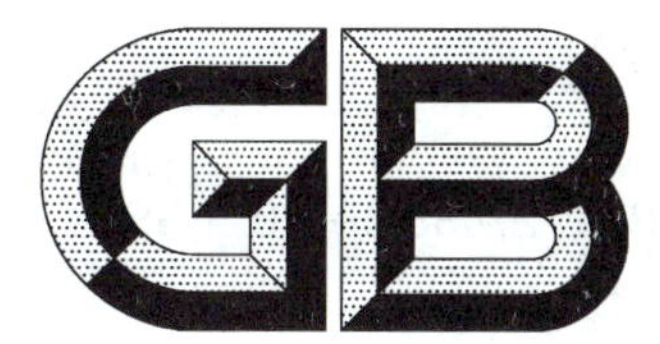

中华人民共和国国家标准

GB/T 27888.5—2011/ISO 15749-5:2004

船舶与海上技术 船舶与海上结构物的排水系统 第5部分:甲板、货舱和泳池的排水

Ships and marine technology—Drainage systems on ships and marine structures—Part 5:Drainage of decks,cargo spaces and swimming pools

(ISO 15749-5:2004,IDT)

2011-12-30 发布　　2012-06-01 实施

中华人民共和国国家质量监督检验检疫总局
中国国家标准化管理委员会　发布

前　言

GB/T 27888《船舶与海上技术　船舶与海上结构物的排水系统》分为5个部分：

——第1部分：卫生水排放系统设计；

——第2部分：重力系统的卫生水排放及排水管道；

——第3部分：真空系统的卫生水排放及排放管道；

——第4部分：卫生水排放和污水处理管；

——第5部分：甲板、货舱和泳池的排水。

本部分为GB/T 27888的第5部分。

本部分按照GB/T 1.1—2009给出的规则起草。

本部分使用翻译法等同采用ISO 15749-5:2004《船舶与海上技术　船舶与海上结构物的排水系统　第5部分：甲板、货舱和泳池的排水》。

与本部分规范性引用文件中的国际文件有一致性对应关系的我国文件如下：

——GB/T 27888.1　船舶与海上技术　船舶与海上结构物的排水系统　第1部分：卫生水排放系统设计(ISO 15749-1:2004,IDT)；

——GB/T 27888.4　船舶与海上技术　船舶与海上结构物的排水系统　第4部分：卫生水排放和污水处理管(ISO 15749-4:2004,IDT)。

本部分由中国船舶工业集团公司提出。

本部分由全国船用机械标准化技术委员会管系附件分技术委员会(SAC/TC 137/SC 3)归口。

本部分起草单位：中国船舶工业综合技术经济研究院、无锡市金羊管道附件有限公司、中船澄西船舶修造有限公司。

本部分主要起草人：王俊、张美玲、老轶佳、罗发元、王锡明、袁雪峰、何继荣。

船舶与海上技术 船舶与海上结构物的排水系统 第5部分:甲板、货舱和泳池的排水

1 范围

GB/T 27888 的本部分适用于灰水重力系统排放管路的规划和设计:

——船舶和海洋结构物的风雨甲板和非风雨密舱室;

——滚装舱室;

——货舱;

——泳池。

注:装有活着动物的处所的废水应认为是污水,其排放符合 MARPOL 规则。污水排放见 ISO 15749-2 和 ISO 15749-3。

设计和基本要求见 ISO 15749-1。

2 规范性引用文件

下列文件对于本文件的应用是必不可少的。凡是注日期的引用文件,仅注日期的版本适用于本文件。凡是不注日期的引用文件,其最新版本(包括所有的修改单)适用于本文件。

ISO 65 按照 ISO 7/1 攻丝的碳素钢管(Carbon steel tubes suitable for screwing in accoedance with ISO 7-1)

ISO 4200 焊接和无缝平端钢管 管的尺寸和单位长度重量(Plain end steel tubes, welded and seamless—General tables of dimensions and masses per unit length)

ISO 9329-1 压力用途的无缝钢管 交货技术条件 第1部分:规定室温性能的非合金钢(Seamless steel tubes for pressure purposes—Technical delivery conditions—Part 1: Unalloyed steels with specified room temperature properties)

ISO 9330-1 压力用途的焊接钢管 交货技术条件 第1部分:规定室温性能的非合金钢管(Welded steel tubes for pressure purposes—Technical delivery conditions—Part 1: Unalloyed steel tubes with specified room temperature properties)

ISO 15749-1 船舶与海上技术 船舶与海上结构物的排水系统 第1部分:卫生水排放系统设计(Ships and marine technology—Drainage systems on ships and marine structures—Part 3: Sanitary drainage-system design)

ISO 15749-4 船舶与海上技术 船舶与海上结构物的排水系统 第4部分:卫生水排放和污水处理管(Ships and marine technology—Drainage systems on ships and marine structures—Part 4: Sanitary drainage, sewage disposal pipes)

3 术语和定义

ISO 15749-1 界定的术语和定义适用于本文件。

3.1

排水管 drain line

以重力原理将污水从漏水口直接引至舷外或引入舭部，且中间不连接集污箱或污水处理装置的管路。

4 露天甲板和非风雨密舱室的排水

4.1 基本要求

4.1.1 露天甲板、上层建筑或无风雨密门的甲板室的废水应舷外排放。

4.1.2 上层建筑露天甲板的废水可以直接舷外排放，或从高层甲板引至低层甲板通过管路排放。

4.1.3 风雨甲板废水应主要通过舷墙上的漏水口舷外排放。其余不能通过舷墙漏水口排放的废水应通过排水管路排放。

4.1.4 由于废水中可能含有烟灰，从烟囱或排气管引出的排水管路不应在露天甲板处断开。

若考虑废水的总量，此管线可以连接至其他露天甲板管线直接舷外排放。

4.2 漏水口

漏水口应为非气密排水。

4.3 管件

4.3.1 管件类型

下列管件类型适用于甲板排水：

——符合 9.1 规定的钢管；

——承插式接头管，仅适用于上层建筑露天甲板区域。

也可以采用经船级社认可的塑料管。

4.3.2 公称内径

上述管件的公称内径范围通常为 NB 40～NB 150。

表 1 给出了与公称内径和重力系统管路的预计排水量。

表 1 排水量

公称内径 NB	40	50	65/70	80	100	125	150
排水量/(L/s)	0.4	0.7	1.8	2.6	4.7	8.5	13.8

排水量的计算可以参考图 A.1。

5 客船舱壁甲板上货舱的排水和货船干舷甲板上货舱、货船车辆甲板的排水

当船舶横倾 5°时，客船舱壁甲板的货舱或货船干舷甲板的废水应直接舷外排放。至舷外的排水管应安装符合 ISO 15749-4 要求的止回附件。

冷藏舱室的废水通常通过独立的排水管输送至舭部。

当船舶横倾小于 5°、甲板边缘浸水时，废水应输送至尺寸足够大的集污箱。这些集污箱应安装液位警报器，并应能通过一定装置舷外排水。

应保证下列附加要求：

——排水口的尺寸和数量满足防止自由水积聚的要求；

——重力系统管路的尺寸考虑浸水系统和所需消防喷口的排水量；

——受燃油和/或危险品污染的废水不能引入机舱或其他带有易燃源的舱室；

——受二氧化碳装置保护的舱室排水孔安装灭火气防漏装置。

6 泳池排水

6.1 露天甲板泳池

与甲板排水方式相同，露天甲板的漏水孔和泳池溢水管应经过排水管路直接将废水舷侧排放。如果船舶稳性计算不包括露天甲板泳池，应咨询船级社以确认是否提供和如何紧急排放。

6.2 室内泳池

6.2.1 干舷甲板上方泳池

见6.1和第8章。

6.2.2 干舷甲板的泳池及其下方泳池

这些区域内的泳池可以通过符合ISO 15749-4要求的适合的关闭设备直接舷外排水。

6.3 管件

应采用符合9.1或9.2的钢管。

7 废水排放

露天甲板、车辆甲板和泳池引出至船壳板处的管路排水口应尽可能远离舷梯和救生艇下水处。

8 关闭附件(关闭设备)

见ISO 15749-4。

9 管件

9.1 一般要求

管件应符合相关船级社的规定。

考虑到第4章～第6章的规定，下列管件适用于排水管：

——符合9.2规定的钢管；

——符合9.3规定的钢制承插式接头管。

根据表3和表4选取管子的公称内径。

9.2 钢管

9.2.1 管件类型

采用下列类型管件或等同管件：

——符合 ISO 4200 和 ISO 9329-1 的无缝钢管 S 235 JR；
——符合 ISO 4200 和 ISO 9330-1 的焊接钢管 S 235 JR；
——符合 ISO 65 的螺纹钢管 S 185。

9.2.2 尺寸

排水管的尺寸根据安装位置，应选择表 2 和表 3 的 A 系列、B 系列和 N 系列。

表 2 不同安装位置的钢管壁厚系列

<table>
<tr><th colspan="2">安装位置</th><th>壁厚系列</th></tr>
<tr><td colspan="2" rowspan="2">同类介质舱室
不同类介质舱室[a]</td><td>A</td></tr>
<tr><td>B</td></tr>
<tr><td rowspan="2">干舷甲板或舱壁甲板以下[b]</td><td>船壳板处未安装关闭阀(用于排放露天甲板的废水)</td><td>B</td></tr>
<tr><td>船壳板处安装关闭阀</td><td>A</td></tr>
<tr><td colspan="2">干舷甲板上方[c]</td><td>N</td></tr>
<tr><td colspan="2">货舱</td><td>B</td></tr>
<tr><td colspan="2">舭部管件终止</td><td>A</td></tr>
</table>

[a] 见 ISO 15749-1。
[b] 见 ISO 15749-4。
[c] 仅适用于特定情况由船级社批准。

表 3 钢管尺寸

单位为毫米

公称内径 NB	外径 d	壁厚 S_{min}			
		壁厚系列			
		A	B	N	
				D[a]	E[b]
40	48.3	4.5	6.3	2.3	2.6
50	60.3	4.5	7.1	2.3	2.9
65	76.1	4.5	7.1	2.6	2.9
80	89.9	4.5	8	2.9	3.2
100	114.3	4.5	8	3.2	3.6
125	139.7	4.5	8.8	3.6	4
150	168.3	5	10	4	4.5

[a] 符合 ISO 4200 壁厚范围 D。
[b] 符合 ISO 4200 壁厚范围 E。

9.3 承插式接头管

承插式接头管的安装和布置见生产商说明书。

应使用钢制的或不锈钢制的带有套管接头和圆柱形导向附件(A)的管件。

管外径和壁厚见表 4。

表 4　承插式接头管尺寸

单位为毫米

公称内径 NB	外径 d	壁厚 S_{min}
40	42	1.5
50	53	1.5
70	73	1.6
80	89	1.6
100	102	2
125	133	2.5
150	159	2.5

附 录 A
（资料性附录）
排水量计算图

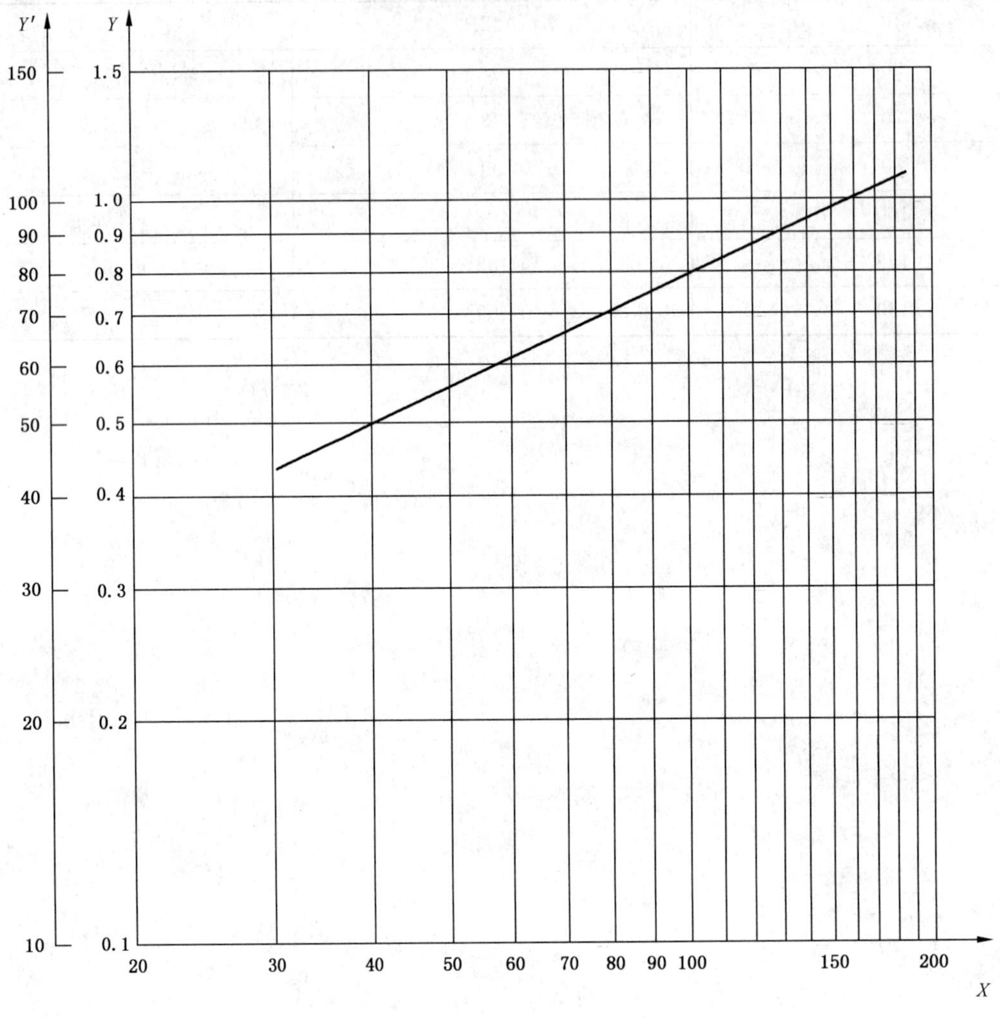

说明：

X——排水管通径，mm；

Y——排水速度，m/s；

Y′——甲板面积，m^2。

图 A.1

ICS 01.040.47;01.080.30;47.020.60
U 04

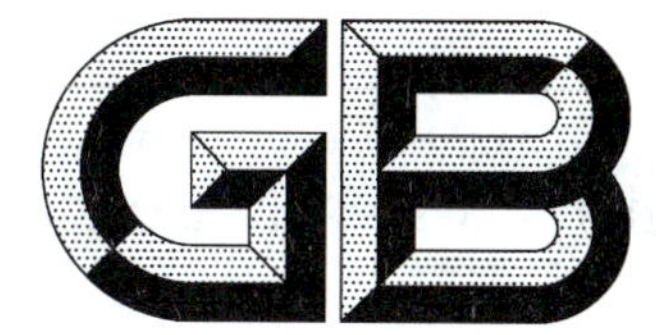

中华人民共和国国家标准

GB/T 27889—2011/ISO 19018:2004

船舶和海上技术　导航术语、缩略语、图形符号和概念

Ships and marine technology—Terms, abbreviations, graphical symbols and concepts on navigation

(ISO 19018:2004, IDT)

2011-12-30 发布　　2012-05-01 实施

中华人民共和国国家质量监督检验检疫总局
中国国家标准化管理委员会　发布

前　言

本标准按照 GB/T 1.1—2009 给出的规则起草。

本标准使用翻译法等同采用 ISO 19018:2004《船舶和海上技术　导航术语、缩略语、图形符号和概念》(英文版)。

本标准相对于 ISO 19018:2004 做了下列编辑性修改:

——删去了国际标准的前言和引言;

——“本国际标准”一词,在本标准中改为“本标准”;

——标识小数的“,”改为“.”;

——对规范性引用文件中的部分引用标准已被替代的采用加注说明。

本标准由中国船舶工业集团公司提出。

本标准由全国海洋船标准化技术委员会(SAC/TC 12)归口。

本标准起草单位:中国船舶工业综合技术经济研究院、中国船舶重工集团公司第七〇七研究所。

本标准主要起草人:康元、章永生、滕国栋、张子剑。

船舶和海上技术　导航术语、缩略语、图形符号和概念

1　范围

本标准规定了用于船舶导航的术语、缩略语和图形符号。

本标准适用于船舶导航专业技术。

注 1：缩略语的应用很广泛，但不应用于数学公式中。需要在数学公式中使用的符号已注明。

注 2：导航是定位以及规划、记录和控制船舶或运载体从一地移动到另一地的过程。

2　规范性引用文件

下列文件对于本文件的应用是必不可少的。凡是注日期的引用文件，仅注日期的版本适用于本文件。凡是不注日期的引用文件，其最新版本（包括所有的修改单）适用于本文件。

ISO 31-1　量值和单位　第1部分：空间和时间（Quantities and units—Part 1：Space and time）

IEC 60872-1　海上导航和无线电通信设备及系统　雷达标绘仪　第1部分：自动雷达标绘仪（ARPA）　测试方法和要求的测试结果（Maritime navigation and radiocommunication equipment and systems—Radar plotting aids—Part 1：Automatic radar plotting aids（ARPA）—Methods of testing and required test results）

IEC 60872-2　海上导航和无线电通信设备及系统　雷达标绘仪　第2部分：自动跟踪仪（ATA）　测试方法和要求的测试结果（Maritime navigation and radiocommunication equipment and systems—Radar plotting aids—Part 2：Automatic tracking aids（ATA）—Methods of testing and required test results）

IEC 60872-3　海上导航和无线电通信设备及系统　雷达标绘仪　第3部分：电子标绘仪（EPA）　性能要求　测试方法和要求的测试结果（Maritime navigation and radiocommunication equipment and systems—Radar plotting aids—Part 3：Electronic plotting aid（EPA）—Performance requirements—Methods of testing and required test results）

IEC 60936-1　海上导航和无线电通信设备及系统　雷达　第1部分：船用雷达　性能要求　测试方法和要求的测试结果（Maritime navigation and radiocommunication equipment and systems—Radar—Part 1：Shipborne radar—Performance requirements—Methods of testing and required test results）

IEC 60936-2　海上导航和无线电通信设备及系统　雷达　第2部分：高速船（HSC）船用雷达　测试方法和要求的测试结果（Maritime navigation and radiocommunication equipment and systems-radar—Part 2：Shipborne radar for high-speed craft（HSC）—Methods of testing and required test results）

IHO Chart INT 1　用于海图的符号和缩略语、术语（Symbols and Abbreviations Terms used on Charts）

IHO 海图规范（Chart specifications of the IHO）

注 1：IEC 60872-1、IEC 60872-2、IEC 60872-3、IEC 60936-1、IEC 60936-2 已被 IEC 62338:2007 代替。

3 海上导航专用单位

3.1 距离单位

编号	单位名称	国际单位符号	定义、换算系数和备注
3.1.1	海里 **nautical mile**	NM 在海图中：M[a]	1 NM=1 852 m 海里不属于国际单位。其定义在1929年的第1届国际水文会议上通过(见ISO 31-1)
3.1.2	链 **cable, cable length**	cbl	一海里的十分之一
[a] 符号M用于符合《IHO海图规范》(1982年摩纳哥第12届国际水道测量会议生效)的海图。			

3.2 速度和速率单位

编号	单位名称	国际单位符号	定义、换算系数和备注
3.2.1	节 **knot, knots**	kn	1 kn=1 NM/h=0.514 444 m/s(见ISO 31-1和IHO Chart INT 1) 速度是一个矢量，而速率只是一个有数值的标量

3.3 角度单位

编号	单位名称	国际单位符号	定义、换算系数和备注
3.3.1	度 **degree**	°	1°=π/180 rad
3.3.2	分 **minute**	′	1′= 1°/60 (见ISO 31-1) 在海上导航中，角度应以度、分以及分的小数部分表示(例如：应写成17°40.25′而不是17°40′15″)

4 基准方向

4.1 北向

北向是水平基准方向。

编号	术语名称	缩略语	定义、备注
4.1.1	真北 **true north**	TN	子午线(见9.1.12)向北的方向
4.1.2	磁北 **magnetic north**	MN	地球磁场水平分量(见14.2)向北的方向
4.1.3	罗北 **compass north**	CN	磁罗经指针或0位指示的向北的方向
4.1.4	陀螺北 **gyro north**	GyN	陀螺罗经指示的向北的方向

4.2 正前方向

正前方向是船舶艏艉线向艏的方向。

5 航向、艏向、航迹、速率

5.1 航向、艏向

航向(CRS)和艏向(HDG)是角度,相对于第4章规定的基准方向在水平面测量,顺时针自000°至小于360°以3位数字记录。

在雷达导航中,缩略语CRS指航向和HDG指艏向是首选。

编号	术语名称	缩略语	定义、备注
5.1.1	真航向 **true course**	TC T CRS	船舶计划的操纵方向,由经过船舶所在位置的子午线与艏艉线间的夹角定义,以自真北(000°)的角度单位表示
	操舵航向 **course to steer**	CTS	
5.1.2	真艏向 **true heading**	TH T HDG	船舶纵轴指向的实际方向,由经过船舶所在位置的子午线与艏艉线间的夹角定义,以自真北(000°)的角度单位表示
5.1.3	磁航向 **magnetic course**	MC M CRS	船舶计划的操纵方向,由经过船舶所在位置的磁子午线(见14.4)与艏艉线间的夹角定义,以自磁北(000°)的角度单位表示
5.1.4	磁艏向 **magnetic heading**	MH M HDG	船舶纵轴指向的实际方向,由经过船舶所在位置的磁子午线与艏艉线间的夹角定义,以自磁北(000°)的角度单位表示
5.1.5	罗航向 **compass course**	CC C CRS	船舶计划的操纵方向,由罗北(见4.1.3)与船舶艏艉线间的夹角定义,以自罗北(000°)的角度单位表示
5.1.6	罗艏向 **compass heading**	CH C HDG	船舶纵轴指向的实际方向,由罗北与船舶艏艉线间的夹角定义,以自罗北(000°)的角度单位表示
5.1.7	陀螺航向 **gyro course**	GyC Gy CRS	船舶计划的操纵方向,由陀螺北(见4.1.4)与船舶艏艉线间的夹角定义,以自真北(000°)的角度单位表示
5.1.8	陀螺艏向 **gyro heading**	GyH GY HDG	船舶纵轴指向的实际方向,由陀螺北与船舶艏艉线间的夹角定义,以自真北(000°)的角度单位表示
5.1.9	对水航向 **course through water**	CTW	船舶对水运动的方向,由经过船舶所在位置的子午线与船舶对水运动方向间的夹角定义,以自真北(000°)的角度单位表示
5.1.10	计划航向 **course of advance,** **course to make good**	COA	自船舶最近的船位(见9.2.5)至下一推算位置(见9.2.3)的方向,以自真北(000°)的角度单位表示
5.1.11	对地航向 **course over ground**	COG	船上测量的船舶相对于地的运动方向,以自真北(000°)的角度单位表示
5.1.12	实际航向 **course made good**	CMG	两个船位(见9.2.5)之间的恒向线方向(9.2.12)

5.2 航迹

航迹指:

a) 在海图上标绘已航行过的对地(对地航迹)或对水(对水航迹)路径,以自真北(000°)顺时针至小于360°的角度单位表示;应区分恒向线(见9.2.11)航迹和大圆(见9.2.9)航迹;

b) 平面位置显示器(见15.4)上的雷达目标路径。

编号	术语名称	缩略语	定义、备注
5.2.1	**计划对水航迹** **intended water track**	WT	船舶运动相对于水的计划路径
5.2.2	**对水航迹** **water track**	WAT TRK	船舶运动相对于水的实际路径
5.2.3	**计划对地航迹** **intended ground track**	GT	船舶运动对地的计划路径
5.2.4	**对地航迹** **ground track**	GND TRK	船舶运动对地的实际路径
5.2.5	**实际航迹** **track made good**	TMG	两个船位(见9.2.5)之间的航迹

5.3 航速

编号	术语名称	缩略语	定义、备注
5.3.1	**航速** **speed**	SPD	由主机或帆产生的向正前方向(见4.2)的本船速率
5.3.2	**对水航速** **speed through the water**	STW	船舶相对于水面的航速
5.3.3	**计划航速** **speed of advance,** **speed to make good**	SOA	船舶相对于地的估计航速
5.3.4	**对地航速** **speed over the ground**	SOG	在船上测量的船舶相对于地的航速
5.3.5	**实际航速** **speed made good**	SMG	两个船位之间的船舶的航速

6 方位

方位(BRG)是相对于第4章规定的基准方向在水平面上进行的角度测量,顺时针自000°至360°测量,以3位数字表示。在雷达导航中,缩略语BRG是方位首选。

编号	术语名称	缩略语	定义、备注
6.1	**真方位** **true bearing**	TB T BRG	自真北(000°)至对象的角位移,雷达平面位置显示器(PPI)上的电子方位线(见15.2.4)的方向
6.2	**磁方位** **magnetic bearing**	MB	自磁北(000°)至对象的角位移
6.3	**罗方位** **compass bearing**	CB	自罗北(000°)至对角的角位移

编号	术语名称	缩略语	定义、备注
6.4	**陀螺方位** **gyro bearing**	GyB Gy BRG	自陀螺北(000°)至对象的角位移，雷达平面位置显示器(PPI)上电子方位线(见15.2.4)的方向
6.5	**相对方位** **relative bearing**	RB R BRG	自本船正前方向(见4.2)至对象的角位移，在雷达平面位置显示器上是自艏向线(见15.2.3)至电子方位线(见15.2.4)。以"右"(右舷)或"左"(左舷)表示，从000°至180°半圆计算

7 校正

校正数值是由一个参数的真值和测量值之间差异形成的最佳估计值。特征为：校正值是正值，以符号附加在观察的读数之后。

编号	术语名称	缩略语	定义、备注
7.1	**磁差** **magnetic variation**	MAG VAR	地球上某处地理子午线(见9.1.12)与磁子午线(见14.4)之间的夹角，也称为磁偏角。自真北至磁北向东命名为E(符号为"+")，向西命名为W(符号为"−")
7.2	**自差** **deviation**	DEV	磁子午线(见14.4)与罗经刻度盘轴线之间的夹角。当受到局部(磁)吸引干扰时，以罗经刻度盘北端方向自磁北的偏移量显示，表示为向东或向西的度数，自磁北至罗北向东命名为E(符号为"+")，向西命名为W(符号为"−")
7.3	**罗经总误差校正** **total compass error correction**	CE	磁差和自差的总和。真北和罗北之间的夹角，自真北向东命名为E(符号为"+")，向西命名为W(符号为"−")
7.4	**速度误差校正** **speed error correction**	δ_{Gy}[a]	陀螺艏向误差校正。取决于船舶的位置、航速和航向，船舶向南移动标记为"+"，船舶向北移动标记为"−"
7.5	**陀螺误差校正** **gyro error correction**	GyE	陀螺罗经所有误差(包括航速误差)的校正。真北和陀螺北之间的夹角，自真北向东标记为"+"，误差低，向西标记为"−"，误差高
7.6	**陀螺 R 校正** **gyro-R**	—	对不含航速误差(陀螺仪残差)的陀螺罗经指示测量误差的校正
7.7	**陀螺 A 校正** **gyro-A**	—	对陀螺罗经R校正的常数部分的校正；测量的陀螺罗经R值的平均值
7.8	**风压差** **leeway angle**	—	对水航向与操舵航向之间的角度差(CTW-TC)
7.9	**流压差** **drift angle**	—	计划航向或对地航向与对水航向之间的角度差(COA-CTW或COG-CTW)
7.10	**风流压差** **leeway and drift angle**	—	计划航向或对地航向与操舵航向之间的角度差(COA-TC或COG-TC)；风压差与流压差的和
7.11	**半收敛角** **conversion angle**	u[a]	地球表面自一点至另一点的恒向线(见9.2.11)与大圆(见9.2.9)之间在该点的角度差
[a] 公式符号			

8 风和流的影响

8.1 风

风向是空气吹来的方向。该运动矢量是风向的相反方向。例如，对于向 270°(在气象图上的矢量方向)方向运动的空气而言是东风。

编号	术语名称	定义、备注
8.1.1	**真风** **true wind**	相对于大地上一个固定点的空气速度(速率和方向)
8.1.2	**速度风** **speed wind**	仅由船舶相对于大地运动引起的空气速度(与实际航向相反的方向)
8.1.3	**表观风** **apparent wind** **相对风** **relative wind**	相对于运动船舶的空气速度；表观风或相对风矢量(船上感觉的风)减去速度风矢量等于真风矢量

8.2 风流压三角形

风流压三角形见图 1。

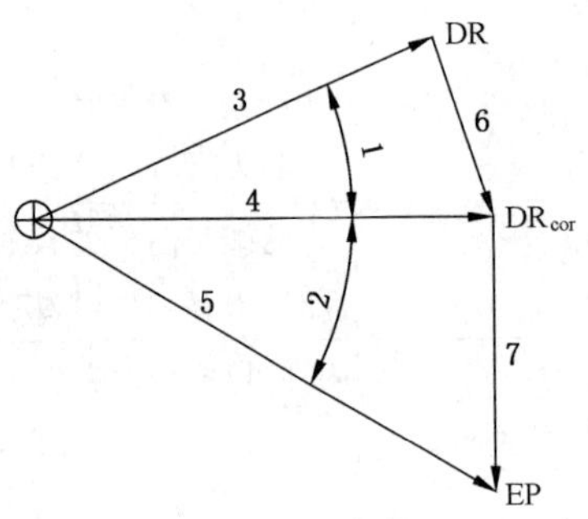

说明：

⊕ ——最后位置；
1 ——风压差(见 7.8)；
2 ——流压差(见 7.9)；
3 ——本船矢量(见 8.2.1)；
4 ——计划对水航迹(见 5.2.1 和 8.2.3)；
5 ——计划对地航迹(见 5.2.3 和 8.2.5)；
6 ——风压矢量(见 8.2.2)；
7 ——流压矢量(见 8.2.4)；
DR ——积算船位(见 9.2.1)；
DR_{cor}——校正积算船位(海上船位)(见 9.2.2)；
EP ——推算船位(见 9.2.3)。

图 1 风流压三角形

编号	术语名称	矢量定义	编号	矢量量值	缩略语	编号	矢量方向	缩略语
8.2.1	**本船矢量** **own ship's velocity**	本船速度	8.2.1.1	航速 (5.3.1)	SPD	8.2.1.2	操舵航向 (5.1.1)	CTS TC
8.2.2	**风压矢量** **leeway vector**	受风影响的船舶矢量	8.2.2.1	风压漂移	—	8.2.2.2	风向	—
8.2.3	**计划对水航迹** **intended water track**	相对于水的船舶矢量	8.2.3.1	对水航速 (5.3.2)	STW	8.2.3.2	对水航向 (5.1.9)	CTW
8.2.4	**流压矢量** **drift vector**	水面的横向矢量	8.2.4.1	流速	—	8.2.4.2	流向	—
8.2.5	**计划对地航迹** **intended ground track**	相对于地面的船舶矢量	8.2.5.1	计划航速 (5.3.3)	SOA	8.2.5.2	计划航向 (5.1.10)	COA

9 地理坐标、位置、线、图形符号

9.1 大地坐标

编号	术语名称	缩略语	定义、备注
9.1.1	**大地基准** **geodetic datum**	—	在计算地球某点坐标中，用于大地测量控制的一组参数的指定参考坐标系
9.1.2	**世界大地坐标系** **World Geodetic System**	WGS	一个由美国研发的用于卫星定位并被国际水道组织推荐用于水道测量和制图的全球大地参考系统
9.1.3	**纬度** **latitude** **地理纬度** **geographic latitude**	Ψ LAT	自赤道(00°)向北或向南至90°测量的角位移，并且标记为N或S以指示测量方向
9.1.4	**经度** **longitude** **地理经度** **geographic longitude**	λ LON	本初子午线(000°)(见9.1.13)与经过地球某一点的子午线在极点处的夹角，自本初子午线向东或向西至180°测量，并且标记为E或W以指示测量方向[a]
9.1.5	**大地纬度** **geodetic latitude**	—	地球赤道平面与一个标准地球椭圆体测量点之间的角位移，自赤道(00°)向北或向南至90°测量，并且标记为N或S
9.1.6	**大地经度** **geodetic longitude**	—	大地本初子午面(000°)与测量点所在大地子午面之间的夹角，自本初子午线向东或向西至180°测量，并且标记为E或W[a]
9.1.7	**地心纬度** **geocentric latitude**	—	赤道平面(见9.2.8)与基准椭球中心到椭球体上一点半径矢量的夹角，自赤道(00°)向北或向南至90°测量，并且标记为N或S

编号	术语名称	缩略语	定义、备注
9.1.8	**地心经度** **geocentric longitude**	—	地心本初子午面(000°)与测量点所在地心子午面之间的夹角,自本初子午线向东或向西至180°测量,并且标记为E或W[a]
9.1.9	**天文纬度** **astronomical latitude**	—	天赤道(00°)平面与通过测量点的铅垂线之间的角位移,自向北或向南至90°测量,并且标记为N或S
9.1.10	**天文经度** **astronomical longitude**	—	本初子午线平面与通过该点的天球子午圈(见12.2.8)平面的角度,自本初子午圈向东或向西测量至180°,并且标记为E或W
9.1.11	**纬度圈** **parallel of latitude**	—	地球表面上与赤道平行的小圆
9.1.12	**子午线** **meridian**	—	地球地理极点之间的大圆;南北基准线
9.1.13	**本初子午线** **prime meridian** **格林尼治子午线** **Greenwich meridian**	—	基准的子午线000°;经度测量的起始子午线
9.1.14	**纬度差** **difference of latitude**	$d.\mathrm{lat}$ $\Delta\Psi$[b]	两地纬线之间在任意子午线所对应的短弧,以测量角表示
9.1.15	**纬度间距** **distance of latitude**	b[b]	两平行纬度之间在一条子午线上的距离,以海里表示
9.1.16	**经度差** **difference of longitude**	$d.\mathrm{lon}$ $\Delta\lambda$[b]	两地子午线之间在一条纬线上所对应的短弧,以角度单位表示
9.1.17	**赤道经度间距** **distance of longitude on equator**	l[b]	两条子午线之间在赤道处的距离,以海里表示
9.1.18	**平均纬度** **mean latitude**	L_m Ψ_m	两处纬度和的一半,以角度单位表示
9.1.19	**东西距** **departure**	Dep A[b]	于任意给定纬度的纬线圈的两子午线之间的距离,以海里表示;从一点向另一点航行过程中实际位置与计划位置在东西方向的距离
9.1.20	**纬度渐长率** **meridional parts**	Φ[b]	赤道与墨卡托投影地图上给定纬线间的子午线的弧长,以赤道上经度1′为单位表示
9.1.21	**纬度渐长率差** **meridional difference**	$\Delta\Phi$[b]	任意两条给定纬线的纬度渐长率的差

[a] 地理、大地和地心子午圈平面是相同的;

[b] 公式符号。

9.2 位置和线

编号	术语名称	缩略语	定义、备注
9.2.1	**积算船位** **dead reckoning position**	DR	由船舶最近船位(见 9.2.5)的真航向(见 5.1.1)和本船航速(见 5.3.1)计算出的位置
9.2.2	**校正积算船位** **corrected dead reckoning position** **海上船位** **sea position**	DR_{cor}	由船舶最近船位的对水航向和对水航速(见 5.1.9 和 5.3.2)累加计算获得的位置
9.2.3	**推算船位** **estimated position**	EP	考虑到包括水流在内的所有预期影响,由最近船位、船舶计划航向和计划航速(见 5.1.10 和 5.3.3)计算后获得的船舶最大概率位置
9.2.4	**假定位置** **assumed position**	AP	假定运载体位于地球表面一点的位置,用于确定天文观测解决方案中的计算高度
9.2.5	**船位** **fix**	Fix	不考虑任何其他以前位置的船舶确定位置
9.2.6	**北极** **North pole**	P_N	北方的地理极
9.2.7	**南极** **South pole**	P_S	南方的地理极
9.2.8	**赤道** **equator**	—	与地轴垂直的平面在地球表面上形成的基准大圆
9.2.9	**大圆** **great circle**	GC	地球表面与通过地球中心的平面的交线;也被称为大圆弧
9.2.10	**大圆方向** **great-circle direction**	—	大圆的水平方向,以从真北(000°)至船舶位置的角位移表示
9.2.11	**恒向线** **rhumb line**	RL	地球表面上与所有子午线相交成等角的线;在墨卡托投影地图上为直线;也称为斜航线
9.2.12	**恒向线方向** **rhumb-line direction**	—	恒向线的水平方向,以从真北(000°)至船舶位置的角位移表示
9.2.13	**航线** **course line**	—	船舶预定计划航向的图示
9.2.14	**船位线** **line of position**	LOP	标绘船舶所在位置的线
9.2.15	**船位转移线** **transferred line of position**	—	向航线方向移动航行距离的船位线
9.2.16	**恒位线** **line of equal bearings**	LEB	一个对象的相同方位的线
9.2.17	**等高线** **line of equal altitudes**	—	在天球地平圈(12.2.1)以上的天体中心具有相等角位移的线

9.3 图形符号

Chart INT 1发布了用于船舶海图的图形符号、缩略语和术语。本条列出了用于本标准术语的符号。

编号	图形符号	定义、备注
9.3.1	----------------------------->	船位线(见9.2.14);如果船位线的点是指向一个对象,箭头指向这一对象
9.3.2	--------------------------->->	船位转移线(见9.2.15);箭头点指向对象
9.3.3	+	推算或积算船位,用在圆括号中的4位数字注明时间。如:(0715)
9.3.4	⊕	船位(见9.2.5);用圆括号中的4位数字注明时间。如:(0715)

10 航路点导航

10.1 点

编号	术语名称	缩略语	定义、备注
10.1.1	**出发港(或点)** **port (or point) of departure**	—	航行开始的港(或点)
10.1.2	**目的地** **destination**	DEST	船舶驶向的地理点。它可以是沿航路点路径的下一个航路点或航行的最终目的地
10.1.3	**航路点** **waypoint**	WPT	在一条航路(见10.2.3)上的点
10.1.3 a)	**航路点距离** **waypoint distance**	WPD	到一个航路点的距离
10.1.3 b)	**航路点方位** **waypoint bearing**	WPB	一个航路点的方位
10.1.4	**大圆顶点** **vertex**	—	大圆上距北极或南极最近的点

10.2 距离

编号	术语名称	缩略语	定义、备注
10.2.1	**大圆距离** **great-circle distance,** **orthodromic distance**	D_G	一个大圆上两点之间的距离
10.2.2	**恒向线距离** **rhumb-line distance,** **loxodromic distance**	D_L	一条恒向线上两点之间的距离

编号	术语名称	缩略语	定义、备注
10.2.3	航路 **route**	RTE	一个航次的计划对地航迹(见5.2.4)
10.2.4	航段 **leg**	—	两个航路点之间的计划对地航迹
10.2.5	应驶距离 **distance to go**	DTG	路径上至下一个航路点或目的地的距离
10.2.6	偏航距离 **cross track distance**	XTD	与计划对地航迹垂直的位置距离
10.2.7	沿径误差 **along track error**	ATE	在计划对地航迹方向上的位置误差
10.2.8	船位调整 **fix adjustment**	—	自推算船位(见9.2.3)到船位(见9.2.5)的矢量

10.3 时间

编号	术语名称	缩略语	定义、备注
10.3.1	预计到达时间 **estimated time of arrival**	ETA	到达目的地或航路点的预计时间
10.3.2	应驶时间 **time to go**	TTG	从现在位置到达一个目的地或航路点的预计航行时间
10.3.3	预计开航时间 **estimated time of departure**	ETD	离开港口或航路点的预计时间

11 时间术语

11.1 时间通用术语

编号	术语名称	缩略语	定义、备注
11.1.1	国际原子时 **International Atomic Time**	TAI	国际时间局(BIH)基于原子钟确立的时间参考坐标
11.1.2	世界时 **Universal Time**	UT	由地球的自转运动和显示其旋转的周日视动所定义的时间。因旋转的速度变化,世界时并非严格均匀
11.1.3	世界时0 **Universal Time 0**	UT0	由恒星中天穿过测者子午线测得地球自转的未修正时间。该自转参考黄道上的基准标记代表平太阳的大致位置
11.1.4	世界时1 **Universal Time One**	UT1	对UT0做极移校正。本初子午线(见9.1.13)的平太阳时,自午夜起经过24 h观查地理极点的运动测量;用于天文导航
11.1.5	世界时2 **Universal Time Two**	UT2	对UT1做地球自转速度季节性变化的校正

编号	术语名称	缩略语	定义、备注
11.1.6	协调世界时 **Coordinated Universal Time**	UTC	从大多数广播时间信号获得的时标。它与TAI(见11.1.1)相差若干整数秒。为使UTC与UT1之差保持在1 s以内,必要时,一般在12月底将其步进1 s(闰秒)
11.1.7	**DUT1**	DUT1	UT1减UTC差的近似值,将码加在广播信号中传输
11.1.8	标准时 **standard time**	ST	特定区域依法设定的时间
11.1.9	格林尼治标准时间 **Greenwich Mean Time**	GMT	过去的时标;有时还使用UTC和UT1的差,而不是在格林尼治子午线(9.1.13)的地方平均时(见11.2.2)

11.2 导航使用的与时间有关的术语

编号	术语名称	缩略语	定义、备注
11.2.1	地方视时 **local apparent time**	LAT	地方天球子午圈的子圈(见12.2.10)与真太阳时圈之间在天赤道上的弧,自地方天球子午圈的子圈向西测量至24 h
11.2.2	地方平均时 **local mean time**	LMT	地方天球子午圈的子圈与平太阳时圈之间在赤道上的弧,自地方天球子午圈的子圈向西测量至24 h
11.2.3	时差 **equation of time**	—	地方视时与地方平均时在任意时刻的差
11.2.4	区时 **zone time**	ZT	参考地方平均时或分区子午圈中自始至终保持指定区域的时间。分区子午圈通常最接近于经度可被15°整除的子午圈
11.2.5	天文时间 **chronometer time**	—	天文钟指示的时间
11.2.6	天文钟校正 **chronometer correction**	CC	将必须的值加至天文时间以获得世界时(UT)。天文钟校正在数值上等于天文钟误差,但符号相反
11.2.7	时间经差 **difference of longitude in time**	—	经度差(见9.1.16)除以地球角速度15°/h
11.2.8	时区号 **zone description**	—	区时与UTC之间的时间差
11.2.9	中天 **meridian passage**	MP	天体跨越格林尼治时圈的通过时刻

12 天文导航

12.1 天球坐标,天球上的点、线和角

编号	术语名称	缩略语	定义、备注
12.1.1	天顶 **zenith**	Z	观测者处垂直向上的天球点

编号	术语名称	缩略语	定义、备注
12.1.2	天底 **nadir**	Na	观测者处垂直向下的天球点
12.1.3	天极 **celestial poles**	P_N,P_S	地轴延长与天球的交点，标记为N和S
12.1.4	仰极 **elevated pole**	—	地平线以上的天极
12.1.5	俯极 **depressed pole**	—	地平线以下的天极
12.1.6	基本方位 **cardinal points**	—	四个主要方向：北、东、南和西
12.1.7	北 **north**	N	相对于地球的主要基准方向，以真北表示(000°)(见4.1.1)
12.1.8	东 **east**	E	北向右090°的方向
12.1.9	南 **South**	S	自北180°的方向
12.1.10	西 **west**	W	北向右270°或北向左090°的方向
12.1.11	春分 **Aries, vernal equinox**	♈	太阳自南纬圈向北纬圈移动形成的黄道与天赤道的交点；也称为“春分点”
12.1.12	秋分 **autumnal equinox**	Ω	太阳自北纬圈向南纬圈移动形成的黄道与天赤道的交点；也称为“秋分点”

12.2 大圆和小圆

编号	术语名称	缩略语	定义、备注
12.2.1	天球地平圈 **celestial horizon**	—	天球与穿过地心且垂直于天顶——天底线的平面所确定的天球圈
12.2.2	高度圈 **parallel of altitude**	—	平行于天球地平圈的天球圈，连接所有高度相等点；也称为等高圈
12.2.3	地平经圈 **vertical circle**	—	通过天顶和天底的天球大圆
12.2.3a)	主垂直圈 **principal vertical**	—	通过南北天极的地平经圈
12.2.3b)	东西圈 **prime vertical**	—	垂直于主垂直圈的地平经圈。东西圈与地平线的交点定义了天球地平圈的东西点
12.2.4	天赤道 **celestial equator**	—	天球的基准大圆，自天极处处均为90°
12.2.5	赤纬圈 **parallel of declination**	—	平行于天赤道的天球圈

编号	术语名称	缩略语	定义、备注
12.2.6	天体时圈 hour circle	—	通过天极的大圆
12.2.7	格林尼治天体时圈 Greenwich hour circle	—	天球上从本初子午线(见 9.1.13)延伸出的天体时圈
12.2.8	天球子午圈 celestial meridian	—	通过天极、天顶和天底的天球大圆
12.2.9	午圈 upper branch	—	从两极通过天顶的半个天球子午圈
12.2.10	子圈 lower branch	—	从两极通过天底的半个天球子午圈
12.2.11	北子午圈 north meridian	—	通过北天极的地平经圈
12.2.12	南子午圈 south meridian	—	通过南天极的地平经圈

12.3 天球高度和角位移

编号	术语名称	缩略语	定义、备注
12.3.1	真高度 true altitude	h	天球地平圈以上天体中心的角位移
12.3.2	方位角 azimuth	Zn	一个天体点的水平方向,以从真北(000°)顺时针至小于 360°的角位移表示
12.3.3	赤纬 declination	d,dec	介于天赤道和天球上一点间在时圈上的弧,自天赤道(00°)向北或南测量至 90°,并以标记 N(符号+)或 S(符号−)来指示测量方向
12.3.4	地方时角 local hour angle	LHA	介于地方天球子午圈的午圈和天球上一点时圈间的天极角,自地方天球子午圈(000°)向西测量至小于 360°
12.3.4.1	子午角(东) meridian angle (East)	t_E	介于地方天球子午圈的午圈和天体时圈间的天极角,自地方天球子午圈向东测量至 180°
12.3.4.2	子午角(西) meridian angle (West)	t_W	介于地方天球子午圈的午圈和天体时圈间的天极角,自地方天球子午圈向西测量至 180°
12.3.4.3	春分点地方时角 local hour angle of Aries	LHA ♈	介于地方天球子午圈的午圈和春分点时圈间的天极角,自地方天球子午圈(000°)向西测量至小于 360°
12.3.5 a)	格林尼治时角 Greenwich hour angle	GHA	经度为 000°的地方时角
12.3.5 b)	春分点格林尼治时角 Greenwich hour angle of Aries	GHA ♈	介于格林尼治时圈和春分点时圈间的天极角,自格林尼治时圈(000°)向西测量至小于 360°
12.3.6	恒星时角 sidereal hour angle	SHA	介于春分点时圈和天体上一点时圈间的天极角,自春分点时圈(000°)向西测量至小于 360°

编号	术语名称	缩略语	定义、备注
12.3.7	赤经 **right ascension**	RA	360°的恒星时角(SHA)
12.3.8	导航三角形 **navigational triangle**	—	由大圆连接的仰极、观测者(假设的)位置处的天顶和天体在天球上构成的天文三角形
12.3.9	视差角、星位角 **parallactic angle**	—	天球上球体的时圈与其地平经圈之间的角
12.3.10	天顶距 **zenith distance**	z	天顶与天球上一点之间在一个地平经圈上的弧,自天顶至天体地平圈向下测量至90°
12.3.11	中天高度 **meridian altitude**	—	天体在天球子午圈上的高度
12.3.12	极距 **polar distance**	p	天体仰极与天球上一个点之间在时圈上的弧

12.4 视野归算

视野归算是根据观测所需信息以建立位置线的过程。

编号	术语名称	缩略语	定义、备注
12.4.1	可见地平线 **visible horizon**	—	天与地相接的线,并在天体上投影的线
12.4.2	六分仪高度 **sextant altitude**	h_s	六分仪在应用校正之前指示的高度
12.4.3	仪表刻度校正 **index correction**	IC	导致六分仪读数错误,等同于标尺零和指示零的差的校正值
12.4.4	可见地平线以上六分仪高度 **sextant altitude above the visible horizon**	—	应用仪表刻度校正后的天体高度
12.4.5 a)	感觉地平面 **sensible horizon**	—	天球与通过观测者眼睛垂直于天顶——天底线的一个平面相交形成的天球圈
12.4.5 b)	海平面 **geoidal horizon**	—	天球与通过地球海平面表面上一点垂直于天顶——天底线的一个平面相交形成的天球圈
12.4.6	高度视差 **parallax in altitude**	PinA	一个天体的地心视差;因地球中心观测者的移位导致天体方向的差异,用来区别自HP(地平面视差)获得的假定高度
12.4.7	地平面视差 **parallax in horizon**	HP	天体在感觉地平面(见12.4.5)上的高度视差
12.4.8	蒙气差校正 **refraction correction**	R	校正因大气折射对六分仪高度的影响
12.4.9	地平俯角 **dip of the horizon**	D	介于感觉地平面与视线可见地平线之间的观测者眼睛的垂直角
12.4.10	眼高 **height of eye**	HE	观测者眼睛在水面以上的高度

编号	术语名称	缩略语	定义、备注
12.4.11	**视高度** **apparent altitude**		校正的六分仪高度(见12.4.2),包括IC、PinA、R、D和所有校正
12.4.12	**半径** **semi-diameter**	SD	观测者正对天体可见圆盘的半角
12.4.13	**假定位置** **assumed position**	AP	见9.2.4
12.4.14	**观测高度、真高度** **observed altitude,** **true altitude**	H_o	校正的六分仪高度;观测者沿垂直度盘测量天体中心在天球地平圈以上的角位移至90°
12.4.15	**计算高度** **computed altitude**	H_c	由表或天球自天球地平圈以上在垂直度盘上的弧度计算确定的天体中心的高度
12.4.16	**高度差** **altitude intercept**	H_o-H_c	短时间内观测高度和计算高度的差异,标记为"+"(朝向)和"—"(远离),用来表示实测高度是大于或小于计算高度

12.5 天体和六分仪高度符号

编号	符号	天　　体
12.5.1	☉	日　sun
12.5.2	☾	月　moon
12.5.3	*	恒星　star
12.5.4	♀	金星　Venus
12.5.5	♁	地球　Earth
12.5.6	♂	火星　Mars
12.5.7	♃	木星　Jupiter
12.5.8	♄	土星　Saturn
12.5.9	$\overline{\odot}$	上界(日)[a]　upper limb (sun)
12.5.10	$\underline{☾}$	下界(月)[a]　lower limb (moon)
12.5.11	—*—	天体中心(恒星或行星)　centre of a celestial body (star or planet)

[a] 观测天体的上限或下限的边界。

13 水深和潮汐高度

13.1 水深数据

编号	术语名称	缩略语	定义、备注
13.1.1	**水深** **depth of water**	—	水面和海底之间的距离

编号	术语名称	缩略语	定义、备注
13.1.2	**龙骨深** **depth below keel** **龙骨净深** **under-keel clearance**	—	龙骨和海底之间的距离
13.1.3	**传感器下水深** **depth below transducer**	—	传感器和海底之间的距离
13.1.4	**海图深度基准面** **chart datum**	—	海图上深度和干出高度对应的垂直基准面
13.1.5	**海图水深** **charted depth**	CD	自海图深度基准面至海底的垂直距离

13.2 潮汐高度和时间

编号	术语名称	缩略语	定义、备注
13.2.1	**潮汐** **Tide**	—	海洋、海湾等水面的周期性升降，主要由月亮、太阳与地球之间的引力作用引起
13.2.2	**潮波** **tidal wave**	—	潮汐的波浪运动
13.2.3	**涨潮** **flood,rising tide**	—	始于低水位终于其后的高水位的潮汐上升过程
13.2.4	**落潮** **ebb,falling tide**	—	始于高水位终于其后的低水位的潮汐下降过程
13.2.5	**潮流** **tidal stream**	—	水的水平运动，由月、日与地球之间的引力作用形成。 **注**：水流主要是由气象、海洋或地形所引起的水面非潮汐的水平运动
13.2.5 a)	**涨潮流** **flood stream**	—	涨潮时的潮流，一般朝向陆地
13.2.5 b)	**落潮流** **ebb stream**	—	落潮时的潮流，一般朝向海洋，远离陆地
13.2.6	**大潮** **springs,spring tides**	—	由于每半月一次的新月或满月影响发生的增强幅度的潮汐
13.2.7	**小潮** **neaps,neap tides**	—	由于每半月一次的上弦月和下弦月影响发生的减小幅度的潮汐
13.2.8	**月相不等潮龄** **age of phase inequality,** **age of tide**	—	介于新月或满月与涨潮最大影响阶段之间的时间间隔
13.2.9	**高潮** **high water**	HW	水面在一次震荡中达到的最高位置
13.2.9 a)	**高潮位** **high water height**	HWH	高潮水位在海图深度基准面以上的高度

编号	术语名称	缩略语	定义、备注
13.2.9 b)	**平均大潮高潮位** **mean high water springs**	MHWS	大潮高潮位的平均高度，也称为大潮高水位
13.2.9 c)	**平均小潮高潮位** **mean high water neaps**	MHWN	小潮高潮位的平均高度，也称为小潮高水位
13.2.9 d)	**高潮时** **high water time**	HWT	高潮的时间
13.2.10	**低潮** **low water**	LW	水面在一次震荡中达到的最低位置
13.2.10 a)	**低潮位** **low water height**	LWH	低潮水位在海图深度基准面以上的高度
13.2.10 b)	**平均大潮低潮位** **mean low water springs**	MLWS	大潮低潮位的平均高度，也称为大潮低水位
13.2.10 c)	**平均小潮低潮位** **mean low water neaps**	MLWN	小潮低潮位的平均高度，也称为小潮低水位
13.2.10 d)	**低潮时** **low water time**	LWT	低潮时间
13.2.11	**涨潮历时** **duration of rise**	—	由低潮至高潮的时间间隔
13.2.12	**落潮历时** **duration of fall**	—	由高潮至低潮的时间间隔
13.2.13	**潮涨** **rise of tide**	—	低潮位和下一个高潮位之间的差
13.2.14	**潮落** **fall of tide**	—	高潮位和下一个低潮位之间的差
13.2.15	**潮差** **range of tide**	—	潮涨和潮落的平均值
13.2.16	**潮高** **height of tide**	H	自海图深度基准面至任意阶段潮汐水面的垂直距离

13.3 专用站和潮汐表(A.T.T.)

编号	术语名称	缩略语	定义、备注
13.3.1	**基准站** **reference station**	Ref Sta	每天预报高潮和低潮时间、高度的选定站
13.3.2	**从属站** **subordinate station**	Sub Sta	向基准站提供高潮和低潮平均时间和高度差的站点

14 地磁

编号	术语名称	缩略语	定义、备注
14.1	磁通量密度 **flux density of terrestrial magnetism**	*F*	磁罗经处地球磁场的总强度
14.2	水平强度 **horizontal intensity**	*H*	*F*(磁能量密度)的水平分量
14.3	垂直强度 **vertical intensity**	*Z*	*F*(磁通量密度)的垂直分量;天底方向为正
14.4	磁子午线 **magnetic meridian**	—	地球磁北(见 4.1.2)方向未受干扰的磁力线
14.5	地磁赤道 **magnetic equator**	—	由 *Z*(垂直强度)等于 0 处所有点构成的线
14.6	磁倾角 **magnetic dip, inclination**	*I*, *Φ*	*F* 和 *H* 之间的仰角,以 −90°～+90°的角度单位表示
14.7	磁极 **magnetic pole**	—	地球上两极之一,磁倾角为 −90°或 +90°
14.7 a)	北极 **arctic pole**	—	靠近地理北极的磁极;磁倾角为 +90°;*I*=+90°
14.7 b)	南极 **antarctic pole**	—	靠近地理南极的磁极;磁倾角为 −90°;*I*=−90°
14.8	磁差 **magnetic variation**	MAG VAR	见 7.1
14.9	自差 **deviation**	DEV	见 7.2
14.10	自差系数 **deviation coefficients**	A,B,C, D,E	在任意艏向的自差数学表达式为: $Dev = A + B \times \sin\alpha + C \times \cos\alpha + D \times \sin2\alpha + E \times \cos2\alpha$ α——罗艏向(CH)

15 雷达导航

其他定义见 IEC 60872-1、IEC 60872-2、IEC 60872-3 和 IEC 60936-1、IEC 60936-2(见第 2 章)。

15.1 显示和平面位置显示器(PPI)上的雷达目标

编号	术语名称	缩略语	定义、备注
15.1.1	真运动 **true motion**	TM	本船和目标的运动按照其真航向和航速在 PPI(平面位置显示器)上的雷达显示
15.1.2	相对运动 **relative motion**	RM	目标运动相对于本船的雷达显示
15.1.2 a)	艏向向上 **head up**	H Up	目标动向以相对于本船艏向保持向上显示的非稳定雷达显示

编号	术语名称	缩略语	定义、备注
15.1.2 b)	航向向上 **course up**	C Up	目标动向以相对于本船预设的基本航向保持向上显示的方位稳定雷达显示
15.1.2 c)	北向上 **north up**	N Up	目标动向以相对于真北保持向上显示的方位稳定雷达显示
15.1.3	中心 **centre**	CENT	本船位置总是保持在PPI的中心
15.1.4	偏心 **off-centring**	OFFCENT	本船位置可以选择在PPI的任意位置

15.2 平面位置显示器(PPI)上的标识和线

编号	术语名称	缩略语	定义、备注
15.2.1	距标圈 **range rings**	—	以本船为中心相等间距的圈
15.2.2	可变距标圈 **variable range marker**	VRM	以本船为中心距离可变的线。在单一方位上可以显示为一个可变距离标志。起点可以偏离本船
15.2.3	艏向线 **heading line**	HL	指向本船艏向(见5.1.2)方向点的线
	艏向标识 **heading marker**	HM	
15.2.4	电子方位线 **electronic bearing line**	EBL	在雷达显示器上用于测定方位的一条明亮、可旋转的射线。可以以本船为中心或移位于别的起点
15.2.5	目标矢量 **target vector**	—	目标上的速度矢量线

15.3 控制要素

编号	术语名称	缩略语	定义、备注
15.3.1	自动频率控制 **automatic frequency control**	AFC	自动保持接收频率的技术
15.3.2	灵敏度时间控制 **sensitivity time control**	STC	当出现海面杂波时控制所施加变化抑制量的电子电路，也称为"Anti-Clutter Sea(海浪干扰抑制)"或"Sea(海)"
15.3.3	快变时间常数 **fast time constant**	FTC	用于雷达接收机，可根据持续时间长短对脉冲进行识别；从而在PPI上只显示满足长时间持续的目标前缘，例如针对雨中的目标；也称为"Anti-Clutter Rain(雨雪干扰抑制)"或"Rain(雨)"

15.4 标绘

编号	术语名称	缩略语	定义、备注
15.4.1	自动雷达标绘仪 **automatic radar plotting aids**	ARPA	根据标绘位置产生预测船舶矢量(见 15.2.5)的计算机辅助雷达数据处理系统;它应满足所需探测、捕获、跟踪、显示、警告、数据显示和试验模拟的要求
15.4.2	捕获 **acquisition,acquire**	ACQ	选择一个目标并启动跟踪(见 15.4.3)的过程
15.4.3	跟踪 **tracking**	—	观测雷达目标位置的动态变化,以确定其运动的过程
15.4.4	真航迹 **true track**	T TRK	由目标对水(在对海稳定时)或对地(在对地稳定时)的相对运动和本船运动的矢量合成获得的目标表观路径,以自真北的角位移和节数表示
15.4.4 a)	对地航迹 **ground track**	GND TRK	在对地稳定情况下的真航迹
15.4.4 b)	对水航迹 **water track**	WAT TRK	在对海稳定情况下的真航迹
15.4.5	相对航迹 **relative track**	R TRK	目标在相对运动监视器上显示的路径,以自监视器顶部的角度方向和节数表示
15.4.5 a)	相对航速 **relative speed**	—	相对目标航迹的速率
15.4.5 b)	相对航向 **relative course**	—	相对目标航迹的航向
15.4.6	过去位置 **past position**	PAST POSN	PPI 上的目标历史位置,也称为历史位置
15.4.7	警戒区 **guard zone**	GZ	由 PPI 上两个圈和线段构成的区域,进入区域的目标可被自动捕获
15.4.8	目标溢出 **target overflow**	—	可跟踪目标的最大数量。当超出时,可按选择条件采取删除目标给新目标让出空间
15.4.9	目标丢失 **target loss,lost target**	—	一个一直跟踪的目标自 PPI 消失
15.4.10	目标交换 **target swap,target swop**	—	两个相邻目标之间数据的交换

15.5 接近

编号	术语名称	缩略语	定义、备注
15.5.1	最近会遇点 **closest point of approach,** **closest plotted approach**	CPA	至目标的最近会遇点的距离
15.5.2	至最近会遇点时间 **time to closest point of approach**	TCPA	到达最近会遇点的预计所需时间

16 罗兰 C

编号	术语名称	缩略语	定义、备注
16.1	**时差** **time difference**	TD	接收到同一罗兰 C 台链的主台信号和副台相同脉冲群的时间差，以微秒表示
16.2	**群重复周期** **group repetition interval**	GRI[a]	一个罗兰 C 台链的主站和从站之间相同脉冲群的时间间隔，以微秒表示
16.3	**群重复周期标识符** **GRI-designator**	GRI[a]	罗兰 C 台链的标识符。组重复周期以微秒表示，以 10 ps 分隔
16.4	**基线长** **baseline length，** **baseline time travel**	BLL BTT	主台信号传播到副台所需时间，以微秒表示
16.5	**发射延迟** **emission delay**	ED	脉冲群从首次发射到二次发射的总用时
16.6	**编码延迟** **coding delay**	CD	发射延迟减去基线长；EDBLL
16.7	**附加二次相位因子** **additional secondary factor**	ASF	以罗兰 C 信号的对海传输速率为准，对通过陆—水混合路径的信号传输时间的修正，以微秒表示
[a] 区分 5 位数微秒单位组重复间隔和 4 位数无单位组重复间隔极为重要。			

17 全球定位系统(GPS)

17.1 精度因子

精度因子(DOP)是定位系统提供的定位精度与系统直接测量所得的“观察量”精度之间的关联参数。常与限定术语并用，例如几何、水平、垂直等，以表明该精度因子与全部或部分未知量相关联。

编号	术语名称	缩略语	定义、备注
17.1.1	**几何精度因子** **geometric dilution of precision**	GDOP	因体积关系使卫星定位精确度降低的几何因素
17.1.2	**位置精度因子** **positional dilution of precision**	PDOP	本定位点与用于三维定位的四颗卫星所确定的四面体体积的倒数值
17.1.3	**水平精度因子** **horizontal dilution of precision**	HDOP	PDOP 的水平部分；由四颗用于水平定位的卫星所确定面积的倒数值

参 考 文 献

[1] BOWDITCH,NATHANIEL,The American Practical Navigator,2002 Bicentennial Edition, National Imagery and Mapping Agency,Bethesda,Maryland,USA

[2] Admiralty Manual of Navigation,1,2nd imp. 1992; Ministry of Defence,HMSO,London

[3] Hydrographic Dictionary Part Ⅰ, International Hydrographic Office (IHO), 5th Ed. 1994,Monaco

[4] DIN 13312,Navigation—Concepts,abbreviations,letter symbols,graphical symbols; Deutsches Institut fur Normung,2003,Berlin

[5] HILL,C. H. F. Navigational terms. Nautical Briefing, Seaways, Feb. 1981, pp. 13 to 15; The Nautical Institute London

ICS 47.020.30
U 55

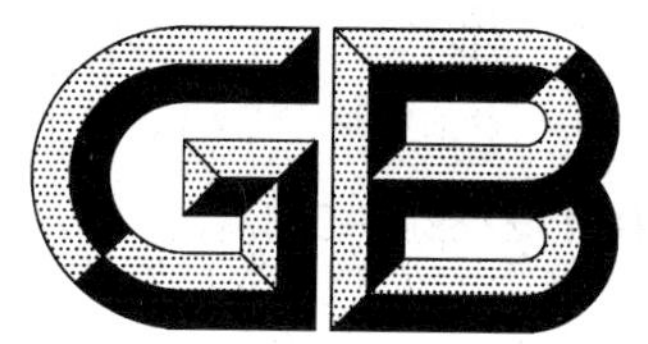

中华人民共和国国家标准

GB/T 27890—2011

船用超低温不锈钢承插焊接头

Marine cryogenic stainless steel socket welding fittings

2011-12-30 发布

2012-05-01 实施

中华人民共和国国家质量监督检验检疫总局
中国国家标准化管理委员会
发布

前 言

本标准按照 GB/T 1.1—2009 给出的规则起草。

本标准由中国船舶工业集团公司提出。

本标准由全国船用机械标准化技术委员会管系附件分技术委员会(SAC/TC 137/SC 3)归口。

本标准起草单位:江苏华阳管业股份有限公司、沪东中华造船(集团)有限公司、中国船舶工业综合技术经济研究院。

本标准主要起草人:唐钰明、李鸣、叶冬青、唐巧生、罗发元、耿海平。

船用超低温不锈钢承插焊接头

1 范围

本标准规定了船用超低温不锈钢锻制承插焊接头(简称接头)的分类和标记、要求、试验方法、检验规则、标志和包装。

本标准适用于设计压力不大于 21 MPa,工作温度不低于 −163 ℃的船用不锈钢锻制承插焊接头的设计、制造及验收。岸站不锈钢超低温管路系统的接头也可参照使用。

2 规范性引用文件

下列文件对于本文件的应用是必不可少的。凡是注日期的引用文件,仅注日期的版本适用于本文件。凡是不注日期的引用文件,其最新版本(包括所有的修改单)适用于本文件。

GB/T 600 船舶管路阀件通用技术条件

GB/T 1184—1996 形状和位置公差 未注公差值

GB/T 1220—2007 不锈钢棒

GB/T 1804—2000 一般公差 未注公差的线性和角度尺寸的公差

GB/T 1958 产品几何量技术规范(GPS) 形状和位置公差 检测规定

GB/T 12716—2002 60°密封管螺纹

ANSI/ASTM A182/A182M—05a 高温设备用锻造或轧制合金钢和不锈钢管法兰、接头、阀和附件的规定(Standard specification for forged or rolled alloy and stainless steel pipe flanges, forged fittings, and valves and parts for high_temperature service)

MSS SP-83-2006 钢管接头 承插焊与螺纹 3 000 磅 (Class 3 000 steel pipe unions socket welding and threaded)

3 分类和标记

3.1 型式

接头分为下列 6 种型式:

a) A 型——承插焊同径接头;

b) B 型——承插焊异径接头;

c) C 型——承插焊同径弯头;

d) D 型——承插焊同径三通接头;

e) E 型——承插焊螺纹接头;

f) F 型——承插焊支管接头。

3.2 基本参数

接头的基本参数见表 1。

表 1 接头的基本参数

<table>
<tr><th>型　　式</th><th>设计压力
P/
MPa</th><th>公称压力
PN</th><th>工作温度
t/
℃</th><th>公称尺寸
DN</th></tr>
<tr><td>A 型</td><td rowspan="4">21</td><td rowspan="4">210</td><td rowspan="6">−163～80</td><td>6～50</td></tr>
<tr><td>B 型</td><td>8/6～25/20</td></tr>
<tr><td>C 型</td><td rowspan="2">8～50</td></tr>
<tr><td>D 型</td></tr>
<tr><td>E 型</td><td rowspan="2">4</td><td rowspan="2">40</td><td>8～25</td></tr>
<tr><td>F 型</td><td>8～50</td></tr>
</table>

3.3 结构和尺寸

3.3.1 A 型接头的结构和尺寸见图 1 和表 2。

单位为毫米

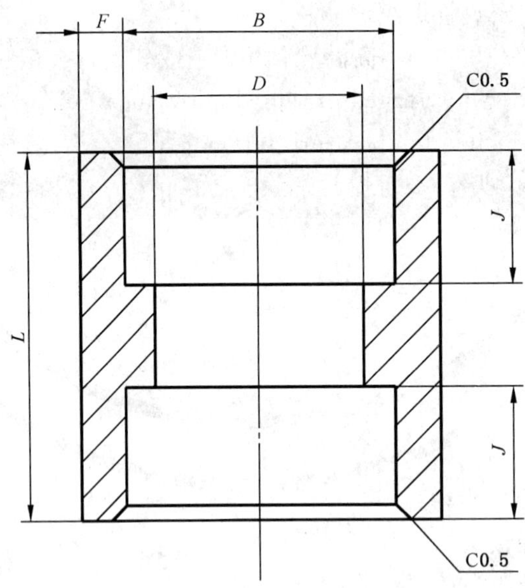

图 1 A 型接头的结构

表 2　A 型接头的尺寸

单位为毫米

公称尺寸 DN	管子外径	*B*		*D*		*F*[a]		*J*	*L*	理论质量/kg
		最大	最小	最大	最小	平均	最小	最小	最小	
6	10.3	11.2	10.8	7.6	6.1	3.30	3.18	9.5	25.5	0.05
8	13.7	14.6	14.2	10.0	8.5	3.78	3.30			0.05
10	17.1	18.0	17.6	13.3	11.8	4.01	3.50			0.06
15	21.3	22.2	21.8	16.6	15.0	4.67	4.09		28.5	0.11
20	26.7	27.6	27.2	21.7	20.2	4.90	4.27	12.5	34.5	0.17
25	33.4	34.3	33.9	27.4	25.9	5.69	4.98		37.5	0.27
32	42.2	43.1	42.7	35.8	34.3	6.07	5.28			0.35
40	48.3	49.2	48.8	41.6	40.2	6.35	5.54			0.43
50	60.3	61.7	61.2	53.3	51.8	6.93	6.05	16.0	51.0	0.72

[a] 接头本体厚度 *F* 的平均值不应小于表格中的数值，但表格中的最小值仅适用于局部位置。

3.3.2　B 型接头的结构和尺寸见图 2 和表 3。

单位为毫米

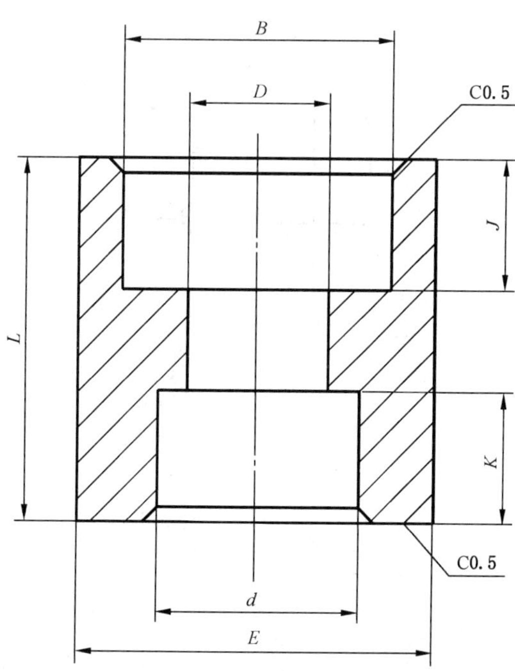

图 2　B 型接头的结构

表 3 B 型接头的尺寸

单位为毫米

<table>
<tr><th rowspan="2">公称尺寸
DN</th><th rowspan="2">管子外径</th><th colspan="2">B</th><th colspan="2">D</th><th colspan="2">d</th><th>E</th><th>J</th><th>K</th><th>L</th><th rowspan="2">理论质量/
kg</th></tr>
<tr><th>最大</th><th>最小</th><th>最大</th><th>最小</th><th>最大</th><th>最小</th><th>最小</th><th>最小</th><th>最小</th><th>最小</th></tr>
<tr><td>8/6</td><td>13.7/10.3</td><td>14.6</td><td>14.2</td><td>7.6</td><td>6.1</td><td>11.2</td><td>10.8</td><td rowspan="2">24.9</td><td rowspan="4">9.5</td><td rowspan="6">9.5</td><td rowspan="2">25.4</td><td rowspan="2">0.07</td></tr>
<tr><td>10/8</td><td>17.1/13.7</td><td>18.0</td><td>17.6</td><td rowspan="2">10.0</td><td rowspan="2">8.5</td><td rowspan="2">14.6</td><td rowspan="2">14.2</td></tr>
<tr><td>15/8</td><td>21.3/13.7</td><td rowspan="2">22.2</td><td rowspan="2">21.8</td><td rowspan="2">31.0</td><td rowspan="2">28.7</td><td>0.13</td></tr>
<tr><td>15/10</td><td>21.3/17.1</td><td>13.3</td><td>11.8</td><td>18.0</td><td>17.6</td><td>0.12</td></tr>
<tr><td>20/15</td><td>26.7/21.3</td><td>27.6</td><td>27.2</td><td rowspan="2">16.6</td><td rowspan="2">15.0</td><td rowspan="2">22.2</td><td rowspan="2">21.8</td><td>36.0</td><td rowspan="3">12.5</td><td>35.0</td><td>0.20</td></tr>
<tr><td>25/15</td><td>33.4/21.3</td><td rowspan="2">34.3</td><td rowspan="2">33.9</td><td rowspan="2">45.2</td><td rowspan="2">38.1</td><td>0.35</td></tr>
<tr><td>25/20</td><td>33.4/26.7</td><td>21.7</td><td>20.2</td><td>27.6</td><td>27.2</td><td>12.5</td><td>0.32</td></tr>
</table>

3.3.3 C 型接头的结构和尺寸见图 3 和表 4。

单位为毫米

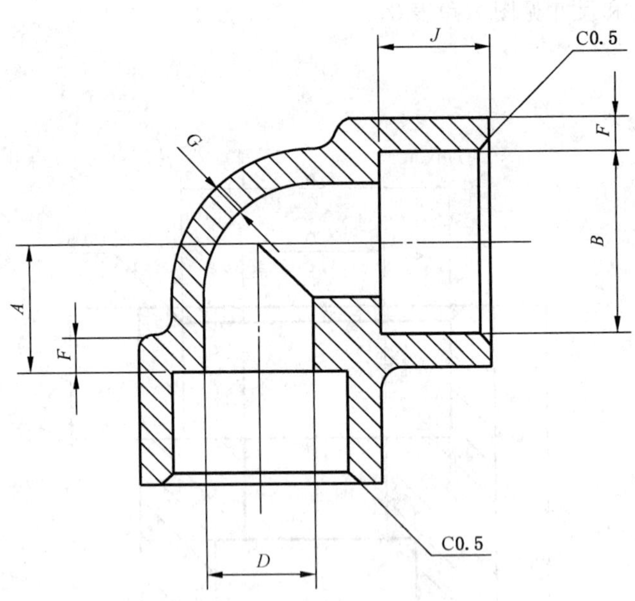

图 3 C 型接头的结构

表 4 C 型接头的尺寸

单位为毫米

公称尺寸 DN	管子外径	A	B		D		F[a]		G[a]	J	理论质量/kg
			最大	最小	最大	最小	平均	最小	最小	最小	
8	13.7	11.0±1.0	14.6	14.2	10.0	8.5	3.78	3.30	3.02	9.5	0.05
10	17.1	13.5±1.5	18.0	17.6	13.3	11.8	4.01	3.50	3.20		0.06
15	21.3	15.5±1.5	22.2	21.8	16.6	15.0	4.67	4.09	3.73		0.11
20	26.7	19.0±1.5	27.6	27.2	21.7	20.2	4.90	4.27	3.91	12.5	0.17
25	33.4	22.5±2.0	34.3	33.9	27.4	25.9	5.69	4.98	4.55		0.26
32	42.2	27.0±2.0	43.1	42.7	35.8	34.3	6.07	5.28	4.85		0.38
40	48.3	32.0±2.0	49.2	48.8	41.6	40.2	6.35	5.54	5.08		0.57
50	60.3	38.0±2.0	61.7	61.2	53.3	51.8	6.93	6.05	5.54	16.0	0.92

[a] 接头本体厚度 F 和 G 的平均值不应小于表格中的数值，但表格中的最小值仅适用于局部位置。

3.3.4 D 型接头的结构和尺寸见图 4 和表 5。

单位为毫米

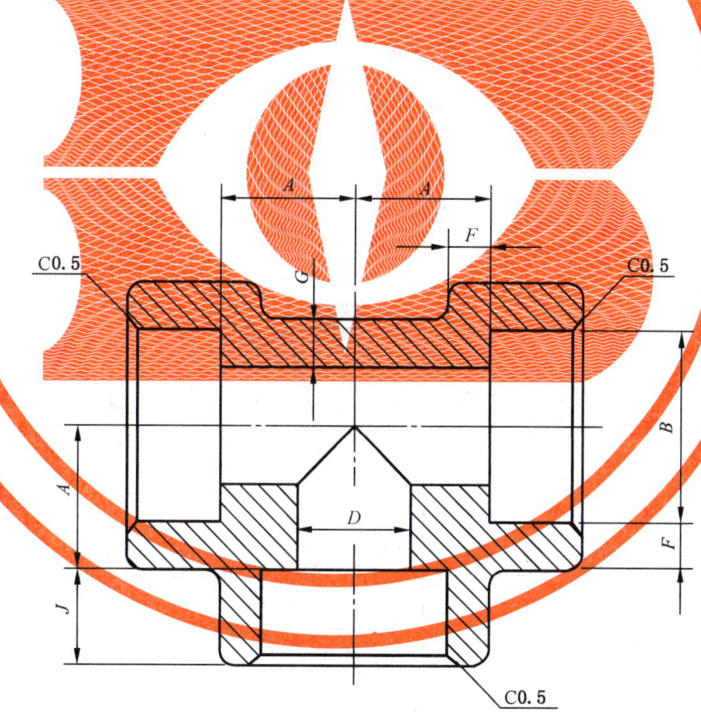

图 4 D 型接头的结构

表 5　D 型接头的尺寸

单位为毫米

<table>
<tr><th rowspan="2">公称尺寸
DN</th><th rowspan="2">管子外径</th><th rowspan="2">A</th><th colspan="2">B</th><th colspan="2">D</th><th colspan="2">F[a]</th><th>G[a]</th><th>J</th><th rowspan="2">理论质量/
kg</th></tr>
<tr><th>最大</th><th>最小</th><th>最大</th><th>最小</th><th>平均</th><th>最小</th><th>最小</th><th>最小</th></tr>
<tr><td>8</td><td>13.7</td><td>11.0±1.0</td><td>14.6</td><td>14.2</td><td>10.0</td><td>8.5</td><td>3.78</td><td>3.30</td><td>3.02</td><td rowspan="3">9.5</td><td>0.17</td></tr>
<tr><td>10</td><td>17.1</td><td>13.5±1.5</td><td>18.0</td><td>17.6</td><td>13.3</td><td>11.8</td><td>4.01</td><td>3.50</td><td>3.20</td><td>0.20</td></tr>
<tr><td>15</td><td>21.3</td><td>15.5±1.5</td><td>22.2</td><td>21.8</td><td>16.6</td><td>15.0</td><td>4.67</td><td>4.09</td><td>3.73</td><td>0.28</td></tr>
<tr><td>20</td><td>26.7</td><td>19.0±1.5</td><td>27.6</td><td>27.2</td><td>21.7</td><td>20.2</td><td>4.90</td><td>4.27</td><td>3.91</td><td rowspan="4">12.5</td><td>0.37</td></tr>
<tr><td>25</td><td>33.4</td><td>22.5±2.0</td><td>34.3</td><td>33.9</td><td>27.4</td><td>25.9</td><td>5.69</td><td>4.98</td><td>4.55</td><td>0.57</td></tr>
<tr><td>32</td><td>42.2</td><td>27.0±2.0</td><td>43.1</td><td>42.7</td><td>35.8</td><td>34.3</td><td>6.07</td><td>5.28</td><td>4.85</td><td>0.87</td></tr>
<tr><td>40</td><td>48.3</td><td>32.0±2.0</td><td>49.2</td><td>48.8</td><td>41.6</td><td>40.2</td><td>6.35</td><td>5.54</td><td>5.08</td><td>1.28</td></tr>
<tr><td>50</td><td>60.3</td><td>38.0±2.0</td><td>61.7</td><td>61.2</td><td>53.3</td><td>51.8</td><td>6.93</td><td>6.05</td><td>5.54</td><td>16.0</td><td>1.80</td></tr>
<tr><td colspan="12">[a] 接头本体厚度 F 和 G 的平均值不应小于表格中的数值，但表格中的最小值仅适用于局部位置。</td></tr>
</table>

3.3.5　E 型接头的结构和尺寸见图 5 和表 6。

单位为毫米

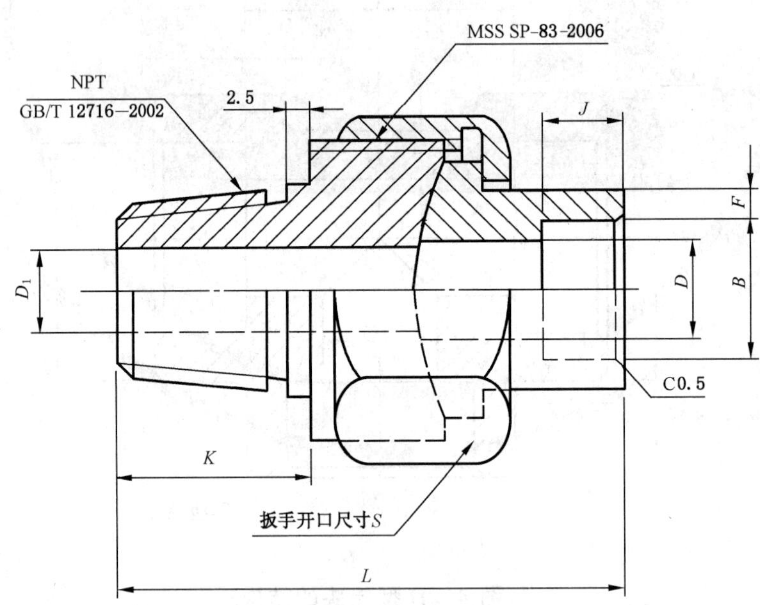

图 5　E 型接头的结构

表 6　E 型接头的尺寸

单位为毫米

公称尺寸 DN	管子外径	NPT	B		D		D_1	F[a]		J	K	L	S	理论质量/kg
			最大	最小	最大	最小		平均	最小	最小				
8	13.7	1/4	14.6	14.2	10.0	8.5	7.5	3.78	3.30	9.5	17	63	32	0.20
10	17.1	3/8	18.0	17.6	13.3	11.8	10.4	4.01	3.50			69	38	0.22
15	21.3	1/2	22.2	21.8	16.6	15.0	13.6	4.67	4.09		22	77	46	0.48
20	26.7	3/4	27.6	27.2	21.7	20.2	18.8	4.90	4.27	12.5		80	51	0.60
25	33.4	1	34.3	33.9	27.4	25.9	24.0	5.69	4.98		27	97	60	0.90

[a] 接头本体厚度 F 的平均值不应小于表格中的数值，但表格中的最小值仅适用于局部位置。

3.3.6　F 型接头的结构和尺寸见图 6 和表 7。

单位为毫米

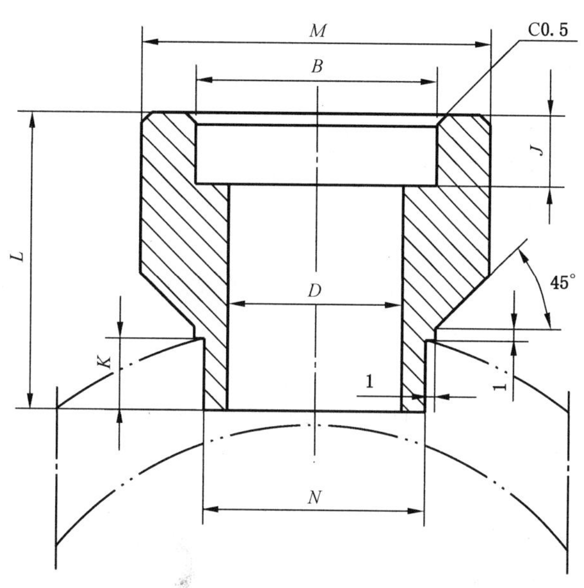

图 6　F 型接头的结构

表 7　F 型接头的尺寸

单位为毫米

公称尺寸 DN	B		D		J	K	L	M	N	理论质量/kg
	最大	最小	最大	最小	最小					
8	14.6	14.2	10.0	8.5	9.5		30.5	28.0	14.0	0.03
10	18.0	17.6	13.3	11.8				32.0	17.4	0.05
15	22.2	21.8	16.6	15.0			33.5	38.0	21.6	0.09
20	27.6	27.2	21.7	20.2			35.0	44.5	26.9	0.15
25	34.3	33.9	27.4	25.9			43.0	57.5	33.6	0.30
32	43.1	42.7	35.8	34.3			48.0	63.5	42.4	0.56
40	49.2	48.8	41.6	40.2			51.0	76.1	48.5	0.85
50	61.7	61.2	53.3	51.8			57.5	92.0	60.9	1.66

3.4 产品标记

3.4.1 型号表示方法

接头的型号表示方法如下：

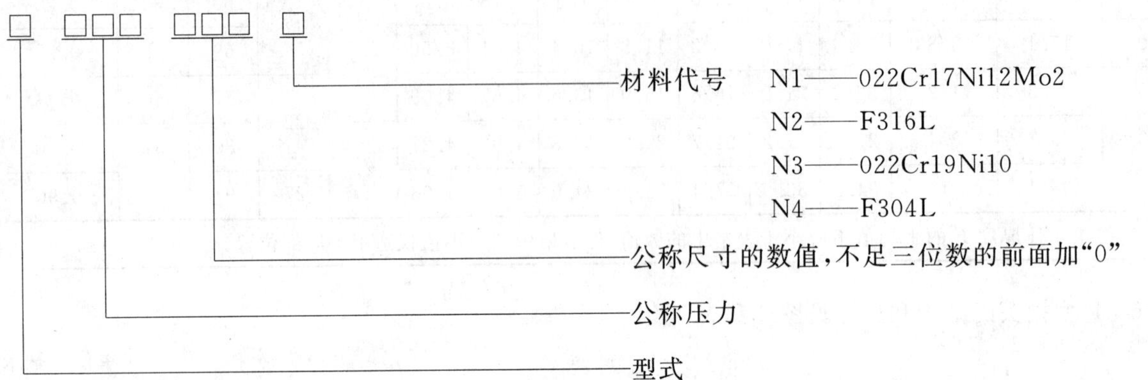

3.4.2 标记示例

示例 1：

公称压力为 210，公称尺寸为 6，材料为 022Cr17Ni12Mo2 的承插焊同径接头标记为：

接头　GB/T 27890—2011　A210006N1

示例 2：

公称压力为 210，公称尺寸为 15/10，材料为 F316L 的承插焊异径接头标记为：

接头　GB/T 27890—2011　B21015/10N2

示例 3：

公称压力为 40，公称尺寸为 25，材料为 022Cr19Ni10 的承插焊螺纹接头标记为：

接头　GB/T 27890—2011　E40025N3

示例 4：

公称压力为 40，公称尺寸为 50，材料为 F304L 的承插焊支管接头标记为：

接头　GB/T 27890—2011　F40050N4

4 要求

4.1 材料

4.1.1 接头的材料见表 8。

表 8 接头的材料

零件名称	材料		
	名称	牌号	标准号
接头	不锈钢	022Cr17Ni12Mo2	GB/T 1220—2007
		F316L	ANSI/ASTM A182/A182M—05a
		022Cr19Ni10	GB/T 1220—2007
		F304L	ANSI/ASTM A182/A182M—05a

4.1.2 材料的冲击功(V型)的最小值应不低于41 J(−196 ℃)。

4.2 外观

接头的表面应无毛刺,锐边倒钝,不应有降低强度和影响密封性的缺陷。

4.3 尺寸公差

接头的线性和角度尺寸的未注公差,按GB/T 1804—2000中m级的规定。

4.4 形位公差

接头的形状和位置公差,按GB/T 1184—1996中K级的规定。

4.5 低温

接头应耐−196 ℃的低温,而不产生裂纹。

4.6 强度

A型、B型、C型、D型接头应能承受28 MPa的液压,E型、F型接头应能承受6 MPa的液压,无渗漏。

4.7 交货状态

4.7.1 接头的热处理:固溶处理。

4.7.2 接头的表面处理:钝化。

4.7.3 接头的铁素体含量应不大于2.5%。

5 试验方法

5.1 材料

接头的材料化学成分和力学性能,按GB/T 1220—2007规定的方法进行检验。结果应符合4.1的要求。

5.2 外观

接头的外观用目测方法检查。结果应符合4.2的要求。

5.3 尺寸公差

用相应等级的量具测量接头的线性尺寸、角度尺寸及公差。结果应符合3.3和4.3的要求。

5.4 形位公差

接头的形位公差按GB/T 1958规定的方法进行检验。结果应符合4.4的要求。

5.5 低温

将接头放入−196 ℃的液氮中3 min,取出后目视检查接头。结果应符合4.5的要求。

5.6 强度

封住接头两端,对A型、B型、C型、D型接头施加28 MPa的液压15 s,对E型、F型接头施加

6 MPa 的液压 15 s，卸压后检查接头外部。结果应符合 4.6 的要求。

5.7 交货状态

5.7.1 用目测的方法检查接头的热处理和表面处理。结果应符合 4.7.1 和 4.7.2 的要求。

5.7.2 用铁素体检测仪测量接头机械加工面上任意一点的铁素体含量。结果应符合 4.7.3 的要求。

6 检验规则

6.1 检验分类

接头的检验分类如下：

a) 型式检验；

b) 出厂检验。

6.2 型式检验

6.2.1 检验时机

有下列情况之一时，接头应进行型式检验：

a) 新产品首次投产或定型；

b) 生产工艺发生重大变化，足以影响产品性能或质量；

c) 质量检验部门提出要求。

6.2.2 检验项目和顺序

接头的型式检验项目和顺序见表 9。

表 9 接头的检验项目和顺序

序号	检验项目	型式检验	出厂检验	要求的章、条号	检验方法的章、条号
1	材料	●	●	4.1	5.1
2	外观	●	●	4.2	5.2
3	尺寸公差	●	—	3.3、4.3	5.3
4	形位公差	●	—	4.4	5.4
5	低温	●	—	4.5	5.5
6	强度	●	—	4.6	5.6
7	交货状态	●	●	4.7	5.7
注：●必检项目；—不检项目。					

6.2.3 检验样品数量

接头的型式检验样品数量为三个。

6.2.4 判定规则

接头所有样品全部检验项目符合要求，判为型式检验合格。若材料检验不符合要求，判为型式检验不合格。铁素体含量检验不符合要求的接头,允许另外选三个点进行补测,若补测点的铁素体含量符合要求,仍判为型式检验合格;若仍有不符合要求的补测点,则判为型式检验不合格。若有其他检验项目不符合要求,允许加倍取样复验,若复验符合要求,仍判该接头型式检验合格;若复验仍有不符合要求的项目,则判为接头型式检验不合格。

6.3 出厂检验

6.3.1 检验项目和顺序

接头出厂检验项目和顺序见表9。

6.3.2 检验样品数量

接头材料的化学成分和力学性能按进货批次(一次进货为一批)检验,其他检验项目应逐个产品进行。

6.3.3 判定规则

全部检验项目符合要求的接头判定出厂检验合格。若材料检验不符合要求,则判该批接头出厂检验不合格。铁素体含量检验不符合要求的接头,允许补测三点,若补测点的铁素体含量符合要求,仍判为出厂检验合格;若仍有不符合要求的补测点,则判接头出厂检验不合格。若有其他检验项目不符合要求,允许返修后进行复验;若复验符合要求,仍判该接头出厂检验合格;若复验仍不符合要求,则判该接头出厂检验不合格。

7 标志和包装

7.1 标志

接头的外圆柱表面上,应打出下列标志:

a) 制造厂名称;

b) 规格和标准编号;

c) 生产批号;

d) 检查合格印章。

7.2 包装

接头的包装应按GB/T 600的规定。

ICS 47.020.30
U 55

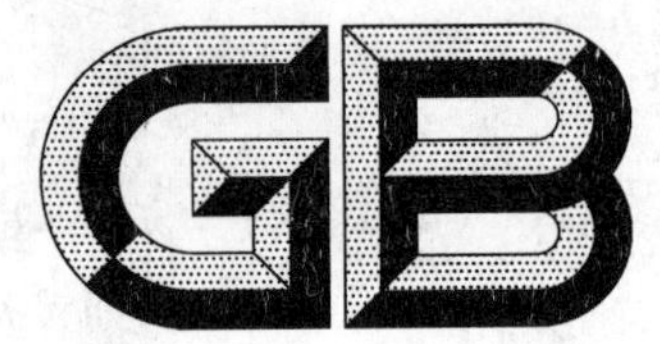

中华人民共和国国家标准

GB/T 27891—2011

碳钢卡压式管件

Carbon steel press-fittings

2011-12-30 发布　　　　2012-06-01 实施

中华人民共和国国家质量监督检验检疫总局
中国国家标准化管理委员会　发布

前　言

本标准按照 GB/T 1.1—2009 给出的规则起草。

本标准由中国船舶工业集团公司提出。

本标准由全国船用机械标准化技术委员会管系附件分技术委员会(SAC/TC 137/SC 3)归口。

本标准起草单位:无锡市金羊管道附件有限公司、中国船舶工业综合技术经济研究院。

本标准主要起草人:王锡铭、袁雪峰、孙镜明、沈峰、罗发元、胡大军、浦伟东、胡国栋。

引　言

本标准中给出的性能要求与试验方法，与 DVGW W 534:1995《饮水装置中的管接头和连接件》中规定的内容基本一致。

碳钢卡压式管件

1 范围

本标准规定了与薄壁碳钢钢管(以下简称钢管)连接的卡压式管件(以下简称管件)的术语、分类与标记、要求、试验方法、检验规则、标志、包装、运输和贮存。

本标准适用于设计压力不大于1.6 MPa、公称尺寸不大于DN 100的消防管路和介质温度不大于110 ℃的供热、空气和燃气等钢管管路用管件的设计、制造和验收。

2 规范性引用文件

下列文件对于本文件的应用是必不可少的。凡是注日期的引用文件,仅注日期的版本适用于本文件。凡是不注日期的引用文件,其最新版本(包括所有的修改单)适用于本文件。

GB/T 191 包装储运图示标志

GB/T 528 硫化橡胶或热塑性橡胶 拉伸应力应变性能的测定

GB/T 531 橡胶袖珍硬度计压入硬度试验方法

GB/T 700—2006 碳素结构钢

GB/T 1682—1994 硫化橡胶低温脆性的测定 单试样法

GB/T 1685 硫化橡胶或热塑性橡胶 在常温和高温下压缩应力松弛的测定

GB/T 1690 硫化橡胶或热塑性橡胶 耐液体试验方法

GB/T 1804—2000 一般公差 未注公差的线性和角度尺寸的公差

GB/T 3091—2008 低压流体输送用焊接钢管

GB/T 3512 硫化橡胶或热塑性橡胶 热空气加速老化和耐热实验

GB/T 5720 O形橡胶密封圈试验方法

GB/T 5721 橡胶密封制品标志、包装、运输、贮存的一般规定

GB/T 7306.1 55°密封管螺纹 第1部分:圆柱内螺纹与圆锥外螺纹

GB/T 7759 硫化橡胶、热塑性橡胶 常温、高温和低温下压缩永久变形测定

GB/T 7762 硫化橡胶或热塑性橡胶 耐臭氧龟裂 静态拉伸试验法

GB/T 10125—1997 人造气氛腐蚀试验 盐雾试验

GB/T 12829 硫化橡胶或热塑性橡胶 小试样(德尔夫特试样)撕裂强度的测定

GB/T 13912—2002 金属覆盖层 钢铁制件热浸镀锌层技术要求及试验方法

GB/T 15256—1994 硫化橡胶低温脆性的测定(多试样法)

CB/Z 343—2005 船用配件热浸镀锌

3 术语和定义

下列术语和定义适用于本文件。

3.1

卡压式连接 press joint

以带有特种密封圈的承口管件连接管道,用专用工具压紧管口而起密封和紧固作用的一种连接方式。

4 分类与标记

4.1 管件的种类、型式及代号

管件的种类、型式及代号见表1。

表1 管件的种类、型式及代号

<table>
<tr><th colspan="2">种　类</th><th>型　式</th><th>代　号</th></tr>
<tr><td>等径</td><td rowspan="2">三通</td><td rowspan="2">—</td><td>ST</td></tr>
<tr><td>异径</td><td>RT</td></tr>
<tr><td colspan="2" rowspan="2">45°弯头</td><td>A型</td><td>A 45E</td></tr>
<tr><td>B型</td><td>B 45E</td></tr>
<tr><td colspan="2" rowspan="2">90°弯头</td><td>A型</td><td>A 90E</td></tr>
<tr><td>B型</td><td>B 90E</td></tr>
<tr><td>等径</td><td rowspan="2">接头</td><td>—</td><td>SC</td></tr>
<tr><td>异径</td><td>B型</td><td>RC</td></tr>
<tr><td colspan="2">管帽</td><td rowspan="3">—</td><td>CAP</td></tr>
<tr><td colspan="2">内螺纹转换接头</td><td>FTC</td></tr>
<tr><td colspan="2">外螺纹转换接头</td><td>ETC</td></tr>
<tr><td colspan="4">注：A型管件接口两端均为承口；B型管件接口一端为承口，另一端为插口。</td></tr>
</table>

4.2 基本参数

管件的基本参数见表2。

表2 管件的基本参数

<table>
<tr><th>种　类</th><th>公称压力 PN</th><th>设计压力 P/MPa</th><th>公称尺寸 DN</th></tr>
<tr><td>等径三通、45°弯头、90°弯头、等径接头、管帽</td><td rowspan="4">16</td><td rowspan="4">1.6</td><td>15～100</td></tr>
<tr><td>异径接头、异径三通</td><td>20×15～100×80</td></tr>
<tr><td>内螺纹转换接头</td><td>15～50</td></tr>
<tr><td>外螺纹转换接头</td><td>15～80</td></tr>
</table>

4.3 结构和基本尺寸

4.3.1 管件承口的结构型式和基本尺寸见图1和表3。

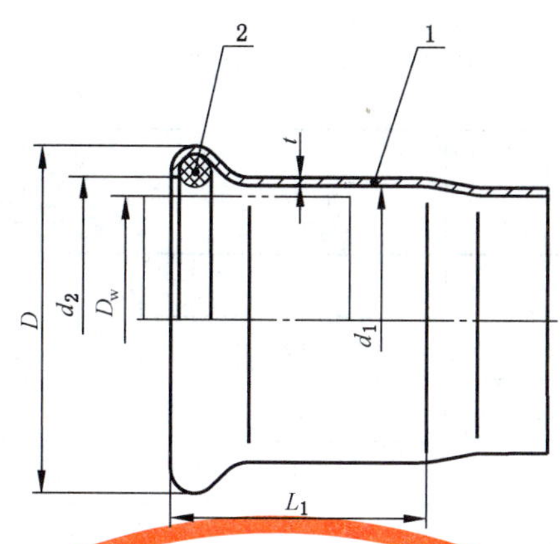

说明：
1——本体；
2——密封圈。

图 1 管件承口

表 3 管件承口的基本尺寸

单位为毫米

公称尺寸 DN	管外径 D_w	壁厚 t	承口内径 d_1	承口端内径 d_2	承口端外径 D	承口长度 L_1
15	15.0	1.5	15.3	15.9	23.2	20
	18.0		18.3	18.9	26.2	
20	22.0		22.3	23.0	31.6	21
25	28.0		28.3	28.9	37.2	23
32	35.0		35.5	36.5	44.3	26
40	42.0		42.5	43.0	53.3	30
50	54.0		54.6	55.0	65.4	35
65	76.1	2.0	77.3	78.0	94.7	53
80	88.9		90.0	91.0	109.5	60
100	108.0		109.5	111.0	133.8	75

4.3.2 等径三通的结构型式和基本尺寸见图 2 和表 4。

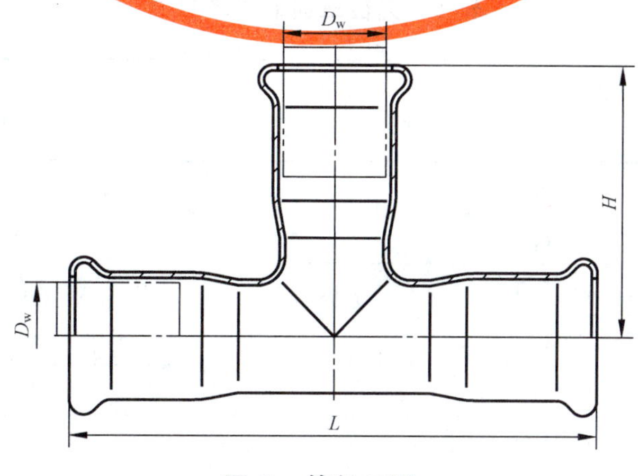

图 2 等径三通

表 4　等径三通的基本尺寸

单位为毫米

<table>
<tr><th>公称尺寸 DN</th><th>管外径 D_w</th><th>L</th><th>H</th><th>质量/kg</th></tr>
<tr><td rowspan="2">15</td><td>15.0</td><td>64</td><td>39</td><td>0.07</td></tr>
<tr><td>18.0</td><td>68</td><td>42</td><td>0.10</td></tr>
<tr><td>20</td><td>22.0</td><td>74</td><td>45</td><td>0.13</td></tr>
<tr><td>25</td><td>28.0</td><td>84</td><td>52</td><td>0.18</td></tr>
<tr><td>32</td><td>35.0</td><td>100</td><td>58</td><td>0.24</td></tr>
<tr><td>40</td><td>42.0</td><td>112</td><td>63</td><td>0.34</td></tr>
<tr><td>50</td><td>54.0</td><td>138</td><td>78</td><td>0.53</td></tr>
<tr><td>65</td><td>76.1</td><td>230</td><td>106</td><td>1.34</td></tr>
<tr><td>80</td><td>88.9</td><td>260</td><td>123</td><td>1.73</td></tr>
<tr><td>100</td><td>108.0</td><td>310</td><td>146</td><td>2.54</td></tr>
</table>

4.3.3　异径三通的结构型式和基本尺寸见图 3 和表 5。

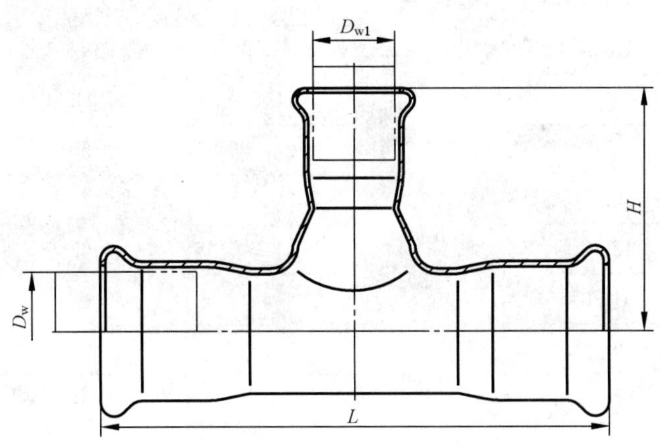

图 3　异径三通

表 5　异径三通的基本尺寸

单位为毫米

<table>
<tr><th>公称尺寸
DN×DN₁</th><th>管外径
$D_w \times D_{w1}$</th><th>L</th><th>H</th><th>质量/kg</th></tr>
<tr><td rowspan="2">20×15</td><td>22.0×15.0</td><td rowspan="2">74</td><td>43</td><td>0.11</td></tr>
<tr><td>22.0×18.0</td><td rowspan="3">45</td><td>0.13</td></tr>
<tr><td rowspan="2">25×15</td><td>28.0×15.0</td><td rowspan="3">84</td><td>0.14</td></tr>
<tr><td>28.0×18.0</td><td>0.15</td></tr>
<tr><td>25×20</td><td>28.0×22.0</td><td>47</td><td>0.16</td></tr>
<tr><td rowspan="2">32×15</td><td>35.0×15.0</td><td rowspan="2">100</td><td>49</td><td>0.20</td></tr>
<tr><td>35.0×18.0</td><td>50</td><td>0.21</td></tr>
</table>

表 5（续）

单位为毫米

公称尺寸 DN×DN_1	管外径 D_w×D_{w1}	L	H	质量/ kg
32×20	35.0×22.0	100	51	0.22
32×25	35.0×28.0		52	0.23
40×20	42.0×22.0	114	53	0.28
40×25	42.0×28.0		56	0.30
40×32	42.0×35.0		61	0.32
50×20	54.0×22.0	138	59	0.44
50×25	54.0×28.0		64	
50×32	54.0×35.0		67	0.46
50×40	54.0×42.0		70	0.48
65×20	76.1×22.0	230	73	0.95
65×25	76.1×28.0			
65×32	76.1×35.0		77	1.03
65×40	76.1×42.0		80	1.05
65×50	76.1×54.0		85	1.06
80×20	88.9×22.0	260	83	1.12
80×25	88.9×28.0		81	1.13
80×32	88.9×35.0		84	1.16
80×40	88.9×42.0		88	1.23
80×50	88.9×54.0		91	1.28
80×65	88.9×76.1		110	1.37
100×20	108.0×22.0	310	100	1.44
100×25	108.0×28.0		102	1.93
100×32	108.0×35.0		105	1.94
100×40	108.0×42.0			2.20
100×50	108.0×54.0			2.22
100×65	108.0×76.1		123	2.50
100×80	108.0×88.9		134	2.80

4.3.4　45°弯头的结构型式和基本尺寸见图 4 和表 6。

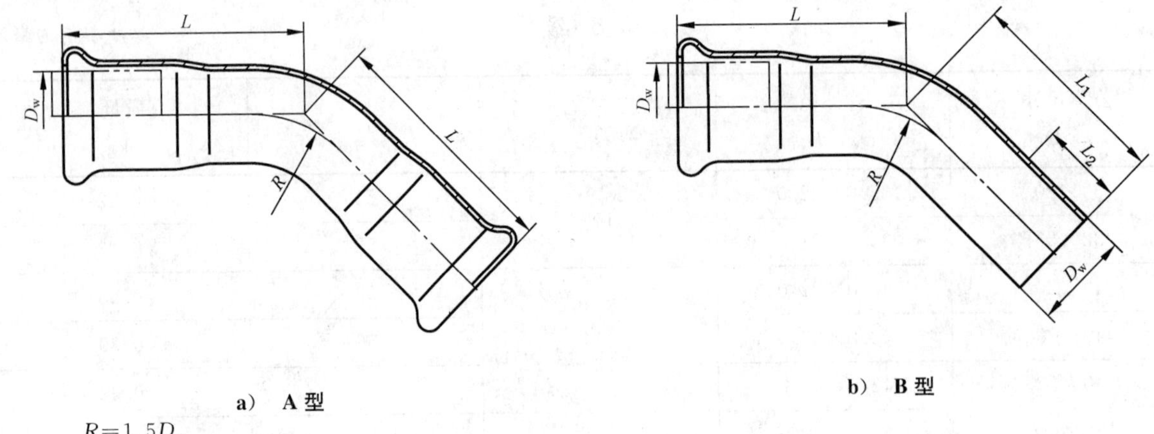

a) A 型　　b) B 型

$R=1.5D_w$

图 4　45°弯头

表 6　45°弯头的基本尺寸

单位为毫米

公称尺寸 DN	管外径 D_w	L	L_1	L_2	质量/kg
15	15.0	36	41	19	0.05
	18.0	37	42	22	0.07
20	22.0	42	48	23	0.09
25	28.0	48	54	25	0.14
32	35.0	55	81	29	0.22
40	42.0	65	99	33	0.33
50	54.0	78	127	38	0.52
65	76.1	180	188	57	1.25
80	88.9	211	225	64	1.64
100	108.0	258	275	79	2.21

4.3.5　90°弯头的结构型式和基本尺寸见图 5 和表 7。

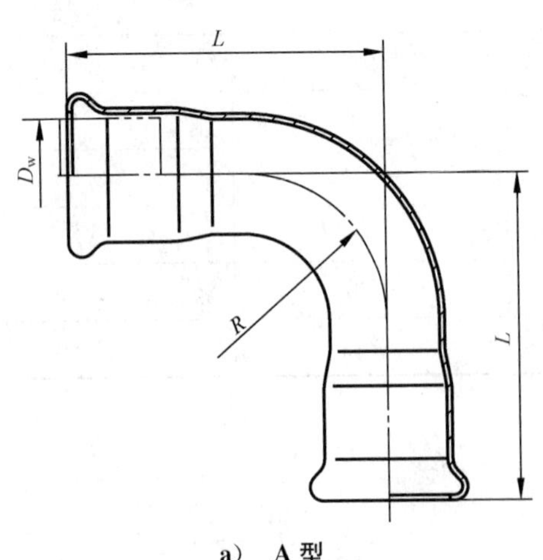

a) A 型

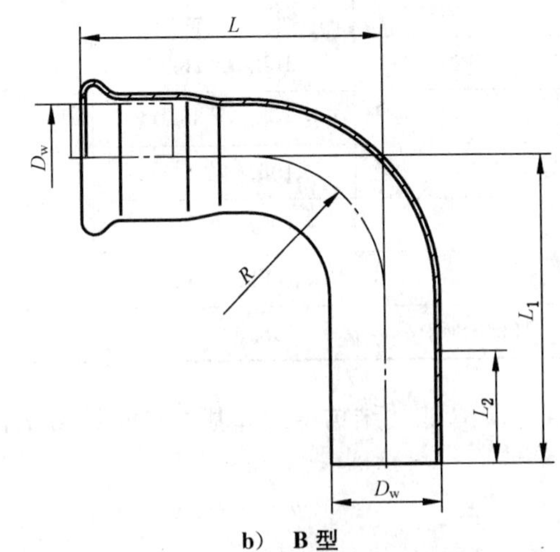

b) B 型

$R=1.5D_w$

图 5　90°弯头

表 7 90°弯头的基本尺寸

单位为毫米

公称尺寸 DN	管外径 D_w	L	L_1	L_2	质量/kg
15	15.0	49	55	20	0.06
	18.0	53	59	22	0.09
20	22.0	61	67	23	0.13
25	28.0	72	78	25	0.17
32	35.0	86	130	29	0.31
40	42.0	112	176	33	0.50
50	54.0	138	211	38	0.78
65	76.1	190	247	57	1.20
80	88.9	220	292	64	1.60
100	108.0	260	358	79	2.40

4.3.6 等径接头的结构型式和基本尺寸见图 6 和表 8。

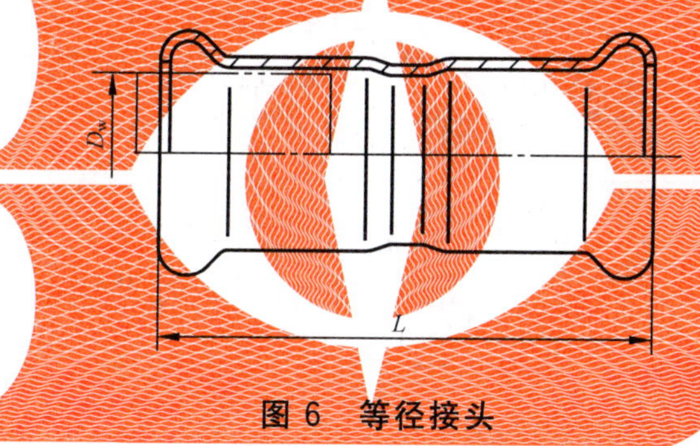

图 6 等径接头

表 8 等径接头的基本尺寸

单位为毫米

公称尺寸 DN	管外径 D_w	L	质量/kg
15	15.0	48	0.03
	18.0		0.04
20	22.0	50	0.05
25	28.0	54	0.06
32	35.0	62	0.08
40	42.0	71	0.11
50	54.0	83	0.15
65	76.1	141	0.71
80	88.9	162	0.96
100	108.0	194	1.44

4.3.7 异径接头的结构型式和基本尺寸见图 7 和表 9。

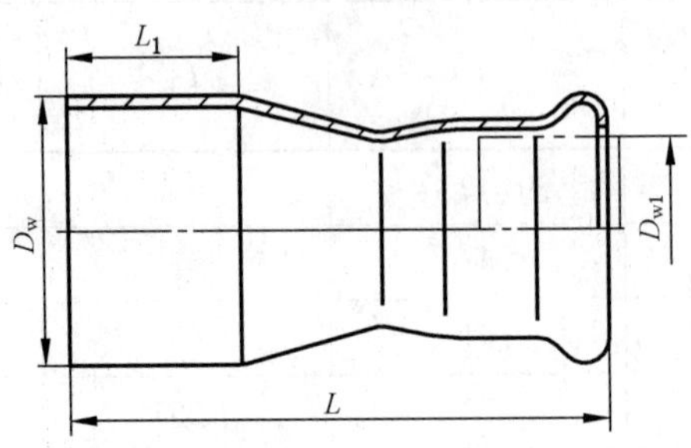

图 7 异径接头

表 9 异径接头的基本尺寸

单位为毫米

公称尺寸 DN×DN_1	管外径 D_w×D_{w1}	L	L_1	质量/kg
20×15	22.0×15.0	59	24	0.04
	22.0×18.0	57		0.05
25×15	28.0×15.0	66	25	0.06
	28.0×18.0	64		
25×20	28.0×22.0	59		0.07
32×15	35.0×15.0	73	29	0.08
	35.0×18.0	71		0.09
32×20	35.0×22.0			
32×25	35.0×28.0	68		
40×15	42.0×18.0	80	33	0.11
40×20	42.0×22.0	79		0.12
40×25	42.0×28.0			
40×32	42.0×35.0	72		
50×15	54.0×18.0	97	38	0.18
50×25	54.0×28.0	95		0.19
50×32	54.0×35.0			
50×40	54.0×42.0	89		
65×50	76.1×54.0	147	57	0.54
80×50	88.9×54.0	163	64	0.86
80×65	88.9×76.1	160		0.92
100×50	108.0×54.0	172	79	1.12
100×65	108.0×76.1	184		1.13
100×80	108.0×88.9	204		1.35

4.3.8 管帽的结构型式和基本尺寸见图8和表10。

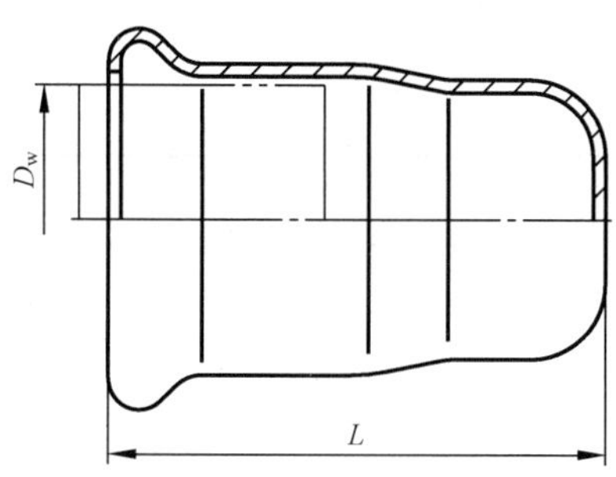

图8 管帽

表10 管帽的基本尺寸

单位为毫米

公称尺寸DN	管外径 D_w	L	质量/kg
15	15.0	29	0.01
	18.0	31	
20	22.0	33	0.03
25	28.0	35	
32	35.0	41	0.04
40	42.0	48	0.06
50	54.0	56	0.08
65	76.1	94	0.40
80	88.9	104	0.50
100	108.0	125	0.80

4.3.9 内螺纹转换接头的结构型式和基本尺寸见图9和表11。

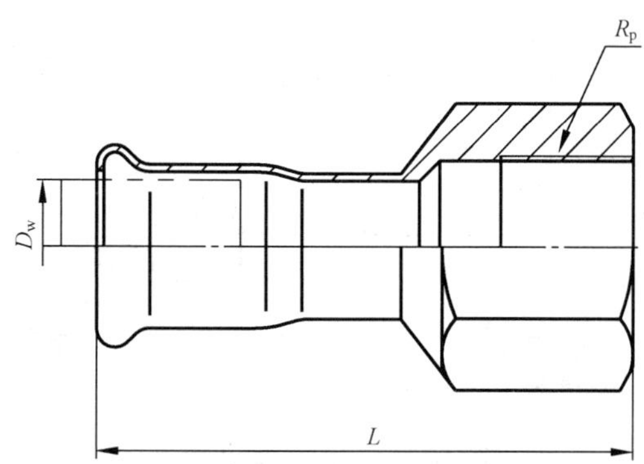

图9 内螺纹转换接头

表 11　内螺纹转换接头的基本尺寸

单位为毫米

<table>
<tr><th>公称尺寸 DN</th><th>管外径 D_w</th><th>管螺纹 R_p</th><th>L</th><th>质量/
kg</th></tr>
<tr><td rowspan="4">15</td><td rowspan="2">15.0</td><td>1/2″</td><td>59</td><td rowspan="2">0.07</td></tr>
<tr><td>3/4″</td><td>62</td></tr>
<tr><td rowspan="2">18.0</td><td>1/2″</td><td>69</td><td>0.09</td></tr>
<tr><td>3/4″</td><td>62</td><td>0.11</td></tr>
<tr><td rowspan="3">20</td><td rowspan="3">22.0</td><td>1/2″</td><td>60</td><td>0.10</td></tr>
<tr><td>3/4″</td><td>62</td><td>0.12</td></tr>
<tr><td>1″</td><td>66</td><td>0.21</td></tr>
<tr><td rowspan="3">25</td><td rowspan="3">28.0</td><td>3/4″</td><td>63</td><td>0.14</td></tr>
<tr><td>1″</td><td>69</td><td>0.23</td></tr>
<tr><td>1¼″</td><td>71</td><td>0.32</td></tr>
<tr><td rowspan="3">32</td><td rowspan="3">35.0</td><td>1″</td><td>67</td><td>0.28</td></tr>
<tr><td>1¼″</td><td rowspan="2">75</td><td>0.38</td></tr>
<tr><td>1½″</td><td>0.42</td></tr>
<tr><td rowspan="2">40</td><td rowspan="2">42.0</td><td>1¼″</td><td>71</td><td>0.46</td></tr>
<tr><td rowspan="2">1½″</td><td>79</td><td>0.50</td></tr>
<tr><td rowspan="2">50</td><td rowspan="2">54.0</td><td>77</td><td>0.56</td></tr>
<tr><td>2″</td><td>97</td><td>0.63</td></tr>
</table>

4.3.10　外螺纹转换接头的结构型式和基本尺寸见图 10 和表 12。

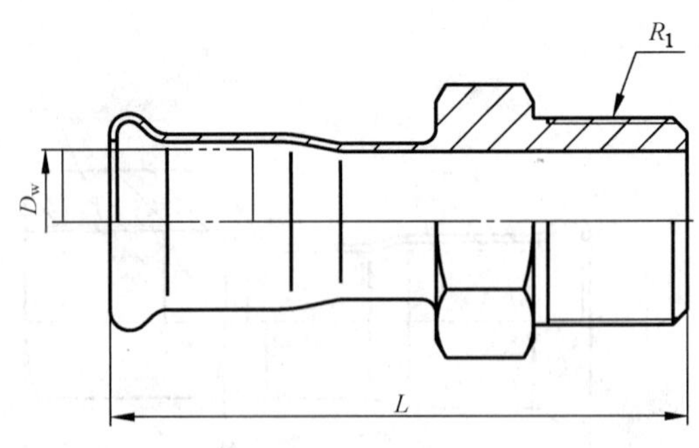

图 10　外螺纹转换接头

表 12 外螺纹转换接头的基本尺寸

单位为毫米

公称尺寸 DN	管外径 D_w	管螺纹 R_1	L	质量/kg
15	15.0	1/2″	53	0.07
		3/4″	57	
	18.0	1/2″	53	0.08
		3/4″	57	0.12
20	22.0	1/2″	54	0.09
		3/4″	58	0.13
		1″	61	0.17
25	28.0	3/4″		0.16
		1″	64	0.18
		1¼″	68	0.23
32	35.0	1″	72	0.28
		1¼″		0.25
		1½″	73	0.30
40	42.0	1¼″		0.29
		1½″	77	0.31
50	54.0	1½″	89	0.35
		2″	83	0.46
65	76.1	2½″	123	0.58
80	88.9	3″	137	0.64

4.4 产品标记

4.4.1 型号表示方法

管件的型号表示方法如下：

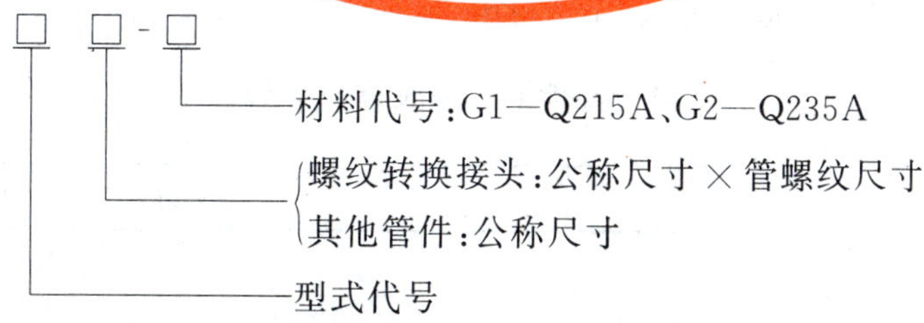

4.4.2 标记示例

示例 1：

公称尺寸 DN 20，材料为 Q235A 的等径管件标记为：

管件 GB/T 27891—2011 SC 20-G2

示例 2:

公称尺寸为 $DN \times DN_1$ 40×25,材料为 Q235A 的异径三通管件标记为:

管件 GB/T 27891—2011 RT40×25-G2

示例 3:

公称尺寸为 DN 40,管螺纹尺寸为 $R1\frac{1}{2}$,材料为 Q215A 的外螺纹转换接头标记为:

管件 GB/T 27891—2011 ETC40×$R1\frac{1}{2}$-G1

5 要求

5.1 材料

5.1.1 管件及管件连接用钢管的材料牌号为 GB/T 700—2006 规定的 Q215A 或 Q235A。钢管其他要求和试验方法等按附录 A 的规定。

5.1.2 密封圈的材料为氯化丁基橡胶、三元乙丙橡胶、氟橡胶、丁腈橡胶,其尺寸要求和试验方法等按附录 B 的规定。

5.2 外观

管件表面应平滑,无滴瘤、粗糙和锌刺,无起皮,无漏镀,无残留的溶剂渣,在可能影响热浸镀锌工件的使用或耐腐蚀性能的部位不应有锌瘤和锌灰。

5.3 尺寸公差

5.3.1 管件的承口尺寸偏差应符合表 13 的规定。

表 13 管件的承口尺寸偏差

单位为毫米

公称尺寸 DN	承口内径的偏差 d_1	承口端内径的偏差 d_2	承口端外径的偏差 D
15～25	$^{+0.5}_{0}$	±0.4	±0.4
32～50	$^{+0.8}_{0}$	±0.6	±0.6
65～100	$^{+1.5}_{0}$	±1.0	±1.0

5.3.2 管件外形长度尺寸偏差应符合表 14 的规定。

表 14 管件的外形长度尺寸偏差

单位为毫米

公称尺寸 DN	外形长度尺寸偏差
15～20	±1.0
25～50	±1.2
65～80	±1.5
100	±2.0

5.3.3 管件垂直度要求应符合表 15 的规定。

表 15 管件的垂直度要求

单位为毫米

公称尺寸 DN	垂直度偏差
≤20	≤2.0
20～50	≤3.0
65～100	≤4.0

5.3.4 管件未注尺寸的线性和角度公差应按 GB/T 1804—2000 之 m 级的规定，转换接头内、外螺纹公差应符合 GB/T 7306.1 的规定。

5.4 强度

管件本体应能承受 2.5 MPa 的液体压力，持压 15 s，应无渗漏和塑性变形。

5.5 密封性

5.5.1 用于气体介质的管件应能承受 1.7 MPa 的气压，持压 10 s，无泄漏。
5.5.2 用于液体介质的管件应能承受 0.6 MPa 的气压，持压 10 s，无泄漏。

5.6 爆破压力

管件应耐受不小于 6.4 MPa 的爆破压力。

5.7 连接性能

管件应具有符合要求的连接性能。管件与管路连接后经耐压试验、负压试验、拉拔试验、温度变化、交变弯曲、振动试验和压力波动试验，管件与管路连接处应无渗漏、脱落和塑性变形。

5.8 表面防腐

5.8.1 管件内外表面应进行热浸镀锌，其耐腐蚀性应符合 GB/T 13912—2002 的要求，也可采用耐腐蚀性能不低于 GB/T 13912—2002 要求的其他防腐镀层。海水介质管件的热浸镀锌应符合 CB/Z 343—2005 的要求。
5.8.2 管件的耐盐雾腐蚀应符合 GB/T 10125—1997 的要求。

5.9 安装

管件与钢管的安装方法参照附录 C。

6 试验方法

6.1 材料

用检查管件所用材料的牌号和材质证书的方法检查管件材料。结果应符合 5.1 的要求。

6.2 外观

在日光或灯光照明下用目测和手摸的方法检验卡压管件外观。结果应符合 5.2 的要求。

6.3 尺寸公差

用精度符合极限偏差要求的通用量具检查管件的尺寸和角度。结果应符合 4.3、5.3 的要求。

6.4 强度

将管件装在强度试验台上，试验压力为2.5 MPa，持压15 s，试验介质为自来水，试验用压力表的精度应不低于1.5级，表的最大量程为1.5倍～3倍的试验压力。结果应符合5.4的要求。

6.5 密封性

将管件装在气密试验台上，将其浸没水中，充入纯净的压缩空气，用于气体介质的气密试验压力为1.7 MPa，持压10 s；用于液体介质的气密试验压力为0.6 MPa，持压10 s。结果应符合5.5.1、5.5.2的要求。

6.6 爆破压力

爆破压力应不小于6.4 MPa，试验介质为水，不用保压，升压至管件破坏为止。结果应符合5.6的要求。

6.7 连接性能

6.7.1 耐压试验

将管件两端与长度为200 mm的钢管卡压连接，组成一组试样。试验介质为自来水，试验压力为2.5 MPa，持压1 min，检查管件与钢管连接部位的渗漏和脱位现象。结果应符合5.7的要求。

6.7.2 负压试验

使用3个不同公称尺寸的管件分别与长度为200 mm的钢管卡压连接后构成一组试件。试验时，室温为(20±5)℃，试验压力为−80 kPa。保持1 h后，管件和钢管内压降应不大于5 kPa及有其他异常。检查管件与钢管连接部位的渗漏和变形现象。结果应符合5.7的要求。

6.7.3 拉拔试验

试件选用等径管件，两端与长度为300 mm的钢管卡压连接，组成一组试件。向管内封入0.6 MPa气压，固定在拉伸试验机上。进行拉拔试验时，以2 mm/min的速度进行拉伸，测定出现泄漏时的最大拉伸力，此时的拉伸力应大于最小抗拉阻力。管件的最小抗拉阻力见表16。

表16 管件的最小抗拉阻力

公称尺寸 DN	管材外径 D_w/mm	最小抗拉阻力/kN
15	15.0	3.24
	18.0	3.01
20	22.0	2.44
25	28.0	3.92
32	35.0	5.31
40	42.0	7.04
50	54.0	10.12

表 16（续）

公称尺寸 DN	管材外径 D_w/mm	最小抗拉阻力/ kN
65	76.1	15.35
80	88.9	21.52
100	108.0	28.13

6.7.4 温度变化试验

温度变化试验装置见图 11 所示，试验应在(20±5)℃和(93±2)℃时用(1.0±0.1)MPa 内压来进行 5 000 次循环变化，一个循环为(30±2)min，冷热水各保持 15 min。在钢管外径大于 54 mm 时，进行 2 500 次循环变化，一个循环为(60±2)min。检查各连接部位无渗漏现象。结果应符合 5.7 的要求。

单位为毫米

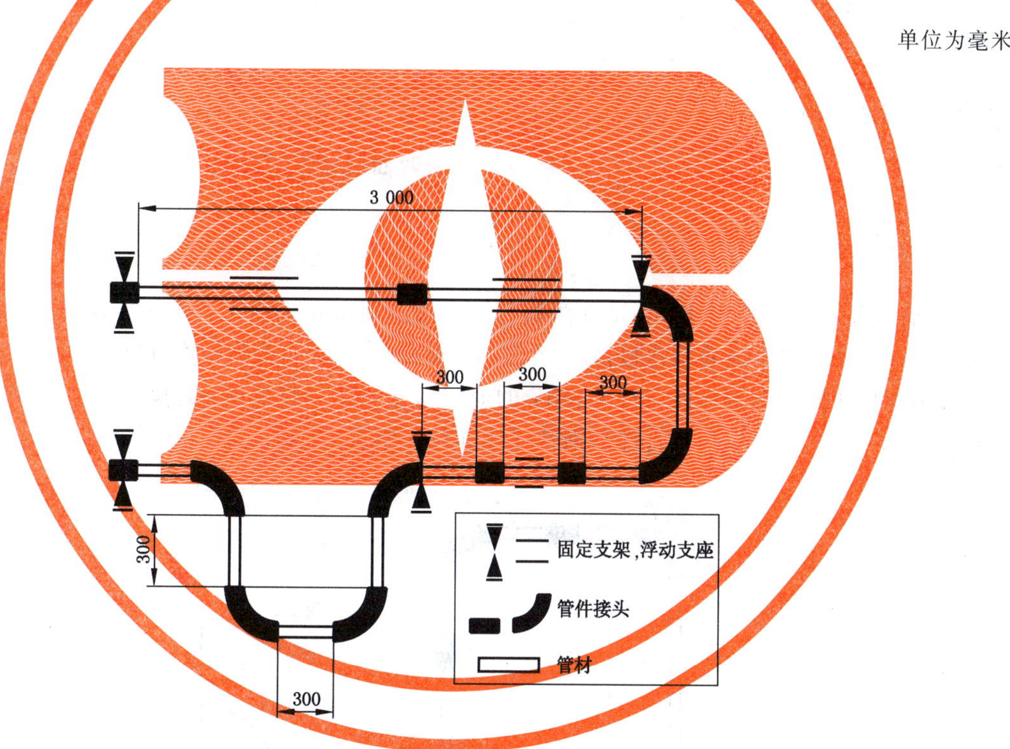

图 11 温度变化试验装置

6.7.5 交变弯曲试验

交变弯曲试验装置见图 12 所示，使用至少 3 个管件，管子跨距为 2 m，在中部布置 1 个管件在管端各布置 1 个管件，弯曲应力加在试验结构中部的管件上。试验时检查各部位连接是否完好，然后打开球阀，启动压力泵，直到压力表显示为 1.5 MPa 时，关闭球阀，启动调速电机，管子在中部连接范围内偏转 ±10 mm，而且以 15 Hz 持续 20 s，停顿 2 min。检验用 10 万次负荷变化来进行。检查各连接部位，结果应符合 5.7 的要求。

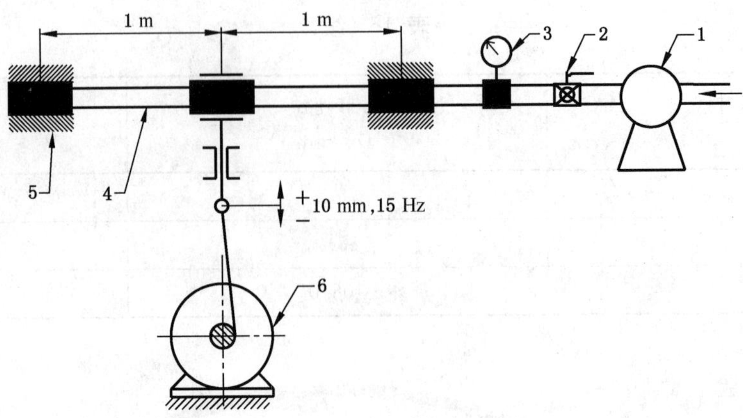

说明：
1——压力泵；
2——球阀；
3——压力表；
4——管子；
5——夹紧管件；
6——调速电机。

图 12　交变弯曲试验装置

6.7.6　振动试验

振动试验装置见图 13 所示，试件两端与长度为 200 mm 的钢管卡压连接，组成一组试样，在试件附近固定一端，并与水压试验泵连接，加压至 1.75 MPa 并保压，试验介质为自来水。在试样的另一端端部进行振动，其振动试验条件应符合表 17 的规定。进行振动试验时，试验压力为 1.75 MPa，在该压力下，持续 10 万次振动数，检查管件和钢管连接部位。结果应符合 5.7 的要求。

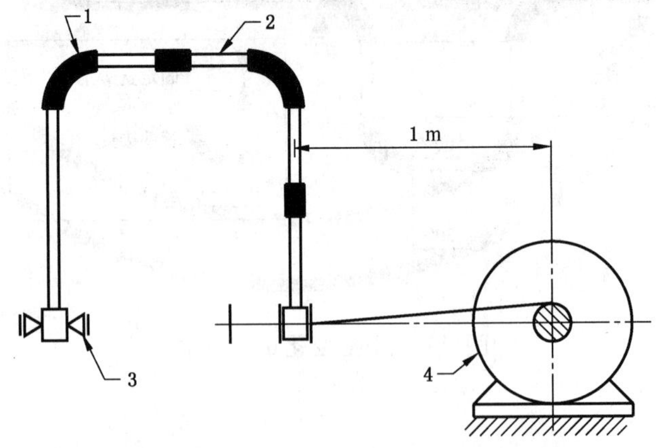

说明：
1——试件；
2——长度为 200 mm 的管子；
3——球阀；
4——偏心轮。

图 13　振动试验装置

表 17 振动试验条件

项　　目	条　　件
振幅	±1 mm
振动频率	20 Hz

6.7.7 压力波动试验

管件两端与长度为 500 mm 的钢管卡压连接，组成一组试样，从 0.1 MPa 加压至 2.5 MPa 为一个循环，试验介质为自来水，每分钟应进行(30±5)个循环，持续 10 000 个循环时，检查管件和钢管连接部位。结果应符合 5.7 的要求。

6.7.8 表面防腐

6.7.8.1 管件内外表面的耐腐蚀性能按 GB/T 13912—2002 或 CB/Z 343—2005 规定的方法进行检验。结果应符合 5.8.1 要求。

6.7.8.2 管件耐盐雾性能按 GB/T 10125—1997 规定的方法进行检验。结果应符合 5.8.2 的要求。

7 检验规则

7.1 检验分类

管件的检验分为型式检验和出厂检验。

7.2 型式检验

7.2.1 检验时机

管件有下列情况之一时，应进行型式检验：

a) 新产品首次投产或定型；
b) 产品转厂生产；
c) 停产 1 年以上，恢复生产；
d) 设计、结构、材料、工艺有重大变动足以影响产品性能；
e) 出厂检验连续不合格；
f) 主管机关有要求。

7.2.2 检验项目和顺序

管件的型式检验项目和顺序见表 18。

表 18 管件的检验项目和顺序

序号	检验项目	型式检验	出厂检验	要求章条号	试验方法章条号
1	材料	•	•	5.1	6.1
2	外观	•	•	5.2	6.2
3	尺寸公差	•	•	4.3、5.3	6.3

表 18（续）

<table>
<tr><th>序号</th><th colspan="2">检验项目</th><th>型式检验</th><th>出厂检验</th><th>要求章条号</th><th>试验方法章条号</th></tr>
<tr><td>4</td><td colspan="2">强度</td><td>•</td><td>•</td><td>5.4</td><td>6.4</td></tr>
<tr><td>5</td><td colspan="2">密封性</td><td>•</td><td>•</td><td>5.5</td><td>6.5</td></tr>
<tr><td>6</td><td colspan="2">爆破压力试验[a]</td><td>•</td><td>—</td><td>5.6</td><td>6.6</td></tr>
<tr><td>7</td><td rowspan="7">连接性能</td><td>耐压试验</td><td>•</td><td>—</td><td rowspan="7">5.7</td><td>6.7.1</td></tr>
<tr><td>8</td><td>负压试验</td><td>•</td><td>—</td><td>6.7.2</td></tr>
<tr><td>9</td><td>拉拔试验</td><td>•</td><td>—</td><td>6.7.3</td></tr>
<tr><td>10</td><td>温度变化试验</td><td>•</td><td>—</td><td>6.7.4</td></tr>
<tr><td>11</td><td>交变弯曲试验</td><td>•</td><td>—</td><td>6.7.5</td></tr>
<tr><td>12</td><td>振动试验</td><td>•</td><td>—</td><td>6.7.6</td></tr>
<tr><td>13</td><td>压力波动试验</td><td>•</td><td>—</td><td>6.7.7</td></tr>
<tr><td>14</td><td colspan="2" rowspan="2">表面防腐[b]</td><td>•</td><td>—</td><td>5.8.1</td><td>6.7.8.1</td></tr>
<tr><td>15</td><td>•</td><td>—</td><td>5.8.2</td><td>6.7.8.2</td></tr>
<tr><td colspan="7">注：• 必检项目；— 不检项目。</td></tr>
<tr><td colspan="7">[a] 用于船舶管路时进行该项检验。
[b] 用于高氯介质、海水管路时进行 5.8.2 项检验。</td></tr>
</table>

7.2.3 检验样品数量

管件的型式检验样品数量为同一型号的管件中取不同规格的 3 个检验样品。

7.2.4 判定规则

管件所有样品全部检验项目符合要求，判定型式检验合格。材料检验不符合要求，则判定型式检验不合格。若有其他不符合要求的项目，应加倍取样进行复验。若复验合格，仍判定型式检验合格；若复验时仍有不符合要求的项目，则判定管件型式检验不合格。

7.3 出厂检验

7.3.1 检验项目和顺序

管件出厂检验项目和顺序见表 18。

7.3.2 检验样品数量

表 18 中第 1 项～3 项和第 5 项管件的出厂检验为逐个产品检验。表 18 中第 4 项管件出厂检验样品数量为同种类、同规格管件每批抽样 5%（不少于 5 个）。

7.3.3 判定规则

管件所有样品全部检验项目符合要求，判定出厂检验合格。材料检验不符合要求，则判定出厂检验不合格。若有其他不符合要求的项目，应加倍取样进行复验。若复验合格，仍判定出厂检验合格；若复验时仍有不符合要求的项目，则判定管件出厂检验不合格。

8 标志、包装、运输和贮存

8.1 标志

经检验合格后的管件应永久性标上制造商商标和规格的标识。

8.2 包装

经检验合格后的管件应以纸质包装箱或者木质包装箱包装，注意防潮和防尘。箱内应附有合格证和产品质量证明书。产品质量证明书内容包括：

a) 产品名称、规格、标准号；

b) 制造厂名、厂址；

c) 材料牌号；

d) 批号、数量；

e) 质量部门盖章和签字；

f) 包装日期。

包装箱上应有产品名称、质(重)量、箱体尺寸、标记、制造厂名、防潮等字样标志且符合 GB/T 191 中的有关规定。

8.3 运输

包装成箱的产品，在雨雪不会直接淋到的条件下，可用任何工具运输，在搬运过程中，不应剧烈碰撞、抛、摔、滚、拖。

8.4 贮存

包装成箱的产品应贮存在无腐蚀气体的干净的环境内，避免杂乱堆放和与其他物件混放。

附　录　A
（规范性附录）
管件连接用钢管

A.1　型式和尺寸

管件连接用钢管的结构型式和基本尺寸见图 A.1 和表 A.1。

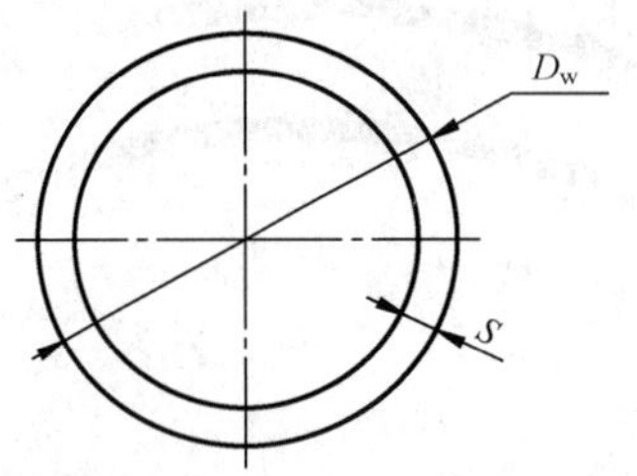

图 A.1　钢管的结构型式

表 A.1　钢管的基本尺寸

单位为毫米

公称尺寸 DN	管材外径 D_w	外径允许偏差	壁厚 S	壁厚允许偏差
15[a]	15.0	±0.10	1.2	±0.12
	18.0			
20	22.0	±0.11	1.5	±0.15
25	28.0	±0.14		
32	35.0	±0.18		
40	42.0	±0.21		
50	54.0	±0.27		
65	76.1	±0.30	2.0	±0.20
80	88.9	±0.38		
100	108.0	±0.54		

[a] 选用 D_w 为 15 时，标记为 15/1；D_w 为 18 时，标记为 15/2。

A.2　材料

钢管的材质为 Q215A 或 Q235A，并应符合 GB/T 700—2006 的规定。

A.3　其他

钢管的其他要求、试验方法等按 GB/T 3091—2008 的规定。

附　录　B
（规范性附录）
管件用O形密封圈

B.1　范围

本附录规定了管件用O形密封圈(以下简称密封圈)的型式与尺寸、要求、试验方法、检验规则、标志、包装、运输和贮存。

B.2　型式和尺寸

密封圈的结构型式和基本尺寸见图B.1和表B.1。

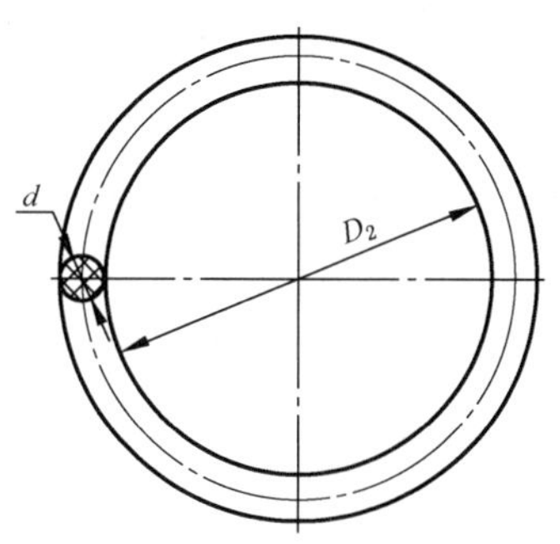

图B.1　密封圈

表B.1　密封圈的基本尺寸

单位为毫米

<table>
<tr><th>公称尺寸 DN</th><th>密封圈内径 D_2</th><th>密封圈直径 d</th></tr>
<tr><td>15</td><td>$18.2^{+0.15}_{-0.05}$</td><td>$2.5^{+0.15}_{-0.05}$</td></tr>
<tr><td>20</td><td>$22.2^{+0.2}_{0}$</td><td>$3.2^{+0.15}_{-0.05}$</td></tr>
<tr><td>25</td><td>$28.2^{+0.2}_{0}$</td><td rowspan="2">$3.0^{+0.15}_{-0.05}$</td></tr>
<tr><td>32</td><td>$35.3^{+0.3}_{0}$</td></tr>
<tr><td>40</td><td>$42.3^{+0.3}_{0}$</td><td rowspan="2">$4.0^{+0.15}_{-0.05}$</td></tr>
<tr><td>50</td><td>$54.3^{+0.3}_{0}$</td></tr>
<tr><td>65</td><td>$77.0^{+0.2}_{-0.1}$</td><td>$7.0^{+0.2}_{0}$</td></tr>
<tr><td>80</td><td>$90.0^{+0.2}_{-0.1}$</td><td>$8.0^{+0.2}_{0}$</td></tr>
<tr><td>100</td><td>$109.0^{+0.2}_{-0.1}$</td><td>$10.0^{+0.2}_{0}$</td></tr>
</table>

B.3 要求

B.3.1 材料

密封圈的材料为氯化丁基橡胶、三元乙丙橡胶、氟橡胶、丁腈橡胶。

B.3.2 外观

密封圈的外观应平整，不允许有气泡、裂口及影响其性能的其他缺陷。

B.3.3 物理性能

用于水系统等介质的橡胶物理性能应符合表B.2的规定。

用于燃气、燃油类、石油等介质的橡胶物理性能应符合表B.3的规定。

用于高温热水、蒸汽等介质的橡胶物理性能应符合表B.4的规定。

表B.2 用于水系统等介质的橡胶物理性能

序号	物理性能	单位	要求	适用试验条款
1	硬度	绍尔A	80±5	B.4.4
2	拉伸强度 ≥	MPa	9	B.4.5
3	扯断伸长率± ≥	%	100	
4	压缩永久变形 ≤ 72 h 23 ℃±2 ℃ 24 h 125 ℃±2 ℃ 70 h−10 ℃±1 ℃	 % % %	 15 20 50	B.4.3
5	水中压缩永久变形 ≤ 70天 110 ℃±2 ℃	 %	 30	
6	热空气老化，7天 125 ℃±2 ℃ 硬度变化 拉伸强度变化 ≤ 扯断伸长率变化	 绍尔A % %	 +8/−5 −20 +10/−40	B.4.6 B.4.4 B.4.5 B.4.5
7	压缩应力松弛 ≤ 7天 23 ℃±2 ℃ 7天 125 ℃±2 ℃	 % %	 18 30	B.4.7
8	水中体积变化 ≤ 7天 95 ℃±1 ℃	 %	 +8/−1	B.4.8
9	耐臭氧试验 $50\times10^{-8}\times70$ h 拉伸20%	—	无裂缝	B.4.9
10	撕裂强度 ≥	N	20	B.4.10

表 B.3 用于燃气、燃油类、石油等介质的橡胶物理性能

序号	物理性能	单位	要求	适用试验条款
1	硬度	邵尔 A	75±5	B.4.4
2	拉伸强度,最小	MPa	11	B.4.5
3	扯断伸长率,最小	%	220	B.4.5
4	压缩永久变形:B型试样 100 ℃×24 h,最大	%	35	B.4.3
5	热空气老化 100 ℃×24 h 硬度变化,最大 拉伸强度变化,最大 扯断伸长率变化,最大	 邵尔 A % %	 0～+8 −10 −25	B.4.6 B.4.4 B.4.5 B.4.5
6	热空气老化 100 ℃×70 h 硬度变化,最大 拉伸强度变化,最大 扯断伸长率变化,最大	 邵尔 A % %	 +8 −15 −30	B.4.6 B.4.4 B.4.5 B.4.5
7	压缩应力松弛,Ⅱ型试样 标准室温×7 天,最大	%	15	B.4.7
8	耐液体 燃油 B,标准室温×7 天 硬度变化,最大 体积变化,最大	 邵尔 A %	 −15 +30	 B.4.4 B.4.8
9	燃油 B,标准室温×72 h 浸泡后, 100 ℃×24 h 干燥,体积变化,最大	%	−10	B.4.8
10	3#标准油,70 ℃×7 天 硬度变化,最大 体积变化,最大	 邵尔 A %	 −10～−3 +5～+20	 B.4.4 B.4.8
11	脆性温度不高于	℃	−20	B.4.11

表 B.4 用于高温热水、蒸汽等介质的橡胶物理性能

<table>
<tr><th>序号</th><th>物理性能</th><th>单位</th><th colspan="2">要求</th><th>适用试验条款</th></tr>
<tr><td rowspan="2">1</td><td rowspan="2">优先公称硬度等级</td><td rowspan="2">邵尔 A</td><td rowspan="2">75</td><td>+5</td><td rowspan="2">B.4.4</td></tr>
<tr><td>−4</td></tr>
<tr><td>2</td><td>拉伸强度,最小</td><td>MPa</td><td colspan="2">9</td><td>B.4.5</td></tr>
<tr><td>3</td><td>扯断伸长率,最小</td><td>%</td><td colspan="2">200</td><td>B.4.5</td></tr>
<tr><td rowspan="2">4</td><td>在空气中的压缩永久变形:
在标准试验温度下,70 h 最大</td><td>%</td><td colspan="2">15</td><td rowspan="2">B.4.3</td></tr>
<tr><td>在 125 ℃下,22 h 最大</td><td>%</td><td colspan="2">20</td></tr>
</table>

表 B.4（续）

序号	物 理 性 能	单位	要求	适用试验条款
5	耐热老化性，ASTM D573[a]，70 h，250 ℃ 硬度变化，最大 拉伸强度变化，最大 极限延伸率变化，最大	 邵尔 A % %	 +10 −25 −25	B.4.6 B.4.4 B.4.5 B.4.5
6	水浸泡，在 100 ℃蒸馏水或去离子的水中浸泡 7 天后的体积变化	%	0～8	B.4.8
7	撕裂强度最大	kN/m	20	B.4.10
8	压缩变定，ASTM D395[b]，方法 B，在 200 ℃时 22 h，最大	%	50	B.4.3
9	−25 ℃低温脆性	℃	不撕裂	B.4.11

[a] ASTM D573《在空气烤炉中作橡胶变质的试验方法》

[b] ASTM D395《橡胶压定性能试验方法》

B.4 试验方法

B.4.1 密封圈在日光或灯光照明下用目测法检查密封圈外观。结果应符合 B.3.2 要求。

B.4.2 密封圈的尺寸检验按 GB/T 5720 规定的方法进行。结果应符合 B.2 要求。

B.4.3 密封圈的压缩永久变形试验按 GB/T 7759 规定的方法进行。结果应符合 B.3.3 中的要求。

B.4.4 密封圈的硬度试验按 GB/T 531 规定的方法进行。结果应符合 B.3.3 中的要求。

B.4.5 密封圈的拉伸试验按 GB/T 528 规定的方法进行。结果应符合 B.3.3 中的要求。

B.4.6 密封圈的热空气老化试验按 GB/T 3512 规定的方法进行。结果应符合 B.3.3 中的要求。

B.4.7 密封圈的压缩应力松弛试验按 GB/T 1685 规定的方法进行。结果应符合 B.3.3 中的要求。

B.4.8 密封圈的水中体积变化试验按 GB/T 1690 规定的方法进行。结果应符合 B.3.3 中的要求。

B.4.9 密封圈的耐臭氧试验按 GB/T 7762 规定的方法进行。结果应符合 B.3.3 中的要求。

B.4.10 密封圈的撕裂强度试验按 GB/T 12829 规定的方法进行。结果应符合 B.3.3 中的要求。

B.4.11 密封圈的低温脆性试验按 GB/T 1682、GB/T 15256 规定的方法进行。结果应符合 B.3.3 的要求。

B.5 检验规则

B.5.1 检验分类

密封圈的检验分型式检验、出厂检验和定期检验。

B.5.2 型式检验

B.5.2.1 检验时机

密封圈有下列情况之一时，应进行型式检验：

a) 新产品首次投产或定型；

b) 产品转厂生产；

c) 停产1年以上，恢复生产；

d) 设计、结构、材料、工艺有重大变动足以影响产品性能；

e) 出厂检验连续不合格；

f) 主管机关有要求。

B.5.2.2 检验项目

密封圈的型式检验项目和顺序见B.4.1～B.4.11。

B.5.2.3 检验样品数量

密封圈的型式检验样品数量为相同规格取5个。

B.5.2.4 判定规则

密封圈所有样品全部检验项目符合要求，判为型式检验合格，若有不符合要求的项目，应在审查设计、工艺等的基础上抽取双倍试样对不合格的项目进行复检，若复验合格，仍判为型式检验合格；若复验时仍有不符合要求的项目，则判密封圈型式检验不合格。

B.5.3 出厂检验

密封圈的出厂检验以每批胶料为一个检验批。外观应全数检验；其余项目每批产品抽样5%(不少于5个)进行硬度(绍尔A)、拉伸强度、扯断伸长率和常温、高温和低温下压缩永久变形的检验。检验结果有一项不合格时，应加倍取样对该项进行复检，若复验合格，仍判为出厂检验合格；若复验时仍有不符合要求的项目，则判密封圈出厂检验不合格。

B.6 标志、包装、运输和贮存

B.6.1 密封圈的标志、包装、运输和贮存按GB/T 5721的规定。

B.6.2 密封圈不应与有毒、有害物混合运输和贮存。

B.6.3 密封圈的使用年限一般为5年。

附　录　C
（资料性附录）
管件与钢管的安装方法

C.1　范围

本附录适用于管件与钢管的连接与安装。

C.2　结构原理

管件承口端部有环状U形槽，内装有O形密封圈，安装时，用专用卡压工具使U形槽内部缩径，使钢管、管件承插部分卡压成六角形。

C.3　断管

C.3.1　钢管应用电动切管机或手动切管器切断。
C.3.2　钢管的切割面应用除毛刺器把毛刺完全除去。
C.3.3　钢管的切割面应与钢管的中心线垂直，钢管端部、外表面插入管件承口一段应光滑平整、清洁、无油污。

C.4　连接准备

C.4.1　在钢管端部用划线器进行画线，其插入长度基准值见表C.1。

表 C.1　插入长度基准值

单位为毫米

公称尺寸 DN	插入长度基准值
15	20
20	21
25	23
32	26
40	30
50	35
65	53
80	60
100	75

C.4.2　钢管插入前，镀锌钢管端部应进行防腐处理，密封圈应安装在正确的位置上。安装时不应使用润滑油。
C.4.3　钢管应垂直地插入管件中，且避免可能割伤或脱落密封圈。

C.4.4 插入后，钢管上所画标记距管件端面应保持在 3 mm 以内。

C.5 卡压连接

管件与管子卡压连接应注意下列问题：

a) 卡压工具在使用前，应仔细阅读相关说明书。

b) 卡压时，应将卡压工具钳口凹槽与管件环形凸部紧密贴合，卡压工具应与钢管垂直。

c) 卡压工具应卡压至左右两钳口贴合，即可完成卡压连接。卡压后，卡压部分的管件和钢管呈六角形，形成足够的连接强度，同时密封圈压缩变形产生密封作用。

d) 与内、外螺纹转换接头连接时，应先拧紧螺纹后再进行卡压。

C.6 卡压后检验

卡压后，应用六角量规检验卡压连接是否完好。卡压不当处，可用正常工具再做卡压，并应再一次用六角量规确认。

整个管线安装完毕后，应进行试压试验，试压试验可用水压试验或气压试验。水压试验压力为工作压力的 1.5 倍，气压试验为工作压力的 1.05 倍。

ICS 47.020.20
U 40

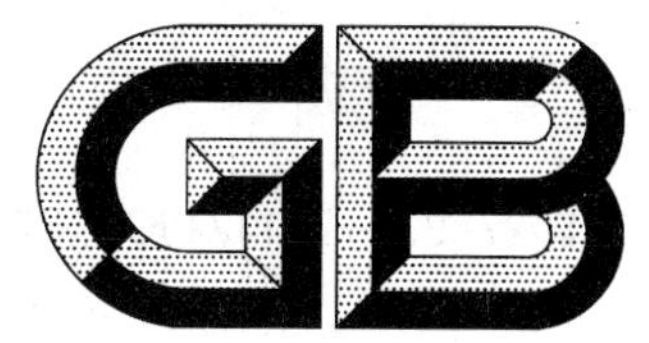

中华人民共和国国家标准

GB/T 27892—2011/ISO 18770:2005

船舶与海上技术 机舱易燃油料系统 易燃油料泄漏预防

Ship and marine technology—Machinery-space flammable oil systems—Prevention of leakage of flammable oil

(ISO 18770:2005,IDT)

2011-12-30 发布 2012-06-01 实施

中华人民共和国国家质量监督检验检疫总局
中国国家标准化管理委员会 发布

前言

本标准按照GB/T 1.1—2009给出的规则起草。

本标准使用翻译法等同采用ISO 18770:2005《船舶与海上技术　机舱易燃油料系统　易燃油料泄漏预防》。

本标准做了下列编辑性修改：

——增加了“第2章　规范性引用文件”，原国际标准中的“第2章～第11章”依次修改为“第3章～第12章”；

——原国际标准10.1.2中引用的章条编号“11.2.5”属于印刷错误，应为“11.3.5”，本标准因增加了第2章，将其修改为“12.3.5”。

本标准由中国船舶工业集团公司提出。

本标准由全国船用机械标准化技术委员会(SAC/TC 137)归口。

本标准起草单位：中国船舶工业综合技术经济研究院。

本标准主要起草人：魏华兴、祁超、孙猛、李军。

船舶与海上技术　机舱易燃油料系统 易燃油料泄漏预防

1　范围

本标准规定了降低机舱易燃油料系统起火危险以及防止易燃油料泄漏的措施，以供设计人员、造船人员、机舱人员、船东、操作人员和维修人员使用。本标准包括易燃油料系统的设计、结构、试验、安装、维修和检验要求。

本标准适用于新建和已建船舶。

2　规范性引用文件

下列文件对于本文件的应用是必不可少的。凡是注日期的引用文件，仅注日期的版本适用于本文件。凡是不注日期的引用文件，其最新版本（包括所有的修改单）适用于本文件。

ISO 15540　船舶与海上技术　软管组件的耐火性能　试验方法(Ships and marine technology—Fire resistance of hose assemblies—Test methods)

3　术语和定义

下列术语和定义适用于本文件。

3.1

易燃油料　flammable oil

易于点燃和燃烧的油料，通常在机舱内。

例如：燃料油、润滑油、热油或液压油。

3.2

机舱　machinery space

根据国际海事组织颁布和修正的《国际海上人命安全公约》(SOLAS 74)的定义，指包含主要和辅助推进装置及其附加系统在内的空间。

3.3

热表面　hot surface

温度超过 220 ℃的表面。

3.4

电气元件　electrical component

配电板、仪表盘、电气控制器、仪表柜或其他船用电气设备，其潮湿或被液体喷溅会引起着火或推进损失。

4　管路系统总体

4.1　总则

易燃材料和引燃源是导致机舱起火的主要原因。大多数情况下，易燃材料是油料，如燃料油、润滑油或液压油。机舱中存在很多潜在的引燃源，最常见的是热表面，如排气管和蒸汽管。机器过热，因开关短路、电弧放电或在其他故障情况下使用电气设备，均可引起起火。其他常见的引燃源与人的活动有关，如吸烟、焊接和磨削等。

4.2 人为因素

人为因素应予以考虑。人员应经过培训并遵守已有的规范。发动机燃油系统和其他易燃油料系统的操作及其产生的压力量值和泄漏危害的内容，应包含在工程技术管理人员的培训当中。参加资格证书考试的人员也应特别考虑这些内容。

4.3 检查、维护与修理

易燃油料系统应进行专业检查、维护与修理。船东应确保有必要的培训和可用的设备、工具。系统的重要修理和维护记录应记录在技术人员的日志或维护记录中。

4.4 操作注意事项

4.4.1 很多起火情况是由管路的连接和装配件的松动引起的。燃料油、润滑油和液压油管路及其装配件、连接件和紧固件应进行定期检查，并作为预防维护计划的组成部分。在检查中应注意避免过度装配。

4.4.2 当完成主要或辅助发动机的维修或修理后，应进行检查，确保热表面隔热罩完全复位。发动机的常规检查应确保隔热罩安装在适当的位置。

4.4.3 任何燃料油、润滑油或液压油的泄漏都应迅速处理。在重大泄漏发生时，应采取任何措施停止泵或其他油压源。在航行中，应立即向驾驶台报告重大易燃液体泄漏情况。

4.4.4 很多严重火灾都是因没有认识到一些不易注意但易燃区域的潜在危险引发的(如从燃料罐顶部溢出的燃油，从带有缺陷的密封装置、连接件或破裂管路中喷溅出的油雾)。应采取措施避免小火苗向舱底或油罐顶部的废油蔓延，以免火势迅速蔓延，失去控制。清洁对于安全是必要的，应始终保持高标准的清洁。

4.4.5 木制品或其他易燃材料不应在使用易燃油料的机舱中使用。在燃油装置附近不应存放任何可燃材料。机舱和锅炉舱中应尽可能少地使用沥青或类似易燃混合物。

4.4.6 当油管路需要进行修理时，即使是暂时的，也应注意起火危险。所有修理都应防止存在任何泄漏的危险，同时应达到暴露在失火情况下可忍耐的标准。

4.4.7 当燃料油、润滑油或液压油泄漏发生时，应关闭所有表面或附件可能受到热影响的设备及其邻近的机器，提高防止火灾发生或迅速灭火的可能性。应防止进一步泄漏，减小火灾发生的可能性，或减轻火灾发生时的强度，并有助于避免船舶的永久破损。

5 挠性软管及其组合件

5.1 应用

在易燃油料系统中允许受限使用挠性软管。本章提供了挠性软管组合件的安全使用指导。作为端部带有接头的挠性软管，其组合件在长度上应尽可能的短，且仅限用于需要调节固定管路和机械部件之间相对运动的地方。

5.2 设计和结构

软管的制造应符合公认的标准，且应考虑压力、温度、液体兼容性和机械载荷以及冲击等因素，并按预定用途进行验收。每个软管组合件应提供静态液压试验和产品合格证书。除此之外，非金属软管还应提供耐火试验合格证书。耐火试验见 ISO 15540。

5.3 安装

软管应按产品说明书进行安装，安装时应考虑最小弯曲半径、扭转角和扭转方向，还应考虑在必要的部位进行支撑。在软管可能受到外部磨损的地方，应提供保护。安装完成后，系统应在最大工作压力下运行，检查故障和泄漏。通常的安装示意图参见图 A.1 和图 A.2。

5.4 检查和维护

5.4.1 软管组合件应按制造商和船舶的维护计划进行周期检查。周期检查的结果应记录下来。当软管组合件出现可能引起失效而影响使用耐久性的危险时应予以更换。

5.4.2 出现以下任何情况时应更换软管组合件：

——挠性软管或接头处出现泄漏；

——损坏、出现切口或表面磨损；

——扭曲、破裂、凹陷或扭弯的挠性软管；

——硬化、失去弹性、热裂化或烧焦的挠性软管；

——起泡、过软、表面变质或松动；

——挠性软管装配中出现滑动。

5.4.3 软管组合件在船舶寿命周期内需要更换多次，应符合制造商推荐的软管最大使用寿命。

6 飞溅防护罩

6.1 应用

飞溅防护罩用于防止泄漏或喷溅的燃油冲击到热表面或其他火源。燃料油、润滑油和其他燃油管路应进行屏蔽或适当保护，避免油喷溅到热表面上、进入机械进风口中或其他火源。飞溅防护罩应用在位于地板上面且无隔热防护的油压系统的法兰接头、法兰阀盖和其他法兰连接件上。在这种油压系统中，接合点应保持最少。如果电气元件或一个热表面上的连接点在 3 m 范围以内，飞溅防护罩应安装在机舱的易燃液体压力系统中。

在下列情况下，不需要安装飞溅防护罩：

——抽吸管路或不受泵排压影响的管路；

——位于空舱或隔离空舱中的管路；

——舱柜测深管、透气管、溢流管；

——燃气轮机内部管路、减速器外壳或其他有隔离物防护的部件，如锁紧装置、甲板或地板；

——结合连接件，包括螺纹三件套(内螺纹、外螺纹、螺母)组件。

6.2 设计

飞溅防护罩可有多种类型。可整体围护的飞溅防护罩的示例参见图 B.1。这种飞溅防护罩的设计可将连接件全部包围，在连接件圆周上可形成 1/4 的重叠部分。防护罩包围着法兰的周边，且足够围住螺栓头部。防护罩用金属丝紧密编织而成，重叠部分的位置远离潜在的起火源。

6.3 检查和维护

飞溅防护罩应进行定期全面检查，在拆卸修理之后，应重新装配。通常情况下，浸油的飞溅防护罩表示存在泄漏，应予以更换，并查找泄漏原因。

7 套管式高压燃料管路

7.1 应用

所有位于高压燃料泵和燃料喷嘴之间的外部高压燃料运输管路应用套管式管路系统进行保护，以防止失效。该套管式管路系统应能包含一个高压燃料管路。套管式管路与一个外部管路紧密结合形成固定的装配，高压燃料管路则装在外部管路中。该套管式管路系统应包含一个泄漏收集装置和一个燃料管路失效报警装置。

7.2 设计

有两种系统能够满足要求，即刚性燃料管路系统和挠性燃料管路系统。在任一种情况下，包裹层应完全包住管路并阻止工作过程中失效管路中油飞溅物的渗入。此外，环状空间和排水部件也应充分保证，在内部管路完全破裂时，不会出现过大的压力且导致包裹层的破裂。这种管路应通过模型测试，适当的设计分析，或得到相关部门的认可。排油管路部件应能防止润滑油或燃料油的腐蚀。

7.3 检查和维护

刚性燃料管路系统和挠性燃料管路系统均应进行适当的维护和定期检查，以确保套管式燃料管路处于正常的工作状态。套管式管路应进行日常检查，所有需拆卸维护的排水装置应进行正常的重新装配。对系统的检查和维护应记录在工程日志或维护日志中。

8 波纹管膨胀接头

8.1 应用

本章规定了用于易燃油料系统的金属膨胀接头。为确保管路系统有足够的柔性、弯曲，且可恢复原状和调整偏差，波纹管膨胀接头用在大多数管路系统中。非金属膨胀接头应限制使用，若需使用，应通过耐火试验，同时符合第5章挠性软管的要求。

8.2 设计

膨胀接头的设计应能适应轴向和侧向位移，且不应用于补偿管路间的错位。设计应基于一种被认可的规范或基于与膨胀接头相类似结构、类型、尺寸及用途的膨胀接头试验。与振动相关的热胀冷缩和疲劳寿命也应作为设计中的重要考虑因素。可能出现外部机械损伤的部位，应对波纹管膨胀接头适当予以防护。每个波纹管膨胀接头均应提供静态液压试验和产品合格证书。制造商名称、生产年月应在膨胀接头上作永久性标记。

8.3 安装、检查和维护

波纹管膨胀接头应按制造商提供的说明书进行安装，并在工作情况下进行检查，无论这些膨胀接头是否还具有一定稳定性并能继续使用，均应进行定期检查和更换。

9 滤器和滤网

9.1 设计

用于燃料油、润滑油或其他易燃油料系统的滤器和滤网应为具有熔点为930 ℃以上的金属壳体。

满足 ISO 15540 规定的耐火试验要求的其他金属壳体材料也可以使用。所用的受压元件应能承受最大的工作温度和压力。滤器和滤网的设计与结构应保持设备清洁，在维护时应防止渗漏或将这种渗漏尽可能保持在最小化。在工作过程中需要对滤器和滤网进行清洁的地方，应确保其在打开之前装有泄压装置。

9.2 安装、检查和维护

滤器和滤网的安装位置应远离热表面和其他引燃源。它们不应安装在溢油可能流到转动件或其他旋转的机械部件从而产生飞溅的位置处。滤器和滤网下应装有合适的集油盘。滤器和滤网应在每次打开清洁时进行检查，必要时其盖子的密封衬垫或垫圈应进行更换。在系统重新工作前，应仔细检查密封盖的密封性和紧固性。用于连接滤器盖和往复运动部件的螺母、螺栓、螺丝和螺柱也应在滤器每次打开清洁时进行检查。当螺母、螺栓、螺丝和螺柱出现磨损、滑牙、拉伸或六角螺栓头磨圆的情况时，应予以更换合适的型号。螺柱插入机壳的螺纹长度应合适。

10 隔热

10.1 设计

易燃油料系统失效时可能受到冲击的所有温度高于 220 ℃的表面，应进行适当的绝热处理。对热表面的绝热处理可以使这些表面温度保持在油料自燃温度以下，从而降低起火的危险。绝热材料应是不可燃且对于油料冲击不产生渗透的材料。如果绝热层不能防止油料的渗入，它应外包金属护皮。

10.2 安装、检查和维护

绝热层应按制造商的安装说明书进行安装。永久性绝热层应尽可能采用。绝热层应采用易于拆除的部件，以便于日常维护。常规的设备检查应确保绝热层处于适当位置，特别是维护或修理时。

11 其他机械部件

11.1 测量仪器

11.1.1 设计与安装

11.1.1.1 在船上发生的许多火灾中，压力表、温度计和液位计，以及其他类似的测量仪器都是重要因素。在油料系统中的所有压力表和其他类似的测量仪器，应尽可能在压力起始处安有一个独立的阀门或旋塞。压力起始处的数值应保持在最小，并且仪表管应尽可能地短。铜管不应使用，在已装配好的地方，应用钢管代替。临时测量时，已存在的铜管应保证在受到振动冲击时有足够的安全性。仪表管应装有膨胀环，以适应温度的变化和抵抗振动和压力冲击的影响。油料系统中的温度计应安装在固定的容器或温度计套管中。

11.1.1.2 液位计的设计应能满足预期工作要求。需要穿过油柜顶部的液位计，不应在客船上安装，也不宜在货船上安装。然而，对于采取保护措施的液位计，可以在货船的油柜上安装；这种液位计应具备坚固厚度、耐热的玻璃壳体，且在每个油柜连接处具有自闭合装置。圆形玻璃不应使用。

11.1.2 检查和维护

铜仪表管对加工硬化非常敏感(见 12.3.5)。所有的仪表管及连接部件均应在正常工作情况下进行周期检查和维护。

11.2 管子连接件、接头、吊架及支架

11.2.1 管子连接件和接头有很多种,它们中的某些被认为不适用于易燃油料系统。通常应使用符合有关标准要求的法兰接头。压力连接件及其他形式的连接件应按预定用途进行验证。在易燃油料系统中,连接件的数量应保持最少。

11.2.2 在易燃油料系统中的管路应给予有效支撑。支架和吊架不应用于管路的校直。维护时移去的支架和吊架,应能重新装配。松动的支架和吊架易导致油管的磨损和彻底失效。支架和吊架应使用耐磨损材料,并定期检查其紧固性。

12 操作与维护的危险

12.1 概述

火灾事故的调查、统计分析以及技术研究显示,易燃油料系统的泄漏通常由磨损失效、零部件的不正确装配或不匹配所导致。

导致易燃油料系统零部件失效的主要因素如下:

——维护时,系统局部的频繁拆卸和重装;

——由燃料喷射泵动作所产生的,并传递到燃料供应系统以及溢油飞溅围护装置的高频率、短周期压力冲击影响;

——振动。

12.2 燃料油供应和溢出系统中的高压冲击

12.2.1 通常的燃料喷射泵(铸造泵和脉动泵)包含一个在具有燃料进出口的泵体上作往复运动的活塞。这种泵的设计,应能通过调整活塞冲程为发动机提供所需的燃料供给量,以适应发动机在动态载荷下的工作。当发动机的燃料需要量达到规定程度时,活塞应打开进出口,泵内 80 MPa～150 MPa 的压力将促使燃料油溢流到燃料供应和溢出管系中。

12.2.2 每次喷射泵动作都会产生高压,且之后伴随着减压。因此,在发动机发火顺序中,连续的喷射泵动作之间会存在最大的压力差。压力的变化会加速管路系统的燃料流速,当与循环泵的减压阀同时作用时,可能会引起气穴现象和反射压力波。气穴破裂和内爆会迅速发生,并可能引起瞬时超过 10 MPa 的压力冲击。

12.2.3 试验研究表明,一个典型的中速发动机的燃油系统中,压力冲击值最大为发动机载荷的40%～60%,可达到 6 MPa～8 MPa。该冲击压力约为系统正常工作压力的 8 倍左右。在高速船上安装的高速发动机可产生更高的喷射压力,其燃油系统可能需要承受相应更高的压力冲击。

12.2.4 高压冲击会导致振动及疲劳,并引起很多设备的失效,如温度继电器、恒压器和机械节流阀。燃油管路及其零部件的失效会因产生的拉伸应力而引起疲劳和破裂。

12.2.5 高压燃油泵通常装有耐腐蚀的塞子。该塞子可在气穴可能发生处防止泵体腐蚀。必要时,这些塞子应在燃油泵拆修和更换时进行检查。在使用中出现外部泄漏或松动的迹象时,应对塞子进行检查。

12.3 设计注意事项

12.3.1 燃油系统的设计应确保其能承受喷射泵产生的高压冲击。设计单位应将燃油系统参数说明书提供给发动机燃油系统的制造商和管路的安装人员参照使用。该说明书应包括燃油系统工作中的最大压力。发动机燃油出口产生的冲击压力应设计为 1.6 MPa。

12.3.2 可供设计者考虑减少泄漏危险的方式如下:

——设计一种能承受所产生的压力冲击的燃油系统，管路系统的设计和安装应符合有关组织或ISO标准的要求；

——安装压力缓冲装置；

——喷射泵的设计应可消除或减少高压冲击。

12.3.3 燃油箱和发动机之间的燃油管路由来自不同供应商的零件组成。这些供应商往往没有意识和考虑到，系统中由其他元件引起而施加到其所供应的零件上的压力，这通常是导致系统失效的原因。因此，宜由专人来负责燃油系统所有部件规范、设计和安装的协调工作，以保证这些部件能适应预期的高压冲击。对于设计者而言，应确保在船上安装时满足所有的设计要求。

12.3.4 燃油系统中可安装大量的压力缓冲装置。机械压力蓄压器和充气波纹管在使用过程中均会出现因疲劳和振动而导致响应慢和失效的问题。

12.3.5 燃料管路应是钢质的，其支架应能避免由发动机和推进器产生振动而引起的疲劳。支架的安装还应保护系统免受高压冲击所造成的振动。不应使用铜和铝黄铜管路，因为它们固有的加工硬化特性使其在遭受振动时有失效的倾向。

12.3.6 压紧联轴节需要特别注意其压紧过程，并且还应有合适的扭矩，以防止管路的泄漏或破坏。若未经专门的型式认可，它们不应用于发动机燃料供给管路中。在燃油系统中，应考虑使用法兰连接件来代替压紧联轴节。

12.3.7 在多数情况下，多台发动机是通过一个单燃料泵进行供给的；如果存在泄漏，需要停止所有的发动机。但也存在立即停止出现泄漏的发动机并切断其燃油供给管路和油料溢出管路的情况。因此，在同一燃料供给源的多台发动机安装中，应提供单台发动机燃料供给切断的装置。切断装置应能在控制台或易于接近任一台发动机点火的位置进行操作。

12.4 安装

应指定专人负责调试整个燃料系统的初始船上安装。调试员应能理解所有的设计准则并保证在安装时完全达到设计要求。

12.5 维护与检查规程

12.5.1 船舶的预防性维护规程应包括鉴别燃油系统的振动、疲劳、劣质部件及不良装配等程序，并确保有适当的隔离热表面的维护措施。检查清单应予以准备，确保随后进行的主要检查程序，以及所有零部件、支架和定位件等完成检查后能重新装配。系统安装后应检查下列情况：

——检查系统支架的数量和装配件的情况；

——焊接或铜焊接管及连接件的疲劳应力情况；

——评估振动的烈度；

——检查热表面的绝热或防护。

12.5.2 燃油系统的零部件拆除后应进行全面检查，特别是螺纹连接部件，不应超过要求的扭矩。

其他要求如下：

——所有垫圈应在修理后和重新安装前进行检查；

——O形垫圈和锁紧钢丝在任何情况下不应被回收使用；

——通常，带耳止动垫圈的使用不应多于2次。

12.5.3 每间隔不超过3个月应用扭矩扳手对喷射泵的固定螺栓进行一次检验，确保连接牢固。扭矩的检测应有记录。

12.5.4 低压燃料系统的支架及固定件应进行每间隔不超过6个月的定期检查，确保牢固和提供足够的约束力。这些部件的管路应进行磨损检验，当它们不足以支撑时应予以更换。

12.5.5 挠性软管组合件应进行严格检查，当出现材料明显破损或老化时应予以更换。当更换时应特别注意连接件的拧紧操作,确保软管不发生扭曲。

12.5.6 挠性软管组合件应进行初始设计压力试验,至少每5年一次。或通过研究检测出其管路的寿命,并在管路达到其寿命前予以更换。发动机和燃油系统制造商的检查应予以要求和考虑。

12.5.7 所有垫圈、密封圈材料和连接配合件的使用均应符合发动机制造商的要求。

12.5.8 在已装配的地方,压力装配应进行仔细的检查,如有必要,可按制造商说明书使用扭矩扳手拧紧。法兰连接件的更换也应予以考虑。

12.5.9 除了允许安装挠性软管的地方,A类机器处所和其他机器处所的易燃液体管路系统材料的熔点应不低于925 ℃。存在的铜管和铝黄铜管路应经过热处理,并有足够支撑,以防止振动带来的损害。钢管应考虑更换。

12.5.10 锁紧元件(如弹簧和带耳止动垫圈、锁紧钢丝等)应加以使用。不应用金属丝锁紧燃油泵出口处的螺钉。但使用具有一定重量的金属环连接每个螺钉,可在受振动影响的情况下避免螺钉松开。

12.5.11 现有船舶上的燃油系统应与由燃油喷射泵产生的高压冲击相兼容。

附 录 A
（资料性附录）
软管组合件安装指南

A.1 金属挠性软管——通用安装指南

金属挠性软管的安装应遵守以下要求：

a) 避免急剧弯曲——有很多种不正确安装方式，可能导致软管出现急剧弯曲。图 A.1 中举例说明了一些方式。若管路受到限制以致不能用正确方式安装时，宜使用一个联锁软管作为扭曲软管的防护装置。联锁防护装置可减小弯曲的严重程度，延长扭曲软管的使用寿命。

b) 不给软管施加扭矩——软管在下列情况下易产生扭曲：

1) 安装时被扭曲

为了减小软管在这种情况下损坏的可能性，宜在每个软管组合件的端部安装管接头或可移动的法兰。

2) 弯曲部分产生扭曲

安装软管后，在某个平面内出现弯曲。

这些常见问题见图 A.1。

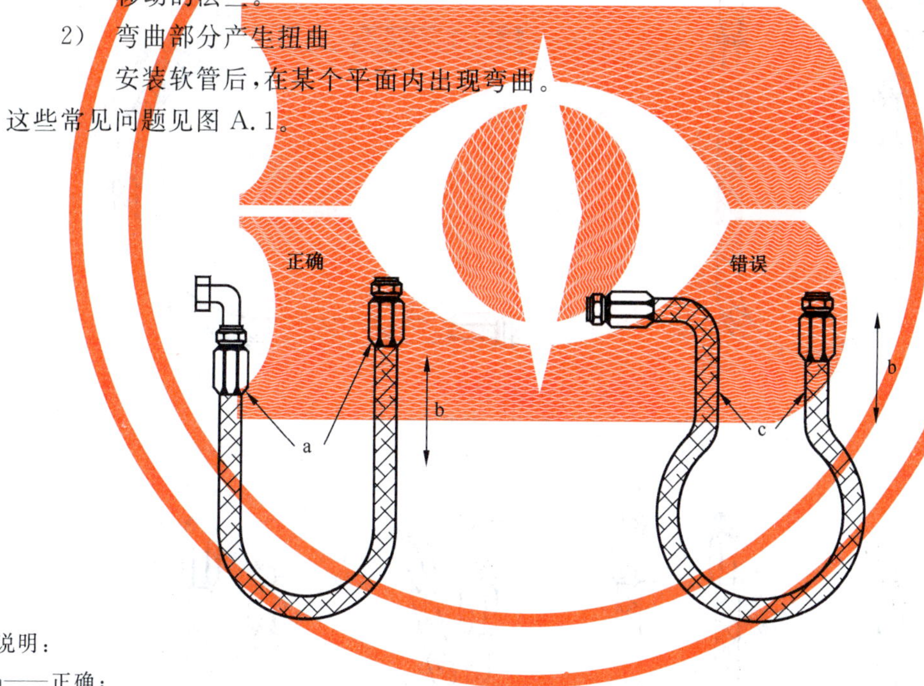

说明：

a——正确；

b——移动方向；

c——错误。

图 A.1 金属挠性软管——通用安装指南

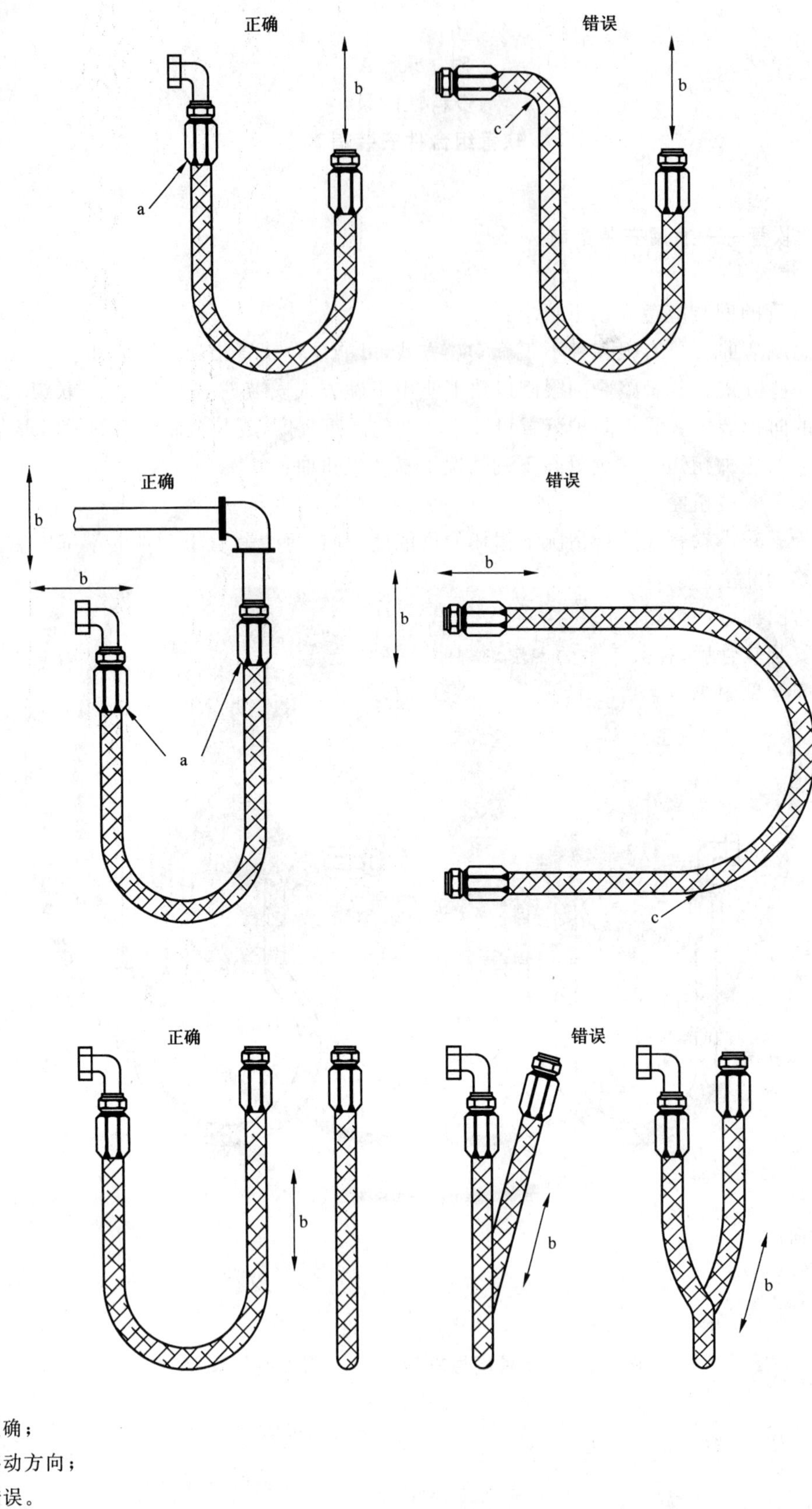

说明：

a——正确；

b——移动方向；

c——错误。

图 A.1（续）

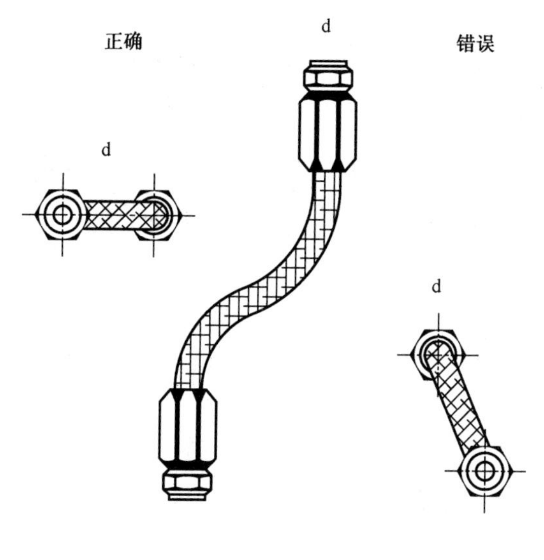

说明：
d——方位。

图 A.1（续）

A.2 非金属挠性软管——通用安装指南

图 A.2 表示了如何避免在不同情况下出现的问题。各子图进一步说明如下：

a) 软管在压力作用下会出现长度变化。一般情况下，软管应保持松弛，以考虑到软管的收缩或膨胀（然而，过度松弛也是导致软管低劣外观的最常见原因之一）。

b) 若软管安装时出现扭曲，高工作压力会使其绷直。这会使安装螺母出现松动。且扭曲会导致间隙加剧，软管在达到其疲劳极限时可能会出现突然破裂。

c) 当软管管路穿过排气管路或其他热源附近时，应使用耐热防护罩、防火套或金属隔板加以隔离。在实际应用中，托架和夹具可使软管保持在合适位置，减小磨损。安装时使用夹具或托架并不能避免软管表皮磨损，应在软管外表面覆上钢质或塑料的保护圈或耐磨损套。

d) 软管弯曲处，应有足够大的曲率半径。弯曲太紧，容易挤压软管，并限制液体流动。甚至可能导致管路扭结和完全阻塞。在多数情况下，使用合适的接头或转接器可消除弯曲或扭结。

e) 在安装中使用弯管接头和转接器可以减小装配中产生的变形，并易于安装和便于检查和维修。端部金属接头不能作为组合件挠性部分的部件。

f) 安装软管管路时，应避免擦伤或磨损。通常需要使用夹具支撑长距离软管或使软管远离运动部件。应确保选用正确尺寸的夹具。夹具太大，会使软管在夹具中移动，从而引起在该处的磨损。

g) 在使用中存在较大振动或弯曲的地方，允许适当增加软管长度。软管金属接头不是挠性的。合适的安装可使金属部件避免受到过度的压力。

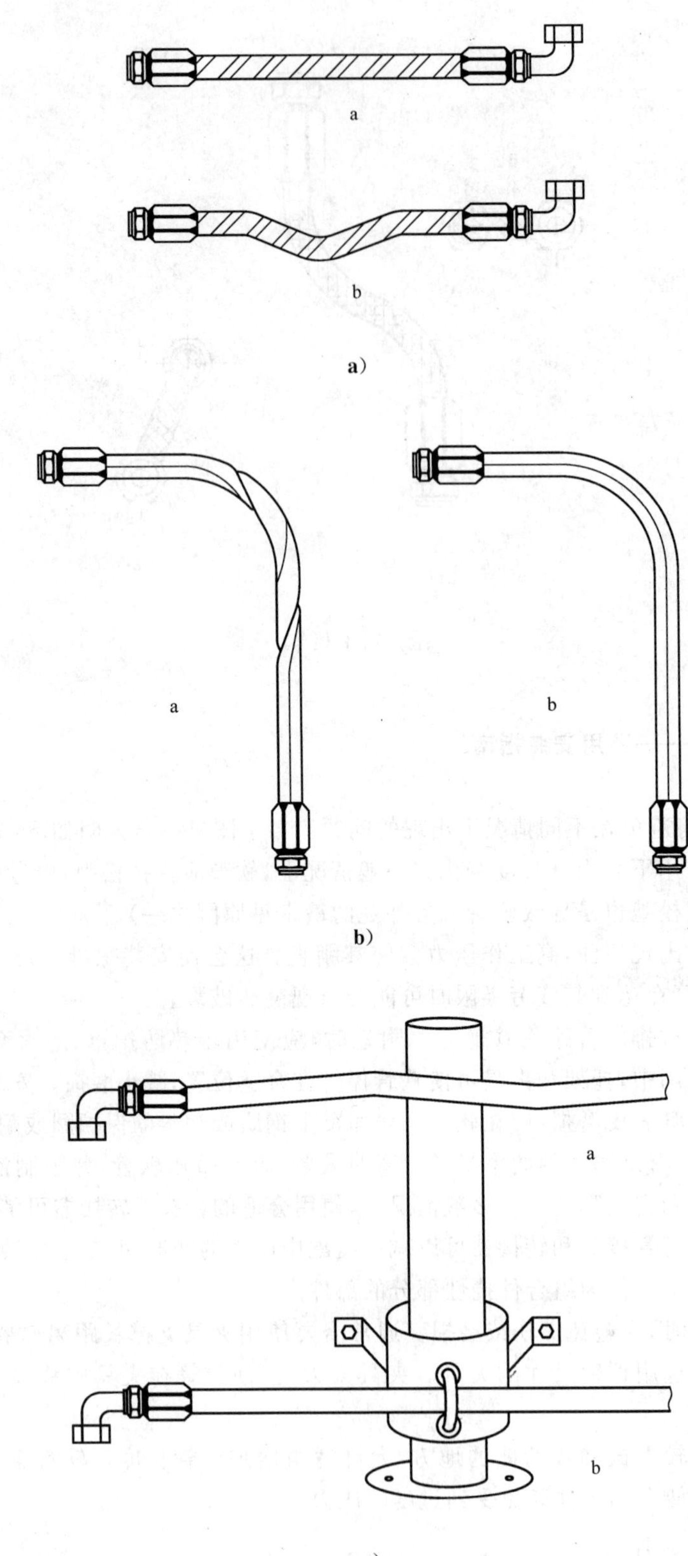

说明：

a——错误；

b——正确。

图 A.2 非金属挠性软管——通用安装指南

说明：

a——错误；

b——正确。

图 A.2（续）

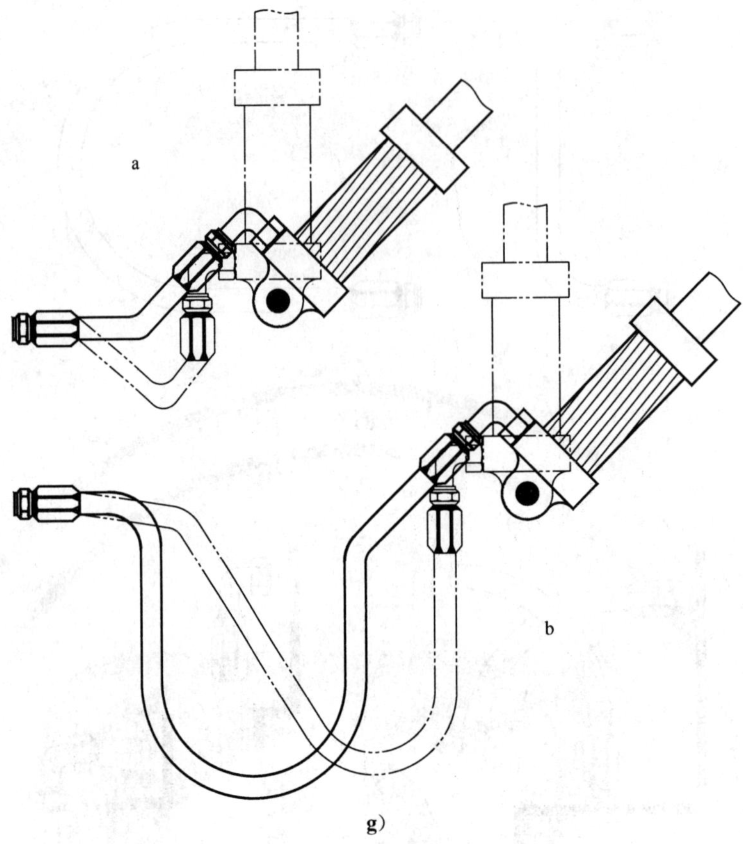

g)

说明：

a——错误；

b——正确。

图 A.2（续）

附 录 B
（资料性附录）
飞溅防护罩安装指南

可整体围护的飞溅防护罩的示例见图 B.1。这种飞溅防护罩的设计可将连接件全部包围，在连接件圆周上可形成 1/4 的重叠部分。防护罩包围着法兰的周边，且足够围住螺栓头部。防护罩用金属丝紧密编织而成，重叠部分的位置远离潜在的起火源。

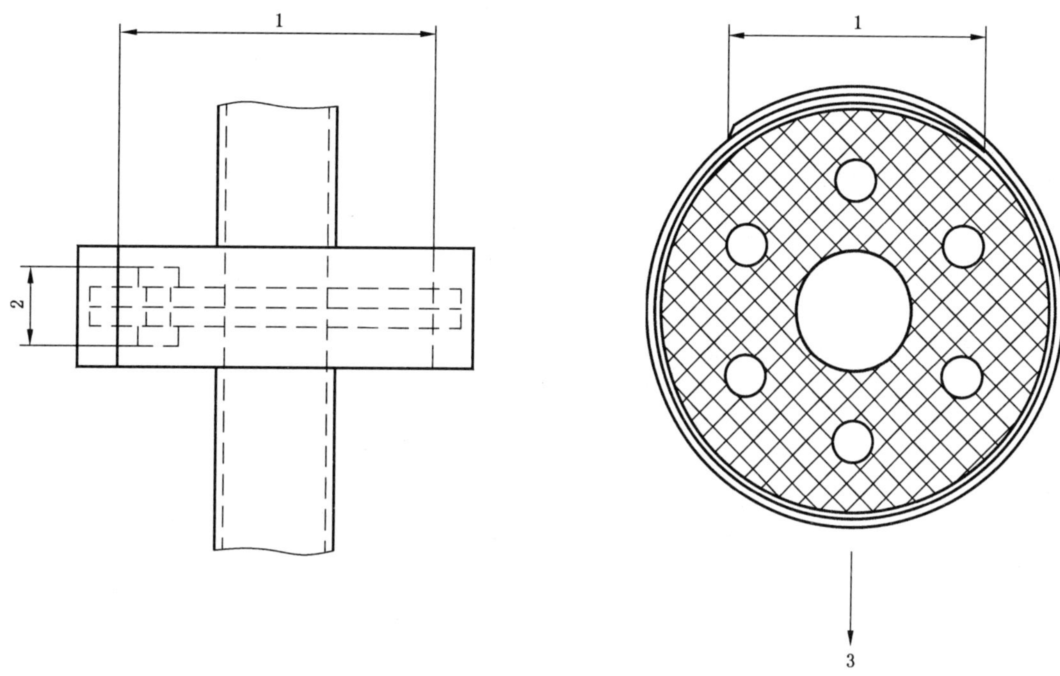

说明：
1——重叠部分；
2——螺栓头部；
3——起火源和热表面，在重叠部分相对的方向。

图 B.1 法兰飞溅防护罩安装示例

ICS 75.060
E 24

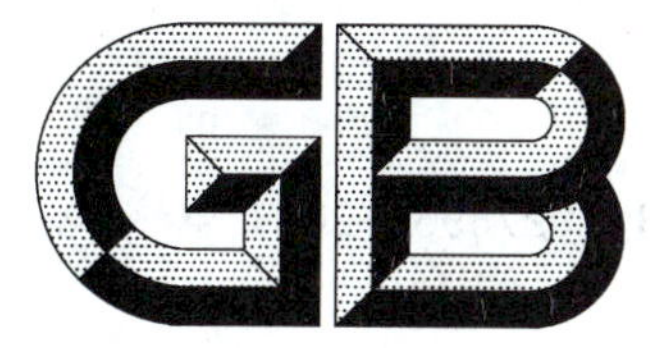

中华人民共和国国家标准

GB/T 27893—2011

天然气中颗粒物含量的测定　称量法

Natural gas—Determination of particles content—Gravimetric method

2011-12-30 发布　　2012-06-01 实施

中华人民共和国国家质量监督检验检疫总局
中国国家标准化管理委员会　发布

前　言

本标准按照 GB/T 1.1—2009 给出的规则起草。

本标准由全国天然气标准化技术委员会(SAC/TC 244)归口。

本标准起草单位:中国石油西南油气田分公司天然气研究院。

本标准主要起草人:唐蒙、迟永杰、涂振权、罗勤、黄黎明、常宏岗、何斌。

天然气中颗粒物含量的测定　称量法

1　范围

本标准规定了用滤膜称量法测定天然气中颗粒物含量的方法。

本标准适用于天然气中颗粒物含量的测定，测定压力为0.1 MPa～6 MPa，测量范围：0.1 mg/m^3～100 mg/m^3。如果滤膜捕集器及整个取样捕集系统可承受更高的压力，则测定压力也可相应的提高到与其相应的压力。

本标准不涉及与其应用有关的所有安全问题。在使用本标准前，使用者有责任制定相应的安全和保护措施，并明确其限定的适用范围。

2　规范性引用文件

下列文件对于本文件的应用是必不可少的。凡是注日期的引用文件，仅注日期的版本适用于本文件。凡是不注日期的引用文件，其最新版本(包括所有的修改单)适用于本文件。

GB/T 13609　天然气取样导则(GB/T 13609—1999，eqv ISO 10715:1997)

3　术语和定义

下列术语和定义适用于本文件。

颗粒物　particles

去掉了附着水的大于0.5 μm的固体粒子，其中包括颗粒物吸附的经过干燥没有挥发掉的微量成分都视为颗粒物。

4　试验原理

一定体积的天然气通过恒重的滤膜，颗粒物被阻留在滤膜上，经干燥后称重，根据颗粒物质量和通过的天然气体积计算出颗粒物含量，单位为mg/m^3。

5　仪器和材料

5.1　取样探头：见图1，用外径为6 mm～10 mm的不锈钢管制作，其外边缘加工成斜坡形。

5.2　取样导管：不锈钢管，外径不小于6 mm，从取样探头到捕集器的取样导管越短越好，一般不应超过3 m。

5.3　颗粒物捕集器：抗硫，工作压力6 MPa或更高，用于在管线压力下捕集颗粒物。滤膜：孔径小于0.5 μm。

5.4　干式气体流量计：分度值2 L，示值误差±3%。

5.5　分析天平：最大称量值200 g，感量0.1 mg。

5.6　温度计：测量范围0 ℃～50 ℃，分度值0.5 ℃。

5.7　大气压力计：测量范围80 kPa～106 kPa，分度值0.1 kPa。

5.8 玻璃干燥器:直径不小于 180 mm,内装变色硅胶。

5.9 称量瓶:规格为 40 mm×25 mm,或其他适用型号。

单位为毫米

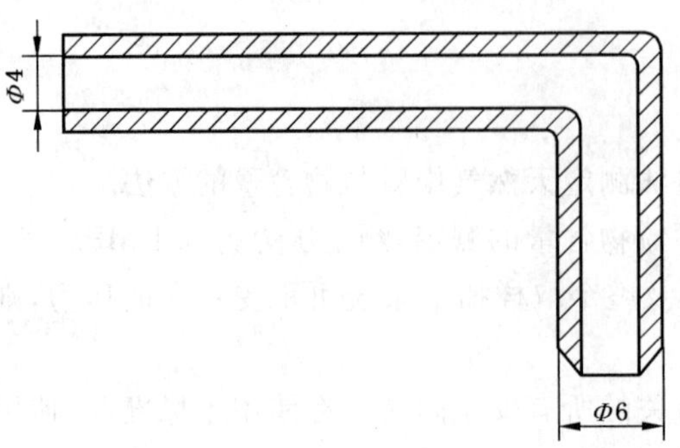

图 1 取样探头剖面图

6 取样和测定

6.1 取样口和取样探头的设计和安装

取样口应选择在输气管路的直管段,宜选择垂直的直管段。取样口上、下游所需的最短直管段长度宜不小于 3 D (D 为管内径)。

取样探头应插入管道内,宜插入到管内径的 1/3～1/6 处,并正对着来气的方向。

6.2 滤膜恒重

在一组有编号的称量瓶(5.9)中,各放一张滤膜,然后连同盖子(不要盖上)放在玻璃干燥器(5.8)中干燥,干燥 20 min 后,用分析天平(5.5)称量,再干燥 20 min 后进行称量,若两次称量之差＜0.2 mg,则认为已恒重,记录待用,否则继续干燥和称量直到恒重。

6.3 取样步骤

颗粒物含量测定流程图见图 2。用取样导管(5.2)按图 2 连接各装置。

关闭阀 5,打开阀 7 和阀 8,然后缓慢打开阀 3。观察干式气体流量计显示是否正常,吹扫 5 min 后,缓慢开启阀 5,再关闭阀 7,使气流吹扫捕集器,此时捕集器没有装滤膜,吹扫 5 min 后停止,关闭阀 5 和阀 8。记录干式气体流量计的读数。

用镊子把滤膜从称量瓶中取出,安放在捕集器内,注意正反面不要放反,并防止捕集器漏气。

打开阀 7,缓慢开启阀 5,平衡 5 min 后,缓慢关闭阀 7,再开启阀 8 进行取样。调节取样流速,使取样流速尽可能接近管道流速。取样过程中分几次记录气体的温度。取样量要根据颗粒物浓度高低来确定,滤膜增重不宜小于 1 mg。取样完毕后,关闭阀 5,再次记录干式气体流量计读数。记录气体平均温度和大气压力。

6.4 测定

开启捕集器,用镊子小心地把取样后的滤膜取出,放在原来的称量瓶中,称量瓶连同盖子一起放到干燥器中干燥,然后进行恒重操作(按 6.2),由差减得出颗粒物质量。

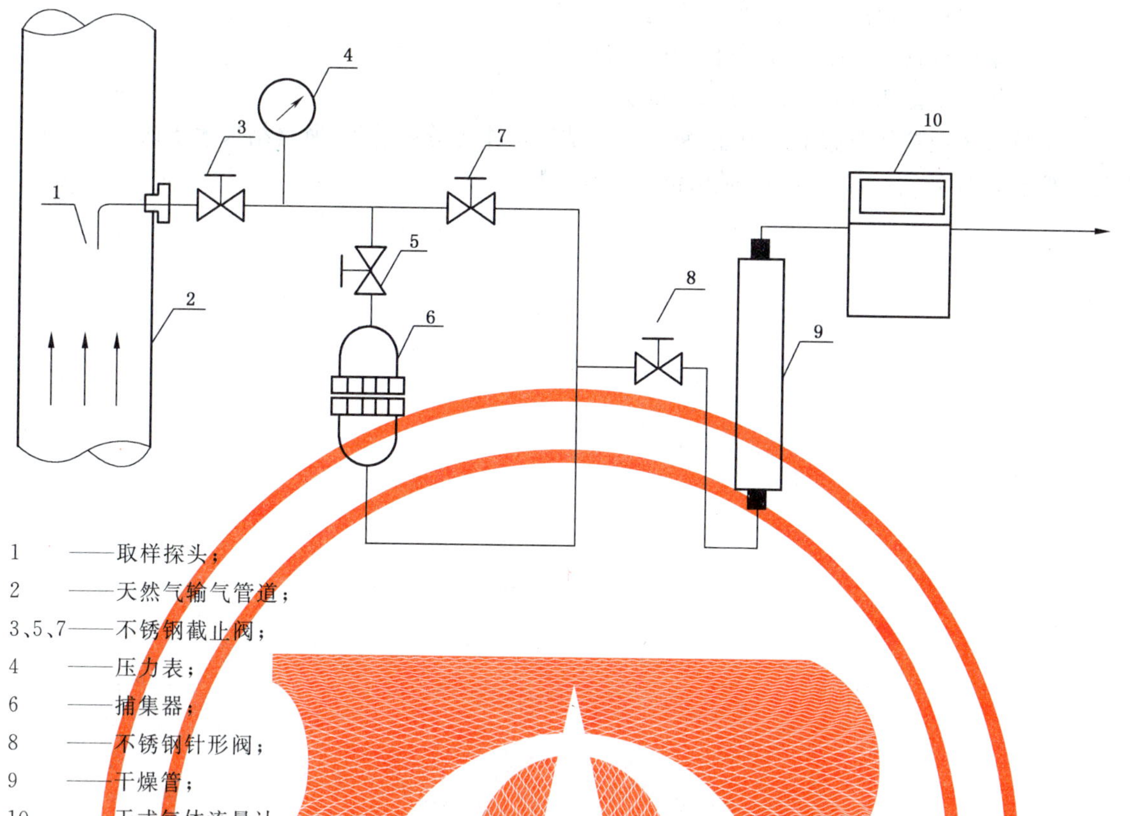

1 ——取样探头;
2 ——天然气输气管道;
3、5、7——不锈钢截止阀;
4 ——压力表;
6 ——捕集器;
8 ——不锈钢针形阀;
9 ——干燥管;
10 ——干式气体流量计。

图 2 颗粒物含量测定流程图

7 计算

7.1 气样校正体积的计算

校正体积 V_n 按式(1)计算:

$$V_n = V\frac{P}{101.3}\times\frac{293.2}{273.2+t} \qquad \cdots\cdots(1)$$

式中:

V_n——干式气体流量计计量的气体校正体积,单位为立方米(m^3);

V ——干式气体流量计计量的气体体积,单位为立方米(m^3);

P ——取样时的大气压力,单位为千帕(kPa);

t ——气体平均温度,单位为摄氏度(℃)。

7.2 颗粒物含量的计算

质量浓度 ρ (mg/m^3)按式(2)计算:

$$\rho = \frac{(m_2 - m_1)}{V_n} \qquad \cdots\cdots(2)$$

式中:

ρ ——颗粒物质量浓度,单位为毫克每立方米(mg/m^3);

m_1——捕集颗粒物前滤膜质量，单位为毫克(mg)；

m_2——捕集颗粒物后滤膜质量，单位为毫克(mg)；

V_n——气体校正体积，单位为立方米，(m^3)。

由于天然气中颗粒物分布不均匀性，每次测定结果均作为分析结果，所得结果大于或等于 1 mg/m^3 时保留三位有效数字，小于 1 mg/m^3 时保留两位有效数字。

参 考 文 献

[1] ГОСТ 22387.4—77 公用及日常生活用途的天然气 胶质和粉尘测定方法
[2] GB/T 6921—1986 大气漂尘浓度测定方法

ICS 75.060
E 24

中华人民共和国国家标准

GB/T 27894.1—2011/ISO 6974-1:2000

天然气　在一定不确定度下用气相色谱法测定组成
第1部分:分析导则

Natural gas—Determination of composition with defined uncertainty by gas chromatogramphy—Part 1:Guidelines for tailored analysis

(ISO 6974-1:2000,IDT)

2011-12-30发布　　2012-06-01实施

中华人民共和国国家质量监督检验检疫总局
中国国家标准化管理委员会　发布

前　言

GB/T 27894《天然气　在一定不确定度下用气相色谱法测定组成》分为六个部分：

——第 1 部分：分析导则；

——第 2 部分：测量系统的特性和数理统计；

——第 3 部分：用两根填充柱测定氢、氦、氧、氮、二氧化碳和直至 C_8 的烃类；

——第 4 部分：实验室和在线测量系统中用两根色谱柱测定氮、二氧化碳和 C_1 至 C_5 及 C_6^+ 的烃类；

——第 5 部分：实验室和在线工艺系统中用三根色谱柱测定氮、二氧化碳和 C_1 至 C_5 及 C_6^+ 的烃类；

——第 6 部分：用三根毛细管色谱柱测定氢、氦、氧、氮、二氧化碳和 C_1 至 C_8 的烃类。

本部分为 GB/T 27894 的第 1 部分。

本部分按照 GB/T 1.1—2009 给出的规则编写。

本部分使用翻译法等同采用 ISO 6974-1:2000《天然气的组成分析　在一定的不确定度下用气相色谱法测定组成　第 1 部分：分析导则》。

与本标准中规范性引用的国际文件有一致性对应关系的我国文件如下：

——GB/T 13609—1999　天然气取样导则(mod ISO 10715:1997)；

——GB/T 17281—1998　天然气中丁烷至十六烷烃类的测定气相色谱法(idt ISO 6975:1986)；

——GB/T 27894.2—2011　天然气　在一定不确定度下用气相色谱法测定组成　第 2 部分：测量系统特性和数理统计(ISO 6974-2:2000,IDT)；

——GB/T 27894.3—2011　天然气　在一定不确定度下用气相色谱法测定组成　第 3 部分：用两根填充柱测定氢、氦、氧、氮、二氧化碳和 C_1 至 C_8 的烃类(ISO 6974-3:2000,IDT)；

——GB/T 27894.4—2011　天然气　在一定不确定度下用气相色谱法测定组成　第 4 部分：实验室和在线测量系统中用两根色谱柱测定氮、二氧化碳和 C_1 至 C_5 及 C_6^+ 的烃类(ISO 6974-4:2000,IDT)；

——GB/T 27894.5—2011　天然气　在一定不确定度下用气相色谱法测定组成　第 5 部分：实验室和在线工艺系统中用三根色谱柱测定氮、二氧化碳和 C_1 至 C_5 及 C_6^+ 的烃类(ISO 6974-5:2000,IDT)；

——GB/T 27894.6—2011　天然气　在一定不确定度下用气相色谱法测定组成　第 6 部分：用三根毛细柱测定氢、氦、氧、氮、二氧化碳和 C_1 至 C_8 的烃类(ISO 6974-6:2000,IDT)。

本部分由全国天然气标准化技术委员会(SAC/TC 244)归口。

本部分起草单位：中国石油西南油气田分公司天然气研究院、中国石油大庆油田工程有限公司、中国石油西南油气田分公司安全环保与技术监督研究院。

本部分主要起草人：周理、罗勤、张娅娜、曾文平、谭为群、李楠、丘逢春。

引　言

GB/T 27894《天然气　在一定不确定度下用气相色谱法测定组成》(所有部分)描述了在一定不确定度下天然气的分析方法。该方法适合在一定不确定度下计算天然气的发热量和相关物理性质。

第1部分给出了天然气分析的导则,目的在于检测主要组分的摩尔分数。

第2部分描述了测量系统特性的测定和数据处理的数理统计方法,以及误差的计算,其目的是确定被测试组分摩尔分数的不确定度。

第3部分以及后面的部分描述了不同种可能的分析方法,这些分析方法只能够与GB/T 27894《天然气　在一定不确定度下用气相色谱法测定组成》第1、第2部分联合使用。

第1和第2部分为GB/T 27894的主体。分析方法从第3部分到后面的部分或者遵从GB/T 27894《天然气　在一定不确定度下用气相色谱法测定组成》第1和第2部分其他相关信息。

GB/T 27894《天然气　在一定不确定度下用气相色谱法测定组成》(所有部分)都可以测定He、H_2、O_2、N_2、CO_2,单个的烃类或者是烃总量的描述比如C_5以上定义为C_6^+。此方法不能应用于其他微小组分,这些组分对其物理性质没有影响或者可以视为衡量。这些成分中包括潜在的天然组分比如Ar,H_2O和硫化合物,以及天然气处理过程中带入的甲醇、乙二醇和胺。所描述的分析方法允许在现场取样或实验室分析过程中样品的空气污染,不包括在线分析。虽然天然气分析本身相对简单,在前期准备完成后,它能够导致分析的高精确度。这包括分析结构概要,定义工作范围和建立分析手册。但是实际上,为了符合特殊情况的运行,只有少数步骤需要安装方法。需要计算和工作的量相对比较少。

天然气　在一定不确定度下用气相色谱法测定组成　第1部分:分析导则

1　范围

本部分给出了定量分析天然气的导则,天然气各组分的测量范围在表1中给出。

在本标准第三部分和随后的部分中描述的个别方法,其应用范围与表1相比可能更加有限,但是从总体来看,都会在给出的大范围内。

表1　应用范围

成　分	摩尔分数/%
氢	0.001～0.5
氦	0.001～0.5
氧	0.001～5
氮	0.001～60
二氧化碳	0.001～35
甲烷	40～100
乙烷	0.02～15
丙烷	0.001～25
丁烷	0.000 1～5
戊烷	0.000 1～1
己烷及更重组分	0.000 1～0.5

2　规范性引用文件

下列文件对于本文件的应用是必不可少的。凡是注日期的引用文件,仅注日期的版本适用于本文件。凡是不注明日期的引用文件,其最新版本(包括所用的修改单)适用于本文件。

ISO 6974-2　天然气　在一定不确定度下用气相色谱法测定组成　第2部分:测量系统特性和数理统计(Natural gas—Determination of composition with defined uncertainty by gas chromatography— Part 2:Measuring-system characteristics and statistics for processing of data)

ISO 6974-3　天然气　在一定不确定度下用气相色谱法测定组成　第3部分:用两根填充柱测定氢、氦、氧、氮、二氧化碳和 C_1 至 C_8 的烃类(Natural gas—Determination of composition with defined uncertainty by gas chromatography—Part 3:Determination of hydrogen, helium, oxygen, nitrogen, carbon dioxide and hydrocarbons up to C8 using two packed columns)

ISO 6974-4　天然气　在一定不确定度下用气相色谱法测定组成　第4部分:实验室和在线测量系统中用两根色谱柱测定氮、二氧化碳和 C_1 至 C_5 及 C_6^+ 的烃类(Natural gas—Determination of composition with defined uncertainty by gas chromatography—Part 4:Determination of nitrogen, carbon dioxide and C_1 to C_5 and C_6^+ hydrocarbons for a laboratory and on-line measuring system using two columns)

ISO 6974-5 天然气 在一定不确定度下用气相色谱法测定组成 第5部分:实验室和在线工艺系统中用三根色谱柱测定氮、二氧化碳和 C_1 至 C_5 及 C_6^+ 的烃类(Natural gas—Determination of composition with defined uncertainty by gas chromatography— Part 5:Determination of nitrogen, carbon dioxide and C_1 to C_5 and C_6^+ hydrocarbons for a laboratory and on-line process application using three columns)

ISO 6974-6 天然气 在一定不确定度下用气相色谱法测定组成 第6部分:用三根毛细柱测定氢、氦、氧、氮、二氧化碳和 C_1 至 C_8 的烃类(Natural gas—Determination of composition with defined uncertainty by gas chromatography— Part 6:Determination of hydrogen, helium, oxygen, nitrogen, carbon dioxide and hydrocarbons up to C_8 using three capillary columns)

ISO 6975 天然气中丁烷至十六烷烃类的测定气相色谱法(Natural gas—Extended analysis—Gas-chromatographic method)

ISO 10715 天然气取样导则(Natural gas—Sampling guidelines)

3 术语和定义

下列术语和定义适用于本文件。

3.1

响应【值】 response

测量系统测定组分时,以峰面积或峰高形式输出的信号。响应可用数值表示。

3.2

参比组分 reference component

存在于工作参比气体混合物(WRM)中作为参比物的组分,用来校准WRM中不存在,但存在于样品中的其他类似组分的响应值。

注:例如WRM含有最高到正丁烷的烃,但不包含戊烷或更高组分,则WRM中的正丁烷可以作为样品中戊烷或更重组分的量化参比组分。参比组分通常有一个零截距的一阶响应函数,即一条通过原点的直线。

3.3

相对响应因子 relative response factor

Kj

样品组分j与参比组分通过同一检测器得出的摩尔响应比。

3.3.1

火焰离子化检测器(FID)的相对响应因子 relative response factor for flame ionisation detector (FID)

通过参比组分与样品组分的碳数比计算而得。

注:GB/T 27894.2给出了相对响应因子的值。

3.3.2

热导检测器(TCD)的相对响应因子 relative response factor for thermal conducitivity detector (TCD)

通过参比气体混合物来测定。见ISO 6974-2

3.4

其他组分　other components

气体样品中通过 ISO 6974(所有部分)的分析方法没有被测出的,和/或者可被视为有恒定摩尔分数的组分。

注:除了甲醇和硫磺,这些组分的摩尔分数都可以通过 GB/T 17281 的延伸分析方法检测。

3.5

族组分　group of components

摩尔分数很低的组分,单独测定困难或需要很长时间检测,可以作为一个族来检测。

注:以上组分可以通过特殊的色谱技术来实现,比如反吹或者数据处理,例如对一连串的组分积分,把它们当作一个单一组分。

3.6

准确度　accuracy

测量结果与被测量真值之间的差值。

注:当应用于一组测量结果时,准确度是描述若干随机因素和一个系统误差或偏差因素的结合。

3.7

不确定度　uncertainty

附加于测量结果的一个估计值,用以表征真值存在于其中的数值范围。

注:测量值的不确定度通常包括许多分量,其中若干分量可用一系列测量结果的统计分布为基础进行估计,并以实验确定的标准偏差来表征。但另有一些分量只能根据经验或其他信息进行估计。

3.8

认证参比气体混合物　certified-reference gas mixtures

CRM

用于确定测量系统响应曲线的混合物。

注:认证参比气体混合物可以根据 ISO 6142[1]或者 ISO 13275[2]用称重法制备。或者是按照 ISO 6143[3],与组成相似的基准气体混合物进行比较来鉴定和认证(见 ISO 14111[4])。

3.9

工作参比气体混合物　working-reference gas mixtures

WRM

用于定期校准测量系统的工作标准混合物。

注:工作参比气体混合物可以按照 ISO 6142[1]规定的称重法制备。或者是按照 ISO 6143[3]规定与组成相似的 CRM 进行比较来鉴定和认证。

3.10

直接测量　direct measurement

通过与工作参比气体混合物的相同组分比较来确定单个组分和/或者族组分的测量方法。

3.11

间接测量　indirect measurement

用工作参比气体混合物中参比组分的相对相应因子来确定不存在于工作参比气体混合物的单个组分和/或者族组分的测量方法。

3.12

重复性　repeatability

同一操作人员在同一实验室使用同一仪器,使用同一方法在很短的时间间隔内(可重复的条件),对同一物质进行两次单独测量时,预期所得结果之间的绝对偏差将以规定的概率低于此限值。在未作其他说明的情况下,此概率为 95%。

3.13

控制气　control gas

已知组成的高压气体混合物,它含有 WRM 中存在的所有组分。

注 1:控制气可以是按 ISO 6143[3]测定了其组分的样品气,或者是按 GB/T 5274 或 ISO 13275[2]制备的多元混合物。在制作有关控制图时,控制气用于计算被测组分摩尔分数的平均值(μ)和标准偏差(σ)。

注 2:对于在线分析,工作参比气体混合物可以作为控制气。

3.14

工作范围　working range

在表 1 应用范围内,有限的摩尔数范围,适用于特定的分析方法。

4　符号和下标

4.1　符号

a_j, b_j, c_j, d_j ——组分 j 的多项式常数;

K_j ——组分 j 与参比组分的响应因子的比率;

R ——相应值;

x ——归一化的摩尔分数;

x^* ——非归一化的摩尔分数。

4.2　下标

c ——空气污染;

j ——组分 j;

mc ——通过直接测量法分析的主要组分;

oc ——没有被测量的或者可以看作摩尔分数常数的组分;

rcwrm——工作参比气体混合物的参比组分;

rrf ——通过间接测量法分析的组分或族组分;

s ——样品;

wrm ——工作参比气体混合物。

5　分析原理

所有的主要组分或族组分都是以气体样品的形式通过气相色谱被分离,并在相同的校准条件下测定。因此,校准气体与样品气应该在同一调整条件下通过同一测量系统进行分析。非实测组分的摩尔分数能够影响测量方法的准确性,因此必须知道。

当所有组分的工作范围被确定之后,应该完成对考虑组分的赋值。

x_{mc},——通过直接测量法分析的组分或组元与相对应的工作参比气体混合物的同一组分或组元比较;

x_{rrf},——通过间接测量法分析的组分或组元与相对应的工作参比气体混合物的不同组分或组元比较;

x_{oc},——其余没有被检测的组分则被视为常量。

直接测量、间接测量以及其余的组分的摩尔分数总和相加等于 1,如式(1):

$$x_{mc} + x_{rrf} + x_{oc} = 1 \quad \cdots\cdots(1)$$

6 材料

6.1 认证参比气体混合物(CRM),包含工作范围为所有组分的摩尔分数,(见10.2.1,步骤1)用于检测测量系统的响应曲线。

根据工作范围及精确度要求,可能需要一个以上认证参比气体混合物。

工作范围可以不覆盖ISO 6974此部分的整个应用范围。

6.2 工作参比气体混合物(WRM),由用于工作参考使用的,摩尔分数在工作范围之内的组分构成。

工作参比气体混合物应该包括通过直接测量的那些组分。

7 仪器

7.1 测量系统由进样及传递单元、分离单元、检测单元以及积分和数据衰减系统组成。

ISO 6974的第3至第6部分给出了实验室和在线测量系统的不同配置,这些配置被证明是适合的。

注:附录A总结了ISO 6974第3~第6部分的相关特点。

8 特性要求

在一定不确定度下分析气体样品,分析程序需要满足以下特性:

——需要分析的气体样品不能含有液态烃、液态水以及液态流体如:甲醇、乙二醇;

——描述方法不适用于压力超过临界凝析压力的浓相气体;

——工作范围应该在本标准中确定,并在本标准的应用范围之内;

——所有被分析气体的成分或族组分,其摩尔分数高于0.1%的都应该被测量;

——所有超过已建立工作范围上限,其摩尔分数小于1%的成分,可以使用间接测量代替直接测量来分析,工作参比气体混合物中应该含有这些参比组分。测量的参比组分和样品组分的响应函数应该是过原点的直线。比如过零点的一阶函数。测定响应函数的程序在ISO 6974-2中描述。

9 取样

取样过程中取得样品应该能够代表主体气体的样品。取样过程按照ISO 10715规定方法完成。

10 分析程序

10.1 概要

分析程序包含以下12个步骤,但是这12个步骤通常只是在特殊的情况下比如安装新的测量系统时执行。对于其他情况,当被证实没有影响测量结果时,某些步骤可以省略。

10.2 步骤

10.2.1 步骤1——工作范围

工作范围可以通过历史数据值确定,这主要是基于经验。

工作范围也可以根据GB/T 17281规定的大量气体代表性样品的延伸分析来确定。根据分析气体样品的组成的变化来确定工作范围。

10.2.2 步骤 2——分析概要

测试方法概要包含以下几方面：

——确定直接测定的组分；

——确定间接测定的组分；

——确定测定的族组分；

——确定没有测定的组分；

——是否进行反吹；

——识别干扰组分。

10.2.3 步骤 3——设备和工作条件

选择必需的设备和工作条件。典型例子在 ISO 6974-3～ISO 6974-6 中给出。

10.2.4 步骤 4——响应曲线

使用认证参比气体混合物校准测试系统，建立每个组分的校准曲线。程序在 ISO 6974-2 中给出。

已建立的响应函数用于被直接分析的主要组分。按 ISO 6974-2 确定已建立响应函数的常量和变量。

确定工作参比气体混合物的组成。

10.2.5 步骤 5——系统的稳定性

测定测量系统在校准周期内的稳定性。必要时，可以调整校准周期。（详见 ISO 10723[5]）控制气按照以下方式导入：

——用工作参比气体混合物或者控制气吹扫进样阀，进样量至少是阀门及连接管线的 20 倍；

——停止吹扫，以便于气体能够达到炉温及环境压力；

——进样。

10.2.6 步骤 6——相对响应因子

如果必要的话，测定那些间接测量组分的相对响应因子。比如像 C_6^+ 这样的族组分被间接测量时，通过 ISO 6975 规定的延伸分析方法可以计算出 C_6^+ 的总量以及参比组分如：C_3 或 n-C_4。通过特定分析方法比较参比组分的面积以及族组分的响应可以计算出相对响应因子。

相对响应因子可以依照 ISO 6974-2 来测量。

注：假定大部分 C_6^+ 组分为己烷和苯，可将 C_6 的相对响应因子赋予 C_6^+ 组分。

10.2.7 步骤 7——估计其他组分的分数

通过历史数据或者延伸分析，依照 ISO 6974 方法没有被分析出的组分信息可以被获得。

计算方法见 11.2.3。

注：组成取决于对气体的处理方式和处理时间。

10.2.8 步骤 8——校准

使用工作参比气体混合物的常规校准，在 10.2.4 中说明。

10.2.9 步骤 9——进样

依照 11.1 的规定完成进样。

10.2.10 步骤 10——组成计算

通过直接测量组分与间接测量组分来计算未归一化的摩尔分数。依照 11.2 的规定完成计算。

10.2.11 步骤 11——归一化

由于一些组分被估计所以要通过 11.3 规定的方法完成归一化。

10.2.12 步骤 12——计算归一化组成的不确定度

依照 ISO 6974-2 的规定完成归一化组成的不确定度的计算。

11 测试方法

11.1 进样

用待分析的样品气清洗进样阀,使用至少是与管线的 20 倍体积的气体来清洗。停止吹扫以便让样品气达到阀温以及周围环境的压力,然后进样。

按照 11.2 的规定计算气体样品的组成。

注:样品的分析可以按照 ISO 6974-3 以及 ISO 6974 后面部分的规定完成。

11.2 计算未归一化的摩尔分数

11.2.1 直接测量组分

计算样品中的组分 j 的未归一化摩尔分数,$x_{j,s}^{*}$,通过对样品和工作参比气体混合物组分的响应,以及已知工作参比气体混合物组分的摩尔分数,通过式(2)计算:

$$x_{j,s}^{*}=\frac{a_jR_{j,s}^{3}+b_jR_{j,s}^{2}+c_jR_{j,s}+d_j}{a_jR_{j,wrm}^{3}+b_jR_{j,wrm}^{2}+c_jR_{j,wrm}+d_j}\times x_{j,wrm} \quad\cdots\cdots(2)$$

式中:

a_j,b_j,c_j,d_j——为组分 j 的多项式常数(这些常数的测定见 ISO 6974-2);

$R_{j,s}$——样品组分 j 的仪器响应;

$R_{j,wrm}$——工作参比气体混合物组分 j 的仪器响应;

$x_{j,wrm}$——工作参比气体混合物组分 j 的已知摩尔分数。

注:在大多数实际情况下,单点校准已经足够。式(2)可以简化为多项常数 a,b,其余可近似考虑为零。

11.2.2 间接测量组分

计算样品中的组分 j 的归一化摩尔分数,$x_{j,s}^{*}$,可以通过式(3)的响应因子间接测量得出。

$$x_{j,s}^{*}=K_j\times\frac{R_{j,s}}{R_{rcwrm}}\times x_{rcwrm} \quad\cdots\cdots(3)$$

式中:

K_j——与参比组分有关的组分 j 的相对响应因子;

$R_{j,s}$——样品组分 j 的仪器响应,s;

R_{rcwrm}——工作参比气体混合物中参比组分的仪器响应;

x_{rcwrm}——工作参比气体混合物中参比组分的已知摩尔分数。

11.2.3 非测量组分的估算(其他组分)

通过大量延伸分析的数据或者历史数据,一小部分未分析组分可以被估算。

通过对典型样品气常规分析和延伸分析数据的比较，那些在常规分析中缺失的组分可以被鉴定。这可能是因为色谱条件（比如：氦气，用于做载气）或者是范围（比如，常规分析，只能分析到 C_8，不能对 C_9 和 C_{10} 的微量组分测量）。

识别没有分析的组分，通过对典型样品气的重复几次延伸分析，记录这些组分总数的平均数 x_{oc}。

11.3 归一化

按式(4)计算样品组分 j 的归一化摩尔分数，$x_{j,s}$。

按以下方式完成归一化：

$$x_{j,s}=\frac{x_{j,s}^{*}}{\sum_{j=1}^{n}x_{j,s}^{*}}\times(1-x_{oc}^{*}) \qquad \cdots\cdots(4)$$

式中：

$x_{j,s}^{*}$——样品组分 j 的未归一化摩尔分数；

x_{oc}^{*}——样品中没有测定组分的未归一化摩尔分数。

12 控制图表

使用控制图表确定系统是否工作正常。控制图表的使用在附件 B 中描述。

13 归一化摩尔分数的不确定度

归一化的摩尔分数不确定度的计算在 GB/T 27894.2 中描述。

不确定度应该满足 ISO 6974-2 所确定的值。

14 测试报告

测试报告应该包括以下信息：

a) 依据 ISO 6974 相应的部分使用的分析方法；

b) 样品标识包括：

——取样的时间/日期；

——取样点(位置)；

——气瓶标识(用于点样)；

c) 样品的组成，以摩尔百分数表示，包括：

——归一化的样品组成，摩尔分数修约至 0.01%，或与工作参比气体混合物证书中组成的小数位置保持一致，以及包括不确定度计算结果和应用范围(见第 1 章)的误差；

d) 其他备注如下：

——对被空气或其他气体污染的认定；

——与指定程序的偏离；

——样品问题；

e) 分析时间、实验室名称以及分析者签名；

f) 报告中有关稳定性及测试系统响应近期大部分的测试数据；

g) 校准信息包括：

——用于校准的认证参比气体混合物的溯源性；

——上一次校准的时间和校准频率；

——校准曲线的级别以及用于计算校准曲线的认证参比气体混合物的标识；

——用于验证校准曲线的控制图标参数；

——用于计算样品组成的工作参比气体混合物的组分。

附 录 A
（资料性附录）
ISO 6974-3～ISO 6974-6 部分典型分析方法特性比较

表 A.1 ISO 6974-3～ISO 6974-6 部分典型分析方法特性比较

测 定 组 分	GB/T 27894.3	GB/T 27894.4	GB/T 27894.5	GB/T 27894.6
氦	×			×
氢	×			×
氧	×			×
氮	×	×	×	×
二氧化碳	×	×	×	×
甲烷	×	×	×	×
丙烷	×	×	×	×
异丁烷	×	×	×	×
正丁烷	×	×	×	×
新戊烷	×	×	×	×
异戊烷	×	×	×	×
正戊烷	×	×	×	×
正己烷		×	×	
C_6	×			×
C_7	×			×
C_8	×			×
色 谱 条 件				
色谱柱	2	2	3	3
柱温	a) 35 ℃～200 ℃ 15 ℃/min b) 30 ℃～250 ℃ 30 ℃/min	恒温	恒温	a) 30 ℃～120 ℃ 12 ℃/min b) 35 ℃～240 ℃ 8 ℃/min
载气	a) 氦气 b) 氩气	氦气	氦气	a) 氩气 b) 氦气
检测器	a) TCD 或 FID b) TCD	TCD	TCD	a) TCD 或 FID b) FID
转化色谱柱	否	是	是	是
分析时间	a) 44 min b) 24 min	≤20 min	(7～12)min	a) 43 min b) 40 min
循环时间	60 min	≤20 min	(7～12)min	55 min
注：a)和 b)为分析方法中独立的两部分。				

附 录 B
(资料性附录)
控制图表的使用

B.1 控制图表

查看校准数据可以确定仪器和方法是否工作正常。尽管校准是为了确定仪器对工作参比气体混合物组分的响应,然而使用同一方法进行检验是不合适的。本方法需要一瓶组成已知的、典型天然气的控制气体。

控制气伴随着样品被分析。控制气组分是不变的,所以其结果可以用于判断此方法是否已经变化或者校准是否已经偏离。在第一次使用之前,使用已定义的工作方法分析控制气,分析次数必须充分(至少10次),以便计算精确的数据。对于控制气的每个组分,会自动生成一个平均摩尔分数和标准偏差。

假设对于控制气的分析结果遵循正态分布,68.3%的重复结果应该落在平均值的±1 SD(标准偏差)内,95.4%应该落在±2 SD内,99.7%应该落在±3 SD内。总之,当系统工作正常时,控制气个别测量结果落在±3 SD以外的机会为千分之三。这种情况出现机会很小,所以测量结果可以看作此方法或者校准的真实变化。控制气可以被看作是既没有上升也没有下降的稳定气体。

个别测量结果落在±2 SD以外的机率为二十分之一时,该结果应该被视为一种警告,这时并不需要采取措施直到下次测量结果仍然超出此范围。

B.2 控制图表的使用

对于控制气的每个组分,控制图表由组分的平均值以及在 y 轴上表示的±2 SD以及±3 SD的摩尔分数平均值构成。x 轴到平行线上画的摩尔分数点,每一时间被分析的控制气的摩尔分数值通过 x 轴到时间刻度记录下来。

如果已知某组分的标准偏差随着其摩尔分数的变化而改变,那么对于这些有意义的变化来说,摩尔分数的范围很可能非常宽,对于这种组分有必要使用两个控制图表来表示不同组成的控制气的系统行为。

被分析控制气的数值与其平均值以及±2 SD和±3 SD的平行线进行比较。

图B.1表示了摩尔分数约为2.5%的氮气的典型例子。此图表显示出其摩尔分数与平均值很少背离,从而得知此组分的测量正确。

如果个别的测量结果经常落在警界限±2 SD以外,这有可能是:

——对于测量结果过高或者过低的系统趋向(假设分别超过最高或者最低警戒限),或者

——对于此组分测量的随机误差已经升高(假设全部随机的超过最低和最高警戒限)。

图B.2表示了二氧化碳的控制图表。在最开始的几天,测量结果与平均值很接近,但之后便开始明显下降。虽然没有超过−3 SD的界限,但可以明显的得知一些系统误差正在上升,从而使得二氧化碳测量结果下降。

图B.3表明了乙烷测量中随机误差的增加。第5~8天表现正常,到了第9~13天变化比较大,但并非系统变化造成。同样,并没有测量结果超出±3 SD的界限,但是必须对测试方法进行关注。

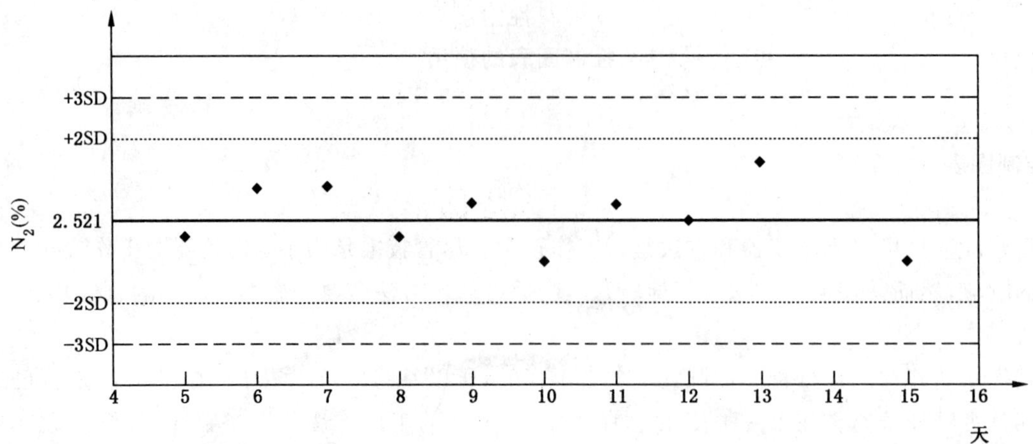

注：

— 平均值；

◆ 结果。

图 B.1 控制图表——氮气的典型示例

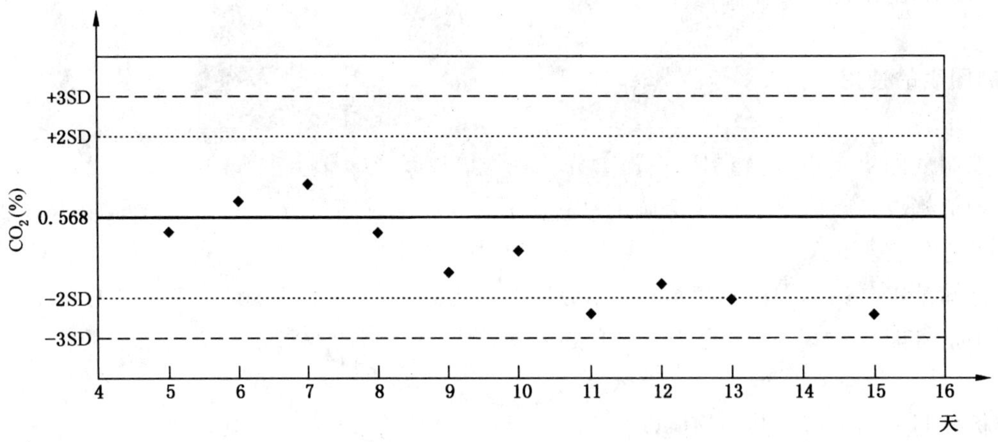

注：

— 平均值；

◆ 结果。

图 B.2 控制图表——二氧化碳的典型示例

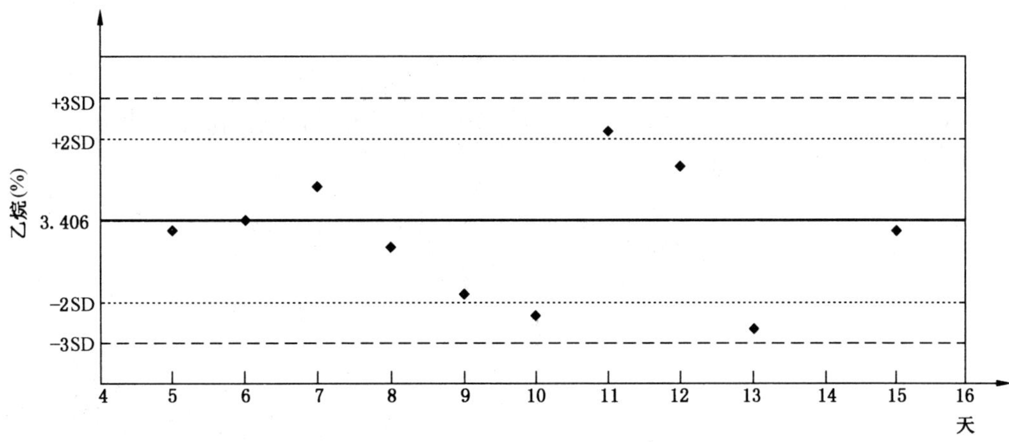

注:

— 平均值;

◆ 结果。

图 B.3　控制图表——乙烷的典型示例

最初的限定值是在图表没有画成之前通过单一的重复测量结果得出的。当图表被使用时可以用到更多的信息,所以应该重新画出这些限定,比如已经收集到的 25 或 50 个数据。这种假设当然是建立在测试方法稳定的条件下。那些明显表现为错误的数据不应该用于校准控制界限。

参 考 文 献

［1］ GB/T 27894.2—2011 天然气 在一定不确定度下用气相色谱法测定组成 第2部分：测量系统的特性和数理统计

［2］ GB/T 27894.3—2011 天然气 在一定不确定度下用气相色谱法测定组成 第3部分：用两根填充柱测定氢、氦、氧、氮、二氧化碳和直至 C_8 的烃类

［3］ GB/T 27894.4—2011 天然气 在一定不确定度下用气相色谱法测定组成 第4部分：实验室和在线测量系统中用两根色谱柱测定氮、二氧化碳和 C_1 至 C_5 及 C_6^+ 的烃类

［4］ GB/T 27894.5—2011 天然气 在一定不确定度下用气相色谱法测定组成 第5部分：实验室和在线工艺系统中用三根色谱柱测定氮、二氧化碳和 C_1 至 C_5 及 C_6^+ 的烃类

［5］ GB/T 27894.6—2011 天然气 在一定不确定度下用气相色谱法测定组成 第6部分：用三根毛细管色谱柱测定氢、氦、氧、氮、二氧化碳和 C_1 至 C_8 的烃类

［6］ ISO 6142 Gas analysis—Preparation of calibration gas mixtures—Gravimetric method

［7］ ISO 6143 Gas analysis—Determination of the composition of calibration gas mixtures—Comparison methods

［8］ ISO 10723 Natural gas—Performance evaluation for on-line analytical systems

［9］ ISO 13275 Natural gas—Preparation of calibration gas mixtures—Gravimetric methods

［10］ ISO 14111 Natural gas—Guidelines to traceability in analysis

ICS 75.060
E 24

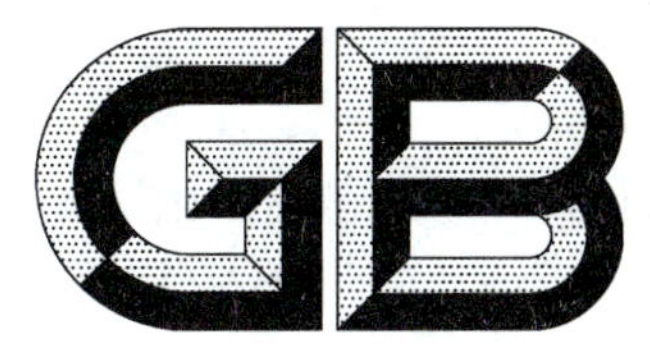

中华人民共和国国家标准

GB/T 27894.2—2011/ISO 6974-2:2001

天然气 在一定不确定度下用气相色谱法测定组成 第2部分:测量系统的特性和数理统计

Natural gas—Determination of composition with defined uncertainty by gas chromatography—Part 2:Measuring-system characteristics and statistics for processing of data

(ISO 6974-2:2001,IDT)

2011-12-30 发布 2012-06-01 实施

中华人民共和国国家质量监督检验检疫总局
中国国家标准化管理委员会 发布

前　言

GB/T 27894《天然气　在一定不确定度下用气相色谱法测定组成》分为六个部分：

——第1部分：分析导则；

——第2部分：测量系统特性和数理统计；

——第3部分：用两根填充柱测定氢、氦、氧、氮、二氧化碳和直至 C_8 的烃类；

——第4部分：实验室和在线测量系统中用两根色谱柱测定氮、二氧化碳、C_1 至 C_5 以及 C_6^+ 的烃类；

——第5部分：实验室和在线工艺系统中用三根色谱柱测定氮、二氧化碳、C_1 至 C_5 以及 C_6^+ 的烃类；

——第6部分：用三根毛细色谱柱测定氢、氦、氧、氮、二氧化碳和 C_1 至 C_8 的烃类；

本部分为 GB/T 27894 的第2部分。

本部分按照 GB/T 1.1—2009 给出的规则编写。

本部分使用翻译法等同采用 ISO 6974-2:2001《天然气　在一定不确定度下用气相色谱法测定组成　第2部分：测量系统的特性和数理统计》。

与本标准中规范性引用的国际文件有一致性对应关系的我国文件如下：

——GB/T 27894.1—2011　天然气　在一定不确定度下用气相色谱法测定组成　第1部分：分析导则(ISO 6974-1:2000,IDT)

——GB/T 11062—1998　天然气发热量、密度、相对密度和沃泊指数的计算方法(neq ISO 6976:1995)

本部分由全国天然气标准化技术委员会(SAC/TC 244)归口。

本部分起草单位：中国石油西南油气田分公司天然气研究院、中国石油大庆油田工程有限公司、安全环保与技术监督研究院。

本部分主要起草人：韩慧、罗勤、曾文平、谭为群、丘逢春等。

引　言

GB/T 27894 的本部分描述了天然气常规分析中的数据处理过程。

本部分与 GB/T 27894 第 1 部分一起使用,第 1 部分给出了天然气分析导则。

任何分析方法,无论是 GB/T 27894 的第 3 部分或后续部分中的任一方法或者选择的其他方法,只能与 GB/T 27894 的第 1 部分和第 2 部分一起使用。

GB/T 27894 的第 1 部分描述了工作参比气体混合物以及相对响应因子,需要用于使用响应曲线的气体组成计算,本部分对计算公式进行了详细的描述。

工作参比气体混合物与气体样品需要在相同的设定条件下使用同一分析系统进行分析。不使用该方法测定的组分将影响方法的准确度,从而需要进行说明。

如果分析仪器的日常校正中没有使用工作参比气体混合物,本部分中给出的部分公式也将改变,对这些变化给出了简要的说明。

一旦确定了组分的工作范围,就需要对组分进行评估以便决定是否考虑:

——通过直接测试来分析主要组分或族组分(直接测定组分)

——通过间接测试来分析主要组分或族组分(间接测定组分)

——不需要测试组分,且假定组分的摩尔分数是一个常数(不测定组分)

主要组分、间接测定的组分和不测定组分的摩尔分数总和等于 1。

天然气 在一定不确定度下用气相色谱法测定组成 第2部分:测量系统的特性和数理统计

1 范围

本部分给出了天然气分析中对数据的处理,包括测量系统特性的测定和数据处理的数理统计方法,以及误差的计算,其目的是确定被测试组分摩尔分数的不确定度。

本部分与GB/T 27894的第1部分结合使用。

2 规范性引用文件

下列文件对于本文件的应用是必不可少的。凡是注日期的引用文件,仅注日期的版本适用于本文件。凡是不注明日期的引用文件,其最新版本(包括所用的修改单)适用于本文件。

ISO 6974-1 天然气 在一定不确定度下用气相色谱法测定组成 第1部分:分析导则(Natural gas—Determination of composition with defined uncertainty by gas chromatography—Part 1:Guidelines for tailored analysis)

ISO 6976 天然气 通过组成计算发热量、密度、相对密度和沃泊指数(Natural gas—Calculation of calorific values,density,relative density and Wobbe index from composition)

3 术语和定义

下列术语和定义适用于本文件。

3.1

响应[值] response

测量系统测定组分时,以峰面积或峰高形式输出的信号。响应可用数值表示。

注:响应用数值表示。

3.2

不确定度 uncertainty

附加于测量结果的一个估计值,用以表征真值存在于其中的数值范围。

注:测量值的不确定度通常包括许多分量,其中若干分量可用一系列测量结果的统计分布为基础进行估计,并以实验确定的标准偏差来表征。但另有一些分量只能根据经验或其他信息进行估计。

3.3

认证参比气体混合物 certified-reference gas mixtures

CRM

用于确定测量系统响应曲线的混合物。

注:认证参比气体混合物可以根据ISO 6142[1]或者ISO 13275[2]用称重法制备。或者是按照ISO 6143[3],与组成相似的基准气体混合物进行比较来鉴定和认证(参见ISO 14111[4])。

3.4

工作参比气体混合物 working-reference gas mixtures

WRM

用于定期校准测量系统的工作标准混合物。

注：工作参比气体混合物可以按照 ISO 6142[1]规定的称重法制备。或者是按照 ISO 6143[3]规定与组成相似的 CRM 进行比较来鉴定和认证。

3.5

直接测量 direct measurement

通过与工作参比气体混合物的相同组分比较来确定单个组分和/或者族组分的测量方法。

3.6

间接测量 indirect measurement

用工作参比气体混合物中参考组分的相对相应因子来确定不存在于工作参比气体混合物的单个组分和/或者族组分的测量方法。

4 符号和下标

4.1 符号

a_i, b_i, c_i, d_i 组分 i 的多项式常数

a_{mc}, b_{mc}等 使用直接测量法检测的组分或族组分的多项因子，这些组分或族组分在校正气体中作为相同组分或族组分的函数。

h_s 样品的重复数

h_{wrm} 工作参比气体混合物的重复数

K 参比组分的相对响应因子

m 响应函数拟合的阶数

n 使用回归分析时的测量总数

q 直接测量组分数和间接测量组分数之和

R 用峰面积或峰高表示的仪器响应原始数据

R_f 响应因子(基于单点校正)

s_{MSE} 残差平均平方(MSE)

s_{MSR} 回归分析时的平均平方(MSR)

s^2_{SSE} 残差平方和(SSE)

s^2_{SSR} 回归分析平方和(SSR)

$s(\hat{x})$ 预期值的标准偏差

$s(x)$ 归一摩尔分数的标准偏差

$s(x^*)$ 非归一摩尔分数的标准偏差

$s(x_{c,WRM})$ 工作参比气体混合物中摩尔分数的标准偏差(来自对 WRM 的认证)

$s(R)$ 以 1 摩尔计的响应值的标准偏差

T_i 理想响应函数在 $R_{wr,i}$ 处切线与基于 WRM 单点校正方法的校正曲线之间斜率的微分

t t 分布的变化值

$x_{c,wrm}$ WRM 的摩尔分数(认证时给出的值)

$\hat{x}$ 按照响应函数预期的摩尔分数

x^* 非归一化的摩尔分数

x 归一化的摩尔分数

$x_{L,wr}$　工作范围内最低摩尔分数

$x_{U,wr}$　工作范围内最高摩尔分数

ν　自由度

4.2　下标

c　已认证

i　组分 i

j　j 级摩尔分数

h　重复样品数 h

L　最低的

mc　使用校正气体中相同组分或族组分的函数作为直接测量测定的主要组分或族组分

MSE　残差平均平方

MSR　回归平均平方

oc　没有测定的其他组分和/或被认为摩尔分数是一个常数的组分

rrf　使用校正气体中不同组分或族组分的函数作为间接测量测定的组分或族组分

ref　参比组分

SSE　残差平方和

SSR　回归残差平方和

s　样品

U　最高的(上限)

wr　工作范围

wrm　工作参比气体混合物

5　测试程序

5.1　步骤 1:最佳响应函数的测定

5.1.1　一般论述

使用认证参比气体混合物(CRM)测定检测器响应函数。

对直接测定的每个组分,选择能给出 CRM 中组分含量与响应信号的最好相关性的最佳检测器响应函数。在下列情况下必须执行这一步骤:

——供应商初装系统;

——系统维修后返回操作状态;

——系统主要部件(如进样阀、色谱柱、检测器等)更换后返回操作状态;

——使用测试气体对系统进行日常检查失败后返回操作状态。

注:有必要测定分析结果的理想统计曲线。虽然四次方和立方曲线可以对统计数据给出更好的结果,但对某些气体并不适用。对不同气体,获得一致的结果更加重要。实际上,通过绘制相对响应值(=绝对响应值/摩尔分数)和摩尔分数的关系曲线,可以获得一致性结果。

5.1.2　参比气体的选择

为了测定响应函数,需要分析不同摩尔分数水平的直接测定组分。需要测定的水平数取决于要拟合的响应曲线的阶数。最小水平与方程中多项式系数(见下面)的个数相同。但是,推荐使用更多的摩尔分数水平。多数情况下,在测定前响应曲线的阶数是未知的,但可以增加数据点,响应曲线受测定误

差的影响将较小。因此，虽然使用数个摩尔分数水平或许已经足够获得好的曲线，但推荐至少使用7个水平。

选择这些水平可以使它们均匀地通过每个组分的规定工作范围，并且覆盖比预计的摩尔分数范围稍宽一点的范围。使用一系列的，每个含有所有直接测定组分不同的摩尔分数的多组分混合气体可以做到这一点。

注1：组分可以当作甲烷中的二元混合物逐个测试。但这样会大大的延长测试过程，对非甲烷组分，需要单独的钢瓶气。

注2：制备的气体混合物中每个组分处于最高含量或最低含量显然是不可能的，因此大多数的多组分参比气体混合物含有的组分与正常情况下的天然气有很大的不同。但假如气体混合物在储存和使用时显示是稳定的，这将不会引起问题。

注3：在使用 WRM 前，有必要证实由 CRM 做的多点校正和 WRM 摩尔分数之间并不矛盾。

5.1.3 测试步骤

使用气相色谱法对含有直接测定组分的 CRM 中的每个组分至少测量两次(最好5～10次)。然后将这些数据列成表格，包括每个组分 i 独立的响应值 R_{ijh}，摩尔分数 j 和重复数 h。数据处理前检查异常点，可使用吉布斯函数或其他合适的异常点检测方法，剔除可能的异常点。

注：在任何一组数据中，可能会发现单个结果和这组中的其他数据不一致的情况。这些数据被认为是异常点，在正常情况下，这些数据需要从该组数据中剔除。要确定这些界外值的可能原因，例如系统内部数据转入或记录新的 CRM 结果以前，系统吹扫不够。

5.1.4 响应函数的选择

5.1.4.1 介绍

从下面多项式函数中选择响应函数，如果需要更加复杂的函数，则意味着该方法不适用。

$$x_i=(a_i)+b_iR_i \quad \text{一阶} \qquad (1)$$

$$x_i=(a_i)+b_iR_i+c_iR_i^2 \quad \text{二阶} \qquad (2)$$

$$x_i=(a_i)+b_iR_i+c_iR_i^2+d_iR_i^3 \quad \text{三阶} \qquad (3)$$

置于括号中的 a_i 项(截距)的测定独立于模型的阶数，因此，上面所列响应函数可能不含截距项。

通过以下假设选择响应函数：

——多数响应曲线是一条通过原点的直线；

——多数组分的响应曲线截距为零点，表示无响应信号时该样品不存在；

——响应函数的曲线可以用二阶或三阶函数描述；

——在相同的方程中，高阶项并不比低阶项更具显著性；

——计算的摩尔分数对响应值的绘图中，在工作范围内存在的最高和最低的摩尔分数是不被接受的。

5.1.4.2 回归分析

通过计算机程序对在5.1.3中获得的数据进行回归分析：

——对组分摩尔分数 x_i 进行最小二乘回归，x_i 为单个组分响应函数的因变量，R_{ijh} 为自变量；

——对 x_i 进行最小二乘回归，作为 R_{ijh} 和 R_{ijh}^2 的函数；

——对 x_i 进行最小二乘回归，作为 R_{ijh}、R_{ijh}^2 以及 R_{ijh}^3 的函数；

——获取各拟合到的响应函数的以下信息：

　　——每个系数的置信区间；

　　——回归平方和(SSR)，s_{SSR}^2；

——残差平方和(SSE)，s_{SSE}^2；

——回归平均平方(MSR)，s_{MSR}；

——残差平均平方(MSE)，s_{MSE}；

——与 s_{MSR} 和 s_{MSE} 相关的自由度(ν)；

——组分摩尔分数的预测值($\hat{x}_i$)；

——预测值的标准偏差[$s(\hat{x}_i)$]。

5.1.4.3 计算

使用下面的程序计算每个组分响应函数的显著性(见参考文献[5])：

计算一阶回归方程 $t(1)$ 的临界值 t，(附录 A 表 A.1 中给出了临界值 t)，该值与 b_i 有关，

$$t(1)=\sqrt{\frac{s_{SSR}^2(1)}{s_{MSE}(1)}} \qquad (4)$$

括号中给出了回归的阶数：

(1)　来自一阶回归的参考数据；

(2)　来自二阶回归的参考数据；

(3)　来自三阶回归的参考数据；

(4)　来自四阶回归的参考数据。

由一、二阶数据计算 $t(2)$，该值与 c_i 有关，

$$t(2)=\sqrt{\frac{s_{SSR}^2(2)-s_{SSR}^2(1)}{s_{MSE}(2)}} \qquad (5)$$

由二、三阶数据计算 $t(3)$，该值与 d_i 有关，

$$t(3)=\sqrt{\frac{s_{SSR}^2(3)-s_{SSR}^2(2)}{s_{MSE}(3)}} \qquad (6)$$

在仪器条件允许的情况下，使用三阶和四阶之间的显著性检验对三阶数据的测定进行测试。

$$t(4)=\sqrt{\frac{s_{SSR}^2(4)-s_{SSR}^2(3)}{s_{MSE}(4)}} \qquad (7)$$

如果四阶是显著的，那么测试系统不适用。

注：与参比组分的不确定度比较，相对响应因子 K 的不确定度可以忽略。[(见式(18)和式(20)](${K_i}$ 与 $R_{\mathrm{rf},i}$ 相比)

5.1.4.4 比较

在相关的自由度下，比较每一个计算的 t 值与临界值(附录 A)。使用式(8)计算自由度：

$$\nu=n-(m+1) \qquad (8)$$

注：举例，若使用 7 个 CRM 组分，每个分析了 5 次，则 $n=5\times7=35$；对于 $t(1)$，$\nu=35-(1+1)=33$，对于 $t(2)$，$\nu=35-(2+1)=32$，对于 $t(3)$，$\nu=35-(3+1)=31$。

如果计算的 t 值比临界值(相同自由度 ν 下)小，则系数不显著(在 95%的置信度下)；如果计算的 t 值比临界值(相同的自由度 ν 下)大，则系数显著(在 95%的置信度下)。

依下列方式选择含有截距的最适宜阶数方程：

——如果 $t(3)$ 是显著的，则选择三阶响应函数；

——如果 $t(3)$ 不显著，而 $t(2)$ 是显著的，则选择二阶响应函数；

——如果 $t(3)$ 和 $t(2)$ 都不显著，而 $t(1)$ 是显著的，则选择一阶响应函数；

——如果 $t(3)$、$t(2)$ 以及 $t(1)$ 都不显著，则终止该程序，摩尔分数和响应值之间没有合适的关系。

该步骤中需考虑截距的显著性。从选择的响应函数中检查截距 95%的置信区间。如果该区间包括 0，那么截距可设定为 0，并从响应函数中删除。对选择的阶数或任何更低的阶数，使用与上述描述相

同的、不含截距($a_i=0$)的程序,重复回归分析。由该过程计算的系数定义为 b_{0i},c_{0i}和 d_{0i}。

用合适的 $s^2_{\mathrm{SSR},0}$(截距为 0 的回归平方和)和 $s_{\mathrm{MSE},0}$(截距为 0 的残差平均平方),通过式(9)计算 $t_0(1)$,该值与 b_{0i}有关。

$$t_0(1)=\sqrt{\frac{s^2_{\mathrm{SSR},0}(1)}{s_{\mathrm{MSE},0}(1)}} \quad\cdots\cdots(9)$$

如果选择了截距为 0 的更高阶的响应函数,那么使用该 0 截距数据计算 $t_0(2)$[和 $t_0(3)$],并在相关的自由度下,比较每个计算的 t 值和临界值。自由度使用式(10)计算:

$$\nu=n-m \quad\cdots\cdots(10)$$

依下列方式选择含有 0 截距的最适宜阶数方程:

——如果 $t(3)$是显著的,则选择三阶响应函数;

——如果 $t(3)$不显著,而 $t(2)$是显著的,则选择二阶响应函数;

——如果 $t(3)$和 $t(2)$都不显著,而 $t(1)$是显著的,则选择一阶响应函数;

——如果 $t(3)$、$t(2)$以及 $t(1)$都不显著,则终止该程序,摩尔分数和响应值之间没有合适的关系。

5.2 步骤 2:用于实际的响应函数的选择

5.2.1 一般论述

在步骤 1(见 5.1)中选择的响应函数应体现摩尔分数和响应值之间的最佳相关关系。但当气相色谱仪的计算机程序不能处理三阶函数或含截距的函数时,可能有必要选择另外的响应函数。在该情况下,必须使用不含截距的一阶方程,该方法通常叫单点校正法。当最佳函数与不含截距的一阶方程有差异时,显然将会引入额外的不确定度。

两种方法,即使用最佳函数的方法 A 和使用单点校正的方法 B,在计算不确定度方面是有区别的,并且这种区别可通过处理气相色谱仪来校正。附录 B 描述了使用方法 A 和方法 B 来处理由典型测试结果得到的试验数据。

5.2.2 方法 A

使用 CRM 计算所需的响应函数和响应函数的系数。使用 WRM 进行日常校正,以更新响应函数的系数。在标准计算中需要考虑可能的额外不确定度(来自其他的非最佳响应函数)。在实际应用中,计算需要的响应函数。

5.2.3 方法 B

5.2.3.1 一般假设

使用 WRM 校正气相色谱仪,这意味着使用不含截距的线性校正(一阶回归)。该步骤不会更新基于 CRM 的校正,但对它本身而言,需要进行其他的计算步骤,以便将可能的额外不确定度($s_{\mathrm{wrm},i}$)考虑进去。

为了进行以上计算,给出如下假设:

——最佳的响应函数已经由步骤 1 计算得到(见 5.1);

——WRM 中的组分的摩尔分数在过程气体中组分的工作范围内(如果可能,最好在该范围的中部);

——已知 WRM 的响应值($R_{\mathrm{wrm},i}$);

——过程气中组分的工作范围应在 GB/T 27894 各部分的应用范围内;

——以 WRM 摩尔分数作为平均值,过程气中组分的摩尔分数近似呈正态分布。

5.2.3.2 计算

根据下列各式计算最佳响应函数对气相色谱响应值的导数。

a） 方法 A 测定的最佳响应函数是

$$x_i = a_i + b_i R_i + c_i R_i^2 + d_i R_i^3 \quad \cdots\cdots(11)$$

b） 使用单点校正，通过下式对最佳响应函数微分：

$$x'_i = b_i + 2c_i R_i + 3d_i R_i^2 \quad \cdots\cdots(12)$$

c） 使用式(13)计算在 $R_{\text{wrm},i}$（至少是两次分析的平均值）时的 x'_i：

$$x'_i(\text{wrm}) = b_i + 2c_i R_{\text{wrm},i} + 3d_i R_{\text{wrm},i}^2 \quad \cdots\cdots(13)$$

d） 使用式(14)计算基于 WRM 的响应因子：

$$R_{\text{f,wrm},i} = \frac{x_{\text{wrm},i}}{R_{\text{wrm},i}} \quad \cdots\cdots(14)$$

e） 使用式(15)，通过从 $x'_i(\text{wrm})$ 中扣除 $R_{\text{f,wrm},i}$ 来计算 T_i：

$$T_i = x'_i(\text{wrm}) - R_{\text{f,wrm},i} \quad \cdots\cdots(15)$$

注 1：T_i 是最佳响应函数在 $R_{\text{wrm},i}$ 处的切线与基于 WRM 单点校正的校正曲线之间斜率的差值。过程气中组分的工作范围应该是已知的，以便计算额外的不确定度。根据式(16)，用 4 除组分的工作范围来计算组分的标准偏差：

$$s_{\text{wr},i} = \frac{x_{\text{U,wr},i} - x_{\text{L,wr},i}}{4} \quad \cdots\cdots(16)$$

此外，用 T_i 乘以 $s_{\text{wr},i}$ 来计算在方法 B 中使用 WRM 校正引起的标准偏差，见式(17)：

$$s_{\text{B},i} = T_i \times s_{\text{wr},i} \quad \cdots\cdots(17)$$

注 2：在步骤 5 中 $s_{\text{B},i}$ 用于计算组分摩尔分数的不确定度（见 5.5）。

注意 当步骤 1 含有的 CRM 中的仅有组分在摩尔分数水平与分析的样品接近，那么最佳响应函数（步骤 1）不可知，且方法 B 的其他计算不能继续进行（定义 $s_{\text{B},i}=0$）。此情况下，不能使用方法 B 中（可能的）校正曲线进行估计，这将会产生未知的系统误差。通过限制校正气体组分与样品气体组分之间的偏差，可以降低该风险，见表 1。在步骤 5 中 $s_{\text{B},i}$ 为 0。

表 1 允许偏差

样品 组分的摩尔分数/%	校正气体混合物 组分摩尔分数偏差(相对样品摩尔分数)/%
0.001 至 0.1	±100
0.1 至 1	±50
1 至 10	±10
10 至 50	±5
50 至 100	±3

5.3 步骤 3：使用工作参比气体混合物进行日常校正

一般使用工作参比气体混合物(WRM)对气相色谱仪进行日常校正(每日、每周等)，WRM 的组分含量应该在每个组分的工作范围内，并且含有所有直接测定的组分。建议用 WRM 气体至少校正两次。

5.4 步骤 4：计算组分的非归一化摩尔分数

5.4.1 方法 A

按照式(18)计算在样品中直接测定组分的非归一化摩尔分数：

$$x_{\mathrm{mc},i}^{*}=\frac{x_{\mathrm{c,wrm},i}}{\hat{x}_{\mathrm{wrm},i}}\times\hat{x}_{\mathrm{mc},i} \qquad \cdots\cdots(18)$$

按照式(19)计算在样品中间接测定组分的非归一化摩尔分数：

$$x_{\mathrm{rrf},i}^{*}=K_i\times\frac{R_{\mathrm{rrf},i}}{R_{\mathrm{mc,ref}}}\times x_{\mathrm{mc,ref}}^{*}=K_i\times\frac{R_{\mathrm{rrf},i}}{R_{\mathrm{mc,ref}}}\times\frac{x_{\mathrm{c,wrm,ref}}}{\hat{x}_{\mathrm{wrm,ref}}}\times\hat{x}_{\mathrm{mc,ref}} \qquad \cdots\cdots(19)$$

注：附录 C 中给出了 TCD 和 FID 检测器的相对响应因子 K。

5.4.2 方法 B

按照式(20)计算样品中直接测定组分的非归一化摩尔分数：

$$x_{\mathrm{mc},i}^{*}=\frac{x_{\mathrm{c,wrm},i}}{R_{\mathrm{wrm},i}}\times R_{\mathrm{mc},i} \qquad \cdots\cdots(20)$$

按照式(21)计算样品中间接测定组分的非归一化摩尔分数：

$$x_{\mathrm{rrf},i}^{*}=K_i\times\frac{R_{\mathrm{rrf},i}}{R_{\mathrm{mc,ref}}}\times x_{\mathrm{mc,ref}}^{*}=K_i\times\frac{x_{\mathrm{c,wrm,ref}}}{R_{\mathrm{wrm,ref}}}\times R_{\mathrm{rrf},i} \qquad \cdots\cdots(21)$$

注：附录 C 中给出了 TCD 和 FID 检测器的相对响应因子 K。

5.5 步骤 5:计算非归一化组分标准偏差

5.5.1 总则

计算每个直接和间接测定组分摩尔分数的标准偏差。

5.5.2 直接测定组分

5.5.2.1 标准偏差

对式(18)和式(20)进行微分，计算样品中直接测定组分的非归一化摩尔分数的标准偏差。该方法是误差传递的标准方法。关于该方法的详细情况见有关文献(见参考文献[5])。

注：在式(18)中，直接测定组分非归一化摩尔分数(x_{mc}^{*})的误差有三个来源。一般地，对三个误差来源中的两个，可以计算在样品中组分摩尔分数测量不确定度的贡献。在 WRM 气体中组分摩尔分数测量不确定度[$s(x_{\mathrm{wrm}})$]贡献假设是可以忽略。如果不能忽略该贡献(例如，在 WRM 气体中的摩尔分数是分析得到的，而不是称重法配制得到的)，则最好使用式(23)和式(25)来计算不确定度。

5.5.2.2 方法 A 不确定度的测定

对于非归一化直接组分的误差传递，可在标准方法的基础上依据式(22)计算不确定度：

$$s(x_{\mathrm{mc},i}^{*})=x_{\mathrm{mc},i}^{*}\times\sqrt{\left[\frac{s(\hat{x}_{\mathrm{mc},i})}{\hat{x}_{\mathrm{mc},i}}\right]^2+\left[\frac{s(\hat{x}_{\mathrm{wrm},i})}{\hat{x}_{\mathrm{wrm},i}}\right]^2} \qquad \cdots\cdots(22)$$

式(22)中的各值必须在回归(步骤 1 或者步骤 2)或 CRM 校正(步骤 3)过程中决定。基于 WRM 中组分摩尔分数进行不确定度计算可使用式(23)：

$$s(x_{\mathrm{mc},i}^{*})=x_{\mathrm{mc},i}^{*}\times\sqrt{\left[\frac{s(x_{\mathrm{mc},i}^{*})}{x_{\mathrm{mc},i}^{*}}\right]^2+\left[\frac{s(x_{\mathrm{c,wrm},i})}{x_{\mathrm{c,wrm},i}}\right]^2} \qquad \cdots\cdots(23)$$

5.5.2.3 方法 B 不确定度的测定

对于非归一化直接组分的误差传递，可在标准方法的基础上依据式(24)计算不确定度：

$$s(x_{\mathrm{mc},i}^{*})=\sqrt{\frac{s_{\mathrm{MSE},i}\times(h_{\mathrm{wrm}}+h_{\mathrm{s}})}{h_{\mathrm{wrm}}+h_{\mathrm{s}}}} \qquad \cdots\cdots(24)$$

式(24)中 s_{MSE} 的值由步骤 1 推导得出，被视为测量误差的整体逼近。样品的重复数 h_{s}，在实验室气

相色谱条件下为2或3,在现场气相色谱条件下为1(指定)。基于WRM中组分摩尔分数进行不确定度计算可使用式(25):

$$s(x_{\mathrm{mc},i}^{*})=x_{\mathrm{mc},i}^{*}\times\sqrt{\left[\frac{s(x_{\mathrm{mc},i}^{*})}{x_{\mathrm{mc},i}^{*}}\right]^{2}+\left[\frac{s(x_{\mathrm{c,wrm},i})}{x_{\mathrm{c,wrm},i}}\right]^{2}}\quad\cdots\cdots(25)$$

单点校正引入的不确定度可使用式(26)计算:

$$s(x_{\mathrm{mc},i}^{*})=\sqrt{s(x_{\mathrm{mc},i}^{*})^{2}+s_{\mathrm{B},i}^{2}}\quad\cdots\cdots(26)$$

5.5.3 间接测定组分

5.5.3.1 总则

间接测定组分的摩尔分数计算包括参比组分(或桥接组分)的使用。如式(19)或式(21)所示,其中包含了计算中误差额外来源的使用。

5.5.3.2 方法 A

对于方法A,可依照式(27)计算样品中间接测定组分误差来源的不确定度:

$$s(x_{\mathrm{rrf},i}^{*})=x_{\mathrm{rrf},i}^{*}\times\sqrt{\left[\frac{s(x_{\mathrm{mc,ref}}^{*})}{x_{\mathrm{mc,ref}}^{*}}\right]^{2}+\left[\frac{s(\hat{x}_{\mathrm{WRM,ref}})}{\hat{x}_{\mathrm{WRM,ref}}}\right]^{2}+\left[\frac{s(R_{\mathrm{rrf},i})}{R_{\mathrm{rrf},i}}\right]^{2}+\left[\frac{s(R_{\mathrm{mc,ref}})}{R_{\mathrm{mc,ref}}}\right]^{2}}\quad\cdots(27)$$

基于WRM中组分的摩尔分数,可依据式(28)考虑额外的不确定度:

$$s(x_{\mathrm{rrf},i}^{*})=x_{\mathrm{rrf},i}^{*}\times\sqrt{\left[\frac{s(x_{\mathrm{rrf},i}^{*})}{x_{\mathrm{rrf},i}^{*}}\right]^{2}+\left[\frac{s(x_{\mathrm{c,wrm},i})}{x_{\mathrm{c,wrm},i}}\right]^{2}}\quad\cdots\cdots(28)$$

5.5.3.3 方法 B

对于方法B,样品中间接测定组分摩尔分数带来的误差的不确定度由式(29)获得:

$$s(x_{\mathrm{rrf},i}^{*})=\sqrt{\frac{s_{\mathrm{MSE,ref}}\times(h_{\mathrm{wrm}}+h_{\mathrm{s}})}{h_{\mathrm{wrm}}\times h_{\mathrm{s}}}}\quad\cdots\cdots(29)$$

式(29)中的s_{MSE}由步骤1推导得到,且被视为测量误差的整体逼近。样品的重复数(h_{s}),在实验室气相色谱情况下为2或3,在现场气相色谱条件下为1(指定)。

$$s(x_{\mathrm{rrf},i}^{*})=x_{\mathrm{rrf},i}^{*}\times\sqrt{\left[\frac{s(x_{\mathrm{rrf},i}^{*})}{x_{\mathrm{rrf},i}^{*}}\right]^{2}+\left[\frac{s(x_{\mathrm{c,wrm},i})}{x_{\mathrm{c,wrm},i}}\right]^{2}}\quad\cdots\cdots(30)$$

基于WRM中组分的摩尔分数,可依据式(31)考虑额外的不确定度:

$$s(x_{\mathrm{rrf},i}^{*})=\sqrt{s(x_{\mathrm{rrf},i}^{*})^{2}+s_{\mathrm{B,ref}}^{2}}\quad\cdots\cdots(31)$$

5.6 步骤6:计算归一化组分摩尔分数

在归一化摩尔分数的计算中,同样需要“其他组分”(具有固定的摩尔分数)的摩尔分数,并假设这些组分在样品中的总量与其他组分(直接的或间接的)相比占很少一部分。如果非归一化组分摩尔分数的总和不低于0.98且不大于1.02,即可认为归一化的结果可信。归一化组分的分数由式(32)计算:

$$x_{i}=\frac{x_{i}^{*}}{\sum_{w=1}^{q}x_{w}^{*}}\times(1-x_{\mathrm{OC}})\quad\cdots\cdots(32)$$

5.7 步骤7:计算归一化组分标准偏差

使用式(33)计算归一化组分的标准偏差。

$$s(x_i)=x_i \times \sqrt{\frac{1-2x_i^*}{x_i^{*2}} \times s(x_i^*)^2 + \sum_{w=1}^{q} s(s(x_w^*)^2)} \qquad (33)$$

式(33)右侧计算的是所有非归一化组分摩尔分数(直接+间接测定组分)的标准偏差(方差)平方和。式(33)是一种近似计算,且以非归一化摩尔分数之和接近1为假设前提。

注:与剩余组分相比,其他组分(x_{OC})的摩尔分数(加和)在大多数情况下很小。从而,在计算归一化组分的标准偏差时,其他组分(x_{OC})的标准偏差可以不予考虑。否则,将使得计算在对最终结果不产生显著影响的情况下更加复杂。

5.8 步骤8:计算结果的不确定度与重复性

5.8.1 绝对不确定度

用式(34)逼近归一化组分的绝对不确定度,$U_{abs}(x_i)$,

$$U_{abs}(x_i)=t \times s(x_i) \qquad (34)$$

t值可从附录A中的表A.1获得。该t值下的自由度从步骤1推导得出[当响应函数含有截距时使用$n-(m+1)$,当响应函数无截距时使用$n-m$]。

5.8.2 相对不确定度

用百分比表示归一化组分的相对不确定度,$U_{rel}(x_i)$,由式(35)计算:

$$U_{rel}(x_i)=\frac{U_{abs}(x_i)}{x_i} \times 100 \qquad (35)$$

5.9 GB/T 27894.2与ISO 6976的关系

5.9.1 总则

在GB/T 27894中,需要数据以计算所列的物理性质及其重复性。本子条款建立了GB/T 27894本部分给出的内容与ISO 6976之间的联系。

5.9.2 非归一化的摩尔分数

非归一化组分摩尔分数标准偏差的重复性由式(36)计算:

$$r_i^* = 2\sqrt{2} \times s(x_i^*) \qquad (36)$$

式中:

$\Delta x_i^* = r_i^*$

5.9.3 归一化的摩尔分数

归一化组分的摩尔分数的重复性由式(37)计算:

$$r_i = 2\sqrt{2} \times s(x_i) \qquad (37)$$

式中:

x_i为归一化的摩尔分数,$\Delta x_i = r_i$

附　录　A
（资料性附录）
临界值 t

95%和99%置信度水平下临界值 t 列于表 A.1。

表 A.1　临界值 t

自　由　度	置信水平	
	95%	99%
1	12.7	63.7
2	4.30	9.92
3	3.18	5.84
4	2.78	4.60
5	2.57	4.03
6	2.45	3.71
7	2.36	3.50
8	2.31	3.36
9	2.26	3.25
10	2.23	3.17
11	2.20	3.11
12	2.18	3.05
13	2.16	3.01
14	2.14	2.98
15	2.13	2.95
16	2.12	2.92
17	2.11	2.90
18	2.10	2.88
19	2.09	2.86
20	2.09	2.85
∞	1.96	2.58

附 录 B
(资料性附录)
示 例

本附录仅作为一个示例,展示了从气相色谱仪获取的实验结果。来自分析仪器的数据列于表 B.1,依据第 5 章各步骤处理得到的结果分列于表 B.2～表 B.10。

表 B.1 使用认证参比气体混合物(CRM)从分析仪获得的原始数据(测量三次)

甲烷,CRM							
	气体 1	气体 2	气体 3	气体 4	气体 5	气体 6	气体 7
摩尔分数/%	65.146	85.776	75.602	88.766	79.758	70.301	95.203
响应值	165 798.87	214 424.77	190 392.92	221 549.75	200 286.27	177 903.69	236 194.26
	165 979.54	214 555.59	190 208.11	221 426.74	200 304.79	177 911.01	236 139.76
	165 981.30	214 285.16	190 246.59	221 133.67	200 070.49	177 783.43	236 314.58
乙烷,CRM							
	气体 1	气体 2	气体 3	气体 4	气体 5	气体 6	气体 7
摩尔分数/%	5.702	3.439	10.894	0.595	8.374	7.380	1.451
响应值	23 570.03	14 283.97	44 673.11	2 502.28	34 442.71	30 387.47	6 044.86
	23 585.87	14 295.91	44 659.86	2 496.92	34 428.37	30 389.68	6 044.94
	23 590.53	14 275.36	44 625.63	2 494.49	34 403.68	30 378.11	6 048.77
丙烷,CRM							
	气体 1	气体 2	气体 3	气体 4	气体 5	气体 6	气体 7
摩尔分数/%	3.927	3.422	0.081	2.291	0.820	2.872	0.899
响应值	20 659.79	18 044.84	439.66	12 152.91	4 269.36	15 084.82	4 791.53
	20 668.98	18 064.06	434.65	12 154.09	4 267.50	15 133.59	4 795.68
	20 680.61	18 041.95	434.00	12 132.08	4 266.81	15 081.18	4 828.73
2-甲基丙烷,CRM							
	气体 1	气体 2	气体 3	气体 4	气体 5	气体 6	气体 7
摩尔分数/%	0.033	0.144	0.230	0.366	0.472	0.592	0.558
响应值	212.41	923.47	1 460.75	2 304.16	2 958.62	3 681.85	3 515.96
	214.33	925.21	1 454.15	2 321.25	2 944.19	3 665.56	3 519.30
	214.28	924.62	1 455.57	2 294.51	2 940.71	3 680.96	3 521.76
正丁烷,CRM							
	气体 1	气体 2	气体 3	气体 4	气体 5	气体 6	气体 7
摩尔分数/%	0.030	0.143	0.235	0.348	0.460	0.685	0.621
响应值	198.80	873.20	1 460.75	2 187.50	2 842.89	4 298.82	3 826.17
	202.53	874.69	1 453.74	2 160.36	2 876.33	4 273.51	3 828.50
	202.37	872.91	1 456.10	2 181.44	2 872.86	4 298.56	3 828.75

表 B.1(续)

氮气,CRM							
	气体 1	气体 2	气体 3	气体 4	气体 5	气体 6	气体 7
摩尔分数/%	17.605	2.481	12.733	5.751	4.326	8.852	0.301
响应值	53 439.93	7 757.14	38 806.68	17 839.91	13 432.12	27 199.58	993.44
	53 471.20	7 760.39	38 767.16	17 831.05	13 425.94	27 231.83	992.75
	53 475.91	7 756.20	38 780.51	17 819.08	13 417.57	27 219.39	994.79
二氧化碳,CRM							
	气体 1	气体 2	气体 3	气体 4	气体 5	气体 6	气体 7
摩尔分数/%	7.558	4.595	0.225	1.883	5.791	9.317	0.967
响应值	27 318.70	16 645.62	836.95	6 837.86	20 938.43	33 587.92	3 515.53
	27 337.69	16 658.36	834.69	6 834.00	20 939.91	33 598.91	3 513.75
	27 348.80	16 634.59	835.18	6 829.18	20 919.43	33 586.73	3 516.45
工作参比气体混合物(测量两次)							
组分	N_2	CO_2	CH_4	C_2H_6	C_3H_8	*iso*-C_4H_{10}	*n*-C_4H_{10}
摩尔分数/%	13.703	1.049	82.568	2.099	0.431	0.068	0.082
响应值	41 139.33	3 814.33	205 395.02	12 101.09	2 276.10	440.22	513.29
	41 139.42	3 814.36	205 395.22	12 101.14	2 276.13	440.24	513.31
样品(测量两次)							
组分	N_2	CO_2	CH_4	C_2H_6	C_3H_8	*iso*-C_4H_{10}	*n*-C_4H_{10}
响应值	40 831.46	3 808.56	205 856.65	11 975.91	2 285.85	426.39	529.00
	40 823.92	3 807.52	205 934.98	11 977.43	2 286.06	426.93	529.01
样品(测量两次)							
组分	*neo*-C_5H_{12}	*iso*-C_5H_{12}	*n*-C_5H_{12}	C_6^+			
响应值	54.74	144.81	140.46	553.32			
	54.43	144.87	140.31	557.18			

步骤 1:回归分析(见 5.1.4)

以二氧化碳的响应函数计算为例,其他组分的计算可依照同样的方式进行。

使用计算机程序可拟合一阶、二阶以及三阶响应函数(包括截距)。拟合的结果可见表 B.2(摩尔分数除以 100,以百分比表示)。

表 B.2 拟合响应函数

阶数	s_{SSR}^2	s_{MSE}
1	0.021 492 884	$7.228\ 87 \times 10^{-9}$
2	0.021 492 970	$2.849\ 30 \times 10^{-9}$
3	0.021 492 985	$2.181\ 36 \times 10^{-9}$

步骤 2:选择响应函数(见 5.1.4)

计算得出的各阶函数的 t 值见表 B.3。

表 B.3 响应函数选择的标准

阶数	计算值 t	ν	临界值 t
1	1 724.297	19	2.09
2	5.494	18	2.10
3	2.622	17	2.11

小结:三阶项是显著的($t(3)>$临界值 t),当前最合适的模型为三阶响应函数。

验证函数选择的准确性

检查该三阶响应函数的截距:

截距 $=-7.541\times10^{-5}\pm6.343\times10^{-5}$

95%置信区间 $=-1.388\times10^{-4}\leqslant-7.541\times10^{-5}\leqslant-1.198\times10^{-5}$

该 95%置信区间不包括零。因此,该截距是显著的。

小结:对于组分二氧化碳,选择含截距的三阶模型。

计算 CRM 中其他各组分的最佳响应函数。

表 B.4 CRM 中其他组分的最佳响应函数

组分	阶数	截距?	a_i	b_i	c_i	d_i
甲烷	3	是	-4.126×10^{-1}	9.745×10^{-6}	-2.783×10^{-11}	4.670×10^{-17}
乙烷	3	否	—	2.382×10^{-6}	1.968×10^{-12}	-1.512×10^{-17}
丙烷	1	否	—	1.897×10^{-6}	—	—
异丁烷	1	是	-3.337×10^{-5}	1.607×10^{-6}	—	—
正丁烷	1	否	—	1.607×10^{-6}	—	—
氮气	3	否	—	3.155×10^{-6}	4.919×10^{-12}	-4.377×10^{-17}
二氧化碳	3	是	-7.541×10^{-5}	2.775×10^{-6}	-1.063×10^{-12}	3.201×10^{-17}

本例中,用于反吹测量出的 C_6^+ 组分的相对响应因子(K)估计为 0.59。

方法 A:使用的响应函数与步骤 1 计算得出的最佳响应函数一致。在实际操作中,当用方法 A 与其他响应函数,所需的响应函数应与 CRM 数据相一致。方法 A 的其余过程应完全相同,与实际使用的响应函数类型无关。

无需额外的计算,相关信息可从步骤 1 获取。

方法 B:所用的响应函数为不含截距的一阶函数,由于使用了“非最佳”的响应函数,需要计算额外的不确定度。

示例:计算二氧化碳

——用方法 A 测定最佳的响应函数:

$$x_{CO_2}=-7.541\times10^{-5}+2.775\times10^{-6}R_{CO_2}-1.063\times10^{-12}R_{CO_2}^2+3.201\times10^{-17}R_{CO_2}^3$$

——用单点校正(方法 B),对最佳响应函数进行微分:

$$x'_{CO_2}=2.775\times10^{-6}-2.126\times10^{-12}R_{CO_2}+9.603\times10^{-17}R_{CO_2}^2$$

——WRM 中二氧化碳的响应:$R_{CO_2}=3\ 814.345$(两次分析的平均结果)。从而有:

$x'_{CO_2} = 2.775 \times 10^{-6} - 2.126 \times 10^{-12} \times 3\,814.345 + 9.603 \times 10^{-17} \times (3\,814.345)^2 = 2.768\,3 \times 10^{-6}$

——基于 WRM 的响应因子：$R_{f,wr,CO_2} = 0.010\,49/3\,814.345 = 2.750\,1 \times 10^{-6}$

$T_{CO_2} = x'_{wr,CO_2}(wr) - R_{f,wr,CO_2} = 2.768\,3 \times 10^{-6} - 2.750\,1 \times 10^{-6} = 1.820\,0 \times 10^{-8}$

——以二氧化碳的工作范围为例(在气相色谱所处的特定区域)：

$$x_{L,wr,CO_2} = 0.005 \text{ 摩尔分数}$$

$$x_{U,wr,CO_2} = 0.020 \text{ 摩尔分数}$$

因而 $s_{wr,CO_2} = (x_{U,wr,CO_2} - x_{L,wr,CO_2})/4 = (0.020 - 0.005)/4 = 0.003\,75$ 摩尔分数

——因此，(使用方法 B 的)额外标准偏差为：

$$s_{wrm,CO_2} = T_{CO_2} \times s_{wr,CO_2} = 1.820\,0 \times 10^{-8} \times 0.003\,75 = 6.825 \times 10^{-11} \text{ 摩尔分数}$$

——CRM 中其他组分见表 B.5。

表 B.5 CRM 中其他组分的计算

组分	T_i	$x_{L,wr,i}$ 摩尔分数	$x_{U,wr,i}$ 摩尔分数	$s_{B,i}$ 摩尔分数
甲烷	$1.979\,0 \times 10^{-6}$	0.80	0.84	$1.979\,0 \times 10^{-8}$
乙烷	$6.690\,5 \times 10^{-7}$	0.01	0.03	$3.345\,3 \times 10^{-9}$
丙烷	$3.420\,0 \times 10^{-9}$	0.002	0.006	$3.420\,0 \times 10^{-12}$
异丁烷	$6.235\,0 \times 10^{-8}$	0.000 5	0.000 6	$6.235\,0 \times 10^{-12}$
正丁烷	$9.490\,0 \times 10^{-9}$	0.000 6	0.001	$9.490\,0 \times 10^{-13}$
氮气	$-4.761\,4 \times 10^{-8}$	0.12	0.14	$-2.380\,7 \times 10^{-10}$
二氧化碳	$1.820\,0 \times 10^{-8}$	0.005	0.02	$6.825\,0 \times 10^{-11}$
注：本表格中的标准偏差将用于步骤 5 中的计算。				

步骤 3：(见 5.3)

对 WRM 分析两次。

步骤 4：(见 5.4)

对于非归一化的摩尔分数的计算，采集样品及 WRM 中组分的平均响应值用于后面的计算。

方法 A

直接测定组分(CO_2)：

$\hat{x}_{mc,CO_2} = 1.047\,8 \times 10^{-2}$摩尔分数

$x^*_{mc,CO_2} = 0.010\,49/0.010\,495 \times 1.047\,8 \times 10^{-2} = 0.010\,473$ 摩尔分数或 1.047 3%(摩尔分数用百分比表示)

间接测定组分(*neo*-C_5H_{12}，以 C_3 为参比)：

$\hat{x}_{mc,C_3H_8} = 1.871\,9 \times 10^{-5}\,\%$(摩尔分数用百分比表示)

$x^*_{rrf,neo-C_5H_{12}} = 0.007\,753\%$(摩尔分数用百分比表示)

方法 B

直接测定组分(CO_2)：

$x^*_{mc,CO_2} = 1.047\,27 \times 10^{-2}$摩尔分数或 1.047 3%(摩尔分数用百分比表示)

间接测定组分(*neo*-C_5H_{12}，以 C_3 为参比)：

$x^*_{rrf,neo-C_5H_{12}} = 7.752\,1 \times 10^{-5}$摩尔分数或 0.007 752%(摩尔分数用百分比表示)

表 B.6 用方法 A 和方法 B 测定样品非归一化摩尔分数的对比

组分	x_i^* 摩尔分数	
	方法 A	方法 B
甲烷	0.827 81	0.827 69
乙烷	0.020 772	0.020 774
丙烷	0.004 329	0.004 329
异丁烷	0.000 658 0	0.000 659 0
正丁烷	0.000 845 1	0.000 845 1
氮气	0.135 97	0.135 99
二氧化碳	0.010 473	0.010 472
新戊烷	0.000 077 52	0.000 077 52
异戊烷	0.000 200 21	0.000 200 21
正戊烷	0.000 194 06	0.000 194 06
C_6^+	0.000 620 33	0.000 620 33

步骤 5(见 5.5)

对于摩尔分数的计算,在进行其他计算前需获得样品以及 WRM 中组分响应的平均值。

对于方法 B,用方程(18)和(23)计算标准偏差,其中 $h_s=h_{wrm}=2$。

此外,假设 WRM 引起的额外不确定度是可忽略不计的。

使用方法 A 和方法 B 计算测定非归一化摩尔分数的标准偏差值列于表 B.7。

表 B.7 用方法 A 和方法 B 之间样品非归一化摩尔分数标准偏差的对比

组分	$s(x_i^*)$ 摩尔分数	
	方法 A	方法 B
甲烷	0.000 575 3	0.000 515 7
乙烷	0.000 034 84	0.000 041 99
丙烷	0.000 093 37	0.000 093 20
异丁烷	0.000 033 22	0.000 029 56
正丁烷	0.000 035 84	0.000 035 44
氮气	0.000 134 7	0.000 110 0
二氧化碳	0.000 051 76	0.000 046 71
新戊烷	0.000 001 701	0.000 093 20
异戊烷	0.000 004 319	0.000 093 20
正戊烷	0.000 004 188	0.000 093 20
C_6^+	0.000 013 72	0.000 093 20

步骤 6(见 5.6)

本例中因为没有其他组分,故 $x_{oc}=0$。摩尔分数归一化后,其值列于表 B.8。

表 B.8 用方法 A 和方法 B 测量归一化摩尔分数的对比

组分	x_i^* 摩尔分数	
	方法 A	方法 B
甲烷	0.826 19	0.826 16
乙烷	0.020 732	0.020 735
丙烷	0.004 320 2	0.004 320 6
异丁烷	0.000 656 71	0.000 657 82
正丁烷	0.000 843 44	0.000 843 52
氮气	0.135 71	0.135 74
二氧化碳	0.010 452	0.010 453
新戊烷	0.000 077 369	0.000 077 377
异戊烷	0.000 199 82	0.000 199 84
正戊烷	0.000 193 68	0.000 193 70
C_6^+	0.000 619 12	0.000 619 18

步骤 7(见 5.7)

表 B.9 用方法 A 和方法 B 计算样品归一化的摩尔分数的标准偏差的对比

组分	$s(x_i^*)$ 摩尔分数	
	方法 A	方法 B
甲烷	0.000 180 4	0.000 223 4
乙烷	0.000 036 27	0.000 042 71
丙烷	0.000 092 83	0.000 092 66
异丁烷	0.000 033 13	0.000 029 49
正丁烷	0.000 035 74	0.000 035 34
氮气	0.000 141 0	0.000 121 7
二氧化碳	0.000 051 50	0.000 046 51
新戊烷	0.000 001 698	0.000 093 02
异戊烷	0.000 004 311	0.000 093 01
正戊烷	0.000 004 181	0.000 093 01
C_6^+	0.000 013 69	0.000 092 97

步骤 8(见 5.8)

两种方法中不同组分的自由度均可由步骤 1 的结果计算得到。根据自由度，临界值 t 可从附录 A 中的表 A.1 获取，然后用 t 值乘以归一化组分的标准偏差。

表 B.10 不确定度及重复性的计算结果

组分	ν	t(表 A.1)	$U_{abs}(x_i)$ 摩尔分数/%		$U_{rel}(x_i)$ 摩尔分数/%	
			方法 A	方法 B	方法 A	方法 B
甲烷	17	2.11	0.000 038 07	0.000 471 4	0.046 08	0.057 06
乙烷	18	2.10	0.000 076 017	0.000 089 69	0.367 4	0.432 5
丙烷	20	2.09	0.000 194 0	0.000 193 7	4.491	4.482
异丁烷	19	2.09	0.000 069 25	0.000 061 63	10.54	9.368
正丁烷	20	2.09	0.000 074 70	0.000 073 87	8.856	8.757
氮气	18	2.10	0.000 296 0	0.000 265 6	0.218 1	0.188 3
二氧化碳	17	2.11	0.000 108 7	0.000 098 14	1.034	0.938 9
新戊烷	20	2.09	0.000 003 549	0.000 194 4	4.587	251.3
异戊烷	20	2.09	0.000 009 011	0.000 194 4	4.510	97.27
正戊烷	20	2.09	0.000 008 738	0.000 194 4	4.512	100.4
C_6^+	20	2.09	0.000 028 62	0.000 194 3	4.622 9	31.38

附 录 C
(资料性附录)
相对响应因子(*K*)

C.1 FID 的相对响应因子

对于 FID 检测器,相对响应因子通过参考组分碳数目以及样品组分碳数目的比值计算。参考组分丙烷和正丁烷的 FID 相对响应因子值列于表 C.1。

表 C.1 相对响应因子

组　分	响应因子相对于	
	丙烷	正丁烷
丙烷	1.000	1.333
异丁烷	0.750	1.000
正丁烷	0.750	1.000
戊烷	0.600	0.800
己烷	0.500	0.667
庚烷	0.429	0.571
辛烷	0.375	0.500
苯	0.500	0.667
环己胺	0.500	0.667
甲基-环己胺	0.429	0.571
甲苯	0.429	0.571

以上数据来自参考文献[6]。

C.2 典型的 TCD 相对响应因子

对于 TCD 检测器,相对响应因子以实际测量为基础,且可作为一项准则。其他方法亦可用于获得 TCD 相对响应因子,例如,通过使用 FID 检测器以及上面表格所列数据进行(延伸)分析。部分实验数据列于表 C.2。

表 C.2 实验 *K* 数据

组　分	*K* (相对于丙烷)
新戊烷	0.75
异戊烷	0.73
正戊烷	0.73

参 考 文 献

[1] ISO 6142 Gas analysis—Preparation of calibration gas mixtures—Gravimetric method.

[2] ISO 13275 Natural gas—Preparation of calibration gas mixtures—Gravimetric methods.

[3] ISO 6143 Gas analysis—Determination of the composition of calibration gas mixtures—Comparison methods.

[4] ISO 14111 Natural gas—Guidelines to traceability in analysis.

[5] MASSART D. L., VANDENGINSTE B. G. M., DEMING S. N., MICHOTTE Y. and KAUFMAN L., *Chemometrics: A textbook*, Elsevier, Amsterdam, 1988 (Volume 2), chapter 13, pp. 165-189.

[6] KAISER R., *Gas Phase Chromatography*, part 3, Butterworths, London, 1963.

[7] GB/T 27894.3—2011 天然气 在一定不确定度下用气相色谱法测定组成 第3部分:用两根填充柱测定氢、氦、氧、氮、二氧化碳和直至 C_8 的烃类.

[8] GB/T 27894.4—2011 天然气 在一定不确定度下用气相色谱法测定组成 第4部分:实验室和在线测量系统中用两根色谱柱测定氮、二氧化碳和 C_1 至 C_5 及 C_6^+ 的烃类.

[9] GB/T 27894.5—2011 天然气 在一定不确定度下用气相色谱法测定组成 第5部分:实验室和在线工艺系统中用三根色谱柱测定氮、二氧化碳和 C_1 至 C_5 及 C_6^+ 的烃类.

[10] GB/T 27894.6—2011 天然气 在一定不确定度下用气相色谱法测定组成 第6部分:用三根毛细管色谱柱测定氢、氦、氧、氮、二氧化碳和 C_1 至 C_8 的烃类.

[11] ISO 6975 Natural gas—Extended analysis—Gas-chromatographic method.

[12] ISO 10715 Natural gas—Sampling guidelines.

[13] ISO 10723 Natural gas—Performance evaluation for on-line analytical systems.

ICS 75.060
E 24

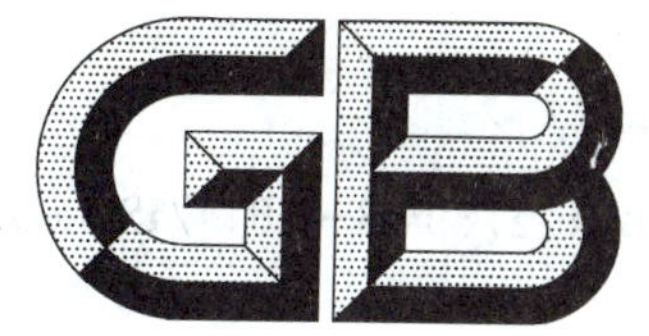

中华人民共和国国家标准

GB/T 27894.3—2011/ISO 6974-3:2000

天然气 在一定不确定度下用气相色谱法测定组分 第3部分:用两根填充柱测定氢、氦、氧、氮、二氧化碳和直至C_8的烃类

Natrual gas—Determination of composition with defined uncertainty by gas chromatography—Part 3:Determination of hydrogen, helium, oxyen, nitrogen, carbon dioxide and hydrocarbons up to C_8 using two packed columns

(ISO 6974-3:2000,IDT)

2011-12-30 发布

2012-06-01 实施

中华人民共和国国家质量监督检验检疫总局
中国国家标准化管理委员会 发布

前　言

GB/T 27894《天然气　在一定不确定度下用气相色谱法测定组分》分为以下六个部分：

——第1部分：分析导则；

——第2部分：测量系统的特性和数理统计；

——第3部分：用两根填充柱测定氢、氦、氧、氮、二氧化碳和直至 C_8 的烃类；

——第4部分：实验室和在线测量系统中用两根色谱柱测定氮、二氧化碳和 C_1 至 C_5 及 C_6^+ 的烃类；

——第5部分：实验室和在线工艺系统中用三根色谱柱测定氮、二氧化碳和 C_1 至 C_5 及 C_6^+ 的烃类；

——第6部分：用三根毛细管色谱柱测定氢、氦、氧、氮、二氧化碳和 C_1 至 C_8 的烃类。

本部分为 GB/T 27894 的第3部分。

本部分按照 GB/T 1.1—2009 给出的规则编写。

本部分使用翻译法等同采用 ISO 6974-3:2000《天然气　在一定不确定度下用气相色谱法测定组分　第3部分：用两根填充柱测定氢、氦、氧、氮、二氧化碳和直至 C_8 的烃类》。

与本标准中规范性引用的国际文件有一致性对应关系的我国文件如下：

——GB/T 14850—2008　气体分析词汇(ISO 7504:2001,IDT)。

本部分由全国天然气标准化技术委员(SAC/TC 244)归口。

本部分起草单位：中国石油西南油气田分公司天然气研究院、中国石油大庆油田工程有限公司。

本部分主要起草人：李晓红、罗勤、张娅娜、谭为群。

天然气　在一定不确定度下用气相色谱法测定组分　第3部分:用两根填充柱测定氢、氦、氧、氮、二氧化碳和直至 C_8 的烃类

1 范围

本部分给出了用两根填充柱定量测定天然气中 He、H_2、O_2、N_2、CO_2 和 C_1 至 C_8 烃类的气相色谱法。该方法适用于实验室和在线分析检测,可分析组分摩尔分数在表1范围内的气体,但不能含有液态烃。该范围并不代表检测限,而是本方法所规定的精密度的限制范围。即使样品中可能有一个或更多组分不存在,该方法仍可适用。

本部分仅与 GB/T 27894 第1、2部分配合使用。

表1　应用范围

组　分	摩尔分数范围/%
氦气	0.01～0.5
氢气	0.01～0.5
氧气	0.1～0.5
氮气	0.1～40
二氧化碳	0.1～30
甲烷	50～100
乙烷	0.1～15
丙烷	0.001～5
丁烷	0.000 1～2
戊烷	0.000 1～1
己烷至辛烷	0.000 1～0.5

2 规范性引用文件

下列文件对于本文件的应用是必不可少的。凡是注日期的引用文件,仅注日期的版本适用于本文件。凡是不注日期的引用文件,其最新版本(包括所有的修改单)适用于本文件。

GB/T 27894.1—2011　天然气　在一定不确定度下用气相色谱法测定组分　第1部分:分析导则(ISO 6974-1:2000,IDT)

GB/T 27894.2—2011　天然气　在一定不确定度下用气相色谱法测定组分　第2部分:测量系统的特性和数理统计(ISO 6974-2:2001,IDT)

ISO 7504　气体分析　词汇(Gas analysis—Vocabulary)

3 原理

用两根色谱柱气相色谱法测定 N_2、CO_2 和 C_1 至 C_8 的烃类组分。与热导检测器(TCD)相连的13X

分子筛柱用于分离和检测 H_2、He、O_2 和 N_2，依次与 TCD 和火焰离子化检测器(FID)相连的 Porapak R 柱用于分离和检测 N_2、CO_2 和 C_1 至 C_8 的烃类。这两个分析过程独立进行，其结果统一处理。

如果用分子筛检测出 O_2 的摩尔分数大于 0.02%，则应该由分子筛分析 N_2 含量。如果 O_2 含量低于 0.02%，同时假设气样中没有 H_2，那么 N_2 含量可以由 Porapak R 柱分析。

由工作参比气体确定 TCD 的响应值，结合 FID 的相对响应因子得出定量结果。

天然气各组分含量应归一到 100%。

4 材料

4.1 测定 He、H_2、O_2、N_2(由 13X 分子筛柱分离)需要的条件

4.1.1 氩气载气

纯度高于 99.99%，不含 O_2 和水分。如果气体纯度低于要求指定纯度值，需要检查其杂质不会干扰分析。而且即使载气氩气和/或氦气满足纯度要求，气体中的杂质也不能干扰分析结果。在这些情况下，要求对载气进行适当的净化处理。

4.1.2 工作参比气体(WRM)

4.1.2.1 用 N_2 或 Ar 作底气的 He 和 H_2 气体混合物

4.1.2.2 用 Ar 作底气的 O_2 和 N_2 气体混合物

注 1：注意防止气体混合物发生爆炸。

注 2：在只用一台仪器分析的情况下，以 N_2 作底气的 O_2 工作标准气可以代替以 O_2、N_2 为组分，Ar 作底气的工作标准气。增加了 He 组分的工作标准气也可用于日常校正。

4.2 测定 N_2、CO_2 和 C_1 至 C_8(在 Porapak 柱上分离)需要的条件

4.2.1 氦气载气

纯度高于 99.99%(不含 O_2 和水分)。

4.2.2 工作参比气体(WRM)

含有 N_2、CO_2 和 C_1 至 C_3 烷烃(可选择到 C_4)的多组分气体混合物。

表 2 给出了一个工作参比气体的组分示例。

表 2 工作参比气体的组分示例

组　分	摩尔分数/%
氮气	6
甲烷	80.5
二氧化碳	9
乙烷	4
丙烷	0.5
正丁烷	0.5(可选择)

4.2.3 FID 气体

a) 氢气，纯度高于 99.99%，不含有腐蚀性气体和有机物；

b) 空气，不含有烃类杂质。

5 仪器

5.1 实验室气相色谱系统

实验室气相色谱系统包括两根色谱柱(一根 13X 分子筛柱，一根 Porapak 柱)，分别安装于两个柱箱内，或安装在同一个柱箱内。

气体样品通过一个六通进样阀注入每根色谱柱，通过 TCD 和/或 FID 检测器测定气样各组分的信号响应。

注：利用隔离技术可以将气样依次注入 Porapak 柱和分子筛柱。

5.2 测定 He、H_2、O_2、N_2 需要的仪器和要求

5.2.1 气相色谱仪

气相色谱仪，能程序升温，装配 TCD 和以下指定装置。

a) 柱箱和温度控制器，包括：

——柱箱，在 35 ℃到 350 ℃的温度范围内保持柱温变化在±0.5 ℃以内；

注 1：在高温环境下应达到 35 ℃，可能需要一个冷却装置，比如用干冰或液氮冷却的附加设备。

注 2：附录 A 给出了采用 13X 分子筛柱可替代的分析程序。

——控温器，包括线性程序升温程序，在指定范围内可保证 30 ℃/min 的升温速率。

b) 流量调节器，能够保持适当的载气流速。

5.2.2 进样装置

进样装置，包括一个旁通进样器(气体进样阀)，可进样 1 mL，可加热到一个指定温度 110 ℃。

进样体积应能够再现，使连续进样时每个组分的变化在±1%以内。

5.2.3 色谱柱

两根同样尺寸、同种填充物的色谱柱。

第二根柱子通常在程序升温时用于漂移补偿。如果通过一个电子积分仪补偿漂移，则不需要第二根柱子。

色谱柱应满足如下条件：

a) 金属管具有下列特点：

种类：316 不锈钢，清洁、脱脂；

长度：1 m；

直径：内径 2 mm；

形状：适合色谱仪；

半径：适合色谱仪。

注：如果用一根 3 m 的色谱柱，应升高柱箱温度至 40 ℃(见附录 A)。

b) 填充物，13X 分子筛，粒径从 150 μm 到 180 μm。

——装填方法：能提供均匀填充的任何合适的填充方法；

——老化：在约 350 ℃下干燥载气通气一整夜。

注：一些进样装置不能在高于 250 ℃的温度下使用，可能会产生老化问题。

5.2.4 热导检测器(TCD)

5.3 测定 N_2、CO_2 和 C_1 至 C_8 的烃类需要的仪器和要求

5.3.1 气相色谱仪

气相色谱仪，适合双柱使用，依次安装一个 TCD 和 FID。

a) 柱箱和温度控制器，包括：

——柱箱，在 35 ℃～230 ℃的温度范围内保持柱温在±0.5 ℃内变化；

注：如果需要达到 35 ℃，可能需要一个干冰或液氮的冷却装置。

——控温器，包括一个线性升温程序，在指定范围内可保证 15 ℃/min 的升温速。

b) 流量调节器，能够保持适当的载气流速。

5.3.2 进样装置

进样装置，包括一个旁通进样器(气体样品阀)，可进样 1 mL，可加热到 110 ℃。

5.3.3 色谱柱

两根同样尺寸、同种填充物的色谱柱。

第二根柱子通常在程序升温时用于漂移补偿。如果通过电子积分仪补偿漂移，则不需要第二根柱子。

a) 金属管，具有下列特性：

种类：316 不锈钢，清洁、脱脂；

长度：3 m；

直径：内径 2 mm；

形状：适合色谱仪；

半径：适合色谱仪。

b) Porapak R 填充物，粒径从 150 μm～180 μm(ASTM 中的 80-100 目)。

——装填方法：能提供均匀填充的任何合适的填充法；

——老化：在约 230 ℃下干燥载气通气一整夜。

5.3.4 检测器

检测器具有以下特点：

——对到 C_3 的烷烃：热导检测器(TCD)；

——对 C_4～C_8 的烷烃：火焰离子化检测器(FID)；

如果乙烷和丙烷的摩尔分数小于 1%，可用 FID 检测。任何情况下，时间常数不能超过 0.1 s。如果用 C_3 作参比组分，C_3 应用 FID 检测。

——TCD 和 FID 检测器应依次连接。

注：假设气样中不含 H_2，O_2 的摩尔分数小于 0.02%，可以采用 Porapak R 柱分析 N_2。

6 步骤

6.1 气相色谱仪操作条件

6.1.1 测定 He、H_2、O_2 和 N_2

按下面设定仪器(5.2)的操作条件：

a) 柱温:

——初始温度:35 ℃ ,保持 7 min;

——升温速率:以 30 ℃/min 升至 250 ℃;

——终温:250 ℃,保持 10 min。

注:附录 A 中给出了 13X 分子筛柱分析可替代的程序。程序改变有可能达到更好的分离效果。

b) 载气流速:氩气 10 mL/min。

c) 检测器 TCD:

——按出厂说明书设置;

——温度:140 ℃～160 ℃之间;

——载气:氩气。

6.1.2 测定 N_2、CO_2 和 C_1～C_8

6.1.2.1 气相色谱仪条件

按下面设定仪器(5.3)操作条件:

a) 柱温:

——初始温度:35 ℃ ,保持 3 min;

——升温速率:以 15 ℃/min,升至 200 ℃;

——终温:在 200 ℃下保持 30 min。

b) 载气流速:氦气 35 mL/min。

c) 检测器:

——按出厂说明书设置;

——FID;

i) 温度:290 ℃～310 ℃之间;

ii) 载气:He。

——TCD;

i) 温度:240 ℃～260 ℃之间;

ii) 载气:He。

6.1.2.2 色谱柱稳定性检查

通过运行空白程序检查色谱柱基线的稳定性。

不应出现摩尔分数大于 0.04%组分的峰。如果出现较大峰,应重做空白程序至满意为止。如果必要更换新柱子,使用另一批次 Porapak R 柱更好。

注 1:不同批次的 Porapak R 柱经常性能有变化。如苯和环已烷的保留时间顺序可能会颠倒。因此推荐不定期地确定苯和环已烷的保留时间,安装了新柱子更应该如此。

注 2:按下列步骤检查基线稳定性:

a) 将柱温升到终温,清除任何累积的污染物;

b) 冷却至初始温度;

c) 注入含有低摩尔浓度的丁烷标准气体,开始程序升温;

d) 标准气体运行结束,冷却至初始温度。用载气代替样品气注入色谱仪,运行空白程序,开始程序升温;

e) 用标准气体中的丁烷校正计算 C_5～C_8 出峰区域内被积分仪确认的组分摩尔分数。

6.2 性能要求

6.2.1 分离效率

6.2.1.1 13X 分子筛柱

在操作条件下,进样等量的 He 和 H_2(摩尔分数约 0.4%),两峰之间的峰谷与基线高度应不超过较大峰高的10%(见表3)。如果达不到此要求,则需要花更长时间老化柱子或更换新柱子。

按照ISO 7504评估峰的分离度。

表3 要求的峰分离度

组分1	组分2	分离度
H_2	He	≥0.1

6.2.1.2 Porapak R柱

在操作条件下进样,2-甲基丁烷和戊烷两峰的峰谷与基线的高度应不超过较大峰峰高的10%。如果达不到此要求,则需要花更长时间老化柱子或准备一根新柱子。

6.2.2 响应

按照GB/T 27894.2测定每种气体的响应特性,至少一年一次。

6.2.3 相对响应因子

按照GB/T 27894.2测定相对响应因子。

6.3 测定

6.3.1 分析要点

该分析概括为以下几点。

a) 按照GB/T 27894.1第11章的规定分析工作参比气体混合物和样品;

b) 通过测定响应曲线直接测定甲烷、乙烷、丙烷或者丁烷、N_2和CO_2;

c) 用两个认证标准气体混合物直接测定O_2、H_2和He;

d) 不检测族组分;

e) 不运行反吹程序;

f) 用相对响应来确定较高烷烃的含量,比如从C_3到更高碳数。用丙烷作参比组分(或者丁烷)。

作为资料信息,附录中的图A.1和图A.2给出了该分析的典型的色谱图例。

6.3.2 评估其他组分

根据GB/T 27894.1评估其他组分的含量。

不运行反吹。

7 结果表示

7.1 计算

7.1.1 摩尔分数

参见GB/T 27894.1。

7.1.2 对含有O_2的修正

一般情况下天然气不含有O_2。然而,如果发现天然气样品中含有O_2,如果这是由于不适当的取样

方式造成的污染,那么应按下列步骤修正 N_2 和其他组分的摩尔分数:

a) 样品中 O_2 的摩尔分数高于 0.02%。如果 O_2 的摩尔分数高于 0.02%,根据式(1)修正 N_2 的摩尔分数;

$$x(N_2)_c = x(N_2) - \frac{78}{21}x(O_2) \qquad \cdots\cdots(1)$$

式中:

$x(N_2)_c$ ——空气污染修正后 N_2 的摩尔分数,%;

$x(N_2)$ ——归一化后样品中 N_2 的摩尔分数,%;

$x(O_2)$ ——归一化后样品中 O_2 的摩尔分数,%。

式(1)是假设 TCD 对 N_2 和 O_2 的响应是相同的。

b) 样品中 O_2 的摩尔分数低于 0.02%。如果 O_2 的摩尔分数低于 0.02%,按式(1)或式(2)修正 N_2 的摩尔分数。

1) 如果采用 13X 分子筛柱分析 N_2,按式(1)计算;

2) 如果采用 Porapak R 柱分析 N_2,则按式(2)计算。

$$x(N_2)_c = x(N_2) - \frac{100}{21}x(O_2) \qquad \cdots\cdots(2)$$

式(2)是假设 TCD 对 N_2 和 O_2 的响应是相同的。

因为 O_2 的存在,修正后的样品中组分 j 的摩尔分数 $x_{j,c}$,以百分数表示,应根据式(3)归一到 100%。

$$x_{j,c} = \frac{x_{j,s}^{*}}{\sum_{j=1}^{n-2} x_{j,s} + x(N_2)_c} \times 100 \qquad \cdots\cdots(3)$$

式中:

$x_{j,s}$ ——样品中组分 j 归一化的摩尔分数,%;

$x_{j,s}^{*}$ ——样品中组分 j 未归一化的摩尔分数,%;

n ——组分的总数量;

$n-2$——分别在 13X 分子筛柱和 Porapak R 柱分离后检测,除了 O_2 和 N_2 所有组分的总数量。

7.2 精密度和准确度

参见 GB/T 27894.2。

见附录 B 典型精密度值。

8 测试报告

按照 GB/T 27894.1—2011 中的第 14 章规定编写测试报告。

附 录 A
（资料性附录）
由两根色谱柱和一个柱箱组成的气相色谱系统

两个分析柱安装在同一个柱箱内，在指定的范围内，线性程序升温系统可以使升温速率达到30 ℃/min。

13X 分子筛柱用于测定 He，H_2，O_2，检测器采用 TCD，其典型色谱峰见图 A.1。通过旁通进样器进样，进样量为 1 mL。流量调节器用于提供适当的氩气流速。

Porapak R 柱用于测定 N_2，CO_2，甲烷至正辛烷，检测时依次通过 TCD 和 FID 检测器，其典型色谱峰见图 A.2。气体样品通过旁通进样器(气体进样阀)注入，进样量为 1 mL。流速调节器用于提供适当的氦气流速。

色谱系统配置见表 A.1。

表 A.1 色谱系统配置

检测	He，H_2，O_2	N_2，CO_2，甲烷至正辛烷
色谱柱		
填充物	13X 分析筛	Porapak R
长度	3 m	3 m
内径	2 mm	2 mm
粒度	150 μm～180 μm	150 μm～180 μm
金属管	不锈钢	不锈钢
载气	Ar，30 mL/min	He，30 mL/min
检测器	TCD	TCD 和 FID
进样器		
进样体积	1 mL	1 mL
进样阀温度	110 ℃	110 ℃
温度控制		
初始温度	40 ℃	40 ℃
初始时间	12 min	12 min
升温速率	15 ℃/min	15 ℃/min
终止温度	200 ℃	200 ℃
终止时间	30 min	30 min

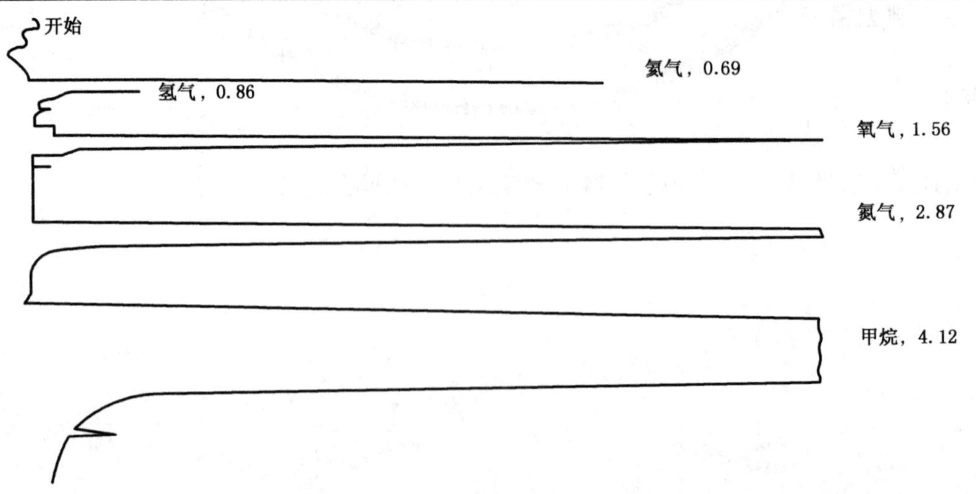

图 A.1 使用 13X 分子筛柱检测 He，H_2，O_2 和 N_2 的典型色谱峰(以 min 表示绝对保留时间)

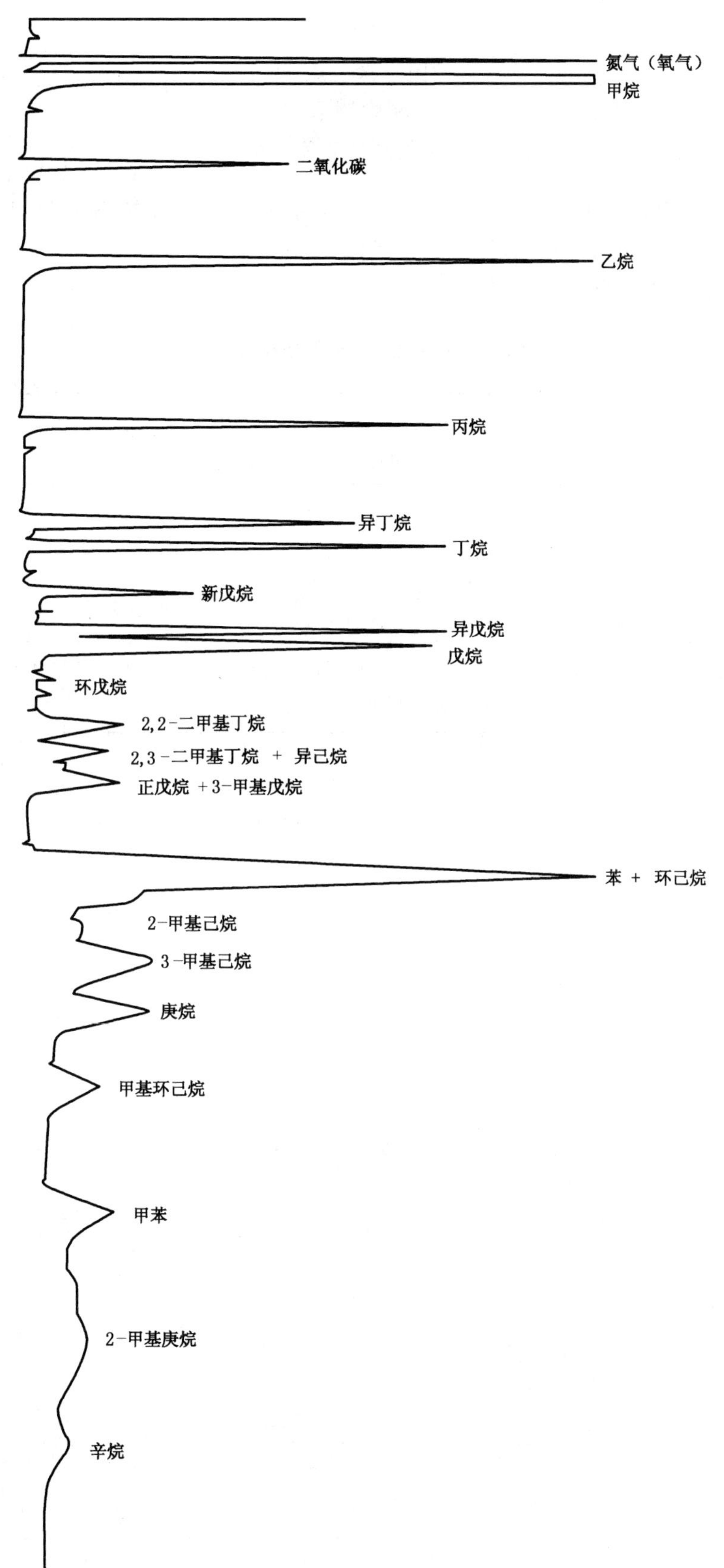

图 A.2 使用 Porapak R 柱检测 $N_2(O_2)$,CO_2 和从 C_1 至 C_8 烃类的典型色谱峰

附 录 B
（资料性附录）
典型精密度值

给出的重复性和再现性典型值见表 B.1，1986 年 10 月，这些典型值在 ISO/TC 158/SC 2 多个实验室间检测项目中已经被评定，来自比利时、德国、爱尔兰、挪威、荷兰和英国的天然气生产、供应公司和商业实验室参与了重复性和再现性评定试验。

表 B.1 重复性和再现性检测结果

摩尔分数 x/%	重复性		再现性	
	绝对摩尔分数/%	相对值/%	绝对摩尔分数/%	相对值/%
$x<0.1$	0.003	—	0.006	—
$0.1<x<1$	—	3	—	6
$1<x<50$	—	1	—	3
$50<x<100$	—	0.1	—	0.2

注：这些值是通过现场试验获得的，验证了这种方法的可行性。但是不能与 GB/T 27894 其他章节中附录所包含的数据相比，因为这些数据是在实验室通过标准气定量获得的。

参考文献

[1] ISO 6142 Gas analysis—Preparation of calibration gas mixtures—Gravimetric method

[2] ISO 6143 Gas analysis—Determination of the composition of calibration gas mixtures—Comparison methods

[3] ISO 6976 Natural gas—Calculation of calorific values, density, relative density and Wobbe index from composition

[4] ISO 10723 Natural gas—Performance evaluation for on-line analytical systems

[5] ISO 13275 Natural gas—Preparation of calibration gas mixtures—Gravimetric methods

[6] ISO 14111 Natural gas—Guidelines to traceability in analysis

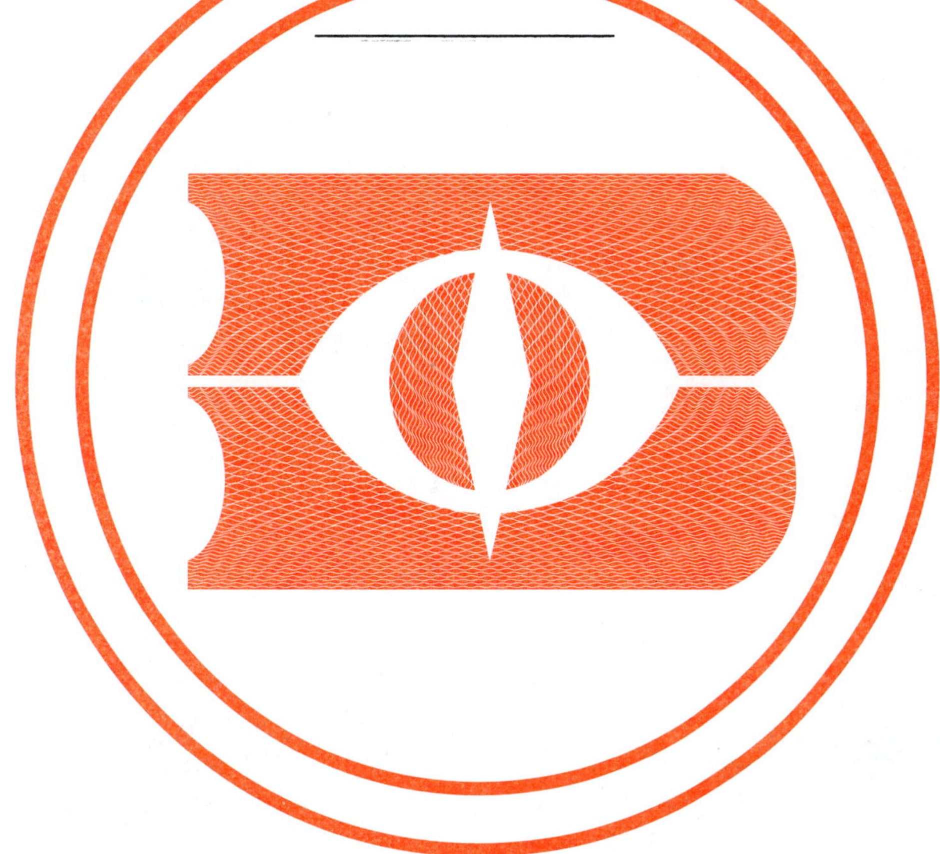

ICS 75.060
E 24

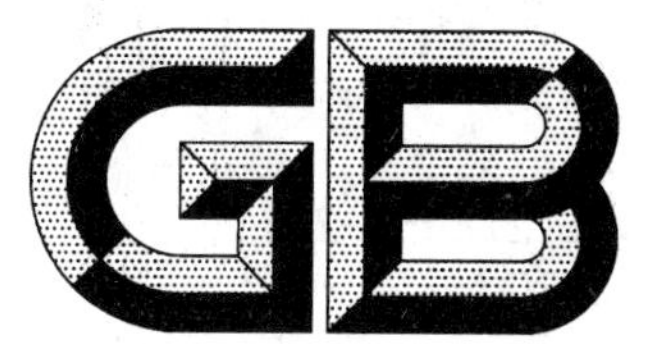

中华人民共和国国家标准

GB/T 27895—2011

天然气烃露点的测定 冷却镜面目测法

Natural gas—Determination of the hydrocarbon dew point—Cooled mirror method

2011-12-30 发布　　2012-06-01 实施

中华人民共和国国家质量监督检验检疫总局
中国国家标准化管理委员会　发布

前　言

本标准按照 GB/T 1.1—2009 给出的规则起草。

本标准由全国天然气标准化技术委员会(SAC/TC 244)归口。

本标准起草单位:中国石油西南油气田分公司天然气研究院、中国石油西气东输管道公司。

本标准主要起草人:曾文平、张火箭、牛树伟、迟永杰、罗勤、常宏岗、唐蒙、王晓琴、黄黎明。

天然气烃露点的测定
冷却镜面目测法

1 范围

本标准规定了采用冷却镜面目测法检测管输天然气烃露点的试验方法,本标准适用于经处理的单相管输天然气,不适用于含液相烃类的天然气。

本标准不涉及与其应用有关的所有安全问题。在使用本标准前,使用者有责任制定相应的安全和保护措施,并明确其限定的适用范围。

2 规范性引用文件

下列文件对于本文件的应用是必不可少的。凡是注日期的引用文件,仅注日期的版本适用于本文件。凡是不注日期的引用文件,其最新版本(包括所有的修改单)适用于本文件。

GB/T 13609 天然气取样导则

3 原理

在恒定测试压力下,天然气样品以一定流量流经露点仪测定室中的抛光金属镜面,该镜面温度可人为降低并能准确测量。当气体随着镜面温度的逐渐降低,刚开始析出烃凝析物时,此时所测量到的镜面温度即为该压力下气体的烃露点。

注:烃露点和水露点在镜面上形成形状和颜色的区别见附录A。

4 仪器及材料和试剂

4.1 能在天然气的实际温度条件下于测量点测定露点温度并满足下列要求的冷却镜面露点仪:

a) 露点温度的测量范围为冷却剂制冷达到的温度~环境温度;

b) 仪器使用和运输环境温度为−40 ℃~+40 ℃;

c) 满足站场防爆要求;

d) 镜面温度测量可精确到±0.5 ℃,分辨率0.1 ℃。

4.2 压力表:测量压力最高可达15 MPa、精度等级不低于1.0。

4.3 冷却剂——符合相关标准的液态二氧化碳、液氮、液态丙烷和丙-丁烷混合物等。

4.4 溶剂:丙酮或石油醚,分析纯。

4.5 卫生棉球。

5 试验前的准备

5.1 露点仪测量镜面应仔细使用卫生棉球(4.5)蘸取溶剂(4.4)清洗。

5.2 使用肥皂泡膜进行气密性检查。

5.3 在天然气流量不超过3 L/min的条件下,吹扫气体管线5 min~10 min。

5.4 根据仪器操作说明书的要求开启和准备露点仪。

5.5 在准确测量烃露点前应进行初测，以调节冷却速率。

6 取样

按照 GB/T 13609 的要求进行取样。

取样过程中，应避免冷凝烃从取样管线析出或从取样管线壁解吸烃蒸气。为此，取样管线的温度应比估计的天然气烃露点高 3 ℃以上。必要时，取样管线应进行保温和加热。

7 测定

7.1 调节露点仪出口排气阀，使气体流量达到(1～3)L/min。

7.2 使用冷却剂(4.3)，以不超过 1 ℃/min 的速率降低镜面的温度。当接近初测的露点温度时，冷却速率降至 0.5 ℃/min。

7.3 观察镜面和内部温度显示，注意不锈钢镜面，当出现第一滴烃露时，记下结露温度和测试压力。

7.4 停止冷却，关闭气源，放空仪器测定室内的气体，拆下镜面，用溶剂(4.4)清洗镜面。

7.5 重复测量，直到连续两次所测结露温度差值在 2.0 ℃以内。

8 试验结果的处理

8.1 当两次测定结果相差在 2.0 ℃以内时，将两次测量结果的平均值作为该压力下测得烃露点的结果；如果两次重复测定结果差值超过 2.0 ℃，应重新测定。

8.2 按式(1)计算烃露点(t_d/℃)

$$t_d = (t_1 + t_2)/2 \qquad (1)$$

式中

t_1——第一次测定烃露点结果，单位为摄氏度(℃)；

t_2——第二次测定烃露点结果，单位为摄氏度(℃)。

9 准确度

通过前期研究和参考 ISO/TR 11150 等相关资料，冷却镜面目测法可以获得±2.0 ℃的准确度。国际上采用称量法测定天然气中潜在烃液含量(ISO 6570)，以校正烃露点仪测定结果的准确度。

附 录 A
（规范性附录）
冷却镜面目测法干扰因素的控制

A.1 气源要求

在线取样分析过程中，要求气源压力变化不能超过 0.5 MPa，烃露点变化不能超过 2.0 ℃。

A.2 样品温度

样品温度至少比烃露点高 3 ℃以上，在进行检测时，对可能发生温降的接头和管线等部位应进行保温和加热。

A.3 水露点

一般情况下，天然气水露点比烃露点低，且两者相差越大时，观察到的烃露点越准确。如果水露点比烃露点高，将干扰烃露点的观察，这时测得的烃露点结果误差增大。当水露点干扰烃露点的测定时，可根据烃露点和水露点在镜面上形成凝析物颜色和形状的不同作出正确的判断。烃露点开始形成时，一般在镜面的边缘，呈彩色环状，随着镜面温度的降低，镜面中央将会出现珠状的烃液；而水露点开始形成时，在镜面的中央，呈白色点状物，然后随着镜面温度的降低，白色点状物逐渐扩大呈一个白色圆面。

A.4 残留有机物

在测定过程中，当镜面上残留有机物时，应用丙酮或石油醚等油溶性好的溶剂擦拭镜面，以彻底清除镜面上的有机物污渍。

参 考 文 献

1. ISO/TR 11150 Natural gas—Hydrocarbon dew point and hydrocarbon content

2. ISO 6327:1981 Determination of the water dew point of natural gas—Cooled surface condensation hygrometers

3. ГОСТ 20061-84 метод опредепения температуры точки росы углеводородов

4. 管输天然气烃露点指标与检测方法研究，西南油气田分公司天然气研究院科研报告，2009

ICS 75.060
E 24

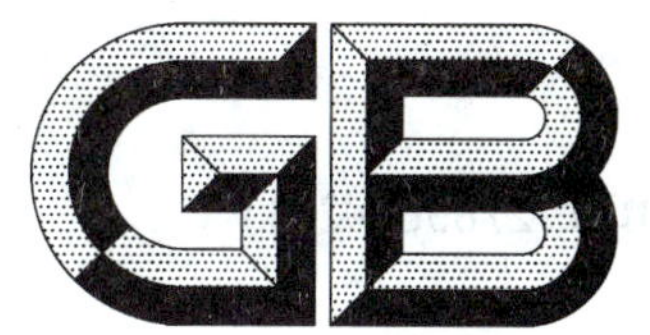

中华人民共和国国家标准

GB/T 27896—2011

天然气中水含量的测定　电子分析法

Test method for water vapor content of natural gas using—
Electronic moisture analyzers

2011-12-30 发布　　2012-06-01 实施

中华人民共和国国家质量监督检验检疫总局
中国国家标准化管理委员会　发布

前　言

本标准按照 GB/T 1.1—2009 给出的规则起草。

本标准与 ASTM D5454-04《利用电子湿度分析计测定气态燃料中水蒸气含量的标准试验方法》(英文版)的一致性程度为非等效。

为便于使用，本标准做了以下了修改：

a) “气体燃料”一词改为“天然气”；

b) 在规范性引用文件中以我国相应的国家标准替换了 ASTM D5454-04 中引用的 ASTM 标准；

c) 删除了 ASTM D5454-04 第四章“意义和用途”；

d) 增加了光纤法电子水分分析仪的内容。

本标准由全国天然气标准化技术委员会(SAC/TC 244)归口。

本标准起草单位：中国石油西南油气田分公司天然气研究院、中国石油大庆油田工程有限公司、中国石油西气东输管道公司、中国石油勘探开发研究院廊坊分院、中国石油集团工程设计有限责任公司西南分公司。

本标准主要起草人：何斌、罗勤、张汉沛、李锴、严启团、付贺平、陈军、李海川、涂振权、鲁春、迟永杰、许文晓。

天然气中水含量的测定　电子分析法

1　范围

本标准规定了用电子水分分析仪[1]测定天然气中水含量的试验方法。

本标准适用于天然气中水含量的测定。

本标准不涉及与其应用有关的所有安全问题。在使用本标准前，使用者有责任制定相应的安全和保护措施，并明确其限定的适用范围。

2　规范性引用文件

下列文件对于本文件的应用是必不可少的。凡是注日期的引用文件，仅注日期的版本适用于本文件。凡是不注日期的引用文件，其最新版本(包括所有的修改单)适用于本文件。

GB/T 13609　天然气取样导则(GB/T 13609—1999,eqv ISO 10715:1997)

GB/T 20604　天然气　词汇(GB/T 20604—2006,ISO 14532:2001,IDT)

JJG 500 电解法湿度仪检定规程

3　术语和定义

GB/T 20604 确立的以及下列术语和定义适用于本文件。

3.1

电容传感器　capacitance-type sensor

采用氧化铝(Al_2O_3)涂层作为电容的一部分。在水蒸气存在的情况下，电介质 Al_2O_3 膜会使电容器的电容发生变化，输出值可以和测量压力条件下的水露点值建立直接的对应关系。与五氧化二磷(P_2O_5)元件不同，电容式元件的响应是非线性的。可用硅代替铝，硅元件可提供更高的稳定性和更快的响应速度。

3.2

电解式传感器　electrolytic-type sensor

由两只镀有五氧化二磷(P_2O_5)涂层的金属电极组成。加在电极间的电压使五氧化二磷(P_2O_5)涂层吸收的水发生电解反应，从而在电极间产生电流，产生的电流与水蒸气的浓度成正比。

3.3

压电式传感器　piezoelectric-type sensor

压电式传感器由一对压电材料为石英晶体(QCM)的电极构成。当传感器加有电压时，会产生一个非常稳定的振动。传感器的表面镀有吸湿性聚合物涂层。振动频率随聚合物吸收水含量的变化而成比例的改变。

3.4

激光式传感器　laser-type sensor

由一样品室构成，样品室的一端安装光学头，另一端安装一镜面。光学头包含近红外(NIR)激光

1) 电子水分分析仪通常使用以五氧化二磷(P_2O_5)、氧化铝(Al_2O_3)为基础的传感元件或压电式硅传感器、基于激光技术的传感器和光纤传感器。

器，其发射能够被水分子吸收的一定波长的光。激光器旁边安装一对NIR波长的光敏感的检测器。激光器发射的光经过样品室，到达尽头后返回光学头的检测器。发射光通过样品室和返回检测器时，部分发射光被水分子吸收，吸收的光强度与水含量成正比。

3.5

光纤传感器 optical sensor

多层结构的传感器安装在样品气的管线里，与样品气接触。在主机和传感器之间用光纤连接，在传感器上吸附的水会改变传感器对光的折射率。光折射率的改变与水蒸气压相对应。应避免连接主机和传感器之间的光纤弯曲。

4 设备

4.1 水分分析仪和取样系统应符合下列规定：

4.1.1 取样系统

采用适当的取样系统可消除与水分分析有关的大多数误差。

4.1.1.1 应按GB/T 13609的规定对管输天然气进行取样。应使样品温度高于水露点温度2℃，以防止样品在取样管线和分析仪中凝析。在低温环境中建议保温或加热管线。

4.1.1.2 分析仪的传感器对污染物非常敏感。对传感器有害的任何污染物在到达传感器之前应将其从样品中除去。为了对准确度或响应时间的影响降至最低，应做到这一点。如果污染物是油雾、乙二醇等，应使用凝聚式过滤器或者半透膜分离器。

4.1.2 结构

在高压或低压下取样。应对高压下的所有组件进行评估。为了将扩散和吸附降至最低，在传感器之前与样品接触的所有材料应是不锈钢材质。推荐使用不锈钢导管。

安全提示——当在高压下取样时采取适当的安全防范措施。

4.1.2.1 避免使用带波尔登管的压力计，以防止水在管内聚集。

4.1.2.2 样品吹扫是获得满意的响应时间的重要步骤。应有吹扫样品管线和样品净化系统的方法。

4.1.3 电子设备

传感器的输出信号应线性化，并以合适的单位模拟显示或数字显示。在现场应用中，如果存在合适的标准物质，须在现场对仪器进行校准(本方法不适用于与水发生完全化学反应的仪器。此类仪器的校准应按第5部分的规定进行确认)。

4.1.4 电源

现场使用的分析仪应满足现场的安全要求。

5 校准

5.1 JJG 500适用于本标准中电解法电子水分分析仪的校准，其他方法的电子水分仪可参照此方法校准。

5.2 各种电子水分分析仪的校准周期应根据实际使用的条件来确定，建议校准周期为一年。如出现异常情况应加大频率。

6 试验步骤

6.1 准备

在使用前应按仪器说明书检查分析仪的操作并确认仪器在校准周期以内。在现场使用前建议用干燥的压缩氮气对系统进行干燥，以得到低于 $20\times10^{-6}(V/V)$ 的读数。

6.2 取样程序

按 4.1.1.1 取样。采用尽可能短的管线。样品进入传感器前，用样品吹扫管线 2 min。

6.3 读数

传感器达到平衡的时间随传感器的类型和条件而变化。分析仪可能需要 20 min 达到稳定。一些分析仪具有外部输出端口，可接外部记录仪以获得准确的平衡响应时间。

7 精密度与偏差

本方法的精密度数据可通过实验室间的研究获得。

ICS 13.220.10
C 84

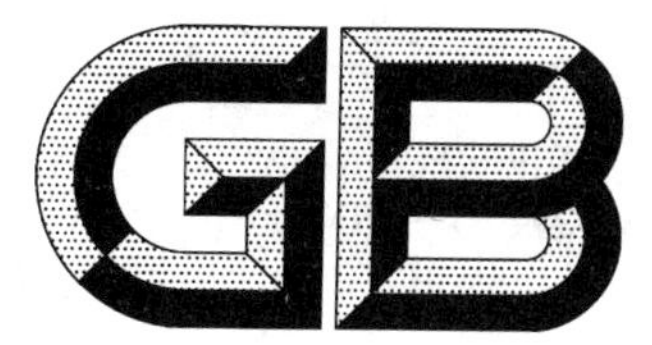

中华人民共和国国家标准

GB 27897—2011

A 类泡沫灭火剂

Class A foam extinguishing agent

2011-12-30 发布　　2012-03-01 实施

中华人民共和国国家质量监督检验检疫总局
中国国家标准化管理委员会　发布

前 言

本标准的第5章和第7章为强制性的,其余为推荐性的。

本标准按照GB/T 1.1—2009给出的规则起草。

本标准由中华人民共和国公安部提出。

本标准由全国消防标准化技术委员会灭火剂分技术委员会(SAC/TC 113/SC 3)归口。

本标准负责起草单位:公安部天津消防研究所。

本标准参加起草单位:昆山宁华消防系统有限公司、厦门一泰消防科技开发有限公司、兴化锁龙消防药剂有限公司、扬州江亚消防药剂有限公司。

本标准主要起草人:傅学成、包志明、陈涛、刘慧敏、张国璧、郑建兵、李江东、薛岗、马天元、童祥友。

A 类泡沫灭火剂

1 范围

本标准规定了 A 类泡沫灭火剂的术语和定义、产品分类、要求、试验方法、检验规则、标志、包装、运输和储存等。

本标准适用于 A 类泡沫灭火剂。

2 规范性引用文件

下列文件对于本文件的应用是必不可少的。凡是注日期的引用文件，仅注日期的版本适用于本文件。凡是不注日期的引用文件，其最新版本(包括所有的修改单)适用于本文件。

GB/T 2909—1994 橡胶工业用棉帆布

GB 4351.1—2005 手提式灭火器 第 1 部分：性能和结构要求

GB/T 6003.1—1997 金属丝编织网试验筛

GB/T 6682—2008 分析实验室用水规格和试验方法

GB/T 11983—2008 表面活性剂 润湿力的测定 浸没法

GB 15308—2006 泡沫灭火剂

SH 0004 橡胶工业用溶剂油

3 术语和定义

GB 15308 界定的以及下列术语和定义适用于本文件。为了便于使用，以下重复列出了 GB 15308 中的某些术语和定义。

3.1

A 类泡沫灭火剂 class A foam extinguishing agent

主要适用于扑救 A 类火灾的泡沫灭火剂。

3.2

特征值 characteristic values

由 A 类泡沫灭火剂供应商提出的泡沫液及泡沫溶液的物理、化学性能参数值。

3.3

泡沫液 foam concentrate

可按适宜的浓度与水混合形成泡沫溶液的浓缩液体，又称为泡沫浓缩液。

[GB 15308—2006，定义 3.9]

3.4

泡沫溶液 foam solution

由泡沫液与水按规定浓度配制成的溶液，又称为泡沫混合液。

[GB 15308—2006，定义 3.10]

3.5

25%析液时间 25% drainage time

自泡沫中析出其质量 25%的液体所需要的时间。

［GB 15308—2006，定义3.2］

3.6

发泡倍数　expansion

泡沫体积与构成该泡沫的泡沫溶液体积的比值。

［GB 15308—2006，定义3.4］

3.7

混合比　mixture ratio

泡沫液与水混合配制泡沫溶液时，所用泡沫液占泡沫溶液的体积百分数。

3.8

强施放　forceful application

将泡沫直接施放到液体燃料表面上的供泡方式。

［GB 15308—2006，定义3.17］

3.9

缓施放　gentle application

通过挡板、罐壁或其他表面间接地将泡沫施放到液体燃料表面上的供泡方式。

［GB 15308—2006，定义3.18］

3.10

25%抗烧时间　25% burnback time

自点燃抗烧罐至油盘25%的燃料面积被引燃时所需的时间。

3.11

最低使用温度　lowest useful temperature

高于凝固点5℃的温度。

［GB 15308—2006，定义3.22］

3.12

压缩空气泡沫系统　compressed air foam systems

能在一定压力范围内压入适量的空气至泡沫溶液中，以形成各种发泡倍数和不同状态泡沫的泡沫产生系统。

4　产品分类

A类泡沫灭火剂按产品性能分为以下两类：

a）适用于扑救A类火灾及隔热防护的A类泡沫灭火剂，代号为MJAP。

b）适用于扑救A类火灾、非水溶性液体燃料火灾及隔热防护的A类泡沫灭火剂，代号为MJABP。

5　要求

5.1　一般要求

5.1.1　A类泡沫灭火剂的泡沫液组分在生产和应用过程中，应对环境无污染，对生物无明显毒性。

5.1.2　供应商应对其提供的A类泡沫灭火剂产品性能声明以下内容：

a）产品类型：MJAP型或MJABP型；

b）是否受冻结、融化影响；

c）是否为温度敏感性泡沫液；

d） 适用水质：适用于淡水，或者淡水和海水均适用；

e） 凝固点特征值：代号 T_N（℃）；

f） 用于灭 A 类火的特征值：

1） 混合比特征值：代号 H_A；

2） 25%析液时间特征值：代号 t_A（min）；

3） 发泡倍数特征值：代号 F_A；

g） 用于隔热防护时的混合比特征值：代号 H_G；

h） 用于灭非水溶性液体火的特征值（适用时）：

1） 混合比特征值：代号 H_B；

2） 25%析液时间特征值：代号 t_B（min）；

3） 发泡倍数特征值：代号 F_B。

对以上内容的解释性说明参见附录 A。

5.2 技术要求

5.2.1 A 类泡沫灭火剂泡沫液的性能应符合表 1 的要求。

表 1 A 类泡沫灭火剂泡沫液的性能要求

项目	样品状态	要求	不合格类型
凝固点/℃	温度处理前	$(T_N-4)\leqslant$凝固点$\leqslant T_N$	C
抗冻结、融化性[a]	温度处理前、后	无可见分层和非均相	B
比流动性	温度处理前、后	泡沫液流量不小于标准参比液的流量或泡沫液的黏度值不大于标准参比液的黏度值	C
pH 值	温度处理前、后	6.0～9.5	C
腐蚀率/[mg/(d·dm^2)]	温度处理前	Q235A 钢片≤15.0 3A21 铝片≤15.0	B

[a] 对供应商声明不受抗冻结、融化影响的 A 类泡沫灭火剂，应进行此项检验。

5.2.2 A 类泡沫灭火剂泡沫溶液的性能应符合表 2 的要求。

表 2 A 类泡沫灭火剂泡沫溶液的性能要求

项目	样品状态	要求	不合格类型
表面张力/(mN/m)	温度处理前	在混合比为 1.0%的条件下，表面张力≤30.0	C
润湿性[a]	温度处理前	在混合比为 1.0%的条件下，润湿时间≤20.0 s	A
25%析液时间	温度处理前、后	在混合比为 H_A、发泡倍数与特征值 F_A 偏差不大于 20%的条件下，25%析液时间与特征值 t_A 偏差不应大于 30%	B
隔热防护性能	温度处理前或后	在混合比为 H_G 的条件下，25%析液时间≥20.0 min，且发泡倍数≥30.0 倍	A
灭 A 类火性能	温度处理前或后	在混合比为 H_A、发泡倍数与特征值 F_A 偏差不大于 20%的条件下，灭火时间≤90.0 s，且抗复燃时间≥10.0 min	A

[a] 应测量混合比为 0.3%和 0.6%时的润湿时间，并在产品标志上注明，但不作为产品合格与否的判据。

5.2.3　MJABP 型 A 类泡沫灭火剂的性能，除应符合表 1 和表 2 要求外，还应符合表 3 的要求。

表 3　MJABP 型 A 类泡沫灭火剂的附加性能要求

项目	样品状态	要求	不合格类型
25％析液时间	温度处理前、后	在混合比为 H_B、发泡倍数与特征值 F_B 偏差不大于 20％的条件下，25％析液时间与特征值 t_B 偏差不应大于 30％	B
灭非水溶性液体火性能	温度处理前或后	在混合比为 H_B、发泡倍数与特征值 F_B 偏差不大于 20％的条件下，灭火性能级别≥ⅢD(表 4)	A

5.2.4　MJABP 型 A 类泡沫灭火剂灭非水溶性液体火的灭火性能级别划分见表 4。

表 4　MJABP 型 A 类泡沫灭火剂灭非水溶性液体火的灭火性能级别划分

<table>
<tr><th rowspan="2">灭火性能级别</th><th colspan="2">缓施放</th><th colspan="2">强施放</th></tr>
<tr><th>灭火时间
min</th><th>25％抗烧时间
min</th><th>灭火时间
min</th><th>25％抗烧时间
min</th></tr>
<tr><td>ⅠA</td><td>无要求</td><td>无要求</td><td>≤3</td><td>≥10</td></tr>
<tr><td>ⅠB</td><td>≤5</td><td>≥15</td><td>≤3</td><td rowspan="3">无要求</td></tr>
<tr><td>ⅠC</td><td>≤5</td><td>≥10</td><td>≤3</td></tr>
<tr><td>ⅠD</td><td>≤5</td><td>≥5</td><td>≤3</td></tr>
<tr><td>ⅡA</td><td>无要求</td><td>无要求</td><td>≤4</td><td>≥10</td></tr>
<tr><td>ⅡB</td><td>≤5</td><td>B</td><td>≤4</td><td rowspan="3">无要求</td></tr>
<tr><td>ⅡC</td><td>≤5</td><td>C</td><td>≤4</td></tr>
<tr><td>ⅡD</td><td>≤5</td><td>D</td><td>≤4</td></tr>
<tr><td>ⅢB</td><td>≤5</td><td>≥15</td><td colspan="2" rowspan="3">无要求</td></tr>
<tr><td>ⅢC</td><td>≤5</td><td>≥10</td></tr>
<tr><td>ⅢD</td><td>≤5</td><td>≥5</td></tr>
</table>

5.2.5　按表 5 规定的判定条件，当 A 类泡沫灭火剂出现表 5 所列情况之一时，即判定为温度敏感性泡沫液。

表 5　A 类泡沫灭火剂温度敏感性判定条件

项目	判定条件
pH 值	温度处理前、后泡沫液的 pH 值偏差(绝对值)大于 0.5
25％析液时间	在混合比为 H_A、发泡倍数与特征值 F_A 偏差不大于 20％的条件下，温度处理后的 25％析液时间低于温度处理前的 0.7 倍或高于温度处理前的 1.3 倍

6 试验方法

6.1 取样和温度处理

6.1.1 取样

从A类泡沫灭火剂的产品包装容器中取样时，应搅拌均匀，以确保样品具有代表性。

用于按6.1.2进行温度处理的样品数量不应少于5 kg，样品应充满储存容器并密封。

6.1.2 温度处理

温度处理方法如下：

a) 如果供应商声明其产品不受冻结融化影响，则样品应先按6.3的规定进行四个冻结、融化循环，然后再按b)进行处理；

b) 将密封于容器中的样品放置在60 ℃±2 ℃的环境中7 d，然后在20 ℃±5 ℃的环境中放置1 d；

c) 如果供应商声明其产品受冻结融化影响，则样品只按b)进行温度处理。

6.2 凝固点

6.2.1 试验设备

凝固点试验设备如下：

——磨口凝点测定管；

——半导体凝点测定器：控温精度±1 ℃；

——凝固点用温度计：分度值1 ℃。

6.2.2 试验步骤

凝固点测试步骤如下：

a) 启动半导体凝点测定器，使冷阱的温度稳定在－25 ℃～－30 ℃。把凝点测定管的外管装入冷阱中。外管浸入冷阱的深度不应少于100 mm；

b) 在干燥、洁净的凝点测定管的内管中注入待测泡沫液样品，管内液面高度约为50 mm；

c) 用软木塞或胶塞把凝固点用温度计固定在内管中央，温度计的毛细管下端应浸入液面3 mm～5 mm；

d) 把凝点测定管内管装入外管中；

e) 当内管中样品的温度降至0 ℃时开始观察样品的流动情况，以后每降低1 ℃观察一次。每次观察的方法是把内管从外管中取出并立即将其倾斜，如样品尚有流动则立即放回外管中(每次操作时间不应超过3 s)，继续降温做下一次观察。当样品温度降至某一温度，取出内管，观察到样品不流动时，立即使内管处于水平方向，如样品在5 s内仍无任何流动，则记录温度。此温度即为样品的凝固点；

f) 每个样品做两次试验，两次试验结果的差值不应超过1 ℃，取较高的值作为试验结果。如两次试验结果的差值超过1 ℃，则应进行第三次试验。

6.3 抗冻结、融化性

6.3.1 试验设备

抗冻结、融化性试验用冷冻室，应能达到6.3.2 b)的温度要求。

6.3.2 试验步骤

抗冻结、融化性测试步骤如下：

a) 将冷冻室温度调到低于样品凝固点 10 ℃±1 ℃(见 6.2)；

b) 将温度处理前的样品装入塑料或玻璃容器，密封放入冷冻室，在 a)规定的温度下保持 24 h，冷冻结束后，取出样品，在 20 ℃±5 ℃的室温下放置 24 h～96 h。再重复三次，进行四个冻结融化周期处理；

c) 观察样品有无分层和非均相现象。

6.4 比流动性

按 GB 15308—2006 中 5.4 规定进行。

6.5 pH 值

按 GB 15308—2006 中 5.5 规定进行。

6.6 腐蚀率

按 GB 15308—2006 中 5.7 规定进行。

6.7 表面张力

按 GB 15308—2006 中 5.6 规定进行。

6.8 润湿性

6.8.1 试验设备、材料

润湿测试所需主要设备、材料如下：

——烧杯：容量 1 000 mL；

——温度计：分度值 1 ℃；

——秒表：分度值 0.1 s；

——量筒：分度值 10 mL；

——浸没夹：由直径约 2 mm 的不锈钢丝制成，符合 GB/T 11983—2008 规定，尺寸见图 1；

——棉布圆片：直径 30 mm，符合 GB/T 2909—1994 规定的 202 号帆布，且应为未经退浆、煮练和漂白处理的原胚布。为了不使棉布表面沾污脂肪和汗渍而影响测量，应避免用手指触摸棉布。

6.8.2 试验温度条件

润湿性测试的温度条件如下：

——环境温度：15 ℃～25 ℃；

——泡沫溶液温度：18 ℃～22 ℃。

6.8.3 试验步骤

润湿性测试步骤如下：

a) 在温度 15 ℃～25 ℃、相对湿度(65±2)%的条件下调理棉布圆片不小于 24 h；

示例：可在玻璃干燥器隔板下盛放亚硝酸钠饱和溶液作为恒湿器，制备好的棉布圆片置于恒湿器中，于室温下平衡 24 h 后使用。

b) 试验前将烧杯用铬酸洗液浸泡过夜，再用符合 GB/T 6682—2008 要求的三级水冲洗至中性；

c) 将温度处理前、后的样品按混合比分别为 0.3%、0.6%和 1.0%的要求，用三级水配制泡沫溶液 1 000 mL，控制泡沫溶液的温度在 18 ℃～22 ℃范围内；

d) 用量筒取 800 mL 待测泡沫溶液转移至 1 000 mL 烧杯中，并用滤纸除去烧杯内液面的泡沫。在试验过程中应保持溶液温度在 18 ℃～22 ℃范围内，试验应在泡沫溶液配制 15 min 后至 2 h 内进行；

e) 试验前用无水乙醇清洗浸没夹，使其保持干净。试验时，首先用少量待测泡沫溶液冲洗浸没夹。调节浸没夹柄上平面三叉臂滑动支架的位置，使夹持的棉布圆片中心距液面约 40 mm。浸没夹应仅张开约 6 mm，以使棉布圆片保持近于垂直；

f) 用浸没夹夹住棉布圆片，浸入待测泡沫溶液，当布片下端一接触溶液，立即启动秒表，将同平面三叉臂放在烧杯口上，并使浸没夹张开；

g) 当布片开始自动下沉时，停止秒表。操作图解如图 2 所示；

h) 使用同一泡沫溶液连续重复测量，共 10 次，每次测量后弃去用过的棉布圆片，取 10 次测量值的算术平均值作为所测泡沫溶液的润湿时间测量结果。

单位为毫米

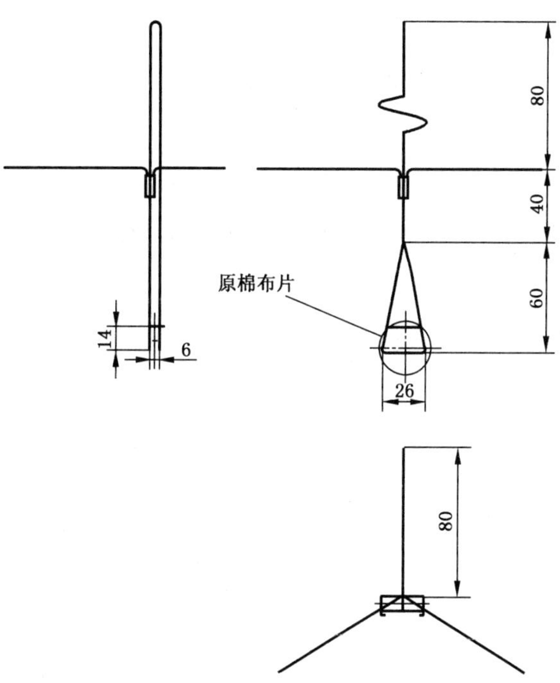

图 1　浸没夹

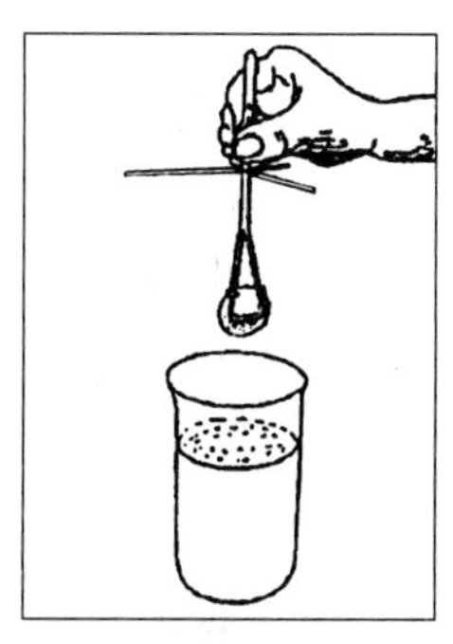
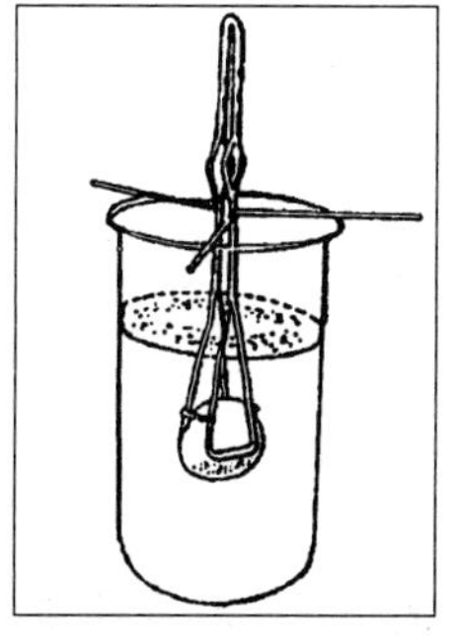

图 2　操作图解

6.9 发泡倍数和25%析液时间

6.9.1 试验设备

发泡倍数和25%析液时间测试的主要设备如下：

——标准压缩空气泡沫系统：见图3，其中气液混合室的构造见图4；

——泡沫收集器：见图5，泡沫收集器表面可采用不锈钢、铝、黄铜或塑料材料制作；

——析液测定器1：见图6，采用不锈钢、铝或镀锌铁板制作，用水标定泡沫接收罐的容积，精确至50 mL，用于测定发泡倍数特征值大于20倍泡沫溶液的25%析液时间和发泡倍数；

——析液测定器2：见图7，采用塑料或黄铜制作，用水标定泡沫接收罐的容积，精确至1 mL，用于测定发泡倍数特征值不大于20倍泡沫溶液的25%析液时间和发泡倍数；

——温度计：分度值1 ℃；

——量筒：分度值10 mL；

——天平1：精度±5 g，量程不低于20 kg，用于测定发泡倍数特征值大于20倍泡沫溶液的泡沫性能试验；

——天平2：精度±0.5 g，量程不低于2 kg，用于测定发泡倍数特征值不大于20倍泡沫溶液的泡沫性能试验；

——秒表：分度值0.1 s；

——泡沫出口：见图3，长度20 cm，可采用公称直径为DN 15和DN 20的管材制作。根据调整发泡倍数的需要可分别选择DN 15和DN 20两种规格的泡沫出口。

单位为毫米

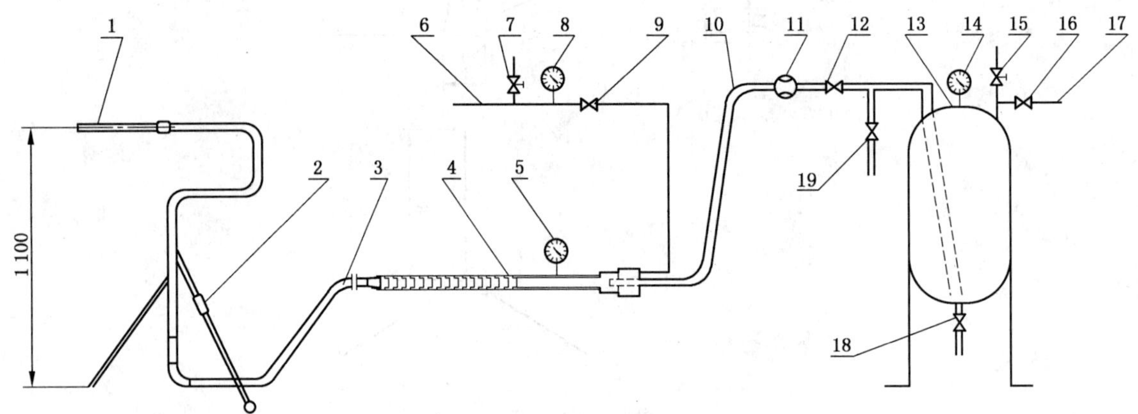

说明：

1——泡沫出口；

2——可调支架；

3——泡沫输送管；

4——气液混合室；

5、8、14——压力表(0 MPa～1.6 MPa)；

6——进气管；

7、15——针形阀；

9、12、16、18、19——球形阀；

10——泡沫溶液输送管；

11——液体流量计；

13——耐压储罐；

17——进气管。

图3 标准压缩空气泡沫系统安装示意图

单位为毫米

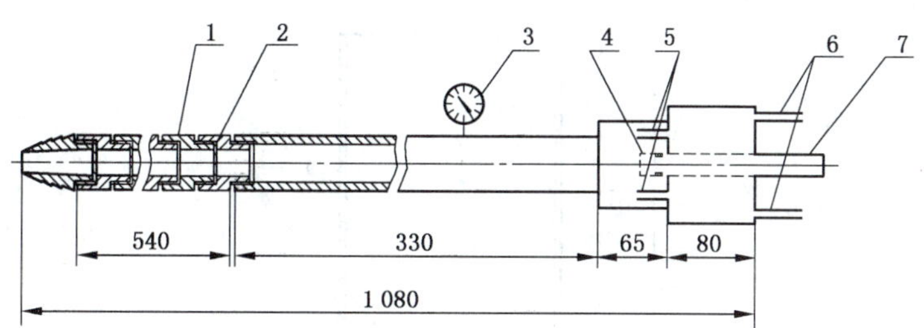

说明：

1——筛网紧固件(共 16 个)；

2——筛网(孔径为 0.425 mm，符合 GB/T 6003.1—1997 要求)；

3——压力表(0 MPa～1.6 MPa)；

4——泡沫溶液喷嘴；

5——气体喷管(共 6 个)；

6——进气管；

7——泡沫溶液输送管。

图 4 气液混合室安装示意图

单位为毫米

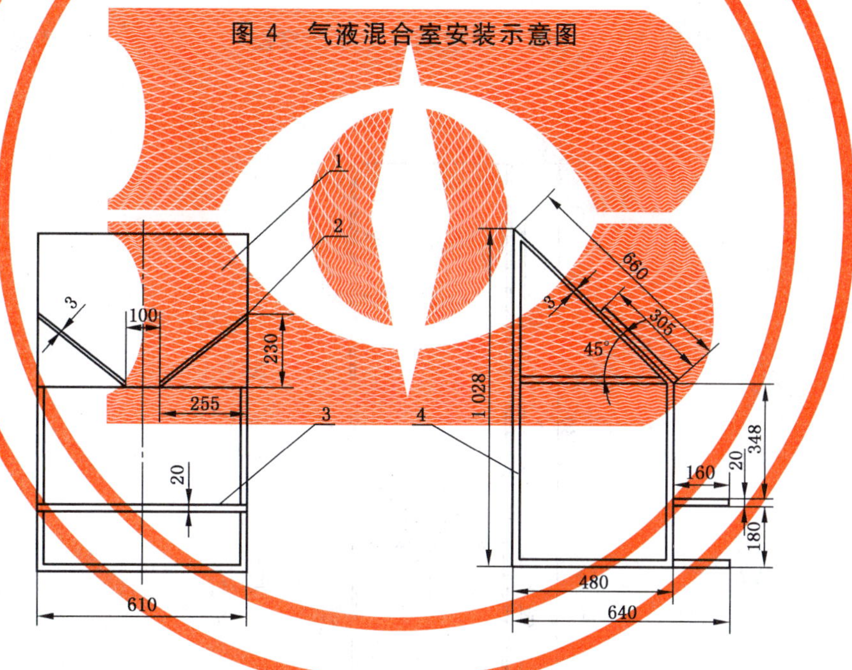

说明：

1——泡沫收集器；

2——泡沫挡板；

3——析液测定器支架；

4——支架。

图 5 泡沫收集器示意图

单位为毫米

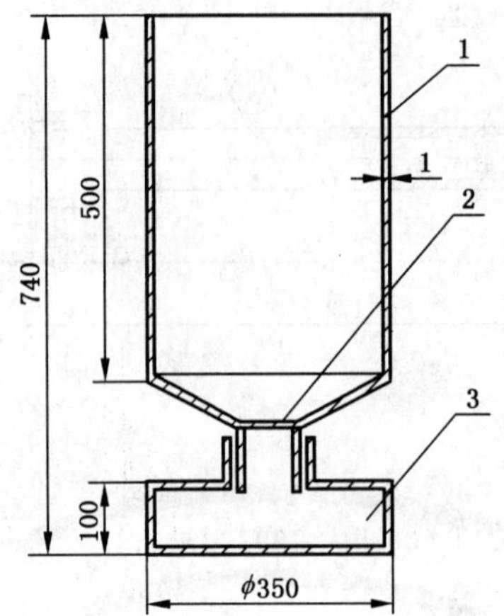

说明：

1——泡沫接收罐；

2——滤网(孔径为0.125 mm,符合GB/T 6003.1—1997)；

3——析液接收罐。

图6 析液测定器1示意图

单位为毫米

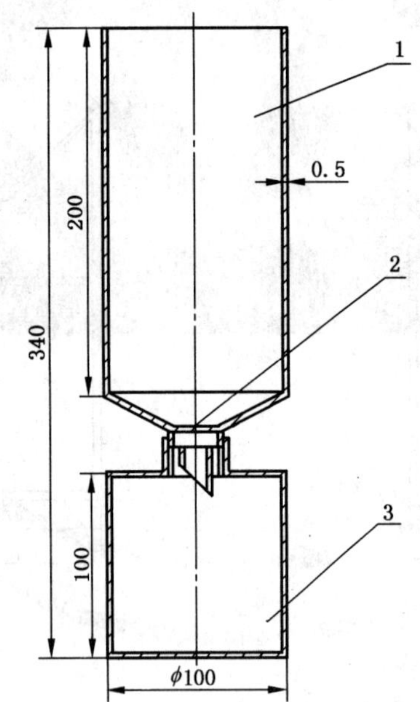

说明：

1——泡沫接收罐；

2——滤网(孔径为0.125 mm,符合GB/T 6003.1—1997)；

3——析液接收罐。

图7 析液测定器2示意图

6.9.2 试验温度条件

发泡倍数和25%析液时间测试的温度条件如下：

——环境温度：15 ℃～25 ℃；

——泡沫温度：15 ℃～20 ℃。

6.9.3 试验步骤

6.9.3.1 发泡倍数

发泡倍数测试步骤如下：

a) 将温度处理前、后的样品分别用淡水(若泡沫液适用于海水，则用符合 6.11.4 规定的人工海水配制)按相应混合比特征值配制泡沫溶液，控制泡沫溶液的温度，使产生的泡沫温度在 15 ℃～20 ℃范围内；

b) 按照附录 B 的规定，启动压缩空气泡沫系统，调节进气管压力和耐压储罐压力，确保泡沫溶液出口流量达到(11.4±0.4)L/min；

c) 用水润湿泡沫析液测定器接收罐的内壁、擦净，再将析液测定器称重(m_1)，析液测定器 1 使用天平 1 称重，析液测定器 2 使用天平 2 称重；

d) 按以下规定收集泡沫：

   1) 若待测 A 类泡沫灭火剂的泡沫溶液发泡倍数特征值大于 20，则在喷射泡沫并达到稳定后，直接将泡沫出口对准析液测定器 1 的上口，接收泡沫；

   2) 若待测 A 类泡沫灭火剂的泡沫溶液发泡倍数特征值不大于 20，则在喷射泡沫并达到稳定后，将泡沫出口水平放置在泡沫收集器前，使泡沫出口前端至泡沫收集器顶端距离为(2.5±0.3)m，喷射泡沫并调节泡沫出口高度，使泡沫打在泡沫收集器的中心位置，喷射达到稳定后，用析液测定器 2 接收泡沫。

e) 刮平并擦去析液测定器外溢泡沫，称重(m_2)；

f) 按公式(1)计算：

$$F = \rho V / (m_2 - m_1) \quad \cdots\cdots (1)$$

式中：

F ——发泡倍数；

ρ ——泡沫溶液的密度，单位为克每毫升(g/mL)，取 ρ=1.0 g/mL；

V ——泡沫接收罐的容积，单位为毫升(mL)；

m_1——析液测定器的质量，单位为克(g)；

m_2——析液测定器充满泡沫后的质量，单位为克(g)。

g) 当按混合比特征值 H_A 或 H_B 所测定的发泡倍数 F 与对应发泡倍数特征值 F_A 或 F_B 的偏差不大于 20%时，则固定此试验条件，继续按 6.9.3.2 的规定测定 25%析液时间；当按混合比特征值 H_A 或 H_B 所测定的发泡倍数 F 与对应发泡倍数特征值 F_A 或 F_B 的偏差大于 20%时，则调整标准压缩空气泡沫系统，直至该偏差不大于 20%，固定此试验条件，继续按 6.9.3.2 的规定测定 25%析液时间。

6.9.3.2 25%析液时间

25%析液时间测试步骤如下：

a) 按照 6.9.3.1g)固定的试验条件，重复 6.9.3.1b)～d)步骤，在收集泡沫[见 6.9.3.1d)试验]的同时，启动用于记录 25%析液时间的秒表；

b) 刮平并擦去析液测定器外溢泡沫，称重(m_2)，按公式(2)计算：

$$m_3 = (m_2 - m_1)/4 \quad \cdots\cdots(2)$$

式中：

m_3——25%析液的质量，单位为克(g)。

c) 取下析液测定器的析液接收罐，放在天平上，同时将泡沫接收罐放在支架上，注意保持析液中不含泡沫，当析出液体的质量为 m_3 时卡停秒表，记录25%析液时间。

6.10 隔热防护性能

6.10.1 试验条件

隔热防护性能试验是测试A类泡沫灭火剂在混合比为特征值 H_G 的条件下的发泡倍数和25%析液时间，试验设备见6.9.1，试验温度条件见6.9.2。

6.10.2 试验步骤

按照6.9.3.1a)～f)步骤测试发泡倍数。按照6.9.3.2b)～c)步骤测试25%析液时间。

注：测试时，注意调整标准压缩空气泡沫系统状态，使被检验A类泡沫液达到尽可能高的发泡倍数。

6.11 灭火性能

6.11.1 总则

对于温度敏感性泡沫液，应使用按6.1.2温度处理后的样品进行灭火性能试验。

对于非温度敏感性泡沫液，宜使用按6.1.2温度处理后的样品进行灭火性能试验。

6.11.2 试验序列

6.11.2.1 不适用于海水的泡沫液

使用淡水配制泡沫溶液，进行三次灭火试验，其中两次灭火成功即为灭火性能合格。如果前两次试验全部成功或失败，可免做第三次试验。

6.11.2.2 适用于海水的泡沫液

按下述试验序列进行灭火试验：

a) 首先进行两次灭火试验，第一次试验用淡水配制泡沫溶液，第二次试验用符合6.11.4规定的人工海水配制泡沫溶液，如果两次试验全部成功或失败，则终止试验，对应判定泡沫液灭火性能合格或不合格。如果只有一次试验成功，则按下述b)或c)的步骤继续试验；

b) 如果使用淡水配制泡沫溶液的灭火试验失败，则重复该试验；若第一次重复试验成功，则进行第二次重复试验；泡沫液灭火性能合格的判定条件是两次重复灭火试验都成功；

c) 如果使用海水配制泡沫溶液的灭火试验失败，则重复该试验；若第一次重复试验成功，则进行第二次重复试验；泡沫液灭火性能合格的判定条件是两次重复灭火试验都成功。

6.11.3 试验条件

进行灭火性能试验的试验条件如下：

——试验环境：灭A类火试验应在室内进行；灭非水溶性液体燃料火可在室内或室外(接近油盘处的风速不大于3 m/s)进行；

——环境温度：10 ℃～30 ℃；

——泡沫温度：15 ℃～20 ℃；

——燃料温度：10 ℃～30 ℃。

6.11.4 泡沫溶液的配制

进行灭火试验时，按供应商提供的混合比特征值，使用淡水配制泡沫溶液。若泡沫液适用于海水，还应用人工海水配制泡沫溶液。配制浓度与淡水相同。人工海水由下列组分构成（配制人工海水用的化学试剂均为化学纯）：

在 1 L 淡水中加入：25.0 g 氯化钠（NaCl）；

11.0 g 氯化镁（$MgCl_2 \cdot 6H_2O$）；

1.6 g 氯化钙（$CaCl_2 \cdot 2H_2O$）；

4.0 g 硫酸钠（Na_2SO_4）。

6.11.5 记录

试验过程中记录下列参数：

a) 试验环境（室内或室外）；

b) 试验环境温度；

c) 泡沫温度；

d) 试验环境风速；

e) 灭火时间；

f) 灭 A 类火时的抗复燃时间；

g) 灭非水溶性液体燃料火时的 25% 抗烧时间；

h) 试验压力参数。

6.11.6 灭 A 类火试验

6.11.6.1 试验设备、材料

灭 A 类火试验所需主要设备、材料如下：

——泡沫产生系统：同 6.9.1 中标准压缩空气泡沫系统；

——木垛：规格为 2 A，符合 GB 4351.1—2005 中 7.2.1 的规定；

——引燃盘：规格为 535 mm×535 mm×100 mm，符合 GB 4351.1—2005 中 7.2.1 的规定。

6.11.6.2 试验步骤

灭 A 类火试验按下述步骤进行：

a) 试验中将标准压缩空气泡沫系统中的泡沫出口和可调支架卸下，直接使用泡沫输送管喷射泡沫。按照附录 B 的规定，首先启动压缩空气泡沫系统，调节进气管压力和耐压储罐压力，确保泡沫溶液出口流量达到（11.4±0.4）L/min，并按 6.9.3.1g）确定的试验条件调整相应发泡倍数，使其与特征值 F_A 的偏差不大于 20%，同时应视泡沫喷射距离而相应调整泡沫出口管径，确保泡沫喷射距离不小于 3 m；

b) 在引燃盘内先倒入深度为 30 mm 的清水，再加入 2 L 符合 SH 0004 要求的橡胶工业用溶剂油。将引燃盘放入木垛的正下方；

c) 点燃橡胶工业用溶剂油，引燃 2 min，然后将油盘从木垛下抽出。同时启动压缩空气泡沫系统，按 a）中相关压力参数调节进气管压力和耐压储罐压力，并确保泡沫溶液出口流量达到（11.4±0.4）L/min。同时让木垛继续自由燃烧。当木垛燃烧至其质量减少到原来量的

53%～57%时，则预燃结束；

d) 预燃结束后即开始灭火。灭火应从木垛正面，距木垛不小于1.8 m处开始喷射。然后接近木垛(操作者和灭火设备的任何部位不应触及木垛)，并向木垛正面、顶部、底部和两个侧面等喷射，但不能在木垛的背面喷射。灭火时应保证流量为(11.4±0.4)L/min。可见火焰全部熄灭后，停止施加泡沫，记录灭火时间；

e) 灭火时间不大于90 s，且停止施加泡沫10 min内没有可见的火焰(但10 min内出现不持续的火焰可不计)，即为灭A类火成功。如灭火试验中木垛倒坍，则此次试验为无效，应重新进行。

6.11.7 灭非水溶性液体燃料火试验

6.11.7.1 缓施放灭火试验

6.11.7.1.1 设备、材料

缓施放灭火试验所需主要设备、材料如下：

——钢质油盘：油盘面积为4.52 m^2，内径(2 400±25)mm，深度(200±15)mm，壁厚2.5 mm；

——钢质挡板：长(1 000±50)mm，高(1 000±50)mm；

——泡沫产生系统：同6.9.1中标准压缩空气泡沫系统；

——钢质抗烧罐：内径(300±5)mm，深度(250±5)mm，壁厚2.5 mm；

——风速仪：精度0.1 m/s；

——秒表：分度值0.1 s；

——燃料：橡胶工业用溶剂油，符合SH 0004的要求。

6.11.7.1.2 试验步骤

缓施放灭火试验按下述试验步骤进行：

a) 按附录B的规定，启动压缩空气泡沫系统，调节进气管压力和耐压储罐压力，确保泡沫溶液出口流量达到(11.4±0.4)L/min，并按6.9.3.1g)确定的试验条件调整相应发泡倍数，使其与特征值 F_B 的偏差不大于20%；

b) 将油盘放在地面上并保持水平，使油盘在泡沫出口的下风向，加入90 L淡水将盘底全部覆盖。泡沫出口放置并高出燃料面(1±0.05)m，使泡沫射流的中心打到挡板中心轴线上并高出燃料面(0.5±0.1)m；

c) 加入(144±5)L燃料使自由盘壁高度为150 mm，在5 min内点燃油盘，同时启动压缩空气泡沫系统。预燃(60±5)s后，开始供泡，供泡(300±2)s后停止供泡。如果火被完全扑灭，则记录灭火时间；如果火焰仍未被扑灭，等待观察残焰是否全部熄灭并记录灭火时间。停止供泡后，等待(300±10)s，将装有(2±0.1)L燃料的抗烧罐放在油盘中央并点燃。记录25%抗烧时间。

6.11.7.2 强施放灭火试验

6.11.7.2.1 设备、材料

除油盘不带钢质挡板外，其他同6.11.7.1.1。

6.11.7.2.2 试验步骤

强施放灭火试验按下述步骤进行：

a) 按附录 B 的规定，启动压缩空气泡沫系统，调节进气管压力和耐压储罐压力，确保泡沫溶液出口流量达到(11.4±0.4)L/min，并按 6.9.3.1g)确定的试验条件调整相应发泡倍数，使其与特征值 F_B 的偏差不大于 20%；
b) 按照 6.11.7.1.2 方式将油盘放在泡沫出口的下风向，泡沫出口的位置应使泡沫的中心射流落在距远端盘壁(1±0.1)m 处的燃料表面上；
c) 加入(144±5)L 燃料使自由盘壁高度为 150 mm，在 5 min 内点燃油盘。同时启动压缩空气泡沫系统。预燃(60±5)s 后开始供泡，供泡(180±2)s 后停止供泡；如果火被完全扑灭，则记录灭火时间；如果火焰仍未被扑灭，等待观察残焰是否全部熄灭并记录灭火时间。停止供泡后，等待(300±10)s，将装有(2±0.1)L 燃料的抗烧罐放在油盘中央并点燃。记录 25%抗烧时间。

7 检验规则

7.1 抽样

抽样应有代表性、保证样品与总体的一致性。对于桶装产品，取样之前应摇匀桶内产品；对于罐装产品，可从罐的上、中、下三个部位各取三分之一样品，混匀后做为样品。样品数量不应少于 25 kg。

7.2 出厂检验

每批产品都应进行出厂检验，出厂检验项目至少应包含如下五项：凝固点、pH 值、润湿性、发泡倍数、25%析液时间。

7.3 型式检验

本标准第 5 章中所列的相应灭火剂的全部技术指标为型式检验项目。

有下列情况之一时应进行型式检验：

a) 新产品鉴定或老产品转厂生产时；
b) 正式生产中如原材料、工艺、配方有较大的改变时；
c) 产品停产一年以上恢复生产时；
d) 正常生产两年或间歇生产累计产量达 800 t 时；
e) 出厂检验与上次型式检验有较大差异时；
f) 国家质量监督机构提出型式检验要求时。

7.4 检验结果判定

7.4.1 出厂检验结果判定

出厂检验项目全部合格，则该批产品合格。

7.4.2 型式检验结果判定

符合以下条件之一者，判该批产品合格，否则判该批产品不合格：

a) 各项指标均符合本标准第 5 章相应灭火剂的要求；
b) 只有一项 B 类不合格，其他项目均符合本标准第 5 章相应灭火剂的要求；
c) C 类不合格项目不超过两项，其他项目均符合本标准第 5 章相应灭火剂的要求。

8 标志、包装、运输和储存

8.1 标志

A 类泡沫灭火剂包装容器上应清晰、牢固的注明：

a） 名称、类型；

b） 灭 A 类火使用条件(混合比与发泡倍数的特征值 H_A、F_A)；

c） 隔热防护使用条件(混合比特征值 H_G)；

d） MJABP 型 A 类泡沫灭火剂还应注明“适用于灭非水溶性液体火”、灭火性能级别及使用条件(混合比与发泡倍数的特征值 H_B、F_B)；

e） 0.3%、0.6%和 1.0%混合比条件下的润湿时间；

f） 如适用于海水，注明“适用于海水”，否则注明“不适用于海水”；

g） 如不受冻结、融化影响，应注明“不受冻结、融化影响”，否则注明“禁止冻结”；

h） 可引起的有害生理作用的可能性，以及避免方法和其发生后的援救措施；

i） 储存温度、最低使用温度和有效期；

j） A 类泡沫灭火剂的净重；

k） 生产批号或生产日期；

l） 依据标准编号；

m） 生产厂名称和地址。

8.2 包装

泡沫液应密封盛在塑料桶或内壁经防腐处理的铁桶中。

8.3 运输和储存

运输应避免磕碰，防止包装受损。

A 类泡沫灭火剂应储存在通风、阴凉处，储存温度应低于 45 ℃，高于其最低使用温度。按本标准规定的储存条件或生产厂提出的储存条件要求储存。泡沫液的储存期为 3 年，储存期内，产品的性能应符合本标准的要求。超过储存期的产品，每年应进行性能试验，以确定产品是否有效。

附 录 A
（资料性附录）
标准的解释性说明

A.1 概述

A类火灾是指固体物质火灾。A类泡沫灭火剂是主要适用于扑救A类火灾的泡沫灭火剂。符合本标准相应技术要求的A类泡沫灭火剂，不仅可以用于扑救A类火灾及建筑物的隔热防护，还可以用于扑救非水溶性液体火灾。本标准中所指A类泡沫灭火剂，使用在压缩空气泡沫系统中时，泡沫溶液由供应商根据不同的使用条件提出相应特征值。

A.2 本标准与相关国外、国内类似标准的异同

A.2.1 本标准与NFPA 1150—2004《用于A类火灾的泡沫灭火剂》的异同

NFPA 1150—2004《用于A类火灾的泡沫灭火剂》中规定的A类泡沫灭火剂虽然也是主要用于扑救A类火灾的泡沫灭火剂，但泡沫产生系统不仅可以为压缩空气泡沫系统，同时还可以为低倍数泡沫产生系统，或使用飞机喷洒泡沫溶液以形成泡沫，泡沫混合比一般为0.1%～1.0%。

符合NFPA 1150—2004《用于A类火灾的泡沫灭火剂》的A类泡沫灭火剂，可以用于扑救A类火灾，但不确定可以在压缩空气泡沫系统或低倍数泡沫产生系统中用于灭非水溶性液体火或用于建筑物的隔热防护，因为NFPA 1150—2004的技术条款中未制定对非水溶性液体燃料火的灭火性能指标及隔热防护性能指标。符合NFPA 1150—2004《用于A类火的泡沫灭火剂》的A类泡沫灭火剂，若用于建筑物的隔热防护及扑救非水溶性液体燃料火灾，应符合本标准中相应性能要求。

A.2.2 本标准与GB 15308—2006《泡沫灭火剂》的异同

本标准与GB 15308—2006《泡沫灭火剂》相同之处在于：泡沫液性能要求的判据部分一致。灭非水溶性液体火性能测试时所使用的流量均为(11.4±0.4)L/min，具有相同的泡沫供给强度，灭火性能级别的划分规定是完全一致的，因此二者对灭非水溶性液体火性能的判据是相同的。

本标准与GB 15308—2006《泡沫灭火剂》不同之处在于：根据A类泡沫灭火剂自身特点，在试验研究的基础上提出了润湿性能的要求以及灭A类火的性能要求和隔热防护性能要求；本标准对供应商申明适用于非水溶性液体火灾扑救的A类泡沫产品进行相应的检验，并提出相应的性能要求，同时根据试验结果在产品标志中注明灭火性能级别、使用条件(包括混合比与发泡倍数的特征值)。

A.3 A类泡沫灭火剂的使用

A.3.1 混合比

A类泡沫灭火剂泡沫液，由供应商根据自身产品的特性和不同的使用条件提出相应混合比特征值。该特征值应为供应商根据本标准相应试验方法进行泡沫性能试验和泡沫灭火性能试验的结果，得出的适宜参考数值，并应在产品标志中明确指出在不同使用条件下，相应的特征值。

A类泡沫灭火剂的特点之一就是混合比在一定范围内可以根据使用要求进行调整，分别适应于各种火灾工况条件的需要。以扑救A类火灾为例，A类泡沫灭火剂A与B，适宜的混合比分别为0.3%和

0.5%,可以达到相同的灭火效果。因此说,A 类泡沫灭火剂的混合比具有更大的适应性和兼容性,而不像传统低倍数泡沫灭火剂通常只限于 3%和 6%这两个混合比。

然而,在实际使用中也可能发生这种情况:更低或更高的混合比,其相应泡沫性能或灭火性能更好。因为使用本标准中压缩空气泡沫系统所产生的泡沫,其性能略低于实战用压缩空气泡沫系统产生的泡沫性能,若使用"性能相对较低"的标准压缩空气泡沫系统能达到相应技术指标的要求,则可以确保在性能更好的压缩空气泡沫系统中同样能达到相应技术指标要求。因此,建议供应商根据 A 类泡沫灭火剂使用者的压缩空气泡沫系统设备的具体情况,进行混合比试验及相应的泡沫性能试验,以使该灭火剂在该压缩空气渔沫系统中达到更高的性能指标。

同时,根据鼓励技术发展的原则,不宜对混合比做出上、下限数值规定。本标准相应技术指标条款充分考虑目前最新技术水平,并为未来技术发展提供合理框架,鼓励生产厂根据自身产品特点和条件,在确保符合本标准相应技术要求的前提下,通过技术革新以改变混合比,达到改进技术并提高性能的目的。

A.3.2 发泡倍数

A 类泡沫灭火剂的发泡倍数特征值由供应商根据自身产品的特性和不同的使用条件提出。该特征值应为供应商根据本标准相应试验方法进行泡沫性能试验和泡沫灭火性能试验的结果,确定的适宜参考数值,并应在产品标志中明确标出。同混合比特征值一样,建议供应商根据压缩空气泡沫系统设备的具体情况,进行混合比试验及相应的泡沫性能试验,以使该灭火剂在压缩空气泡沫系统中达到更高的性能指标。

A.3.3 25%析液时间与 A 类泡沫隔热防护性能

25%析液时间是衡量泡沫稳定性的一个重要指标,主要取决于 A 类泡沫灭火剂本身,25%析液时间越长,泡沫越稳定。25%析液时间是影响 A 类泡沫隔热防护性能的主要因素,这体现在 25%析液时间影响隔热防护泡沫对于被保护对象的粘附作用。进一步的,25%析液时间还影响泡沫起隔热防护作用的时间和效果。即,25%析液时间长的隔热防护泡沫,其泡沫黏附能力强,隔热防护时间长、效果好。

A.3.4 润湿性

润湿是由固-气界面转变为固-液界面的一种现象。泡沫溶液的润湿性代表泡沫溶液对固体燃烧物的浸润能力。与表面张力试验相比,润湿性试验更灵敏,可以更好的区分出不同泡沫溶液的润湿能力,如表面张力一致或者接近的产品之间润湿能力的区分。

A.3.5 稳定性

稳定性要求的目的是确保泡沫液有一个有效的储存期限。然而,由于不可能测试所有潜在的储存情况,因此仍可能出现稳定性问题。

泡沫液应贮存在密封的容器中以避免溶剂蒸发,这对泡沫液稳定性很有必要。不稳定的产品可能导致比例混合器和泡沫混合、分散装置出现故障。

泡沫溶液在使用之前不应贮存时间过长。稀释的泡沫溶液可能分解,导致其发泡能力降低。

A.4 安全与环境问题

当评估 A 类泡沫灭火剂的安全与环境问题时,需要进行多方面测试,本标准并没有包含相应的测试。处置、使用 A 类泡沫灭火剂的全体人员都应接受关于安全、健康及环境的推荐操作程序的培训,并应遵照供应商关于该产品的使用建议。一般而言,应避免与该类泡沫灭火剂长期接触。皮肤或眼睛不慎接触了泡沫液或泡沫溶液后应该立即冲洗。

附　录　B
（规范性附录）
标准压缩空气泡沫系统操作方法

B.1　概述

本附录提供了标准压缩空气泡沫系统的操作方法。当进行泡沫性能和灭火性能测试时，应使用本标准规定的标准压缩空气泡沫系统，按照本附录规定的操作方法。

B.2　试验设备与操作方法

B.2.1　仪器、设备

仪器、设备包括：

——标准压缩空气泡沫系统：安装、连接见图3；

——空气压缩机1：与图3中进气管6连接；

——空气压缩机2：与图3中进气管17连接。

B.2.2　操作步骤

B.2.2.1　按试验要求混合比，配制泡沫溶液，并将其注入耐压储罐13。将阀门7、9、12、15、18、19关闭，阀门16保持开启状态。

B.2.2.2　启动空气压缩机1和空气压缩机2，观察压力表8和压力表14的升压情况。开启阀门7，通过阀门7调整进气管压力，使压力稳定在试验要求的范围内。开启阀门15，通过阀门15调整耐压储罐压力，使压力稳定在试验要求的范围内。

B.2.2.3　开启阀门12，随即开启阀门9，此时压缩空气泡沫从泡沫输送管中喷出。调节阀门7，使进气管压力稳定在试验要求的范围内。继续调节阀门15，确保液体流量在(11.4±0.4)L/min范围内(液体实时流量通过液体流量计11显示)。待泡沫喷射稳定，并且液体流量稳定在试验要求的范围内时，即可进行泡沫性能和灭火性能测试。

B.2.2.4　性能测试完毕后，关闭空气压缩机1和空气压缩机2，并关闭阀门7、9、12、15。剩余泡沫溶液经由阀门18从耐压储罐中排出，同时将耐压储罐泄压。

B.2.2.5　全部试验完毕后，使用清水冲洗标准压缩空气泡沫系统的管路及耐压储罐两遍，操作方法同上。

ICS 13.220.10
C 84

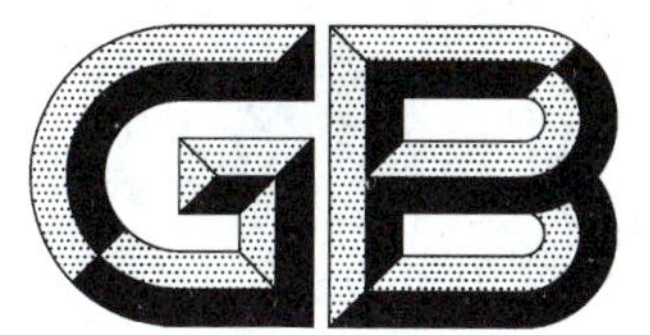

中华人民共和国国家标准

GB 27898.1—2011

固定消防给水设备 第1部分:消防气压给水设备

Fixed water supply equipment used for fire-protection—Part 1:Gas pressure fixed water supply equipment used for fire-protection

2011-12-30 发布 2012-06-01 实施

中华人民共和国国家质量监督检验检疫总局
中国国家标准化管理委员会 发布

前　言

GB 27898 的本部分的第 5 章、第 7 章和第 8 章为强制性的，其余为推荐性的。

GB 27898《固定消防给水设备》分为以下部分：

——第 1 部分：消防气压给水设备；

——第 2 部分：消防自动恒压给水设备；

——第 3 部分：消防增压稳压给水设备；

——第 4 部分：消防气体顶压给水设备；

——第 5 部分：消防双动力给水设备。

……

本部分为 GB 27898 的第 1 部分。

本部分按照 GB/T 1.1—2009 给出的规则起草。

本部分由中华人民共和国公安部提出。

本部分由全国消防标准化技术委员会固定灭火系统分技术委员会(SAC/TC 113/SC 2)归口。

本部分起草单位：公安部天津消防研究所。

本部分主要起草人：赵永顺、刘连喜、张强、罗宗军、盛彦锋、高云升、李习民、陈键明。

本部分是首次发布。

固定消防给水设备
第1部分：消防气压给水设备

1 范围

GB 27898 的本部分规定了消防气压给水设备的术语和定义、分类、要求、试验方法、检验规则、标志牌和操作指导书、包装、运输和贮存。

本部分适用于消防气压给水设备。工作原理类似的气压给水设备可参照采用。

2 规范性引用文件

下列文件对于本文件的应用是必不可少的。凡是注日期的引用文件，仅注日期的版本适用于本文件。凡是不注日期的引用文件，其最新版本（包括所有的修改单）适用于本文件。

GB 150 钢制压力容器

GB/T 528 硫化橡胶或热塑性橡胶 拉伸应力应变性能的测定

GB/T 3047.1 高度进制为 20 mm 的面板、架和柜的基本尺寸系列

GB/T 3222.2 声学 环境噪声的描述、测量与评价 第2部分：环境噪声级测定

GB/T 3797 电气控制设备

GB 4208 外壳防护等级（IP代码）

GB 5135.7 自动喷水灭火系统 第7部分：水流指示器

GB 5135.10 自动喷水灭火系统 第10部分：压力开关

GB 6245 消防泵

GB 7251.1 低压成套开关设备和控制设备 第1部分：型式试验和部分型式试验 成套设备

CJ/T 160 双止回阀倒流防止器

TSG R0004 固定式压力容器安全技术监察规程

3 术语和定义

下列术语和定义适用于本文件。

3.1

固定消防给水设备 fixed water supply equipment used for fire-protection

固定安装于建筑物内，根据水灭火系统需要配置组成部件，按预设定工作方式供给消防用水的成套装置的总称。

3.2

消防气压给水设备 gas pressure fixed water supply equipment used for fire-protection

以气压水罐为核心部件，向消防管网按设定压力持续供水的固定消防给水设备。

3.3

应急型消防气压给水设备 emergency type gas pressure fixed water supply equipment without fire pump used for fire-protection

依靠气压水罐排出的有效水容积满足消防初期用水的气压给水设备，设备中不设置消防泵组。

3.4

增压型消防气压给水设备　pressurization type gas pressure fixed water supply equipment with fire pump used for fire-protection

在应急型消防气压给水设备的基础上增设消防泵组，遇消防状态可增压供水的气压给水设备。

3.5

气压水罐　water tank with pressurized gas

能贮存水和气体并可根据波义尔定律工作，利用气体压缩后膨胀特性给水的一种压力容器。

3.6

止气装置　pressurized gas shut off unit

防止气压水罐内气体外泄至给水管网，维护系统正常工作的装置。

3.7

稳压压力上限 p_4　upper limit of stabilizing pressure

固定消防给水设备维持正常稳压运行的最高压力，即停止补水时气压水罐内的压力。

3.8

稳压压力下限 p_3　lower limit of stabilizing pressure

固定消防给水设备维持正常稳压运行的最低压力，即开始补水时气压水罐内的压力。

3.9

止气/充气压力 p_1　gas supply pressure setpoint

补气式气压水罐止气装置的动作压力或胶囊式气压水罐在罐或胶囊间的充气压力。

3.10

有效水容积 V_3　effective water volume for fire protection

由气压水罐提供的，能满足系统最不利点给水压力的消防初期用水量。通常是从稳压压力下限 p_3 到止气/充气压力 p_1 由气压水罐排出的水量。

3.11

补充水容积 V_1　usable water volume for fire protection

固定消防给水设备正常运行过程中，相应于稳压压力上限 p_4 和稳压压力下限 p_3 之间气压水罐内水容积差值。即避免设备稳压泵频繁启停工作维持消防给水管网压力稳定的调节水容积。

3.12

消防泵组启动压力 p_2　startup pressure of fire pump

固定消防给水设备确认消防状态，启动消防泵组运行时的压力。

3.13

消防额定工作压力 p_x　rated working pressure used for fire-protection

固定消防给水设备满足系统消防状态用水要求的设定给水压力。

3.14

消防额定工作流量 Q_x　rated flow rate used for fire-protection

按消防额定工作压力给水时消防固定给水设备能提供的最大设计流量。

3.15

失压状态　under-pressure operating condition

消防泵组启动后，固定消防给水设备以低于50%消防额定工作压力持续给水的工作状态。

4 分类

4.1 产品分类

4.1.1 按是否设有消防泵组分为：

——应急型消防气压给水设备，特征代号 J；

——增压型消防气压给水设备，特征代号 Z。

4.1.2 按气压水罐工作形式分为：

——补气式消防气压给水设备，特征代号 B；

——胶囊式消防气压给水设备，特征代号省略。

4.2 型号编制

消防气压给水设备按以下方法编制型号。

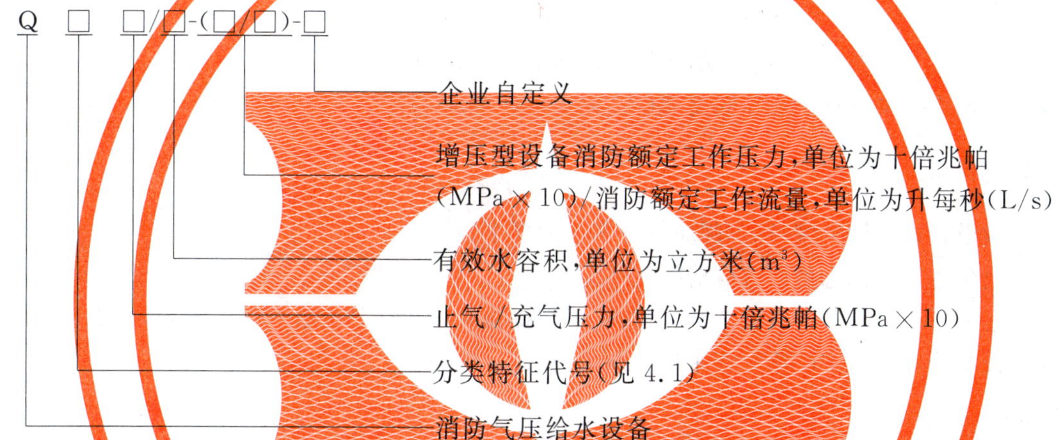

示例 1：设备型号 QJB 3/6-ABC 表示 ABC 补气式应急型消防气压给水设备，止气压力为 0.3 MPa，消防有效水容积 6 m^3。

示例 2：设备型号 QZB 2.5/18-(4/20)-DEF 表示 DEF 补气式增压型消防气压给水设备，止气压力为 0.25 MPa，消防有效水容积 18 m^3，消防额定工作压力 0.4 MPa，消防额定工作流量 20 L/s。

示例 3：设备型号 QZ 2/3-(5/10)-HIJ 表示 HIJ 胶囊式增压型消防气压给水设备，充气压力为 0.2 MPa，消防有效水容积 3 m^3，消防额定工作压力 0.5 MPa，消防额定工作流量 10 L/s。

5 要求

5.1 基本参数

5.1.1 消防气压给水设备(以下简称设备)的止气/充气压力 p_1 不应低于 0.15 MPa。

5.1.2 设备的消防额定工作流量 Q_x 不应小于 5.0 L/s。

5.1.3 设备的消防额定工作压力 p_x 不应低于 0.3 MPa。

5.1.4 设备的有效水容积 V_3 不应小于 3 m^3。推荐容积参数系列为：3 m^3、6 m^3、9 m^3、12 m^3 和 18 m^3。

5.2 设备构成和部件

5.2.1 设备构成

5.2.1.1 设备构成部件应至少包括气压水罐及附件、水泵机组、管道阀门及附件、测控仪表、操控柜等。

5.2.1.2 设备各部件应集中布置，整体应紧凑、整齐，且应方便维护和检修。

5.2.1.3 设备各部件安装应牢固，连接应可靠。

5.2.2 部件通用要求

5.2.2.1 设备的外购部件应选用符合国家标准或行业标准的通用产品，且应优先选择消防专用产品。由生产商研发生产的专用部件应通过产品技术鉴定。

5.2.2.2 应选用压力容器生产商按照 GB 150 规定生产的气压水罐。其运行安全性应符合 TSG R0004 的要求。

5.2.2.3 设备使用的气压水罐、管道阀门及附件耐压等级不应低于最高工作压力的 1.5 倍。

5.2.2.4 设备使用的压力表量程应选用合理，监视压力的仪表精度不应低于 2.5 级，控压用压力仪表精度应符合 5.13.1 的要求。压力表外壳公称直径不应小于 100 mm。

5.3 外观和标识

5.3.1 设备外观

5.3.1.1 设备各部件外表面不应有明显的磕碰伤痕、变形等缺陷。

5.3.1.2 设备涂层应完整美观。同类部件表面涂层颜色应一致。

5.3.2 设备标识

5.3.2.1 应设置设备标志牌，标志牌应符合 8.1 的要求。

5.3.2.2 设备各部件标志牌内容应清晰完整。

5.3.2.3 在设备可能危及人身安全处、需防止不当操作和误操作处应挂置警示标识，标识应清晰醒目。

5.3.2.4 设备给水管道应喷涂标识水流方向的箭头。

5.4 控制功能

5.4.1 稳压运行

5.4.1.1 补气式设备应具有给水压力控制与罐内水位控制互锁功能。

5.4.1.2 在 $p_3 \sim p_4$ 工作压力范围和气压水罐液位变化范围内，设备的设定压力与实测压力的偏差以及对于不同压力扰动测得的重复性偏差均不应大于 0.02 MPa。液位控制重复性偏差不应大于1.0 cm。

5.4.1.3 具有消防水池水位控制功能的设备，在消防稳压运行状态，遇水池水位低于设定限制时，设备应自动停止稳压泵工作并发出缺水报警信号，如遇火警不应影响消防泵组的启动运行。

5.4.1.4 稳压泵组应采用交替运行方式。投入消防运行状态后，稳压泵组应停止工作。

5.4.2 消防运行状态启动方式

5.4.2.1 设备应具备通过操控柜设置的紧急启动装置(按钮)手动操作启动消防运行状态的功能。

5.4.2.2 设备应具备手动远程操控器(按钮)紧急启动消防运行状态的功能。

5.4.2.3 具备下述条件之一时，消防泵组应自动启动：

a) 当设备出水口压力持续 10 s 低于设定的消防启动压力 p_2 时；

b) 当设备同时接收消防水流报警信号和消防低压力报警信号时；

c) 当设备接收消防水流报警信号或消防低压力报警信号之一，且同时接收外部消防自动报警信号时。

5.4.2.4 当应急型设备出口压力达到消防启动压力 p_2 时，设备应输出消防报警信号。

5.4.3 消防运行状态退出方式

5.4.3.1 采用手动方式启动消防泵组时，停机应手动操作。

5.4.3.2 采用自动方式启动消防泵组时，除设备出水口压力持续出现失压状态超过 5 min 的情况允许自动停机外，停机应手动操作。

5.4.3.3 设备应具备消防泵组手动紧急停机操控器(按钮)退出消防的方式。

5.4.4 水泵切换

5.4.4.1 在稳压工作泵发生电气故障或不能达到应有能力时，稳压备用泵应能自动和手动切换。

5.4.4.2 在消防工作泵发生电气故障或不能达到应有能力时，消防备用泵应能自动和手动切换。

5.4.5 巡检

5.4.5.1 设备应具有手动巡检和巡检提示功能，其巡检提示周期应能按需设定，但最长周期不应超过 360 h。

5.4.5.2 巡检的操作方法应简便，应在《操作指导书》中规定。

5.4.5.3 巡检时消防泵应逐台启动运行，每台泵在额定工况下运行时间不应少于 2 min。

5.4.5.4 巡检中出现故障应有声、光报警。

5.4.6 运行记录

5.4.6.1 设备操控柜内应设置运行记录装置。

5.4.6.2 记录信息内容至少应包括设备出水口压力、报警及故障发生的类别和时间、消防泵组工作状态等。

5.4.6.3 记录信息的采集间隔时间不应超过 6 h，记录装置储存容量应满足连续记录不应少于 180 d 的要求。

5.4.6.4 记录装置应设置标准的数据输出端口，其内部储存数据应能被导出显示和存放。

5.5 供水能力

5.5.1 气压水罐供水

5.5.1.1 按 6.6.1 的规定进行试验，设备的有效水容积不应小于标称值。

5.5.1.2 按 6.6.2 的要求进行试验，补充水容积不应少于 150 L，缓冲水容积不应少于 150 L。

5.5.2 泵组供水

5.5.2.1 稳压泵组应在 30 s～300 s 时间内完成补充水容积 V_1 的补给。稳压泵组达到 125％标称流量时出水口压力不应大于泵组标称工作压力的 65％。

5.5.2.2 消防泵组在消防额定工作压力 p_x 下的流量不应小于消防额定工作流量 Q_x。

5.5.2.3 消防泵组达到 150％消防额定工作流量 Q_x 时设备出水口压力不应低于消防额定工作压力 p_x 的 50％。

5.5.2.4 并联运行的消防泵组按消防额定工作压力 p_x 供水时流量不应少于单台泵组在此压力下流量之和的 90％。

5.6 连续运行

5.6.1 稳压运行稳定性

设备应按 6.7.1 规定的试验方法连续运行 24 h，设备不应产生任何故障。

5.6.2 消防泵组运行稳定性

消防泵组在消防额定工作压力 p_x 下连续运行 6 h,泵组及控制系统不应产生任何故障。

5.6.3 消防泵组连续启动

消防泵组通过操控柜面板的紧急启动按钮连续启动 6 次,泵组及控制系统不应产生任何故障。

5.7 密封性能

5.7.1 水压密封

设备工作时承受水压的部件,在 1.1 倍的设备最高工作压力的水压密封试验中持续 15 min,不应渗漏。

5.7.2 气压密封

设备工作时承受气压的部件,在 1.1 倍的设备最高工作压力的气压密封试验中持续 15 min,不应渗漏。

5.8 水压强度

设备工作时承受水压的部件在 2 倍的设备最高的工作压力的静水压强度试验中,持续 5 min,应无泄漏、无宏观变形或损坏。

5.9 运行噪声

设备稳压运行状态的最大噪声不应超过 90 dB(A)。

5.10 气压水罐

5.10.1 压力显示

5.10.1.1 气压水罐应安装压力显示和控制仪表。
5.10.1.2 补气式气压水罐取压口应设在稳压调节水位下限以下;胶囊式气压水罐取压口应设在罐顶,应测取罐内水压。
5.10.1.3 胶囊式气压水罐罐内充气压力的监测应简便,操作方法应在《操作指导书》中规定。

5.10.2 液位显示

5.10.2.1 补气式气压水罐内的液位显示应清晰直观。采用液位控制器显示液位应符合 5.13.4 的要求。
5.10.2.2 卧式气压水罐液位显示范围不应小于罐体直径的 50%,立式气压水罐液位显示范围不应小于罐体总高的 50%。

5.10.3 补气装置

5.10.3.1 按 6.7.1 的规定进行试验,装置应能完成正常工作循环。装置中补气阀、自动排水阀、自动排气阀、平衡阀及其他活动部件的动作应灵敏、可靠,各部件不应损坏。
5.10.3.2 采用空气压缩机补气的设备,选用的空气压缩机的最高工作压力不应超过气压水罐最高工作压力的 1.25 倍。

5.10.4 止气装置

5.10.4.1 止气装置的动作应准确可靠，止气装置动作后设备出水口不应有气体泄漏。

5.10.4.2 按6.11.5的规定进行试验，气压水罐内压力降不应大于稳压压力上限 p_4 的2%。

5.10.5 胶囊

5.10.5.1 胶囊材料理化性能应符合GB/T 528的要求。

5.10.5.2 胶囊按6.11.6的规定进行水压强度试验，不应破裂。

5.10.6 出水口

气压水罐出水口直径按最大消防给水流量计算确定，且其公称直径不应小于100 mm。

5.11 水泵机组

5.11.1 稳压泵组

5.11.1.1 稳压泵的材料应符合GB 6245的要求。

5.11.1.2 稳压泵组应设有备用泵组，备用泵与工作泵标称工作能力应相同。

5.11.1.3 稳压泵单台泵组的标称流量不应大于5 L/s，标称出口压力不应低于 $(p_4+p_3)/2$，且不应高于 p_4。

5.11.2 消防泵组

5.11.2.1 消防泵组性能应符合GB 6245的要求。

5.11.2.2 消防泵组配置比例不应超过二用一备，备用泵与工作泵标称工作能力应相同。

5.11.2.3 消防泵单台泵组的标称流量不应小于10 L/s，标称出口压力不应低于消防额定工作压力 p_x。

5.12 管道阀门及附件

5.12.1 泵组进水管道

5.12.1.1 设备应设置双路环形进水管道，两条进水管道进水端应安装闸阀，进水管道通径应达到单向管道满足全部共用进水管道泵组取水。

5.12.1.2 泵组进水口或进水管道处应安装真空压力表。

5.12.1.3 进水管道安装过滤装置的设备，过滤装置不应影响泵组取水。

5.12.2 泵组出水管道

5.12.2.1 泵组出水口安装的管道阀门公称通径应大于泵出口直径。

5.12.2.2 泵组出水口安装的阀门及管道附件组合，在泵组标称流量下其最大压力损失不应大于泵组标称压力的5%。

5.12.2.3 泵组出水口处应具有确保末端空管安全启动的措施。

5.12.2.4 泵组出水口管道应安装压力表，压力表量程不应低于泵组最高工作压力与最大允许进口压力之和的2倍。

5.12.3 气压水罐出水管道

5.12.3.1 气压水罐出水口应安装检修阀门。

5.12.3.2 气压水罐出水口处应设防止消防用水倒流进罐的措施。

5.12.4 设备出水管道

5.12.4.1 设备应设置双出水口,设备出水口处应设置检修阀门,管道的公称通径不应小于气压水罐或水泵机组出水口径中最大者。

5.12.4.2 设备出水主干管道应设置消防压力控制仪表取压口。

5.12.5 巡检管道

5.12.5.1 设备应至少设置一条巡检管道。

5.12.5.2 巡检管道口径不应小于消防泵组出水口直径。

5.12.5.3 巡检管道应设置手动调压阀门。

5.12.6 安全泄压阀

5.12.6.1 设备的出水主干管道上应设置安全泄压阀,其开启压力不应大于设备最高工作压力的110%,其回座压力不应低于设备最高工作压力的85%。

5.12.6.2 安全泄压阀有效过流面积应满足泄压要求,且公称口径不应小于50 mm。

5.12.7 倒流防止器

5.12.7.1 从市政管网取水的设备,进水口端应安装倒流防止器。

5.12.7.2 倒流防止器应能在线检查和维护。检查周期和维护方法应在《操作指导书》中规定。

5.12.7.3 倒流防止器的性能应符合CJ/T 160的要求。

5.13 控制仪表

5.13.1 压力控制仪表

5.13.1.1 压力传感器精度不应低于1.5级,量程上限不应小于设备最高工作压力的1.5倍。

5.13.1.2 远传压力表精度不应低于1.6级,量程上限不应小于设备最高工作压力的1.5倍,其最小示值应能满足控压要求。

5.13.1.3 电接点压力表精度不应低于1.6级,量程上限不应小于设备最高工作压力的1.5倍,控压区间至少应为3倍最小示值。

5.13.1.4 电接点压力表在控压过程中,指针不应出现停滞和跳动。

5.13.2 压力开关

压力开关性能应符合GB 5135.10的要求。

5.13.3 水流指示器

水流指示器性能应符合GB 5135.7的要求。

5.13.4 液位控制仪表

5.13.4.1 液位控制仪表测量范围应满足控制要求,最小示值不应大于10 mm。

5.13.4.2 气压水罐配置的液位控制仪表公称压力不应低于气压水罐最高工作压力。

5.14 操控装置

5.14.1 操控柜

5.14.1.1 柜体应为框架结构,外形尺寸应符合GB/T 3047.1的要求。

5.14.1.2 柜体防护等级不应低于 GB 4208 中的 IP31。

5.14.1.3 柜体表面应平整,涂层应美观、颜色应均匀一致、不应有起泡、裂纹和流痕等现象。

5.14.1.4 柜门内侧应设置随机技术文件存放处,柜体内部应设置照明设施。

5.14.1.5 柜门开启角度不应小于 150°,且开启灵活。

5.14.1.6 操控面板的显示应满足控制功能的需要,且设置应简洁,各项指示应清晰醒目。控制面板上的按钮、开关及仪表应便于观察或操作且应有功能标识。紧急操作按钮应独立分区设置且应有误操作防护设施。

5.14.1.7 控制面板上设有人-机界面的设备,其界面应汉化、清晰、易于操作。

5.14.1.8 火警和运行故障应设置声、光报警设施。火警和故障的报警声音应有明显区别。按 6.10 的规定进行试验,火警报警声不应低于 90 dB(A)。

5.14.1.9 机械操纵机构操作应轻便可靠,操纵手柄应设状态标识指示。

5.14.2 布线

5.14.2.1 所有接线点的连接线应牢固。连接在门上电器元件的导线,门的开启关闭动作不应对导线产生任何机械损伤。

5.14.2.2 连接导线端部应标明回路标号,标号应清晰、牢固、完整、不脱色。

5.14.2.3 操控柜中主电路母线与绝缘导线应用颜色标记且应符合表 1 要求。

表 1 导线颜色标记

电路类型	相序	颜色标记
交流	A 相	黄色
	B 相	绿色
	C 相	红色
	零线或中性线	淡蓝色
	安全接地线	黄绿双色
直流	正极	棕色
	负极	蓝色
	接地中线	淡蓝色

5.14.3 电气间隙和爬电距离

对标明额定冲击耐受电压值的操控柜,其最小电气间隙和爬电距离应符合 GB 7251.1 的要求。

如未标明额定冲击耐受电压值的操控柜,其最小电气间隙和爬电距离应符合 GB/T 3797 的要求。

5.14.4 绝缘电阻与介电性能

操控柜绝缘电阻与介电性能应符合 GB/T 3797 的要求。

5.14.5 双路电源

操控柜应具有双路电源入口,双路电源应能自动及手动切换。

5.14.6 保护

5.14.6.1 操控柜应具有防触电保护措施。

5.14.6.2 操控柜正常运行时任一组输出端发生的短路，均不应对操控柜及其部件产生任何损坏，且不应影响其他输出端的正常工作。

5.14.6.3 稳压泵组运行电路和消防泵组巡检运行电路应设过载保护。消防泵组消防运行电路不应设有过载保护。

5.14.6.4 操控柜的金属构体上应设有安全接地端子，与接地点连接的保护导线截面积应符合表2规定，并有警告标志、线号标记。

表2 保护导线截面积

单位为平方毫米

相导线的截面积(S)	相应保护导线的最小截面积
$S\leqslant16$	S
$16<S\leqslant35$	16
$35<S\leqslant400$	$S/2$
$400<S\leqslant800$	200
$S>800$	$S/4$

5.14.6.5 控制电路应保证当电器故障或操作错误时操控柜不受损坏。

5.14.7 输入输出端子

5.14.7.1 操控柜内应集中设置输入输出端子排，端子排位置应便于接线。

5.14.7.2 输出端子至少应设置设备运行状态、水泵工作状态和故障状态的输出端子。

5.14.7.3 输入端子至少应设置火警信号输入端子。

5.14.8 消防泵组启动电路

5.14.8.1 每台消防泵组应独立设置启动电路。

5.14.8.2 全压启动电路应装有电磁式接触器，其操作电压应由主电源电路直接提供。

5.14.8.3 降压启动电路不应使用自耦变压器。

5.14.9 环境适应性能

5.14.9.1 操控柜应通过表3规定的低温试验、高温试验和恒定湿热试验，试验期间和试验后均不应产生影响正常工作的故障。

表3 环境适应性能

试验项目	试验条件	持续时间	试验状态
低温试验	+5 ℃±2 ℃	16 h	正常监视空载状态
高温试验	+55 ℃±2 ℃	16 h	
恒定湿热试验	+40 ℃±2 ℃ 相对湿度 93%±3%	48 h	

5.14.9.2 操控柜按6.15.8进行抗振动试验，试验后柜体结构及内部零部件应完好，并不应产生影响正常工作的故障。

5.14.9.3 操控柜按6.15.9进行模拟运输试验，试验后柜体不应出现明显变形，零部件不应脱落。

6 试验方法

6.1 试验基本要求

6.1.1 如果生产商对设备试验条件有特殊要求的应在《操作指导书》中给出。如果试验条件没有特殊要求的设备，则试验应在下述正常大气条件下进行：

a) 气温为+10 ℃～+35 ℃；

b) 水温为+5 ℃～+25 ℃；

c) 相对湿度为35%～75%；

d) 海拔应不超过2 000 m；

e) 对于海拔高于2 000 m处使用的设备，有必要考虑介电强度、密封性能的严酷等级。

6.1.2 试验所使用的设备测试精度应满足下列要求：

a) 压力测量仪表精度不应低于0.4级；

b) 流量测量仪表精度不应低于1%；

c) 常规长度测量器具精度不应低于1%，电气元件间隙测量器具示值偏差不应大于0.02 mm；

d) 电气环境监测仪表精度不应低于1%；

e) 温度试验设备的控温精度不应大于±2 ℃。

6.2 基本参数检查

对照生产商提供的《操作指导书》、技术图纸、工艺资料等技术文件，检查设备的基本参数设置。

6.3 结构部件检查

6.3.1 对照生产商提供的《操作指导书》、技术图纸、工艺资料等技术文件，检查设备的构成、部件等内容。

6.3.2 对照生产商提供的《操作指导书》、技术图纸、工艺资料等技术文件，检查设备部件的选用，记录部件的规格型号、主要技术参数、生产商、合格证明等内容。

6.4 外观标识检查

6.4.1 对照技术图纸、工艺资料等技术文件，检查设备的部件外表面和整体外观等内容。

6.4.2 对照生产商提供的《操作指导书》、技术图纸、工艺资料等技术文件，使用常规长度测量器具检查设备标志牌外形尺寸，记录标志牌的内容、警示标识和水流方向标识的设置情况。

6.5 控制功能试验

6.5.1 调整压力控制仪表，使设备正常运行，分别记录设备的稳压压力上限 p_4 和稳压压力下限 p_3。开启设备出水阀门放水，调整阀门开度，记录设备动作时的压力。

调整液位控制仪表，分别显示高工作液位和低工作液位，设备运行正常后，记录工作液位值。观察压力控制和液位控制互锁情况。

上述每种状态下测量数据应不少于6个，同时记录稳压泵组的运行方式。

6.5.2 使设备处于正常运行状态，关闭设备出水阀门，将水池液位探测器部分提出水面模拟水池缺水，然后将液位探测器放入水中，此过程中检查消防泵和稳压泵的启停状态及报警信号。

6.5.3 操作操控柜的紧急启动按钮和通过远程消防操控器(按钮)启动消防运行状态，观察稳压泵组和消防泵组的工作状态切换情况。

6.5.4 使设备处于正常运行状态，开启设备出水口阀门至最大，模拟低压力信号持续规定时间检查消防泵是否启动；或模拟压力报警信号、水流报警信号、外部消防报警信号，使信号相互复合，记录消防泵组的工作状态。

6.5.5 打开应急型设备出水阀门使压力低于消防启动压力 p_2，检查设备的报警信号输出情况。

6.5.6 记录采用不同方式启动消防泵组时，停机退出消防运行的方式。

6.5.7 分别模拟设备电气故障和机械故障，观察记录水泵对故障处置情况及水泵切换方式。

6.5.8 对照设计文件检查巡检周期设定功能，按设计文件规定的巡检方法操作，模拟故障报警，记录故障报警状态。

6.5.9 对照生产商提供的《操作指导书》、技术图纸、工艺资料等技术文件，采用目测方法检查设备的运行记录装置安装位置和记录内容等情况。

6.6 供水能力试验

6.6.1 启动设备使之处于稳压运行状态，当气压水罐内压力达到稳压压力下限 p_3 时，关闭设备出水阀门，切断设备供电电源。开启设备出水阀门放水，当气压水罐内压力降至止气/充气压力 p_1 时停止放水，并记录气压水罐累计给水量。

6.6.2 启动设备使之处于稳压运行状态，在气压水罐内液位稳定后，当压力为稳压压力上限 p_4 时，关闭设备出水阀门，切断供电电源，开启设备出水阀门放水，当气压水罐内压力降至稳压压力下限 p_3 时，记录调节水容积水量，继续放水至消防泵启动压力 p_2 时停止放水，记录调节水容积水量。

6.6.3 设定稳压泵组在稳压压力下限 p_3 压力启动，在稳压压力上限 p_4 压力时停止，记录工作时间。调节稳压泵组出水流量至125%标称工作流量记录此时稳压泵出口压力。

6.6.4 启动消防泵组，调节设备出水口阀门开度，使设备主干管出水口压力达到消防额定工作压力 p_x 记录设备给水流量。调节设备出水口阀门开度，使设备主干管出水流量达到150%消防额定工作流量记录设备给水压力。

6.6.5 消防泵组并联运行的设备，首先分别测出单台泵组消防额定工作压力 p_x 下的流量，然后测试泵组并联组合时在该工作压力下的给水流量，计算最大损失率。

6.7 连续运行试验

6.7.1 启动设备使之处于稳压运行状态，调节循环启闭试验装置及设备出水阀门开度，使设备的启动频率不少于每小时6次，连续运行24 h，检查补气装置动作和设备整体运行情况。

6.7.2 使设备的消防泵处于消防运行状态，调整流量调节阀使设备的出口压力达到消防额定工作压力 p_x，同时记录设备出口的给水流量，连续运行6 h，检查设备运行过程的工作状态。

6.7.3 按动操控柜紧急启动按钮启动消防泵组，达到消防额定工况点后停止泵组工作。如此重复6次，观测并记录试验结果。

6.8 密封性能试验

6.8.1 关闭水泵进水口阀门和设备出水口阀门，拆除安全阀。向气压水罐、管道、阀门及辅件充水并排除空气。将水压上升至1.1倍设备最高工作压力，持续15 min，观测连接处和部件表面，记录试验结果。

6.8.2 向气压水罐等承受气压的部件充压缩空气。将气压上升至1.1倍设备最高工作压力，持续15 min，将连接处和部件表面涂皂液水，观测记录试验结果。

6.9 水压强度试验

关闭水泵出水口阀门和设备出水口阀门，拆除安全阀、控压仪表和液位显示控制仪表等部件。向气压水罐、管道、阀门及辅件充水并排除空气。将设备缓慢升压至2倍设备最高工作压力，持续5 min，观测记录设备各承压部件情况。

6.10 运行噪声测量

按照GB/T 3222.2规定的方法进行试验，记录设备运行噪声强度值和消防报警声强度值。

6.11 气压水罐检查

6.11.1 对照设计文件检查并记录气压水罐安装的压力显示和控制仪表类型、安装位置等内容。按照《操作指导书》中规定的方法监测并记录胶囊式气压水罐的罐内充气压力值。

6.11.2 对照技术图纸、工艺资料等技术文件使用通用长度量具，测量气压水罐液位最大显示范围，精确到 1 mm，计算并记录气压水罐液位显示范围所占比例。

6.11.3 通过日常稳定性试验后检查并记录补气装置的工作情况。

6.11.4 对照生产商提供的《操作指导书》、技术图纸检查空气压缩机的最高工作压力、工作压力设定和安装方式。

6.11.5 启动设备使之在稳压压力上限运行，稳定后切断电源，由出水口放水至设备处于止气状态。检查并记录止气装置的动作压力和止气状况，持续 6 h，检查并记录气压水罐内压力下降情况。

6.11.6 胶囊按 6.9 规定进行水压强度试验后，排空罐内水，检查并记录胶囊情况。

6.11.7 对照技术图纸、工艺资料等技术文件使用通用长度量具，测量并记录气压水罐出水口直径。

6.12 水泵机组试验

6.12.1 对照生产商提供的《操作指导书》、技术图纸、工艺资料等技术文件，检查并记录稳压泵组和消防泵组的配置情况。

6.12.2 启动稳压泵组，调节设备出水口阀门，使出水流量达到泵组标称流量值，验证记录稳压泵组出口压力。

6.12.3 启动消防泵组，调节设备出水口阀门，使出水流量达到泵组标称流量值，验证记录消防泵组出口压力。

6.13 管道阀门及附件检查

6.13.1 对照生产商提供的技术文件检查并记录水泵进水管道、出水管道、气压水罐出水管道、设备出水口和巡检管道的设置。

6.13.2 使用差压计测量水泵出水口阀门组合件压力损失，记录结果。

6.13.3 将安全阀安装在安全阀动作压力性能试验装置上，观察试验测试装置压力值，将压力上升至最高工作压力值稳定 1 min，然后缓慢上升至安全泄压阀动作，记录动作压力，之后缓慢降低试验压力至安全泄压阀回座，记录动作压力。

6.13.4 检查并记录安全阀有效泄压过流面积。

6.13.5 对照生产商提供的技术文件检查倒流防止器的配置情况，使用倒流防止器专用检查仪器在线检查各控制腔压力和泄水阀开启关闭情况，记录结果。

6.14 控制仪表检查

6.14.1 检查并记录控制仪表的类型、量程、精度及其连续运行状况。

6.14.2 检查设备配套使用的消防压力开关、消防水流指示器的配置情况。

6.14.3 检查并记录液位控制仪表的类型、量程、精度及工作压力。

6.15 操控柜试验

6.15.1 对照生产商提供的《操作指导书》、技术图纸、工艺资料等技术文件，采用目测方法检查并记录操控柜结构、涂层、指示等内容。使用常规量器具检查并记录操控柜外形尺寸和柜门开启角度等内容。

6.15.2 对照生产商提供的《操作指导书》、技术图纸、工艺资料等技术文件，采用目测方法检查设备的操控柜布线情况。

6.15.3 按 GB/T 3797 的规定进行电气间隙、爬电距离、绝缘电阻和介电性能试验，记录测试结果。

6.15.4 对照生产商提供的《操作指导书》、技术图纸、工艺资料等技术文件，采用目测方法和秒表计时设备检查设备的操控柜双电源切换情况。

6.15.5 对照生产商提供的《操作指导书》、技术图纸、工艺资料等技术文件，按 GB/T 3797 的要求方法检查设备的操控柜保护设置情况。

6.15.6 对照生产商提供的《操作指导书》、技术图纸、工艺资料等技术文件，采用目测方法检查设备的操控柜端子设置和消防泵组启动装置的情况。

6.15.7 按表 3 的要求进行低温试验、高温试验和恒定湿热试验。试验设备温度均匀性±2 ℃，工作室尺寸能满足试件的任何表面和相对应的箱壁之间的最小距离不小于 10 cm。操控柜在试验前在标准大气条件下放置不少于 2 h。试验期间记录操控柜工作状态。试验结束后将操控柜从试验箱中取出，正常环境条件下放置 24 h，连接到给水设备综合性能试验装置上试验，并记录试验现象。

6.15.8 将试件按工作位置紧固在振动试验台上，启动试验台，使其在 5 Hz～60 Hz 的频率循环范围内，以 1 oct/min 的扫频速率，0.19 mm 的振幅，进行一次扫描循环。观察并记录所发现的共振频率、试件性能和结构变化情况。

上述试验应在试件的三个互相垂直的轴线上依次进行。

根据振动响应检查的结果，分别按以下三种情况试验：

a) 未发现共振频率时，在 60 Hz 频率上进行振幅为 0.19 mm，持续时间为(10±0.5)min 的定频振动试验；
b) 发现的共振频率不超过 4 个时，在每个共振频率上进行振幅为 0.19 mm，持续时间为(10±0.5)min 的定频振动试验；
c) 发现的共振频率超过 4 个时，在 5 Hz～60 Hz 的频率范围内，进行振幅为 0.19 mm，扫频速率为 1 oct/min，扫频循环次数为 2 次的扫频循环试验。

6.15.9 将试件按工作位置紧固在运输颠簸试验台上，启动试验台，使其达到(35±5)km/h 速度在相当于三级公路路况行驶 200 km 运输颠簸强度。观察并记录柜体结构和内部零件变化情况。

7 检验规则

7.1 检验分类与项目

7.1.1 型式检验

7.1.1.1 有下列情况之一时，应进行型式检验：

a) 新产品试制定型鉴定时；
b) 正式投产后，如产品结构、材料、工艺、关键工序的加工方法有重大改变时；
c) 发生重大质量事故时；
d) 产品停产一年以上，恢复生产时；
e) 连续生产满三年时；
f) 质量监督机构提出要求时。

7.1.1.2 产品型式检验项目应按表 4 的要求进行。

7.1.2 出厂检验

产品出厂检验项目应至少包括表 4 规定的项目。

7.2 抽样方法

7.2.1 型式检验在出厂检验合格的产品中随机抽样，抽样数量为 1 套。

7.2.2 每套产品出厂均应进行出厂检验。

表 4 型式检验项目、出厂检验项目及不合格类别

检验项目	型式检验项目	出厂检验项目		不合格类别	
		全检	抽检	A类	B类
基本参数(5.1)	★	★	—	★	—
设备构成和部件(5.2)	★	★	—	★	—
外观和标识(5.3)	★	★	—	—	★
控制功能(5.4)	★	★	—	★	—
供水能力(5.5)	★	—	★	★	—
连续运行(5.6)	★	—	★	★	—
密封性能(5.7)	★	★	—	★	—
水压强度(5.8)	★	—	★	★	—
运行噪声(5.9)	★	—	★	—	★
气压水罐(5.10)	★	—	★	★	—
水泵机组(5.11)	★	★	—	★	—
管道阀门及附件(5.12)	★	★	—	★	—
控制仪表(5.13)	★	★	—	★	—
操控装置(5.14)	★	★	—	★	—
注："★"表示进行检验；"—"表示不进行检验。					

7.3 检验结果判定

7.3.1 型式检验

型式检验若出现下列情况之一时则判该产品为不合格，否则判该产品为合格。

a) 出现A类项目不合格；

b) 出现B类项目不合格数大于1。

7.3.2 出厂检验

设备的出厂检验项目全部合格，该产品为合格。

7.4 系列固定消防给水设备的抽样与判定

系列固定消防给水设备的抽样与判定参照附录A进行。

8 标志牌和操作指导书

8.1 标志牌

8.1.1 设备应独立设置永久性标志牌，标志牌面积不应小于500 cm^2。

8.1.2 标志牌应注明基本性能参数，至少包括下述内容：

a) 设备规格型号；

b) 执行标准；

c) 稳压压力上限(MPa)；
d) 稳压压力下限(MPa)；
e) 消防泵启动压力(MPa)；
f) 止气/充气压力(MPa)；
g) 气压水罐总容积(m^3)；
h) 气压水罐设计安全使用寿命；
i) 水泵台数；
j) 设备总功率(kW)；
k) 生产厂名称或厂标；
l) 出厂年月或出厂编号。

8.1.3 标志牌上应绘制设备系统示意图，图上应清楚标出操作部件的位置、代号。

8.1.4 标志牌应有操作流程说明，使用简练的文字和符号说明。

8.2 操作指导书

《操作指导书》应至少包括下列内容：
a) 设备工作原理介绍；
b) 设备安装使用条件；
c) 设备主要性能参数、压力和水容积设计计算书；
d) 设备系统示意图和安装图纸；
e) 设备操作程序；
f) 设备构成部件及附件清单；
g) 安装使用及维护说明、注意事项；
h) 售后服务；
i) 制造单位名称、详细地址、邮编和电话。

9 包装、运输和贮存

9.1 包装

包装要求安全可靠，并应便于装卸、运输和贮存，并应附如下资料：
a) 产品合格证；
b) 操作指导书；
c) 部件及附件清单；
d) 产品安装图。

9.2 运输

产品运输时应避免强烈碰撞。

9.3 贮存

产品应贮存在通风干燥处。

附 录 A
（资料性附录）
系列固定消防给水设备的抽样与判定

A.1 系列固定消防给水设备的确定

系列固定消防给水设备须同时具有如下特点：

a) 结构形式工作原理相同；

b) 操作方式、逻辑控制程序和实现功能相同；

c) 关键零、部件产品生产商相同且按相同工艺加工制造；

d) 型号按同一方法编制（包括企业自定义部分）。

A.2 系列固定消防给水设备的抽样样本

A.2.1 符合A.1要求的系列固定消防给水设备，系列内固定消防给水设备的规格不应少于4种。

A.2.2 符合A.1要求的系列固定消防给水设备，如系列内固定消防给水设备的规格不多于20种，抽取最大和最小两个规格。

A.2.3 符合A.1要求的系列固定消防给水设备，如系列内消防泵的规格多于20种，在A.2.2的基础上，每增加10种规格，增加抽取中等规格一种。

A.3 适用范围

系列固定消防给水设备的适用范围为所抽取规格中最大与最小消防额定工作压力，最大与最小消防额定工作流量，最大与最小操控柜总功率，最大与最小消防有效水容积/消防顶压置换水容积，最大与最小止气/充气压力，最大与最小最低取水压力所覆盖的该系列的固定消防给水设备。

A.4 检验判定

A.4.1 对抽取的规格按本标准的规定检验，如全部符合本标准要求时，则判定整个系列合格。

A.4.2 对抽取的规格按本标准的规定检验，如任一规格出现不符合本标准要求时，则判定整个系列不合格。

ICS 13.220.10
C 84

中华人民共和国国家标准

GB 27898.2—2011

固定消防给水设备 第2部分:消防自动恒压给水设备

Fixed water supply equipment used for fire-protection—
Part 2:Constant pressure automatic water supply equipment used for fire-protection

2011-12-30 发布　　　　2012-06-01 实施

中华人民共和国国家质量监督检验检疫总局
中国国家标准化管理委员会　发布

前　言

GB 27898 的本部分的第 5 章、第 7 章和第 8 章为强制性的，其余为推荐性的。

GB 27898《固定消防给水设备》分为以下部分：

——第 1 部分：消防气压给水设备；

——第 2 部分：消防自动恒压给水设备；

——第 3 部分：消防增压稳压给水设备；

——第 4 部分：消防气体顶压给水设备；

——第 5 部分：消防双动力给水设备。

……

本部分为 GB 27898 的第 2 部分。

本部分按照 GB/T 1.1—2009 给出的规则起草。

本部分由中华人民共和国公安部提出。

本部分由全国消防标准化技术委员会固定灭火系统分技术委员会(SAC/TC 113/SC 2)归口。

本部分负责起草单位：公安部天津消防研究所。

本部分参加起草单位：陕西航天动力高科技股份有限公司。

本部分主要起草人：啜凤英、赵永顺、盛彦锋、马建明、马六甲、韩卫钊、闫茹。

本部分是首次发布。

固定消防给水设备 第2部分:消防自动恒压给水设备

1 范围

GB 27898的本部分规定了消防自动恒压给水设备的术语和定义、分类、要求、试验方法、检验规则、标志牌和操作指导书、包装、运输和贮存。

本部分适用于消防自动恒压给水设备。工作原理类似的恒压给水设备可参照采用。

2 规范性引用文件

下列文件对于本文件的应用是必不可少的。凡是注日期的引用文件,仅注日期的版本适用于本文件。凡是不注日期的引用文件,其最新版本(包括所有的修改单)适用于本文件。

GB 150 钢制压力容器

GB/T 3222.2 声学 环境噪声的描述、测量与评价 第2部分:环境噪声级测定

GB 6245 消防泵

GB 27898.1—2011 固定消防给水设备 第1部分:消防气压给水设备

GA 61 固定灭火系统驱动、控制装置通用技术条件

TSG R0004 固定式压力容器安全技术监察规程

3 术语和定义

GB 27898.1—2011界定的以及下列术语和定义适用于本文件。

3.1

消防自动恒压给水设备 constant pressure automatic water supply equipment used for fire-protection

采用特定控制方式或利用泵组固有的流量压力特性实现消防恒压给水的设备。

3.2

消防恒压给水 constant pressure water supply used for fire-protection

在消防给水过程中,设备给水流量在不超过消防额定给水流量的范围内变化,其给水压力始终保持在设定压力的给水方式。

4 分类

4.1 产品分类

4.1.1 设备按应用范围分为:

a) 消防专用自动恒压给水设备,特征代号省略;

b) 消防与生活(生产)共用自动恒压给水设备,特征代号G。

4.1.2 设备按消防泵控制方式分为:

a) 消防工频自动恒压给水设备分为:

——恒压泵组式自动恒压给水设备,特征代号为 BZ;

——回流控压式自动恒压给水设备,特征代号为 HL。

b) 消防变频自动恒压给水设备,特征代号为 BP。

4.2 型号编制

消防自动恒压给水设备按以下方法编制型号。

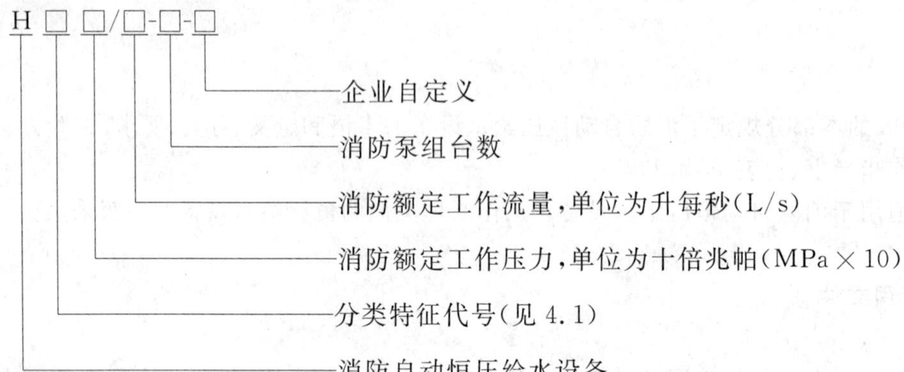

示例:设备型号 HBP 6/10-3 ABC 表示 ABC 型消防专用变频自动恒压给水设备,消防额定工作压力为 0.6 MPa,消防额定工作流量为 10 L/s,设有 3 台消防泵组。

5 要求

5.1 基本参数

5.1.1 消防自动恒压给水设备(以下简称设备)的消防额定工作压力 p_x 不应低于 0.3 MPa。

5.1.2 设备的消防额定工作流量 Q_x 不应小于 10 L/s。

5.2 设备构成和部件

5.2.1 设备构成

5.2.1.1 设备应至少包括水泵机组、管道阀门及附件、测控仪表、操控柜等。

5.2.1.2 设备各部件应集中布置,整体应紧凑、整齐,且应方便维护和检修。

5.2.1.3 设备各部件安装应牢固,连接应可靠。

5.2.2 部件通用要求

5.2.2.1 设备的外购部件应选用符合国家标准或行业标准的通用产品,且应优先选择消防专用产品。由生产商研发生产的专用部件应通过产品技术鉴定。

5.2.2.2 应选用压力容器生产商按照 GB 150 规定生产的气压水罐。其运行安全性应符合 TSG R0004 的要求。

5.2.2.3 设备使用的气压水罐、管道阀门及附件耐压等级不应低于最高工作压力的 1.5 倍。

5.2.2.4 设备使用的压力表量程应选用合理,监视压力的仪表精度不应低于 2.5 级,控压用压力仪表精度应符合 5.13.1 的要求。压力表外壳公称直径不应小于 100 mm。

5.3 外观和标识

5.3.1 设备外观

5.3.1.1 设备各部件外表面不应有明显的磕碰伤痕、变形等缺陷。

5.3.1.2 设备涂层应完整美观。同类部件表面涂层颜色应一致。

5.3.2 设备标识

5.3.2.1 应设置设备标志牌,标志牌应符合8.1的要求。
5.3.2.2 设备各部件标志牌内容应清晰完整。
5.3.2.3 在设备可能危及人身安全处、需防止不当操作和误操作处应挂置警示标识,标识应清晰醒目。
5.3.2.4 设备给水管道应喷涂标识水流方向的箭头。

5.4 控制功能

5.4.1 稳压运行

5.4.1.1 设备的稳压设定压力与实测压力的偏差以及对于不同压力扰动测得的重复性偏差均不应大于0.02 MPa。
5.4.1.2 具有消防水池水位控制功能的设备,在消防稳压运行状态,遇水池水位低于设定限制时,设备应自动停止稳压泵工作并发出缺水报警信号,如遇火警不应影响消防泵组的启动运行。
5.4.1.3 稳压泵组应采用交替运行方式。投入消防运行状态后,稳压泵组应停止工作。

5.4.2 消防运行状态启动方式

5.4.2.1 设备的消防运行状态启动方式应符合GB 27898.1—2011中5.4.2的规定。
5.4.2.2 消防泵组变频启动运行时启动时间应符合表1的要求。

表1 变频启动时间

配用电动机功率 P/kW	≤22	22<P≤55	>55
消防启动时间/s	≤25	≤40	≤55

5.4.3 消防控压精度

5.4.3.1 采用控制方式实现消防恒压给水的设备,消防额定工作压力 p_x 与实测压力的偏差以及对于不同压力扰动测得的重复性偏差均不应大于0.02 MPa。
5.4.3.2 采用恒压消防泵组的设备,消防泵组从零流量至消防额定工作流量 Q_x 的变化过程中,压力变化不应大于消防额定工作压力 p_x 的10%。

5.4.4 消防运行状态退出方式

5.4.4.1 采用手动方式启动消防泵组的,停机应手动操作。
5.4.4.2 采用自动方式启动消防泵组的,除设备出水口压力持续出现失压状态超过5 min的情况允许自动停机外,停机应手动操作。
5.4.4.3 设备应具备消防泵组手动紧急停机操控器(按钮)退出消防的方式。

5.4.5 水泵切换

5.4.5.1 在稳压工作泵产生电气故障或不能达到应有能力时,稳压备用泵应能自动和手动切换。
5.4.5.2 在消防工作泵产生电气故障或不能达到应有能力时,消防备用泵应能自动和手动切换。

5.4.6 巡检

5.4.6.1 设备应具有手动巡检和巡检提示功能,其巡检提示周期应能按需设定,但最长周期不应超过

360 h。

5.4.6.2 巡检的操作方法应简便，且应在《操作指导书》中规定。

5.4.6.3 巡检过程中消防泵应逐台启动运行，每台泵在额定工况下运行时间不应少于 2 min。

5.4.6.4 巡检中出现故障应有声、光报警。

5.4.6.5 采用电动阀门调节给水压力的设备，所使用的电动阀门应参与巡检。

5.4.7 运行记录

5.4.7.1 设备操控柜内应设置运行记录装置。

5.4.7.2 记录信息内容至少应包括设备出水口压力、报警及故障发生的类别和时间、消防泵组工作状态等。

5.4.7.3 记录信息的采集间隔时间不应超过 6 h，记录装置容量应满足连续记录不少于 180 d 的要求。

5.4.7.4 记录装置应设置标准的数据输出端口，其内部储存数据应能被导出显示和存放。

5.4.8 电动阀门

采用回流控压的设备，其电动阀门应具有手动操作功能，电动阀门后应串接手动阀门。电动阀门故障时应报警。

5.4.9 变频器故障

变频器控制消防泵组运行的设备，当变频器故障时，消防泵组应自动转工频方式运行。

5.5 供水能力

5.5.1 气压水罐供水

气压水罐供水能力应符合 GB 27898.1—2011 中 5.5.1 的要求，其补充水容积不应少于 50 L，缓冲水容积不应少于 50 L。

5.5.2 泵组供水

5.5.2.1 稳压泵组达到 125% 标称流量时泵组出水口压力不应大于泵组标称工作压力的 65%。

5.5.2.2 消防泵组在消防额定工作压力 p_x 下的流量不应小于消防额定工作流量的水量 Q_x。

5.5.2.3 消防泵组达到 150% 消防额定工作流量 Q_x 时设备出水口压力不应低于消防额定工作压力 p_x 的 50%。

5.5.2.4 并联运行的消防泵组按消防额定工作压力 p_x 供水时流量不应少于单台泵组在此压力下流量之和的 90%。

5.5.2.5 恒压消防泵组的零流量点、75% 标称流量点、标称流量点和 115% 标称流量点，压力变化最大值不应超过泵组标称工作压力的 15%。

5.6 连续运行

5.6.1 稳压运行稳定性

设备应按 6.7.1 规定的试验方法连续运行 24 h，设备不应产生任何故障。

5.6.2 消防泵组运行稳定性

消防泵组在消防额定工作压力 p_x 下连续运行 6 h，泵组及控制系统不应产生任何故障。

5.6.3 消防泵组连续启动

消防泵组通过操控柜面板的紧急启动按钮连续启动 6 次，泵组及控制系统不应产生任何的故障。

5.7 密封性能

5.7.1 设备工作时承受水压的部件，在 1.1 倍设备最高工作压力水压密封试验中持续 15 min，不应渗漏。

5.7.2 设备工作时承受气压的部件，在 1.1 倍设备最高工作压力气压密封试验中持续 15 min，不应渗漏。

5.8 水压强度

设备工作时承受水压的部件，在 2 倍设备最高的工作压力静水压强度试验中持续 5 min，应无泄漏、无宏观变形或损坏。

5.9 运行噪声

设备稳压运行状态的最大噪声不应超过 90 dB(A)。

5.10 气压水罐

5.10.1 设备应根据需要设置气压水罐，气压水罐总容积不应小于 0.3 m^3。

5.10.2 设有气压水罐的设备，气压水罐及附件应符合 GB 27898.1—2011 的规定，且其出水口直径不应小于 50 mm。

5.11 水泵机组

5.11.1 稳压泵组

5.11.1.1 稳压泵的材料应符合 GB 6245 的要求。

5.11.1.2 稳压泵组应设有备用泵组，备用泵与工作泵标称工作能力应相同。

5.11.1.3 设有气压水罐的设备，稳压泵组应独立设置，流量扬程选型应符合 GB 27898.1—2011 的规定。

5.11.2 消防泵组

5.11.2.1 消防泵组性能应符合 GB 6245 的要求。

5.11.2.2 消防泵组配置比例不应超过二用一备，备用泵与工作泵标称工作能力应相同。

5.11.2.3 消防泵单台泵组的标称流量不应小于 10 L/s，标称出口压力不应低于消防额定工作压力 p_x。

5.11.2.4 消防与生活(生产)共用设备，消防泵组兼用生活(生产)给水时，泵组的标称流量不应小于消防额定工作流量与生活(生产)额定用水量之和，标称出口压力不应低于消防额定工作压力 p_x。生活(生产)额定用水量和给水压力应在《操作指导书》规定。

5.12 管道阀门及附件

5.12.1 管道阀门及附件应符合 GB 27898.1—2011 中 5.13.1 的要求。

5.12.2 消防与生活(生产)共用设备消防出水口应独立设置。生活(生产)管网出水口根据需要设置减压装置，消防出水口处应安装倒流防止器。

5.13 控制仪表

5.13.1 压力控制仪表

压力控制仪表应符合 GB 27898.1—2011 中 5.13.1 的要求。

5.13.2 液位控制仪表

液位控制仪表应符合 GB 27898.1—2011 中 5.13.4 的要求。

5.14 操控柜

5.14.1 柜体、布线、电气间隙和爬电距离、绝缘电阻与介电性能、双路电源、保护设置、控制电路设置、输入输出端子、消防泵组启动电路设置均应符合 GB 27898.1—2011 中 5.14.1～5.14.8 的相关规定。

5.14.2 环境适应性能应符合 GB 27898.1—2011 中 5.14.9.1 的规定，如设备中设有变频器，试验时变频器应处待应状态。

5.14.3 振动试验和模拟运输试验应符合 GB 27898.1—2011 中 5.14.9.2 的规定。

5.14.4 变频器的其他要求

5.14.4.1 变频器额定功率应与泵组配用电机的额定功率相匹配。

5.14.4.2 变频器的工作状态应便于观察，故障应具有声光报警。端子排应设置变频器故障输出端子。

5.14.4.3 变频器应按 GA 61 的要求进行电快速瞬变脉冲群抗扰度和射频电磁场辐射抗扰度试验，试验期间变频器应能正常工作。

5.14.4.4 配置有变频器的操控柜外观应有明显标识。

6 试验方法

6.1 试验基本要求

6.1.1 如果生产商对设备试验条件有特殊要求的应在《操作指导书》中给出。如果试验条件没有特殊要求的设备，则试验应在下述正常大气条件下进行：

a) 气温为＋10 ℃～＋35 ℃；

b) 水温为＋5 ℃～＋25 ℃；

c) 相对湿度为 35%～75%；

d) 海拔应不超过 2 000 m；

e) 对于海拔高于 2 000 m 处使用的设备，有必要考虑介电强度、密封性能的严酷等级。

6.1.2 试验所使用的设备测试精度应满足下列要求：

a) 压力测量仪表精度不应低于 0.4 级；

b) 流量测量仪表精度不应低于 1%；

c) 常规长度测量器具精度不应低于 1%，电气元件间隙测量器具示值偏差不应大于 0.02 mm；

d) 电气环境监测仪表精度不应低于 1%；

e) 温度试验设备的控温精度不应大于±2 ℃。

6.2 基本参数检查

对照生产商提供的《操作指导书》、技术图纸、工艺资料等技术文件，检查设备的基本参数设置。

6.3 结构部件检查

6.3.1 对照生产商提供的《操作指导书》、技术图纸、工艺资料等技术文件，检查设备的构成、组成部件等内容。

6.3.2 对照生产商提供的《操作指导书》、技术图纸、工艺资料等技术文件，检查设备部件的选用，记录部件的规格型号、主要技术参数、生产商、合格证明等内容。

6.4 外观标识检查

6.4.1 对照技术图纸、工艺资料等技术文件，检查设备的部件外表面和整体外观等内容。

6.4.2 对照生产商提供的《操作指导书》、技术图纸、工艺资料等技术文件，使用常规长度测量器具检查设备标志牌外形尺寸，记录标志牌的内容、警示标识和水流方向标识的设置情况。

6.5 控制功能试验

6.5.1 调整压力控制仪表，使设备正常运行，记录设备的稳压压力。开启设备出水口阀门放水，调整阀门开度，记录设备稳压状态的显示压力。测量数据应不少于6个，同时记录稳压泵组的运行方式。

6.5.2 使设备处于正常运行状态，将水池液位探测器部分提出水面模拟水池缺水，然后将液位探测器放入水中，此过程中检查消防泵和稳压泵的启停状态及报警信号。

6.5.3 操作操控柜的紧急启动按钮和通过远程消防操控器(按钮)启动消防运行状态，观察稳压泵组和消防泵组的工作状态的动作情况。

6.5.4 使设备处于正常运行状态，开启设备出水口阀门至最大，模拟低压信号持续规定时间检查消防泵是否启动；或模拟压力报警信号、水流报警信号、外部消防报警信号，使信号相互复合，记录消防泵组的工作状态。

6.5.5 记录采用不同方式启动消防泵组时，停机退出消防运行的方式。

6.5.6 分别模拟设备电气故障和机械故障，观察记录水泵对故障处置情况及水泵的切换方式。

6.5.7 对照设计文件检查巡检周期设定功能，按设计文件规定的巡检方法操作，模拟故障报警，记录故障报警状态。

6.5.8 对照生产商提供的《操作指导书》、技术图纸、工艺资料等技术文件，采用目测方法检查设备的运行记录装置安装位置和记录内容等情况。

6.5.9 对照设计文件检查巡检提示功能，故障报警和巡检运行时间等。采用电动阀门调节给水压力的设备，检查电动阀门的动作情况。

6.5.10 模拟变频器故障，观察消防泵运行状态。

6.6 供水能力试验

6.6.1 气压水罐调节水量的测量按GB 27898.1—2011中6.6.2规定的方法进行。

6.6.2 调节稳压泵组出水流量至125%标称流量记录此时稳压泵出口压力。

6.6.3 启动消防泵组，调节设备出水口阀门开度，使设备主干管出水口压力达到消防额定工作压力 p_x 记录设备给水流量。调节设备出水口阀门开度，使设备主干管出水流量达到150%消防额定工作流量 Q_x 记录设备给水压力。

6.6.4 消防泵组并联运行的设备，首先分别测出单一泵组在消防额定工作压力 p_x 下的流量，然后测试泵组并联组合时在消防额定工作压力 p_x 下的给水流量，计算最大损失率。

6.6.5 消防恒压泵组测试时启动单台水泵，通过改变泵出口阀门开启度调节出口流量，分别测出泵零流量点、标称流量的75%、标称流量点、大流量点(标称流量的115%)对应的出口压力值。

6.7 连续运行试验

6.7.1 启动设备调节设备出水口阀门开度，使之处于稳压运行状态，连续运行 24 h，检查设备整体运行情况。

6.7.2 使设备的消防泵处于消防运行状态，调整流量调节阀使设备的出口压力达到消防额定工作压力 p_x，同时记录设备出口的给水流量，连续运行 6 h，检查设备运行过程的工作状态。

6.7.3 通过操纵操控柜的紧急启动装置(按钮)启动消防泵组，使泵组达到消防额定工况后停止泵组工作。如此重复 6 次，记录泵组的工作状态。

6.8 密封性能试验

设备的密封性能试验按 GB 27898.1—2011 中 6.8 规定的方法进行。

6.9 水压强度试验

设备的水压强度性能试验按 GB 27898.1—2011 中 6.9 规定的方法进行。

6.10 运行噪声测量

按照 GB/T 3222.2 规定的方法进行试验，记录设备运行噪声强度值和消防报警声强度值。

6.11 气压水罐检查

气压水罐及附件的试验按 GB 27898.1—2011 中 6.11 规定的方法进行。

6.12 水泵机组试验

6.12.1 对照生产商提供的《操作指导书》、技术图纸、工艺资料等技术文件，检查并记录稳压泵组和消防泵组的配置情况，检查生产商提供的消防泵组型式检验报告。

6.12.2 启动稳压泵组，调节设备出水口阀门，使出水流量达到泵组标称流量值，验证记录稳压泵组出口压力。

6.12.3 启动消防泵组，调节设备出水口阀门，使出水流量达到泵组标称流量值，验证记录消防泵组出口压力。

6.13 管道阀门及附件试验

管道阀门及附件的试验按 GB 27898.1—2011 中 6.13 规定的方法进行。

6.14 控制仪表试验

控制仪表的试验按 GB 27898.1—2011 中 6.14 规定的方法进行。

6.15 操控柜试验

6.15.1 操控柜的基本性能试验按 GB 27898.1—2011 中 6.15 规定的方法进行。

6.15.2 变频器抗干扰试验按 GA 61 规定的方法进行。

7 检验规则

7.1 检验分类与项目

7.1.1 型式检验

7.1.1.1 有下列情况之一时，应进行型式检验：

a） 新产品试制定型鉴定时；

b） 正式投产后，如产品结构、材料、工艺、关键工序的加工方法有重大改变时；

c） 发生重大质量事故时；

d） 产品停产一年以上，恢复生产时；

e） 连续生产满三年时；

f） 质量监督机构提出要求时。

7.1.1.2 产品型式检验项目应按表2的要求进行。

7.1.2 出厂检验

产品出厂检验项目应至少包括表2规定的项目。

表2 型式检验项目、出厂检验项目及不合格类别

检验项目	型式检验项目	出厂检验项目		不合格类别	
		全检	抽检	A类	B类
基本参数(5.1)	★	★	—	★	—
设备构成和部件(5.2)	★	★	—	★	—
外观和标识(5.3)	★	★	—	—	★
控制功能(5.4)	★	★	—	★	—
供水能力(5.5)	★	—	★	★	—
连续运行(5.6)	★	—	★	★	—
密封性能(5.7)	★	★	—	★	—
水压强度(5.8)	★	—	★	★	—
运行噪声(5.9)	★	—	★	—	★
气压水罐(5.10)	★	—	★	★	—
水泵机组(5.11)	★	★	—	★	—
管道阀门及附件(5.12)	★	★	—	★	—
控制仪表(5.13)	★	★	—	★	—
操控柜(5.14)	★	★	—	★	—
注：“★”表示进行检验；“—”表示不进行检验。					

7.2 抽样方法

7.2.1 型式检验在出厂检验合格的产品中随机抽样，抽样数量为1套。

7.2.2 每套产品出厂均应进行出厂检验。

7.3 检验结果判定

7.3.1 型式检验

型式检验若出现下列情况之一时则判该产品为不合格，否则判该产品为合格。

a） 出现A类项目不合格；

b） 出现B类项目不合格数大于1。

7.3.2 出厂检验

设备的出厂检验项目全部合格，该产品为合格。

7.4 系列固定消防给水设备的抽样与判定

系列固定消防给水设备的抽样与判定参照 GB 27898.1—2011 的附录 A 进行。

8 标志牌和操作指导书

8.1 标志牌

8.1.1 设备应独立设置永久性标志牌，标志牌面积不应小于 500 cm^2。

8.1.2 标志牌应注明基本性能参数，至少包括下述内容：

a） 设备规格型号；

b） 执行标准；

c） 消防额定工作压力(MPa)；

d） 消防额定工作流量(L/s)；

e） 水泵台数；

f） 设备总功率(kW)；

g） 生产厂或厂标；

h） 出厂年月或出厂编号。

设置气压水罐的设备有关气压水罐参数内容应符合 GB 27898.1—2011 的规定。

8.1.3 标志牌上应绘制设备系统示意图，图上应清楚标出操作部件的位置、代号。

8.1.4 标志牌应有操作流程说明，使用简练的文字和符号说明。

8.2 操作指导书

《操作指导书》应至少包括下列内容：

a） 设备工作原理介绍；

b） 设备安装使用条件；

c） 设备主要性能参数、压力和水容积设计计算书；

d） 设备示意图和安装图纸；

e） 设备操作程序；

f） 设备构成部件及附件清单；

g） 安装使用及维护说明、注意事项；

h） 售后服务；

i） 制造单位名称、详细地址、邮编和电话。

9 包装、运输和贮存

9.1 包装

包装要求安全可靠，并应便于装卸、运输和贮存，并应附如下资料：

a） 产品合格证；

b） 产品说明书；

c) 部件及附件清单；

d) 产品安装图。

9.2 运输

产品运输时应避免强烈碰撞。

9.3 贮存

产品应贮存在通风干燥处。

ICS 13.220.10
C 84

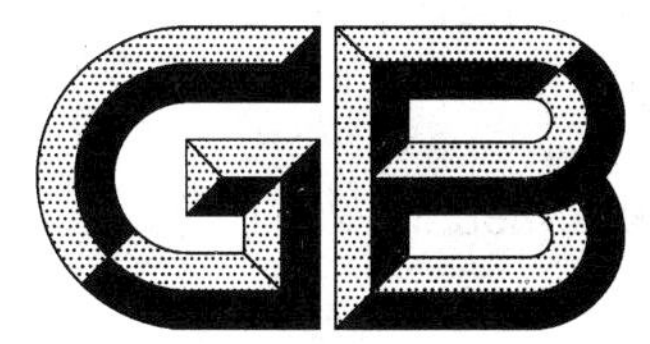

中华人民共和国国家标准

GB 27898.3—2011

固定消防给水设备 第3部分：消防增压稳压给水设备

Fixed water supply equipment used for fire-protection—Part 3：Pressure boosting and stabilizing type water supply equipment used for fire-protection

2011-12-30 发布　　2012-06-01 实施

中华人民共和国国家质量监督检验检疫总局
中国国家标准化管理委员会　发布

前　言

GB 27898 的本部分的第 5 章、第 7 章和第 8 章为强制性的，其余为推荐性的。

GB 27898《固定消防给水设备》分为以下部分：

——第 1 部分：消防气压给水设备；

——第 2 部分：消防自动恒压给水设备；

——第 3 部分：消防增压稳压给水设备；

——第 4 部分：消防气体顶压给水设备；

——第 5 部分：消防双动力给水设备。

……

本部分为 GB 27898 的第 3 部分。

本部分按照 GB/T 1.1—2009 给出的规则起草。

本部分由中华人民共和国公安部提出。

本部分由全国消防标准化技术委员会固定灭火系统分技术委员会(SAC/TC 113/SC 2)归口。

本部分负责起草单位：公安部天津消防研究所。

本部分参加起草单位：青岛三利集团有限公司。

本部分主要起草人：赵永顺、李习民、马六甲、刘连喜、张强、罗宗军、王洪刚。

本部分为首次发布。

固定消防给水设备
第3部分：消防增压稳压给水设备

1 范围

GB 27898 的本部分规定了消防增压稳压给水设备的术语和定义、分类、要求、试验方法、检验规则、标志牌和操作指导书、包装、运输和贮存。

本部分适用于消防增压稳压给水设备。工作原理类似的增压稳压给水设备可参照采用。

2 规范性引用文件

下列文件对于本文件的应用是必不可少的。凡是注日期的引用文件，仅注日期的版本适用于本文件。凡是不注日期的引用文件，其最新版本(包括所有的修改单)适用于本文件。

GB 150 钢制压力容器

GB/T 528 硫化橡胶或热塑性橡胶 拉伸应力应变性能的测定

GB/T 3222.2 声学 环境噪声的描述、测量与评价 第2部分：环境噪声级测定

GB 27898.1—2011 固定消防给水设备 第1部分：消防气压给水设备

GB 27898.2—2011 固定消防给水设备 第2部分：消防自动恒压给水设备

CJ/T 265 无负压给水设备

TSG R0004 固定式压力容器安全技术监察规程

3 术语和定义

GB 27898.1—2011 和 GB 27898.2—2011 界定的以及下列术语和定义适用于本文件。

3.1

消防稳压给水设备 pressure stabilizing type water supply equipment used for fire-protection

用于维持消防给水系统待应工作状态压力稳定的消防给水设备。

3.2

消防增压给水设备 pressure boosting type water supply equipment used for fire-protection

采用消防泵组提升消防水源压力满足消防给水系统灭火需要的消防给水设备。

3.3

消防增压稳压合用给水设备 pressure boosting and stabilizing type water supply equipment used for fire-protection

能满足稳压和增压两种用途的消防给水设备。

3.4

消防无负压(叠压)稳压给水设备 suction-pressure-regulated fire protection water supply system

直接串接到有压管网上取水，能有效利用其管网压力并且不产生负压危害的消防稳压给水设备。

3.5

稳流补偿器 compensator for flow stabilization

连接在有压管网与消防稳压泵进水口之间，能配合真空抑制器避免管网产生负压，实现稳定压力和调节流量的密闭储水装置。

3.6

真空抑制器　vacuum suppressor

安装在稳流补偿器上，自动完成真空的检测、处理、执行、数据反馈等控制功能的装置。

3.7

补偿水容积 V_4　volume of compensation water

消防无负压(叠压)稳压给水设备在有压管网断水或不能提供有压水源时，由稳流补偿器提供的应急消防稳压用水的容积。

3.8

取水压力下限 p_5　lower limit of water-lifting pressure

消防无负压(叠压)稳压给水设备被允许从有压管网取水的最低压力限值。

4　分类

4.1　产品分类

4.1.1　按应用范围分为：

a)　消防稳压给水设备，特征代号 W；

b)　消防增压给水设备，特征代号 ZY；

c)　消防增压稳压合用给水设备，特征代号 WZ。

4.1.2　按稳压工作形式分为：

a)　胶囊式消防稳压给水设备，特征代号省略；

b)　补气式消防稳压给水设备，特征代号 Q；

c)　消防无负压(叠压)稳压给水设备，特征代号 G。

4.2　型号编制

4.2.1　消防稳压给水设备按以下方法编制型号。

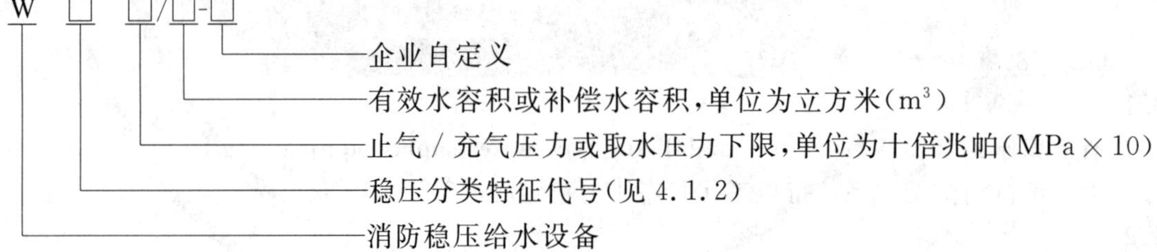

示例 1：设备型号 WQ 3/0.45-ABC　表示 ABC 补气式消防稳压给水设备，止气压力为 0.3 MPa，消防有效水容积 0.45 m^3。

示例 2：设备型号 WG 0.5/0.45-KLM　表示 KLM 消防无负压(叠压)式稳压给水设备，取水压力下限为 0.05 MPa，消防补偿水容积 0.45 m^3。

4.2.2　消防增压给水设备按以下方法编制型号。

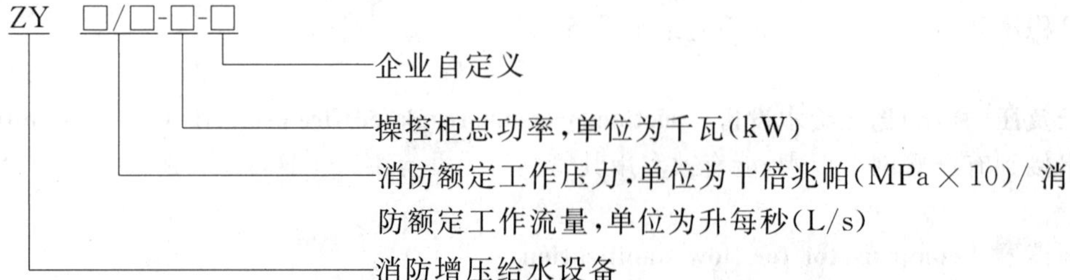

示例：设备型号 ZY 6/15-22-DEF　表示 DEF 消防增压给水设备，消防额定工作压力 0.6 MPa，消防额定工作流量 15 L/s，操控柜总功率 22 kW。

4.2.3 消防增压稳压合用给水设备按以下方法编制型号。

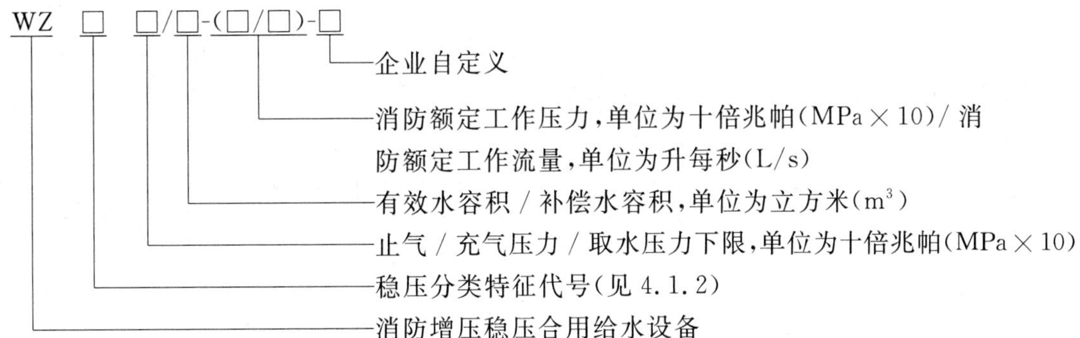

示例1：设备型号 WZQ 2.5/0.3(4/20)-DEF 表示 DEF 型补气式消防增压稳压合用给水设备，止气压力为 0.25 MPa，消防有效水容积 0.3 m^3，消防额定工作压力 0.4 MPa，消防额定工作流量 20 L/s。

示例2：设备型号 WZ 2/0.3(5/10)-HIJ 表示 HIJ 型胶囊式消防增压稳压合用给水设备，充气压力为 0.2 MPa，消防有效水容积 0.3 m^3，消防额定工作压力 0.5 MPa，消防额定工作流量 10 L/s。

5 要求

5.1 基本参数

5.1.1 消防增压稳压给水设备(以下简称设备)的气压水罐止气/充气压力 p_1 不应小于 0.15 MPa。

5.1.2 设备的消防额定工作流量 Q_x 不应小于 10 L/s。

5.1.3 设备的消防额定工作压力 p_x 不应低于 0.3 MPa。

5.1.4 设备的补偿水容积 V_4 或有效水容积 V_3 不应小于 0.3 m^3。

5.2 设备构成和部件

5.2.1 设备构成

5.2.1.1 设备构成部件至少应包括水泵机组、管道阀门及附件、测控仪表、操控柜等；稳压型设备还应包括气压水罐及附件，其中无负压(叠压)设备应包括稳流补偿器。

5.2.1.2 设备各部件应集中布置，整体应紧凑、整齐，且应方便维护和检修。

5.2.1.3 设备各部件安装应牢固，连接应可靠。

5.2.2 部件通用要求

5.2.2.1 设备的外购部件应选用符合国家标准或行业标准的通用产品，且应优先选择消防专用产品。由生产商研发生产的专用部件应通过产品技术鉴定。

5.2.2.2 应选用压力容器生产商按照 GB 150 规定生产的气压水罐。其运行安全性应符合 TSG R0004 的要求。

5.2.2.3 设备使用的气压水罐、管道阀门及附件耐压等级不应低于最高工作压力的 1.5 倍。

5.2.2.4 设备使用的压力表量程和精度应选用合理，监视压力仪表精度不应低于 2.5 级，控压仪表精度应符合 5.13 的要求。压力表外壳公称直径不应小于 100 mm。

5.3 外观和标识

5.3.1 设备外观

5.3.1.1 设备各部件外表面不应有明显的磕碰伤痕、变形等缺陷。

5.3.1.2 设备涂层应完整美观。同类部件表面涂层颜色应一致。

5.3.2 设备标识

5.3.2.1 应设置设备标志牌,标志牌应符合8.1的要求。
5.3.2.2 设备各部件标志牌内容应清晰完整。
5.3.2.3 在设备可能危及人身安全处、需防止不当操作和误操作处应挂置警示标识,标识应清晰醒目。
5.3.2.4 设备给水管道应喷涂标识水流方向的箭头。

5.4 控制功能

5.4.1 稳压运行

5.4.1.1 补气式设备应具有给水压力控制与罐内水位控制互锁功能。
5.4.1.2 在 $p_3 \sim p_4$ 工作压力范围和气压水罐液位变化范围内,设备的设定压力与实测压力的偏差以及对于不同压力扰动测得的重复性偏差均不得大于0.02 MPa。液位控制重复性偏差不应大于1.0 cm。
5.4.1.3 具有消防水池(水箱)水位控制功能的设备,在消防稳压运行状态,遇水池水位低于设定限制时,设备应自动停止稳压泵工作并发出缺水报警信号,如遇火警不应影响消防泵组的启动运行。
5.4.1.4 稳压泵组应采用交替运行方式。投入消防运行状态后,稳压泵组应停止工作。

5.4.2 消防运行状态启动方式

设备的消防运行状态启动方式应符合GB 27898.1—2011中5.4.2的要求。

5.4.3 消防运行状态退出方式

设备的消防运行状态退出方式应符合GB 27898.1—2011中5.4.3的要求。

5.4.4 水泵切换

设备的水泵切换功能应符合GB 27898.1—2011中5.4.4的要求。

5.4.5 巡检

设备的巡检功能应符合GB 27898.1—2011中5.4.5的要求。

5.4.6 运行记录

设备的运行记录功能应符合GB 27898.1—2011中5.4.6的要求。

5.4.7 无负压(叠压)设备的特殊要求

5.4.7.1 设备在水源压力为正常取水压力条件下按最大稳压工作流量给水时,设备与水源连接处不应产生负压。
5.4.7.2 设备在水源压力低于取水压力下限 p_5 时应报警,当稳流补偿器低于下限水位时应自动停机保护,并具有报警功能;当水源水压水位恢复后应能自动启动恢复工作。
5.4.7.3 设备应按自动恒压方式给水,其压力控制偏差不应大于0.02 MPa。

5.5 供水能力

5.5.1 气压水罐供水

5.5.1.1 按6.6.1的规定进行试验,设备的有效水容积 V_3 或补偿水容积 V_4 不应小于标称值。

5.5.1.2 按6.6.2的规定进行试验,补充水容积应不少于50 L,缓冲水容积应不少于50 L。

5.5.2 泵组供水

5.5.2.1 稳压泵组应在30 s至180 s时间内完成补充水容积 V_1 的补给。稳压泵组达到125%标称流量时出水口压力不应大于标称压力的65%。

5.5.2.2 消防泵组在消防额定工作压力 p_x 下的流量不应小于消防额定工作流量 Q_x。

5.5.2.3 消防泵组达到150%消防额定工作流量 Q_x 时设备出水口压力不应低于消防额定工作压力 p_x 的50%。

5.5.2.4 并联运行的消防泵组按消防额定工作压力 p_x 供水时流量不应少于单台泵组在此压力下流量之和的90%。

5.6 连续运行

设备的连续运行性能应符合GB 27898.1—2011中5.6的要求。

5.7 密封性能

设备的密封性能应符合GB 27898.1—2011中5.7的要求。

5.8 水压强度

设备的水压强度应符合GB 27898.1—2011中5.8的要求。

5.9 运行噪声

设备运行噪声应符合GB 27898.1—2011中5.9的要求。

5.10 气压水罐

5.10.1 压力显示

5.10.1.1 气压水罐应安装压力显示和控制仪表。

5.10.1.2 补气式气压水罐取压口应设在稳压调节水位下限以下;胶囊式气压水罐取压口应设在罐顶,应测取罐内水压。

5.10.1.3 胶囊式气压水罐罐内充气压力的监测应简便,操作方法应在《操作指导书》中规定。

5.10.2 液位显示

5.10.2.1 补气式气压水罐内的液位显示应清晰直观。采用液位控制器显示液位的应符合5.13的要求。

5.10.2.2 卧式气压水罐液位显示范围不应小于罐体直径的50%,立式气压水罐液位显示范围不应小于罐体总高的50%。

5.10.3 补气装置

5.10.3.1 按6.7.1的规定进行试验,装置应能完成正常工作循环。装置中补气阀、自动排水阀、自动排气阀、平衡阀及其他活动部件的动作应灵敏、可靠,各部件不应损坏。

5.10.3.2 采用空气压缩机补气的设备,选用的空气压缩机最高工作压力不应超过气压水罐最高工作压力的1.25倍。

5.10.4 止气装置

5.10.4.1 止气装置的动作应准确可靠,止气装置动作后设备出水口不应有气体泄漏。
5.10.4.2 按6.11.5的规定进行试验,气压水罐内压力降应不大于稳压压力上限 p_4 的2%。

5.10.5 胶囊

5.10.5.1 胶囊材料理化性能应符合GB/T 528的要求。与市政管网连接的设备其胶囊材料还应达到国家生活饮用水卫生检疫要求。
5.10.5.2 胶囊按6.11.6的规定进行水压强度试验,不应破裂。

5.10.6 出水口

气压水罐出水口直径按稳压流量计算确定,且其公称直径不应小于50 mm。

5.11 水泵机组

消防专用设备的水泵机组应符合GB 27898.1—2011中5.11的要求;消防和生活(生产)共用设备的水泵机组应符合GB 27898.2—2011中5.11的要求。

5.12 管道阀门及附件

5.12.1 常规管道阀门及附件

常规管道阀门及附件应符合GB 27898.1—2011中5.12的要求。

5.12.2 无负压(叠压)稳压设备的特殊要求

5.12.2.1 在市政给水管网允许的条件下,从市政给水管网取水用于消防稳压应使用消防无负压(叠压)稳压设备,设备中配套使用的负压消除抑止器、真空抑制器、稳流补偿器等部件性能应符合CJ/T 265的要求。
5.12.2.2 稳流补偿器应安装压力显示和控制仪表,液位显示范围不应小于容器总高的50%,出水口不应小于稳压泵进水口径。

5.13 控制仪表及部件

控制仪表应符合GB 27898.1—2011中5.13的要求。配套使用的变频器应符合GB 27898.2—2011中的5.13要求。

5.14 操控柜

操控柜应符合GB 27898.1—2011中5.14的要求,配套使用变频器的操控柜应符合GB 27898.2—2011中5.14的要求。

6 试验方法

6.1 试验基本要求

6.1.1 如果生产商对设备试验条件有特殊要求的在《操作指导书》中给出。如果试验条件没有特殊要求的设备,则试验在下述正常大气条件下进行:

a) 气温为+10 ℃~+35 ℃;

b) 水温为+5 ℃～+25 ℃;

c) 相对湿度为35%～75%;

d) 海拔应不超过2 000 m;

e) 对于海拔高于2 000 m处使用的设备,有必要考虑介电强度、密封性能的严酷等级。

6.1.2 试验所使用的设备测试精度应满足下列要求:

a) 压力测量仪表精度不应低于0.4级;

b) 流量测量仪表精度不应低于1%;

c) 常规长度测量器具精度不应低于1%,电气元件间隙测量器具示值偏差不应大于0.02 mm;

d) 电气环境监测仪表精度不应低于1%;

e) 有温度控制要求的试验设备控温精度不应大于±2 ℃。

6.2 基本参数检查

对照生产商提供的《操作指导书》、技术图纸、工艺资料等技术文件,检查设备的基本参数设置。

6.3 结构部件检查

6.3.1 对照生产商提供的《操作指导书》、技术图纸、工艺资料等技术文件,检查设备的构成、部件等内容。

6.3.2 对照生产商提供的《操作指导书》、技术图纸、工艺资料等技术文件,检查设备外购部件的选用,记录部件的规格型号、主要技术参数、生产商、合格证明等内容。

6.4 外观标识检查

6.4.1 对照技术图纸、工艺资料等技术文件,检查设备的部件外表面和整体外观等内容。

6.4.2 对照生产商提供的《操作指导书》、技术图纸、工艺资料等技术文件,使用常规长度测量器具检查设备标志牌外形尺寸,记录标志牌的内容、警示标识和水流方向标识的设置情况。

6.5 控制功能试验

6.5.1 调整压力控制仪表,使设备正常运行,分别记录设备的稳压压力上限 p_4 和稳压压力下限 p_3。开启设备出水口阀门放水,调整阀门开度,记录显示压力。

调整液位控制仪表,分别显示高工作液位和低工作液位,设备运行正常后,记录工作液位值。观察压力控制和液位控制互锁情况。

上述每种状态下测量数据应不少于6个,同时记录稳压泵组的运行方式。

6.5.2 使设备处于正常运行状态,关闭设备出水口阀门,使水池液位探测器模拟输出水池缺水信号,然后恢复正常水位状态,此过程中检查消防泵和稳压泵的启停状态及报警信号。

6.5.3 操作操控柜的紧急启动按钮和通过远程消防操控器(按钮)启动消防运行状态,观察稳压泵组和消防泵组的工作状态的动作情况。

6.5.4 使设备处于稳压运行状态,开启设备出水口阀门至最大,模拟低压力信号持续规定时间检查消防泵是否启动;或模拟压力报警信号、水流报警信号、外部消防报警信号,使信号相互复合,同时记录消防泵组的工作状态。

6.5.5 记录采用不同方式启动消防泵组时,停机退出消防运行的方式。

6.5.6 分别模拟设备电气故障和机械故障,观察水泵故障处置情况及水泵切换方式。

6.5.7 对照设计文件检查巡检周期设定功能,按设计文件规定的巡检方法操作,模拟故障报警,记录故障报警状态和巡检提示周期等。

6.5.8 对照生产商提供的《操作指导书》、技术图纸、工艺资料等技术文件,检查设备的运行记录装置运行情况。

6.5.9 调节出水口阀门,使设备处正常取水压力条件下,按最大稳压工作流量给水,记录设备与水源连接处压力。

6.5.10 使水源压力低于取水压力下限 p_5 检查设备报警情况,使稳流补偿器的水位低于下限水位检查设备工作状态;当水源水压水位恢复后检查设备工作状况。

6.6 供水能力试验

6.6.1 启动设备使之处于正常运行状态,当气压水罐内压力达到稳压压力下限 p_3 时,关闭设备出水阀门,切断设备供电电源。开启设备出水阀门放水,当气压水罐内压力降至止气/充气压力 p_1 时停止放水,记录气压水罐累计给水量。

6.6.2 启动设备使之处于正常运行状态,在气压水罐内液位稳定后,当压力为稳压压力上限 p_4 时,关闭设备出水阀门,切断供电电源,开启设备出水阀门放水,当气压水罐内压力降至稳压压力下限 p_3 时,记录调节水容积水量,继续放水至消防泵启动压力 p_2 时停止放水,记录调节水容积水量。

6.6.3 设定稳压泵组在 p_3 压力启动 p_4 压力时停止,记录工作时间。调节稳压泵组出水流量至125%标称工作流量记录此时泵出口压力。

6.6.4 启动消防泵组,调节设备出水口阀门开度,使设备主干管出水口压力达到消防额定工作压力 p_x 记录设备给水流量。调节设备出水口阀门开度,使设备主干管出水流量达到150%消防额定工作流量 Q_x 记录设备给水压力。

6.6.5 消防泵组并联运行的设备,首先分别测出单一泵组消防额定工作压力 p_x 的流量,然后测试并联组合时在该工作压力下的给水流量,计算最大损失率。

6.7 连续运行试验

6.7.1 启动设备使之处于稳压运行状态,调节循环启闭试验装置及设备出水阀门开度,使设备的启动频率不少于每小时6次,连续运行24 h,检查补气装置动作和设备整体运行情况。

6.7.2 使设备的消防泵处于消防运行状态,调整流量调节阀使设备的出口压力为设备的消防额定工作压力 p_x,同时记录设备出口的给水流量,连续运行6 h,检查运行过程设备的工作状态。

6.7.3 按动操控柜紧急启动按钮启动消防泵组,达到消防额定工况点后停止泵组工作。如此重复6次,观测并记录试验结果。

6.8 密封性能试验

6.8.1 关闭水泵进水口阀门和设备出水口阀门,拆除安全阀。向气压水罐或稳流补偿器、管道、阀门及辅件充水并排除空气。将水压上升至1.1倍设备最高工作压力,持续15 min,观测连接处和部件表面,记录试验结果。

6.8.2 向气压水罐等承受气压的部件充压缩空气。将气压上升至1.1倍设备最高工作压力,持续15 min,将连接处和部件表面涂皂液水,观测记录试验结果。

6.8.3 将气压水罐内水全部排空,至止气装置动作,记录此时罐内气压,持续6 h,检查气压水罐压力变化情况,记录试验结果。

6.9 水压强度试验

关闭水泵出水口阀门和设备出水口阀门,拆除安全阀、控压仪表和液位显示控制仪表等部件。向气压水罐或稳流补偿器、管道、阀门及辅件充水并排除空气。将设备缓慢升压至2倍设备最高工作压力,持续5 min,观测设备各承压部件情况并记录。

6.10 运行噪声测量

按照 GB/T 3222.2 规定的方法进行试验，记录设备运行噪声强度值和消防报警声强度值。

6.11 气压水罐检查

6.11.1 对照设计文件检查并记录气压水罐安装的压力显示和控制仪表类型、安装位置等内容。按照《操作指导书》中规定的方法监测并记录胶囊式气压水罐的罐内充气压力值。

6.11.2 对照技术图纸、工艺资料等技术文件使用通用长度量具，测量气压水罐液位最大显示范围，精确到 1 mm，计算并记录气压水罐液位显示范围占罐体总高的比例。

6.11.3 通过日常稳定性试验后检查并记录补气装置的工作情况。

6.11.4 对照生产商提供的《操作指导书》、技术图纸检查空气压缩机的最高工作压力、工作压力设定和安装方式。

6.11.5 启动设备使之在稳压压力上限运行，稳定后切断电源，由出水口放水至设备处于止气状态。检查并记录止气装置的动作压力和止气状况，持续 6 h，检查并记录气压水罐内压力下降情况。

6.11.6 胶囊按 6.9 规定进行水压强度试验后，排空罐内水，观察并记录试验现象。

6.11.7 对照技术图纸、工艺资料等技术文件使用通用长度量具，测量并记录气压水罐出水口直径。

6.12 水泵机组试验

6.12.1 对照生产商提供的《操作指导书》、技术图纸、工艺资料等技术文件，检查并记录稳压泵组和消防泵组的配置情况。

6.12.2 启动稳压泵组，调节设备出水口阀门，使出水流量达到泵组标称流量值，验证记录稳压泵组出口压力。

6.12.3 启动消防泵组，调节设备出水口阀门，使出水流量达到泵组标称流量值，验证记录消防泵组出口压力。

6.13 管道阀门及附件检查

6.13.1 管道阀门及附件检验按 GB 27898.1—2011 中 6.13 规定的方法进行。

6.13.2 对照生产商技术文件，检查稳流补偿器、负压消除抑止器、真空抑制器的配置情况。

6.14 控制仪表检查

控制仪表检验按 GB 27898.1—2011 中 6.14 规定的方法进行。

6.15 操控柜试验

6.15.1 无变频器配置的操控柜检验按 GB 27898.1—2011 中 6.15 规定的方法进行。

6.15.2 配置变频器的操控柜按 GB 27898.2—2011 中 6.15 规定的方法进行。

7 检验规则

7.1 检验分类与项目

7.1.1 型式检验

7.1.1.1 有下列情况之一时，应进行型式检验：

a) 新产品试制定型鉴定时；

b) 正式投产后，如产品结构、材料、工艺、关键工序的加工方法有重大改变时；
c) 发生重大质量事故时；
d) 产品停产一年以上，恢复生产时；
e) 连续生产满三年时；
f) 质量监督机构提出要求时。

7.1.1.2 产品型式检验项目应按表1的要求进行。

7.1.2 出厂检验

产品出厂检验项目应至少包括表1规定的项目。

7.2 抽样方法

7.2.1 型式检验在出厂检验合格的产品中随机抽样，抽样数量为1套。
7.2.2 每套产品出厂均应进行出厂检验。

7.3 检验结果判定

7.3.1 型式检验

型式检验若出现下列情况之一时则判该产品为不合格，否则判该产品为合格。
a) 出现A类项目不合格；
b) 出现B类项目不合格数大于1。

7.3.2 出厂检验

设备的出厂检验项目全部合格，该产品为合格。

7.4 系列固定消防给水设备的抽样与判定

系列固定消防给水设备的抽样与判定参照GB 27898.1—2011的附录A进行。

表1 型式检验项目、出厂检验项目及不合格类别

检验项目	型式检验项目	出厂检验项目		不合格类别	
		全检	抽检	A类	B类
基本参数(5.1)	★	★	—	★	—
设备构成和部件(5.2)	★	★	—	★	—
外观和标识(5.3)	★	★	—	—	★
控制功能(5.4)	★	★	—	★	—
供水能力(5.5)	★	—	★	★	—
连续运行(5.6)	★	—	★	★	—
密封性能(5.7)	★	★	—	★	—
水压强度(5.8)	★	—	★	★	—
运行噪声(5.9)	★	—	★	—	★
气压水罐(5.10)	★	—	★	★	—
水泵机组(5.11)	★	★	—	★	—
管道阀门及附件(5.12)	★	★	—	★	—
控制仪表(5.13)	★	★	—	★	—
操控柜(5.14)	★	★	—	★	—
注：“★”表示进行检验；“—”表示不进行检验。					

8 标志牌和操作指导书

8.1 标志牌

8.1.1 设备应独立设置永久性标志牌，标志牌面积不应小于 500 cm^2。

8.1.2 标志牌应注明基本性能参数，根据设备类型主要性能参数至少应符合表 2 所列内容。

8.1.3 标志牌上应绘制设备系统示意图，图上应清楚标出操作部件的位置、代号。

8.1.4 标志牌应有操作流程说明，使用简练的文字和符号说明。

8.2 操作指导书

《操作指导书》应至少包括下列内容：

a) 设备工作原理介绍；

b) 设备安装使用条件；

c) 设备主要性能参数、压力和水容积设计计算书；

d) 设备系统示意图和安装图纸；

e) 设备操作程序；

f) 设备构成部件及附件清单；

g) 安装使用及维护说明、注意事项；

h) 售后服务；

i) 制造单位名称、详细地址、邮编和电话。

表 2 主要性能参数

消防稳压给水设备	消防增压给水设备	消防增压稳压给水设备
a) 设备规格型号； b) 执行标准； c) 稳压压力上限(MPa)； d) 稳压压力下限(MPa)； e) 气压水罐总容积或稳流补偿器总容积(m^3)； f) 止气/充气压力或取水压力下限(MPa)； g) 气压水罐设计安全使用寿命； h) 操控柜总功率(kW)； i) 水泵台数； j) 生产厂或厂标； k) 出厂年月	a) 设备规格型号； b) 执行标准； c) 消防额定工作流量(L/s)； d) 消防额定工作压力(MPa)； e) 操控柜总功率(kW)； f) 水泵台数； g) 生产厂或厂标； h) 出厂年月	a) 设备规格型号； b) 执行标准； c) 稳压压力上限(MPa)； d) 稳压压力下限(MPa)； e) 消防泵启动压力(MPa)； f) 止气/充气压力(MPa)； g) 消防额定工作流量(L/s)； h) 消防额定工作压力(MPa)； i) 气压水罐总容积或稳流补偿器总容积(m^3)； j) 气压水罐设计安全使用寿命； k) 水泵台数； l) 操控柜总功率(kW)； m) 生产厂或厂标； n) 出厂年月

9 包装、运输和贮存

9.1 包装

包装要求安全可靠，并应便于装卸、运输和贮存，并应附如下资料：

a) 产品合格证；

b) 操作指导书；

c) 部件及附件清单；

d) 产品安装图。

9.2 运输

产品运输时应避免强烈碰撞。

9.3 贮存

产品应贮存在通风干燥处。

ICS 13.220.10
C 84

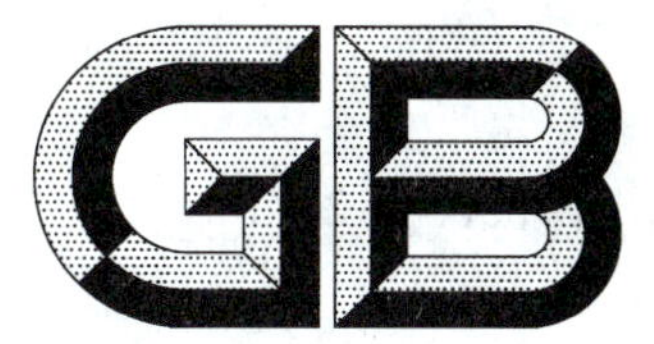

中华人民共和国国家标准

GB 27898.4—2011

固定消防给水设备 第4部分：消防气体顶压给水设备

Fixed water supply equipment used for fire-protection—
Part 4: Gas driven fixed water supply equipment used for fire-protection

2011-12-30 发布　　2012-06-01 实施

中华人民共和国国家质量监督检验检疫总局
中国国家标准化管理委员会　发布

前　言

GB 27898 的本部分的第 5 章、第 7 章和第 8 章为强制性的，其余为推荐性的。

GB 27898《固定消防给水设备》分为以下部分：

——第 1 部分：消防气压给水设备；

——第 2 部分：消防自动恒压给水设备；

——第 3 部分：消防增压稳压给水设备；

——第 4 部分：消防气体顶压给水设备；

——第 5 部分：消防双动力给水设备。

……

本部分为 GB 27898 的第 4 部分。

本部分按照 GB/T 1.1—2009 给出的规则起草。

本部分由中华人民共和国公安部提出。

本部分由全国消防标准化技术委员会固定灭火系统分技术委员会(SAC/TC 113/SC 2)归口。

本部分负责起草单位：公安部天津消防研究所。

本部分参加起草单位：上海连成集团有限公司。

本部分主要起草人：赵永顺、高云升、刘连喜、马建明、张锡淼。

本部分是首次发布。

固定消防给水设备 第4部分:消防气体顶压给水设备

1 范围

GB 27898 的本部分规定了消防气体顶压给水设备的术语和定义、分类、要求、试验方法、检验规则、标志牌和操作指导书、包装、运输和贮存。

本部分适用于消防气体顶压给水设备。工作原理类似的气体顶压给水设备可参照采用。

2 规范性引用文件

下列文件对于本文件的应用是必不可少的。凡是注日期的引用文件,仅注日期的版本适用于本文件。凡是不注日期的引用文件,其最新版本(包括所有的修改单)适用于本文件。

GB 150 钢制压力容器

GB/T 3222.2 声学 环境噪声的描述、测量与评价 第2部分:环境噪声级测定

GB 5099 钢质无缝气瓶

GB 5100 钢质焊接气瓶

GB 16669—2010 二氧化碳灭火系统及部件通用技术条件

GB 27898.1—2011 固定消防给水设备 第1部分:消防气压给水设备

GB 27898.2—2011 固定消防给水设备 第2部分:消防自动恒压给水设备

GA 61—2010 固定灭火系统驱动、控制装置通用技术条件

TSG R0004 固定式压力容器安全技术监察规程

3 术语和定义

GB 27898.1—2011 和 GB 27898.2—2011 界定的以及下列术语和定义适用于本文件。

3.1

消防气体顶压给水设备 gas driven fixed water supply equipment used for fire-protection

通常由气压水罐、操控柜、顶压储气系统、减压释放装置等部件组成;消防运行状态时,压缩气体充入气压水罐,置换出罐内消防储水,并始终保持消防额定工作压力,向消防管网供水的消防给水设备。

3.2

通用型消防气体顶压给水设备 general stabilizing pressure type gas driven fixed water supply equipment used for fire-protection

组成中有稳压水泵机组、稳压控制系统等稳压部件,具有在消防稳压和消防运行两种状态下持续按设定压力给水的消防气体顶压给水设备。

3.3

无稳压型消防气体顶压给水设备 non-stabilizing pressure type gas driven fixed water supply equipment used for fire-protection

不具有消防稳压功能,只在消防运行状态时启动工作的消防气体顶压给水设备。

3.4

消防顶压置换水容积 V_d　volume of replacement water

消防气体顶压给水设备消防运行状态时，由压缩气体充入气压水罐置换供给消防供水管网的、满足消防额定工作压力的最大消防用水量。

3.5

消防顶压最大工作流量 Q_d　maximum flow rate of gas driven fixed water supply equipment used for fire-protection

消防气体顶压给水设备消防运行状态时，满足消防额定工作压力条件下设备能提供的最大给水流量值。

3.6

气体顶压系统　gas driven system

消防气体顶压给水设备中，与压缩气体的储存、监测、减压、释放等环节有关的部件总称。

4　分类

4.1　产品分类

按是否带有消防稳压功能分为：

a)　通用型消防气体顶压给水设备，特征代号 D；

b)　无稳压型消防气体顶压给水设备，特征代号 DJ。

4.2　型号编制

消防气体顶压给水设备按以下方法编制型号。

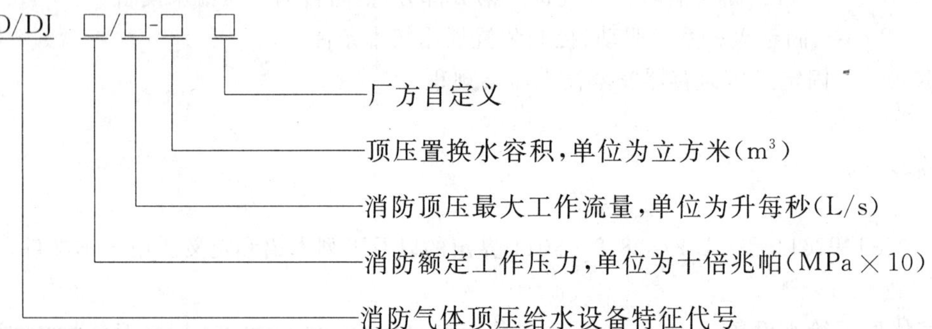

示例 1：D 6/10-6 表示通用型消防气体顶压给水设备，消防额定工作压力为 0.6 MPa，消防顶压最大工作流量为 10 L/s，消防顶压置换水容积 6 m^3。

示例 2：DJ 5/20-12 表示无稳压型消防气体顶压给水设备，消防额定工作压力为 0.5 MPa，消防顶压最大工作流量为 20 L/s，消防顶压置换水容积 12 m^3。

5　要求

5.1　基本参数

5.1.1　消防气体顶压给水设备（以下简称设备）的消防额定工作压力 p_x 不应低于 0.3 MPa。

5.1.2　设备的消防顶压最大工作流量 Q_d 不应小于 5 L/s；

5.1.3　设备的消防顶压置换水容积 V_d 不应小于 3 m^3，推荐容积参数系列为：3 m^3、6 m^3、9 m^3、12 m^3 和 18 m^3。

5.2 设备构成和部件

5.2.1 设备构成

5.2.1.1 设备应至少包括气压水罐及附件、水泵机组、顶压系统及附件、给水管道阀门及附件、测控仪表、操控柜等。

5.2.1.2 设备各部件应集中布置，且应方便维护和检修。

5.2.1.3 设备各部件安装应牢固，连接应可靠。

5.2.2 部件通用要求

5.2.2.1 设备的外购部件应选用符合国家标准或行业标准的通用产品，且应优先选择消防专用产品。由生产商研发生产的专用部件应通过产品技术鉴定。

5.2.2.2 顶压系统储气容器应选用压力容器生产商按照 GB 5100 和 GB 5099 规定生产的合格产品，应选用压力容器生产商按照 GB 150 规定生产的气压水罐。其运行安全性应符合 TSG R0004 的要求。顶压系统的工作压力应在操作指导书中规定。

5.2.2.3 设备使用的气压水罐、管道阀门及附件耐压等级不应低于最高工作压力的 2 倍。

5.2.2.4 设备使用的压力表量程应选用合理，监视压力的仪表精度不应低于 2.5 级，控压用压力仪表精度应符合 5.14 的要求。压力表外壳公称直径不应小于 100 mm。

5.3 外观和标识

5.3.1 设备外观

5.3.1.1 设备各部件外表面不应有明显的磕碰伤痕、变形等缺陷。

5.3.1.2 设备涂层应完整美观。同类部件表面涂层颜色应一致。

5.3.2 设备标识

5.3.2.1 应设置设备标志牌，标志牌应符合 8.1 的要求。

5.3.2.2 设备各部件标志牌内容应清晰完整。

5.3.2.3 在设备可能危及人身安全处、需防止不当操作和误操作处应挂置警示标识，标识应清晰醒目。顶压系统的储气瓶组及气体输送附件等承受高压力部件处应挂置警示标识。

5.3.2.4 顶压系统的减压阀、容器阀、逆止阀等处应有阀门正常工作状态指示和警示标志。关键位置阀门应有阀门开关状态锁定措施。

5.3.2.5 设备给水管道应喷涂标识水流方向的箭头，供气管路应有气流方向标识。

5.4 控制功能

5.4.1 稳压运行

5.4.1.1 采用控制压力区间方式维持稳压运行的设备，应符合 GB 27898.1—2011 中 5.4.1 的要求。

5.4.1.2 采用恒压方式维持稳压运行的设备，应符合 GB 27898.2—2011 中 5.4.1 的要求。

5.4.2 消防运行状态启动方式

5.4.2.1 设备应具备操作操控柜设置的紧急启动装置(按钮)启动消防运行状态的功能。

5.4.2.2 设备应具备操纵机械应急机构启动消防运行状态的功能。

5.4.2.3 设备应具备手动远程操控器(按钮)紧急启动消防运行状态的功能。

5.4.2.4 具备下述条件之一时，设备应自动启动：

a) 当设备出水口压力持续 10 s 低于设定的消防启动压力 p_2 时；
b) 当设备同时接收消防水流报警信号和消防低压力报警信号时；
c) 当设备接收消防水流报警信号或消防低压力报警信号之一，且同时接收外部消防自动报警信号时。

5.4.3 消防运行

设备进入消防运行状态后，设备的消防额定工作压力 p_x 与实测压力的偏差以及对于不同压力扰动测得的重复性偏差应不大于±0.05 MPa。

5.4.4 间歇供水性能

设备按 6.8 方法试验，在消防运行状态下采用间歇给水工作方式，给水时管网压力应满足 5.4.3 的要求，停止时管网压力应不超过消防额定工作压力 p_x 的 1.1 倍，且安全阀不应开启。

5.4.5 消防运行状态退出方式

5.4.5.1 设备启动消防运行状态后，退出应手动操作。

5.4.5.2 设备应设置消防运行状态紧急退出的机械操控方式。

5.4.6 水泵切换

在稳压工作泵发生电气故障或不能达到应有能力时，稳压备用泵应能自动和手动切换。

5.4.7 巡检

设备巡检应符合 GB 27898.1—2011 中 5.4.5 的要求。

5.4.8 运行记录

设备运行记录装置应符合 GB 27898.1—2011 中 5.4.6 的要求。

5.5 供水能力

5.5.1 气压水罐供水

5.5.1.1 按 6.6.1 的要求试验，设备的顶压置换水容积 V_d 应满足设计要求。

5.5.1.2 设备在消防额定工况点给水时的持续时间不少于 10 min。

5.5.1.3 按 6.6.2 的规定进行试验，补充水容积不应少于 150 L，缓冲水容积不应少于 150 L，并应合理设置各工作压力和气压水罐的总容积，其设计计算过程应在《操作指导书》中说明。

5.5.2 稳压泵组补水

稳压泵组应在 30 s 至 300 s 时间内完成补充水容积 V_1 的补给。

5.6 连续运行

5.6.1 稳压运行稳定性

5.6.1.1 采用控制压力区间方式稳压的设备，稳压运行稳定性应符合 GB 27898.1—2011 中 5.6.1 的要求。

5.6.1.2 采用恒压方式稳压的设备，稳压运行稳定性应符合 GB 27898.2—2011 中 5.6.1 的要求。

5.6.2 连续启动

设备通过操控柜的紧急启动装置(按钮)连续启动6次,控制系统不应产生任何的故障。

5.7 密封性能

设备的密封性能应符合GB 27898.1—2011中5.7的要求。

5.8 水压强度

设备的耐水压强度性能应符合GB 27898.1—2011中5.8的要求。

5.9 运行噪声

设备稳压运行状态的最大噪声应符合GB 27898.1—2011中5.9的要求。

5.10 气压水罐

气压水罐及其附件应符合GB 27898.1—2011中5.10的要求。

5.11 水泵机组

稳压泵组应符合GB 27898.1—2011中5.11的要求。

5.12 顶压系统

5.12.1 集流管

5.12.1.1 集流管的材料、强度要求、密封要求应符合GB 16669—2010中5.9.1、5.9.3和5.9.4的要求。

5.12.1.2 每组气瓶的集流管上应有压力显示仪表。

5.12.2 连接管

连接管的材料、强度要求、密封要求和非金属连接管耐热空气老化性能应符合GB 16669—2010中5.10.1、5.10.3、5.10.4和5.10.5的要求。

5.12.3 减压阀

5.12.3.1 减压阀壳体按6.16.1规定的方法进行强度试验,不应破裂、变形或泄漏。

5.12.3.2 减压阀按6.16.2规定的方法进行静态密封试验,渗漏量不超过每分钟5个气泡。

5.12.3.3 减压阀应具有压力调节锁止机构并按6.16.3规定的方法进行调压试验,调节应灵敏,不应有卡阻和异常振动。

5.12.3.4 按6.16.4规定的方法进行高压气体冲击试验,试验后调压性能应符合5.12.3.3的要求。

5.12.4 容器阀

5.12.4.1 容器阀强度要求、密封要求试验应符合GB 16669—2010中5.5.4和5.5.5的要求。

5.12.4.2 常闭工作状态的容器阀的工作可靠性试验应符合GB 16669—2010中5.5.8的要求。

5.12.5 驱动装置

驱动装置性能应符合GA 61—2010中5.1~5.7的要求。

5.12.6 安全泄放装置

5.12.6.1 储压容器或集流管上应设置安全泄放装置。

5.12.6.2 安全泄放装置的泄放动作压力设定值不应小于1.25倍最大工作压力,但不应大于部件强度试验压力的95%,泄压动作压力范围为设定值×(1±5%)。

5.13 管道阀门及附件

设备的管道阀门及附件应符合GB 27898.1—2011中5.12的要求。

5.14 控制仪表

设备的控压仪表及部件应符合GB 27898.1—2011中5.13的要求。

5.15 操控柜

5.15.1 柜体

操控柜柜体应符合GB 27898.1—2011中5.14.1的要求。

5.15.2 布线

操控柜中线路及布置应符合GB 27898.1—2011中5.14.2的要求。

5.15.3 电气间隙和爬电距离

操控柜中电气间隙和爬电距离应符合GB 27898.1—2011中5.14.3的要求。

5.15.4 绝缘电阻与介电性能

操控柜绝缘电阻与介电性能应符合GB 27898.1—2011中5.14.4的要求。

5.15.5 双电源和应急电源

5.15.5.1 设备操控柜应具有双路电源,亦可配有单独的双电源互投柜,双路电源应能自动及手动切换,切换时间不应大于2 s。采用蓄电池组作应急电源的设备,主电源断电蓄电池组切换时间不应大于2 s。

5.15.5.2 蓄电池组应满足下列要求:

a) 应配备两套蓄电池组,并能实现自动切换;
b) 应采用免维护性的蓄电池;
c) 充电设备在额定电压下,应能把彻底亏电的蓄电池,24 h内重新蓄存到100%的额定容量;
d) 蓄电池组应在充电电源断电96 h后仍能完成10次设备正常消防启动工作。

5.15.6 保护

操控柜保护措施应符合GB 27898.1—2011中5.14.6的要求。

5.15.7 输入输出端子

操控柜输入输出端子应符合GB 27898.1—2011中5.14.7的要求。

5.15.8 环境适应性能

操控柜环境适应性能应符合GB 27898.1—2011中5.14.9的要求。

6 试验方法

6.1 试验基本要求

6.1.1 如果生产商对设备试验条件有特殊要求的在《操作指导书》中给出。如果试验条件没有特殊要求的设备,则试验在下述正常大气条件下进行:

a) 气温为+10 ℃~+35 ℃;

b) 水温为+5 ℃~+25 ℃;

c) 相对湿度为35%~75%;

d) 海拔应不超过2 000 m;

e) 对于海拔高于2 000 m处使用的设备,有必要考虑介电强度、密封性能的严酷等级。

6.1.2 试验所使用的设备测试精度应满足下列要求:

a) 压力测量仪表精度不应低于0.4级;

b) 流量测量仪表精度不应低于1%;

c) 常规长度测量器具精度不应低于1%,电气元件间隙测量器具示值偏差不应大于0.02 mm;

d) 电气环境监测仪表精度不应低于1%;

e) 有温度控制要求的试验设备控温精度不应大于±2 ℃。

6.2 基本参数检查

对照生产商提供的《操作指导书》、技术图纸、工艺资料等技术文件,检查设备的基本参数设置。

6.3 结构部件检查

6.3.1 对照生产商提供的《操作指导书》、技术图纸、工艺资料等技术文件,检查设备的构成、部件等内容。

6.3.2 对照生产商提供的《操作指导书》、技术图纸、工艺资料等技术文件,检查设备部件的选用,记录部件的规格型号、主要技术参数、生产商、合格证明等内容。

6.4 外观标识检查

6.4.1 对照技术图纸、工艺资料等技术文件,检查设备的部件外表面和整体外观等内容。

6.4.2 对照生产商提供的《操作指导书》、技术图纸、工艺资料等技术文件,使用常规长度测量器具检查设备标志牌外形尺寸,记录标志牌的内容、警示标识和水流方向标识的设置情况。

6.5 控制功能试验

设备的常规控制功能试验按GB 27898.1—2011中6.5规定的方法进行。

6.6 供水能力试验

6.6.1 启动设备使之处于正常运行状态,当气压水罐内压力达到稳压压力下限 p_3 时,关闭设备出水阀门,切断设备供电电源。开启设备出水阀门按设备额定工况放水,当气压水罐内压力降至止气/充气压力 p_1 时停止放水,并记录气压水罐累计给水量同时记录工作时间。

6.6.2 启动设备使之处于正常运行状态,在气压水罐内液位稳定后,当压力为稳压压力上限 p_4 时,关闭设备出水阀门,切断供电电源,开启设备出水阀门放水,当气压水罐内压力降至稳压压力下限 p_3 时,记录调节水容积水量,继续放水至消防启动压力 p_2 时停止放水,记录调节水容积水量。

6.6.3 设定稳压泵组在稳压压力下限压力 p_3 启动,在稳压压力上限压力 p_4 时停止,记录工作时间。

6.7 连续运行试验

6.7.1 连续运行试验按 GB 27898.1—2011 中 6.7 规定的方法进行。

6.7.2 市电断电情况下,通过操控柜的紧急启动装置(按钮)手动连续启动 6 次,检查启动装置运行情况。

6.8 间歇工作试验

设备处于消防运行状态,打开设备出水阀门放水,放水流量分别为消防顶压最大流量 Q_d 的 25%、50%、75%和 100%,每次放水 30 s 后完全关闭阀门,观察 1 min,检查并记录气压水罐压力、供水管网压力及安全阀工作情况

6.9 密封性能试验

密封性能试验按 GB 27898.1—2011 中 6.8 规定的方法进行。

6.10 水压强度试验

水压强度试验按 GB 27898.1—2011 中 6.9 规定的方法进行。

6.11 噪声测量

按照 GB/T 3222.2 规定的方法进行试验,记录设备运行噪声强度值和消防报警声强度值。

6.12 气压水罐检查

气压水罐检查按 GB 27898.1—2011 中 6.11 规定的方法进行。

6.13 水泵机组试验

水泵机组检查按 GB 27898.1—2011 中 6.12 规定的方法进行。

6.14 集流管试验

集流管的材料检查、强度试验、密封试验按 GB 16669—2010 中 6.2、6.3 和 6.4 规定的方法进行。

6.15 连接管试验

连接管的材料检查、强度试验、密封试验和非金属连接管耐热空气老化试验按 GB 16669—2010 中 6.2、6.3、6.4 和 6.27 规定的方法进行。

6.16 减压阀性能试验

6.16.1 减压阀壳体强度试验

试验采用常温空气,使减压阀(可单件或整体)充入试验压力为 1.5 倍顶压系统最高工作压力的气压,持续时间 15 s,记录试验结果。

6.16.2 减压阀密封试验

试验采用常温空气,减压阀关闭(调节弹簧处于自由状态)。在进口处施加顶压系统最高工作压力的气压,出口通大气,末端浸入水槽内,测定渗漏量,记录试验结果。

6.16.3 减压阀调压试验

减压阀关闭(调节弹簧处于自由状态),开启减压阀后的截止阀,调进口压力为顶压系统最高和最低工作压力,缓慢调节减压阀的调压装置,使出口压力在该压力级弹簧的最大与最小之间变化。反复两次,每调一档时,必须使出口压力表指针回零,否则重新调整截止阀开度,记录试验结果。

6.16.4 减压阀耐高压冲击试验

减压阀关闭(调节弹簧处于自由状态),开启减压阀前端的截止阀,调节进口压力为顶压系统最高工作压力,缓慢调节减压阀的调压装置,使出口压力为顶压系统设计出口压力。开启关闭截止阀反复10次,每次冲击前,必须使进口压力表指针回零,记录试验结果。

6.17 容器阀试验

6.17.1 容器阀强度试验、密封试验按 GB 16669—2010 中 6.3 和 6.4 规定的方法进行。

6.17.2 常闭工作状态的容器阀的工作可靠性试验按 GB 16669—2010 中 6.6 规定的方法进行。

6.18 驱动装置试验

驱动装置性能试验按 GA 61—2010 中 7.2 规定的方法进行。

6.19 安全泄放装置试验

安全泄放装置的泄放动作压力试验按 GB 16669—2010 中 6.15 规定的方法进行。

6.20 管道阀门及附件检查

管道阀门及附件试验按 GB 27898.1—2011 中 6.13 规定的方法进行。

6.21 控制仪表检查

控制仪表试验按 GB 27898.1—2011 中 6.14 规定的方法进行。

6.22 操控柜试验

6.22.1 操控柜试验按 GB 27898.1—2011 中 6.15 规定的方法进行。

6.22.2 断掉市电检查蓄电池备用直流电源的投入时间,并在备用直流电源投入后使设备一直处于监视状态,检查备用直流电源的工作时间。

7 检验规则

7.1 检验分类与项目

7.1.1 型式检验

7.1.1.1 有下列情况之一时,应进行型式检验:

a) 新产品试制定型鉴定时;

b) 正式投产后,如产品结构、材料、工艺、关键工序的加工方法有重大改变时;

c) 发生重大质量事故时;

d) 产品停产一年以上,恢复生产时;

e) 连续生产满三年时;

f) 质量监督机构提出要求时。

7.1.1.2 产品型式检验项目应按表1的规定进行。

7.1.2 出厂检验

产品出厂检验项目应至少包括表1规定的项目。

表1 型式检验项目、出厂检验项目及不合格类别

检验项目	型式检验项目	出厂检验项目		不合格类别	
		全检	抽检	A类	B类
基本参数(5.1)	★	★	—	★	—
设备构成和部件(5.2)	★	★	—	★	—
外观和标识(5.3)	★	★	—	—	★
控制功能(5.4)	★	★	—	★	—
供水能力(5.5)	★	—	★	★	—
连续运行(5.6)	★	—	★	★	—
密封性能(5.7)	★	★	—	★	—
水压强度(5.8)	★	—	★	★	—
运行噪声(5.9)	★	—	★	—	★
气压水罐(5.10)	★	—	★	★	—
水泵机组(5.11)	★	★	—	★	—
顶压系统(5.12)	★	★	—	★	—
管道阀门及附件(5.13)	★	★	—	★	—
控制仪表(5.14)	★	★	—	★	—
操控柜(5.15)	★	★	—	★	—
注:"★"表示进行检验;"—"表示不进行检验。					

7.2 抽样方法

7.2.1 型式检验在出厂检验合格的产品中随机抽样,抽样数量为1套。

7.2.2 每套产品出厂均应进行出厂检验。

7.3 检验结果判定

7.3.1 型式检验

型式检验若出现下列情况之一时则判该产品为不合格,否则判该产品为合格。

a) 出现A类项目不合格;

b) 出现B类项目不合格数大于1。

7.3.2 出厂检验

设备的出厂检验项目全部合格,该产品为合格。

7.4 系列固定消防给水设备的抽样与判定

系列固定消防给水设备的抽样与判定参照 GB 27898.1—2011 的附录 A 进行。

8 标志牌和操作指导书

8.1 标志牌

8.1.1 设备应独立设置永久性标志，标志牌面积不应小于 500 cm^2。

8.1.2 标志牌应注明基本性能参数，至少包括下述内容：

a) 消防额定工作压力(MPa)；
b) 消防顶压最大工作流量(L/s)；
c) 气压水罐总容积(m^3)；
d) 气压水罐设计安全使用寿命；
e) 储气瓶组个数；
f) 储压瓶组充气压力(MPa)；
g) 设备总功率(kW)；
h) 水泵台数；
i) 设备编号；
j) 出厂日期；
k) 生产厂或厂标；
l) 执行标准。

8.1.3 标志牌上应绘制设备系统示意图，图上应清楚标出操作部件的位置、代号。

8.1.4 标志牌应有操作流程说明，使用简练的文字和符号说明。

8.2 操作指导书

《操作指导书》应至少包括下列内容：

a) 设备工作原理介绍；
b) 设备安装使用条件；
c) 设备主要性能参数、压力和水容积设计计算书；
d) 设备示意图和安装图纸；
e) 设备操作程序；
f) 设备构成部件及附件清单；
g) 安装使用及维护说明、注意事项；
h) 售后服务；
i) 制造单位名称、详细地址、邮编和电话。

9 包装、运输和贮存

9.1 包装

包装要求安全可靠，并应便于装卸、运输和贮存，并应附如下资料：

a) 产品合格证；
b) 操作指导书；

c） 部件及附件清单；

d） 产品安装图。

9.2 运输

产品运输时应避免强烈碰撞。

9.3 贮存

产品应贮存在通风干燥处。

ICS 13.220.10
C 84

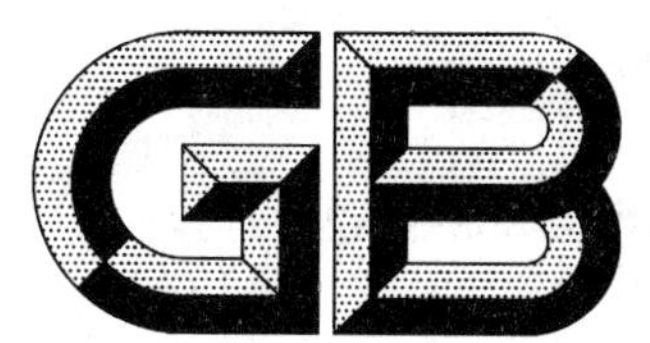

中华人民共和国国家标准

GB 27898.5—2011

固定消防给水设备
第5部分:消防双动力给水设备

Fixed water supply equipment for fire-protection—
Part 5:Dual power fixed water supply equipment used for fire-protection

2011-12-30 发布 2012-06-01 实施

中华人民共和国国家质量监督检验检疫总局
中国国家标准化管理委员会 发布

前　言

GB 27898 的本部分的第 5 章、第 7 章和第 8 章为强制性的，其余为推荐性的。

GB 27898《固定消防给水设备》分为以下部分：

——第 1 部分：消防气压给水设备；

——第 2 部分：消防自动恒压给水设备；

——第 3 部分：消防增压稳压给水设备；

——第 4 部分：消防气体顶压给水设备；

——第 5 部分：消防双动力给水设备。

……

本部分为 GB 27898 的第 5 部分。

本部分按照 GB/T 1.1—2009 给出的规则起草。

本部分由中华人民共和国公安部提出。

本部分由全国消防标准化技术委员会固定灭火系统分技术委员会(SAC/TC 113/SC 2)归口。

本部分起草单位：公安部天津消防研究所。

本部分参加起草单位：广州三业科技有限公司。

本部分主要起草人：赵永顺、罗宗军、郑浩、张彬、盛彦锋、刘连喜、高云升、李习民。

本部分为首次发布。

固定消防给水设备
第5部分:消防双动力给水设备

1 范围

GB 27898的本部分规定了消防双动力给水设备的术语和定义、分类、要求、试验方法、检验规则、标志牌和操作指导书、包装、运输和贮存。

本部分适用于消防双动力给水设备,工作原理类似的双动力给水设备可参照采用。

2 规范性引用文件

下列文件对于本文件的应用是必不可少的。凡是注日期的引用文件,仅注日期的版本适用于本文件。凡是不注日期的引用文件,其最新版本(包括所有的修改单)适用于本文件。

GB/T 3222.2 声学 环境噪声的描述、测量与评价 第2部分:环境噪声级测定

GB 27898.1—2011 固定消防给水设备 第1部分:消防气压给水设备

GB 27898.2—2011 固定消防给水设备 第2部分:消防自动恒压给水设备

3 术语和定义

GB 27898.1和GB 27898.2界定的以及下列术语和定义适用于本文件。

3.1

消防双动力给水设备 dual power fixed water supply equipment used for fire-protection

由电动机泵组和发动机泵组组合、系统操控柜、控制仪表及其他相关附件组成,采用预设定方式向消防管网持续供水的消防给水设备。

3.2

电动机消防泵组 fire pump set driven by electromotor

采用电动机作为驱动水泵动力源的消防泵组。

3.3

发动机消防泵组 fire pump set driven by engine

采用发动机(通常为柴油机、汽油机、蒸汽机)作为驱动水泵动力源的消防泵组。

3.4

恒扬程止回阀 pressure maintaining and backflow preventing valve

一种具备自动调整功能的水力控制阀。当其入口压力低于设定值时阀门处于关闭状态,入口压力超过设定值时阀门打开泄水,保持入口压力稳定;在泵组骤停或泵组端突然失压时,能有效防止水倒流。

4 分类

4.1 产品分类

按配置泵组组合方式可分为:

a） 电动机泵组和柴油机泵组组合方式，特征代号为DC；

b） 电动机泵组和其他发动机泵组组合方式，特征代号为DT。

4.2 型号编制

消防双动力给水设备按以下方法编制型号。

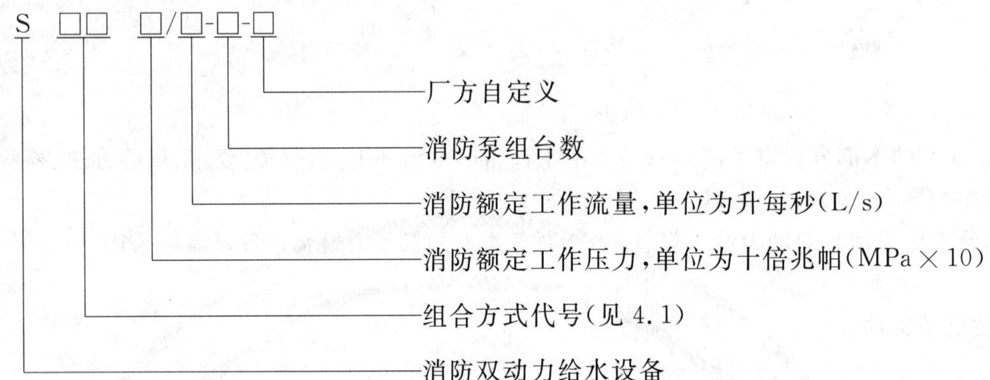

示例：SDC 6/30-2-HT 表示 HT 型电动机泵组和柴油机泵组组合方式的消防双动力给水设备，消防额定工作压力0.6 MPa，消防额定工作流量30 L/s，消防泵组为2台。

5 要求

5.1 基本参数

5.1.1 消防双动力给水设备(以下简称设备)的消防额定工作压力 p_x 不应小于0.3 MPa。

5.1.2 设备的消防额定工作流量 Q_x 不应小于10 L/s。

5.2 设备构成和部件

5.2.1 设备构成

5.2.1.1 设备构成部件应至少包括两种动力源驱动的水泵机组、管道阀门及附件、测控仪表、操控柜等。

5.2.1.2 设备各部件应集中布置，整体应紧凑、整齐，且应方便维护和检修。

5.2.1.3 设备各部件安装应牢固，连接应可靠。

5.2.2 部件通用要求

5.2.2.1 设备的外购部件应选用符合国家标准或行业标准的通用产品，且应优先选择消防专用产品。由生产商研发生产的专用部件应通过产品技术鉴定。

5.2.2.2 设备使用的气压水罐、管道阀门及附件耐压等级不应低于最高工作压力的1.5倍。

5.2.2.3 设备使用的压力表量程应选用合理，监视压力的仪表精度不应低于2.5级，控压用压力仪表精度应符合5.14的要求。压力表外壳公称直径不应小于100 mm。

5.3 外观和标识

5.3.1 设备外观

5.3.1.1 设备各部件外表面不应有明显的磕碰伤痕、变形等缺陷。

5.3.1.2 设备涂层应完整美观。同类部件表面涂层颜色应一致。

5.3.2 设备标识

5.3.2.1 应设置设备标志牌,标志牌应符合8.1的要求。
5.3.2.2 设备各部件标志牌内容应清晰完整。
5.3.2.3 在设备可能危及人身安全处、需防止不当操作和误操作处应挂置警示标识,标识应清晰醒目。
5.3.2.4 设备给水管道应喷涂标识水流方向的箭头。

5.4 控制功能

5.4.1 稳压运行

5.4.1.1 采用控制压力区间方式维持稳压运行的设备,应符合GB 27898.1—2011中5.4.1的要求。
5.4.1.2 采用恒压方式维持稳压运行的设备,应符合GB 27898.2—2011中5.4.1的要求。

5.4.2 消防运行状态启动方式

5.4.2.1 设备应具备通过操控柜面板设置的紧急启动装置(按钮)手动操作启动消防运行状态的功能。
5.4.2.2 设备应具备手动远程操控器(按钮)紧急启动消防运行状态的功能。
5.4.2.3 具备下述条件之一时,消防泵组应自动启动:
a) 当设备出水口压力持续10 s低于设定的消防启动压力 p_2 时;
b) 当设备同时接收消防水流报警信号和消防低压力报警信号时;
c) 当设备接收消防水流报警信号或消防低压力报警信号之一,且同时接收外部消防自动报警信号时。

5.4.2.4 发动机消防泵组应配有机械应急启动装置。
5.4.2.5 市电断电时,在5.4.2.3中规定的一种或多种情况下,设备应自动启动发动机泵组按消防方式运行。
5.4.2.6 自动方式启动发动机泵组当首次启动失败时,应自动连续多次重复启动,尝试启动次数不应少于6次。

5.4.3 消防运行

5.4.3.1 进入消防运行状态后,电动机消防泵组采用恒压方式给水时,应符合GB 27898.2—2011中5.4.3的要求。
5.4.3.2 进入消防运行状态后,发动机消防泵组采用恒压方式给水时,设备的设定压力与实测压力的偏差以及对于不同压力扰动测得的重复性偏差不应大于0.05 MPa。
5.4.3.3 进入消防运行状态后,发动机消防泵组采用恒定转速给水时,在0%~100%负荷内转速偏差不应大于额定转速的0.5%。

5.4.4 消防运行状态退出方式

5.4.4.1 采用手动方式启动消防泵组时,停机应手动操作。
5.4.4.2 采用自动方式启动消防泵组时,除设备出水口压力持续出现失压状态超过5 min的情况允许自动停机外,停机应手动操作。
5.4.4.3 设备应具备消防泵组手动紧急停机操控器(按钮)退出消防运行状态的方式。
5.4.4.4 发动机泵组应具有机械应急停机操纵装置。

5.4.5 水泵切换及故障处理

5.4.5.1 在稳压工作泵产生电气故障或不能达到应有能力时,稳压备用泵应自动和手动切换。

5.4.5.2 在消防工作泵产生故障或不能达到应有能力时，消防备用泵应自动和手动切换。

5.4.5.3 发动机消防泵组工作时，转速达到额定转速的120%时，应报警并停机保护。

5.4.5.4 发动机消防泵组工作时，在下列情况下，应报警但不应停机：

a) 低速；
b) 低润滑油压；
c) 高冷却温度、低机身温度；
d) 低燃油位、低水位；
e) 电池电压过高、过低；
f) 超负荷；
g) 油压传感器、输出水压传感器、温度传感器、速度传感器开路或短路时。

5.4.5.5 发动机消防泵组应具有启动失败报警功能。

5.4.6 巡检

5.4.6.1 设备巡检应符合GB 27898.1—2011中5.4.5的要求。

5.4.6.2 发动机消防泵组巡检时，如发动机发生5.4.5.4所述情况，应停机保护并故障报警。

5.4.7 运行记录

设备运行记录装置应符合GB 27898.1—2011中5.4.6的要求。

5.5 供水能力

设备供水能力应符合GB 27898.2—2011中5.5的要求。

5.6 连续运行

5.6.1 稳压运行稳定性

5.6.1.1 采用控制压力区间方式稳压的设备，稳压运行稳定性应符合GB 27898.1—2011中5.6.1的要求。

5.6.1.2 采用恒压方式稳压的设备，稳压运行稳定性应符合GB 27898.2—2011中5.6.1的要求。

5.6.2 消防泵组运行稳定性

消防泵组在消防额定工作压力 p_x 下连续运行6 h，泵组及控制系统不应产生任何的故障。

5.6.3 消防泵组连续启动

消防泵组通过操控柜面板的紧急启动装置(按钮)连续启动6次，泵组及控制系统不应产生任何的故障。

5.7 密封性能

设备的密封性能应符合GB 27898.1—2011中5.7的要求。

5.8 水压强度

设备的水压强度性能应符合GB 27898.1—2011中5.8的要求。

5.9 运行噪声

设备稳压运行状态的最大噪声应符合GB 27898.1—2011中5.9的要求。

5.10 气压水罐

设置气压水罐的消防双动力给水设备，气压水罐及其附件应符合 GB 27898.1—2011 中 5.10 的要求。

5.11 水泵机组

5.11.1 稳压泵组

5.11.1.1 采用控制压力区间方式稳压的设备，稳压泵组应符合 GB 27898.1—2011 中 5.11.1 的要求。

5.11.1.2 采用恒压方式稳压的设备，稳压泵组应符合 GB 27898.2—2011 中 5.11.1 的要求。

5.11.2 消防泵组

电动机消防泵组及柴油机消防泵组应符合 GB 27898.1—2011 中 5.11.2 的要求。

5.12 发动机及其附件

5.12.1 柴油机

设备采用的柴油机应为工程机械用柴油机或消防专用柴油机。

5.12.2 其他发动机

设备采用其他型式发动机应通过消防产品技术鉴定。

5.12.3 蓄电池组

5.12.3.1 设备应至少设置两套免维护蓄电池组。

5.12.3.2 蓄电池组的容量至少应能满足连续 6 次循环启动的要求。

5.12.4 燃油箱

5.12.4.1 燃油箱应具备油位显示功能。

5.12.4.2 燃油箱容积应能满足发电机消防泵组在额定工况下，连续运转 4 h。

5.12.4.3 燃油箱容积大于 1 m^3 时，不应采用机底形式。

5.12.5 充电机

发动机应配有自身动力的快速充电机，在发动机启动后对蓄电池进行充电，保证蓄电池电量的充盈。

5.13 管道阀门及附件

5.13.1 设备采用的管道阀门及附件应符合 GB 27898.1—2011 中 5.12 的要求。

5.13.2 设备采用恒扬程止回阀与发动机消防泵组配合使用时，恒扬程止回阀的泄放压力应可以调整和锁定，并应设有手动开启阀门的措施。

5.14 控制仪表

设备采用的控制仪表应符合 GB 27898.1—2011 中 5.13 的要求。

5.15 操控装置

5.15.1 操控柜

5.15.1.1 操控柜柜体应符合 GB 27898.1—2011 中 5.14.1 的要求。

5.15.1.2 操控柜柜体面板应设置发动机运行状态显示及发动机泵组的手动紧急启停操控装置(按钮)。

5.15.2 布线

操控柜中布线应符合 GB 27898.1—2011 中 5.14.2 的要求。

5.15.3 电气间隙和爬电距离

操控柜中电气间隙和爬电距离应符合 GB 27898.1—2011 中 5.14.3 的要求。

5.15.4 绝缘电阻与介电性能

操控柜绝缘电阻与介电性能应符合 GB 27898.1—2011 中 5.14.4 的要求。

5.15.5 电源

5.15.5.1 操控柜应具有双路电源入口,双路电源之间应能自动及手动切换,切换时间应不大于 2 s。

5.15.5.2 操控柜应具有蓄电池组作为备用电源,蓄电池组的容量应能满足操控柜在正常的监控状态下工作 4 h,并在市电断电时能自动和手动投入。

5.15.6 保护

操控柜保护措施应符合 GB 27898.1—2011 中 5.14.6 的要求。

5.15.7 输入输出端子

操控柜输入输出端子应符合 GB 27898.1—2011 中 5.14.7 的要求。

5.15.8 电动机消防泵组启动电路

电动机消防泵组启动电路应符合 GB 27898.1—2011 中 5.14.8 的要求。

5.15.9 环境适应性能

操控柜环境适应性能应符合 GB 27898.1—2011 中 5.14.9 的要求。

6 试验方法

6.1 试验基本要求

6.1.1 如果生产商对设备试验条件有特殊要求的在《操作指导书》中给出。如果试验条件没有特殊要求的设备,则试验在下述正常大气条件下进行:

a) 气温为+10 ℃～+35 ℃;

b) 水温为+5 ℃～+25 ℃;

c) 相对湿度为 35%～75%;

d) 海拔应不超过 2 000 m;

e) 对于海拔高于 2 000 m 处使用的设备，有必要考虑介电强度、密封性能的严酷等级。

6.1.2 试验所使用的设备测试精度应满足下列要求：

a) 压力测量仪表精度不应低于 0.4 级；

b) 流量计测量仪表精度不应低于 1%；

c) 常规长度测量器具精度不应低于 1%，电气元件间隙测量器具示值偏差不应大于 0.02 mm；

d) 电气环境监测仪表精度不应低于 1%；

e) 有温度控制要求的试验设备控温精度不应大于±2 ℃。

6.2 基本参数检查

对照生产商提供的《操作指导书》、技术图纸、工艺资料等技术文件，检查设备的基本参数设置。

6.3 结构部件检查

6.3.1 对照生产商提供的《操作指导书》、技术图纸、工艺资料等技术文件，检查设备的构成、部件等内容。

6.3.2 对照生产商提供的《操作指导书》、技术图纸、工艺资料等技术文件，检查设备部件的选用，记录部件的规格型号、主要技术参数、生产商、合格证明等内容。

6.4 外观标识检查

6.4.1 对照技术图纸、工艺资料等技术文件，检查设备的部件外表面和整体外观等内容。

6.4.2 对照生产商提供的《操作指导书》、技术图纸、工艺资料等技术文件，使用常规长度测量器具检查设备标志牌外形尺寸，记录标志牌的内容、警示标识和水流方向标识的设置情况。

6.5 控制功能试验

6.5.1 设备的常规控制功能试验按照 GB 27898.1—2011 中 6.5 的规定或 GB 27898.2—2011 中 6.5 的规定进行试验，记录试验结果。

6.5.2 断开市电，采用手动操作操控柜面板设置的紧急启动按钮、使用远程控制器以及模拟 5.4.2.3 规定的自动启动消防条件进行操作，检查发动机泵组的投入运行情况。

6.5.3 设备处于消防运行模式，设备出水阀门从关闭状态开始放水，一直到试验流量达到设备额定工作流量，期间至少记录 3 次，记录每个流量点下的压力和柴油机转速，计算出压力偏差和转速稳态调整率。

6.5.4 接通市电，使设备投入消防运行模式，电动机消防泵组变频运行时，模拟变频器故障，检查电动机消防泵组的运行情况；电动机消防泵组能继续运行时，手动断掉市电，检查备用发动机泵组的投入运行情况；发动机泵组投入运行后模拟 5.4.5.4 的规定报警条件，检查设备报警和运行情况；发动机正常运行时，模拟超转速试验，检查发动机动作情况；模拟发动机泵组启动失败，检查设备的报警及重复启动情况。

6.5.5 发动机消防泵组在巡检时，模拟 5.4.5.4 规定报警条件，检查设备的报警及停机保护情况。

6.6 供水能力试验

供水能力试验按 GB 27898.1—2011 中 6.6 规定的方法进行。

6.7 连续运行试验

6.7.1 按照 GB 27898.1—2011 中 6.7 或 GB 27898.2—2011 中 6.7 的规定进行试验，记录试验结果。

6.7.2 模拟市电断电情况下，通过操控柜面板的紧急启动装置（按钮）手动连续启动 6 次，检查发动机消防泵组的启动运行情况。

6.8 密封性能试验

密封性能试验按 GB 27898.1—2011 中 6.8 规定的方法进行。

6.9 水压强度试验

水压强度试验按 GB 27898.1—2011 中 6.9 规定的方法进行。

6.10 噪声测量

按照 GB/T 3222.2 规定的方法进行试验，记录设备运行噪声强度值和消防报警声强度值。

6.11 气压水罐检查

气压水罐试验按 GB 27898.1—2011 中 6.11 规定的方法进行。

6.12 水泵机组试验

水泵机组试验按 GB 27898.1—2011 中 6.12 规定的方法进行。

6.13 管道阀门及附件检查

6.13.1 试验按 GB 27898.1—2011 中 6.13 规定的方法进行。

6.13.2 将恒扬程止回阀安装在试验管路上，保持入口压力为设备的额定压力，调节恒扬程止回阀泄放压力调整装置，检查恒扬程止回阀的开启和关闭情况以及泄放压力调整装置的锁定情况；继续调整使减压阀处于关闭状态，手动和电动开启恒扬程止回阀，检查阀门的开启情况。

6.14 控制仪表检查

控制仪表检验按 GB 27898.1—2011 中 6.14 规定的方法进行。

6.15 操控柜试验

6.15.1 操控柜试验按 GB 27898.1—2011 中 6.15 规定的方法进行。

6.15.2 市电正常时，突然断掉市电，检查蓄电池备用直流电源的投入时间，并在备用直流电源投入后使设备一直处于监视状态，测试备用直流电源的工作时间。

7 检验规则

7.1 检验分类与项目

7.1.1 型式检验

7.1.1.1 有下列情况之一时，应进行型式检验：

a） 新产品试制定型鉴定时；

b） 正式投产后，产品结构、材料、工艺、关键工序的加工方法有重大改变时；

c） 发生重大质量事故时；

d） 产品停产一年以上，恢复生产时；

e） 连续生产满三年时；

f） 质量监督机构提出要求时。

7.1.1.2 产品型式检验项目应按表1的要求进行。

7.1.2 出厂检验

产品出厂检验项目应至少包括表1规定的项目。

表1 型式检验项目、出厂检验项目及不合格类别

检验项目	型式检验项目	出厂检验项目		不合格类别	
		全检	抽检	A类	B类
基本参数(5.1)	★	★	—	★	—
设备构成和部件(5.2)	★	★	—	★	—
外观和标识(5.3)	★	★	—	—	★
控制功能(5.4)	★	★	—	★	—
供水能力(5.5)	★	—	★	★	—
连续运行(5.6)	★	—	★	★	—
密封性能(5.7)	★	★	—	★	—
水压强度(5.8)	★	—	★	★	—
运行噪声(5.9)	★	—	★	—	★
气压水罐(5.10)	★	—	★	★	—
水泵机组(5.11)	★	★	—	★	—
发动机及其附件(5.12)	★	★	—	★	—
管道阀门及附件(5.13)	★	★	—	★	—
控制仪表(5.14)	★	★	—	★	—
操控装置(5.15)	★	★	—	★	—
注:"★"表示进行检验;"—"表示不进行检验。					

7.2 抽样方法

7.2.1 型式检验

型式检验在出厂检验合格的产品中随机抽样,抽样数量为1套。

7.2.2 出厂检验

每套产品出厂均应进行出厂检验。

7.3 检验结果判定

7.3.1 型式检验

型式检验若出现下列情况之一时则判该产品为不合格,否则判该产品为合格。

a) 出现A类项目不合格;

b) 出现B类项目不合格数大于1。

7.3.2 出厂检验

设备的出厂检验项目全部合格，该产品为合格。

7.4 系列固定消防给水设备的抽样与判定

系列固定消防给水设备的抽样与判定参照 GB 27898.1—2011 的附录 A 进行。

8 标志牌和操作指导书

8.1 标志牌

8.1.1 设备应独立设置永久性标志牌，标志牌面积不应小于 500 cm^2。

8.1.2 标志牌应注明基本性能参数，至少包括下述内容：

a) 设备规格型号；
b) 执行标准；
c) 消防额定工作压力(MPa)；
d) 消防额定工作流量(L/s)；
e) 操控柜电功率(kW)；
f) 发动机功率(kW)；
g) 设备编号；
h) 水泵台数；
i) 生产厂或厂标；
j) 出厂年月或出厂编号。

设置气压水罐的设备，有关气压水罐的参数内容应符合 GB 27898.1—2011 的要求。

8.1.3 标志牌上应绘制设备系统示意图，图上应清楚标出操作部件的位置、代号。

8.1.4 标志牌应有操作流程说明，使用简练的文字和符号说明。

8.2 操作指导书

操作指导书应至少包括下列内容：

a) 设备工作原理介绍；
b) 设备安装使用条件；
c) 设备主要性能参数；
d) 设备系统示意图和安装图纸；
e) 设备操作程序；
f) 设备构成部件及附件清单；
g) 安装使用及维护说明、注意事项；
h) 售后服务；
i) 制造单位名称、详细地址、邮编和电话。

9 包装、运输、贮存

9.1 包装

包装要求安全可靠，并应便于装卸、运输和贮存，并应附如下资料：

a) 产品合格证；
b) 产品说明书；
c) 部件及附件清单；
d) 产品安装图。

9.2 运输

产品运输时应避免强烈碰撞。

9.3 贮存

产品应贮存在通风干燥处。

ICS 13.220.10
C 85

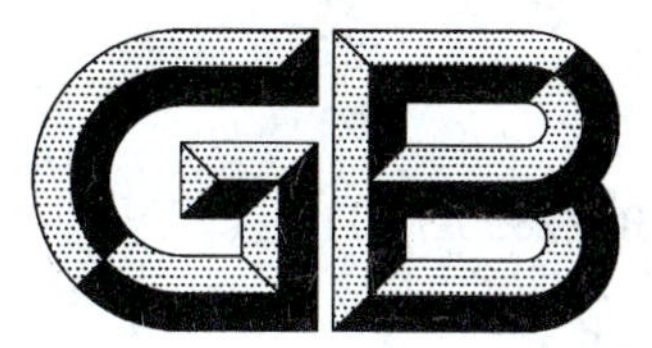

中华人民共和国国家标准

GB 27899—2011

消防员方位灯

Firemen's directional light

2011-12-30 发布　　2012-06-01 实施

中华人民共和国国家质量监督检验检疫总局
中国国家标准化管理委员会　发布

前言

本标准第5章、第7章和8.1为强制性的，其余为推荐性的。

本标准按照GB/T 1.1—2009给出的规则编写。

本标准由中华人民共和国公安部提出。

本标准由全国消防标准化技术委员会消防员防护装备分技术委员会(SAC/TC 113/SC 12)归口。

本标准起草单位：公安部上海消防研究所。

本标准主要起草人：沈坚敏、史兴堂、吴赟、李睿堃、张燕、周志忠。

本标准为首次发布。

消 防 员 方 位 灯

1 范围

本标准规定了消防员方位灯的术语和定义、型号及基本参数、技术要求、试验方法、检验规则、标志、包装、运输和贮存。

本标准适用于消防员使用的方位灯(以下简称方位灯)。

2 规范性引用文件

下列文件对于本文件的应用是必不可少的。凡是注日期的引用文件,仅注日期的版本适用于本文件。凡是不注日期的引用文件,其最新版本(包括所有的修改单)适用于本文件。

GB/T 191 包装储运图示标志

GB/T 2423.1 电工电子产品环境试验 第2部分:试验方法 试验A:低温

GB/T 2423.2 电工电子产品环境试验 第2部分:试验方法 试验B:高温

GB/T 2423.3 电工电子产品环境试验 第2部分:试验方法 试验Cab:恒定湿热试验

GB/T 2423.5 电工电子产品环境试验 第2部分:试验方法 试验Ea和导则:冲击

GB/T 2423.10 电工电子产品环境试验 第2部分:试验方法 试验Fc:振动(正弦)

GB 3836.1 爆炸性环境 第1部分:设备 通用要求

GB 4208—2008 外壳防护等级(IP代码)

3 术语和定义

下列术语和定义适用于本文件。

3.1

消防员方位灯 firemen's directional light

消防员在执行灭火救援任务时佩带的,具有发光指示方位功能的信号装置。

3.2

闪光频率 flash frequency

方位灯发光器件单位时间内闪烁的次数。

3.3

连续工作时间 continuous working time

方位灯常亮或闪光状态下的最大工作时间。

4 型号及基本参数

4.1 型号

方位灯产品型号的编制应符合下列规定:

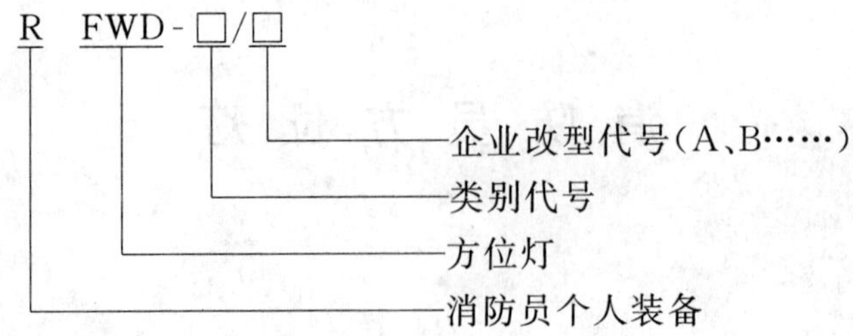

4.2 方位灯类别代号

方位灯类别代号见表1。

表1 方位灯类别代号

名　称	类别代号
闪光型方位灯	S
常亮型方位灯	C
闪光常亮型方位灯	SC

示例:RFWD-S/A 表示 A 型闪光型消防员方位灯。

4.3 基本参数

方位灯的基本参数如下:

a) 工作环境温度为−25 ℃~70 ℃;

b) 工作环境相对湿度为30%~85%;

c) 供电电源应采用可充电电池,并应设置电池充放电保护电路。

5 技术要求

5.1 外观与装配质量

5.1.1 方位灯表面应无明显划伤、污损、裂痕、毛刺等缺陷。标志应清晰、正确、齐全。

5.1.2 方位灯装配应完整,紧固部位应无松动、损伤、错位、毛刺等缺陷。佩带装置应灵活可靠。

5.2 发光亮度

方位灯发光亮度应不小于300 cd/m²。

5.3 闪光频率

闪光型方位灯闪光频率应为1 Hz~2 Hz。

5.4 连续工作时间

闪光型方位灯连续工作时间应不小于100 h,常亮型方位灯连续工作时间应不小于20 h。

5.5 质量

方位灯的质量应不大于150 g。

5.6 绝缘电阻

方位灯壳体和带电端子之间的绝缘电阻应不小于 50 MΩ，经湿热试验后的绝缘电阻应不小于 10 MΩ。

5.7 耐压性能

方位灯应能耐受频率为 50 Hz±0.5 Hz、电压 500 V±50 V，历时 60 s±5 s 的耐压性能试验。试验期间，不应发生表面飞弧和击穿现象。试验后，方位灯应能正常工作。

5.8 外壳防护性能

方位灯的外壳防护性能应符合 GB 4208—2008 规定的 IP 65 的要求。

5.9 耐气候环境性能

方位灯应能耐受表 2 所规定的气候环境条件下的各项试验。每项试验后，方位灯应能正常工作。

表 2 耐气候环境试验

试验名称	试验参数	试验条件	工作状态
高温试验	温度	70 ℃±2 ℃	通电状态
	持续时间	2 h	
低温试验	温度	−25 ℃±2 ℃	通电状态
	持续时间	2 h	
恒定湿热试验	相对湿度	82%～85%	通电状态
	温度	40 ℃±2 ℃	
	持续时间	2 h	

5.10 耐机械环境性能

方位灯应能耐受表 3 所规定的机械环境条件下的试验。每项试验后，方位灯不应有机械损伤和紧固件松动现象，且能正常工作。

表 3 耐机械环境试验

试验名称	试验参数	试验条件	工作状态
振动(正弦)试验	频率范围	10 Hz～55 Hz	通电状态
	加速度幅值	$1g$	
	扫频速率	1 倍频程/min	
	每轴线扫描循环次数	20	
	振动方向	X、Y、Z	
冲击试验	峰值加速度	$5g$	通电状态
	脉冲持续时间	11 ms	
	脉冲波形	半正弦波	
	轴向数	6	
	每个轴向数连续冲击次数	3	

5.11 抗跌落性能

方位灯应能承受6.12规定的跌落试验。试验后，方位灯不得发生零部件松动、损坏的现象，且能正常工作。

5.12 防爆性能

方位灯的防爆性能应符合GB 3836.1的规定。

5.13 模拟烟雾环境方位指示性能

在浓烟环境中，应可指示方位灯的方位。

6 试验方法

6.1 外观与装配质量检查

目测检查。

6.2 发光亮度测量

方位灯发光亮度测试点的分布按图1要求，用精度不低于±5%的亮度测量仪在方位灯发光面5 m远处测量。

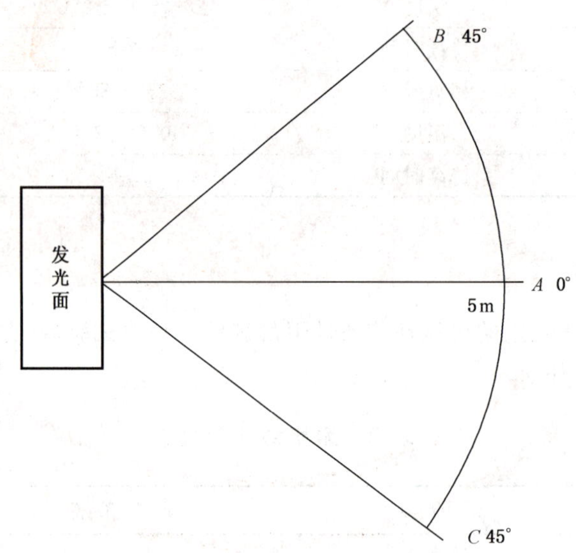

图1 方位灯亮度测量图

6.3 闪光频率测量

打开开关使方位灯工作。用精度不低于0.1 s的秒表记录20 s时间内方位灯发光器件闪烁次数，计算闪光频率。

6.4 连续工作时间试验

打开开关使方位灯工作，同时用钟表开始计时，直到方位灯熄灭时停止记时并读取时间。

6.5 质量测量

用精度不低于 1 g 的电子称测量方位灯质量。

6.6 绝缘电阻试验

用精度不低于±5%的绝缘电阻测量仪在 500 V 直流电压下测量方位灯壳体和带电端子之间的绝缘电阻。

6.7 耐压性能试验

用精度不低于±10%耐压试验装置在方位灯外部带电端子与壳体之间施加频率为 50 Hz±5 Hz、电压 500 V±50 V 的交流电压，持续 60 s±5 s。

6.8 外壳防护性能试验

按 GB 4208—2008 规定的试验方法进行。

6.9 耐气候环境性能试验

6.9.1 高温试验

将方位灯放入高温试验箱中，使其处于通电状态，将温度设定为 70 ℃±2 ℃，保持 2 h，试验按 GB/T 2423.2 的规定进行。

6.9.2 低温试验

将方位灯放入低温试验箱中，使其处于通电状态，将温度设定为－25 ℃±2 ℃，保持 2 h，试验按 GB/T 2423.1 的规定进行。

6.9.3 恒定湿热试验

将方位灯放入恒定湿热试验箱中，使其处于通电状态。调节温度到 40 ℃±2 ℃，温度稳定后，再调节试验箱的相对湿度至 82%～85%，保持 2 h。试验按 GB/T 2423.3 的规定进行。

6.10 耐振动性能试验

将方位灯固定在振动台上，按 5.10 中振动(正弦)试验条件及 GB/T 2423.10 的规定进行。

6.11 耐冲击性能试验

将方位灯固定在冲击台上，按 5.10 中冲击试验条件及 GB/T 2423.5 的规定进行。

6.12 抗跌落性能试验

方位灯从 2 m 的高度跌落到混凝土地面上，每只样品试验 3 次。

6.13 防爆性能试验

方位灯防爆性能试验应符合 GB 3836.1 的规定。

6.14 模拟烟雾环境方位指示性能试验

试验室面积应不小于 3 m×4 m。使用舞台发烟器发烟，烟气浓度以 1 m 内肉眼无法识别物体为准。在试验室内使方位灯处于工作状态，在距离方位灯 3 m 远处观察方位灯方位。

7 检验规则

7.1 型式检验

7.1.1 有下列情况之一时，应进行型式检验：

a) 新产品投产或老产品转厂生产时的试制定型；

b) 投产后产品结构、主要部件、生产工艺等有较大改变，可能影响产品性能时；

c) 投产后连续生产满三年；

d) 产品停产一年以上，恢复生产时；

e) 出厂检验结果与上次型式检验结果差异较大时；

f) 发生重大质量事故时；

g) 国家质量监督机构提出要求时。

7.1.2 型式检验项目按第 5 章和 8.1 的规定。

7.1.3 型式检验的样本数为 3 台。

7.1.4 型式检验的试验顺序按表 4 的规定。

7.1.5 型式检验项目的结果全部符合本标准的规定，方为合格。

表 4 型式检验的试验顺序

<table>
<tr><th colspan="3">试验程序</th><th colspan="3">试样编号</th></tr>
<tr><th>项目编号</th><th colspan="2">试验项目</th><th>1</th><th>2</th><th>3</th></tr>
<tr><td>1</td><td colspan="2">外观与装配质量</td><td>√</td><td>√</td><td>√</td></tr>
<tr><td>2</td><td colspan="2">发光亮度</td><td>√</td><td>√</td><td>√</td></tr>
<tr><td>3</td><td colspan="2">闪光频率</td><td>√</td><td>√</td><td>√</td></tr>
<tr><td>4</td><td colspan="2">连续工作时间</td><td>√</td><td>√</td><td></td></tr>
<tr><td>5</td><td colspan="2">质量</td><td>√</td><td>√</td><td>√</td></tr>
<tr><td>6</td><td colspan="2">绝缘电阻</td><td>√</td><td>√</td><td>√</td></tr>
<tr><td>7</td><td colspan="2">耐压性能</td><td>√</td><td>√</td><td></td></tr>
<tr><td>8</td><td colspan="2">防护性能</td><td>√</td><td>√</td><td></td></tr>
<tr><td rowspan="3">9</td><td rowspan="3">耐气候环境性能</td><td>高温</td><td>√</td><td></td><td></td></tr>
<tr><td>低温</td><td></td><td>√</td><td></td></tr>
<tr><td>恒定湿热</td><td></td><td></td><td>√</td></tr>
<tr><td>10</td><td colspan="2">耐振动性能</td><td>√</td><td></td><td></td></tr>
<tr><td>11</td><td colspan="2">耐冲击性能</td><td></td><td>√</td><td></td></tr>
<tr><td>12</td><td colspan="2">抗跌落性能</td><td>√</td><td>√</td><td>√</td></tr>
<tr><td>13</td><td colspan="2">防爆性能</td><td></td><td></td><td>√</td></tr>
<tr><td>14</td><td colspan="2">模拟烟雾环境方位指示性能</td><td></td><td>√</td><td></td></tr>
<tr><td>15</td><td colspan="2">标志</td><td>√</td><td>√</td><td>√</td></tr>
<tr><td colspan="6">注：“√”表示用此样品进行此项试验。</td></tr>
</table>

7.2 出厂检验

7.2.1 每台方位灯均应经出厂检验。

7.2.2 出厂检验的项目按 5.1、5.2、5.3、5.6 的规定进行。

7.2.3 出厂检验所检项目的结果全部符合本标准的规定，方为合格。

8 标志、包装、运输和贮存

8.1 标志

方位灯应有清晰耐久的标志，包括以下内容：

a) 产品型号和名称；

b) 生产厂名；

c) 生产日期；

d) 防爆标志。

8.2 包装

8.2.1 方位灯的包装图示标志应符合 GB/T 191 的规定。

8.2.2 方位灯出厂时应予装箱，并有防潮、防尘措施。

8.2.3 包装箱外壁应有明显、耐久的文字标志，应包括以下内容：

a) 生产厂名；

b) 产品型号和名称；

c) 生产日期；

d) 向上、怕湿、小心轻放等文字或符号。

8.2.4 随同产品提供的文件应包括以下内容：

a) 产品合格证；

b) 产品使用说明书。

8.3 运输

方位灯在运输过程中应有防雨雪侵袭的措施，应避免重压和碰撞。

8.4 贮存

方位灯应存放于通风、干燥及无有害气体的仓库内，不应与具有腐蚀性的化学品一同存放。

ICS 13.220.10
C 85

中华人民共和国国家标准

GB 27900—2011

消防员呼救器

Firemen's special call unit

2011-12-30 发布　　2012-06-01 实施

中华人民共和国国家质量监督检验检疫总局
中国国家标准化管理委员会　发布

前言

本标准第5章、第7章和8.1.1为强制性的，其余为推荐性的。

本标准按照GB/T 1.1—2009给出的规则编写。

本标准由中华人民共和国公安部提出。

本标准由全国消防标准化技术委员会消防员防护装备分技术委员会(SAC/TC 113/SC 12)归口。

本标准起草单位：公安部上海消防研究所。

本标准主要起草人：沈坚敏、周天、马皎皎、张燕、李睿堃、李瑜璋。

本标准为首次发布。

消 防 员 呼 救 器

1 范围

本标准规定了消防员呼救器的术语和定义、型号、技术要求、试验方法、检验规则、标志、包装、运输和贮存。

本标准适用于消防员在灭火救援过程中随身佩带的消防员呼救器(以下简称呼救器)。

2 规范性引用文件

下列文件对于本文件的应用是必不可少的。凡是注日期的引用文件,仅注日期的版本适用于本文件。凡是不注日期的引用文件,其最新版本(包括所有的修改单)适用于本文件。

GB/T 191 包装储运图示标志

GB/T 2423.1 电工电子产品环境试验 第2部分:试验方法 试验A:低温

GB/T 2423.2 电工电子产品环境试验 第2部分:试验方法 试验B:高温

GB/T 2423.4 电工电子产品环境试验 第2部分:试验方法 试验Db:交变湿热(12 h+12 h循环)

GB/T 2423.5 电工电子产品环境试验 第2部分:试验方法 试验Ea和导则:冲击

GB/T 2423.8 电工电子产品环境试验 第2部分:试验方法 试验Ed:自由跌落

GB/T 2423.10 电工电子产品环境试验 第2部分:试验方法 试验Fc:振动(正弦)

GB 3836.1 爆炸性环境 第1部分:设备 通用要求

3 术语和定义

下列术语和定义适用于本文件。

3.1

允许静止时间 permissible static time

呼救器自处于静止状态起至发出预报警声响信号的预设时间。

3.2

预报警时间 pre-alert time

呼救器自发出预报警声响信号至发出报警声响信号的时间。

3.3

连续报警时间 continuous alert time

呼救器发出报警声响信号的持续时间。

4 型号

呼救器产品型号的编制应符合下列规定:

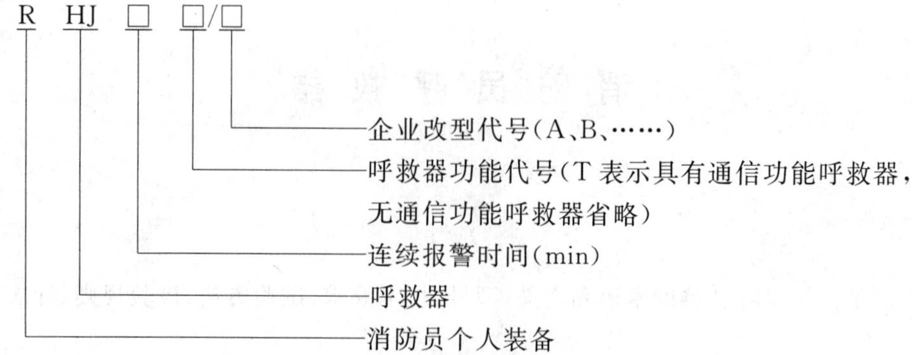

示例1：RHJ300/A表示连续报警时间为300 min的A型消防员呼救器。

示例2：RHJ240T/B表示连续报警时间为240 min的通信型B型消防员呼救器。

5 技术要求

5.1 一般要求

5.1.1 呼救器应能在以下使用环境中正常工作：

a) 温度为－25 ℃～70 ℃；

b) 相对湿度为30％～93％；

c) 大气压力为86 kPa～106 kPa。

5.1.2 呼救器应设有佩带装置，并能在任意工作方位时正常工作。

5.1.3 呼救器的供电电源应采用可充电电池。

5.1.4 呼救器应设置电池充放电保护电路。

5.2 功能要求

5.2.1 预报警功能

呼救器处于自动工作状态时，应具有预报警功能。当静止时间超过允许静止时间时，应发出快速的断续预报警声响信号。在预报警期间，呼救器工作方位发生变化或呼救器作速率不小于5 m/s的平面匀速运动时，预报警声响信号应立即解除。

5.2.2 自动报警功能

呼救器处于自动工作状态时，当静止时间超过允许静止时间和预报警时间之和时，应发出连续报警声响信号和方位指示频闪光信号。在报警期间，报警声响信号和方位指示频闪光信号不受呼救器工作方位变化或运动速率变化的影响，并应只能手动消除。

5.2.3 手动报警功能

呼救器处于手动工作状态时，应发出与自动报警功能相同的报警声响信号和方位指示频闪光信号。在手动报警期间，报警声响信号和方位指示频闪光信号应不受呼救器工作方位变化或运动速率变化的影响。

5.2.4 低电压告警功能

当呼救器供电电池的电压低于额定电压的80％时，应发出区别于预报警声响信号的慢速断续告警声响信号或光信号。

5.2.5 通信功能

通信型呼救器处于报警状态时，应发出报警声响信号和方位指示频闪光信号。同时，呼救器应能发射信号至接收终端予以识别，并能接收并识别来自接收终端发射的信号。

5.2.6 转换开关

呼救器应设置“关—手动—自动”转换开关。转换开关应灵活可靠、坚固耐用，并有防误动作结构。

5.3 性能要求

5.3.1 允许静止时间

呼救器允许静止时间应为 30 s±2 s。

5.3.2 预报警时间

呼救器预报警时间应为 15 s±2 s。

5.3.3 预报警声级强度

呼救器预报警声级强度应不小于 80 dB。

5.3.4 报警声级强度

呼救器报警声级强度应不小于 100 dB。

5.3.5 低电压告警声级强度

呼救器低电压告警声级强度应不小于 65 dB。

5.3.6 连续工作时间

呼救器连续工作时间应符合以下要求：

a) 连续开机时间不小于 24 h；

b) 连续报警时间不小于 240 min。

5.3.7 质量

呼救器质量应不大于 300 g(包括电池)。

5.3.8 外观

呼救器结构应完整，表面不应有明显的斑点、气泡、裂纹和伤痕。

5.3.9 防爆性能

呼救器的防爆性能应符合 GB 3836.1 的规定。

5.3.10 绝缘性能

呼救器绝缘性能应符合以下要求：

a) 正负电极与外壳间绝缘电阻在正常使用环境条件下应不低于 50 MΩ；

b) 正负电极与外壳间绝缘电阻在湿热试验后应不低于 10 MΩ。

5.3.11 防水性能

呼救器置于水深为 1.5 m 的容器内 2 h，应无水渗入呼救器内，呼救器应能正常工作。

5.3.12 耐气候环境性能

呼救器应经受表 1 规定的各项气候环境试验，每项试验后应符合 5.3.1～5.3.4 的要求。交变湿热后，还应满足 5.3.10b）的要求。

表 1 气候环境试验

<table>
<tr><th>试验名称</th><th colspan="4">试 验 条 件</th><th>工作状态</th></tr>
<tr><td>高温试验</td><td colspan="2">温度：70 ℃±2 ℃</td><td colspan="2">持续时间：2 h</td><td>通电状态</td></tr>
<tr><td>低温试验</td><td colspan="2">温度：−25 ℃±2 ℃</td><td colspan="2">持续时间：2 h</td><td>通电状态</td></tr>
<tr><td rowspan="3">交变湿热试验</td><td>温度</td><td>25 ℃±3 ℃升至
40 ℃±2 ℃</td><td>40 ℃±2 ℃</td><td>40 ℃±2 ℃降至
25 ℃±3 ℃</td><td rowspan="3">通电状态</td></tr>
<tr><td>相对湿度</td><td>85%～93%</td><td>90%～93%</td><td>85%～93%</td></tr>
<tr><td>持续时间</td><td>3 h</td><td>9 h</td><td>12 h</td></tr>
<tr><td>高温贮存试验</td><td>温度：70 ℃±2 ℃</td><td>持续时间：16 h</td><td colspan="2">常温下恢复时间：12 h</td><td>不通电状态</td></tr>
<tr><td>低温贮存试验</td><td>温度：−40 ℃±2 ℃</td><td>持续时间：16 h</td><td colspan="2">常温下恢复时间：12 h</td><td>不通电状态</td></tr>
</table>

5.3.13 耐机械环境性能

呼救器应经受表 2 规定的各项机械环境试验，试验后应符合以下要求：

a） 不应有机械损伤和紧固部位松动现象；

b） 应符合 5.3.1～5.3.4 的要求。

表 2 机械环境试验

<table>
<tr><th>试验名称</th><th colspan="2">试 验 条 件</th><th>工作状态</th></tr>
<tr><td rowspan="5">振动（正弦）试验</td><td>频率范围</td><td>10 Hz～150 Hz</td><td rowspan="5">通电状态</td></tr>
<tr><td>加速度幅值</td><td>1g</td></tr>
<tr><td>扫描速率</td><td>1 倍频程/min</td></tr>
<tr><td>轴线数</td><td>3</td></tr>
<tr><td>每轴线扫描循环次数</td><td>20</td></tr>
<tr><td rowspan="5">冲击试验</td><td>峰值加速度</td><td>5g</td><td rowspan="5">通电状态</td></tr>
<tr><td>脉冲持续时间</td><td>11 ms</td></tr>
<tr><td>脉冲波形</td><td>半正弦波</td></tr>
<tr><td>轴向数</td><td>6</td></tr>
<tr><td>每个轴向数连续冲击次数</td><td>3</td></tr>
<tr><td rowspan="2">自由跌落试验</td><td>跌落高度</td><td>1.5 m</td><td rowspan="2">通电状态</td></tr>
<tr><td>跌落次数</td><td>4</td></tr>
</table>

5.3.14 发射频率

通信型呼救器发射频率应符合国家无线电管理委员会指定的工作频段或频点及相关要求。发射频率误差不应大于±25 kHz。

5.3.15 频率稳定度

通信型呼救器频率稳定度应不大于$\pm 2.5\times 10^{-6}$。

5.3.16 接收灵敏度

通信型呼救器接收灵敏度应不大于0.5 μV(信噪比为12 dB)。

5.3.17 通信距离

通信型呼救器有效通信距离(空旷地带)应不小于800 m。

5.3.18 发光亮度

呼救器的发光亮度应不小于300 cd/m^2。

5.3.19 模拟烟雾环境方位指示性能

在浓烟环境中,应可指示呼救器方位。

6 试验方法

6.1 试验环境条件

若在有关条文中没有说明时,各项试验均应在下述正常大气条件下进行:

a) 温度为15 ℃~35 ℃;

b) 相对湿度为45%~75%;

c) 大气压力为86 kPa~106 kPa。

6.2 试验用仪器

试验用仪器包括:

a) 计时秒表:精度不低于0.1 s;

b) 声级计:分辨率不低于1 dB;

c) 稳压电源:精度不低于1%;

d) 摇动装置:可将呼救器固定在上面,能连续摇动一次的时间小于25 s;

e) 平面运动装置:可将呼救器固定在上面,能进行不小于5 m/s的匀速运动;

f) 全频段无线电电磁波屏蔽房;

g) 射频频率测量仪;

h) 高频信号发生器;

i) 音频信号测量仪;

j) 亮度仪:精度不低于5%。

6.3 报警功能试验

使呼救器分别处于自动及手动工作状态,检查呼救器报警功能。

6.4 低电压告警功能试验

将稳压电源接入呼救器供电回路，缓慢调节稳压电源电压值直至低于呼救器电池额定电压的80%时，检查呼救器低电压告警功能。

6.5 通信功能试验

使通信型呼救器处于报警状态，检查通信型呼救器发射功能。消除通信型呼救器报警状态，使其处于自动状态，接受终端发射信号，检查通信型呼救器接收功能。

6.6 转换开关检查

检查并操作转换开关，检查转换功能。

6.7 允许静止时间试验

呼救器处于静止状态，将开关置于“自动”位置，同时启动秒表计时，至开始预报警，停止计时，记录秒表的测量值。

6.8 预报警时间试验

呼救器处于静止状态，将开关置于“自动”位置，当开始预报警时，启动秒表计时，至开始报警，停止计时，记录秒表的测量值。

6.9 预报警声级强度试验

在环境噪声不大于30 dB的条件下，使呼救器产生预报警，在距呼救器中心水平方向1 m远处正对呼救器用声级计测量，测得的最大声级强度即为预报警声级强度。

6.10 报警声级强度试验

在环境噪声不大于30 dB的条件下，使呼救器产生报警，在距呼救器中心水平方向3 m远处正对呼救器用声级计测量，测得的最大声级强度即为报警声级强度。

6.11 低电压告警声级强度试验

在环境噪声不大于30 dB的条件下，使呼救器处于低电压状态，在距呼救器中心水平方向1 m远处正对呼救器用声级计测量，测得的最大声级强度即为低电压告警声级强度。

6.12 连续开机时间试验

将呼救器置于摇动装置或平面运动装置上，开关置于“自动”位置，开始计时，至呼救器发出低电压告警信号，停止计时，记录其测量值。

6.13 连续报警时间试验

将呼救器开关置于“手动”位置，开始计时，并在距呼救器中心水平方向3 m远处正对呼救器用声级计测量报警声级强度至报警声级强度低于100 dB时，停止计时，记录其测量值。

6.14 质量试验

用精度不低于1 g的通用衡器测定呼救器的质量。

6.15 外观检查

目测呼救器外观。

6.16 防爆性能试验

呼救器的防爆性能试验按 GB 3836.1 的规定进行。

6.17 绝缘性能试验

用兆欧表测量在 500 V 直流电压下呼救器电池正负极与外壳之间的绝缘电阻。

6.18 防水性能试验

呼救器不处于工作状态，将其至于水深为 1.5 m 的容器内，开始计时，当试验达到 2 h 后，取出，擦干表面，打开呼救器检查。

6.19 高温试验

将呼救器置于摇动装置上，按 5.3.12 中高温试验条件及 GB/T 2423.2 规定进行试验。

6.20 低温试验

将呼救器置于摇动装置上，按 5.3.12 中低温试验条件及 GB/T 2423.1 规定进行试验。

6.21 交变湿热试验

按 5.3.12 中交变湿热试验条件及 GB/T 2423.4 规定进行试验，试验后测试绝缘性能。

6.22 高温贮存试验

按 5.3.12 中高温贮存试验条件及 GB/T 2423.2 规定进行试验。

6.23 低温贮存试验

按 5.3.12 中低温贮存试验条件及 GB/T 2423.1 规定进行试验。

6.24 耐振动试验

将呼救器直立固定在振动台上，按 5.3.13 中振动(正弦)试验条件及 GB/T 2423.10 规定进行试验。

6.25 耐冲击试验

将呼救器直立固定在冲击台上，按 5.3.13 中冲击试验条件及 GB/T 2423.5 规定进行试验。

6.26 耐自由跌落试验

按 5.3.13 中自由跌落试验条件及 GB/T 2423.8 规定进行试验，试验台面为光滑平整的混凝土台面。

6.27 发射频率测量

发射频率测量应在全频段无线电电磁波屏蔽房(室)中进行。按图 1 所示连接测量仪器，使呼救器产生报警，测量其发射无线电波频率。

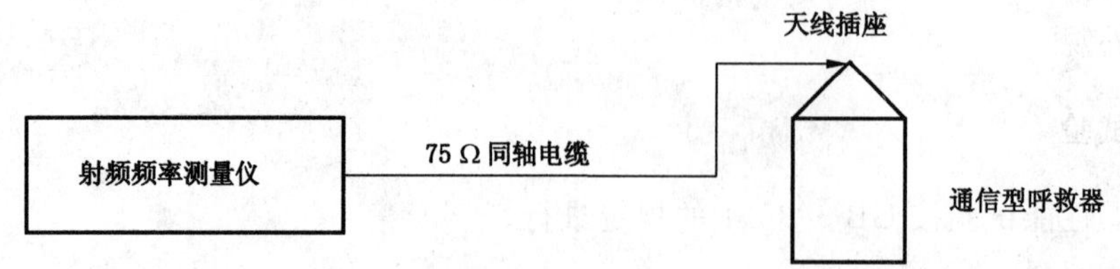

图 1 发射频率、频率稳定度测量图

6.28 频率稳定度测量

频率稳定度测量应在全频段无线电电磁波屏蔽房(室)中进行。按图 1 所示连接测量仪器,使呼救器产生报警,分别测量其在 −25 ℃±2 ℃、25 ℃±2 ℃、70 ℃±2 ℃时发射无线电波频率。

6.29 接收灵敏度测量

接收灵敏度测量应在全频段无线电电磁波屏蔽房(室)中进行。按图 2 所示连接测量仪器。调节高频信号发生器输出信号频率为呼救器发射频率,同时,调节输出信号幅度,当音频(噪声)信号测量仪测得信噪比为 12 dB 时,记录输出信号幅度。

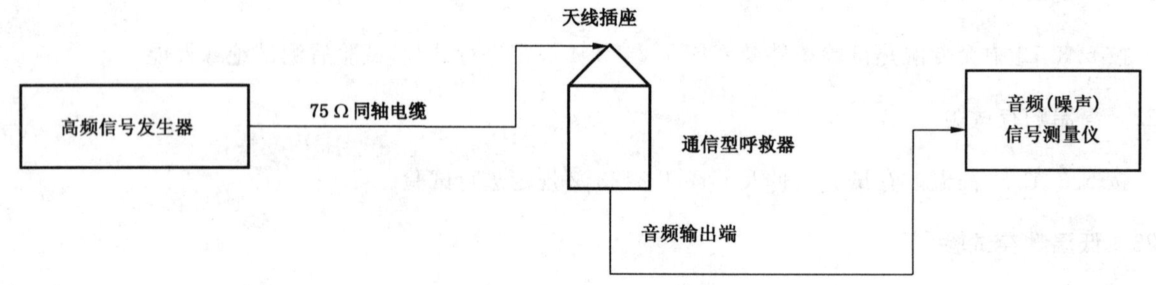

图 2 接收灵敏度测量图

6.30 通信距离试验

于空旷地带进行试验,使通信型呼救器报警,记录通信型呼救器与通信接收终端正常通信的最大距离。消除通信型呼救器报警状态,使其处于自动状态,接受终端发射信号,记录通信型呼救器与通信接收终端正常通信的最大距离。

6.31 发光亮度测试

呼救器发光亮度测试点的分布按图 3 要求,用精度不低于±5%的亮度测量仪在呼救器发光面 5 m 远处测量。

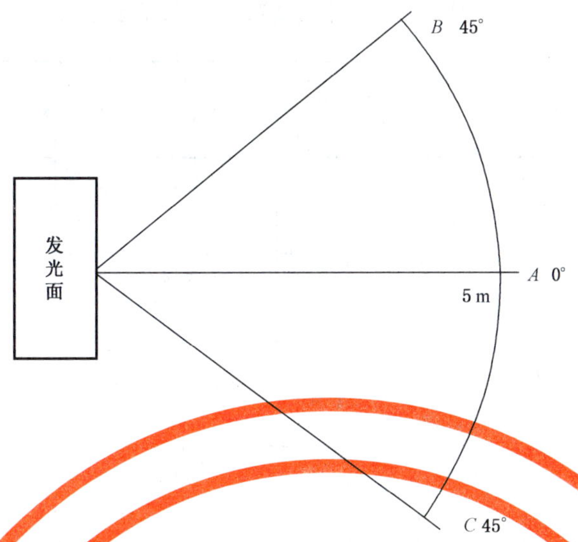

图 3 发光亮度测试图

6.32 模拟烟雾环境方位识别性能试验

试验室面积应不小于 4 m×5 m，使用发烟器发烟，烟气浓度以 1 m 内肉眼无法识别物体为准，将呼救器放置在距观察点 3 m 远处，观察呼救器方位。

7 检验规则

7.1 型式检验

7.1.1 型式检验在下列情况之一时进行：

——新产品试制定型时；

——产品设计、材料、结构、工艺上有较大改变时；

——正常生产满二年时；

——停产一年恢复生产时；

——国家质量监督机构提出进行型式检验要求时。

7.1.2 型式检验的样品应在出厂检验合格的产品中随机抽样，样本数为 9 台。

7.1.3 型式检验项目、试验程序和不合格分类应按表 3 进行。

7.1.4 检验结果出现下列情况之一时即判定为不合格：

——出现 A 类不合格；

——出现大于或等于二个 B 类不合格；

——出现一个 B 类不合格，同时出现不少于二个 C 类不合格。

7.2 出厂检验

7.2.1 每台呼救器应检验合格后方可出厂，并应附有产品合格证。

7.2.2 每台呼救器的出厂检验项目应包括 5.2、5.3.1～5.3.4、5.3.7、5.3.8、5.3.10a)、5.3.18，通信型呼救器还应包括 5.3.14～5.3.17。

7.2.3 检验结果如有一项不符合本标准规定，则该台产品出厂检验为不合格。

表 3　型式检验项目、试验程序和不合格分类

检验项目		样本编号									不合格分类		
		1	2	3	4	5	6	7	8	9	A	B	C
报警功能		√	√	√							未达到标准要求	—	—
低电压告警功能		√	√	√							未达到标准要求	—	—
通信功能[a]		√	√	√							未达到标准要求	—	—
转换开关检查		√	√	√							未达到标准要求	—	—
允许静止时间/min		√	√	√							未达到标准要求	—	—
预报警时间/min		√	√	√							未达到标准要求	—	—
预报警声强/dB		√	√	√							未达到标准要求	—	—
报警声强/dB		√	√	√							未达到标准要求	—	—
低电压告警声强/dB								√	√	√	＜50	＜65 且≥50	—
连续开机时间/h					√	√	√				＜20	＜24 且≥20	—
连续报警时间/min								√	√	√	＜200	＜240 且≥200	—
质量/g		√	√	√							＞350	≤350 且＞325	≤325 且＞300
外观		√	√	√	√	√	√	√	√	√	有明显的斑点、气泡、裂纹、伤痕	有明显斑点、气泡、伤痕	有轻微斑点、气泡、伤痕
防爆性能					√						未达到标准要求	—	—
绝缘性能/MΩ	正常情况	√	√	√							＜40	—	—
	湿热试验后	√	√	√							＜5	—	—
防水性能								√	√	√	未达到标准要求	—	—
耐气候环境性能	高温试验				√	√	√				未达到标准要求	—	
	低温试验							√	√	√			
	交变湿热试验	√	√	√									
	高温贮存试验							√	√	√			
	低温贮存试验				√	√	√						
耐机械环境性能	振动(正弦)试验	√	√	√							未达到标准要求	—	
	冲击试验				√	√	√						
	自由跌落试验							√	√	√			
发射频率[a]/MHz		√	√	√							未达到标准要求	—	—
频率稳定度[a]/$\times 10^{-6}$					√	√	√				未达到标准要求	—	—
接收灵敏度[a]/μV		√	√	√							未达到标准要求	—	—
通信距离[a]/m		√	√	√							未达到标准要求	—	—
发光亮度/(cd/m^2)		√	√	√							未达到标准要求	—	—
模拟烟雾环境方位指示性能		√	√	√							未达到标准要求	—	—
产品标志		√	√	√	√	√	√	√	√	√	未达到标准要求	—	—

[a] 此检验项目适用于通讯型呼救器。

8 标志、包装、运输和贮存

8.1 标志

8.1.1 产品标志

产品上应标有如下内容：

a) 产品名称、型号；

b) 生产厂名；

c) 生产日期；

d) 防爆标志；

e) 执行标准代号。

8.1.2 包装标志

包装上应标有如下内容：

a) 生产厂名、厂址；

b) 产品名称、型号、标准号；

c) 生产日期；

d) 应标有“小心轻放”、“防止雨淋”等标志，并符合 GB/T 191 有关规定。

8.2 包装

每台呼救器用塑料袋封装后装入包装纸盒，并附有产品合格证和使用说明书。

8.3 运输和贮存

8.3.1 呼救器在运输过程中应避免重压、碰撞和雨淋。

8.3.2 呼救器应贮存在干燥、通风、无腐蚀性化学品的场所。

ICS 13.220.10
C 85

中华人民共和国国家标准

GB 27901—2011

移动式消防排烟机

Portable fire smoke ventilator

2011-12-30 发布　　2012-06-01 实施

中华人民共和国国家质量监督检验检疫总局
中国国家标准化管理委员会　发布

前　言

本标准的第5章、第7章和8.1为强制性的，其余为推荐性的。

本标准按照GB/T 1.1—2009给出的规则起草。

本标准由中华人民共和国公安部提出。

本标准由全国消防标准化技术委员会消防器具配件分技术委员会(SAC/113/SC 5)归口。

本标准起草单位：公安部上海消防研究所。

本标准主要起草人：阙兴贵、薛林、马伟光、苏琳、韩翔、王志辉、王丽晶。

本标准为首次发布。

移动式消防排烟机

1 范围

本标准规定了移动式消防排烟机的术语和定义、型号、技术要求、试验方法、检验规则以及标志、包装、贮存。

本标准适用于人力移动式消防排烟机。本标准不适用于固定式、车载式或用于防爆场合的消防排烟机。

2 规范性引用文件

下列文件对于本文件的应用是必不可少的。凡是注日期的引用文件，仅注日期的版本适用于本文件。凡是不注日期的引用文件，其最新版本(包括所有的修改单)适用于本文件。

GB/T 1236 工业通风机 用标准化风道进行性能试验

GB/T 2888 风机和罗茨鼓风机噪声测量方法

GB 4208—2008 外壳防护等级(IP代码)

JB/T 5135.2 通用小型汽油机 可靠性、耐久性试验与评定方法

JB/T 5135.3 通用小型汽油机 技术条件

JB/T 6445 工业通风机叶轮超速试验

GA 211 消防排烟风机耐高温试验方法

3 术语和定义

下列术语和定义适用于本文件。

3.1

移动式消防排烟机 portable fire smoke ventilator

人力可以搬运(含推车式)，总质量不超过100 kg，用于火灾现场排除烟气的消防排烟机。

3.2

内燃机式消防排烟机 gas engine driven portable fire smoke ventilator

使用内燃机为动力源的移动式消防排烟机。

3.3

电动消防排烟机 electric portable fire smoke ventilator

使用电动机为动力源的移动式消防排烟机。

3.4

水力消防排烟机 hydraulic driven portable fire smoke ventilator

使用水轮机为动力源的移动式消防排烟机。

4 型号

移动式消防排烟机(以下简称排烟机)的型号由类别代号、组别代号、特征代号、动力源参数、机号、

额定转速下的最大风量和制造商自定义代号组成。排烟机的型号编制方法如下：

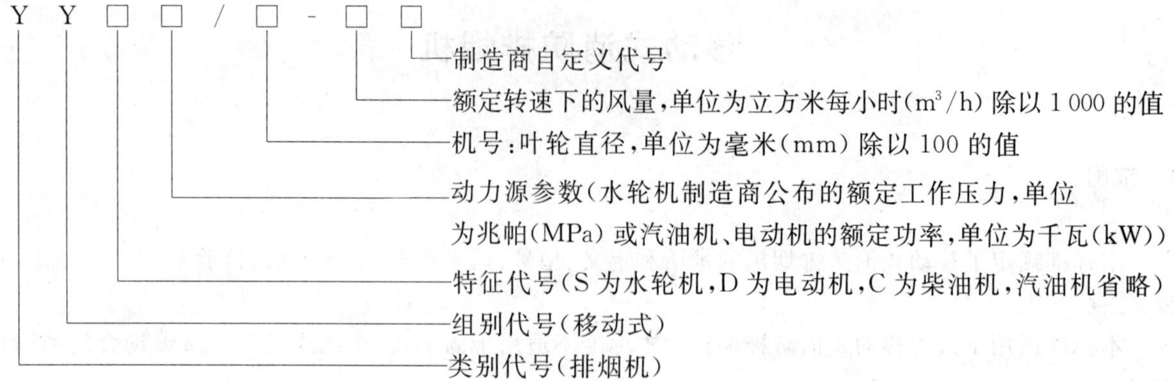

示例1：内燃机式消防排烟机(汽油机驱动方式),额定功率为3.5 kW,叶轮直径为560 mm,额定转速下的最大风量为12 000 m^3/h的排烟机,其型号为YY3.5/5.6-12。

示例2：水力消防排烟机,额定工作压力为1.0 MPa,叶轮直径为560 mm,额定转速下的最大风量为12 000 m^3/h的排烟机,其型号为YYS1.0/5.6-12。

示例3：电动消防排烟机,额定功率为3.5 kW,叶轮直径为560 mm,额定转速下的最大风量为12 000 m^3/h的排烟机,其型号为YYD3.5/5.6-12。

5 技术要求

5.1 基本要求

排烟机应按经规定程序批准的产品图样和技术文件制造。排烟机所选用的电动机或内燃机必须通过定型检验并符合相关标准的规定。排烟机选用的主要零部件应符合相关标准要求,并符合本标准的规定。

5.2 外观质量

5.2.1 排烟机表面应平整光滑,无刮伤。

5.2.2 排烟机所有铸件外表面应无砂眼、疏松、裂纹、结疤等缺陷。

5.2.3 排烟机的联接件、紧固件应装配牢固,各种管路应可靠固定。

5.2.4 排烟机的黑色金属紧固件应经防腐处理。

5.3 整机质量

排烟机整机质量应不大于100 kg(不含风管、水带等附件)。

5.4 风量性能

对应于制造商公布的排烟机额定转速下的风量,实测偏差不应超过±5%。

5.5 连续运转平稳性

按6.5进行排烟机连续运转平稳性试验,其最大自行移动距离不应超过200 mm。

5.6 倾斜运转

按6.6进行排烟机倾斜运转试验,在试验中各部件不应出现漏油、机械松动及其他危及人身安全、影响正常使用的现象。

5.7 连续运转性能

按 6.7 进行排烟机连续运转试验，排烟机在试验中各部件不应出现漏油、机械松动及其他危及人身安全、影响正常使用的现象。

5.8 安全要求

排烟机的进、出风口应安装安全网，安全网的最小间隙应不大于 8 mm。

5.9 噪声

排烟机运行中最大噪声值应不大于 110 dB(A)。

5.10 其他要求

5.10.1 内燃机式排烟机的其他要求

5.10.1.1 低温启动性能

排烟机进行低温启动性能试验，启动时间应不大于 30 s。

5.10.1.2 蓄电池容量

电启动的内燃机，其蓄电池容量应能保证连续启动 20 次。

5.10.1.3 燃油箱容积

排烟机的燃油箱容积应能保证排烟机在额定转速下连续运转 1 h。

5.10.1.4 隔热保护

排烟机的排气管及消声器外露部分应有隔热保护措施。

5.10.1.5 工作温度

内燃机式消防排烟机的工作温度，应符合 JB/T 5135.3 中的相关规定。

5.10.2 水力排烟机的其他要求

5.10.2.1 水压密封性能

排烟机的水轮机受水压部分应按制造商公布的最大工作压力的 1.1 倍进行密封试验，部件不应有渗漏、冒汗等缺陷。

5.10.2.2 水压强度

排烟机的水轮机受水压部分应按制造商公布的最大工作压力的 1.5 倍进行水压强度试验。试验过程中部件不应有影响性能的变形和裂纹等缺陷。

5.10.2.3 水流方向标志

排烟机的水轮机进、出水口上应有表示水流方向的永久性标识。

5.10.3 电动机外壳防护等级

排烟机的电动机外壳防护等级应不低于 GB 4208—2008 中规定的 IP 54 级。

5.10.4 排烟机叶轮

排烟机的叶轮应进行超速性能试验，其超速性能应符合 JB/T 6445 的规定。

5.10.5 推车式排烟机车架和行驶性能

5.10.5.1 车架组件

推车式排烟机车架组件应具有固定和运载排烟机所有部件和零件的功能。

5.10.5.2 行驶性能

5.10.5.2.1 推车式排烟机应能让一人容易地在水平地面上和在有 2%坡度的坡面上推行或拉行。

5.10.5.2.2 推车式排烟机以竖直位置存放时，该车架应能靠自身的支撑稳固地竖立在地面上，当从竖直的位置倾斜 10°时，应能靠自重返回其原位置。推车式排烟机从竖直存放位置倾斜到推行或拉行位置时，施加在手把上的力不应大于 400 N。推车式排烟机以斜躺位置存放时，从斜躺的存放位置抬起到推行或拉行位置，施加在手把上的力也不应大于 400 N。

5.10.5.2.3 推车式排烟机的行驶机构应有足够的通过性能，在推行或拉行过程中的最低位置(除轮子外)与地面间的间距不应小于 100 mm。

5.10.5.2.4 推车式排烟机在经受 6.11 规定的各项试验后应符合下列要求：

a) 推车式排烟机应能正常工作，并符合 5.5 的要求；
b) 如车轮、轴和推车的配件出现损坏，其损坏程度不应影响一人正常移动推车式排烟机；
c) 推车式排烟机不应有焊缝开裂；
d) 电动排烟机的车载蓄电池不应有移位现象。

5.10.6 耐高温性能

水力消防排烟风机、电动消防排烟机应在不低于 150 ℃气流通过时连续运转 60 min 无异常现象。

6 试验方法

6.1 外观质量及标志检查

外观质量及标志检查采用目测法及使用通用量具测量，判断检查结果是否分别符合 5.2、5.10.2.3、8.1 的规定。

6.2 安全要求和隔热保护检查

安全要求及隔热保护应采用目测法及使用通用量具测量，判断检查结果是否符合 5.8、5.10.1.4 的规定。

6.3 整机质量检查

使用磅秤或电子秤秤量排烟机整机质量(内燃机式排烟机应加满燃油)，判断检查结果是否符合 5.1、5.3 的规定。

6.4 风量性能试验

排烟机风量性能试验应按 GB/T 1236 的规定进行，判断试验结果是否符合 5.4 的规定。

6.5 运转平稳性试验

在室温条件下，将排烟机按使用状态放置在平整的水泥地面上，启动排烟机，使其在额定转速下最小仰角时连续运转 20 min，判断试验结果是否符合 5.5 的规定。

6.6 倾斜运转试验

在室温条件下，将排烟机分别放置在前、后、左、右各倾斜 15°的平面上，可用外力固定排烟机，启动排烟机，使其在额定转速下连续运转 20 min，判断试验结果是否符合 5.6 的规定。

6.7 连续运转性能试验

在室温条件下，将排烟机按使用状态放置在平整地面上，启动排烟机，使其在额定转速下运转 8 h，整个运转不应间断，判断试验结果是否符合 5.7 的规定。

6.8 噪声测量试验

噪声试验按 GB/T 2888 的相关规定进行，判断试验结果是否符合 5.9 的规定。

6.9 内燃机式排烟机检查

6.9.1 低温启动试验

将排烟机放置在−5 ℃的试验环境中 24 h，取出后，在 2 min 内启动排烟机，判断试验结果是否符合 5.10.1.1 的规定。

6.9.2 蓄电池容量检查

在室温条件下，将排烟机按使用状态放置在平整地面上，启动排烟机，使其至怠速运转状态后熄火，连续进行 20 次，判断试验结果是否符合 5.10.1.2 的规定。

6.9.3 燃油箱容积检查

在室温条件下，将排烟机按使用状态放置在平整地面上，将燃油箱加满燃油，启动排烟机，使其在额定转速下连续运转，判断试验结果是否符合 5.10.1.3 的规定。

6.9.4 工作温度试验

工作温度试验按 JB/T 5135.2 的相关规定进行，判断试验结果是否符合 5.10.1.5 的规定。

6.10 水力排烟机检查

6.10.1 水压密封试验

封闭出水口，由进水口缓慢增加水压至制造商提供的最大工作压力的 1.1 倍(升压速率应不大于 1.2 MPa/min)，保持 3 min，判断试验结果是否符合 5.10.2.1 的规定。

6.10.2 水压强度试验

封闭出水口，由进水口缓慢增加水压至制造商提供的最大工作压力的 1.5 倍(升压速率应不大于 1.2 MPa/min)，保持 3 min，判断试验结果是否符合 5.10.2.2 的规定。

6.10.3 排烟机叶轮超速试验

排烟机叶轮超速试验按 JB/T 6445 的规定进行，判断试验结果是否符合 5.10.4 的规定。

6.11 行驶性能试验

将推车式排烟机按以下步骤进行各项试验：

a) 以 8 km/h～13 km/h 的速率，在粗糙的路面上推行或拉行 8 km；

b) 将推车式排烟机从 300 mm 高的平台上以轮子着地跌落于水泥地板上 3 次；

c) 推倒推车式排烟机，并以保险杆或推把着地。

判断试验结果是否符合 5.10.5.2.4 的规定。

6.12 耐高温性能试验

水力消防排烟风机、电动消防排烟机耐高温性能试验按 GA 211 的相关规定进行，判断试验结果是否符合 5.10.6 的规定。

7 检验规则

7.1 检验类别

产品检验分出厂检验和型式检验。

7.2 出厂检验

7.2.1 排烟机应经工厂检验部门逐台检验合格方可出厂。

7.2.2 出厂检验按 5.2、5.5、5.8、5.9、5.10.1.4 和 5.10.2.1 的规定进行。

7.2.3 所检项目全部符合本标准的规定为合格。

7.3 型式检验

7.3.1 下列情况之一时，应进行型式检验：

a) 新产品投产或老产品转厂生产时；

b) 产品的结构、材料、关键零部件、生产工艺等有较大改变，可能影响产品的质量时；

c) 正常连续生产满三年时；

d) 产品停产一年以上，恢复生产时；

e) 出厂检验结果与上次型式检验结果有较大差异时；

f) 发生重大质量事故时；

g) 质量监督机构依法提出型式检验要求时。

7.3.2 型式检验的样机应从出厂检验合格的产品中随机抽取 1 台，抽样基数不应少于 10 台。

7.3.3 型式检验的项目为本标准规定的全部项目。

7.3.4 所检项目全部符合本标准的规定，方为合格。

8 标志、包装、贮存

8.1 标志

8.1.1 在排烟机外表明显部位设置标牌。标牌上应有如下内容：

a) 排烟机名称、型号；

b) 排烟机的额定转速、额定风量；

c) 动力源型号、额定功率(水轮机为额定工作压力和工作压力范围)、内燃机使用燃料种类；

d) 排烟机使用环境温度范围；

e) 制造商、出厂编号或出厂日期；

f) 执行标准编号。

8.1.2 在排烟机外壳明显位置应有永久性气流方向标识。水力排烟机水轮机上应有永久性水流方向标识。

8.2 包装

8.2.1 排烟机出厂应配齐下列技术文件并妥善包装：

a) 产品合格证；

b) 产品中文使用说明书；

c) 工具、附件清单；

d) 质量保修卡。

8.2.2 排烟机外露镀铬件应涂润滑脂。

8.2.3 水轮机包装前应放尽余水，燃油箱不得有余油，断开蓄电池正、负极接头。

8.2.4 排烟机包装箱上应有防水、防摔标志。

8.3 贮存

排烟机贮存时，应放尽燃油和水，断开蓄电池正、负极接头，存放在通风干燥室内。

ICS 13.220.20
C 82

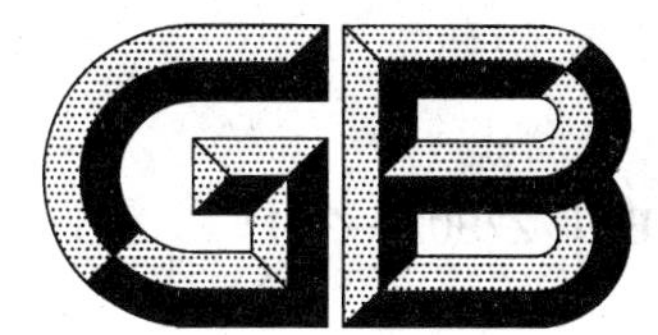

中华人民共和国国家标准

GB/T 27902—2011

电气火灾模拟试验技术规程

Technical rules for electrical fire simulation experiment

2011-12-30 发布　　2012-06-01 实施

中华人民共和国国家质量监督检验检疫总局
中国国家标准化管理委员会　发布

前　言

本标准按照 GB/T 1.1—2009 给出的规则起草。

本标准由中华人民共和国公安部提出。

本标准由全国消防标准化技术委员会火灾调查分技术委员会(SAC/TC 113/SC 11)归口。

本标准起草单位:公安部沈阳消防研究所、北京市公安消防总队、上海市公安消防总队。

本标准主要起草人:王连铁、高伟、李建林、谢福根、王新明、赵长征、张颖。

电气火灾模拟试验技术规程

1 范围

本标准规定了电气火灾模拟试验的分类、试验条件、仪器设备、试验方法和试验报告等内容。

本标准适用于实验室内进行的工频 50 Hz、交流 380 V 及以下、直流 110 V 及以下电气火灾的模拟试验。

2 术语和定义

下列术语和定义适用于本文件。

2.1

模拟试验 simulation experiment

通过模拟起火时的环境条件、被怀疑的引火源及其附近可燃物状况而进行试验，验证被怀疑的引火源引起火灾的可能性。

2.2

局部过热 local overheat

由于接触不良或过负荷引起线路中接触部位产生局部高温的现象。

3 试验分类

根据电气火灾成因不同，电气火灾模拟试验可分为五类：

——短路引燃试验；

——过载引燃试验；

——局部过热引燃试验；

——火花放电引燃试验；

——设备烤燃试验。

4 试验

4.1 试验设备

模拟试验装置主要由大空间实体火灾试验室、试验箱（含空调系统）、监控台（监控系统）、电源（交流电源和直流电源）系统和负载部分组成，参见附录 A。

4.2 试验次数

试验次数不少于 5 次，特殊情况下由委托单位同试验单位协商确定。

4.3 试验样品

4.3.1 进行现场模拟试验时，优先采用与被怀疑对象相同型号的、同一厂家生产、同期安装使用的、取自火灾现场中未被破坏的物品。

4.3.2 若不能满足上述条件，则试样至少应是与被怀疑对象相同型号、规格、同一厂家生产的物品。

4.3.3 当产品厂家无法查清时，则试样至少应是与被怀疑对象相同型号、规格的物品。

4.3.4 对电线电缆试样进行绝缘电阻测试后，两芯电线及两芯以上电缆按每根长度 1.0 m，取 5 根；单芯电线电缆按每根 1.0 m，取 10 根。

4.3.5 对小型电气设备或大中型电气设备的零部件试样，进行绝缘电阻测试后准备 5 件。

4.3.6 对大中型电气设备，数量由委托单位与试验单位协商确定。

4.4 试验方法

4.4.1 试验时间

4.4.1.1 试验不超过 72 h，或由委托单位与试验单位协商确定。

4.4.1.2 当电路控制设备实现断路动作后，即可结束试验。

4.4.1.3 短路试验的通电时间不超过 3 s。

4.4.1.4 当试验进行到可燃物被引燃时，即可结束，也可持续 1 min～3 min，进一步观察试验现象。

4.4.2 试验准备

4.4.2.1 根据试验要求确定使用大空间实体火灾试验室或试验箱。

4.4.2.2 根据委托单位提供的起火部位电气设备或线路故障点到电源变压器的电线(电缆)长度、线芯截面积和材质，电源变压器的输出阻抗，计算总阻抗，用附加阻抗器模拟接线。

4.4.2.3 根据委托单位提供的火场中线路故障点以下的总负载，用试验负载装置进行模拟接线并接入试验电路。

4.4.2.4 根据试验需要，完成配电屏经附加阻抗器到试验箱试验电路的接线。

4.4.3 试验步骤

4.4.3.1 将试样放在大空间实体火灾试验室内或试验箱内的试验台上，接入试验电路并检查接线确保正确。

注：为安全起见，搭建试验线路时，请先确认电源已关闭。

4.4.3.2 模拟火灾前的原始状况，在试样的相应位置布置可燃物。

4.4.3.3 关闭试验箱的门和进、排气孔。

4.4.3.4 按设定的环境温度、相对湿度和风速对试验箱内的试验空间进行起火前火场气候环境条件的模拟。

4.4.3.5 当模拟的气候环境条件达到设定值并稳定 30 min 之后，进行模拟试验。

4.4.3.6 短路引燃试验应按下列步骤进行：

a) 分别将试验样品(2 根导线)的一端接到电源正负极上，另一端用铁架台固定，使两根导线之间保持 1 cm 的距离，并悬空；
b) 接通电源，并使悬空的正负极接触，试验时间应符合 4.4.1 的规定。

4.4.3.7 过载引燃试验应按下列步骤进行：

a) 将试验样品的正负极分别接入试验电路；
b) 接通电源即开始试验。

4.4.3.8 局部过热引燃试验应符合 4.4.3.7 的要求。

4.4.3.9 火花放电引燃试验应符合 4.4.3.7 的要求。

4.4.3.10 设备烤燃试验应符合 4.4.3.7 的要求。

4.4.3.11 随时观察试验现象和试验结果，并做记录。

4.4.3.12 试验结束后，可以打开进气孔和排气孔进行排烟。

5 试验结果

试验结果及判定结论应按表1规定处理。

表1 试验结果及判定

试验现象	判定结论
5次试验至少有一次引起可燃物燃烧(含阴燃)	能引起可燃物燃烧
5次试验均未引起可燃物燃烧,但至少有一次可燃物被电弧或电火花损伤,或者可燃物碳化、冒烟、烧焦、熔融	能引起可燃物“损伤”、“碳化”、“冒烟”、“烧焦”、“熔融”
5次试验可燃物无异常变化	可燃物无异常变化

6 试验报告

试验报告应包括以下内容:

——委托单位名称;

——试样生产单位、名称、型号及试样说明;

——火灾的环境条件(起火时的环境温度、相对湿度、风速、电源电压及起火点附近可燃物情况);

——试验条件(试验箱内应模拟和实际达到的环境温度、相对湿度、风速、电源电压及可燃物状况);

——试样交接时间和试验时间;

——试验结论及试验照片;

——试验单位及技术负责人。

附 录 A
（资料性附录）
电气火灾模拟试验用仪器设备

电气火灾模拟试验用仪器设备见表 A.1。

表 A.1 试验用仪器设备表

序号	名称	技术指标
1	电压表	交直流两用，量限为 0 V～600 V，精度为 0.5 级，用以监测试验电压
2	电流表	交直流两用，量限为交流 0 A～600 A，精度为 1 级，用以监测试验电流
3	兆欧表	1 000 V 级兆欧表，测量范围 0 MΩ～2 000 MΩ，精度为 1 级，用以对试样进行绝缘电阻测量
4	计时器	数字显示或指针式。精度为 0.1 s，用以记录试验开始和持续时间
5	温度自动巡检仪	温度自动显示记录仪，测温范围 0 ℃～1 500 ℃，精度为 1 级，用以测量、显示和记录试样表面处的温度
6	红外热像仪	测温范围 0 ℃～1 500 ℃，精度为 1 级，用以测量、显示和记录试样表面处的温度
7	录音、照相和摄像设备	录音笔的录音时间不低于 5 h；照相机的像素不低于 600 万；摄像机的像素不低于 1 920 px×1 080 px
8	直流电源	0 V～110 V，偏差范围±2%
9	三相交流电源	0 V～380 V，偏差范围±2%
10	单相交流电源	0 V～220 V，偏差范围±2%
11	监控台（监控系统）	监控台上应安装操作按钮和状态指示灯，通过微机对试验的过程进行自动监控，对试验电压、试验电流、试验箱内的温度、相对湿度等数据进行显示和采集，对试验现象进行录音、录像和拍照
12	试验箱	在试验箱内应能引入试验所需要的电源； 温度：−10 ℃～+45 ℃，偏差范围±2 ℃； 相对湿度：40%～90%，偏差范围±3%； 风速：0 m/s～3.0 m/s，偏差范围±10%
13	试验负载	能等效模拟火场的电阻、电容
14	大空间实体火灾试验室	面积不小于 100 m^2，高度不低于 10 m

ICS 13.220.50
C 82

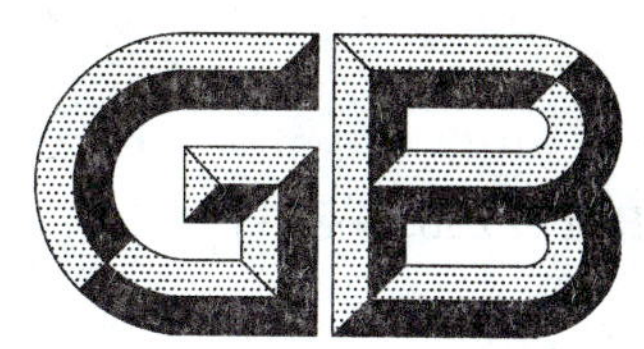

中华人民共和国国家标准

GB/T 27903—2011

电梯层门耐火试验 完整性、隔热性和热通量测定法

Fire resistance test for lift landing doors—Methods of measuring integrity, thernal insulation and heat flux

2011-12-30 发布 2012-04-01 实施

中华人民共和国国家质量监督检验检疫总局
中国国家标准化管理委员会 发布

前 言

本标准按照 GB/T 1.1—2009 给出的规则起草。

本标准参考了欧盟标准 EN 81-58:2003《电梯制造与安装安全规范　检查和试验　第 58 部分:层门耐火试验》(英文版)的有关技术内容。

本标准由中华人民共和国公安部提出。

本标准由全国消防标准化技术委员会建筑构件耐火性能分技术委员会(SAC/TC 113/SC 8)归口。

本标准起草单位:公安部天津消防研究所、深圳市龙电科技实业有限公司。

本标准主要起草人:黄伟、赵华利、李博、李希全、董学京、刁晓亮、王金星、王岚、阮涛。

电梯层门耐火试验
完整性、隔热性和热通量测定法

1 范围

本标准规定了电梯层门耐火试验通用方法的术语和定义、耐火性能代号与分级、试验装置、试件条件、试件准备、试验程序、试验结果、试验结果的有效性以及试验报告等。

本标准适用于各种类型的电梯层门。

2 规范性引用文件

下列文件对于本文件的应用是必不可少的。凡是注日期的引用文件，仅注日期的版本适用于本文件。凡是不注日期的引用文件，其最新版本(包括所有的修改单)适用于本文件。

GB/T 5907 消防基本术语 第一部分

GB/T 14107 消防基本术语 第二部分

GB 7588 电梯制造与安装安全规范

GB/T 7633 门和卷帘的耐火试验方法

GB/T 9978.1 建筑构件耐火试验方法 第1部分:通用要求

3 术语和定义

GB/T 5907、GB/T 14107、GB/T 9978.1界定的以及下列术语和定义适用于本文件。

3.1

电梯层门 lift landing door

安装在电梯竖井每层开口位置，用于人员出入电梯的门。

3.2

隔热型电梯层门 insulated lift landing door

在一定时间内能同时满足耐火完整性和耐火隔热性要求的电梯层门。

3.3

非隔热型电梯层门 un-insulated lift landing door

在一定时间内能满足耐火完整性要求，根据需要还能满足热通量要求的电梯层门。

3.4

支撑结构 supporting construction

耐火性能试验炉前部，用于安装试件的装置。

4 耐火性能代号与分级

4.1 耐火性能代号

电梯层门的耐火性能指标代号如下：

——E:表示完整性；

——I:表示隔热性；

——W:表示热通量。

4.2 耐火性能分级

电梯层门的耐火性能，按耐火时间分为 30 min、60 min、90 min、120 min 四个等级，采用单一指标进行分级的耐火性能等级见表 1，采用混合指标进行综合分级的耐火性能等级见表 2。耐火性能等级表示的意义如下：

——E tt：按满足完整性指标要求进行分级，耐火时间为 tt min；

——I tt：按满足隔热性指标要求进行分级，耐火时间为 tt min；

——W tt：按满足热通量指标要求进行分级，耐火时间为 tt min；

——EI tt：按同时满足完整性指标和隔热性指标要求进行分级，耐火时间为 tt min；

——EW tt：按同时满足完整性指标和热通量指标要求进行分级，耐火时间为 tt min。

表 1 电梯层门的单一指标耐火性能等级

分 级 方 法	耐火性能等级			
满足完整性指标要求	E 30	E 60	E 90	E 120
满足隔热性指标要求	I 30	I 60	I 90	I 120
满足热通量指标要求	W 30	W 60	W 90	W 120

表 2 电梯层门的混合指标耐火性能等级

分 级 方 法	耐火性能等级			
同时满足完整性指标和隔热性指标要求	EI 30	EI 60	EI 90	EI 120
同时满足完整性指标和热通量指标要求	EW 30	EW 60	EW 90	EW 120

5 试验装置

5.1 耐火性能试验炉

耐火性能试验炉应满足试件尺寸、升温条件、压力条件以及便于试件安装与观察的要求，炉口净空尺寸不小于 3 000 mm×3 000 mm。

5.2 测量仪器

5.2.1 炉内温度测量热电偶、试件背火面温度测量热电偶应满足 GB/T 9978.1 的相关规定。

5.2.2 炉内压力测量仪器（测量探头）应满足 GB/T 9978.1 的相关规定。

5.2.3 温度、压力测量仪器的精度及测量公差应满足 GB/T 9978.1 的相关规定。

5.2.4 用于耐火完整性测量的直径 6 mm±0.1 mm 和直径 25 mm±0.2 mm 的探棒，应符合 GB/T 9978.1 的相关规定。

5.2.5 用于耐火完整性测量的棉垫和装置，应符合 GB/T 9978.1 的相关规定。

5.2.6 测量试件背火面热通量的热流计，应符合以下规定：

——量程：0 kW/m^2～50 kW/m^2；

——最大允许误差：±5%；

——测量视场角：180°±5°。

5.3 试验框架及支撑结构

试验框架应采用密度为 1 200 kg/m³ ± 400 kg/m³ 的砖砌或水泥浇注构造，其厚度不应小于 240 mm。支撑结构应具有足够的耐火性能，其厚度不应小于 200 mm。

5.4 试件背火面热电偶设置

试件背火面热电偶设置，应符合 GB/T 7633 的相关规定。

注：对于门框隐藏式电梯层门，门框可不布设热电偶。

5.5 热流计设置

测量试件背火面热通量的热流计的接收面应朝向试件的几何中心，并距试件 1 m。

6 试验条件

6.1 炉内温度

6.1.1 耐火试验应采用明火加热，使试件受到与实际火灾相似的火焰作用。

6.1.2 试验时，耐火性能试验炉内温度应满足 GB/T 9978.1 的相关规定。

6.1.3 炉温允许偏差应满足 GB/T 9978.1 的相关规定。

6.2 炉内压力

6.2.1 耐火性能试验炉的炉内压力条件，应满足 GB/T 9978.1 的相关规定。

6.2.2 炉压允许偏差，应满足 GB/T 9978.1 的相关规定。

7 试件准备

7.1 材料、结构与安装

试件所用材料、结构与安装方法，应反映试件实际使用情况，并满足 GB 7588 的规定。

7.2 试件数量

受检方应提供 2 樘相同的试件。

7.3 试件要求

试件尺寸、结构应与实际相符。试件的养护，应满足 GB/T 9978.1 的相关规定。

8 试验程序

8.1 耐火试验

8.1.1 试验的开始与结束

当耐火性能试验炉内接近试件中心的热电偶所记录的温度达到 50 ℃时，即可作为试验的开始时间；同时，所有手动和自动的测量观察系统都应开始工作。

试验期间，当试件已不能满足 8.2.1、8.2.2 和 8.2.3 规定的任何一项耐火性能判定指标时，试验应立即终止；或虽然试件尚能满足8.2.1、8.2.2和8.2.3规定的耐火性能判定指标，但已达到预期耐火性能等级的时间时，试验也可结束。

8.1.2 测量与观察

试验过程中应进行如下测量与观察：

a) 炉内温度测量。试验炉开口每1.5 m^2 面积应设置不少于1支热电偶，炉内温度由所有炉内热电偶测得温度的算术平均值来确定，热电偶的热端离试件或安装试件的墙壁垂直距离为100 mm，测点应避免直接受火焰的冲击。炉内温度测量，时间间隔不超过1 min记录1次；

b) 炉内压力测量，时间间隔不超过5 min记录1次；

c) 电梯层门试件背火面温度测量，时间间隔不超过1 min记录1次；

d) 观察试件在试验过程中的变化情况，以及试件结构、材料变形、开裂、熔化或软化、剥落或烧焦等现象。如果有大量的烟气从背火面冒出，应进行记录；

e) 在试验过程中，观察并记录试件结构、材料变形、开裂所产生的缝隙，以及以下现象：按GB/T 9978.1的规定能否使棉垫点燃；能否使直径6 mm±0.1 mm探棒穿过缝隙进入炉内并沿缝隙长度方向移动不小于150 mm；能否使直径25 mm±0.2 mm探棒穿过缝隙进入炉内；

f) 在试验过程中，观察并记录试件背火面平均温度热电偶平均温升是否超过140 ℃；试件背火面(除门框上的测温热电偶外)最高温度点温升是否超过180 ℃；试件背火面门框，最高温度点温升是否超过360 ℃；

g) 在试验过程中，观察并记录热流计测得的试件背火面热通量是否超过15 kW/m^2。

8.2 耐火性能判定

8.2.1 完整性(E)

按GB/T 9978.1的规定进行测量，当发生以下情况之一时，则试件失去完整性：

a) 棉垫被点燃(非隔热型电梯层门除外)；

b) 试件背火面出现持续火焰达10 s以上；

c) 直径6 mm±0.1 mm探棒穿过缝隙进入炉内，并沿缝隙长度方向移动不小于150 mm；

d) 直径25 mm±0.2 mm探棒穿过缝隙进入炉内。

8.2.2 隔热性(I)

按GB/T 7633的规定进行测量，当发生以下情况之一时，则试件失去隔热性：

a) 试件背火面平均温升超过140 ℃(门框上的测温热电偶除外)，如门扇由不同的隔热区域构成，则不同的隔热区域的平均温升应分别计算；

b) 试件背火面单点最高温升超过180 ℃(门框上的测温热电偶除外)；

c) 试件背火面门框单点最高温升超过360 ℃。

8.2.3 热通量(W)

试件背火面热通量超过临界热通量值15 kW/m^2。

9 试验结果

9.1 试验结果记录

按照8.2的规定，记录试件满足单一耐火性能指标的实际耐火时间：

——完整性(E):xx min;

——隔热性(I):yy min;

——热通量(W):zz min。

9.2 耐火性能等级

如果采用单一耐火性能指标进行分级,则将 9.1 所记录的耐火时间结果向下归入至最接近的耐火性能等级(见表 1);如果采用混合耐火性能指标进行综合分级,则选用 9.1 所记录的用于综合判定的耐火性能指标最小耐火时间结果向下归入至最接近的耐火性能等级(见表 2)。

示例:

某一电梯层门在耐火性能试验中,35 min 时失去隔热性,68 min 时热通量超过临界热通量值,98 min 时失去完整性,则试验结果记录为:

——完整性(E):98 min;

——隔热性(I):35 min;

——热通量(W):68 min。

该试件单一指标的耐火性能等级为 E 90 和/或 I 30 和/或 W 60,混合指标的耐火性能等级为 EI 30 和/或 EW 60。

10 试验结果的有效性

当试验满足 GB/T 9978.1 对试验结果有效性的相关规定时,试验结果有效。

当某一结构类型和式样的试件通过了耐火试验,该耐火试验结果可直接应用于受检单位与试件的结构相同、式样相似,但高度和宽度小于等于试样的未经耐火试验的电梯层门。

11 试验报告

试验报告应提供试件的详细结构资料、试验条件及试件按本标准规定的方法进行试验所获得的耐火等级。试验报告应至少包括以下内容:

a) 试验室的名称和地址,唯一的编号和试验日期;
b) 委托方的名称和地址,试件和所有组成部件的产品名称和制造厂;
c) 试件的详细结构,在试件图中含有结构尺寸;
d) 对试件耐火等级的判定有一定影响的信息,例如试件的含水率及养护期等;
e) 试验现象的描述,以及依据第 8 章耐火等级判定所确定的试验终止信息;
f) 试件的试验结果,耐火等级的表述见第 9 章的规定。

ICS 13.220.40
C 80

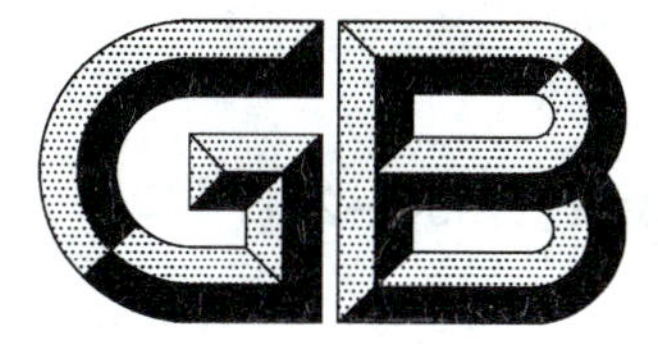

中华人民共和国国家标准

GB/T 27904—2011

火焰引燃家具和组件的燃烧性能试验方法

Testing method for fire characteristics of furniture and subassemblies exposed to flaming ignition source

2011-12-30 发布　　2012-04-01 实施

中华人民共和国国家质量监督检验检疫总局
中国国家标准化管理委员会　发布

前 言

本标准按照 GB/T 1.1—2009 给出的规则起草。

本标准参考美国国家消防协会标准 NFPA 266:1998《暴露在明焰点火源下软垫家具的燃烧性能标准试验方法》编制而成。

本标准由中华人民共和国公安部提出。

本标准由全国消防标准化技术委员会防火材料分技术委员会(SAC/TC 113/SC 7)归口。

本标准起草单位:公安部四川消防研究所。

本标准主要起草人:李风、卢国建、周晓勇、熊存建、朱亚明。

火焰引燃家具和组件的燃烧性能试验方法

警告——本标准并未指出所有可能的安全问题。使用者有责任采取适当的安全和健康措施，并保证符合国家有关法规规定的条件。

1 范围

本标准规定了家具和组件在火焰引燃下的燃烧性能试验方法。

本标准适用于各种场所的家具和组件(含座垫、靠垫)。

2 规范性引用文件

下列文件对于本文件的应用是必不可少的。凡是注日期的引用文件，仅注日期的版本适用于本文件。凡是不注日期的引用文件，其最新版本(包括所有的修改单)适用于本文件。

GB/T 25207—2010 火灾试验 表面制品的实体房间火试验方法

3 术语和定义

下列术语和定义适用于本文件。

3.1

家具和组件 furniture and subassemblies

供人们坐、卧或支承与贮存物品的器具。

3.2

软垫家具 upholstered furniture

以木质材料、金属等为框架，用弹簧、绷带、泡沫等作为承重材料，表面以皮、布、化纤包覆制成的以软体材料为主的家具。其特点是包含有软体材料的家具。

3.3

热释放速率 heat release rate

HRR

在规定条件下，材料在单位时间内燃烧所释放出的热量。

3.4

热释放总量 total heat release

THR

热释放速率在规定时间内的积分值。

3.5

质量损失率 mass loss rate

单位时间内的质量损失。

4 试验装置

4.1 试验装置的组成

试验装置由点火源、锥形收集器、排烟管道、风机、称重台及测量装置等组成。

4.2 点火源

4.2.1 软垫家具和组件(含座垫、靠垫)燃烧性能试验采用(250 mm±10 mm)×(250 mm±10 mm)的方形点火器作为点火源,点火源可采用工业丙烷或天然气作为燃料。点火器的边管由不锈钢管制作,材料厚度 0.89 mm±0.05 mm,管直径 13 mm±1 mm。前边管开有 14 个向外的孔,9 个向下的孔,每个孔相距 13 mm±1 mm;右边管和左边管向外各开 6 个孔,每个孔间距 13 mm±1 mm,另在右边管、左边管和后边管向内 45°的位置各开 4 个孔,每个孔间距 50 mm±2 mm。所有孔的直径均为 1 mm±0.1 mm(见图 1 和图 2)。长 1.07 m±0.2 m 的点火器直臂焊接在前边管的后部,与点火器平面呈 30°角(见图 3)。点火器置于可调高度的支撑杆上,通过砝码或其他机械装置保持平衡。

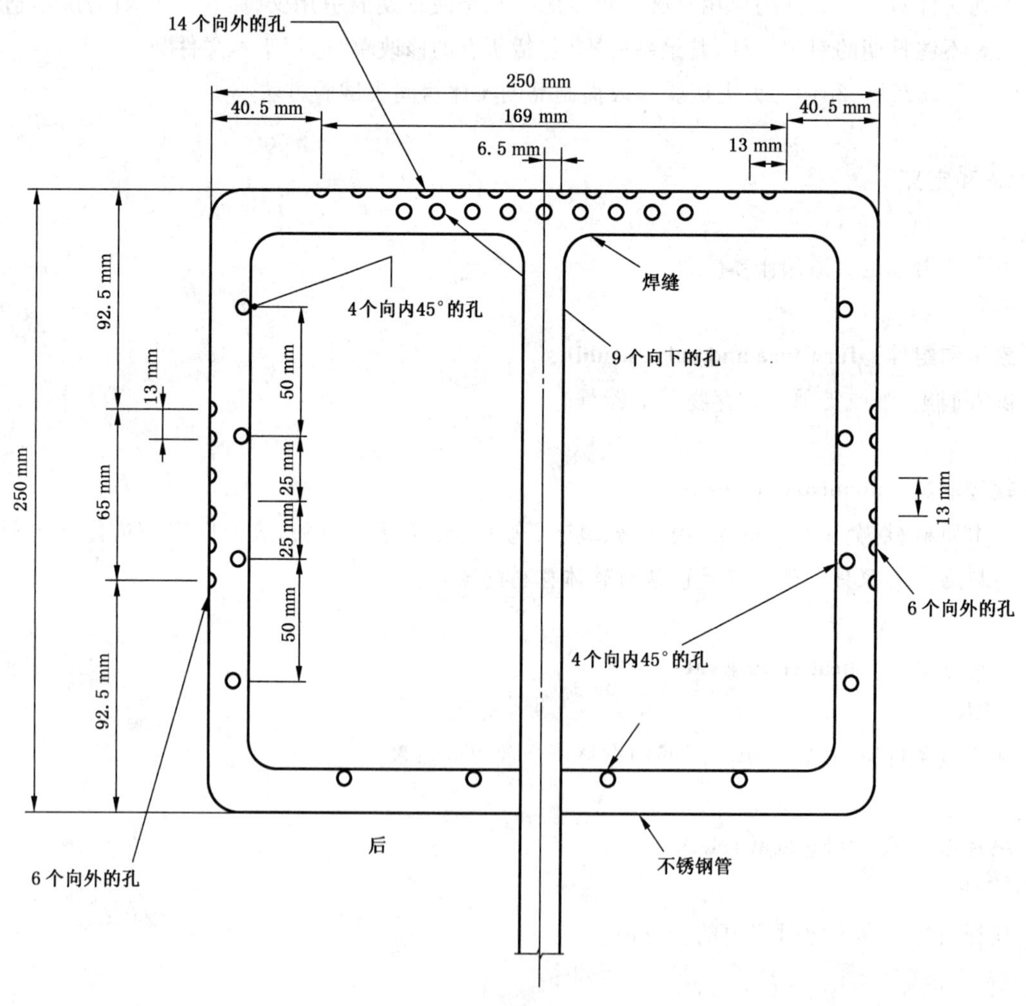

图 1 方形点火器俯视图

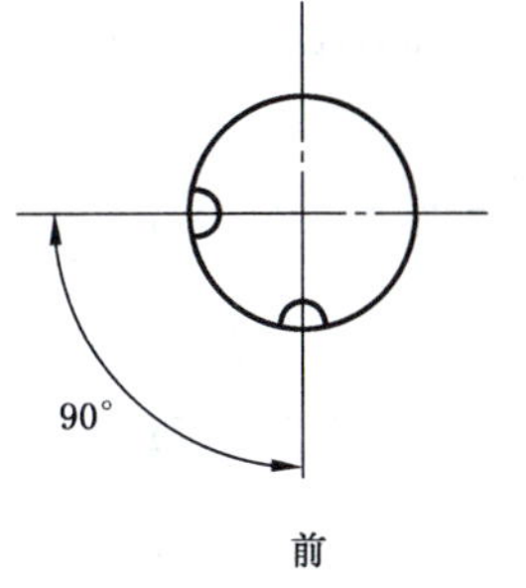

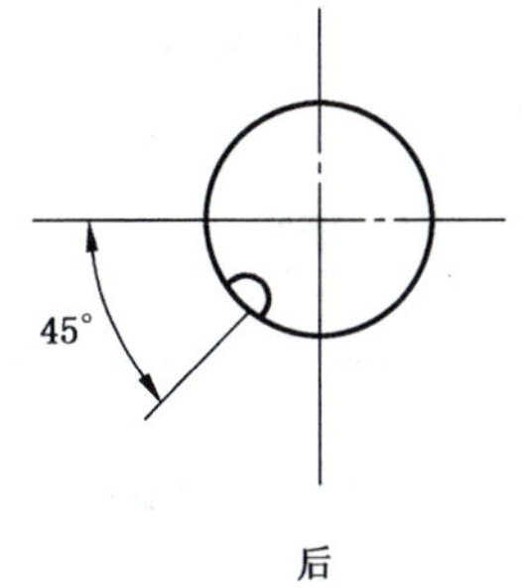

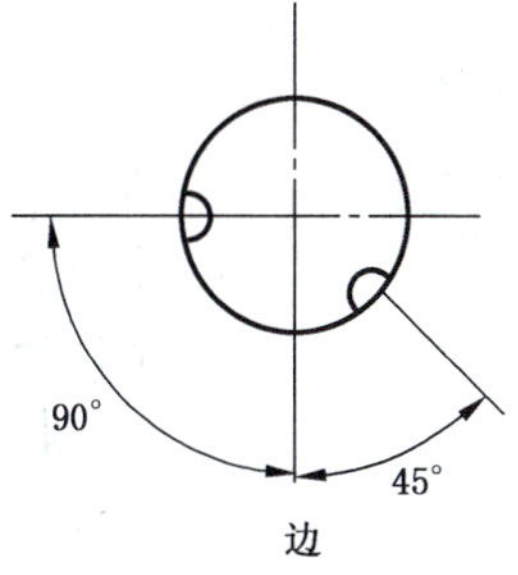

图 2 方形点火器各边的截面图

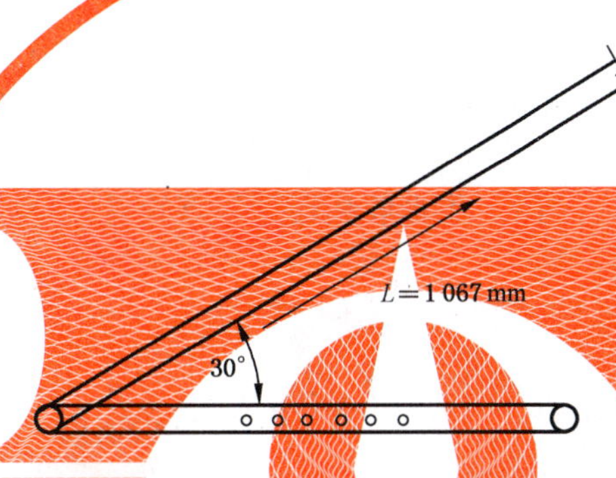

图 3 方形点火器的侧视图

4.2.2 其他家具和组件燃烧性能试验采用 GB/T 25207—2010 中附录 A 所规定的点火源，点火源可根据需要移动，并能安全地固定。

4.2.3 点火源可采用工业丙烷或甲烷作为燃料。

4.3 收集和排烟系统（锥形收集器和排烟管道）

4.3.1 锥形烟气收集器应安装在称重台和试样的正上方，底部尺寸 3 000 mm×3 000 mm，高 1 000 mm，锥形烟气收集器的顶部为 900 mm×900 mm×900 mm 的正方体，为增加气体混合效果，采用两块 500 mm×900 mm 的钢板安装在顶部的正方体内，形成烟气均混器。收集罩底部与称重台垂直距离不小于 1 000 mm 且不宜大于 2 400 mm。其结构尺寸见图 4。

4.3.2 排烟管道的安装要求及测量位置见 GB/T 25207—2010 中附录 D。

4.3.3 排烟系统应有足够的能力收集燃烧试验产生的所有烟气，风机的排气量应连续可调，排烟速率不应小于 0.5 m^3/s。

4.3.4 能产生相近结果的排烟系统允许替换使用。

单位为毫米

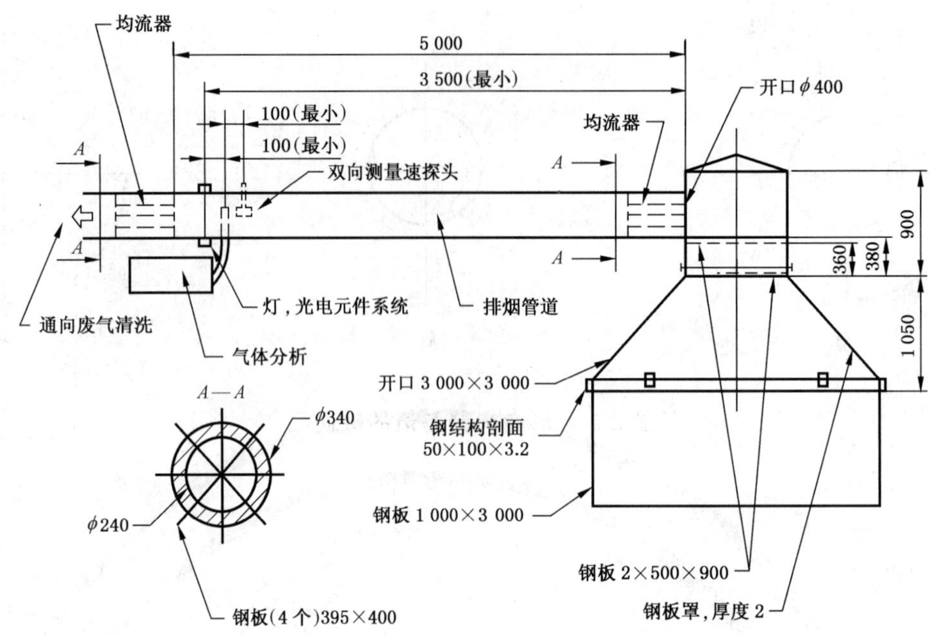

图 4 锥形收集器和排烟管道

4.4 气体体积流量的测量装置

气体体积流量的测量装置见 GB/T 25207—2010 中 9.1。

4.5 气体取样和气体分析

气体取样和气体分析装置见 GB/T 25207—2010 中 9.2。

4.6 烟密度的测量装置

烟密度的测量装置见 GB/T 25207—2010 中 9.3。

4.7 称重台

4.7.1 试验过程中用称重台测量燃烧试样的质量损失率。

4.7.2 试验时,用称重台支撑试验样品,台上放一张(2 400 mm±100 mm)×(2 500 mm±100 mm)的加强型无机板;称重台的边界超出无机板的上表面 100 mm±10 mm,以防止试验材料的溢出。

4.7.3 称重台的测量范围不少于 90 kg,精度不低于±150 g;称重台的安装应保证试验燃烧生成的热量和荷载的偏心不会影响称重的精确度。在测量过程中应防止量程的漂移。

4.7.4 试样放置在称重台上,距地面 127 mm±76 mm。

4.7.5 称重台位于收集罩的几何中心的正下方。

4.8 数据采集系统

数据采集系统可以采集和记录氧气浓度、一氧化碳浓度、二氧化碳浓度、温度、烟密度、热释放速率、质量损失率等试验数据;每次数据采集和数据处理时间不应超过 5 s。

4.9 图像采集

4.9.1 试验过程中,应对试样进行拍照。

4.9.2 试样在试验前、后均应进行拍照。

5 试验环境

试验装置应放置在没有明显气流扰动的环境中。空气的相对湿度应在20%～80%,温度应在15 ℃～30 ℃之间。锥形烟气收集器周围风速不超过0.5 m/s。

6 试验装置的校准

6.1 校准分类

试验装置的校准分系统校准和日常校准两部分。系统校准每半年进行一次,日常校准为每次试验前均应进行。

6.2 系统校准

6.2.1 试验装置与仪器设备使用应校准。

6.2.2 热释放测量系统通过燃烧丙烷气来校准。校准时采用GB/T 25207—2010中附录A所规定的点火源,点火源使用工业丙烷,丙烷气的净燃烧值为46.4 MJ/kg±0.5 MJ/kg。校准过程中,丙烷的流动速率应进行测量并保持不变。校准中丙烷的热输出为160 kW,整个校准过程时长10 min。

6.2.3 丙烷耗氧分析校准常数C的定义见第9章规定,校准时C值不应超过理论值的10%,C的理论值为2.8。

6.3 日常校准

6.3.1 氧气(浓度)分析仪归零并调整。分析仪的归零方法是将纯氮气输入分析仪中。分析仪的调整方式是,将空气通入分析仪中,将此时的氧气浓度值(仪器显示值)调整到20.95%(空气中的含氧量)。这种调节与归零的过程应持续到获得最高精确度(无需再调整)为止。

6.3.2 在调整与归零之后,应向氧气分析仪通入已知浓度的罐装氧气来测试分析仪的灵敏度。响应时间的测量方法是:向仪器通入空气并计算每一次达到最后读数90%的时间。

6.3.3 一氧化碳分析仪与二氧化碳分析仪需要使用与氧气分析仪同样的方法来归零与调整。分析仪的归零方法是将浓度为99.9%的氮气输入分析仪中。分析仪应使用输入罐装特定浓度测试气体来调整。

6.3.4 一氧化碳分析仪与二氧化碳分析仪响应时间的测定方法同氧气分析仪响应时间的测定方法。

6.3.5 称重台的校准,采用在称重台重量测量范围内的砝码来校准。

6.3.6 烟密度测量装置通过使用偏振光结合校准过的中性滤光片来划分测量范围,光源信号值通过光度计来测量。

7 试验样品

7.1 试验样品的要求

7.1.1 试验样品为实际使用的家具和组件(含座垫、靠垫)。

7.1.2 对座垫、靠垫进行试验时,应用金属支架(见图5和图6)支撑起坐垫和靠垫,如果必要,还包括扶手的垫子。椅子扶手的结构应是开缝的L型钢和开缝的扁形钢。后背可以调整到从水平面起最大135°±2°。同时,试验支架应可以调整以适应垫子的不同厚度和尺寸大小。

可调节靠背
可移动扶手
533 mm
940 mm
368 mm
座椅支架
400 mm
边臂调节缝
竖向支撑
508 mm
底座
914 mm

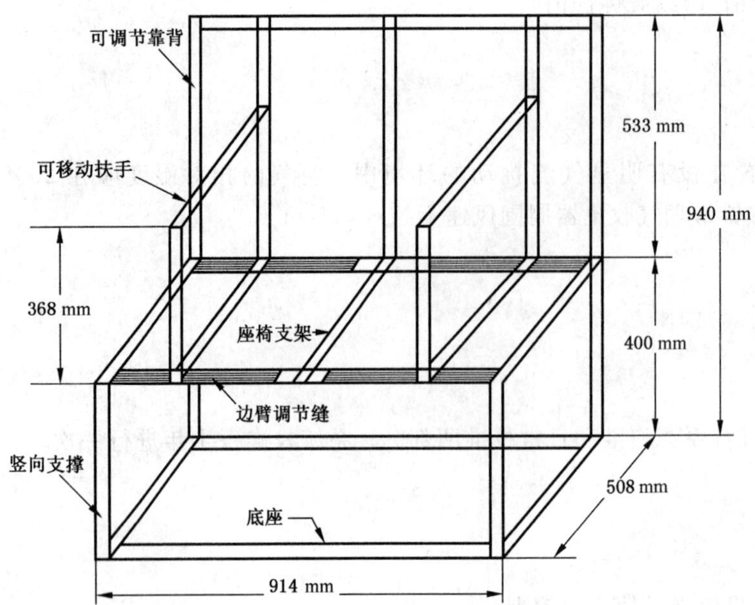

说明：
偏差±13 mm。

图5 金属支架

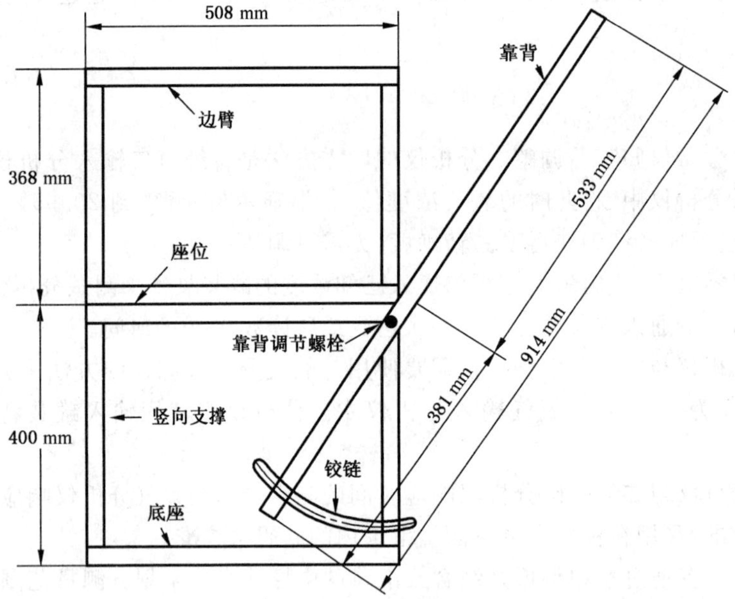

508 mm
靠背
边臂
368 mm
533 mm
座位
靠背调节螺栓
914 mm
381 mm
竖向支撑
400 mm
铰链
底座

图6 金属支架(侧视图)

7.1.3 在对座垫、靠垫的试验中，座位软垫应水平地放置在试验支架的区域中而且正对着支架的后背。靠背软垫和试验支架刚好垂直放置，并且用铁丝拉着靠垫软垫以防止前倾。如有扶手软垫，应放置在扶手支撑上。

7.2 试验样品的养护

7.2.1 试验样品应至少在23 ℃±3 ℃，相对湿度50%±5%的环境中养护48 h。

7.2.2 试验样品从养护环境搬出到开始试验的时间不应超过15 min。

8 试验步骤

8.1 软垫家具(含座垫、靠垫)的试验步骤

8.1.1 将试样安装到称重台的几何中心位置。

8.1.2 风机的排风量应设为最小值 0.5 m^3/s。

8.1.3 启动风机、烟气冷却系统、测量装置和数据处理系统,试验前 2 min,整套系统应处于正常的工作状态,并采集所需的数据。

8.1.4 方形点火器中心位于试样中心线上,距垂直软垫 51 mm±3 mm,在水平软垫上方 25 mm±3 mm。

8.1.5 调节燃气流量至规定值,使输出的热释放量为 20 kW。

8.1.6 打开燃气阀,点火器同时点火。

8.1.7 调节风机的排风量,确保能收集到试样燃烧所生成的所有产物。

8.1.8 点火 5 min 后,将点火器从试样移开。

8.1.9 关闭点火器。

8.1.10 如果出现下列情况,试验停止:

a) 所有的有焰燃烧停止;

b) 试验进行到 30 min 时。

8.1.11 试验过程中,应对试样进行拍照。

8.1.12 试验结束后,打印试验数据。

8.2 其他家具和组件的试验步骤

8.2.1 将试样安装到称重台的几何中心位置。

8.2.2 启动风机、测量装置和数据处理系统,试验前 2 min,整套系统应处于正常的工作状态,并采集所需的数据。

8.2.3 试验时可以采用下列点火方式:

a) 通常情况下,点火器位于试样的下面,点火器上表面距试样下部的暴露面 500 mm±3 mm,点火器边缘靠近试样暴露表面;

b) 也可以选择试样的最不利部位施加火焰,点火器边缘靠近试样暴露表面。

8.2.4 调节燃气流量至规定值,使输出的能量为 100 kW。

8.2.5 打开燃气阀,点火器点火。

8.2.6 增大风机的排风量,保证能收集到试样燃烧所生成的所有产物。

8.2.7 点火 10 min 后,关闭点火器。

8.2.8 如果出现下列情况,试验停止:

a) 点火器关闭后,所有的有焰燃烧停止;

b) 试验进行到 30 min 时。

8.2.9 试验过程中,应对试样进行拍照或录像。

8.2.10 试验结束后,打印试验数据。

9 计算

9.1 计算方法

计算公式所采用符号见 9.2 及附录 A,基于氧气分析测得的试验结果应采用本章的计算公式。采

用其他气体(二氧化碳、一氧化碳、水蒸气)进行分析时则应采用附录A的计算方法进行计算。如果采用二氧化碳进行分析,但二氧化碳未从氧气测量系统里分离出来时应采用附录A的计算公式进行计算。

9.2 符号

C ——丙烷耗氧分析的标定常数,单位为米千克开尔文的二分之一次方($m^{1/2}kg^{1/2}K^{1/2}$);

$\Delta H_C/r_0$ ——消耗1 kg氧气所释放的净热量,单位为千焦每千克(kJ/kg);

ΔH_C ——净燃烧热,单位为千焦每千克(kJ/kg);

r_0 ——氧与燃料的化学当量比;

I ——透过烟粒子的光强度;

I_0 ——入射到烟粒子的平行光强度;

k ——遮光系数,单位为每米(m^{-1});

L ——光束通过的烟雾环境长度,单位为米(m);

Δp ——孔板两侧的压差,单位为帕(Pa);

$\dot{q}''$ ——单位面积的热释放速率,单位为千瓦每平方米(kW/m^2);

t ——时间,单位为秒(s);

t_d ——氧分析仪的滞后时间,单位为秒(s);

T_e ——测流孔板处气体的绝对温度,单位为开尔文(K);

X_{O_2} ——氧分析仪测得的氧摩尔浓度;

$X_{O_2}^0$ ——氧浓度的初始值;

$X_{O_2}^1$ ——氧浓度的瞬时值(未经修正)。

9.3 丙烷耗氧分析的标定常数

标定常数由式(1)计算:

$$C=\left[\frac{160}{1.10(12.77\times10^3)}\right]\left(\sqrt{\frac{T_e}{\Delta p}}\right)\left(\frac{1.084-1.4X_{O_2}}{X_{O_2}^0-X_{O_2}}\right) \quad \cdots\cdots(1)$$

式中:160对应于所输入的160 kW的丙烷;12.77×10^3是丙烷的$\Delta H_C/r_0$值;1.10是氧与空气的摩尔质量之比。

9.4 试样燃烧的热释放

9.4.1 在进行其他计算之前,氧分析仪的时间变化值应按式(2)计算:

$$X_{O_2}(t)=X_{O_2}^1(t+t_d) \quad \cdots\cdots(2)$$

9.4.2 热释放速率$\dot{q}(t)$由式(3)计算:

$$\dot{q}(t)=\left(\frac{\Delta H_C}{r_0}\right)1.10C\left(\sqrt{\frac{\Delta p}{T_e}}\right)\left[\frac{X_{O_2}^0-X_{O_2}(t)}{1.084-1.4X_{O_2}(t)}\right] \quad \cdots\cdots(3)$$

9.4.3 试样的$(\Delta H_C/r_0)$值一般可取13.1×10^3 kJ/kg,除非已知更精确的值。

9.4.4 试验中前5 min的热释放总量由式(4)计算:

$$\dot{q}''i=\sum_{i=0}^{5}\dot{q}''i(t)\Delta t \quad \cdots\cdots(4)$$

9.5 烟气

9.5.1 遮光系数k应由式(5)计算:

$$k=\frac{1}{L}\ln\left[\frac{I_0}{I}\right] \qquad \cdots\cdots(5)$$

9.5.2 烟气释放速率(SRR)应由式(6)计算：

$$SRR=km \qquad \cdots\cdots(6)$$

式中：

SRR ——烟气释放速率，单位为平方米每秒(m^2/s)；

k ——遮光系数；

m ——相对温度 298 K 条件下排烟管道中的烟气体积流速，单位为立方米每秒(m^3/s)。

10 试验报告

试验报告中应记录下列内容：

a) 试样名称、商标、数量和编号；

b) 试样生产厂或提供试样厂家的名称；

c) 样品描述(包括对试样结构和材料的详细说明)；

d) 试样尺寸、重量或密度；

e) 试验装置名称、编号；

f) 试验装置的检定周期；

g) 试验日期和试验参加人员；

h) 试验过程描述，并附图片说明；

i) 试验结果应包含下列数据：

——热释放速率-时间曲线；

——热释放总量-时间曲线；

——二氧化碳浓度($\times 10^{-6}$)；

——一氧化碳浓度($\times 10^{-6}$)；

——烟密度-时间曲线；

——质量损失率-时间曲线；

——热释放速率峰值(kW)和达到峰值的时间(min)；

——有焰燃烧停止的时间；

——试验结束的时间。

附 录 A
（规范性附录）
特定条件下的热释放计算

A.1 特定条件下的热释放计算方法

A.1.1 第9章中计算热释放速率的公式使用的前提是在测量氧气以前，已通过化学洗涤瓶将二氧化碳从气样中除去。某些实验室具备测试二氧化碳的能力，在这种情况下就不需要从氧气管线中除去二氧化碳，其优点是可以避免使用价格昂贵并且需要仔细处理的化学洗涤剂。

A.1.2 在本附录中，给出的公式只适用于对二氧化碳进行测量。包括以下两种情况：

——干燥并过滤的烟气部分被导入二氧化碳和一氧化碳的红外分析仪进行分析；

——同时加上水蒸气分析仪。

为避免水蒸气冷凝，在燃烧产物气流中测定水蒸气浓度时，需要一个单独的取样系统。该系统中的过滤器、取样管线和分析仪均需加热。

A.2 符号

本附录所采用的符号如下：

$\Delta H_C/r_0$——消耗1kg氧气所释放的净热量，单位为千焦每千克(kJ/kg)；

ΔH_C ——净燃烧热，单位为千焦每千克(kJ/kg)；

r_0 ——氧与燃料的化学当量比；

M_a ——空气的摩尔质量，单位为千克每千摩尔(kg/kmol)；

M_e ——燃烧产物的摩尔质量，单位为千克每千摩尔(kg/kmol)；

$\dot{m}_e$ ——排气质量流量，单位为千克每秒(kg/s)；

t_d^1 ——二氧化碳分析仪的滞后时间，单位为秒(s)；

t_d^2 ——一氧化碳分析仪的滞后时间，单位为秒(s)；

t_d^3 ——水蒸气分析仪的滞后时间，单位为秒(s)；

$X_{CO_2}^0$ ——二氧化碳分析仪读数的初始值，以摩尔分数表示；

X_{CO}^0 ——一氧化碳分析仪读数的初始值，以摩尔分数表示；

$X_{H_2O}^0$ ——水蒸气分析仪读数的初始值，以摩尔分数表示；

$X_{O_2}^a$ ——环境中氧的摩尔数(mol /mol)；

$X_{CO_2}^1$ ——滞后时间修正前的二氧化碳分析仪读数，以摩尔分数表示；

X_{CO}^1 ——滞后时间修正前的一氧化碳分析仪读数，以摩尔分数表示；

$X_{H_2O}^1$ ——滞后时间修正前的水蒸气分析仪读数，以摩尔分数表示；

X_{CO_2} ——滞后时间修正后的二氧化碳分析仪读数，以摩尔分数表示；

X_{CO} ——滞后时间修正后的一氧化碳分析仪读数，以摩尔分数表示；

X_{H_2O} ——滞后时间修正后的水蒸气分析仪读数，以摩尔分数表示；

ϕ ——耗氧系数。

A.3 二氧化碳和一氧化碳的测量

A.3.1 在氧分析仪中，二氧化碳和一氧化碳的测定应按式(A.1)、式(A.2)、式(A.3)、考虑时间的滞后效应：

$$X_{O_2}(t)=X^1_{O_2}(t+t_d) \quad \cdots\cdots(A.1)$$

$$X_{CO_2}(t)=X^1_{CO_2}(t+t^1_d) \quad \cdots\cdots(A.2)$$

$$X_{CO}(t)=X^1_{CO}(t+t^2_d) \quad \cdots\cdots(A.3)$$

式中：t^1_d和t^2_d分别为二氧化碳和一氧化碳分析仪的滞后时间，通常与氧气分析仪的滞后时间t_d不同(更小)。

A.3.2 排气管道的流量由式(A.4)计算：

$$\dot{m}_e=C\sqrt{\frac{\Delta p}{T_e}} \quad \cdots\cdots(A.4)$$

A.3.3 热释放率由式(A.5)计算：

$$\dot{q}=1.10\left(\frac{\Delta H_C}{r_0}\right)X^a_{O_2}\left[\frac{\phi-0.172(1-\phi)\frac{X_{CO}}{X_{O_2}}}{(1-\phi)+1.105\phi}\right]\dot{m}_e \quad \cdots\cdots(A.5)$$

A.3.4 耗氧系数ϕ由式(A.6)得出：

$$\phi=\frac{X^0_{O_2}(1-X_{CO_2}-X_{CO})-X_{O_2}(1-X^0_{CO_2})}{X^0_{O_2}(1-X_{CO_2}-X_{CO}-X_{O_2})} \quad \cdots\cdots(A.6)$$

A.3.5 环境中氧的摩尔数由式(A.7)得出：

$$X^a_{O_2}=(1-X^0_{H_2O})X^0_{O_2} \quad \cdots\cdots(A.7)$$

A.3.6 在式(A.5)中，括号里该项分子中的第二项，是对某些碳不完全燃烧成一氧化碳而不是二氧化碳的校正。实际上X_{CO}通常非常小，所以其值在式(A.5)和式(A.6)中可以被忽略。一氧化碳分析仪通常不会明显地提升热释放速率测定的精度。因此，即使没有一氧化碳分析仪，假定$X_{CO}=0$，式(A.5)和式(A.6)也可以使用。

A.4 水蒸气的测量

A.4.1 在开放的燃烧系统中，例如本方法使用的，进入该系统的空气流量无法直接测量，但可以通过排气管道中测量的流量推导。由于部分空气燃烧消耗氧气产生膨胀，部分空气燃烧，这部分空气中的氧完全被消耗，因此对于膨胀需要一个假设。这个膨胀取决于燃料的组成及燃烧的实际化学计算。体积膨胀系数的平均值取1.084比较适宜，该值对丙烷是合适的。

A.4.2 在式(3)和式(A.5)中已经使用了这个符号$\dot{q}$。可以认为在排除的气体中几乎全由氧气、二氧化碳、一氧化碳和水蒸气组成。因此，测量这些气体可以计算出膨胀值。(如果在排气中测量水蒸气，这和氧气、二氧化碳、一氧化碳三种认为都是干燥气体的测量一起能用来确定膨胀值)。排气管道中的质量流量通过式(A.8)可以更精确地计算得出：

$$\dot{m}_e=C\sqrt{\frac{\Delta p}{T_e}}\sqrt{\frac{M_e}{M_a}} \quad \cdots\cdots(A.8)$$

式中：

燃烧产物的摩尔质量M_e由式(A.9)计算：

$$M_e=[4.5+(1-X_{H_2O})(2.5+X_{O_2}+4X_{CO_2})]\times 4 \quad \cdots\cdots(A.9)$$

取$M_a=28.97$，热释放速率的计算见式(A.10)：

$$\dot{q}=1.10\left(\frac{\Delta H_C}{r_0}\right)(1-X_{H_2O})\left[\frac{X^0_{O_2}(1-X_{O_2}-X_{CO_2})}{1-X^0_{O_2}-X^0_{CO_2}}\right]\dot{m}_e \quad \cdots\cdots(A.10)$$

当采用 O_2,CO_2,CO 和 H_2O 的测量值时,热释放速率由式(A.11)计算:

$$\dot{q}=1.10\left(\frac{\Delta H_C}{r_0}\right)(1-X_{H_2O})\left[\phi-0.172(1-\phi)\left(\frac{X_{CO}}{X_{O_2}}\right)\right]\left(\frac{1-X_{O_2}-X_{CO_2}-X_{CO}}{1-X_{O_2}^0-X_{CO_2}^0}\right)\dot{m}_e X_{O_2}^0 \quad\cdots\cdots(A.11)$$

式(A.10)中水蒸气读数按式(A.1)～式(A.3)中类似方式进行滞后时间修正,见式(A.12):

$$X_{H_2O}(t)=X_{H_2O}^1(t+t_d^3) \quad\cdots\cdots(A.12)$$

ICS 13.220.20
C 82

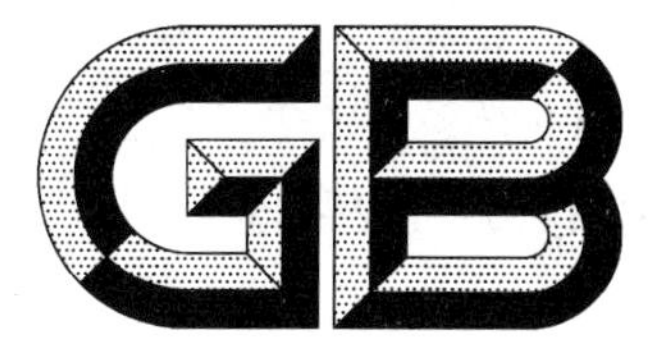

中华人民共和国国家标准

GB/T 27905.2—2011

火灾物证痕迹检查方法 第2部分:普通平板玻璃

Inspection methods for trace and physical evidences from fire scene—Part 2:Sheet glass

2011-12-30 发布　　2012-06-01 实施

中华人民共和国国家质量监督检验检疫总局
中国国家标准化管理委员会　发布

前　言

GB/T 27905《火灾物证痕迹检查方法》分为五个部分：

——第1部分：物证分类及编码；

——第2部分：普通平板玻璃；

——第3部分：黑色金属制品；

——第4部分：电气线路；

——第5部分：小功率异步电动机。

本部分为GB/T 27905的第2部分。

本部分按照GB/T 1.1—2009给出的规则起草。

本部分由中华人民共和国公安部提出。

本部分由全国消防标准化技术委员会火灾调查分技术委员会(SAC/TC 113/SC 11)归口。

本部分起草单位：公安部沈阳消防研究所、广西壮族自治区公安消防总队、辽宁省公安消防总队。

本部分主要起草人：张明、邸曼、林松、薛纯山、赵长征、齐梓博、高伟、张颖。

本部分为首次发布。

火灾物证痕迹检查方法
第2部分：普通平板玻璃

1 范围

GB/T 27905的本部分规定了普通平板玻璃火灾物证痕迹检查方法的术语和定义、器材、样品提取和观察、痕迹特征、玻璃破坏痕迹的证明作用。

本部分适用于普通平板玻璃的实验室检查。

2 术语和定义

下列术语和定义适用于本文件。

2.1

玻璃破坏痕迹　traces of glass damage

玻璃在火灾高温或外力作用下，形态发生变化而形成的痕迹，包括受热变形痕迹、受热炸裂痕迹和外力破坏痕迹。

2.2

玻璃受热变形痕迹　deformation trace of glass by thermal impact

玻璃在火灾高温作用下，形成的软化、变形、熔融、流淌等发生形状变化的痕迹。

2.3

玻璃受热炸裂痕迹　cracking trace of glass by thermal impact

玻璃在火灾高温作用下，因各部位受热不均匀产生热应力而形成炸裂的痕迹。

2.4

玻璃外力破坏痕迹　breaking trace of glass by mechanical impact

玻璃在外力冲击下形成的破裂痕迹。

3 器材

3.1 清理工具

铲子、钩子、锤子、筛子、毛刷等。

3.2 拍摄设备

照相机、摄像机等。

3.3 夹取工具

镊子、钳子等。

3.4 观察设备

放大镜、体式显微镜、视频显微镜等。

3.5 包装器材和材料

可封口采样袋、纸袋、标签纸等。

4 样品提取和观察

4.1 在火灾现场残留物底层寻找玻璃碎片，用拍摄设备记录其原始位置、状态，对其提取部位做出标记。

4.2 用镊子等夹取工具提取发现的玻璃物证。

4.3 用放大镜、体式显微镜等观察设备对所提取的玻璃碎片表面及边缘进行观察，并用拍摄设备进行拍照固定；必要时，应使用视频显微镜等观察设备进行观察。

4.4 用采样袋等将玻璃物证封装。

5 痕迹特征

5.1 玻璃受热变形痕迹具备如下特征：

——表面光滑发亮、卷曲，凸凹不平；

——边缘圆滑，无锐角、利刃；

——完全失去原来形状，呈不规则瘤状、球状、条状等流淌形态，有多层粘接。

5.2 玻璃受热炸裂痕迹具备如下特征：

——平面有裂纹形态，裂纹从固定边框的边角开始形成，呈树枝状或相互交联呈龟背纹状；

——碎块无固定形状，表面平直、边缘均匀或直角锐利，有的边缘呈圆形状、曲度大，用手触摸易划割。

5.3 玻璃外力破坏痕迹具备如下特征：

——裂纹呈辐射状，碎块呈尖刀形、锐利、边缘整齐平直；

——断面呈以受力点为中心的放射（辐射）状，弓形线汇集的一面是受力面；

——断面棱边有齿状碎痕，有细小的齿状碎痕为背力面，没有的是受力面；

——有同心圆状碎纹，圆心处为受力点。

6 玻璃破坏痕迹的证明作用

6.1 证明玻璃破坏的性质

观察提取的玻璃物证，通过鉴别玻璃破坏痕迹的形态特征，判定其变形、熔融、开裂、破碎的形成原因。

6.2 证明外力破坏时间

6.2.1 火灾前玻璃被打破

火灾前被打破的玻璃具备如下特征：

玻璃碎片大部分紧贴地面且贴地面侧均无烟熏痕迹，上面覆盖杂物余烬和灰尘。

6.2.2 起火后玻璃被打破

起火后被打破的玻璃具备如下特征：

a） 玻璃碎片一般在杂物和余烬的上面，贴地面侧有烟熏痕迹；

b） 断面比较清洁，或烟迹较少。

6.3 证明起火部位和火势蔓延方向

6.3.1 根据受热破坏程度判断

同种玻璃受热温度越高、作用时间越长，破坏变形程度越大。在同一火场中，一般顺序是无变化→炸裂→软化→融化流淌。在三种变形痕迹中，炸裂痕迹受热温度最低，融化流淌痕迹受热温度最高，其破坏程度与其受热温度由低到高的变化顺序相对应。因此，同等条件下起火部位往往在融化流淌痕迹附近。

6.3.2 根据受热面判断

火场中玻璃制品与火源的位置关系不同，其受热变形程度和部位也不同。距火源近、面向火源的一面热变形大，因此可通过玻璃制品变形面和未变形面，以及不同位置上玻璃制品的热变形量判定受热面，并根据受热面的一致性确定火势蔓延方向。

6.3.3 综合判断

利用玻璃破坏痕迹确定起火部位，应结合火灾现场其他痕迹物证综合分析认定。

ICS 13.220.20
C 82

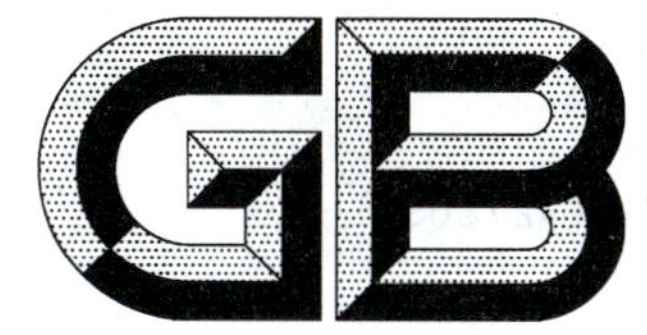

中华人民共和国国家标准

GB/T 27905.3—2011

火灾物证痕迹检查方法 第3部分:黑色金属制品

Inspection methods for trace and physical evidences from fire scene—Part 3: Ferrous metalwork

2011-12-30 发布 2012-06-01 实施

中华人民共和国国家质量监督检验检疫总局
中国国家标准化管理委员会 发布

前 言

GB/T 27905《火灾物证痕迹检查方法》分为五个部分：

——第1部分：物证分类及编码；

——第2部分：普通平板玻璃；

——第3部分：黑色金属制品；

——第4部分：电气线路；

——第5部分：小功率异步电动机。

本部分为GB/T 27905的第3部分。

本部分按照GB/T 1.1—2009给出的规则起草。

本部分由中华人民共和国公安部提出。

本部分由全国消防标准化技术委员会火灾调查分技术委员会(SAC/TC 113/SC 11)归口。

本部分起草单位：公安部沈阳消防研究所、山西省公安消防总队。

本部分主要起草人：吴莹、高伟、王连铁、赵长征、邸曼、牛文义、夏大维、齐梓博、刘术军。

本部分为首次发布。

火灾物证痕迹检查方法
第3部分：黑色金属制品

1 范围

GB/T 27905的本部分规定了黑色金属制品火灾物证痕迹检查方法的术语和定义、器材、检查步骤和痕迹特征。

本部分适用于黑色金属制品火灾物证痕迹的实验室检查。

2 术语和定义

下列术语和定义适用于本文件。

2.1

黑色金属制品 ferrous metalwork

由铁和铁合金制成的结构性金属制品、日用金属制品、金属工具、集装箱和包装容器。

2.2

变色痕迹 trace of color change

黑色金属制品在火灾高温作用下，表面形成的颜色变化痕迹。

2.3

熔化痕迹 melting trace

黑色金属制品在火灾高温影响下达到其熔点，发生熔融冷却后形成的痕迹。

3 器材

3.1 拆卸工具

螺丝刀、拉锯、扳手、锤子等。

3.2 切割工具

手锯、切割机等。

3.3 观察器材

放大镜(带照明，放大倍数4倍以上)、体视显微镜、视频显微镜等。

3.4 拍摄器材

照相机、摄像机等。

3.5 辅助器材

照明灯具、毛刷等。

4 检查步骤

4.1 在火灾现场寻找黑色金属的变色、熔化痕迹,必要时可使用拆卸工具、切割工具和辅助器材进行清理和查找。

4.2 用拍摄器材确定并记录痕迹原始位置、状态,做出标记,必要时可使用观察器材进行详细观察。

5 痕迹特征

5.1 变色痕迹

受热时间相同,随着受热温度的增加,黑色金属表面形成的颜色变化依次呈现原色、蓝色、深红色、白色等变化趋势。可根据黑色金属表面颜色的变化进行比对鉴别,判定受热温度的高低,确定起火部位和火势蔓延方向。黑色金属表面颜色变化与受热温度对应关系可参见表1。

对带涂层的黑色金属制品,可根据表面涂层随受热温度升高依次发生变色、裂痕、起泡等变化趋势进行鉴别,判定受热温度的高低,确定起火部位和火势蔓延方向。带涂层黑色金属制品外观特征与受热温度对应关系可参见表2。

表1 黑色金属制品表面颜色变化与受热温度对应关系表

金属表面颜色	受热温度/℃
深紫色	300
天蓝色	350
棕色	450
深红色	500
橙色	650
浅黄色	1 000
白色	1 200
注:材料为Q345钢板,加热时间为30 min。	

表2 带涂层黑色金属制品受热后外观特征

受热温度/℃	表面颜色	产生裂纹或起泡	涂层剥落
<350	失去光泽、颜色变深	无	无
400	浅淡色	轻微	轻微
450	浅淡色	大量	轻微
600	浅淡色	大量	少量
700	浅淡色	大量	大量
>900	金属基体	—	—
注:涂层为聚酯树脂(PE)涂层,基材为热镀锌钢板,加热时间为30 min。			

5.2 熔化痕迹

5.2.1 在同等燃烧条件下：

——同类金属：熔化处温度高，未熔化处温度低；

——不同金属：如果熔点低的金属未熔化，而熔点高的金属熔化，则熔点高的金属所在位置温度高。

可根据熔化的黑色金属位置确定起火点。

5.2.2 黑色金属受热温度达到熔点温度时开始熔化，温度继续升高作用时间增加时，熔化面积扩大，熔化程度变重。可通过黑色金属制品熔化程度的轻重，判定受热面，并根据受热面的一致性确定火势蔓延方向。

ICS 13.220.20
C 82

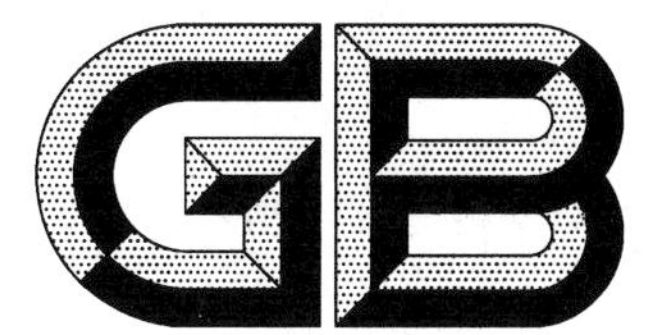

中华人民共和国国家标准

GB/T 27905.4—2011

火灾物证痕迹检查方法 第4部分：电气线路

Inspection methods for trace and physical evidences from fire scene—Part 4: Electrical wire

2011-12-30 发布　　2012-06-01 实施

中华人民共和国国家质量监督检验检疫总局
中国国家标准化管理委员会　发布

前 言

GB/T 27905《火灾物证痕迹检查方法》分为五个部分：

——第1部分：物证分类及编码；

——第2部分：普通平板玻璃；

——第3部分：黑色金属制品；

——第4部分：电气线路；

——第5部分：小功率异步电动机。

本部分为GB/T 27905的第4部分。

本部分按照GB/T 1.1—2009给出的规则起草。

本部分由中华人民共和国公安部提出。

本部分由全国消防标准化技术委员会火灾调查分技术委员会(SAC/TC 113/SC 11)归口。

本部分起草单位：公安部沈阳消防研究所、北京市公安消防总队。

本部分主要起草人：王新明、赵长征、李建林、徐放、高伟、孟庆山。

本部分为首次发布。

火灾物证痕迹检查方法
第4部分：电气线路

1 范围

GB/T 27905的本部分规定了电气线路火灾物证痕迹检查的器材、检查内容、检查记录、痕迹提取和痕迹鉴定时的要求。

本部分适用于电气线路火灾物证痕迹的检查。

2 规范性引用文件

下列文件对于本文件的应用是必不可少的。凡是注日期的引用文件，仅注日期的版本适用于本文件。凡是不注日期的引用文件，其最新版本(包括所有的修改单)适用于本文件。

GB/T 16840.1 电气火灾痕迹物证技术鉴定方法 第1部分：宏观法

GB 16840.2 电气火灾原因技术鉴定方法 第2部分：剩磁法

GB 16840.4 电气火灾原因技术鉴定方法 第4部分：金相法

GB/T 20162 火灾技术鉴定物证提取方法

3 器材

3.1 测量仪表

兆欧表、剩磁测试仪、万用表、验电笔、金属探测器等。

3.2 观察器材

放大镜、体视显微镜、视频显微镜、望远镜等。

3.3 拍摄设备

照相机、摄像机等。

3.4 辅助器材

超声波清洗机、电缆钳、毛刷等。

4 检查内容

4.1 输电线路

4.1.1 在起火区域内检查线路的整体烧损情况，确定烧损位置和数量。

4.1.2 熔断的电气线路区域按如下方式检查熔断处位置和数量：

——检查是单处熔断还是多处熔断，多处熔断须查清电源侧第一处断点到末端断点的数量；

——检查地面上的金属滴落、喷溅痕迹以及痕迹的分布区域；

——检查地面上有无金属器物或构件熔化的痕迹；

——检查有无带电线路受重力作用在地面上拖拉时形成的熔沟和线性凝结痕迹。

4.1.3 检查线路熔断处有无针状断点，如有针状断点应查清断点区域内未熔断线路的烧损状况。

4.1.4 对于未熔断的电气线路区域，应按如下方式检查熔痕位置和数量：

——检查线路有无烧损熔化，确定烧损位置、数量和范围；

——检查有烧损部位下方对应地面周围半径为1.5倍线高的范围内有无金属熔化滴落或喷溅痕迹；

——检查线路有无连接点，连接点部位的烧损状态，检查线路接触部位有无电流烧蚀或金属氧化、熔融痕迹。

4.1.5 检查线路各相之间对应部位有无金属熔融、凹坑等痕迹。

4.1.6 查看现场有无大型鸟类、爬行类动物尸体以及可能构成线路搭接的物品残骸。

4.1.7 调查起火当时的天气状况，包括风力、风向、雷暴、雾、雪等情况。

4.1.8 查看工程查收报告，调查线路安装年限、线杆弯曲度、线路档距、线距、线路弧垂、松弛度等。

4.1.9 检查绝缘套管、横担等器件，以及起火点处突出物(如树木、构筑物等)有无放电痕迹。

4.1.10 观察现场有无可燃物燃烧痕迹，确定烧损状态、痕迹特征、蔓延方向等与燃烧状态的对应关系。

4.1.11 检查避雷装置动作情况。

4.2 配电线路

4.2.1 高压配电线路

4.2.1.1 检查线路有无烧损状况，确定线路与附近燃烧物燃烧状态的对应关系。

4.2.1.2 检查线路绝缘炭化状况，线路绝缘、支撑绝缘有无击穿放电痕迹。

4.2.1.3 检查线路与金属的搭接部位有无短路击穿、金属熔融痕迹。

4.2.1.4 检查线路连接处有无熔融、迸溅、变色痕迹特征，确定熔融、喷溅痕迹分布状态。

4.2.1.5 检查线路有无局部熔化、滴落、击穿、出现孔洞等痕迹。

4.2.1.6 检查局部熔化或炭化区经过的地面上、沟槽侧壁上有无金属滴落或喷溅痕迹。

4.2.1.7 检查线路互相对应的位置上有无相间发生短路击穿痕迹。

4.2.1.8 对于无焊接加工的铁架等铁磁性物质承载的线路，测量铁架等铁磁性物质的尖端、局部突起部位的剩磁。

4.2.1.9 检查线路有无因漏电、断线而形成的对地短路放电痕迹，因雷电击穿而形成的多处放电痕迹。

4.2.1.10 查看电缆沟内有无老鼠等小动物的啮咬痕迹，有无小动物的尸体，有无硬质或尖状物勒、砍的痕迹。

4.2.2 高压变配电装置

4.2.2.1 检查高压变压器整个箱体、高压配电柜内壁和附近地面上有无金属迸溅和其他物体飞溅痕迹。

4.2.2.2 检查各装置进线端、出线端、与接线端子的连接部位有无金属烧蚀、氧化、熔融、变色等痕迹。

4.2.2.3 检查进出线路与高压变配电装置箱体有无接地短路痕迹。

4.2.2.4 检查变压器套管、绝缘子有无火花放电、破损、炸裂痕迹。

4.2.2.5 检查避雷装置动作情况。

4.2.3 高压变配电保护、补偿、监测装置

4.2.3.1 检查装置的整体烧损状态。

4.2.3.2　检查保护装置有无熔断、跳闸、跌落、炸裂等现象。
4.2.3.3　检查补偿、监测等装置有无烧损、炸裂等现象。

4.2.4　低压配电线路

按4.2.1的要求进行痕迹检查。

4.2.5　低压变压器

4.2.5.1　检查变压器的低压输出端子、保护、控制、监测等装置端子的连接部位有无电流烧蚀、氧化、熔融、变色痕迹。
4.2.5.2　检查变压器低压保护熔断器等保护装置是否有跳闸、熔断、炸裂等痕迹。
4.2.5.3　对低压变压器整个箱体、套管、绝缘子和附近地面应按4.2.2.1、4.2.2.4的要求进行检查。
4.2.5.4　对变压器出线端至配电柜(盘、屏)的输入端之间的线路应按4.2.1的要求进行检查。

4.2.6　低压配电柜(盘、屏)线路

4.2.6.1　在对配电柜(盘、屏)进行检查之前,应查明以下内容:
——电气控制图与控制程序;
——分立保护装置的置放位置,分立保护器与控制装置的功率;
——起火之前所带负载的运行状况,控制与保护电器的状态。
4.2.6.2　观察周围可燃物燃烧状态、痕迹特征和蔓延方向。
4.2.6.3　检查进出线与柜体有无接地短路痕迹。
4.2.6.4　检查接线端子制作工艺、额定电流指标是否符合规范要求,检查接线端子的连接状况,查看连接点有无松动、电流烧蚀、氧化、熔化等痕迹。
4.2.6.5　检查接线端子附近、柜内壁、地面上有无金属滴落和迸溅痕迹。
4.2.6.6　检查柜体表面有无击穿熔融,是否伴有金属流淌痕迹,有无线路之间搭接熔融痕迹。
4.2.6.7　检查中性线、接地线接线是否牢固,有无断线和熔化痕迹。
4.2.6.8　对柜体底座空间内应按4.2.1.10的要求进行检查。

4.3　用电设备供电线路

4.3.1　观察用电设备(如灯具类等发热设备)周围可燃物燃烧状态、痕迹特征和蔓延方向。
4.3.2　对用电设备供电线路进行痕迹检查前,主要查明起火部位的布线情况,然后按每个分立保护器、控制装置所保护和控制的回路顺序进行痕迹检查。
4.3.3　如果用电设备的供电线路经过电缆沟槽敷设,应按照4.2.1的要求进行检查。
4.3.4　供电线路如采用明敷方式,应按照相关标准检查线路规格、连接方式等是否规范。如果线路烧损严重无法恢复,则应该通过调查、询问等方式核实,并按照以下内容查找痕迹:
——查看绝缘层有无起鼓、松弛、炭化、烧损等情况;
——查找有无金属熔化点、凹坑、结疤、粘连处、断点;
——线路绑线和线路附近有无金属熔化痕迹;
——线路或接点处有无漏电、放电、熔融痕迹。
4.3.5　供电线路如采用穿管敷设方式,应仔细观察穿管的烧损、变色和熔融状态。采用沿管纵向剖开方法检查时,除按4.3.4的要求进行检查外,还应检查线路与穿管内壁有无粘连、管内壁有无金属迸溅痕迹。
4.3.6　供电线路如采用暗敷方式,应沿线路的走向,将遮蔽处拆开,检查有无4.3.4所描述的痕迹特征。

5 检查记录

对检查到的痕迹应及时记录、拍照，确定在现场的位置，并描述与电气控制以及分支回路的关系。

6 痕迹提取

除依据 GB/T 20162 的要求提取痕迹外，还应提取痕迹所在线路的绝缘层、接线端子和其他可疑痕迹，以便进一步分析。

7 痕迹鉴定

7.1 对痕迹的熔化性质可按 GB/T 16840.1 的要求进行鉴定。如果通过宏观判断法不能确定痕迹的熔化性质，应按 GB 16840.4 的要求进行鉴定。

7.2 对电气线路周围铁磁性物质剩磁的鉴定，应按 GB 16840.2 的要求进行。

8 注意事项

8.1 检查痕迹时应确定电气线路和设备的带电状态，以防触电。

8.2 检查痕迹时应注意保持痕迹的完整性，不应随意挪动和破坏。

8.3 对微小痕迹发现后应及时提取，妥善保存，防止丢失。

ICS 13.220.20
C 82

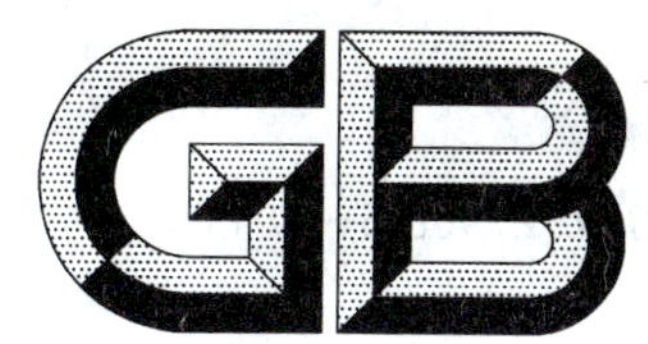

中华人民共和国国家标准

GB/T 27905.5—2011

火灾物证痕迹检查方法 第5部分：小功率异步电动机

Inspection methods for trace and physical evidences from fire scene—Part 5: Small power induction motor

2011-12-30 发布　　2012-06-01 实施

中华人民共和国国家质量监督检验检疫总局
中国国家标准化管理委员会　发布

前　言

GB/T 27905《火灾物证痕迹检查方法》分为五个部分：

——第1部分：物证分类及编码；

——第2部分：普通平板玻璃；

——第3部分：黑色金属制品；

——第4部分：电气线路；

——第5部分：小功率异步电动机。

本部分为GB/T 27905的第5部分。

本部分按照GB/T 1.1—2009给出的规则起草。

本部分由中华人民共和国公安部提出。

本部分由全国消防标准化技术委员会火灾调查分技术委员会(SAC/TC 113/SC 11)归口。

本部分起草单位：公安部沈阳消防研究所、上海市公安消防总队、山西省公安消防总队。

本部分主要起草人：齐梓博、高伟、谢福根、赵长征、牛文义、夏大维、邸曼、张明、刘筱璐。

本部分为首次发布。

火灾物证痕迹检查方法 第5部分：小功率异步电动机

1 范围

GB/T 27905的本部分规定了小功率异步电动机（以下简称为电动机）火灾物证痕迹检查的术语和定义、器材，给出了电动机的检查步骤和故障痕迹特征。

本部分适用于电动机火灾物证痕迹的实验室检查。

2 规范性引用文件

下列文件对于本文件的应用是必不可少的。凡是注日期的引用文件，仅注日期的版本适用于本文件。凡是不注日期的引用文件，其最新版本（包括所有的修改单）适用于本文件。

GB/T 2900.25 电工术语 旋转电机

GB/T 2900.27 电工术语 小功率电动机

GB/T 16840.1 电气火灾痕迹物证技术鉴定方法 第1部分：宏观法

3 术语和定义

GB/T 2900.25和GB/T 2900.27界定的以及下列术语和定义适用于本文件。

3.1

电动机电气故障痕迹 electrical fault trace of small power induction motor

电动机因发生过欠电压、过负荷、缺相运行、接触不良、绕组短路等故障而遗留下的痕迹。

3.2

电动机机械故障痕迹 mechanical fault trace of small power induction motor

电动机因发生轴承损坏、转子扫堂、拖动负荷机械卡死等机械性故障而遗留下的痕迹。

4 器材

4.1 测量仪表

万用表、兆欧表等。

4.2 拆卸工具

螺丝刀、拉具、扳手、锤子等。

4.3 切割工具

手锯、切割机等。

4.4 观察器材

放大镜、体视显微镜、视频显微镜等。

4.5 拍摄设备

照相机、摄像机等。

4.6 盛装容器

可密封的玻璃器皿或不锈钢器皿。

4.7 有机溶剂

三氯甲烷(分析纯)、丙酮(分析纯)等。

5 检查步骤

5.1 控制、保护装置检查

5.1.1 检查或核实控制、保护装置与电动机类别、功率等是否相匹配。

5.1.2 检查控制装置的开关状态和保护装置的动作状态,以及开关、控制线路安装是否正确。

5.2 外部检查

5.2.1 查看电动机铭牌上的接线图与实际接线情况是否一致。

5.2.2 核查电源线与电动机功率是否匹配,检查电源线线芯和绝缘层烧损情况,重点查看绝缘层内、外表面炭化、烧损程度和分断处线芯特征。

5.2.3 检查所带负荷和传动装置状态。

5.3 内部检查

5.3.1 打开接线盒,查看接线盒内表面以及电源线、接线端情况。

5.3.2 卸拆下电动机外部接线,并做好标记,检查绕组相间通断。

5.3.3 对于带有电容的单相电动机,检查电容状态。

5.3.4 把电动机与传动装置分开,查看传动装置状态。

5.3.5 对于风冷电动机,取下风扇罩和风扇叶,查看扇叶状态。

5.3.6 使用拆卸类工具或切割类工具将轴伸端端盖与机座分离并抽出转子,注意不要损伤电动机机座与转轴以外的其他部件。

5.3.7 对比电动机机壳内表面与外表面金属变形、变色程度。

5.3.8 检查轴承、转子、定子硅钢片表面状态。

5.3.9 检查绕组端部、套管内的电源引线、外壳穿线孔处的电源线是否有熔化痕迹。

5.3.10 检查定子线圈电磁线漆膜状态。

5.3.11 比较绕组端部各相变色情况。

5.3.12 拆除定子绕组,并将定子绕组浸入盛有三氯甲烷或丙酮的容器中 2 h～3 h,取出后用清水冲净,检查定子绕组是否有熔化痕迹。

6 痕迹特征

6.1 电动机电气故障可呈现下述一种或多种痕迹特征:

a) 控制、保护或启动装置缺相；
b) 电容上有击穿痕迹；
c) 接线盒内接线端缺相；
d) 电动机机壳内表面金属变色、变形较外表面严重；
e) 电动机电源线绝缘层老化、烧焦程度内层重于外层；
f) 电动机电源线线芯上有一次短路熔痕；
g) 外壳上穿线孔处的电源线有一次短路熔痕；
h) 接线盒盖局部变色、内有烟迹，并粘有喷溅熔珠；
i) 接线端有局部变色、凹坑、缺蚀、熔融粘连等电弧灼烧痕迹；
j) 绕组端部、套管内的电源引线有短路熔痕；
k) 绕组个别部位变色明显较其他部位严重；
l) 电动机绕组间炭化变色不均匀；
m) 经浸泡后取出的定子绕组上有短路熔痕。

6.2 对于6.1所描述痕迹中宏观特征为短路熔痕的，其判定应按照GB/T 16840.1的规定进行。

6.3 电动机机械故障可呈现下述一种或多种痕迹特征：
a) 拖动负荷机械卡死；
b) 传送皮带内侧炭化或转动齿轮错位，有严重机械擦伤痕迹或断齿；
c) 扇叶片有机械擦伤或击断痕迹；
d) 轴与轴承间有机械擦伤痕迹；
e) 滚动轴承轴承架损坏或滚珠损坏、变形；
f) 转子和定子硅钢片表面有机械擦伤痕迹。

6.4 机械故障还可能呈现6.1中d)～m)所表述的痕迹特征。

ICS 13.220.10
C 85

中华人民共和国国家标准

GB/T 27906—2011

救生抛投器

Life-saving projectile launcher

2011-12-30 发布　　2012-04-01 实施

中华人民共和国国家质量监督检验检疫总局
中国国家标准化管理委员会　发布

前　言

本标准按照 GB/T 1.1—2009 给出的规则编写。

本标准由中华人民共和国公安部提出。

本标准由全国消防标准化技术委员会消防器具配件分技术委员会(SAC/TC 113/SC 5)归口。

本标准起草单位:公安部上海消防研究所。

本标准主要起草人:葛亮、陈刚、金韡、王春燕、汪环。

救 生 抛 投 器

1 范围

本标准规定了救生抛投器的术语和定义、型号、技术要求、试验方法、检验规则和产品标志、包装、使用说明书、运输与贮存。

本标准适用于以压缩气体作为动力的救生抛投器。

2 规范性引用文件

下列文件对于本文件的应用是必不可少的。凡是注日期的引用文件，仅注日期的版本适用于本文件。凡是不注日期的引用文件，其最新版本(包括所有的修改单)适用于本文件。

GB 5099 钢质无缝气瓶

GB/T 9969 工业产品使用说明书 总则

GB/T 10125 人造气氛腐蚀试验 盐雾试验

GB/T 11640 铝合金无缝气瓶

GA 494—2004 消防用防坠落装备

3 术语和定义

下列术语和定义适用于本文件。

3.1

救生抛投器 life-saving projectile launcher

以压缩气体为动力，远距离抛投绳索、救生设备等抛投物的装置。

3.2

抛投气瓶 pneumatic cylinder for launching projectiles

由救生抛投器发射，用于携带抛投物的金属气瓶。

3.3

抛射距离 launch distance

救生抛投器发射点与落点间的水平投影距离。

3.4

抛射偏差角 launch deviation angle

救生抛投器的发射点与落点间的水平直线与预期发射水平投影直线间的夹角。

3.5

发射角 launch angle

救生抛投器发射筒的轴线与水平线之间的夹角。

3.6

额定抛射距离 rated launch distance

救生抛投器在额定工作压力下的抛射距离。

4 型号

救生抛投器(以下简称抛投器)的型号编制方法如下：

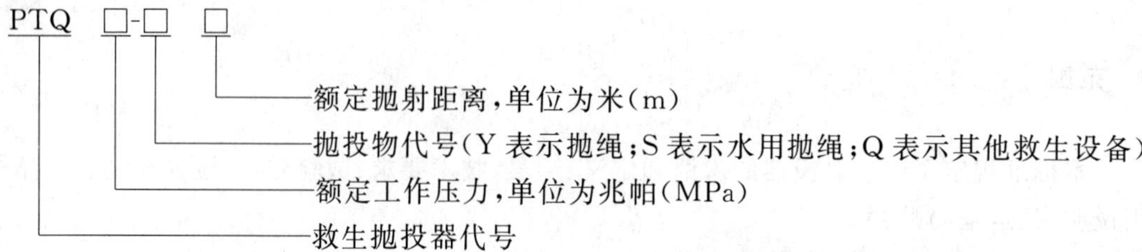

注：有多个附件的则按 Y、S、Q 顺序排列。

示例 1：PTQ20-S70 表示抛投器额定工作压力为 20 MPa,抛投水用抛绳的额定抛射距离为 70 m。

示例 2：PTQ20-Y80S70 表示抛投器额定工作压力为 20 MPa,抛投抛绳的额定抛射距离为 80 m,抛投水用抛绳的额定抛射距离为 70 m。

5 技术要求

5.1 外观

抛投器的表面应光滑无毛刺,各部件没有破损。

5.2 结构要求

5.2.1 抛投器应配备压力表,且压力表的量程应能满足工作要求,准确度不得低于 1.6 级。

5.2.2 抛投器应设有发射保险装置,保险装置的解脱动作应区别于抛投器的开启动作。

5.3 抛射性能

抛投器的抛射性能应符合表 1 的规定,且抛射距离不得小于产品公示的额定抛射距离。

表 1

抛射性能	抛绳	水用抛绳	其他救生设备
抛射距离/m	≥80	≥70	≥50
抛射偏差角/(°)	≤5		

5.4 金属件耐腐蚀性能

金属件经耐腐蚀性能试验后,不应有明显的腐蚀,且试验后仍应能满足 5.3 的要求。

5.5 可靠性能

经可靠性能试验后,各部件不得出现脱落和破损。

5.6 密封性能

在密封性能试验过程中,抛投器各受压部件不得有泄漏。

5.7 安全阀

安全阀的开启压力应为额定工作压力的 1.1 倍,误差不得超过±0.5 MPa。

5.8 耐压性能

耐压性能试验后，抛投器各受压部件不得有渗漏、变形。

5.9 抛投气瓶

5.9.1 钢质抛投气瓶的设计、制造、检验和使用应符合 GB 5099 的要求；铝合金抛投气瓶的设计、制造、检验和使用应符合 GB/T 11640 的要求。

5.9.2 抛投气瓶上应有“充装气体名称或化学分子式；气瓶编号；水压试验压力；公称工作压力；公称容积；重量；瓶体设计壁厚；单位代码和制造年月；监督检验标记；气瓶制造单位许可证编号；产品标准号”。

5.10 抛投物

5.10.1 外观

抛绳、水用抛绳的外观应无破损、断裂、拉丝、盘结。

5.10.2 长度

抛绳、水用抛绳的长度不低于额定抛投距离的 1.15 倍。

5.10.3 破断强度

按 GA 494—2004 中 7.2 规定的破断强度试验，抛绳的断裂强度不得小于 2 kN，水用抛绳的断裂强度不得小于 6 kN。

5.10.4 水用抛绳悬浮性能

在水面悬浮试验时，应能浮于水面，悬浮时间应不小于 1 h。

5.10.5 其他救生设备

其他救生设备应符合其相应标准规定。

6 试验方法

6.1 外观

用目测法测定检查抛投器的外观。

6.2 结构要求检查

用目测法检查抛投器结构。

6.3 抛射性能试验

6.3.1 试验条件

试验应在室外空旷地进行，风速不大于 3 m/s，发射方向宜顺风方向进行。

6.3.2 试验步骤

抛投器固定在离地 1.5 m 高的发射架上，在额定工作压力下，发射角为水平向上 35°±1°进行发射，测量抛射距离及偏差角，共发射 2 次，记录数据。

6.4 金属件耐腐蚀性能试验

按 GB/T 10125 规定的 120 h 中性盐雾试验。

6.5 可靠性能试验

抛投器固定在离地 1.5 m 高的发射架上，在额定工作压力下，发射角为水平向上 35°±1°进行发射，连续重复 25 次。每次发射前后仔细检查各部件和抛投气瓶情况，如有部件脱落和气瓶破损应停止试验。

6.6 密封性能试验

将抛投器浸入温度不低于 5 ℃的水中，水面应高于顶端 5 cm 以上，打开气源使抛投器处于工作状态并保持 5 min，观察各部件有无泄漏。

6.7 安全阀工作压力试验

将抛投器与试验设备连接，缓慢加压至安全阀泄压，观察安全阀开启时压力表的示值，并记录开启时的数值。压力表的量程应满足试验要求，准确度不得低于 1.6 级。

6.8 耐压性能试验

将抛投器与试验设备连接，封堵安全阀，加压至额定工作压力的 1.5 倍，保压 2 min，压力表的量程应满足试验要求，准确度不得低于 1.6 级。

6.9 断裂强度试验

破断强度试验按 GA 494—2004 中 7.2 的规定。

6.10 水用抛绳悬浮性能试验

从水用抛绳上任意截取 0.5 m 绳长，置于淡水中 1 h，观察其是否仍能浮于水面。

7 检验规则

7.1 检验分类

产品检验分型式检验和出厂检验。

7.2 型式检验

7.2.1 型式检验在下列情形之一时进行：

a) 新产品投产前；

b) 正式生产后，原材料、工艺、设计有较大改变时；

c) 停产一年后恢复生产或正常生产满三年时；

d) 国家质量监督机构提出进行型式检验要求时。

7.2.2 型式检验的样品从出厂检验合格的样品中采取随机抽样，抽样基数不少于 10 套，数量为 2 套，每套提供备用气瓶 1 个。

7.2.3 表 2 所列检验项目全部符合要求，则判型式检验合格。

表 2

序号	标准条款号	检 验 项 目	出厂检验	型式检验
1	5.1	外观	△	△
2	5.2	结构要求	△	△
3	5.3	抛射性能	△	△
4	5.4	金属件耐腐蚀性能		△
5	5.5	可靠性能		△
6	5.6	密封性能	△	△
7	5.7	安全阀		△
8	5.8	耐压性能		△
9	5.9	抛投气瓶	△	△
10	5.10.1	抛投物外观	△	△
11	5.10.2	抛绳长度	△	△
12	5.10.3	抛绳破断强度		△
13	5.10.4	水用抛绳悬浮性能		△
14	5.10.5	其他救生设备	△	△
15	8.1	标志	△	△
注："△"为必检项目。				

7.3 出厂检验

抛投器应按表 2 规定的出厂检验项目进行逐套检验，所检项目的结果全部符合本标准的规定，判产品出厂检验合格。

8 标志、包装、使用说明书、运输与贮存

8.1 标志

产品的铭牌上，应有下列内容：

a) 产品名称及商标；

b) 规格型号；

c) 制造日期；

d) 出厂编号；

e) 额定压力；

f) 额定抛射距离；

g) 气瓶容积；

h) 制造厂名称、地址。

8.2 包装

8.2.1 应将产品使用说明书、装箱单、合格证、备件等随同产品装入包装箱（纸箱或木箱）中，并用防震

材料将产品固定和隔开。包装箱应牢固可靠。

8.2.2 包装箱外面应有下列内容：

a) 产品型号(名称)；

b) 内装数量(具)；

c) 包装箱外形尺寸：长×宽×高(mm)；

d) 质量(kg)；

e) 产品出厂时间或序号；

f) 制造厂名称、地址；

g) “小心轻放”,“注意防潮”,“严禁烈日曝晒”等字样或标记。

8.3 使用说明书

使用说明书应符合 GB/T 9969 的规定，并至少包括下列内容：

a) 明确标明抛投器的气瓶工作压力、使用年限、配件的名称和数量等相关说明；

b) 列出各种抛投物的额定抛投距离；

c) 标明抛投器的性能参数、使用方法、检查程序等内容；

d) 给出推荐性的产品使用年限；

e) 明确抛投器运输和贮存要求。

8.4 运输与贮存

8.4.1 运输

抛投器的运输应符合以下要求：

a) 抛投器在运输时要轻装轻卸，禁止抛掷，防止碰撞，避免雨淋、曝晒及污染；

b) 抛投器在运输中应避免与油、酸、碱或其他有害物质接触；

c) 运输时气瓶应卸压。

8.4.2 贮存

抛投器应贮存在清洁、干燥、通风良好的环境中，避免长时间曝晒，不能与油、酸、碱或其他腐蚀性的物质一起贮存，禁止重压。

ICS 03.120.10
A 00

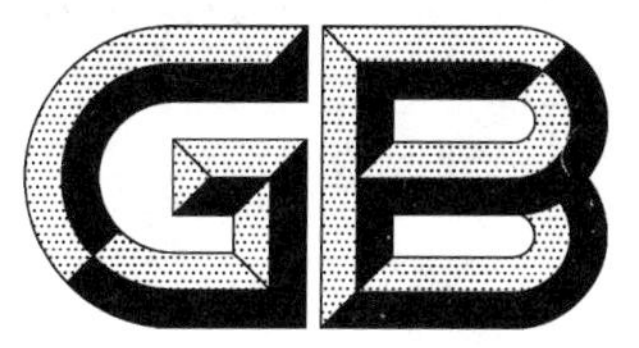

中华人民共和国国家标准化指导性技术文件

GB/Z 27907—2011/ISO/TS 10004:2010

质量管理　顾客满意　监视和测量指南

Quality management—Customer satisfaction—Guidelines for monitoring and measuring

（ISO/TS 10004:2010,IDT）

2011-12-30 发布　　2012-02-01 实施

中华人民共和国国家质量监督检验检疫总局
中国国家标准化管理委员会　发布

前　言

本指导性技术文件按照 GB/T 1.1—2009 给出的规则起草。

本指导性技术文件与 GB/T 19010—2008《质量管理　顾客满意　组织行为规范指南》、GB/T 19012—2008《质量管理　顾客满意　组织处理投诉指南》和 GB/T 19013—2009《质量管理　顾客满意　组织外部争议解决指南》共同构成质量管理中组织针对顾客满意过程的基础性系列国家标准。

本指导性技术文件使用翻译法等同采用 ISO/TS 10004:2010《质量管理　顾客满意　监视和测量指南》。

本指导性技术文件由全国质量管理和质量保证标准化技术委员会(SAC/TC 151)提出并归口。

本指导性技术文件起草单位:中国标准化研究院、中国质量认证中心、海尔集团。

本指导性技术文件主要起草人:郑兆红、张荣静、康键、赵楠、杨颖、吴芳、冯卫、裴飞、李杰、季晓健。

引　言

0.1　总则

组织成功的关键要素之一是顾客对该组织及其产品满意。因此，有必要监视和测量顾客满意。

监视和测量顾客满意获得的信息能帮助确定组织的战略、产品、过程和顾客关注特性的改进机会，实现组织的目标。这些改进能增强顾客信心，并为组织带来商业利益和其他收益。

本指导性技术文件对组织建立有效的监视和测量顾客满意过程提供指导。

0.2　与 GB/T 19001—2008 的关系

本指导性技术文件与 GB/T 19001—2008 相容，并通过提供监视和测量顾客满意指导支持其目的。本指导性技术文件能帮助解决 GB/T 19001—2008 与顾客满意有关的具体条款，即下列各项：

a)　GB/T 19001—2008 5.2 以顾客为关注焦点："最高管理者应以增强顾客满意为目的，确保顾客的要求得到确定并予以满足。"

b)　GB/T 19001—2008 6.1b)资源管理："组织应确定并提供以下方面所需的资源……，通过满足顾客要求，增强顾客满意。"

c)　GB/T 19001—2008 8.2.1 顾客满意："作为对质量管理体系绩效的一种测量，组织应监视顾客关于组织是否满足其要求的感受的相关信息，并确定获取和利用这种信息的方法。"

d)　GB/T 19001—2008 8.4 数据分析："组织应确定、收集和分析适当的数据，以证实质量管理体系的适宜性和有效性，并评价在何处可以持续改进质量管理体系的有效性。这应包括来自监视和测量的结果以及其他有关来源的数据。数据分析应提供有关以下方面的信息：顾客满意……"

本指导性技术文件也可单独使用。

0.3　与 ISO 9004:2009 的关系

本指导性技术文件也与为保持持续成功提供指南的 ISO 9004:2009 相容，并对下列条款进行补充：

——ISO 9004:2009 B.2 以顾客为关注焦点；

——ISO 9004:2009 8.3.1 和 8.3.2，确定顾客需求、期望和满意。

0.4　与 GB/T 19010、GB/T 19012、GB/T 19013 的关系

GB/T 19010 包含组织关于顾客满意的行为规范指南。这种行为规范能减小发生问题的可能性和消除由投诉和争议引起顾客满意下降。

GB/T 19012 包含与产品有关的投诉的内部处理指南。该指南通过有效和高效的解决投诉，保持顾客满意和顾客忠诚。

GB/T 19013 包含解决与产品有关的投诉因没能在内部圆满处理而产生的争议的指南。GB/T 19013 能帮助减少源于投诉未能解决的顾客不满意。

GB/T 19010、GB/T 19012 和 GB/T 19013 共同为减少顾客不满意和增加顾客满意提供指导。本指导性技术文件通过提供顾客满意监视和测量指南对 GB/T 19010、GB/T 19012 和 GB/T 19013 进行补充。

获得的信息有助于指导组织采取措施保持或增强顾客满意。

质量管理 顾客满意 监视和测量指南

1 范围

本指导性技术文件为确定和实施顾客满意监视和测量过程提供指南。

本指导性技术文件旨在适用于各种类型、不同规模和提供不同产品的组织。本指导性技术文件主要关注的是组织的外部顾客。

本指导性技术文件不拟用于认证或合同目的,也不拟改变适用的法律法规规定的权利和义务。

2 规范性引用文件

下列文件对于本文件的应用是必不可少的。凡是注日期的引用文件,仅注日期的版本适用于本文件。凡是不注日期的引用文件,其最新版本(包括所有的修改单)适用于本文件。

GB/T 19000—2008 质量管理体系 基础和术语(ISO 9000:2005,IDT)

3 术语和定义

GB/T 19000—2008 界定的以及下列术语和定义适用于本文件。

3.1

产品 product

过程的结果

注1:产品可以是服务、软件、硬件或流程性材料。

注2:修改采用 GB/T 19000—2008 中定义 3.4.2,原定义中的 3 条注简化成注 1。

3.2

顾客 customer

接受产品的组织或个人

示例:消费者、委托人、最终使用者、零售商、受益者和采购方。

注1:顾客可以包括可能受组织提供产品的影响和可能影响组织成功的其他相关方。

注2:顾客可以是组织内部的或外部的,本指导性技术文件重点关注的是外部顾客。

注3:修改采用 GB/T 19000—2008 中定义 3.3.5,原定义中的注扩展为注 1 和注 2。

3.3

顾客满意 customer satisfaction

顾客对其要求已被满足程度的感受

注1:顾客抱怨是一种满意程度低的最常见的表达方式,但没有抱怨不一定表明顾客很满意。

注2:即使规定的顾客要求符合顾客的愿望并得到满足,也不一定确保顾客很满意。

[GB/T 19000—2008,定义 3.1.4]

3.4

要求 requirement

明示的、通常隐含的或必须履行的需求或期望

注:修改采用 GB/T 19000—2008 中定义 3.1.2,原定义中的 5 个注被删除。

4 顾客满意的含义

顾客满意取决于顾客对组织提供产品的期望与顾客感受之间的差距。

为了获得顾客满意，建议组织首先了解顾客的期望。这些期望可以是明示的、隐含的或未被充分表达的。

组织所理解的顾客期望是计划和交付产品的首要基础。

顾客对交付产品满足或超过期望程度的感受决定顾客满意度。

区别组织对交付产品质量的看法与顾客对交付产品的感受是至关重要的，因为正是后者决定顾客满意。顾客满意概念模型可进一步描述组织与顾客对于质量看法之间的关系(见附录 A)。

由于顾客满意是不断变化的，建议组织建立定期监视和测量顾客满意的过程。

5 顾客满意监视和测量框架

组织需建立系统的方法监视和测量顾客满意。该方法宜在组织框架内对监视和测量顾客满意过程进行策划、实施、保持和改进。

策划包括确定实施的方法和配置必要的资源(见第 6 章)。

实施包括识别顾客期望、收集和分析顾客满意数据、提供改进和监视顾客满意的反馈信息(见第 7 章)。

保持和改进包括对监视和测量顾客满意过程的评审、评价和持续改进(见第 8 章)。

6 顾客满意监视和测量的策划

6.1 确定目的和目标

建议组织首先明确监视和测量顾客满意的目的和目标，例如可以包括以下内容：

——评价顾客对产品(已有产品、新产品或改型产品)的反应；

——获得特定方面的信息，如支持过程、人员或组织行为；

——调查顾客投诉的原因；

——调查市场份额缩减的原因；

——监视顾客满意趋势；

——与其他组织比较顾客满意。

目的和目标将影响到收集什么数据；何时、如何收集以及从何处收集数据，它们还影响到如何分析数据和最终将如何应用这些信息。

6.2 确定范围和频次

建议组织根据目的和目标确定计划测量的范围，从希望得到的数据类型和从何处获取数据两方面考虑。

收集信息的类型既可以是某具体的特性，也可以是整体满意度的评价。同时，评价的范围取决于细分的类型，如：

——顾客；

——市场；

——产品。

同时建议组织确定收集数据的频次，可以根据经营需要或特定事件定期、临时或二者结合(见 7.3)

进行。

6.3 确定实施方法和职责

顾客满意的某些信息可以从组织的内部过程(例如顾客投诉处理)或外部来源(例如媒体报道)间接获得,通常组织需要用直接来自顾客的数据对这类信息加以补充。

建议组织确定如何获得顾客满意信息和该项活动的负责人。同时建议组织确定获得信息的部门,以便采取恰当的行动。

建议组织策划监视获得和使用顾客满意信息的过程,以及这些过程的结果和效率。

6.4 配置资源

为对顾客满意进行策划、监视和测量,建议组织确定和提供必要的具备能力的人员和其他资源。

7 顾客满意监视和测量的活动

7.1 总则

为了监视和测量顾客满意,建议组织:

——识别顾客期望;

——收集顾客满意数据;

——分析顾客满意数据;

——提供改进顾客满意的反馈意见;

——持续监视顾客满意。

这些活动及其关系用图1表示,并在随后条款中描述。

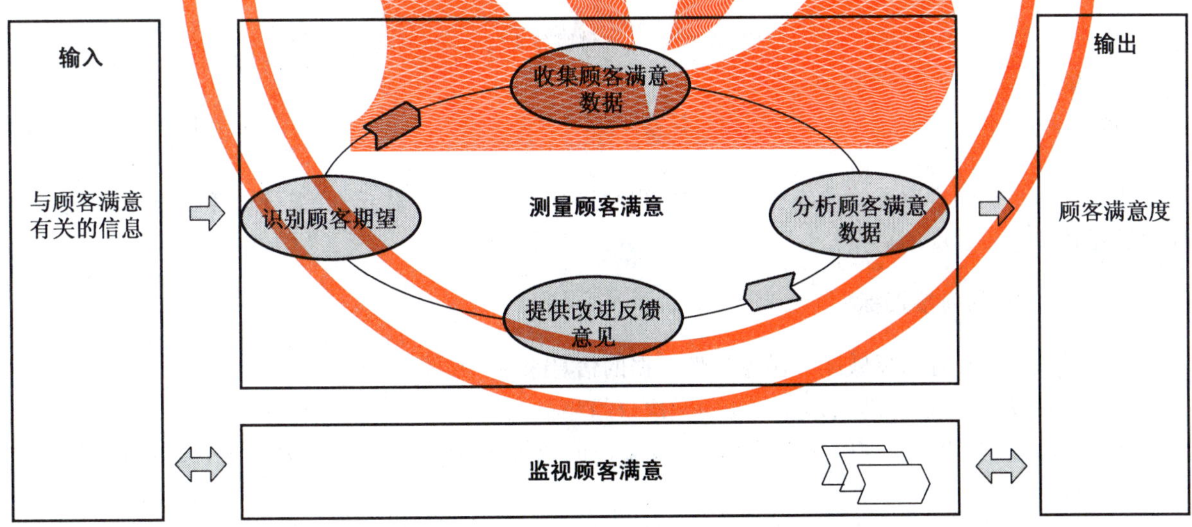

图1 监视和测量顾客满意

7.2 识别顾客期望

7.2.1 识别顾客

建议组织识别当前的和潜在的两种顾客,以期确定他们的期望。

一旦定义了"顾客"群,建议组织识别每类顾客,并确定其期望。例如,在生活消费品领域,这类顾客可以是稳定顾客或临时顾客。当顾客是企业时，建议选择企业中的一人或多人(例如来自采购、项目管理或生产部门)作为顾客代表。

B.2提供各种类型顾客及其考虑事项的多个示例。

7.2.2 识别顾客期望

在确定顾客期望(见附录A中的图A.1)时，组织应考虑下列各项内容：

——明示的顾客要求；

——隐含的顾客要求；

——法律法规要求；

——顾客的其他期望("愿望列表")。

重要的是要认识到，顾客不可能总是对产品所有方面的期望进行明确地表述。某些预期的事项可能没有明确列出，有些方面可能会被忽略或未被顾客所了解。

正如概念模型(见附录A)所表述的，清楚和完全理解顾客期望是至关重要的，这些期望的满足程度将影响顾客满意。附录B中的B.3提供了为更好地理解顾客期望推荐考虑的各方面事项的示例。

附录B中的B.4进一步讨论顾客期望与顾客满意之间的关系。

7.3 收集顾客满意数据

7.3.1 识别和选择与顾客满意相关的特性

建议组织识别对顾客满意有重要影响的产品特性、交付特性和组织特性。为了方便，可对特性进行分类，例如：

a) 产品特性

示例：性能(质量，可靠性)、特点、美观、安全性、支持(保养、处理、培训)、价格、感知价值、保修期。

b) 交付特性

示例：按时交付、订单的完整性、响应时间、业务资料、交付服务质量。

c) 组织特性

示例：人员特性(礼貌、能力、沟通)、结算过程、投诉处理、安全保障、组织行为(商业道德、社会责任)、社会形象、透明度。

建议组织根据顾客感受对所选特性的重要程度进行排序。必要时，采取细分顾客调查，以确定或验证他们对特性重要程度的感受。

7.3.2 顾客满意的间接指标

建议组织检查现有的反映顾客满意特性数据的信息来源，例如：

——顾客投诉、电话求助或顾客赞扬的频次或趋势；

——产品退货、产品修理的频次或趋势，产品性能或顾客接收的其他指标，例如安装或现场检查报告；

——通过与顾客交流获得的数据，例如由营销、销售或支持人员提供的数据；

——由顾客组织提供的供方调查报告，反映顾客对组织与其他组织相比较的感受；

——来自消费群体的报告，可能反映顾客或用户对组织及其产品的感受；

——可能反映对组织及其产品感受的媒体报道，报道本身也可能影响顾客的感受；

——部门和(或)行业研究，例如涉及组织产品特性的比较性评价；

——监管机构的报告或出版物。

这些数据能洞悉产品和相关组织过程(例如产品支持、投诉处理和顾客沟通)的优缺点。分析这些数据能对顾客满意指标的确定提供帮助，也有助于验证或补充直接来自顾客的顾客满意数据。

7.3.3 顾客满意的直接测量

7.3.3.1 总则

尽管可能有间接顾客满意指标(见 7.3.2),但是通常有必要直接从顾客处收集顾客满意数据。收集顾客满意数据使用的方法取决于多种因素,例如:

——顾客类型、数量和地域或文化分布;

——与顾客交流的时间长短和频次;

——组织提供的产品性质;

——评价方法的用途和成本。

建议组织在策划收集顾客满意数据所使用的途径和方法时,考虑 7.3.3.2 至 7.3.3.4 所描述的实际情况。

7.3.3.2 选择收集顾客满意数据的方法

建议组织选择收集数据的方法以适用于所要收集数据的需要和类型。

收集此类数据常用定性或定量调查的方法,或二者结合。

定性调查是为揭示与顾客满意有关的产品特性、交付特性或组织特性而专门设计的一种方法,主要是理解或探究个人感受和反应,并发现想法和观点。这种调查实施相对灵活,但可能会有主观性。

定量调查是专为测量顾客满意度而设计的,适用于使用固定问题或准则收集全面的数据。此类调查用于确定状态、标杆管理或跟踪随时间的变化。

C.2.4 提供上述调查方法的简要描述和它们的相对优点及局限性的比较。

7.3.3.3 选择样本量和抽样方法

为测量顾客满意,建议组织确定被调查的顾客数量(即样本量)和抽样方法。目的是以最小的成本获得可靠的数据。收集数据的准确度取决于样本量和所选择的抽样方法。

样本量可以用统计法确定,以保证调查结果所要求的准确度和置信度。另外,使用的抽样方法应保证样本能充分代表总体。这两方面内容都将在附录 C 中的 C.3 进一步讨论。

7.3.3.4 设计顾客满意问题

明确定义所调查的产品及其特性。而且,也可以调查其他特性[见 7.3.1c)]。在设计提出的问题时,建议组织首先确定关注范围,在这些范围内将问题细化,使其提供足够详细的关于顾客感受的信息。

还需明确规定问题的测量尺度,这取决于问题如何用词。附录 C 中的 C.4 提供了确定问题并将问题整合成问卷的进一步指南。

7.3.4 收集顾客满意数据

数据的收集宜系统、详细和文件化。建议组织规定如何收集数据。在选择收集数据的方法和工具时,推荐考虑如下信息:

a) 顾客的类型和易接近程度;

b) 收集数据的时间安排;

c) 可使用的技术;

d) 可利用的资源(技能和预算);

e) 隐私和保密性。

在确定收集顾客满意数据的频次、周期或时机时,建议组织考虑以下方面:

——新产品的开发或投放市场时；
——项目重要节点的完成；
——当产品或相关过程或营销环境发生某些相关变化时；
——当顾客满意降低或产品销售变化时(因地区、季节)；
——现有顾客关系的监视和保持；
——顾客能容许的调查频次的限度。

组织可自行收集数据，这样既经济又能使组织获得关于产品或顾客的知识，获得更好的信息，还能与顾客产生紧密的关系并更好地了解顾客的问题。但也存在由于参与调查的个人关系致使数据产生偏离的风险。如果由独立的第三方进行数据收集，就能够避免这种风险。

7.4 分析顾客满意数据

7.4.1 总则

一旦收集到与顾客满意相关的数据，建议进行分析，以提供信息，典型的分析包括：
——顾客满意度及其趋势；
——可能对满意有重要影响的组织的产品或过程的某些方面；
——竞争者产品和过程的相关信息；
——改进的力度和主要领域。

在分析顾客满意数据时，建议组织考虑7.4.2至7.4.6描述的活动。附录D提供其中每一项活动的进一步指南。

7.4.2 分析数据准备

检查数据的误差、完整性和准确度，必要时按规定的类别分组。

7.4.3 确定分析方法

根据收集的数据类别和分析目的选择分析方法。分析数据的各种方法可以分为：
a) **直接分析**，包括顾客对特定问题回答的分析；
b) **间接分析**，包括用各种方法分析大量数据，确定潜在影响因素。

通常，这两种分析都能用于从顾客满意数据中抽取有用信息。

7.4.4 分析

分析数据，以便得到如下信息：
——顾客满意(总体的或按顾客类别)和趋势；
——不同顾客类别的满意度差别；
——可能的原因及其对顾客满意的相对影响；
——顾客忠诚，该指标表示顾客有意愿继续从组织得到相同的或其他产品。

7.4.5 验证分析

使用各种方法验证分析及其结论，例如：
——将数据分组以明确变异的可能原因；
——确定产品特性的关系：识别与顾客潜在相关的特性，以及他们对顾客的相对重要性(包括特性及其相对重要性随时间而发生的可能变化)，这将极大地影响分析的结果；
——通过与同样反映顾客满意的其他指标或趋势(例如产品销售和顾客投诉)进行比较，评价结果的一致性。

7.4.6 报告结果和建议

将分析结果形成文件并进行报告,报告中包括能帮助组织识别需改进领域可能的建议,以最终增强顾客满意。

建议报告提供明确的和综合性的顾客满意指标。除了直接来自顾客的数据以外,可以有其他反映顾客满意的特性或测量项目,例如7.3.2中的内容。

相关特性的关键测量项目能够组合成称为"顾客满意指数"(customer sarisfaction index,CSI)的综合值。例如,顾客满意指数(CSI)可以是顾客满意调查结果和收到的投诉数量的加权平均值。无论时间地点如何变化,顾客满意指数(CSI)均能够作为一种测量和监视顾客满意的简便、有效的方法。

建议报告还需识别顾客满意的相关特性和组成部分,以及顾客不满意的潜在原因和因素。

7.5 提供改进反馈意见

为实现组织的目标,建议将顾客满意数据的测量和分析获得的信息直接提交组织适当的职能部门,以便采取措施改进产品、过程或战略。

为帮助实现这个目的,组织可能:

——识别或建立评审顾客满意信息的平台和过程;

——确定与谁(包括顾客)交流什么信息;

——制定改进措施计划;

——在适当的平台(例如管理评审)评审措施计划的实施和结果。

持续地实施这种措施能提高组织质量管理体系的有效性和效率。

顾客满意信息(正面的和负面的)能引导组织解决关于满足规定的顾客要求方面的问题,还能帮助组织了解和解决顾客期望或关于顾客对交付产品或对组织的感受问题,从而增强顾客满意。

附录E提供关于使用信息的一些方法的通用指导。

7.6 监视顾客满意

7.6.1 总则

7.6.2至7.6.5对监视顾客满意、改进顾客满意所采取的措施以及这些措施的有效性提供指导。

7.6.2 检查所选择的顾客和收集的数据

建议组织核实所选择的顾客或顾客群与数据收集用途是一致的,并且是完整的和适当的,并检查直接的和间接的顾客满意数据来源的有效性和相关性。

7.6.3 检查顾客满意信息

建议由组织适当的管理层级按照规定的时间间隔对顾客满意信息进行监视。监视信息的性质和范围因组织的需要和目标而有所不同,例如可以包括:

——顾客满意数据趋势(总体的或按产品、地区或顾客类型划分的);

——对手或竞争者信息;

——组织的产品、过程、惯例或人员的优缺点;

——挑战或潜在的机会。

7.6.4 监视为改进顾客满意所采取的措施

建议组织监视把有关顾客满意信息提供给适当职能部门的过程,以便采取旨在增强顾客满意的措施。

同时建议组织监视所采取措施的实施情况,并监视这些措施对顾客关于具体特性的反应或关于满意总体测量的影响。

例如,如果顾客的反馈是关于"不良交付",则建议组织核实为改进交付采取的措施,并在以后的反馈中能反映出顾客满意有所改进。

7.6.5 评价采取措施的效果

为了评价采取措施的有效性,建议组织验证所收集的顾客满意信息与其他相关的经营绩效指标保持一致,或被这些指标证实。

例如,如果组织的顾客满意测量结果显示积极的趋势,通常会反映在相关的经营指标中,如需求增加、市场份额增加、重复购买顾客和新顾客增加。如果顾客满意测量结果趋势没有在其他经营绩效指标中有所反映,可能说明顾客满意测量和反馈过程有局限性或缺陷。

或者,可能是顾客满意测量没有考虑影响顾客决策的其他因素。

8 监视和测量过程的保持和改进

建议组织定期评审监视和测量顾客满意的过程,以保证过程的有效和高效以及从中获得的信息是最新的、适宜的和有用的。考虑的典型措施包括:

——保证监视和测量顾客满意是经策划的、按进度安排和规定的过程进行;
——评审选择顾客和特性的过程,以保证与经营目标和优先次序一致;
——保证获取顾客期望(隐含的和明示的)的过程是最新的和全面的,包括可能时由顾客确认;
——评审顾客满意间接指标,以保证来源是最新的、全面的和适宜的;
——保证直接测量满意的方法和过程反映了不断变化的顾客情况和经营目标;
——如果顾客满意数据整合成一个指标,如顾客满意指数(CSI),验证各个组成部分及其反映当前经营优先次序的相对权重;
——对照内部数据或其他经营指标定期评审,确保顾客满意信息的有效性;
——验证持续评审顾客满意信息的讨论平台和过程是适当的和充分的;
——验证向相关职能部门提交顾客满意反馈信息的过程是可操作和有效的,例如确定接收者是否认为信息有用或是否使用信息。
——为了促进改进,确定沟通顾客满意信息的障碍和帮助手段。

附 录 A
（规范性附录）
顾客满意概念模型

A.1 总则

本附录提供顾客满意概念（见第 4 章中所介绍的）进一步信息。该模型是本指导性技术文件提供指导的基础。

A.2 顾客满意概念模型

组织和顾客对于产品质量观点的关系表示在图 A.1 的概念模型中。

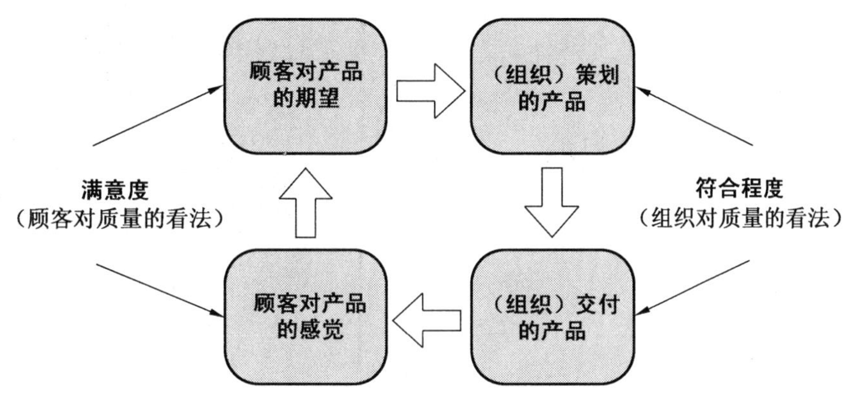

图 A.1 顾客满意概念模型

在这个模型中，**顾客对产品的期望**表现顾客愿意接受的产品特性。顾客期望主要由顾客的经验、已有的信息和顾客的需求形成。这些期望可能反映在规定的要求中，或可能是假设的和未规定的。

策划的产品表现组织打算交付的产品特性。通常是组织对其所了解的顾客期望、组织的能力、组织内部利益和技术、对组织和产品适用的法律法规限制等方面的综合考虑。

交付的产品是由组织出售的产品。

符合程度是组织对质量的看法，是交付的产品符合策划的产品的程度。

顾客对产品的感受表现顾客所感受的产品特性。这种感受是由顾客的需求、产品的营销和环境形成的。

满意是一种判断，是顾客表达出的一种观点。**满意度**反映顾客对产品期望的愿景与对交付产品的感受之间的差距。

因此，建议关注两方面测量：

a) 在实现过程中质量的**内部测量**；

b) 顾客对组织满足顾客期望程度的**外部测量**。

正如概念模型所表示的，为了增强顾客满意，组织需要弥合顾客期望的产品质量与顾客对交付质量的感受之间的差距。为此，建议组织解决概念模型循环的每个阶段的问题，即：

——在确定策划的产品时要充分了解顾客的期望，并确保将产品的特点和限制条件充分告知顾客（这是获取要求、沟通和产品设计方面）；

——交付的产品符合策划的产品(这是运行管理和过程控制方面);

——了解顾客对交付产品的感受,通过产品改进以及关于产品及其约束条件信息的完善增强顾客满意(这是沟通、营销和顾客关系方面)。

组织应认识到顾客满意不仅与产品和交付特性有关,而且与组织的行为特性有关。

附 录 B
(规范性附录)
识别顾客期望

B.1 总则

本附录对“7.2 识别顾客期望”提供进一步信息和指导。

B.2 识别顾客

下面用不同行业的顾客举例说明被调查顾客的不同类型(为确定顾客期望或顾客满意)。

a) **当前顾客**是最近购买组织产品的顾客,这些顾客可以是:

1) 经常购买组织产品或服务的稳定顾客;

示例:面包店顾客。

2) 偶尔购买组织产品的临时顾客。

示例:计算机商店或药店的顾客。

b) **直接顾客**是直接从组织处购买产品的顾客。这些顾客通常直接向组织表达他们的期望。

示例:焊接设备顾客。

c) **间接顾客**是通过代理商或其他组织购买组织产品的顾客。在这种情况下,重要的是组织要同时了解代理商和目标顾客的期望。

示例:便携式手钻顾客。

d) **潜在顾客**是可能对组织的产品感兴趣但是还没有购买产品的顾客。这些顾客的期望可能受组织形象的影响,因为他们还没有与组织打交道的经验。

e) **流失顾客**是以前购买过但是不再购买组织产品的顾客。在这种情况下,建议组织寻求了解顾客偏好改变的原因。

B.3 了解顾客期望的帮助

组织通过考虑下列方面能对顾客期望有更深入的了解:

——顾客在设计和交付产品中所起的作用;

——确保经过设计的顾客的反馈能够揭示顾客的期望和对交付产品感知价值的信息;

——可能影响顾客满意的其他相关方的作用(例如第三方交付方、合作伙伴或二者兼备);

——顾客打算如何使用或配置产品。

组织的责任是了解顾客的期望并将顾客的期望转变成要求。

B.4 顾客期望和顾客满意

顾客满意包含以下两个独立部分:

a) 对交付产品的特定要素或某些方面的满意;

b) 顾客的总体满意,总体满意不是单项要素的总和(或平均),因此建议单独进行评价。

顾客经常表达直接影响满意的产品的某些要素。但是,满意受其他的特性影响,其关系表示在图 B.1 中。

注：图 B.1 以卡诺模型为基础。

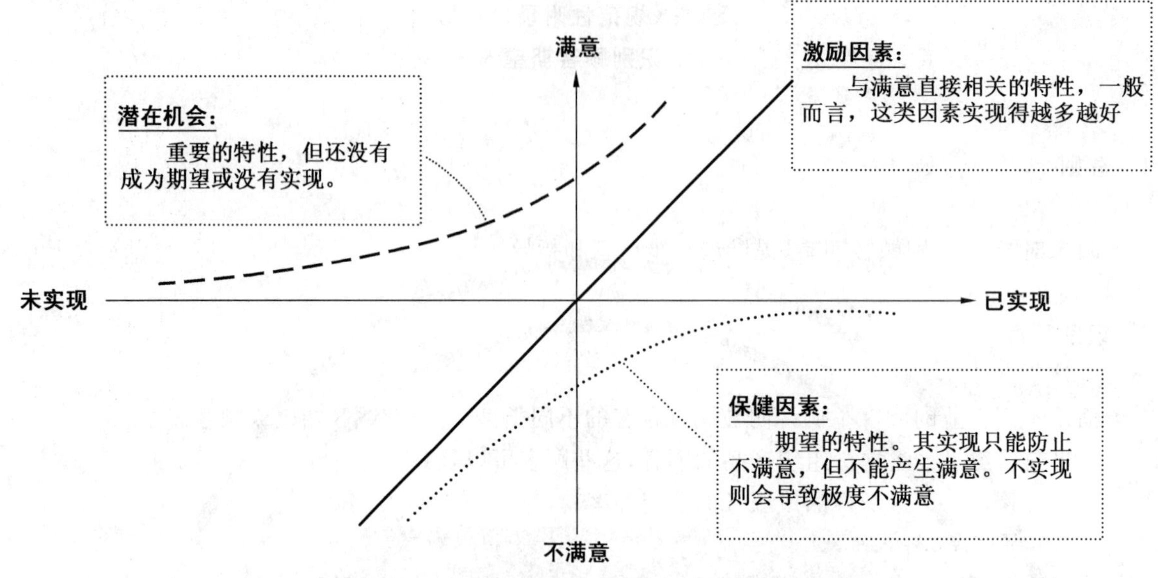

图 B.1 各种特性与顾客满意之间的关系

图 B.1 的模型将满意度与期望的实现相联系，从中得出各类影响特性如下：

——**基础特性**是不影响顾客满意的产品特性，但对经营或产品使用是必不可少的。

示例：盛匹萨饼的盘子；具有正常功能的轿车制动器。

——**保健因素**是顾客期望的产品特性。实现这些特性只能防止顾客的不满意。它们通常没有被明确地表达出来，但却非常重要。

示例：所提供的匹萨饼是热的；新轿车上的制动防抱死装置(anti-lock braking system，ABS)。

——**激励因素**是直接影响顾客满意或不满意的产品特性，即激励因素实现得越好，顾客满意越高。顾客明确地寻求这些特性并赋予很高的价值。

示例：乘用车的装载量；汽油消耗量；匹萨饼的大小。

——**潜在机会**是潜在的对顾客非常重要的产品的特性，但这些特性当前没有被明确说明或是没有被预见到。这些特性能提供未来的发展和竞争优势。如果这些因素没有实现，不会引起不满意，因为不是期望的或预期的，但是这些特性的实现对满意有非常积极的影响。不过重要的是要注意这种特性处在变化中，可能很快成为“期望”的因素。

示例：餐厅为顾客提供湿毛巾；软件升级；产品附加培训支持。

建议定期监视上述各种特性，因为顾客的期望是不断改变的。例如，汽车空调在开始采用时是激励因素，但现在认为是标准装置，即现在是保健因素。

建议组织在规划产品时考虑这些特性。通过实现超出顾客表示的期望，增强顾客满意。

上述分类能帮助组织对通过分析顾客数据得出的改进措施排列优先次序，如 D.4.3 所述。

附　录　C
（规范性附录）
顾客满意的直接测量

C.1　总则

本附录对“7.3.3 顾客满意的直接测量”相关的步骤和活动提供进一步信息和指导。

C.2　顾客满意调查方法

C.2.1　总则

测量顾客满意的调查方法可以宽泛地分为定性的和定量的方法。建议组织选择适用于目的和收集的数据类型的调查方法。

C.2.2　定性调查

C.2.2.1　总则

进行定性调查的主要方法是深入个人访谈和讨论小组。

C.2.2.2　深入个人访谈

深入个人访谈能够提供关于影响满意的因素及其相对重要性的大量信息，并可以洞悉顾客期望和感受。可以进行面访或电话访谈。

面访能够较深入地了解顾客的期望。访谈持续时间可以从45分钟到60分钟或更长。访谈可以是部分结构化的，即基于有助于解决某些基本问题的提纲。重要的是允许受访者自由回答并真实地记录回答。

电话访谈成本低，能较快地提供结果。

C.2.2.3　讨论小组

讨论小组一般由五至十人组成。虽然每个人提供的信息较少，但是小组讨论时，观点的冲突和交流能揭示关于组织产品的主要优势和不足的共同观点和感受，以及满意因素的相对重要性。讨论小组经常是丰富的信息和改进构思的来源。

上述两种方法可以结合进行，例如，深入访谈之后可以进行小组讨论。访谈人数或讨论小组数量取决于调查的具体目的和顾客类型的相似程度。

C.2.3　定量调查

通过定量调查收集数据的主要方法如下：

——面访或电话访谈；

——邮寄、随产品发放或网上（互联网）提供的自填式调查问卷。

面访较少使用，因为费用较高并难以做到与工业顾客面谈。更常用的方法是通过电话和邮寄的自填式调查问卷。

C.2.4 调查方法的比较

各种调查方法的相对优点和局限性概括在表C.1中。

表C.1 调查方法比较

方法	优点	局限性
面访	——当面接触容易引起重视 ——能够调查复杂和直接问题 ——具有访谈的灵活性 ——立即得到信息 ——能核实信息	——花费时间较多,因此较慢 ——费用高,尤其是受访者地理分布较分散时 ——存在访谈员曲解信息的风险
电话访谈	——比面访费用低 ——灵活 ——能核实信息 ——执行速度较快 ——立即得到信息	——不能得到非语言回答(没有视觉接触) ——存在访谈员曲解信息的风险 ——访谈时间相对较短(20分钟到25分钟)信息量受限 ——顾客不愿参与
讨论小组	——比面访费用低 ——能调查部分结构化的问题 ——小组互动产生自发的回答	——要求有经验的主持人和相关设备 ——效果取决于参加者对技术的熟悉程度 ——如果顾客分布地区广泛则难以实施
邮寄调查	——费用低 ——能到达地理位置分散的人群 ——避免被访谈员曲解 ——高度标准化 ——相对容易管理	——回复率可能低 ——自选答题可能导致不能反映总体的偏离样本(skewed sample) ——难以回答不清楚的问题 ——缺乏回答方式的控制 ——收集数据时间较长
在线调查(互联网)	——费用低 ——可以事先准备问题 ——避免被访谈员曲解 ——高度标准化/可比性 ——执行快 ——容易评价	——回复率低 ——缺乏回答方式的控制 ——获得数据迟 ——在有不清楚的问题情况下中止的概率高 ——假设顾客有设备并熟悉操作

表中列出了组织收集数据使用方法的优点和局限性。如果调查活动进行分包,某些内容可能不适用。

如果调查回复率低,建议组织考虑其他的补充方法或核实所收集的信息。

C.3 样本量和抽样方法

C.3.1 样本量

使用统计方法确定样本量,以保证结果的置信度在规定的误差范围内。

示例:如果组织原先没有信息,想以90%置信度和2%误差估算已接受产品顾客的百分比,则所需的样本量是1 702(假设总体至少是其五倍)。

使用统计方法计算的样本量可能大于组织能提供的样本量。实际选择样本量时通常要综合考虑希望的准确度与置信度、费用或抽样难度。

定性调查时，样本量通常较小，一般基于商业判断做出决定。

如果顾客数量比较小，如企业对企业的电子商务中，可能调查整个总体。在这种情况下，可以从每个企业选择一些人进行调查。

C.3.2 抽样方法

组织还需要确定如何选择样本，以使调查结果代表顾客总体。

一个方法是通过“随机抽样”选择顾客，即在总体中选择任何顾客的机会是相同的。当总体类型基本相同，或关于总体组成的信息很少或没有时，可以用这种方法。

另一种方法是“分层抽样”，这种方法将顾客根据某种规则按不同类别（或层次）分组，例如顾客的地理位置、对产品知识或用途的认识、数量、态度（容忍/投诉）、性别/年龄和对组织潜在的价值。为了获得每个层次的信息，从每个层次中按比例抽样。

C.4 设计顾客满意调查问卷

C.4.1 确定问题

C.4.1.1 总则

问题的设计和内容取决于每种情况的背景和目标，通常可以采用以下步骤并考虑相关内容。

C.4.1.2 确定所需要的信息

组织应保证获取的信息能充分覆盖所研究问题的所有部分。除了传统的质量特性、交付特性和价格特性以外，可能有对顾客重要的其他特性，例如沟通、组织行为或组织对公共问题的态度。同时建议考虑目标总体的人口统计和其他相关特性。

C.4.1.3 选择收集信息的方法

组织收集信息所选择的方法受获得目标总体的保障条件和所寻求信息类型的影响。反之收集方法又影响如何获得希望得到的信息。

C.4.1.4 确定每个问题的内容

建议组织明确表述所需要信息的每个问题，以保证受访者明白所提的问题。

为了避免含混不清或混淆顾客的回答，设计问题时可邀请顾客参与提出意见和建议。

C.4.1.5 考虑受访者

提问题的方式宜考虑如何清楚地表述，如何充分告知以及受访者对产品的熟悉程度。建议组织使受访者用时最少化，并保证获取的信息适用和合法。

C.4.1.6 选择问题用词

建议组织：

——清楚地定义问题的谁、什么、何时、何处、为什么和如何等用语；

——用通俗语言，即使用与受访者的词汇相适应的用词；

——避免含混不清的用词（例如“生僻的”或“专业的”）；

——避免可能对受访者提供暗示的语言或通过说明组织的期望使受访者有偏见。

C.4.2 问卷设计

C.4.2.1 总则

问卷宜以清楚的用途说明开始。适当时,建议提供关于如何回答定量和/或定性问题的指导。

在设计问卷时,下面考虑的事项有利于收集希望得到的信息。

C.4.2.2 选择问题的结构

在可能的情况下,按逻辑顺序排列问题,如果回答有多种选择,使用多个问题使受访者更容易回答。

建议以逻辑顺序提问,从一般问题开始,然后提出更具针对性的问题。同样,建议优先放置获取基本信息的问题,而比较困难的、敏感的或复杂的问题放在其后。

C.4.2.3 确定形式和布局

问卷应使受访者容易阅读,例如有逻辑性的编排和按各个部分将问题编号,并配以清楚的指示或说明。同样,布局宜设计得有利于分析收集的数据,例如用竖栏对齐回答。

C.4.2.4 建立测量等级

测量等级取决于所收集信息的类型,需被明确定义。当表示评价意见时,经常使用5分制。

示例1:"完全同意";"同意";"一般";"不同意";"坚决不同意"。

在要求进一步区分时,可使用更多的分级,例如10分制。

如果需要受访者明确态度,避免中立态度,问卷可以使用偶数分制(例如4分制或6分制)。

示例2:"非常满意";"满意";"不满意";"非常不满意"。

C.4.2.5 通过"预测试"确认

"预测试"是在小范围对有代表性的一组受访者进行的初步调查,以便评价问卷的优点和缺点。即便可能因受访者数量有限而不可行,这也是强烈推荐的一种做法。

在可能的情况下,建议使用与实际调查相同的方法(例如邮寄或电话)测试问卷调查的所有主要方面。问卷的每次重要修订需重复进行此测试。

需通过分析预测试结果,评价调查方法、范围和表述清晰程度,以及受访者的反应,并且对调查进行适当修改。例如如果发现问卷过长,可以分成多个较短的问卷,减少用时。

附 录 D
（规范性附录）
顾客满意数据的分析

D.1 总则

本附录提供“7.4 分析顾客满意数据”的进一步信息和指导。

D.2 分析数据的准备

D.2.1 数据的核实

组织能够通过例如检查下列信息的方法来核实所收集的数据：

——数据的误差或错误：为了避免误导结论，可能需要纠正或剔除这些数据；

——数据的完整性：重要的是检查从顾客处获得的数据是否完整和决定如何处理不完全的回答；

——数据的准确度：如果使用抽样技术，最好确认样本量和抽样方法与可能已经规定的置信度和误差范围的一致性。

D.2.2 数据分类

适用时，对收集的数据作下列处理，为分析做准备：

——将开放式问题编码分类；

——将回答编码分组或按受访者分类。

D.3 确定分析方法

D.3.1 总则

根据收集的数据和目的选择使用分析方法。所使用的统计技术可以参考 GB/Z 19027—2005 和 ISO/TR 13425:2006 中提供的指导。

D.3.2 直接分析

直接分析的目的是描述或评价受访者对具体问题的回答。一些常用的分析方法及其目的列在表 D.1 中。

表 D.1 直接分析方法

方法	目　　的	示　　例
均值	确定回答均值	在以 1 到 10 计分时，如果回答的样本值是 4、5、7、7、9，则回答的均值是 6.4
中位数	识别回答的中位数	如果所有回答按数字顺序排列，则中位数是排在中间的回答，上面的示例中是 7 **注：**回答数量是偶数，中位数是中间两个回答的均值

表 D.1（续）

方法	目　　的	示　　例
范围	确定最小值与最大值之间的区间	参加会议人员的年龄从 20 岁到 65 岁
标准差	确定数据的偏离程度	撒哈拉沙漠 24 小时的温度变化比巴塞罗那大
交叉列表	根据某些关注变量汇总回答的分布情况	满意评级 9 和 10 中，伦敦受访者占 78%，而巴黎受访者为 60%
帕累托分析	将数据分类，帮助优化问题	据观察，在产品质量方面，大多数问题（80%）是由于少数原因（20%）引起的
趋势分析	识别方向（例如改善、恶化）	投诉数量每年增加 5%
控制图	监视绩效和识别统计显著的（即非随机的）变化	上一个季度发货差错率显著高于预期值
T 检验	检验两个独立组之间差别的统计显著性	伦敦的受访者比巴黎的受访者总体上显著地更满意
方差分析	检验三个以上独立组之间差别的统计显著性	伦敦、巴黎和柏林的受访者总体满意有显著差别

D.3.3　间接分析

间接分析的目的是识别对满意有重要影响的因素和各因素之间的关系。一些常用的分析方法及其目的列在表 D.2 中。

表 D.2　间接分析方法

方法	目　　的	示　　例
加权数据分析	确定加权的平均回答	考虑不同类型顾客及其相对重要性，对总体满意评级的均值为 7
相关分析	识别对一个问题的回答是否能用于预测对另一个问题的回答，并测量变量之间关系的强度	在办公室管理中，发现“清洁”的满意是总体满意最好的预测指标，即对清洁满意的受访者倾向于总体满意，对清洁不满意的受访者倾向于总体不满意
回归分析	分析两个以上变量之间的关系，并测量一个或多个变量对具体回答的影响	随着清洁满意的降低，总体满意降低

D.4　分析

D.4.1　总则

建议根据所选择的分析类型对结果进行系统的处理。

D.4.2　数据分层

在进行分析之前可以将数据分成规定的层次或类别，这样能揭示如顾客满意度差异的有用信息，例如，通过分析重复购买顾客与一次购买顾客，比较购买者性别、年龄、顾客地点，也可通过产品特性（如价格和特征）进行比较。

D.4.3 优先次序

组织能够确定和关注其改进对满意有重要影响的产品特性。因此，了解顾客给予重点关注的特性，以及这些特性对总体满意（见 B.4）的影响是很重要的。

——**基础特性**是顾客关注程度较低的特性，如果改善这些特性，对总体满意没有影响。组织可以考虑取消或减少对其投资，以降低成本或向顾客提供更大的价值。

——**保健因素**是对顾客重要但当达到一定限值时，对满意影响很小的特性。和基础特性一样，组织，可以考虑减少或取消对保健因素的投资。但是，保健因素性能不能低于可接受的程度，否则可能对总体满意有负面影响。

——**激励因素**是对顾客重要并对总体满意有重要影响的特性，是显而易见的焦点问题。如果发现有成本效益，建议保持或进一步改善激励因素的性能等级。

——**潜在机会**是顾客目前没有认识到或不认为重要的特性，但是如果这种特性得到改善，能显著增强总体满意。这种特性通常具有改善满意的最大潜力。

为了帮助安排改进措施的优先顺序，可以将各种特性分在图 D.1 的四个区域中，方便检验。

区域 3 和 4 中的特性对总体满意的影响具有最大潜力，此信息能帮助组织优先安排能够增强顾客满意的措施。

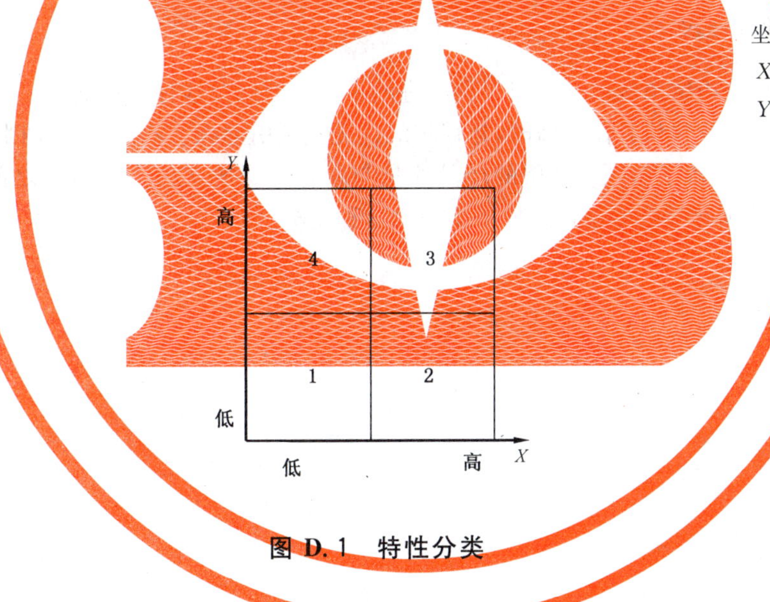

图 D.1 特性分类

D.5 验证分析

通过对以下方面的检查，验证从顾客满意分析过程得出结论的可靠性。

a) **分类**：如果回答的偏离程度较大，可能是由于交付产品质量的差异。但是如果其他测量显示产品质量是稳定的，则回答的偏离程度可能是因为顾客分类不合理。

b) **特性的相关性**：分析的目的之一是识别对顾客满意有重要影响的特性以及其重要性，使组织尽力改善关键特性。如果分析提醒对顾客满意有大影响的特性可能被忽视，可以通过适当的研究（例如焦点小组或开放式问题）识别这些特性。这些特性对顾客满意的影响需在下一个测量循环进行评价。影响总体满意的每个特性及其相对重要性可能会随时间有所变化。

c) **结果的一致性**：顾客满意测量的趋势应与反映满意的其他指标（例如重复购买或市场份额）相

一致。如果顾客满意的趋势与其他指标(例如销售量)的趋势相矛盾,可能有几种原因,例如:

——受访者的观点与购买决策人的观点不同;

——顾客对竞争者的产品满意增加;

——价格差距超过其他特性的改进。

D.6 报告分析结果

D.6.1 总则

组织除了报告总体顾客满意及其趋势以外,还可以报告顾客满意或不满意的相关特性、原因以及组成部分和起作用的因素。

D.6.2 提交结果

组织可以提交按照读者需要定制的分析结果,最好不针对具体顾客。当需要识别顾客时,要事先经受访顾客同意。并且建议符合适用的要求、法规和组织的隐私保护声明。

图示法是一种展示信息的有效方法,在提交结果时,可以和支持数据一起放入附录中。

顾客满意指数(CSI)是监视、报告和跟踪与顾客满意有关的组织或其特定方面绩效的有效工具。顾客满意指数是组织绩效“仪表板”中的一项指标,也是组织奖励制度的一部分。

D.6.3 形成结论和建议

顾客满意数据分析结果能帮助组织识别改进的主要方面以及这种改进的潜在影响。

在识别改进方面或建议具体措施时,建议组织优先找到引起顾客不满意的原因。

另外,建议组织寻求了解顾客期望的产品质量与顾客感受的交付产品质量之间的差别的原因(如图 A.1 概念模型中所示),同时建议采取措施减小这种差距。

附 录 E
（规范性附录）
使用顾客满意信息

E.1 总则

本附录通过示例对如何使用顾客满意信息提供指南，指导组织改进产品或过程，要点见7.5。

E.2 与适当的职能部门交流顾客满意信息

顾客满意数据的分析能提供洞悉影响满意的因素。这种信息建议由执行管理者评审，并提供给组织适当的职能部门，以便采取措施进行改进。

根据信息的性质将信息提供给不同职能部门，下面举例说明。

示例1：如果数据显示顾客对产品的性能不满意，或者所提供产品的性能未达到顾客预期价值，可将该信息提供给产品设计或营销部门。

示例2：如果分析显示顾客对产品部件的质量或功能不满意，可将该信息提供给采购或制造部门。

示例3：如果数据显示顾客对产品质量不满意，可将该信息提供给生产部门。

示例4：如果不满意是包装问题，可将该信息提供给产品包装部门。

示例5：如果数据显示顾客对交付时间不满意，可将该信息提供给生产计划部门。

示例6：如果数据显示顾客对与其直接或间接打交道的员工的表现或态度不满意，说明需要进一步加强培训，可将该信息提供给销售和其他相关部门。

示例7：如果顾客对所提供的信息(例如网上信息)不满意，可将该信息提供给信息技术(IT)部门。

示例8：如果数据显示对顾客要求的帮助不能及时或满意的回答，可将该信息提供给产品支持部门。

示例9：如果数据显示拒绝回答顾客的反馈，可将该信息提供给顾客接待部门。

示例10：如果发现产品价格与感知价值成为顾客重点关注问题，可将该信息提供给执行管理层。

示例11：如果数据显示有进入新市场的机会或现有产品适用于新的顾客群，可将该信息提供给执行管理层。

示例12：为了确保能有效利用信息，以便对相关过程进行适当修正，信息可提供给负责计划和测量顾客满意的部门。

上述示例中将信息提供给适当的职能部门能指导组织采取改进措施，从而增强顾客满意。

同时建议组织考虑与顾客共享相关的顾客满意信息和采取的改进措施。这能证明组织对顾客的问题有所响应和鼓励顾客参与将来的满意测量。

E.3 使用顾客满意信息

为了保证充分和有效利用获得的信息，参考顾客满意概念模型(见第4章和附录A)是很有用的。

顾客满意信息可以反映出了解顾客期望方面的不足。在这种情况下，建议组织采取措施保证充分了解顾客的期望，并且这些期望是切合实际的(例如，那些反映技术局限性的期望)。

同样，顾客满意信息还可以反映出顾客对满足期望程度的感受方面的不足。建议组织寻求了解不足的原因并采取解决措施，这可能包括改进组织的产品或过程以便更好地满足顾客的期望。还可能包括通过告知顾客关于交付产品的性能，改善顾客对交付产品的感受，例如按照基准对比行业数据或竞争者的产品。这种分析和措施是顾客关系管理的组成部分。

参 考 文 献

[1] GB/T 19001—2008 质量管理体系 要求

[2] ISO 9004:2009,Managing for the sustained success of an organization—A quality management approach

[3] GB/T 19010—2008 质量管理 顾客满意 组织行为规范指南

[4] GB/T 19012—2008 质量管理 顾客满意 组织处理投诉指南

[5] GB/T 19013—2009 质量管理 顾客满意 组织外部争议解决指南

[6] GB/Z 19027—2005 GB/T 19001—2000 的统计技术指南

[7] ISO/TR 13425:2006,Guidelines for the selection of statistical methods in standardization and specification

ICS 03.120.10
A 00

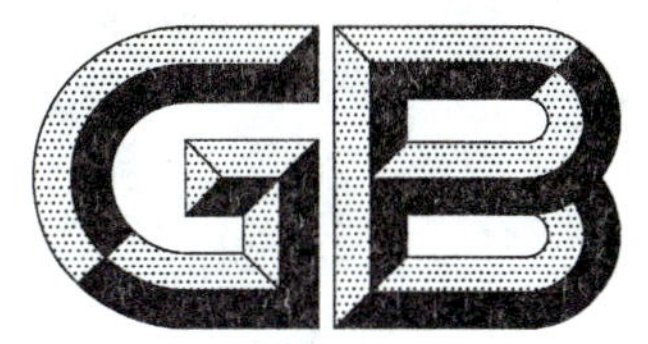

中华人民共和国国家标准

GB/T 27908—2011

管理体系绩效改进　持续改进的程序和方法指南

Performance improvement of management systems—Guidelines for procedures and methodology for continual improvement

2011-12-30 发布　　2012-02-01 实施

中华人民共和国国家质量监督检验检疫总局
中国国家标准化管理委员会　发布

前　言

本标准按照 GB/T 1.1—2009 给出的规则起草。

本标准等同采用 JIS Q 9024:2003《管理体系绩效改进　持续改进的程序和方法指南》(英文版)。

本标准由全国质量管理和质量保证标准化技术委员会(SAC/TC 151)提出并归口。

本标准负责起草单位:中国标准化研究院。

本标准参加起草单位:北京工业大学、深圳卓越质量管理研究院、中国航天标准化研究所、中国质量认证中心、大连宝驰咨询有限公司。

本标准主要起草人:谷艳君、丁文兴、江元英、谢田法、沈斌、王瑜、曹少健。

引　言

0.1 总则

为了完成组织的使命、保持竞争优势并实现可持续发展，组织需要通过赢得顾客和其他相关方对其所提供产品的满意，来提高其存在的价值。为此，组织需要敏锐地适应环境变化，有效和高效地改进整体绩效，创造更高的顾客价值，以满足顾客和其他相关方的需求和期望。

面对环境的不断变化和顾客需求呈多样化的趋势，不断提高满足这些要求的持续改进能力尤为重要，而日益增长的差异化产品的开发也需要提高持续改进能力。因此，提高持续改进能力的方法的重要性日益凸现。

提高敏锐地适应环境的变化以及提高满足顾客和相关方需求和期望的能力的方法，将有助于实现：

——顾客满意；

——质量、成本和生产周期的同步改进；

——绩效改进，如提高收益和扩大市场份额等。

0.2 与 GB/T 19000 族标准的关系

本标准可作为组织有效和高效地管理和运行基于 GB/T 19001 和 GB/T 19004 所建立的管理体系的支持技术而使用。

0.3 与其他管理体系的相容性

本标准不是专为环境管理体系、职业健康安全管理体系、财务管理体系、风险管理体系或其他管理体系而制定的标准文件，但所有组织都可将本标准提供的支持技术作为相关管理体系绩效改进的方法。

管理体系绩效改进 持续改进的程序和方法指南

1 范围

本标准为支持有效和高效地改进组织管理体系绩效提供了持续改进的程序和方法指南，可供有以下需求的组织使用：

——识别向顾客提供的产品中存在的问题，并通过一致的程序予以解决；

——实施并管理突破性项目，包括改变现有过程或引入与日常经营管理不同的新过程；

——开发未来所需的、与日常经营管理不同的资源。

本标准适用于所有组织，与其经营类型、状况、规模或所提供的产品无关。本标准旨在通过实施有效和高效的持续改进，提高组织管理体系的绩效。

2 规范性引用文件

下列文件对于本文件的应用是必不可少的。凡是注日期的引用文件，仅注日期的版本适用于本文件。凡是不注日期的引用文件，其最新版本(包括所有的修改单)适用于本文件。

GB/T 19000 质量管理体系 基础和术语(GB/T 19000—2008,ISO 9000:2005,IDT)

3 术语和定义

GB/T 19000 界定的以及下列术语和定义适用于本文件。

当本标准的定义与 GB/T 19000 不同时，采用本标准的定义。

本章定义的术语，如果出现在其他术语和定义中，均用黑体字表示。GB/T 19000 界定的术语，也用黑体字表示，同时在后面的括号内标示为 GB/T 19000。以黑体字表示的术语可以用其完整定义替代。

3.1

持续改进 continual improvement

不断地识别**问题**并**解决问题**，或不断地识别**课题**并**完成课题**所实现的改进

3.2

问题 problem

现实与已确立的**目标**之间必须阐明和解决的差距

3.3

原因 cause

可能引发某种现象的情况

3.4

根本原因 root cause

众多**原因**中，经识别的导致某种现象的起因

3.5

解决问题 problem solving

识别**问题**的**根本原因**、制定措施、进行确认以及采取必要的行动等活动

3.6

课题　issue

现实与将要确立的**目标**之间需采取行动的差距

注1：**方针**中的**课题**可以指重要课题、优先实施项目、重要实施项目、挑战性课题等。

注2：本定义仅用于管理体系的绩效改进。

3.7

完成课题　issue achieving

通过努力和利用技能，为实现**课题**的**目标**所开展的活动

3.8

假设　hypothesis

为识别**根本原因**所建立的假定

3.9

防止复发　recurrence prevention

消除**问题**的**根本原因**或**根本原因**的影响所采取的措施，以防止其再发生

注：**防止复发**包括纠正措施和预防措施。

3.10

跨职能团队　cross-function team

为应对某一部门无法解决的**课题**或**问题**，从不同部门召集掌握相关知识及技能的人员所组成的小组

注：**跨职能团队**包括组织内从事设计、制造、技术、质量、生产以及其他相关领域的人员，也可包括**顾客**(GB/T 19000)或经营合作伙伴。

3.11

小组　small group

由工作在组织一线的员工组成的、承担**产品**(GB/T 19000)或**过程**(GB/T 19000)改进的小组

注：这种**小组**有时称为QC(质量控制)小组。

3.12

改进机会　improvement opportunities

能够更有效和高效地生产**产品**(GB/T 19000)或运行**过程**(GB/T 19000)的可行条件

3.13

方针　policy

最高管理者(GB/T 19000)正式发布的有关**组织**(GB/T 19000)的使命、理念、管理愿景以及实现中长期经营计划等方面的总的宗旨和方向

注1：**方针**为重点**课题**、**目标**和**方法**等提供了框架。

注2：根据**组织**(GB/T 19000)的不同，**方针**可包括以下内容：

a) 重点**课题**；

b) **目标**和**方法**；

c) 重点**课题**、**目标**和**方法**。

注3：为落实**最高管理者**(GB/T 19000)的**方针**，组织内部负责人宣布的发展方向也称为**方针**，如：部门管理方针，分部管理方针或现场管理方针。

注4：为阐述特定管理领域的方针，有时可使用修饰语，如：质量方针，环境方针。

注5：**方针**的制定及其贯彻落实等统称为“方针管理”。

3.14

目标　objectives

为实现**方针**或完成重点课题而努力追求并要达到的目的

注：**目标**通常以可测量的形式规定。

3.15

方法　means

为实现**目标**所选择的手段

3.16

监视项　monitoring item

为监视**目标**的实现程度所选择的绩效指标项

注1：为对**方法**的应用状况进行管理所选择的绩效指标项，可称为检查项或原因管理项。

注2：针对某一经营部门或个人负责的业务运行（活动）可以建立**监视项**，以确定目标或措施是否按计划实施，并采取必要的行动。

4　基本概念

4.1　持续改进原则

组织的目的是通过所提供的产品价值，赢得顾客和其他相关方满意，实现可持续增长。为此，组织需要不断地改进产品和提高体系绩效。因此，本标准提供的持续改进指南基于以下基本原则：

a）**面向产品、过程和体系**　持续改进的对象是产品（即组织内所有活动的结果）、生产产品的过程和体系。

b）**基于事实的方法**　改进活动不仅依赖于经验或直觉，更包括用数据对事实做出定量评价，将主观判断转化为客观证据。

c）**逻辑思维的连贯性**　为有效和高效地开展改进活动，应以连贯的逻辑思维方式，采用以下科学合理的方法：

1）了解现状；

2）识别问题和根本原因；

3）策划纠正措施；

4）采取行动；

5）做出评价。

d）**寻求改进机会**　努力寻找获得更大绩效的机会，而不是让问题存在很长时间或等待改进机会的出现。

e）**渐进式改进和突破**　在渐进式改进的基础上，通过应对环境的变化，实现以下方面的突破，而不是扩展现有的行动：

1）开发新产品和新技术；

2）构建新过程；

3）开拓新的业务领域。

4.2　最高管理者的作用

为有效和高效地管理持续改进，建议最高管理者通过开展以下方面的活动体现对改进的承诺：

a）营造持续改进的环境；

b）确立面向未来经营环境的方针；

c）根据经营环境，制定经营方针和目标；

d）准确且坚定地落实经营方针和目标；

e）定期评审各项工作的进展状况；

f）根据评审结果制定相应措施。

4.3 持续改进的过程

4.3.1 策划

组织在策划持续改进时,应确定以下内容:

a) **课题**

——基于方针,确定将要采取行动的课题;

——根据日常经营管理中出现的问题,确定对组织主要目标有影响的课题。

b) **目标**

——与组织整体方针的关系,以及对组织绩效改进的贡献;

——具有可测量的数值;

——基于水平对比能达到的更高水平等。

c) **方法**

为实现目标,组织应确定以下过程中所使用的方法:

——识别完成目标的过程;

——对组织发展非常重要的过程,如:产品制造过程,总务、人事管理和会计、技术开发、人力资源开发等支持过程。

d) **监视项**

——表明目标完成状况的项目,如:产品质量、交货期和总销售额等;

——表明方针落实状况的项目,如:设备维护频次和参加培训数量。

注:为对方法的应用状况进行管理所选择的绩效指标项可称为检查项或原因管理项。

4.3.2 实施

组织在实施持续改进活动时应确保开展以下活动:

a) 策划时间进度,如实施改进活动的年、月、周、日;

b) 针对问题或课题、过程以及时间进度,指定责任人;

c) 如果行动结果与计划有差异,则应在较早阶段与相关负责人共同评审计划。

4.3.3 确认实施状况

组织应确认是否按以下程序实施了持续改进的活动:

a) 基于行动计划,评价目标的完成状况和方针的落实状况;

b) 基于在策划阶段确定的评价准则开展评价;

c) 分析是否按计划取得了成功以及是否对过程实施了管理,以便识别问题;

d) 使用适宜的方法分析事实和数据(见第7章)。

4.3.4 采取措施

组织应根据改进活动实施状况的确认结果,采取以下措施:

a) 如果在计划实施中出现了异常状况,应立即采取应急措施;

b) 确认对异常过程所进行的改进能够提高产品质量;

c) 如果通过改进活动不能达到预期效果,则应着手制定新计划;

d) 如果未能取得策划的成果,则要识别根本原因和存在的问题。

4.3.5 标准化

组织如果取得了所策划的成果,则应将其过程标准化,并应在整个组织内推广应用。标准化旨在以统一和简化的方式使组织的所有员工受益。组织应就以下内容做出标准化方面的规定：

——物体、性能、能力、配置、条件、移动、程序、方法、管理程序、责任、权限、途径和概念等；

——表示尺度的方法标准或实物标准，以使测量具有通用性。

组织应以书面形式制定标准并加以保持，以使组织的员工能够共享由持续改进活动结果所带来的收益。为此，组织可采用以下程序：

a） **防止复发** 建立消除问题根本原因的方法，或消除根本原因所造成影响的方法，并修订标准或编制新标准；

b） **发布标准** 向全组织发布已修订或新编制的标准。

5 持续改进的管理

5.1 持续改进的课题

组织应致力于不断推动有效和高效的改进活动，而不是等到问题出现后再去寻找改进的机会。改进的范围可以从渐进式改进到突破式战略性改进。组织应确定改进活动并开发对这些活动的管理过程。此外，如果当前处于最佳状态，则应予以保持。

改进不仅能改变产品或产品制造过程，也能改进管理体系和组织，进而优化组织结构。

被选定作为课题的产品或过程，可考虑以下方面：

a） **产品**

——满足顾客需求并体现组织的存在价值；

——预先满足顾客需求并使组织获得竞争优势。

b） **过程**

——保证产品质量；

——策划并落实组织方针和方法；

——支持组织人力资源的教育和培训；

——构建组织的核心能力、开发新技术和新产品。

5.2 持续改进的机构

最高管理者应明确持续改进活动的重要性和范围，并配置足够的资源，以确保员工都能参与持续改进。为此，组织应建立包含其所有职能在内的推动持续改进活动的机构，这样的机构示例有：

a） **持续改进活动推进部门**

——组织的最高管理者领导该部门，监督整个组织。如基于职能管理的职能委员会。

b） **持续改进活动实施部门**

——**跨职能团队** 如果某一部门不能单独完成改进活动，必需组建由具备课题相关知识和技能的人员组成的跨职能团队，以采取行动，而不要局限于组织现有的部门或层级；

——**部门** 部门的任务是根据组织的方针，采取具体行动。对于仅靠日常活动无法解决的短期或中长期课题，部门应策划系统的措施，以改变或改进现有过程；

——**由现场工作人员组成的小组** 除基于工作职能的改进活动之外，持续改进应由现场工作人员组成的小组来实施。

5.3 持续改进的环境

5.3.1 沟通

最高管理者应通过有效和高效的沟通方法，向员工传达组织的经营方针和目标。

组织通过提供这类信息来鼓励员工参与组织目标的实现和支持组织的绩效改进。为了实现与组织经营方针和目标紧密相关的重大绩效改进，通过组建超越组织框架的跨职能团队，将改进活动推广到整个供应链是非常必要的，并且，基于团队合作的互信也是很必要的。

最高管理者应通过开展有效和高效的沟通活动，让员工分享改进活动的进程和成果，并为参与者提供激发创造性的机会。

5.3.2 评价

最高管理者应通过奖励和其他激励方式对绩效改进结果做出评价，从而激励员工完成持续改进的目标，使其更加满意。

激励制度应公正、透明，并应明确绩效水平以及与每个经营活动领域和每项任务相适应的评价标准，以便实施有效和高效的管理。

5.3.3 提案制度

最高管理者应建立提案制度，以鼓励员工进行持续改进和对问题提出改进建议。

为确保提案的数量和质量，组织应制定激励方案，对提案的影响效果和数量做出评价。此外，组织还应将优秀提案在整个组织内予以公开和共享。

5.3.4 培训

组织应建立培训制度，以提高员工的技能和能力。为营造和保持持续改进的环境，组织应为员工提供教育和培训机会，如制定提高员工解决问题能力的培训方案。此外，组织还应基于持续改进的结果，对提高解决问题能力的方案进行评审，以确认该方案能否达到培训目标。

培训方案应考虑以下内容：

——分层培训，如对管理人员、监督人员、行政人员等分别培训；

——基础性工作培训，如操作规范、技术标准等方面的培训；

——现场指导性培训；

——持续改进的系统方法的培训。

5.3.5 利用信息技术

为营造和保持持续改进的环境，组织应通过信息技术的有效利用，提供支持员工持续改进的环境。如可将第7章的某些“持续改进的技术”作为软件包，用于提高数据处理的效率。此外，通过开发数据库，还可将改进结果和示例作为知识，供组织员工学习。

6 持续改进的程序

6.1 总则

6.1.1 目标

所有工作都涉及到“解决问题”或“完成课题”。因此，“解决问题的方法”和“完成课题的方法”应是有效和高效的。这些方法的不断改进能使组织通过增加提供给顾客的产品价值，保持可持续发展。

解决问题和完成课题的系统方法包括：有效和高效地对现状进行初始评价、制定行动计划并加以实施，以及传播成果等活动。

6.1.2 解决问题和完成课题

问题是指现实与已确立的目标之间的差距；课题是指现实与将要确立的目标之间的差距。

这两种情况下，持续改进的概念和组织的基本程序不变。

实践指南　解决问题的过程和完成课题的过程

解决问题的过程用于解决已明确识别且需要解决的问题（即实际问题），而完成课题的过程用于处理目前尚未构成问题，但如果当前忽视，将来则有可能发展为需要采取大量行动才能解决的问题（即潜在问题）。因此，两者在所采取的方法上和在策划阶段如何设立目标上均有不同。完成课题的过程中包含的课题常由组织的较高层次自上而下提出，而解决问题的过程中包含的问题则来自基层人员，自下而上推进，二者之间形成鲜明对比。

在采取实际行动时，解决问题通常注重对每一现有过程的改进活动（即，积累小变化）；而完成课题常包含对过程的全面改变，如设计和引入新过程（即，大变化）。

	解决问题	完成课题
问题类型	实际问题	潜在问题
问题的提出	自下而上型	自上而下型
解决方法	在现有过程中实施持续改进活动	改变和改进现有过程，或者引入新过程

图1给出了可以从任一位置开始的循环图，既是PDCA循环（策划，实施，检查，处置），也是CAPD循环（检查，处置，策划，实施）。

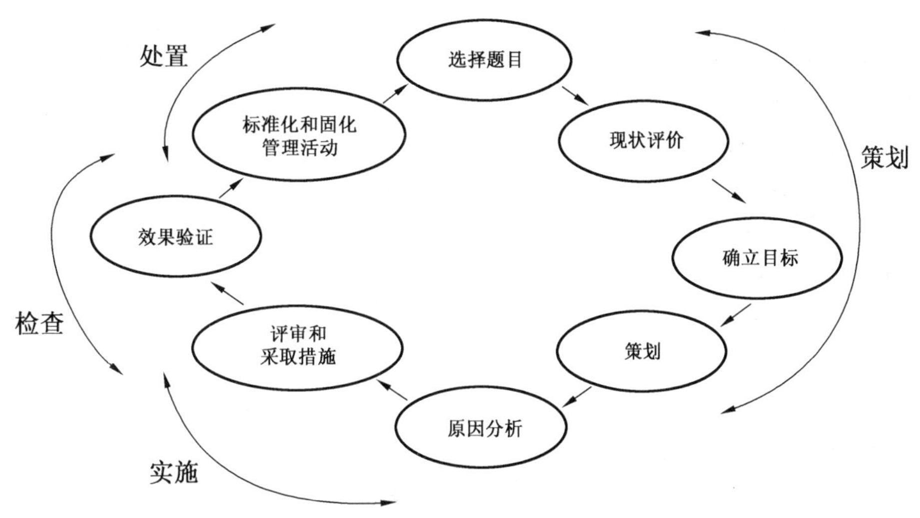

图1　解决问题的过程和完成课题的过程

6.2　程序

6.2.1　选题

不论是问题还是课题，都是指现实与顾客期望之间的差距。如果目前确实存在顾客不满意，即为问题；如果将来可能出现顾客不满意，则为课题。换言之，认识到因为顾客不满意而存在的问题很重要。因此，从对顾客满意有最大影响程度的改进行动着手很重要。

为实施改进活动，应从问题或课题中选择题目。在选择题目时，为对问题和重点采取有效和高效的行动，应考虑以下内容：

a）**强调顾客要求**　应验证题目是否始终满足顾客要求。尽管可能存在与顾客要求无关的改进活动，但还是应优先考虑与顾客要求有关的项目。

b）**最高管理者的参与**　由于题目与经营管理直接相关，因此，最高管理者对改进活动的参与和承诺很重要。

c) **强调组织目标** 题目的选择不应仅考虑对某一部门有利，而应考虑与组织目标的密切关系。因为局部优化未必有益于组织优化，所以始终关注组织的利益很重要。

d) **适宜的项目数量** 在进行突破式改进时，应避免覆盖所有项目的全面行动。因为它不是对现有过程的扩展，常常会面临许多困难。抓住重点，凝聚力量才可能成功。

e) **界定范围** 抽象的题目不利于改进。题目要具体且易于管理。

用于选题的方法示例如下：

——矩阵图法(见 7.2.5)；

——头脑风暴法；

——多次投票法；

——帕累托图(见 7.1.2)。

6.2.2 现状评价

应针对已选定的题目收集数据，以便能够基于事实对现状做出定量评价。现状评价应明确与问题有关的数据类型、数据收集方法和分析方法。在收集到指定时间内的数据且加以分析后，再采取行动。

有效和高效地收集与问题有关的数据时，应考虑以下内容：

——发生什么事(WHAT)；

——何时发生(WHEN)；

——何处发生(WHERE)；

——发生时谁在现场，谁采取了措施(WHO)；

——为什么会发生(WHY)；

——如何发生的(HOW)。

用于现状评价的方法示例如下：

——帕累托图(见 7.1.2)；

——直方图(见 7.1.5)；

——分层法(见 7.1.9)；

——图示法(见 7.1.3)；

——控制图(见 7.1.7)；

——检查表(见 7.1.4)；

——因果图(见 7.2.2)；

——过程图(见 7.3)。

6.2.3 确立目标

应在对现状评价之后确立目标。确立目标时，应考虑以下内容：

——可用资金、时间和人力资源等方面的限制；

——衡量目标完成状况的评价指标；

——与竞争对手、其他行业及组织内其他部门的水平对比；

——对目标的承诺，以增强员工行动的责任心和动力。

注：目标不必是理想状态，因为当现实与理想状态的差距过大时，目标就成为一种空谈。目标应是可实现的，并应避免建立不切实际的目标。

在确立具体目标的程序中，应考虑以下方面：

——与减少缺陷项的数量或增强顾客满意有关的项目(何事)；

——完成时间，如财政年末或一段时期末(何时)；

——目标值，如减少50%或提高10%（何处）；

——实施机构，如跨职能团队或小组（谁）；

——活动的意义（为何）；

——实现方法的总体框架（如何）。

注：目标示例如下：

——由A过程的工人和工程师组成小组，到财政年末，将A过程的工时数减少10%。

——由顾客服务人员和系统工程师组成小组，到下一个财政年末，将顾客等待答复的时间减少一半。

——由生产控制工人、采购员和供方组成小组，在下个季度将半成品的不合格率降至50 ppm以下。

用于确立目标的技术示例如下：

——水平对比法（见7.4）；

——头脑风暴法；

——图示法（见7.1.3）。

6.2.4 制定行动计划

应制定实现目标的行动计划，以表明完成目标的总体工作和进度安排，而不是实施具体的纠正措施。

行动计划应包括以下内容：

——对分解为工作步骤的活动的说明；

——整个行动过程的里程碑；

——指定负责人。

用于行动计划制定的工具示例如下：

——箭头图（见7.2.7）；

——甘特图（见7.1.3）；

——图示法（见7.1.3）。

行动计划提供了对什么人（人力资源）、在什么时间参与到什么程度（工作负荷率和成本）的预估。表1为行动计划示例。

表1 行动计划示例

	1月				2月				3月				4月				5月			
	第1周	第2周	第3周	第4周	第5周	第6周	第7周	第8周	第9周	第10周	第11周	第12周	第13周	第14周	第15周	第16周	第17周	第18周	第19周	第20周
制定计划																				
组建团队																				
启动会																				
分配任务																				
任命负责人																				
原因分析																				
数据分析																				
获取不足数据																				
实验和测试																				

表 1（续）

	1月				2月				3月				4月				5月			
	第1周	第2周	第3周	第4周	第5周	第6周	第7周	第8周	第9周	第10周	第11周	第12周	第13周	第14周	第15周	第16周	第17周	第18周	第19周	第20周
评审和采取所建议的措施																				
策划建议的措施																				
评审建议的措施																				
预测试																				
编制临时文件																				
培训相关人员																				
发布和宣贯																				
效果验证																				
收集数据																				
分析数据																				
评审附加效果																				
管理的标准化和固化																				
文件登记																				
工作验证	6个月以后的每月最后一周进行。																			

6.2.5 原因分析

在该阶段应确定现实与目标之间产生差距的原因。分析原因就是从不同的角度，提出假设和验证假设的过程。因此，从假设、假设验证以及所识别的真实原因中收集大量证据很重要。

组织应按以下程序分析原因：

a） **数据和过程分析** 应基于从市场和组织内部收集的数据以及最近收集的数据展开分析。此外，也要分析业务执行方面出现的问题，并列出可能的原因。在研究可能的原因时，应尽量客观和基于事实，而不要提出诸如预防和纠正措施等设想。

用于数据和过程分析的技术示例如下：

——故障树分析(FTA)；

——分层法(见 7.1.9)；

——图示法(见 7.1.3)；

——过程图(见 7.3)；

——控制图(见 7.1.7)；

——直方图(见 7.1.5)。

b） **提出关于原因的假设** 根据可能的原因提出问题的假设。

用于建立假设的技术示例如下：

——因果图(见 7.2.2);
——关联图(见 7.2.3)。

c) **验证假设** 应分析数据,以确定相关性。对于被认为与数据高度一致的相关性,需要基于已收集的数据进行检验。为了验证这些关系,可能需要收集新的数据。

用于验证假设的技术示例如下:
——散点图(见 7.1.6);
——相关分析;
——多元分析。

d) **接受或拒绝假设** 如果相关性得到验证,活动则应进入"选择少数非常重要的原因"的过程,以对假设做更细致的分析。如果相关性未得到验证,则返回 a),重新对数据和过程进行分析。

用于接受或拒绝假设的技术示例如下:
——估计和检验。

6.2.6 评审和采取措施

组织应消除通过 6.2.5 的分析所识别的原因,当不能消除时,则应采取措施消除其产生的影响。如果仅依靠诸如返修、修改和筛选等方法来修正过程结果,将会导致不断出现质量损失。因此,通过追根溯源消除原因很重要。

应按以下程序来评审并采取措施:

a) **列出为消除原因所建议的措施** 应考虑各种情况,列举可能采取的措施,而不带任何预想,如"难以采用"。

用于提出消除原因的措施的技术示例如下:
——系统图(见 7.2.4);
——亲和图(见 7.2.6)。

b) **确定解决方案** 选择在现有条件下可能采取的解决方案,并应考虑方案的效果、成本、采用速度等。

用于确定解决方案的技术示例如下:
——实验设计;
——质量工程(田口方法);
——因果图(见 7.2.2);
——矩阵图(见 7.2.5)。

c) **评审采取措施时的风险** 当改变产品设计、过程或组织的管理体系时,可能会出现非预期的附加效果。因而需要针对这种情况实施风险管理。

用于风险评估的技术示例如下:
——FMEA(失效模式与影响分析);
——PDPC(过程决策程序图)(见 7.2.5)。

6.2.7 效果验证

在采取措施后,为确认采取措施的效果,应收集和分析适当的数据。此时的数据收集准则应与验证相关性的数据收集准则相同。而且,还应调查附加效果。

组织应确定是否达到了所实施的建议措施的预期效果,如果没有,则表明可能是在原因分析(6.2.5)阶段所收集的数据有偏差,导致对原因的分析不够充分;或者在评审和采取措施(6.2.6)阶段,选择了因果关系较弱的解决方案。无论是那种情况,都要回到原因分析(6.2.5)阶段。如果由此导致原计划的推迟或延期,则需返回到行动计划的制定阶段,重新评审计划。

效果验证不仅包括将结果与最初确定的标准值的比较,而且在某些情况下也可以按照指定程序,用另一种尺度,如转换成货币价值的效果来衡量。这有助于评价在组织内所产生效果的大小。

用于效果验证的技术示例如下:

——控制图(见7.1.7);

——检查表(见7.1.4);

——帕累托图(见7.1.2);

——直方图(见7.1.5);

——质量工程(田口方法)。

实践指南　以货币值进行评价

在以货币值进行评价时,应预先由会计部门提供标准化的换算公式。如果A部门与B部门分别进行货币化评价,在计算单位时间内的人工成本时采用不同的成本费率,则会导致对结果直接比较毫无意义。采用标准化换算公式,也将使第三方能够独立地对评价效果进行再确认。

6.2.8　管理的标准化和固化

在确认了改进效果后,重要的是保持改进效果。这通常包括将其标准化或在培训内容中做必要的改变。这些改变应反映在相关人员的工作内容中。

管理的标准化和固化应按以下程序实施:

a)　将解决问题的过程,或消除问题根本原因的方法形成文件,以便让其他人学习;

b)　向其他领域的各方公布该项成果;

c)　将成果标准化,即将该项成果应用于操作规程、规范和培训计划中。

操作规程是保持连贯性的基础,因为它们以文件的形式加以保存。当规程发生变化时,应实施再培训,并使员工易于获得这些文件。

用于管理的标准化和固化的技术示例如下:

——检查表(见7.1.4);

——控制图(见7.1.7)。

6.2.9　评价纠正措施完成后的过程效率和有效性

如果所期望的改进成功实现后,则应对改进过程的有效性和效率进行评价,以便实施新的改进活动。

组织应利用激励制度,对参与改进活动的小组和部门给予奖励和认可,从而为随后的持续改进提供动力。

7　持续改进的技术

组织应持续提高过程和体系的效率和有效性,以达到提高组织绩效的目的。在实施持续改进时,组织需收集数据,以便对改进状况做出正确评价。为此,组织应将这些数据划分为数值类数据和语言类数据,并选用有效和高效的方法。

7.1　用于数值类数据的技术

7.1.1　总则

在实施持续改进时,基于数值类数据对差异、趋势和变化等进行统计解释的技术见7.1.2至7.1.9。

7.1.2 帕累托图

帕累托图展示了按项的发生频次由高到低排列的数据及累积和曲线。

帕累托图用于确认需改进项对整体的影响，并可用于对改进效果的验证。该技术能明确识别“关键少数项”，忽略“次要多数项”，以便集中采取应对措施。在使用帕累托图进行分析前，常使用7.1.4描述的检查表来收集与问题有关的数据。此外，在使用帕累托图确定了需阐明的“关键少数项”后，也可利用7.2.2描述的因果图来识别根本原因。

制作帕累托图的程序和示例如下：

a) **制作程序**

1) 确定数据分类项(不符合或缺陷、弱势项、材料、机械、工人等项目)；
2) 收集规定时间内的数据；
3) 按分类项将数据列表；
4) 对所有项的数据求和，并计算每一项占总体的百分数；
5) 按降序绘制分类项的柱状图；
6) 将每一项依次累加得到的总百分数绘制曲线；
7) 填写必要信息(数据项的数量、时间、制图人等)。

b) **示例**

见图2。

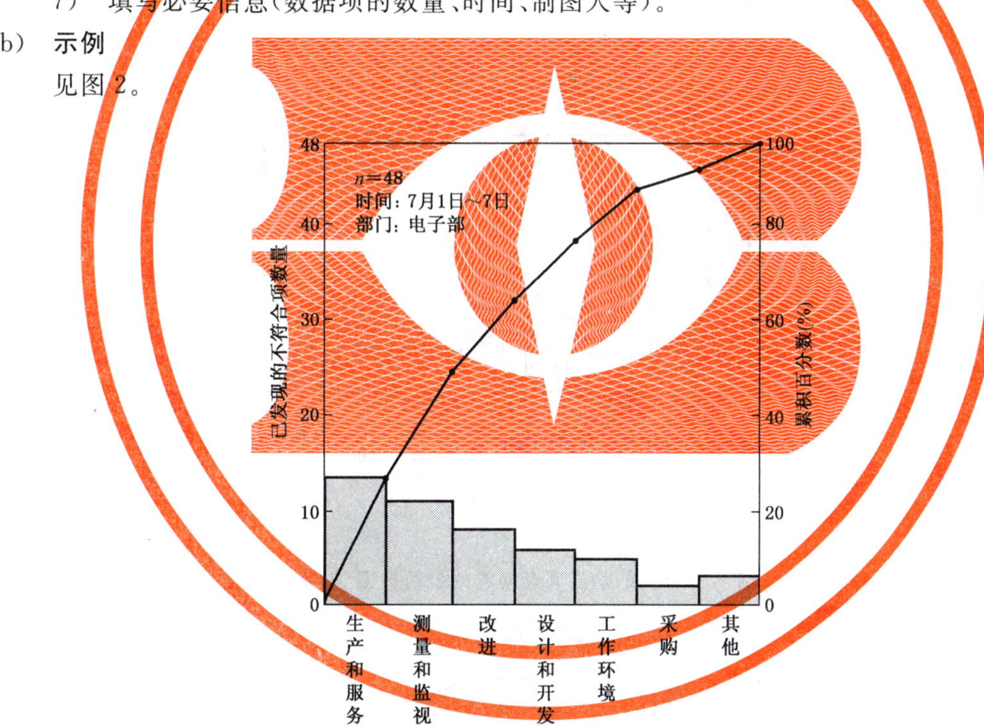

图2 “内部审核中发现的不符合项”的帕累托图

7.1.3 图示法

图示法是以图形的方式展示数据大小，直观表示数据大小的变化，易于理解。

图示法的种类较多，根据使用目的分类得到的典型图形有：

——**表示细目** 饼图、带状图；

——**对比大小** 柱状图；

——**表示变化** 折线图、雷达图、Z形图、甘特图。

制作图示法的程序和示例如下：

a） **制作程序**

1） 收集规定时间内的数据；

2） 选择易于理解的图示类型；

3） 绘制图形；

4） 填写必要信息(数据项的数量、时间、制图人等)。

b） **示例**

见图 3。

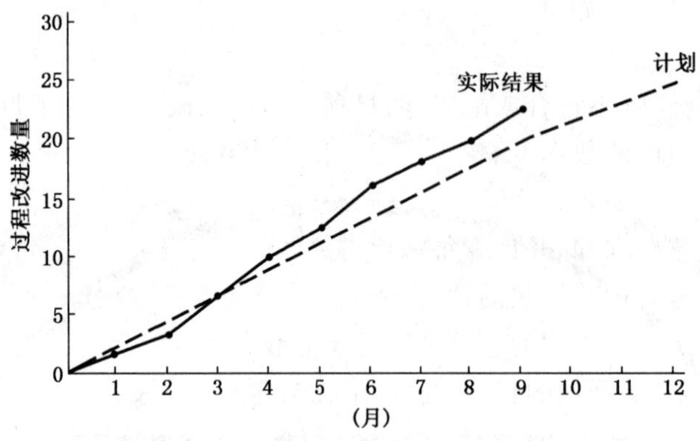

a） “过程改进状况”折线图

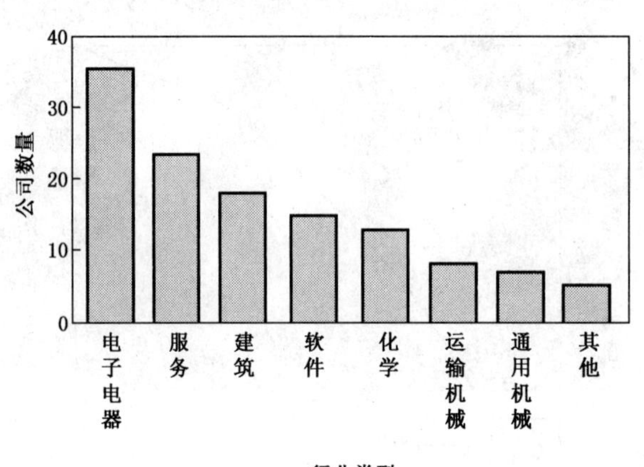

b） “按行业分类的响应调查问卷的公司数量”柱状图

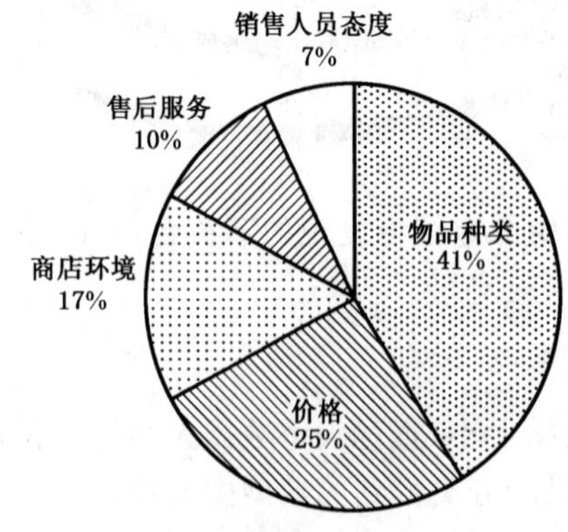

c） “顾客要求”饼图

图 3 各种图示法示例

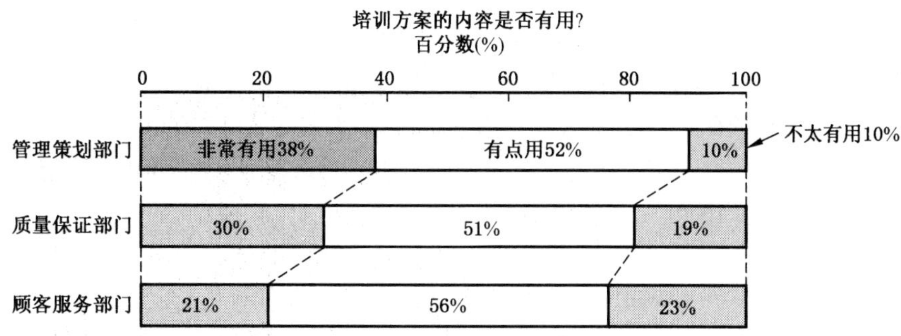

d) “管理培训效果问卷调查”带状图

图 3（续）

7.1.4 检查表

检查表是在收集数值类数据之前用于汇总分类项的表或图。

检查表可用于记录分类项数据，以便提供用于帕累托图或因果图的数据。此外，检查表还可用于预防工作检查中的意外疏漏。

制作检查表的程序和示例如下：

a) **制作程序**

1) 确定数据的分类项；

2) 确定检查表的构成；

3) 收集规定时间内的数据；

4) 将数据填入数据表；

5) 填写必要信息(数据项的数量、时间、制图人等)。

b) **示例**

见表 2。

表 2 “某旅馆不满意服务问卷调查汇总”检查表

调查方法：顾客问卷调查　　顾客反馈数量：143 人

调查时间：3 月 1 日～7 日　　记录人：王小红

顾客数量：691 人

项目＼日期	3 月 1 日	3 月 2 日	3 月 3 日	3 月 4 日	3 月 5 日	3 月 6 日	3 月 7 日	合计
	星期一	星期二	星期三	星期四	星期五	星期六	星期日	
员工态度	2		1	1	2	3	1	10
与宣传手册不同	1				1	3		5
费用	2				3	5		10
安静性			1		5	5	1	12
清洁性	1	1	1	3	3	9	4	22
空调设施	3	2	1	2	11	10	7	36
光设施					3	2	3	8
水设施	3	1	3	3	4	11	5	30
其他设施					2	6	2	10
合计	12	4	7	9	34	54	23	143

7.1.5 直方图

直方图是在水平轴上将一定范围内取值的一组数据分成若干紧邻的小区间，以每一小区间为底边画长方形，长方形的高度与该组中数据落入小区间的数据个数成正比绘制而成的图。

直方图能展现对数值类数据的统计分析结果，并可表明主要趋势(平均值、中位数和众数)、出现频次的大小、极差和分布形状。因此，直方图可用于以下方面：

——通过分布形状识别过程异常；

——根据主要趋势，确认符合规范和标准值的状况；

——使用分类直方图，了解偏离和散布状况。

制作直方图的程序和示例如下：

a) **制作程序**

1) 收集规定时间内的数据；

2) 确定数据的最大值与最小值；

3) 确定长方形数量；

4) 确定长方形宽度；

5) 确定长方形中心值；

6) 将数据分类计数；

7) 绘制直方图；

8) 填写必要信息(数据项的数量、时间、均值、标准差等)。

b) **示例**

见图 4。

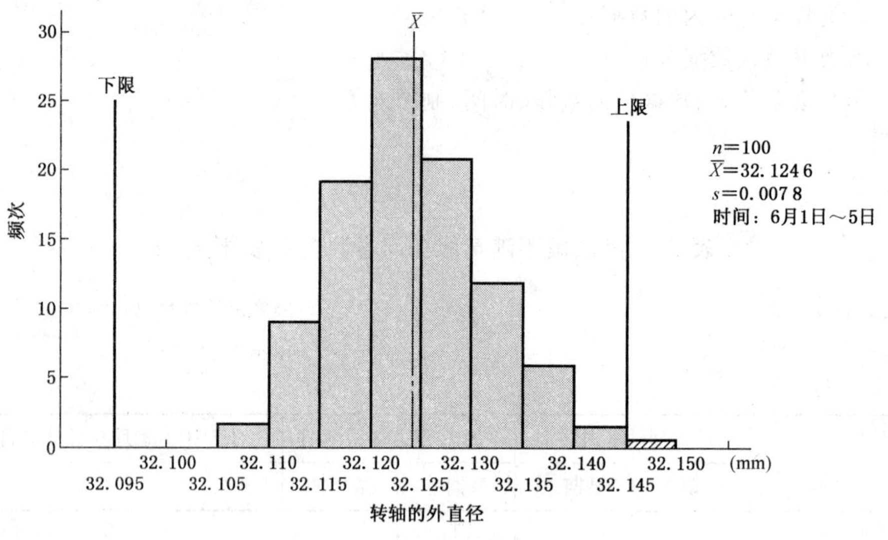

图 4 “转轴外直径”的直方图

7.1.6 散点图

散点图是用横轴和纵轴分别表示两种特性，将观测点画在坐标平面上而成的图。

散点图用于寻找两种特性之间的相关性。此外，即使二者没有相关性，也可通过对数据的分类，再使用散点图，做进一步的相关分析。

制作散点图的程序和示例如下：

a) **制作程序**

1) 收集规定时间内的数据；

2） 在纵轴和横轴上标明刻度；

3） 画出数据对应的点；

4） 填写必要信息(数据项的数量、时间、制图人等)。

b） **示例**

见图 5。

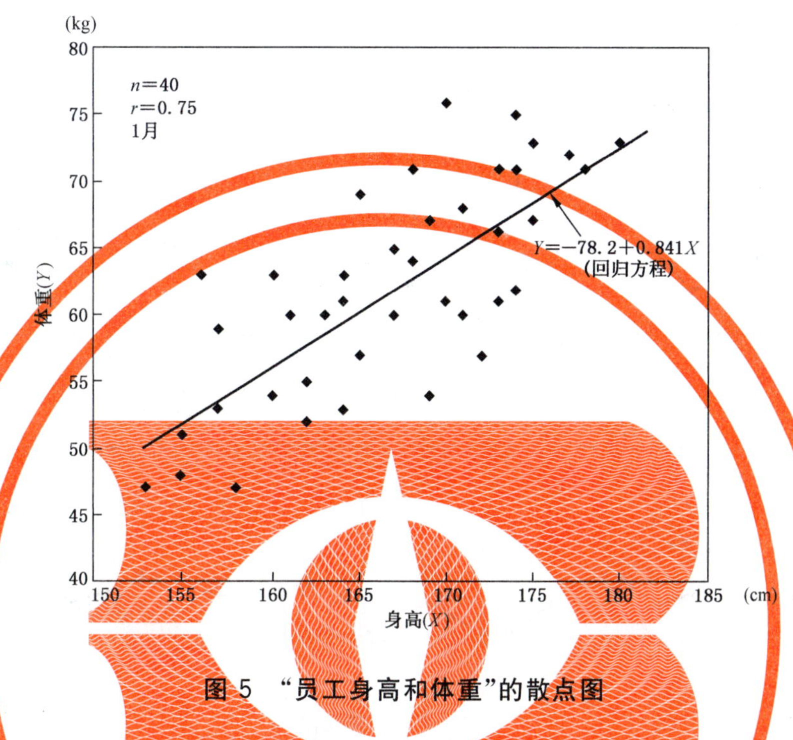

图 5 “员工身高和体重”的散点图

7.1.7 控制图

控制图通常是按时间或样品编号顺序，展示连续观测值或一组值的图形。控制图具有上控制限和(或)下控制限。

控制图可用于以下方面：

——发现过程异常情况和保持稳定性；

——通过分层，识别需要改进之处；

——验证改进效果。

与检查表不同，控制图用于度量常规过程中随时间变化的量值。控制图与直方图亦有差异，控制图能给出失控现象发生的准确时间，或某段时间内的过程的趋势。因为与统计过程控制密切相关，所以控制图主要用于生产和过程控制。

控制图的主要类型有：

——计量值控制图

均值极差控制图、单值控制图和样本标准差控制图。

——计数值控制图

不合格率控制图、不合格品数控制图、不合格数控制图和单位产品不合格数控制图。

制作控制图的程序和示例如下：

a） **制作程序**

1） 收集规定时间内的数据；

2） 计算所收集数据的平均值；

3） 计算控制限；

4） 按照时间或样品编号顺序，整理数据并制作图形；

5） 画出中心线和控制线；

6） 填写必要信息（数据项的数量、制图日期、制图人、平均值、控制限等）。

b） **示例**

见图6。

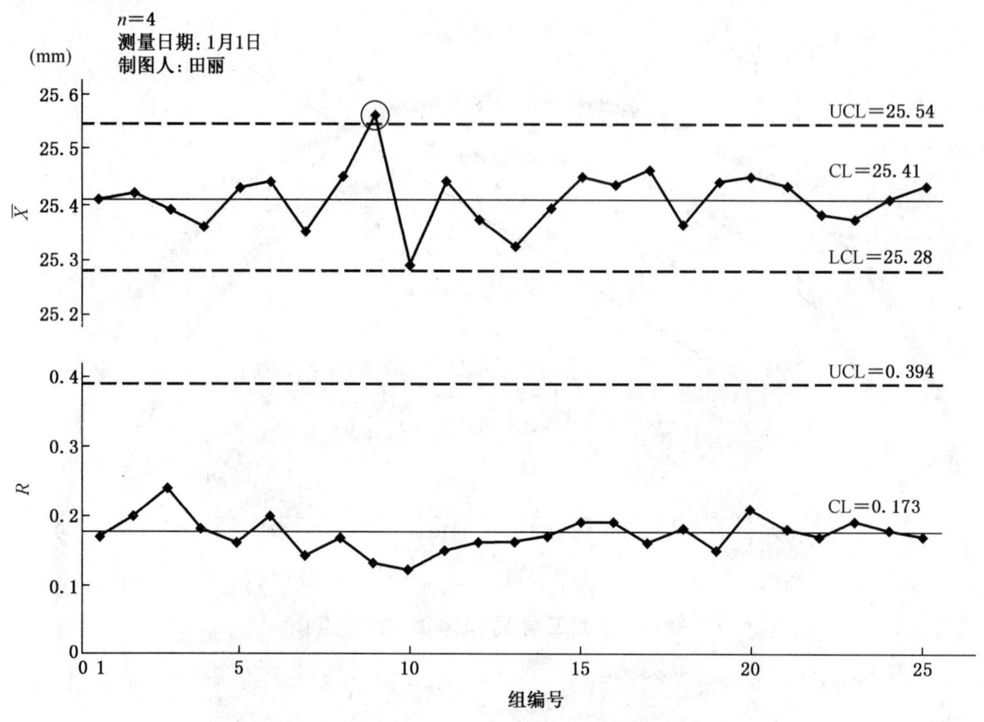

图6 “螺纹长度”的均值极差控制图

7.1.8 矩阵数据分析法

矩阵数据分析法是一种基于行列式的数值类数据的多元分析方法，有时又称为主成分分析法。

一般情况下，矩阵数据分析法用于分析大量数值类数据，将数据整理汇总为同类项，进而展示评估项两两之间的差异。

矩阵数据分析法的制作程序和示例如下：

a） **制作程序**

1） 以矩阵的形式收集、汇总数据；

2） 计算平均值与标准差；

3） 计算矩阵之间的相关系数；

4） 计算特征值；

5） 计算特征向量和因子载荷；

6） 计算主成分得分；

7） 将主成分值的散布状态绘制成图。

b） **示例**

见图7。

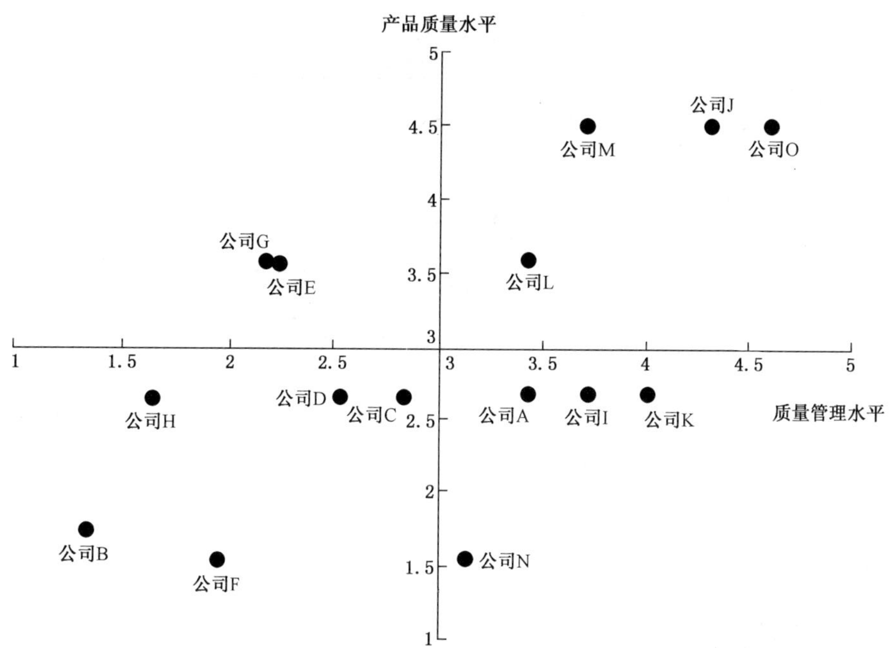

图 7 "公司整体质量水平"的矩阵数据分析图

7.1.9 分层法

分层法是将所收集的数据按照共性划分为多个组的技术。

通过分层法可识别不同组之间的特性差异，并分析系统分散的根本原因。分层法与诸如帕累托图、直方图、散点图等其他技术结合使用，将会更加有效。

分层法的制作程序和示例如下：

a) **制作程序**

   1) 收集数据；

   2) 按可能造成分散的根本原因汇总数据；

   3) 根据原因，比较数据的分布和变化情况。

b) **示例**

   见表 3 和图 8。

表 3 "涂层厚度测量"数据表

序号	生产线 / 工人 / 涂层厚度(μm)	A 生产线		B 生产线		合计
		王刚	李阳	张路	刘丽	
1	50.5～52.5	1				1
2	52.5～54.5	2	2			4
3	54.5～56.5	2	3	1		6
4	56.5～58.5	2	2	3	2	9
5	58.5～60.5	3	3	5	5	16
6	60.5～62.5	2	2	5	7	16

表 3（续）

序号	涂层厚度(μm)	A生产线 王刚	A生产线 李阳	B生产线 张路	B生产线 刘丽	合计
7	62.5～64.5	2	3	2	4	11
8	64.5～66.5	2	1		1	4
9	66.5～68.5	1	1			2
10	68.5～70.5		1			1
合计		17	18	16	19	70

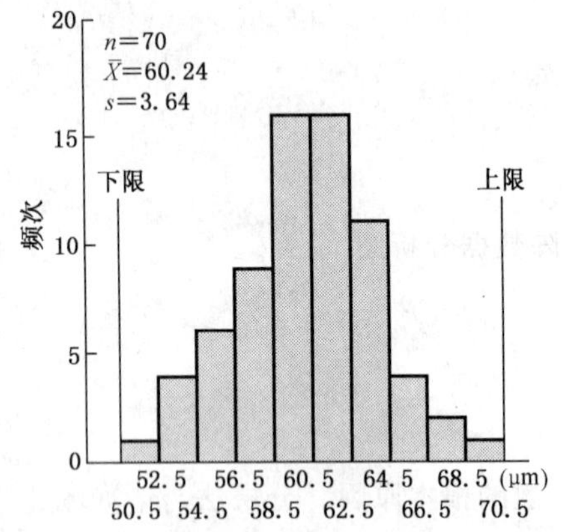

a) 涂层厚度(合计)

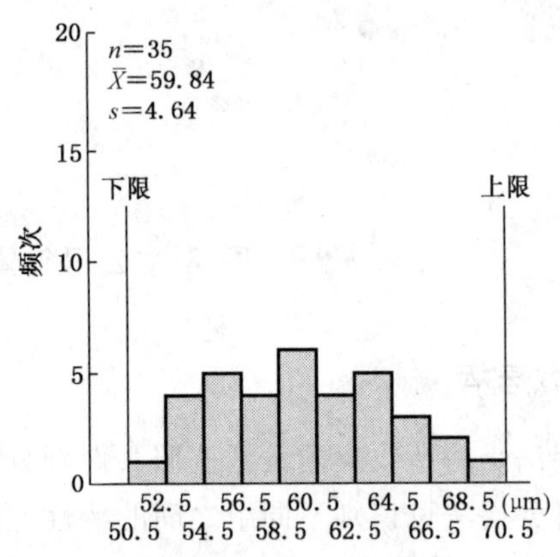

b) 涂层厚度(A 生产线)

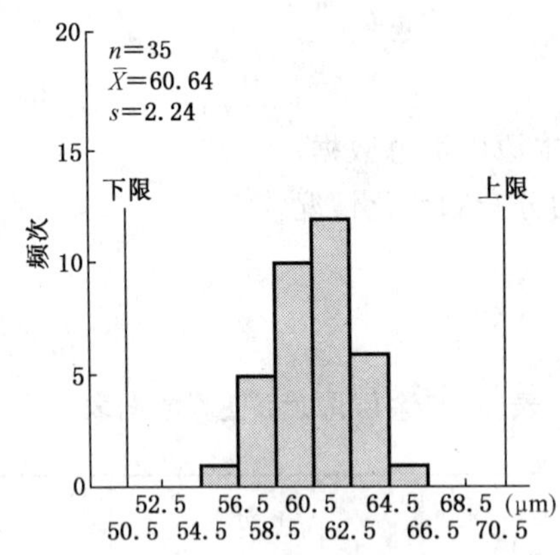

c) 涂层厚度(B 生产线)

图 8 “每条生产线生产的涂层产品的涂层厚度”的分层直方图

7.2 用于语言类数据的技术

7.2.1 总则

以下给出的基于语言类数据的技术旨在用于分析澄清问题、识别根本原因、寻求最佳措施、对措施进行评价以及制定行动计划等方面。

7.2.2 因果图

因果图展示了原因和某些结果(特性)之间的系统性关系。

因果图用于分析问题的因果关系以查明根本原因。此外,为对问题采取解决措施,也可用因果图识别必须考虑的基本要素的末端原因。在使用因果图时,将待解决的问题(特性)写在横线的一端,在该横线两侧画出斜向线条,以标明该问题的相关原因,直到找出根本原因。

制作因果图的程序和示例如下:

a) **制作程序**

1) 确定质量特性;
2) 用右向箭头绘制主轴,并在箭头末端填写质量特性;
3) 用分支引出主要原因,并填入方框内;
4) 用小分支引出每组主要原因的进一步原因;
5) 总结、提炼出末端原因,并以颜色区别;
6) 填写必要信息(制图日期、制图地点、制图人等)。

注: 帕累托图、图示法、检查表、直方图、散点图、控制图和因果图,通常称为“QC七工具”。

b) **示例**

见图9。

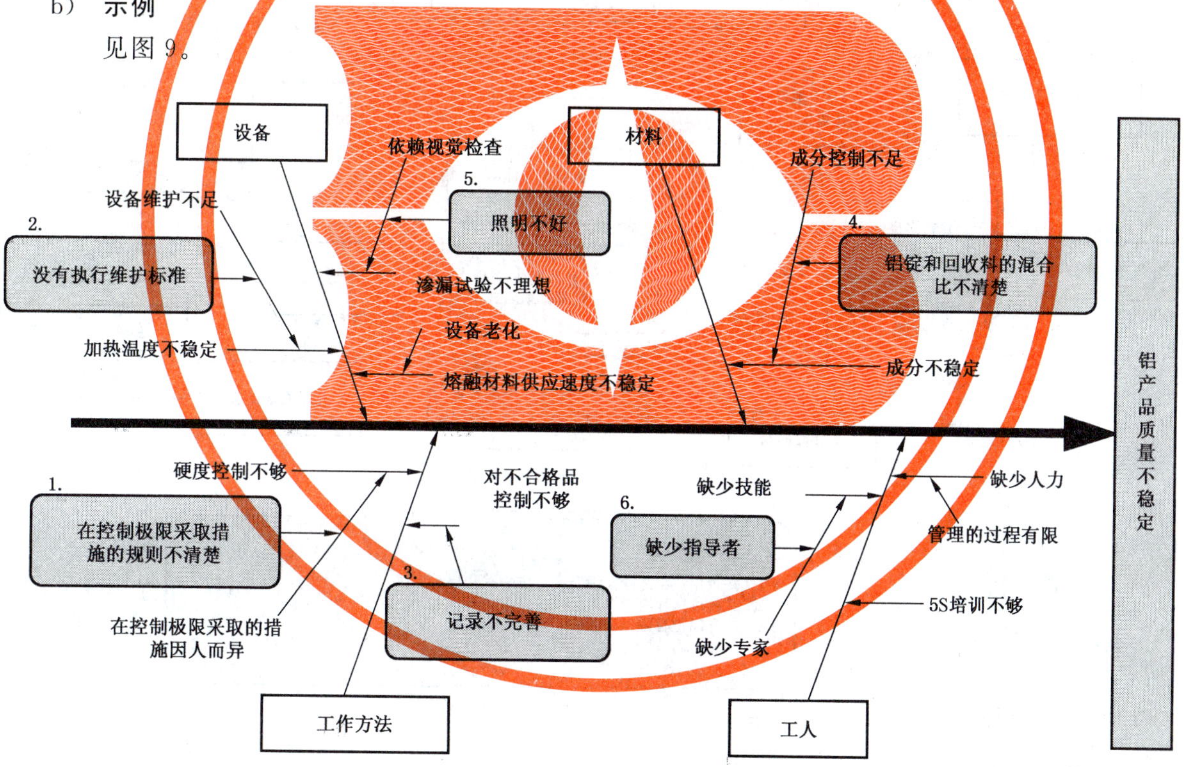

制图日期:3月1日

地点:检验室

制图人:李刚、王强和刘文

图9 “铝产品质量不稳定”的因果图

7.2.3 关联图

关联图逻辑性地展示了问题的相互关联的根本原因之间的因果关系。

关联图用于识别问题的因果关系,并找出解决线索。使用关联图可以通过识别问题的根本原因,进而识别第二层和第三层根本原因，在一张图上展现这些因果关系。

制作关联图的程序和示例如下：

a） **制作程序**

1） 确定问题，并绘在纸面中央；

2） 确定问题的首要根本原因，并绘在问题的周围；

3） 将第一层根本原因细分至第二、第三层根本原因，用箭头连接因果关系；

4） 确认因果关系，补充并修正根本原因；

5） 提炼主要根本原因，并用颜色区分；

6） 填写从关联图得出的结论；

7） 填写必要信息（制图日期、制图地点、制图人等）。

b） **示例**

见图 10。

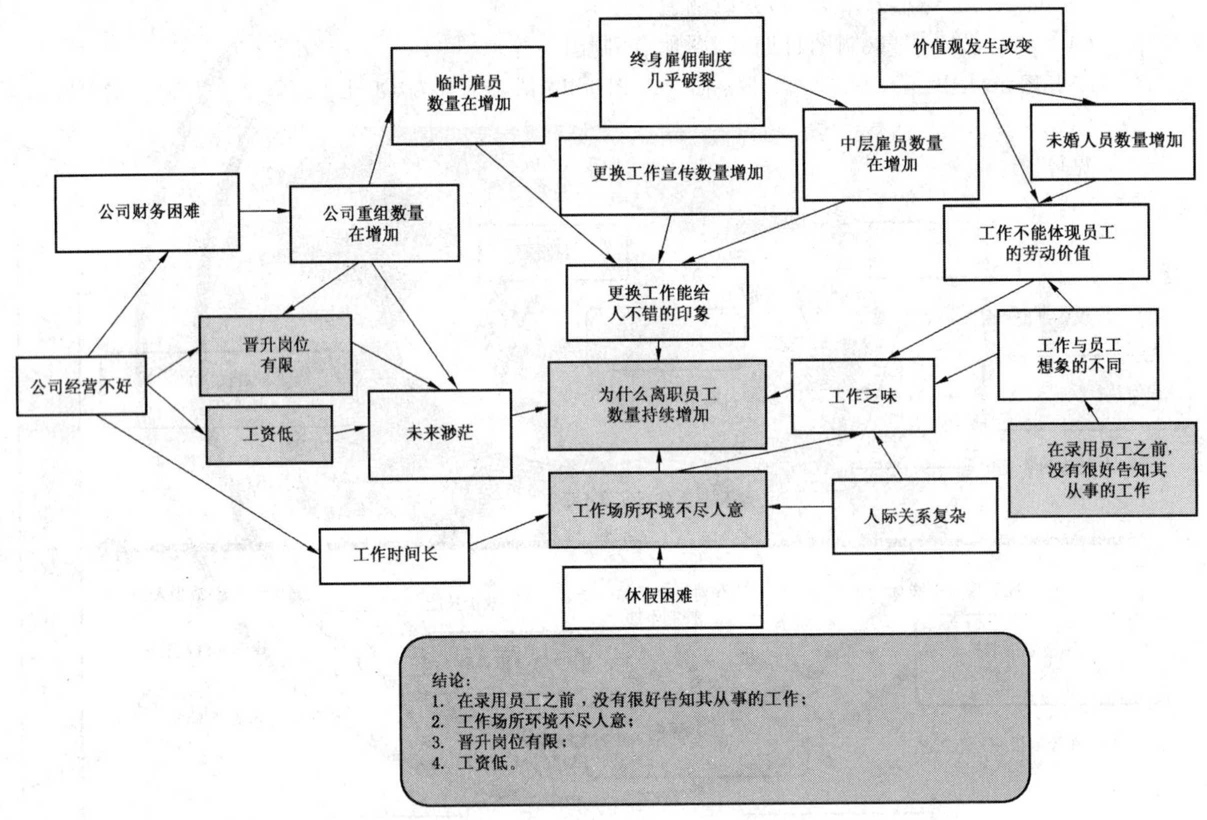

制图日期：1 月 20 日

地点：第 3 会议室

制图人：王刚

图 10 "离职员工数量持续增加"的关联图

7.2.4 系统图

系统图法是以系统的方法展示目标以及为实现该目标所采取的技术。

系统图用于梳理影响问题的原因之间的相互关系，从而系统地寻找实现目标的最佳方法。系统图法也可以与 7.2.5 描述的矩阵图法结合使用，用于权衡解决问题的方法。

制作系统图的程序和示例如下：

a） **制作程序**

1） 确定问题，并绘在纸面左端中央；

2） 将解决问题的主要方法列在问题的右面；

3） 将第二层解决方法列在主要方法的右面，将主要方法作为第二层目标；

4） 将层次进一步展开，直至找到切实可行的具体方法；

5） 评审较高层次的目标和解决方法之间的关系，并检查这些关系以及这些关系是否充分；

6） 填写必要信息（制图日期、制图地点、制图人等）。

b） **示例**

见图 11。

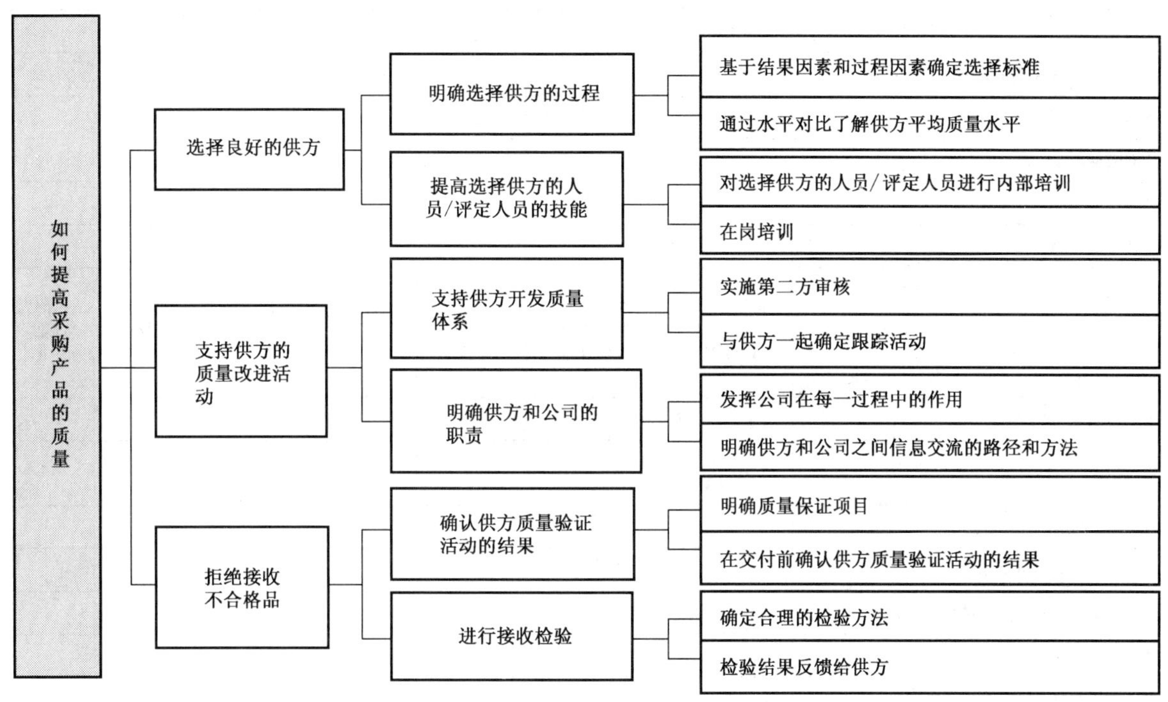

制图日期：10 月 1 日

制图地点：第 2 会议室

制图人：张强

图 11 “如何提高采购产品质量”的系统图

7.2.5 矩阵图

矩阵图是将按行排列的要素与按列排列的要素进行二维分配的技术。

矩阵图用于从多视角识别问题，可基于二维分配研究问题所处位置或形态，或是通过二维关系识别解决问题的线索。此外，矩阵图法还可用于梳理诸如原因与结果，或主要原因与其他原因等多个因素之间的关系。

制作矩阵图的程序和示例如下：

a） **制作程序**

1） 确定课题；

2） 确定将要研究的现象，并选择将要列出的行要素与列要素；

3） 选择矩阵图类型；

4） 选择将要绘制的各轴上的要素，分解各要素，并绘入图中；

5） 展示要素项之间有无关系及其程度；

6） 获取观察值；

7） 从观察值得出结论；

8） 填写必要信息（制图日期、制图地点、制图人等）。

b） **示例**

见图 12。

制图日期：10 月 1 日

制图地点：第 2 会议室

制图人：吴昊

现象 / 原因 / 应对措施	将密封垫安放在错误位置	对过程中污染物的控制不够	紧固扭矩太大	紧固扭矩太小	紧固螺栓的规范不确定	紧固件平整度不好	密封垫性能退化
密封垫伸出	◎		○				
在接缝表面和密封垫之间有物件存在		◎					
密封垫弹性退化			◎				○
紧固螺栓松动				◎	○		
接缝表面划伤		◎					
接缝表面变形			○	○	○	◎	
改进密封垫安装设备	◎	○					
更改接缝表面的机加工方法（改进平整度）						◎	
改进接缝表面的清洗方式		◎					
变更紧固件的类型和形状		○					
改进紧固工作中的扭力控制方法			◎	◎	○		
修改紧固螺栓的规范			○	○	◎		
改进紧固件的刚性（改进平整度）						◎	
修改密封垫规范							◎

图 12 “漏油应对措施”的矩阵图

7.2.6 亲和图

亲和图是针对错综复杂的问题，将事实、意见和想法等视为语言类数据，并基于它们之间的亲和性进行综合分析，从而澄清问题。

当问题错综复杂、难以采取行动时，可使用亲和图。通过排列大量事实和想法之中的亲和关系，从而确定问题的理想状况和结构。应用亲和图时，可以将彼此相似的想法和项目组合与整理在最能概括和体现其整体的共同标题下。该方法有助于将大量项目整理为少数几类。

制作亲和图的程序和示例如下：

a） **制作程序**

1） 确定课题；

2） 收集原始数据；

3） 筛选原始数据并转化为语言类数据；

4） 将相似的两种语言类数据汇总为一种新的语言类数据；

5) 完整保留那些没有亲和性的语言类数据；

6) 重复 4)和 5)步骤，直到没有相似的语言类数据；

7) 以图示的方式展示语言类数据的转换过程；

8) 用箭头连接表示相互关系；

9) 填写必要信息(制图日期、制图地点、制图人等)。

b) **示例**

见图 13。

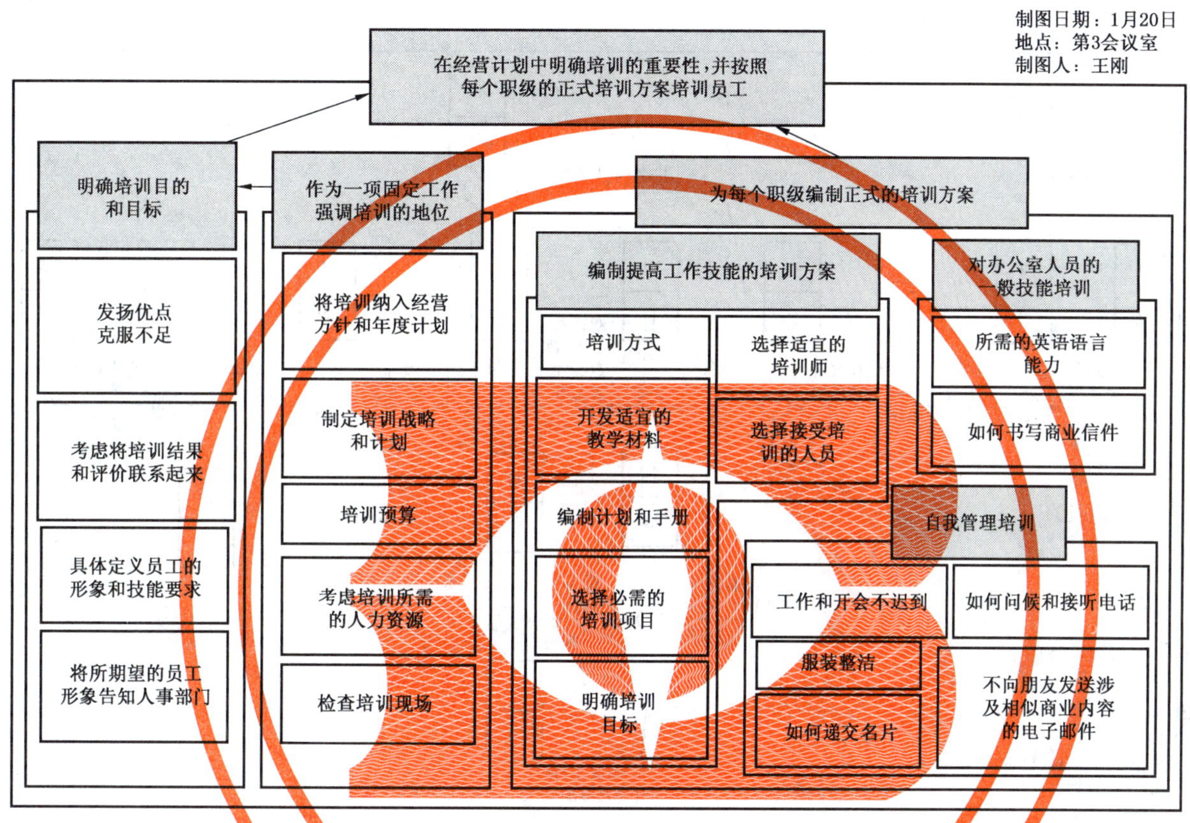

图 13 “将来如何培训员工”的亲和图

7.2.7 箭头图

箭头图是一种用箭头符号表示时间安排的图形。

箭头图作为时间安排和管理技术的组成部分而使用，称为计划评审技术(PERT)。PERT 以网络形式展现了指定计划中所需完成的工作之间的相互关系，以便优化日程安排和高效地管理计划。PERT 尤其可用于评审为达到目标所用方法的程序、所需的日数(工期和工时)以及减少所需日数的方法。当 PERT 用于日程管理时，可与图示法(甘特图)结合使用。

制作箭头图的程序和示例如下：

a) **制作程序**

1) 确定课题；

2) 列出必需开展的工作；

3) 将工作名称填入卡片；

4) 确定工作顺序，并从左到右排列卡片；

5) 标出连接点、箭头和连接点编号；

6） 估计各项工作所需的日数(工期和工时)；

7） 计算到达连接点的最早时间；

8） 计算到达连接点的最晚时间；

9） 计算冗余时间；

10） 标明关键路径；

11） 填写必要信息(制图日期、制图地点、制图人等)。

b） **示例**

见图 14。

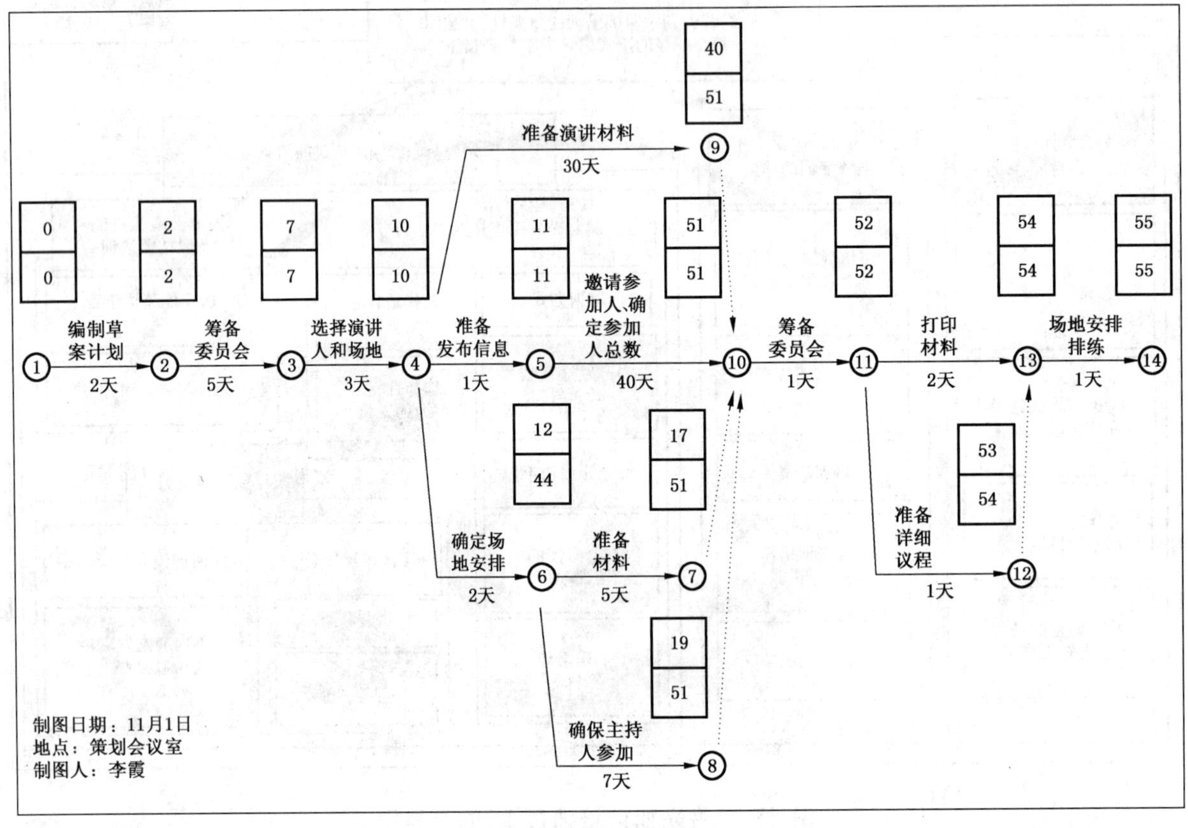

图 14 “召开学术报告会”的箭头图

7.2.8 过程决策程序图法(PDPC)

PDPC 是以流程的形式展示了实现目标的行动计划，以规避预期风险。

PDPC 用于建立过程，以便处理经营发展中出现的问题以及可能发生的各种结果，从而达到预期结果。PDPC 尤其能展现最终解决问题的连续方法，以及预先估计的阻碍，以便采取适宜措施。

制作 PDPC 的程序和示例如下：

a） **制作程序**

1） 确定课题；

2） 确认前提条件和制约条件；

3） 确定起始点和将达到的目标；

4） 列出从起始点到目标之间所采取的一般方法；

5） 预测各阶段的状况并列出应对措施；

6） 按照需要，实施计划；

7) 填写制图日期、制图地点及制图人。

注：矩阵数据分析法、关联图、系统图法、矩阵图、亲和图、箭头图以及 PDPC，被誉为“新 QC 七工具”。

b) **示例**

见图 15。

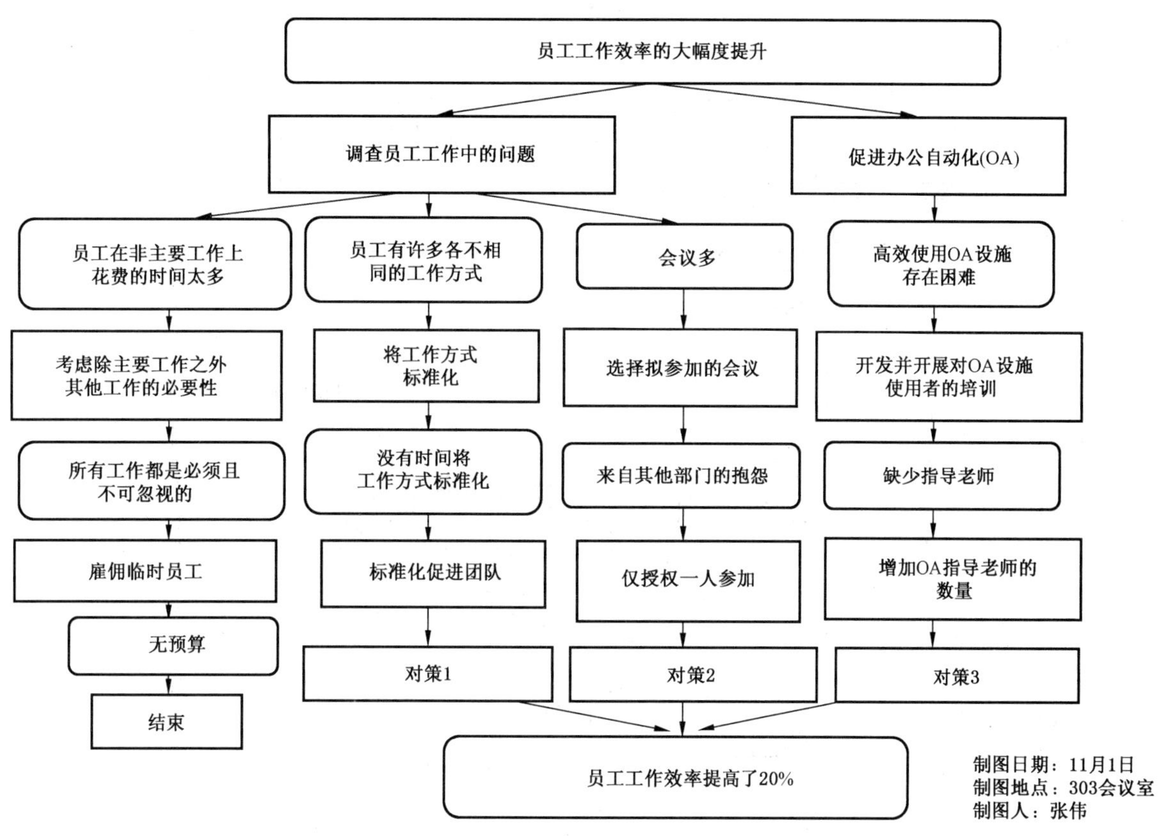

图 15 “提高员工工作效率”的 PDPC 图

7.3 过程图

过程图展示了经营过程中的主要活动、输入/输出以及诸如决策制定等业务过程，表明了它们彼此之间的关系。

过程图展现了得到高度认可的整个过程，可用于以下方面：

——明确产品流、信息流和表单流；

——检查经营活动、信息或表单的重复或疏漏；

——提前对问题做出估计和预想，以便推动改进和提高效率。

注：过程图示例如下：

——**跨职能过程图** 将业务部门之间的业务流程从开始到结束按照时间顺序同时排列。

——**关系图** 以箭头符号表示部门间的产品流、信息流、表单流。但是，关系过程图仅揭示业务部门之间的关系，并不反映基于时间顺序的关系。

——**线性过程图** 主要用于某一业务部门的业务运行，该业务部门可能管理多个过程，以处理业务问题并实现目标。

制作过程图的程序和示例如下：

a) **制作程序**

1) 确定课题；

2) 列出必需开展的工作；

3） 使工作程序间相互关联；

4） 按时序和项目列出各项工作；

5） 填写补充信息和注释；

6） 用箭头连接每一工作步骤。

b） 示例

见图16。

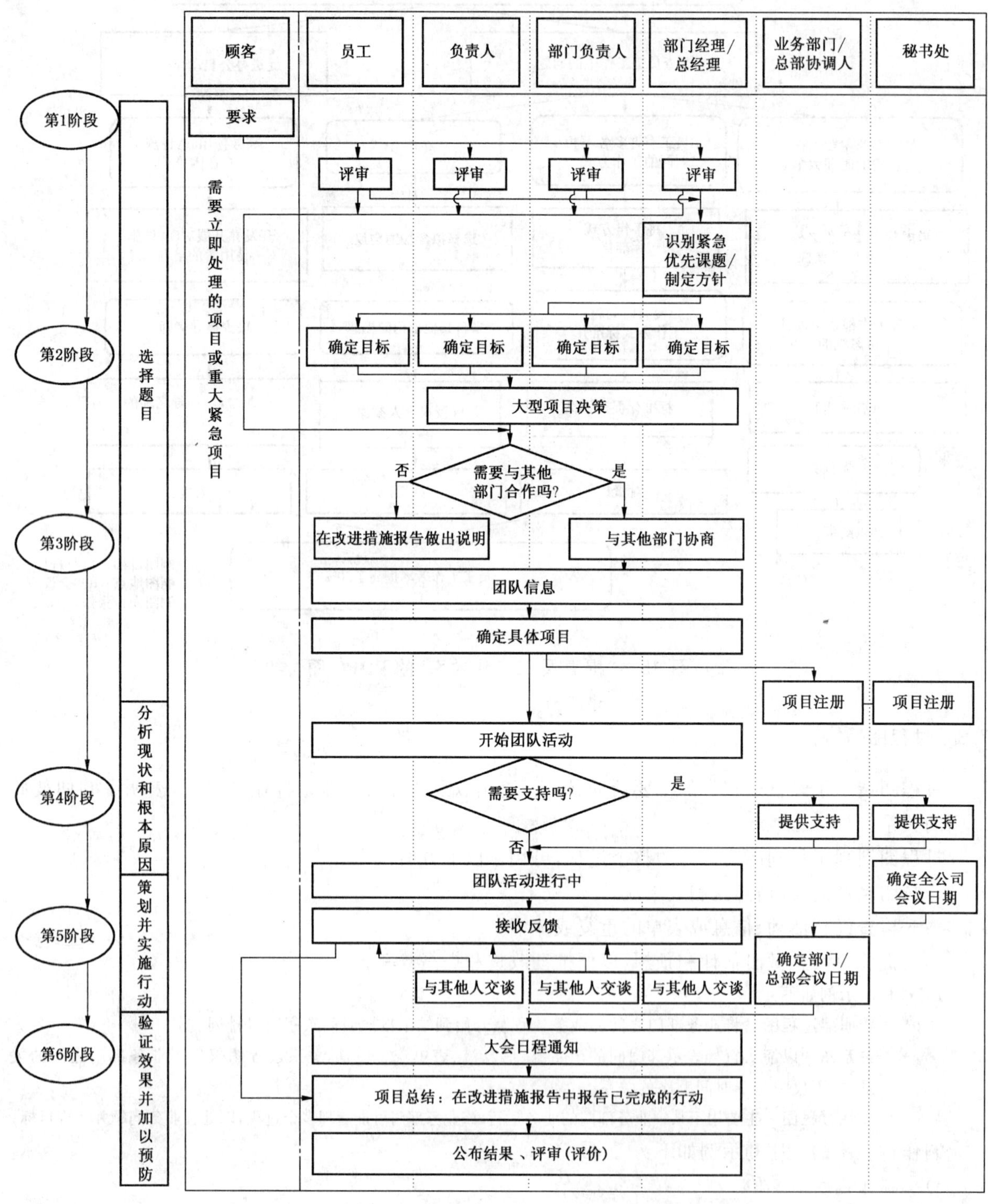

图16 “团队活动理想路线图”的过程图

7.4 水平对比

水平对比是一种系统性方法，通过探索行业内外的优秀业务方法(最佳实践)，并将其与组织自身的业务方法相比较，分析差距，然后导入最佳实践和方法在组织内实施，从而达到对现有业务过程进行重大改进或创新、为顾客和其他相关方创造新价值，以及提升组织业务绩效的目的。

水平对比用于确定问题或课题的目标，进而制定组织战略。

水平对比的实施程序如下：

1) 计划(策划) 评价公司(业务部门)的业务过程；
2) 收集信息(实施) 收集优秀组织和竞争对手最佳实践(最佳行为示例)方面的信息。为了收集更有效的信息，组织应积极采取行动，在获取信息的同时，也向信息提供者提供信息，从而达到双赢；
3) 分析(检查) 分析与公司自身(业务部门)之间的不同和差距；
4) 采纳(处置) 导入最佳实践，以达到更高目标。

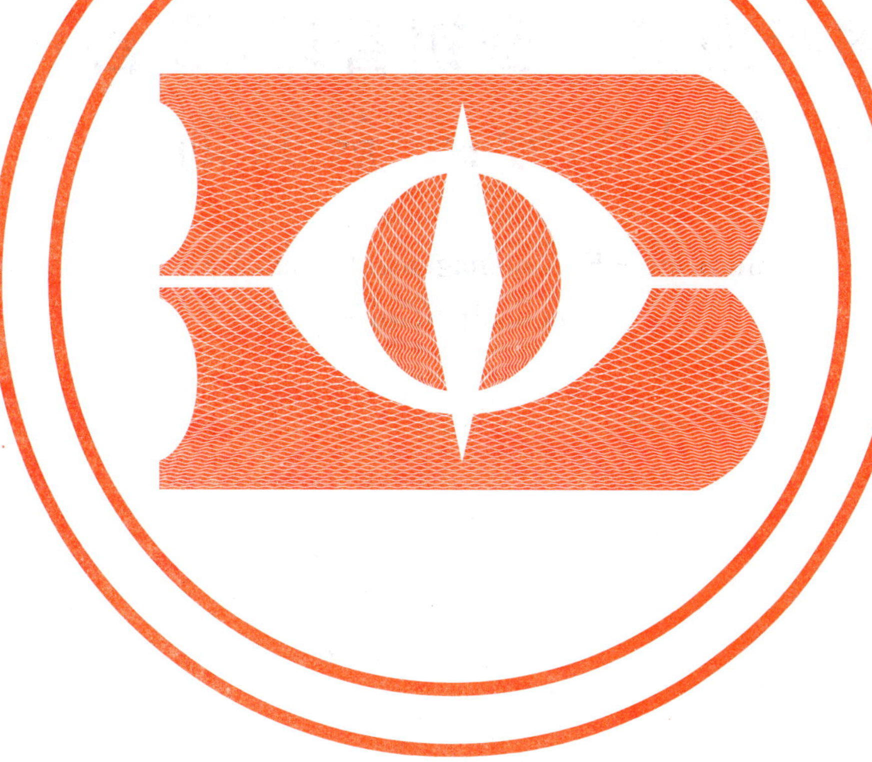

ICS 35.240.40
A 11

中华人民共和国国家标准

GB/T 27909.1—2011

银行业务　密钥管理（零售）第1部分：一般原则

**Banking—Key management (retail)—
Part 1: Principles**

(ISO 11568-1:2005,MOD)

2011-12-30 发布　　　　2012-02-01 实施

中华人民共和国国家质量监督检验检疫总局
中国国家标准化管理委员会　发布

前　言

GB/T 27909《银行业务　密钥管理(零售)》分为以下几个部分：

——第1部分:一般原则；

——第2部分:对称密码及其密钥管理和生命周期；

——第3部分:非对称密码系统及其密钥管理和生命周期。

本部分是GB/T 27909的第1部分。

本部分按照GB/T 1.1—2009给出的规则起草。

本部分修改采用国际标准ISO 11568-1:2005《银行业务　密钥管理(零售)　第1部分:一般原则》(英文版)。

在采用ISO 11568-1时做了以下修改：

删除了“ISO 11568-1附录A密码算法的核准程序”,在第1章中说明用于密钥管理的密码算法应符合国家密码管理部门的有关规定。

本部分还做了下列编辑性修改：

a)　对规范性引用文件中所引用的国际标准,有相应国家标准的改为引用国家标准；

b)　删除ISO前言。

本部分由中国人民银行提出。

本部分由全国金融标准化技术委员会(SAC/TC 180)归口。

本部分负责起草单位:中国金融电子化公司。

本部分参加起草单位:中国人民银行、中国工商银行、中国农业银行、中国银行、交通银行、中国光大银行、中国银联股份有限公司。

本部分主要起草人:王平娃、陆书春、李曙光、赵志兰、周亦鹏、赵宏鑫、程贯中、刘瑶、喻国栋、杨增宇、黄发国。

引　言

GB/T 27909 描述了在零售金融服务环境下的密钥安全管理过程，这些密钥用于保护诸如收单方和受理方之间，收单方和发卡方之间的报文。

本部分描述了在零售金融服务领域内适用的密钥管理要求，典型的服务类型有销售点/服务点(POS)借贷记授权和自动柜员机(ATM)交易。

密钥管理是为授权通信方提供密钥，且在密钥被销毁之前，使密钥持续处于安全流程控制下的过程。

数据的安全性依赖于防止密钥的泄露以及未授权的修改、替换、插入或终止，因而，密钥管理涉及到密钥的生成、存储、分发、使用和销毁各个程序。通过对这些程序的规范化，也为制定审计追踪规范奠定了基础。

本部分没有提供区分使用同一密钥的实体的方法。密钥管理过程的最终细则需要由有关的通信方协商决定，并应就个体的身份及其职责达成协议，通信方要对此细则承担相应的职责。GB/T 27909 本身没有涉及个体职责的分配，这是密钥管理在具体实施中需要考虑的。

银行业务　密钥管理(零售)
第1部分:一般原则

1　范围

本部分规定了在零售金融服务环境中实施的密码系统应遵循的密钥管理原则。本部分的零售金融服务环境指下述实体间的接口:

——卡受理设备与收单方;

——收单方与发卡方;

——集成电路卡(ICC)与卡受理设备之间。

附录A描述了该环境的一个实例,附录B阐述了本部分在实施时所受到的相关威胁。

本部分可同时适用于对称密码系统中的密钥及非对称密码系统中的私钥和公钥。在对称密码系统中,发送方和接受方使用相同的密钥。用于密钥管理的密码算法应符合国家密码管理部门的有关规定。

密码的使用除了涉及密钥外,通常还涉及控制信息,例如,初始化向量、密钥标识符。这些信息统称为"密钥要素"。虽然本部分专门描述的是密钥的管理,但是它的原则、服务和技术也适用于密钥要素。

本部分适用于金融机构和零售金融服务领域的其他组织。在这些领域中,信息交换要求具有机密性、完整性或真实性。零售金融服务包括但并不限于诸如POS借贷记授权、自动售货机和自动柜员机(ATM)交易等服务。

在ISO 9564和ISO 16609标准中,分别描述了零售金融交易中个人识别码(PIN)的加密以及在报文鉴别时所使用的密码操作。GB/T 27909也适用于对这些标准所引入的密钥的管理。此外,密钥管理过程自身也需要引入更深一层次的密钥,例如,密钥加密密钥。密钥管理过程同样适用于这些密钥。

2　规范性引用文件

下列文件对于本文件的应用是必不可少的。凡是注日期的引用文件,仅注日期的版本适用于本文件。凡是不注日期的引用文件,其最新版本(包括所有的修改单)适用于本文件。

GB/T 20547.2—2006　银行业务　安全加密设备(零售)　第2部分:金融交易中设备安全符合性　检测清单(ISO 13491-2:2005,MOD)

GB/T 27909.2　银行业务　密钥管理(零售)　第2部分:对称密码及其密钥管理和生命周期(ISO 11568-2:2005,MOD)

GB/T 27909.4　银行业务　密钥管理(零售)　第4部分:非对称密码系统及其密钥管理和生命周期(ISO 11568-4:2007,MOD)

3　术语和定义

下列术语和定义适用于本文件。

3.1

非对称密钥对　asymmetric key pair

在一个公开密钥密码系统中生成及使用的公钥及其相关私钥。

3.2

密码　cipher

在称为密钥的参数控制下，实现明文密文间转换的一对操作。

注：加密操作将数据(明文)转换成不可读的密文形式；解密操作将密文恢复成明文。

3.3

密码算法　cryptographic algorithm

一组使用密码密钥进行诸如下述数据转换的规则：

a) 从明文到密文的转换，反之亦然(即，加密及解密)；

b) 密钥要素的生成；

c) 数字签名计算或验证。

3.4

密码密钥　cryptographic key

决定密码算法操作的参数。

3.5

密码系统　cryptosystem

用于提供信息安全服务的一组基本密码元素。

3.6

数据完整性　data integrity

数据未被非授权的方式改变或破坏的性质。

3.7

字典攻击　dictionary attack

一种攻击，这种攻击中攻击者建立一个明文和相应密文的字典。

注：当截获的密文和字典中存储的密文匹配时，对应的明文就可立即从字典中获得。

3.8

数字签名　digital signature

数据进行非对称密码转换的结果。接受方可利用该结果进行信息源鉴别并验证数据完整性，防止第三方或接受方伪造。

3.9

报文鉴别码(MAC)　message authentication code (MAC)

在发送方和接受方之间传输的报文内的一个代码。该代码用来验证发送源以及部分或全部报文文本。

注：该代码是按照协定方式计算得出的结果。

3.10

私钥　private key

非对称密钥对中的一部分，该密钥值是保密的。

3.11

公钥　public key

非对称密钥对中的一部分，该密钥值为对外公开的。

3.12

秘密密钥　secret key

对称密码系统中使用的密码密钥。

3.13

计算上不可行　computationally infeasible

计算在理论上可以实现，但就实现该计算所需要的时间或资源而言，这种计算是不可行的。

4 密钥管理

4.1 安全目标

零售金融服务系统的报文和交易既包含持卡人敏感的数据，又包含相关的金融信息。使用密码技术来保护数据，可降低由欺诈带来的金融损失的风险，保持系统的完整性和机密性，提高用户对业务提供商/零售商合作关系的信任度。因此，系统安全应纳入整个系统设计当中。系统中对密钥的安全维护和系统处理称为密钥管理。

4.2 安全级别

要达到的安全级别与很多因素有关，包括相关数据的敏感性、数据被截获的可能性、任何设想的加密过程的实用性、提供(和破坏)一个专门的安全方法的成本。因此，通信各方在密钥管理过程以及提供安全的程度和细节上(如 GB/T 20547 所描述的那样)达成一致是非常有必要的。

4.3 密钥管理目标

密钥管理的主要目标是为用户提供完成密码操作所要求的密钥，并且控制这些密钥的使用。密钥管理也要确保这些密钥在它们的生命周期内能受到充分的保护。密钥管理的安全目标是：除了具有防止破坏的措施外，还应使破坏安全性的机会及其所造成的后果和受损程度最小化，同时也要使对密钥可能出现的非法访问和修改的检出机率最大化。上述目标适用于密钥生成、分发、存储、使用和归档的所有阶段，包括发生在密码设备和通信方之间的那些与密钥的通信有关的过程。

注：本部分涵盖了以上问题。整个系统安全还包括诸如通信保护、数据处理系统、设备和设施之类的问题。

5 密钥管理原则

为了保护密钥，防止零售金融服务系统遭受到破坏的威胁，应遵循以下原则：

a) 密钥只能以 GB/T 27909 允许的形式存在；

b) 任何个体不可访问或查明任何明文形式的秘密密钥/私钥；

c) 对于任何已经用于或将要用于保护数据的密钥，系统应能防止其泄露；

d) 秘密密钥/私钥应以某种过程来生成，该过程应保证秘密值不可预测，或不可预测某些值比其他值更具可能性；

e) 系统应能检测任何试图泄露秘密密钥/私钥，以及试图在预期用途以外使用秘密密钥/私钥；

f) 系统应能防止或检测秘密密钥/私钥(或其部分)被使用在预期之外的其他用途上，以及任何对密钥意外的或未经授权的修改、使用、替换、删除或插入；

g) 在旧密钥可能被破解前，应由新密钥来更换旧密钥；

h) 在可能对用旧密钥加密的数据成功实施字典攻击前，应由新密钥来更换旧密钥；

i) 当发现或怀疑密钥被泄露时，应终止使用该密钥；

j) 一组通信方共享密钥的泄露不应导致任何其他组共享密钥的泄露；

k) 一个已泄露的密钥应不能提供可用于确定它的替换密钥的任何信息；

l) 密钥只应装载在确信是安全的且没有遭受到未授权的修改和替换的设备里。

6 密码系统

6.1 概要

密码系统是描述一组提供信息安全服务的基本密码元素的通用术语。该术语经常和提供机密性(即,加密)的密码元素一起使用。这样的系统称作密码系统。本部分描述的密钥管理原则可用于密码系统中密钥的管理。

6.2 密码系统

密码系统由加密操作和逆向的解密操作组成,此外,还可包括诸如填充规则、密钥管理要求等方面的内容。加密操作通过使用加密密钥,将明文转换成密文;解密操作通过使用解密密钥,将密文恢复成明文。零售金融服务使用密码系统来保护敏感的持卡人数据和金融交易数据。需要保护的数据由发送方来加密,随后由接受方解密。有两种类型的密码系统:

a) 对称密码系统;

b) 非对称密码系统。

本章以图例说明了用于保护数据机密性的密码系统。GB/T 27909 也适用于其他密码技术中的密钥保护及管理,例如,密钥导出、报文鉴别、数字签名及其他相关功能。

6.3 对称密码系统

在对称密码系统中,加密密钥和解密密钥相同。发送方和接受方都应同时对密钥保密。通过秘密密钥使发送方和接受方之间可以进行安全的通信。图1描述了对称密码系统的一个实例。

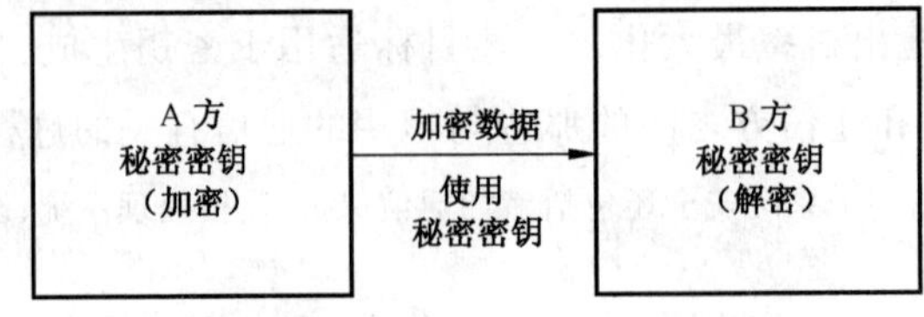

图1 对称密码系统实例

如果对称密码系统是由与安全密码设备及其相应的密钥管理技术来实施的话,则它可以分辨出任何一端,且支持单向密钥服务。如果用同一密钥集对两个方向传输的秘密数据提供保护,则它被称为“双向密钥管理”。当每个方向上传输的秘密数据使用不同的密钥集保护时,则它被称为“单向密钥管理”。

应合理使用密钥管理原则以确保密钥的机密性、完整性和真实性。

6.4 非对称密码系统

非对称密码系统中,加密密钥和解密密钥是不同的,并且通过由加密密钥推导出解密密钥在计算上不可行。非对称密码中的加密密钥是公开的,而相应的解密密钥是保密的。这两个密钥分别称为公钥和私钥。

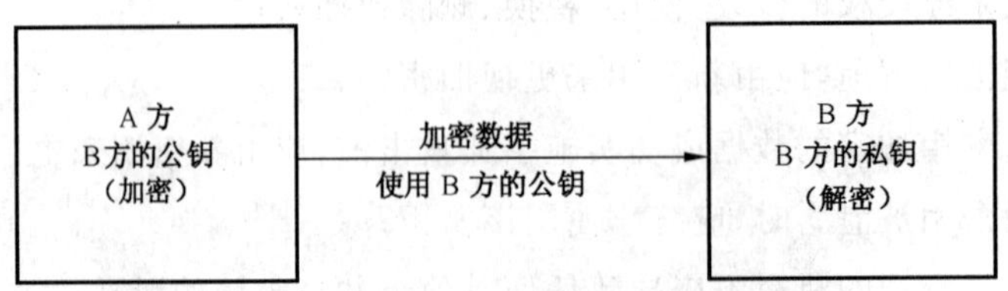

图2 非对称密码系统实例

非对称密码系统的特点是由发送方用公钥来对秘密数据加密，要求接受方持有能对秘密数据解密的私钥。这样，非对称密码系统在本质上是单向的，即一对私钥和公钥只对一个方向上传输的数据提供保护。公钥的公开不会危害密码系统。当要求对两个方向上传输的数据提供保护时，就需要两对公钥和私钥。非对称密码通常应用于对称密码系统初始密钥的安全分发。

应正确使用密钥管理原则以确保私钥的机密性和私钥与公钥的完整性及真实性。

6.5 其他密码系统

本部分描述的密钥管理原则也适用于其他密码系统，例如，报文鉴别系统、数字签名系统或密钥建立系统。图3给出了使用数字签名技术进行数据鉴别的非对称密码系统的实例。

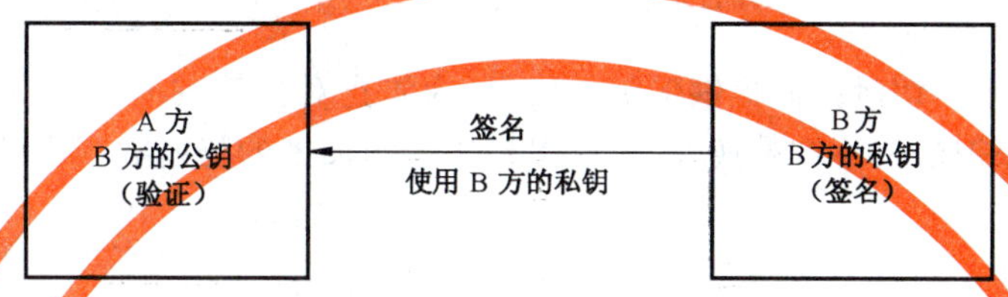

图3 用于数据鉴别的非对称密码系统实例

非对称数字签名系统的特性要求接受方拥有经过鉴别的公钥。发送方用私钥进行数字签名，接受方用公钥来验证签名的真实性。

应正确使用密钥管理原则以确保私钥的机密性和私钥、公钥的完整性及真实性。

7 密码环境的物理安全

7.1 物理安全性考虑

对于对称和非对称密码系统，在存储和使用过程中，秘密密钥/私钥的机密性和秘密密钥/私钥与公钥的完整性和真实性依赖于下面两个因素：

a) 进行密码处理的硬件设备的安全性和密钥及其他秘密数据存储的安全性(见7.2)；

b) 密码处理和密钥及其他秘密数据存储环境的安全性(见7.3)。

在实践中，绝对的安全是不可能达到的，因此，密钥管理程序应采取预防性的措施来降低破坏安全的机率，如果这些预防性的措施失败了，就要提高对秘密密钥/私钥和其他秘密数据的非法访问的检出机率。

7.2 安全密码设备

安全密码设备是为秘密信息(例如，密钥)提供安全存储，以及基于这些秘密信息提供安全服务的设备。这些设备的特征及其管理要求见GB/T 20547.2。

7.3 物理安全环境

物理安全环境具有访问控制或其他机制，用来防止可能会导致存储在该环境中的密钥(或部分密钥)或者秘密数据泄露的非授权访问。

物理安全环境的实例是一个安全的或特制的场所，该场所拥有连续访问控制、物理安全保护和监控机制。

物理安全环境应一直保持到所有的明文密钥及其他有用信息从环境中销毁。

8 安全性考虑

8.1 秘密密钥/私钥的密码环境

明文秘密密钥/私钥应仅存在于安全密码设备或如下述的物理安全环境中。

其泄露会对多方造成影响的明文秘密密钥/私钥只应在安全密码设备中存在。其泄露只会对单方造成影响的明文秘密密钥/私钥只应在安全密码设备或物理安全环境中存在,该物理安全环境由受影响的这一方或其代表维护管理。多方的例子如收单方 ATM 环境,单方的例子如内部的卡片个人化系统。

8.2 公钥的密码环境

原则上,不必为防止公钥泄露而提供保护。然而,为防止对公钥的非授权替换,应对公钥提供物理或逻辑的保护。除了保护公钥不被替换外,还应保护用公钥加密的秘密数据不被非授权泄露。

8.3 防止假冒设备

为防止或检测合法的设备被假冒设备替换,应对设备提供保护。假冒设备除了具有合法设备具有的能力外,还可能具有在加密前泄露秘密数据的非授权能力。

9 密码系统的密钥管理服务

9.1 概述

密钥管理服务与对称密码和非对称密码系统结合在一起以确保密钥管理符合第 5 章中列出的密钥管理原则。下面对这些服务进行简要描述,在 GB/T 27909.2 和 GB/T 27909.3 中介绍了提供这些服务所使用的技术。

9.2 密钥分离

密钥分离确保了密码处理只能以特定功能的密钥类型按照其设计目的进行操作,例如,报文鉴别码(MAC)密钥。既然秘密密钥/私钥是以加密的形式输入到密码功能模块中,或以明文的形式从密码设备的安全存储中恢复,因此可以通过采用不同的密钥加密和存储的过程来实现密钥分离。

9.3 防止替换

防止密钥替换可阻止密钥的非授权更换。

正如在第 5 章 f)中所规定的:在任何系统中,恰当的密钥选择应使那些不适当的密钥使用情况不会发生,例如,在另一个密码域中使用。没有任何密钥管理服务可保证恰当的密钥选择,在密码系统的设计中应考虑到这一要求。

9.4 识别

密钥识别可使交易的接受方确定与交易有关的适当的密钥。

9.5 同步(可用性)

密码同步可确保发送方和接受方在密钥发生改变时使用恰当的密钥。

9.6 完整性

通过验证密钥没有被修改来确保密钥的完整性。

9.7 机密性

密钥的机密性确保密钥不会被泄露。

9.8 泄露检测

在安全性受到破坏的情况下，如果检测出了这些破坏，则由破坏所引起的负面后果是可以避免或限制的。借助于控制和审计程序，可发现安全性是否遭到破坏。

10 密钥生命周期

10.1 概要

密钥管理涉及恰当的密钥的生成、分发给授权的接受方使用以及密钥不再需要时的终止。为了以第 5 章中列出的密钥管理方式保护生存期中的密钥，密钥处理需要经过一系列阶段，下面是对这些阶段的简要描述，整个处理过程被称为密钥的生命周期。

10.2 密钥生命周期的一般要求

除非特别说明，本要求适用于对称和非对称密钥生命周期，该方面的内容详见 GB/T 27909.2 和 GB/T 27909.3。

10.2.1 密钥生成

密钥生成指为随后的使用而创建的新的密钥或(非对称密码中的)密钥对。

10.2.2 密钥存储

密钥存储指用一种允许的形式保存密钥。

10.2.3 密钥备份

密钥备份指在密钥的操作使用过程中，存储一个被保护的密钥副本。

10.2.4 密钥分发和导入

秘密密钥/私钥分发和导入是将密钥手工地或自动地传输到安全密码设备内的过程，公钥分发和导入是将密钥手工地或自动地传输到预定的用户。

10.2.5 密钥使用

密钥使用是指密钥用于预定的加密或解密目的。

10.2.6 密钥更换

密钥更换是指当确定或怀疑原始密钥已被泄露或其生存期已结束时，由另一个密钥代替原始密钥。

10.2.7 密钥销毁

密钥销毁确保了以某种允许形式存在的密钥实例不再存在于特定的位置，但其信息仍可以保留在该位置，通过这些信息，密钥可以被重建而继续使用。

10.2.8 密钥删除

密钥删除是指在密钥的操作存储/使用位置上，删除不再需要的密钥及重建这些密钥所需的信息的过程。一个密钥可以从一个位置删除，但在另一个位置继续存在，例如，用于归档目的的密钥。

10.2.9 密钥归档

密钥归档是指安全地保存不再使用的密钥的过程。

10.2.10 密钥终止

密钥终止是指密钥不再用于任何用途，且这个密钥的所有实例及重建这个密钥需要的信息已被从曾经存在的所有位置上删除。

10.2.11 密钥信息删除概要(见表 1)

表 1 密钥信息删除概要

项　目	位　置	受影响的信息	
		密钥实例	重建信息
销毁	单点	删除单个实例	
删除	单点	删除所有实例	删除
终止	多点	删除所有实例	删除

10.3 非对称密码系统的附加要求

下述是针对非对称密码系统的生命周期要求，详细内容见 GB/T 27909.3。

10.3.1 使用前的真实性

在使用公钥前及在其整个生命周期内应确保公钥的真实性。

10.3.2 公钥撤销

由于已知、怀疑的原因或相应私钥的泄露而导致的公钥撤销的过程，即紧急撤销。

10.3.3 公钥过期

在预定生命周期终结时，公钥从服务中退出的过程。

附 录 A
（资料性附录）
零售金融服务环境的实例

A.1 概要

本附录说明了一个涉及零售金融服务环境的不同通信方的实例。交易处理系统由一个或多个这样的通信方所操作的子系统组成。

提供该实例是为了更深入地了解本部分中讨论的密钥管理原则和要求。这里的描述已经被简化，可能不适用于所有环境。本实例描述了支持磁条卡应用的零售金融服务环境，可能不完全适用于集成电路卡系统。

A.2 持卡人和发卡方

持卡人和发卡方间有契约关系，无论何时只要持卡人证实了自己的身份，发卡方就要保证支付交易或支付服务的完成。卡是用来识别持卡人和发卡方的，另外，卡可以携带其他信息，如有效期（例如，过期日期）和与安全有关的信息（例如，PIN 偏移量）。持卡人和发卡方可以就如何签发交易中使用的唯一的、保密的 PIN（参阅 GB/T 21078.1）的方法达成一致。在受理方和发卡方之间交易的传输过程中，交易处理系统有义务保证 PIN 的机密性。发卡方要保证敏感的持卡人数据（例如，PIN 码）的机密性。发卡方可以将验证 PIN 的责任委托给其他代理机构。

A.3 受理方

受理方是接受卡作为支付方式进行货物或者服务支付的一方。在 POS 系统中，它可以是零售商、服务公司、金融机构等。在 ATM 系统中，受理方可以与收单方是同一方，受理方可以向收单方转发交易信息，而不是将卡作为直接的支付凭证，受理方从收单方获得交易授权作为收单方的支付保证。与收单方交换的交易信息的安全是非常重要的，安全措施包括报文鉴别（参阅 ISO 16609）和/或 PIN 码的加密。

A.4 收单方

交易中的收单方为受理方和发卡方提供交易处理。收单方按照与发卡方或它们的代理商的业务安排，负责所有或部分交易内容的处理。这样，对于某些交易，收单方作为发卡方的代理对交易行为授权。在其他情况下（例如，交易值超过一个确定的阈值），交易信息被送到发卡方或其代理进行授权。

为了实现收单，收单方需要提供安全处理设施，以便于在点对点系统中对加密 PIN 进行转换，并对交易交换中的报文进行鉴别等。为了实现收单和授权相结合的功能，收单方需要有满足其所代表的发卡方要求的安全设施。

A.5 第三方处理商

第三方处理商传送从受理方到收单方和发卡方之间的零售交易信息。某些情况下，通信服务仅限于数据传输，然而，在另一些情况下，需要更复杂的转换设施，例如，后一类情况的服务可以通过交换环境中的各种转接实现，这样的转接需要有安全设施来补充和满足在交易的电子化传输中所涉及的所有业务方的需求。这些设施可以提供安全的 PIN 转换、PIN 验证和报文鉴别。

附 录 B
（资料性附录）
零售金融服务环境中的威胁实例

B.1 概要

本附录阐述了在零售金融服务环境中，对密钥和其他秘密数据造成威胁的实例。阐述这些实例旨在深入了解为保证数据安全而实施的密钥管理方案的必要性。在本附录中描述的信息引自 ISO 7498-2：1989，附录 A。

B.2 威胁

对零售金融服务系统的安全威胁包括以下方面：

a） 信息和/或其他资源的破坏；

b） 信息的破坏、篡改或插入；

c） 信息和/或其他资源的被窃取、删除或丢失；

d） 信息的泄露；

e） 服务的中断。

威胁可以分为偶然的或故意的，也可以分为主动的或被动的。

B.2.1 偶然的威胁

偶然的威胁是指那些不带预谋企图的威胁，其实例包括系统故障、操作失误和软件缺陷。

B.2.2 故意的威胁

故意的威胁范围，可以从使用易行的监视工具随意的检测，到使用特别的系统知识进行精心策划的攻击。一种故意的威胁如果实现了，它就被认为是一个“攻击”。

B.2.3 被动威胁

被动威胁是指即便实现了也不会导致系统中所含信息的任何篡改，而且，操作和系统状态也不会随之改变的那些威胁。

可能的被动威胁实例有：使用被动的窃听办法以获取通信线路上传输的信息；对设备进行非授权的篡改（或“利用缺陷”）以泄露秘密密钥/私钥或其他机密数据；或用假冒设备替换合法的设备，该假冒设备有能力泄露秘密密钥/私钥或其他机密数据。

B.2.4 主动威胁

系统的主动威胁涉及到对系统中所含信息的篡改，或对系统操作状态的改变。主动攻击的实例有非授权的用户对系统路由表进行恶意篡改，或将“交易拒绝”代码恶意修改为“交易批准”代码。

B.2.4.1 冒充

冒充是指一方假扮成另外一方。冒充通常与其他主动攻击形式一起使用，如报文或数据的重放和篡改。例如，在有效的鉴别序列发生后，鉴别序列可能被截获并被重放。不具有特权的授权方为了得到额外的特权可能使用冒充，模仿成拥有特权的一方而获得特权。

B.2.4.2 重放

当一个报文或部分报文为了产生未授权的效果而被重复使用时，称为重放。例如，包含鉴别信息的有效报文可能被另一方重放，目的是鉴别自己（将它当作其他方）。

B.2.4.3 报文篡改

当数据传输的内容在未被察觉的情况下被改变，并导致一种非授权后果时，便出现报文篡改。例如，报文“允许李某阅读指定账户的机密文件”被修改成“允许张某阅读指定账户的机密文件”。

B.2.4.4 拒绝服务

当一方不能执行其正常功能或其动作妨碍了其他方执行他们的正常功能时，便发生拒绝服务。这种攻击可能具有一般性，例如，当一方抑制了所有指向一个特定目的地的报文时（例如，安全审计服务），或当一方产生额外的信息流时。也有可能产生试图中断网络操作的报文，尤其是如果网络有中继方，且这个中继方根据从其他中继方接收到的状态报告来作出路由决策时。

B.2.4.5 内部攻击

当系统的合法用户以非预期的或非授权的方式操作时，便出现内部攻击。大多数已知的计算机犯罪与泄露系统安全信息的内部攻击有关。

B.2.4.6 外部攻击

外部攻击可以使用的技术有：

a) 搭线窃听（主动的或被动的）；

b) 截获发送的信息；

c) 冒充系统或系统组成部分的授权用户；

d) 为鉴别或访问控制机制设置旁路；

e) 破坏密码设备以获取存储在其中的密钥。

B.2.4.7 陷门

陷门是指隐蔽的非授权的软件或硬件机制，它可被触发以绕过系统安全特性的约束。触发可以是一个外部命令（例如，一个特殊的密钥序列）或一个内部预定事件（例如，计数器或日期/时间值），例如，可以修改一个口令的验证程序，使得当输入一个特殊的密钥序列时，攻击者的口令也可生效。

B.2.4.8 特洛伊木马

执行合法功能的软件程序，包含一隐藏的非授权功能，且该功能扩展了合法程序的功能时，该非授权的功能就被称为特洛伊木马。例如，合法程序完成将秘密密钥/私钥或机密数据拷贝到受保护文件的操作，可以被修改为同时将秘密密钥/私钥或机密数据拷贝到攻击者可访问的文件。

参 考 文 献

[1] GB/T 21078.1—2007 银行业务 个人识别码的管理与安全 第1部分:ATM和POS系统中联机PIN处理的基本原则和要求(ISO 9564-1:2002,MOD)

[2] GB/T 21079.1—2007 银行业务 安全密码设备(零售) 第1部分:概念、要求和评估方法(ISO 13491-1:1998,MOD)

[3] ISO 9564-2:2005 银行业务 个人身份识别号(PIN)管理和安全 第2部分:核准的PIN加密算法

[4] ISO 9564-3:2003 银行业务 个人识别码(PIN)的管理与安全 第3部分:ATM和POS系统中脱机PIN操作的要求

[5] ISO/TR 9564-4:2004 银行业务 个人识别码的(PIN)管理与安全 第4部分:开放网络中PIN操作指南

[6] ISO 16609:2004 银行业务 使用对称技术的报文鉴别要求

ICS 35.240.40
A 11

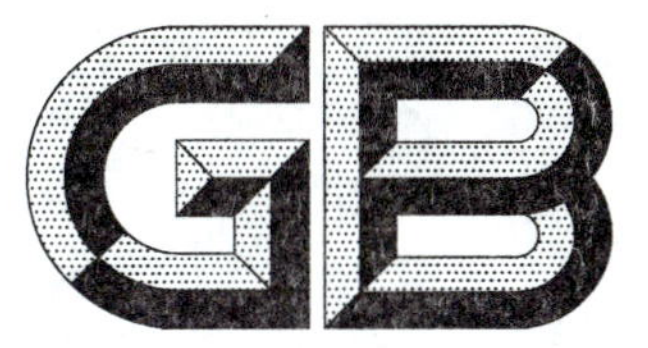

中华人民共和国国家标准

GB/T 27909.2—2011

银行业务　密钥管理(零售)
第2部分:对称密码及其密钥管理和生命周期

Banking—Key management(retail)—
Part 2:Symmetric ciphers—Key management and life cycle

(ISO 11568-2:2005,MOD)

2011-12-30 发布　　　　2012-02-01 实施

中华人民共和国国家质量监督检验检疫总局
中国国家标准化管理委员会　发布

前　言

GB/T 27909《银行业务　密钥管理(零售)》分为以下3个部分:

——第1部分:一般原则;

——第2部分:对称密码及其密钥管理和生命周期;

——第3部分:非对称密码系统及其密钥管理和生命周期。

本部分是GB/T 27909的第2部分。

本部分按照GB/T 1.1—2009给出的规则起草。

本部分修改采用国际标准ISO 11568-2:2005《银行业务　密钥管理(零售)　第2部分:对称密码系统及其密钥管理和生命周期》(英文版)。

在采用ISO 11568-2时做了以下修改:

删除了"ISO 11568-2附录B对称密钥管理的核准算法",在第1章中说明本部分描述的技术中所涉及到的算法应符合国家密码管理部门的有关规定。

本部分还做了下列编辑性修改:

a)　对规范性引用文件中所引用的国际标准,有相应国家标准的,改为引用国家标准;

b)　删除ISO前言。

本部分由中国人民银行提出。

本部分由全国金融标准化技术委员会(SAC/TC 180)归口。

本部分负责起草单位:中国金融电子化公司。

本部分参加起草单位:中国人民银行、中国工商银行、中国农业银行、中国银行、交通银行、中国光大银行、中国银联股份有限公司。

本部分主要起草人:王平娃、陆书春、李曙光、赵志兰、周亦鹏、赵宏鑫、程贯中、刘瑶、喻国栋、杨增宇、黄发国。

引　言

GB/T 27909 描述了在零售金融服务环境下密钥的安全管理过程，这些密钥用于保护诸如收单方和受理方之间，收单方和发卡方之间的报文。

本部分描述了在零售金融服务领域内适用的密钥管理要求，典型的服务类型有销售点/服务点(POS)借贷记授权和自动柜员机(ATM)交易。

当 GB/T 27909 各部分描述的密钥管理技术结合使用时，可提供 GB/T 27909.1 中描述的密钥管理服务。

这些服务包括：

——密钥分离；

——防止密钥替换；

——密钥鉴别；

——密钥同步；

——密钥完整性；

——密钥机密性；

——密钥泄露的检测。

密钥管理服务和相应的密钥管理技术的对照参考见第 7 章。

本部分描述了使用对称密码机制时，密钥安全管理中涉及的密钥生命周期。依据 GB/T 27909.1 和本部分描述的密钥管理原则、服务和技术，本部分也规定了密钥生命期内各个阶段的要求和实现方法。本部分不涉及非对称密码机制的密钥管理或生命周期，该方面的内容见 GB/T 27909.3。

本部分制定时，充分考虑了 ISO/IEC 11770 标准的要求。

本部分采用和描述的技术满足了金融服务行业的需求。

银行业务　密钥管理(零售)
第2部分:对称密码及其密钥管理和生命周期

1　范围

本部分描述了在零售金融服务环境中,当使用对称密码机制时对称和非对称密钥的保护技术,也描述了与对称密钥相关的生命周期管理。本部分描述的技术符合GB/T 27909.1中描述的原则。

本部分描述的技术适用于任何对称密钥管理操作。

本部分所使用的符号见附录A。

本部分描述的技术中所涉及到的算法应符合国家密码管理部门的有关规定。

2　规范性引用文件

下列文件对于本文件的应用是必不可少的。凡是注日期的引用文件,仅注日期的版本适用于本文件。凡是不注日期的引用文件,其最新版本(包括所有的修改单)适用于本文件。

GB/T 27909.1—2011　银行业务　密钥管理(零售)　第1部分:一般原则(ISO 11568-1:2005,MOD)

GB/T 20547.2—2006　银行业务　安全加密设备(零售)　第2部分:金融交易中设备安全符合性检测清单(ISO 13491-2:2005,MOD)

GB/T 21078.1—2007　银行业务　个人识别码的管理与安全　第1部分:ATM和POS系统中联机PIN处理的基本原则和要求(ISO 9564-1:2002,MOD)

GB/T 21079.1　银行业务　安全加密设备(零售)　第1部分:概念、需求和评估方法(GB/T 21079.1—2007,ISO 13491-1:1998,MOD)

ISO/IEC 10116　信息技术　安全技术　n位分组密码的操作方式

ISO 16609:2004　银行业务　使用对称技术的报文鉴别要求

ISO/IEC 18033-1　信息技术　安全技术　加密算法　第1部分:概要

ISO/TR 19038:2005　银行业务和相关金融服务　三重DEA操作模式　实施指南

ANSI X9.24 Part 1-2004　零售金融服务对称密钥管理　第1部分:使用对称技术

ANSI X9.65　三重数据加密算法(3-DEA),实施标准

3　术语和定义

下列术语和定义适用于本文件。

3.1

密码　cipher

在称为密钥的参数控制下,实现密文和明文间转换的一对操作。

注:加密操作将数据(明文)转换成不可读的密文形式;解密操作将密文恢复成明文。

3.2

计数器　counter

在两方间使用的累加计数，例如，可用于一个特定的密钥加密密钥控制连续的密钥分发。

3.3

数据完整性　data integrity

数据未以非授权的方式改变或破坏的性质。

3.4

数据密钥　data key

由随机或伪随机的方法产生的用来对数据加密、解密或鉴别的密钥。

3.5

双重控制　dual control

利用两个或更多的独立实体（通常是人），协同操作以保护敏感功能和信息的过程。单独的实体不能存取和使用这些功能或信息（例如，密码密钥）。

3.6

异或　exclusive-or

见 3.15。

3.7

十六进制数　hexadecimal digit

用数字 0～9 以及字母 A～F（大写）表示的一个四比特串。

3.8

密钥组件　key component

至少两个随机或伪随机过程产生的参数中的一个，它们具有与一个或多个相似的参数结合形成一个密钥的密钥特征（例如，格式、随机性），例如，通过模 2 加法形成密钥。

3.9

密钥信封　key mailer

用于向已获授权人员传送密钥组件的“防篡改”信封。

3.10

密钥偏移　key offset

密钥和计数器使用模 2 加法相加的结果。

3.11

密钥空间　key space

某一密码的所有可用密钥的集合。

3.12

密钥转换设备　key transfer device

提供密钥导入、存储和导出功能的安全密码设备。

3.13

密钥转换　key transformation

利用不可逆过程从已存在的密钥导出新的密钥。

3.14

报文鉴别码（MAC）　message authentication code（MAC）

在发送方和接收方之间传输的报文内的代码。该代码用来验证发送源以及部分或全部报文文本。

注：该代码是按照协定方式计算得出的结果。

3.15

模2加法　modulo-2 addition

异或　exclusive-or(XOR)；

不带进位的二进制加法，运算规则如下：

0+0=0；

0+1=1；

1+0=1；

1+1=0。

3.16

n位分组密码　n-bit block ciper

明文分组和密文分组在长度上都是n位的分组密码算法。

3.17

公证　notarization

为了鉴别发送方和最终接收方的身份而变化密钥加密密钥的方法。

3.18

偏移　offset

见3.10密钥偏移。

3.19

发送方　originator

负责生成密码报文的一方。

3.20

伪随机　pseudo-random

由算法生成但在统计上是随机的且本质上是不可预测的过程。

3.21

接收方　recipient

负责接收密码报文的一方。

3.22

安全密码设备　secure cryptographic device

为诸如密钥这样的秘密信息提供安全存储，以及基于这些秘密信息提供安全服务的设备。

3.23

密钥分割　split knowledge

两个或更多的实体分别地拥有密钥片断，仅通过单个密钥片段不能合成密钥信息。

4　密钥管理技术的一般环境

4.1　概述

本章描述密钥管理技术的操作环境并介绍一些通用的基本概念和操作。第五章描述用来提供密钥管理服务的技术，第六章描述密钥生命周期。

4.2　安全密码设备的功能

4.2.1　概述

对称分组密码最基本的密码操作是使用所提供的密钥对一个数据分组进行加密或解密。对多分组数据的操作可使用ISO/IEC 10116描述的密码操作模式。在这一层次上,并没有赋予数据任何涵义,也没有赋予密钥任何特定意义。

一般情况下,为了对密钥和其他敏感信息提供所要求的保护,安全密码设备应提供更高层的功能接口。这些功能接口的每项操作包括几个基本的密码操作,这些基本的密码操作使用密钥的某些组合以及由接口或中间结果获得的数据。这种复合的密码操作被称为功能,每一个功能只对适当类型的数据和密钥进行操作。

4.2.2 数据类型

应用层密码系统给数据分配含义,特定含义的数据组成了一种数据类型。通过安全密码设备,不同含义的数据需要以不同的方式进行处理和保护。安全密码设备确保了以恰当的方式处理各种数据类型。

例如,PIN是一种应保密的数据类型,然而其他的交易数据可构成需要鉴别但不必保密的数据类型。

密钥可被认为是一种特殊的数据类型。安全密码设备确保了密钥只以4.7.2中允许的形式存在。

4.2.3 密钥类型

密钥按其操作的数据类型和操作方式分类。安全密码设备确保能够保持密钥分离,这样可使密钥不会与不恰当的数据类型一起使用或以不恰当的方式操作。例如,PIN加密密钥是一种只用来对PIN加密的密钥类型,而密钥加密密钥(KEK)却是只用来加密其他密钥的密钥类型。同样,KEK也需要分类,以便只对一种类型的密钥进行操作。例如,一种类型的KEK可以加密PIN加密密钥,而另一种可以加密报文鉴别码(MAC)密钥。

4.2.4 密码功能

由安全密码设备支持的功能直接反映了具体应用的密码要求。它可能包括这些功能:

——加密PIN;

——验证已加密的PIN;

——生成MAC;

——生成被加密的随机密钥。

安全密码设备的设计应保证不能使用单个功能获得未授权的敏感信息,另外,也不能使用组合功能获得这些信息,这样的设计被称为是逻辑安全的。

可能要求一个安全密码设备管理几种类型的密钥。用于这种系统的密钥可通过使用KEK以加密的形式存储,从而在密码设备外被安全的持有。KEK或者存储在密码设备中,或者由更高级别的KEK加密。提供密钥分离的一项技术是使用不同类型的KEK对不同类型的密钥加密。当使用这项技术并且在一个加密密钥被传输到安全密码设备中时,应使用符合该密钥类型的KEK类型将这个密钥解密。如果密钥的类型不正确,即该加密密钥是用与其他密钥类型相应的KEK类型进行的加密,那么解密过程就会产生一个无意义的密钥值。

4.3 密钥生成

4.3.1 概述

GB/T 27909.1的密钥管理原则要求密钥应以某种过程生成,该过程应确保密钥的不可预测性或密钥在密钥空间中的等概率性。

为了遵循这个原则,密钥和密钥组件应使用随机或伪随机过程来生成。伪随机密钥的生成过程可以是不可重复的,也可以是可重复的。

所用的随机或伪随机过程应保证不能够预测或确定某一个特定密钥的概率大于其他可能的密钥。

除了密钥变形、密钥的非可逆转换、由密钥加密的密钥或由密钥导出的密钥之外,一个秘密密钥的泄露不可提供与任何其他秘密密钥相关的有用信息。

4.3.2 不可重复密钥的生成

不可重复密钥的生成过程涉及到不确定的值,如随机数生成器的输出值,或者该过程就是一个伪随机过程。

如下所示,Kx 是生成密钥的伪随机过程的实例,这里的 K 是为生成密钥而保留的秘密密钥,V 是保密的种子值,DT 是在每次密钥生成时更新的日期时间向量:

$$Kx = eK(eK(DT) \oplus V)$$

并且产生一个新的 V 值,如下所示:

$$V = eK(Kx \oplus eK(DT))$$

注:该种方法见 ISO 18031。

4.3.3 可重复的密钥生成

使用可重复的过程可很方便地由单个密钥产生一个或多个甚至成千的密钥。这样的过程允许在拥有种子密钥和适当生成数据的情况下,根据要求重新生成任意密钥,并且显著减少需要人工管理、存储或分发的密钥数量。

如果初始密钥在密钥空间(如密钥管理原则所要求的)中是不可预测的,那么该过程生成的密钥也是不可预测的。

该过程可反复使用,如由一个初始密钥生成的密钥随后可用作生成其他密钥的初始密钥。

生成过程应是不可逆的,因此,一个已生成密钥的泄露,不能导致初始密钥和任何其他已生成密钥的泄露。该过程的一个实例是使用初始密钥对非秘密值进行加密。

4.4 密钥计算(变形)

使用可逆过程可由单个密钥获得大量密钥。密钥和非秘密值的模二加法即为该过程的一个实例。

密钥计算具有快速和简单的特点,但是以这种方式计算出的密钥一旦泄露会导致原始密钥和所有由它计算得到的其他密钥的泄露。

4.5 密钥分级

密钥分级是一个概念性的结构,在这个结构里,某些密钥的机密性依靠其他密钥的机密性。根据定义,密钥分级中某一级密钥的泄露不应导致更高一级密钥的泄露。

密钥加密引入了密钥分级概念,密钥加密密钥(KEK)是比它要加密的密钥更高一级的密钥。最简单的是两级结构,工作密钥由 KEK 来加密,KEK 自身存储在一个密码设备中。在三级结构中,这些 KEK 也通过使用更高一级的 KEK 以加密的形式被管理。这个概念可被扩展到四级或更多级以上。

类似地,当初始密钥或密钥生成密钥(KGK)通过某一过程参与其他密钥的生成时,会产生分级结构,这样 KGK 被认为是比它所生成的密钥更高一级的密钥。

在密钥分级结构中,上级密钥与它们所保护的密钥相比,安全级别应相等或更高。

评估各种密码算法等效强度时应考虑已知的攻击。一般来说,当已知的最快的攻击花费以平均 $2^{s-1}T$ 的时间进行攻击时,就认为该算法能够提供 s 比特的强度,其中 T 是执行一次明文加密并与相应密文值比较的时间。

例如:在 ISO/IEC 10116 中,提出了对 112 位 3-DEA 算法的攻击需要 O(k)空间和 $2^{120-\log k}$ 次操作,

其中 k 是已知明文-密文对的数量。如参考文献[11]中所讨论的，给定 2^{40} 个已知的明文密文对，则会将双密钥(112 位)3-DEA 的强度减小到 80 比特。表 1 中给出了标准发布时推荐的等效密钥长度。评估这些数值时，应考虑密码分析学、因数分解和计算技术的发展。

表 1　加密算法　等效强度

有效强度	对称密码	RSA	椭圆曲线
80	112 位 3-DEA(带 2^{40} 个已知密钥对)	1024	160
112	112 位 3-DEA(不带已知密钥对)	2048	224
	168 位 3-DEA		

注：在标准颁布时，零售金融服务环境中的 3-DEA 密钥是用来保护其他密钥的，3-DEA 密钥可被变换，使得不可能收集足够数量的明文-密文对以削弱潜在的密码强度，因此，可以认为 112 位 3-DEA 为 168 位 3-DEA 和 2048 位 RSA 密钥提供了足够的安全保护。

4.6　密钥生命周期

组成密钥生存期的各种状态统称为密钥的生命周期。密钥应在其生命周期中的任何阶段均受到保护。改变密钥生命周期状态的操作被称为生命周期操作。本节描述了获得一个给定状态或执行一个给定操作的要求。

密钥生命周期由以下三个阶段组成：

a)　使用前：该阶段生成并存储(可选地)密钥；

b)　使用中：该阶段将密钥分发到各个通信方使用；

　　在通信双方都生成新密钥的过程中，密钥的生成和分发紧密联系在一起；

　　有些密钥管理方案是为操作过程中密钥自动变换而设计的；

c)　使用后：该阶段密钥进行归档或终止。

图 1 给出了密钥生命周期示意图，说明了密钥是如何经过的特定操作改变其状态的。

密钥可以被认为是单个对象，其多个实例可以在不同的位置以不同的形式存在。下列操作之间有明显的区分：

——销毁单个密钥的实例；

——从一个特定位置上把密钥删除，即意味着销毁这个密钥在该位置上的所有实例；

——终止一个密钥，即意味着从所有的位置上把这个密钥删除。

4.7　密钥存储

4.7.1　概述

密钥安全存储的目标是防止密钥遭受未授权的泄露、修改和/或替换，并且提供密钥分离。

4.7.2　允许的形式

4.7.2.1　概述

密钥只应以如下形式存在：

——明文密钥；

——密钥组件；

——加密的密钥。

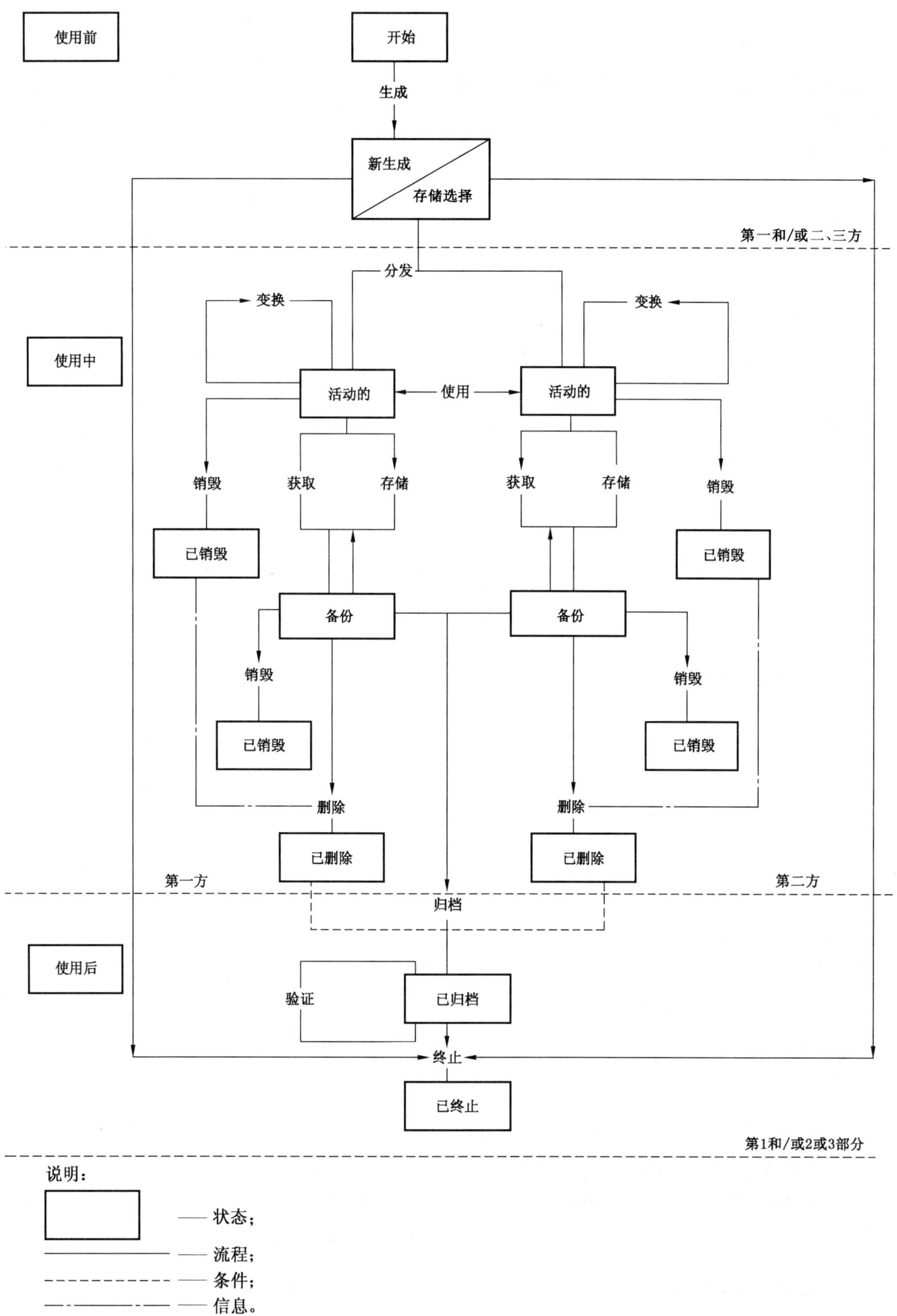

图 1 密钥生命周期示意图

4.7.2.2 明文密钥

其泄露将会对多方造成影响的明文密钥只应存在于安全密码设备中。

泄露只会对一方造成影响的明文密钥只应存在于安全密码设备中，或者存放于由该方或该方代表所操作的物理安全环境中。

4.7.2.3 密钥组件

以至少两个或更多分离的密钥组件形式存在的密钥应通过密钥分割和双重控制技术加以保护。对于基于主机的系统，建议一个密钥至少包含 3 个组件。

密钥组件应只允许获得信任的某个人或某一组人在必要的最短时段内访问。

如果密钥组件以人们可以理解的形式存在(例如，在密钥信封内以明文印制)，那么这个组件就应只被一个获得授权的人仅在某个时间点获知，并且知晓密钥组件的时间应不长于将密钥组件输入安全密码设备的时间。

授权访问一个密钥组件的人不允许访问此密钥的其他组件。

密钥组件应以某种方式保存，以便可以用很高的概率检测到未经授权的访问。

如果密钥组件以加密形式保存，则应符合加密的密钥的所有要求。

4.7.2.4 加密的密钥

密钥加密密钥对密钥的加密应在安全密码设备中实现。

4.7.3 密钥完整性

应使用以下技术保护密钥的完整性：

a) 数字签名；

b) MAC；

c) 密钥分组绑定方法。

4.7.4 保护密钥不被替换

应采用下列方式中的一种或几种来防止对存储密钥的未授权的替换：

a) 从物理和流程上阻止对密钥存储区域的非授权访问；

b) 根据密钥的预期使用功能，将密钥加密存储；

c) 确保明文和相应的用密钥加密密钥加密的密文不被同时知晓。

4.7.5 密钥分离的规定

为了确保被存储的密钥只用于其预期用途，应采用以下一种或多种方法对密钥进行分离：

a) 按照预期功能从物理上将密钥分离；

b) 用对某种特定类型密钥加密的 KEK 对密钥进行加密后存储；

c) 在密钥加密存储以前，根据密钥的预期使用功能，修改或追加密钥信息。

4.8 备份密钥的重新获取

备份密钥存储了一个密钥的副本，以便密钥在意外损坏但还没有泄露时能够得到恢复。

备份密钥恢复的要求与在 4.9 中描述的密钥分发和导入的要求相同。

4.9 密钥的分发和导入

4.9.1 概述

安全密码设备在导入一个或多个密钥之前应处于物理安全环境中。

密钥在分发和导入时应采用以下一种或多种形式的保护：

a) 明文只出现在密码设备中；

b) 以组件形式存在；

c) 加密。

4.9.2 明文密钥

分发和导入密钥的最低要求如下：

a) 密钥分发过程不应泄露明文密钥的任何一个部分；

b) 只有在保证安全密码设备在此之前没有遭受到可能导致密钥或敏感数据泄露的破坏时，才能将明文密钥导入到该设备里；

c) 只有在保证接口处没有安装可能会泄露传输密钥的窃听装置时，明文密钥才可以在安全密码设备之间传输；

d) 只有对至少两个授权人进行了鉴别后(例如，通过口令的方法)，安全密码设备才可以传输明文密钥；

e) 在生成和使用密钥的密码设备之间传输密钥的设备应是安全密码设备。在将密钥导入到目标设备以后，密钥传输设备不应保留任何可能泄露该密钥的信息。

4.9.3 密钥组件

分发和导入密钥组件的最低要求：

a) 密钥组件的分发过程不应将密钥组件的任何部分泄露给未授权的人；

b) 只有保证安全密码设备在此之前没有遭受到可能导致密钥或敏感数据泄露的破坏时，才可将密钥组件导入到该设备里；

c) 只有保证接口处没有安装可能会泄露传输的密钥组件的窃听装置时，密钥组件才可在安全密码设备之间传输；

d) 密钥分发和导入过程应根据双重控制和密钥分割的原则来操作。

4.9.4 加密的密钥

加密的密钥可通过通信信道实现电子化分发和导入。

加密的密钥的分发过程应确保密钥不被替换和修改。

注：完成上述要求的方法见 ISO/IEC 11770-2。

4.10 密钥使用

应防止密钥的未授权使用。密钥只应在其预定的位置上用于其预定的功能。然而，密钥的变形可以用于和原始密钥不同的功能。

一个密钥只应用于一种功能。

密钥应存在于保证系统有效运行的最少位置上。不同的交易发起设备应使用不同的密钥。

当确认或怀疑某个密钥泄露时，应停止使用该密钥。

4.11 密钥更换

当确认或怀疑密钥泄露时，密钥及其变形就应被更换。如果被怀疑的密钥是一个密钥加密密钥或能够导出其他密钥的根密钥，那么在此密钥级别下的所有密钥也都应被更换。

更换密钥的时间应小于成功实施字典攻击或穷举攻击的时间。该时间将取决于攻击时采用的的技术及手段。

密钥更换应在该密钥存在的所有运行位置上进行。

被更换的密钥不允许再被激活使用。

更换密钥有两种方法：

——分发一个新的密钥；

——对当前的密钥进行不可逆变换。

如果确定或怀疑密钥泄露，那么该密钥应通过分发新密钥进行更换而不是对原始的密钥进行不可逆变换。

密钥更换要求销毁旧密钥。

密钥的变换应防止反向推导，即当前密钥的泄露并不会导致先前使用密钥的泄露。

4.12 密钥销毁

如果一个密钥的某个实例不再被激活使用，那么该实例应被销毁。密钥的电子实例可以通过擦除来销毁。然而，信息还可以其他形式存在，以便该密钥随后还可再被恢复并激活使用。

如果一个密码设备永久不再投入使用，那么该设备里存储的所有密钥都应被销毁。

4.13 密钥删除

当一个密钥在某运行位置不再需要时，应删除该密钥。

当给定位置上密钥的所有实例都被销毁时，该密钥即被删除。

4.14 密钥归档

归档的密钥只应用于验证归档前交易的合法性。在这种验证之后，应销毁实施验证所必需的密钥实例。

归档的密钥不应再次投入使用。

在由归档密钥加密的数据(或密钥)的生命周期内，归档密钥应被安全地存储。

密钥归档应以不会增加使用中密钥的泄露风险的方式归档。

归档密钥应保留到密钥不再具有法律或业务用途时。

4.15 密钥终止

当密钥已经从它所存在的所有位置上删除了的时候，密钥即被终止。

随着密钥的终止，不应再存在可能会导致密钥重建的信息。

5 提供密钥管理服务的技术

5.1 介绍

本章描述的是可单独或组合使用的技术以提供 GB/T 27909.1 中介绍的密钥管理服务。某些技术提供了多种密钥管理服务。第 7 章中给出了密钥管理服务和技术之间的对照参考。

所选择的技术应在安全密码设备中实施(见 GB/T 21079.1 及 GB/T 20547.2)，该密码设备确保了预定的技术及安全目标的实现。

5.2 密钥加密

密钥加密是用一个密钥加密另一个密钥的技术，所生成的被加密的密钥可在密码设备保护的环境之外得到安全地管理。用来完成这种加密的密钥称为密钥加密密钥(KEK)。虽然密钥加密确保了密钥的机密性，但为了确保充分的密钥分离，防止密钥替换及确保密钥的完整性，需要其他技术与密钥加密联合使用。

若被加密密钥的长度超过密钥加密密码的分组的长度，那么每个被加密密钥分组应：

a) 具有完整性，每一个密钥分组从被授权生成、传输或存储时起，不能以非授权方式改变；

b) 以特定方式并按照特定的顺序使用；

c) 被视为一个固定的量，其中的每个分组都不能被单独操作，而其他分组保持不变；

d) 不能以任何非授权的目的分开使用。

5.3 密钥变形

密钥变形是从单个密钥获得一个密钥集的技术，每一个变形密钥具有各自的密钥类型。

该项技术提供了密钥分离，且不需要管理所需类型中的每一个分离的、不相关的密钥。如图2所示，通过使用可重复过程(f)，每一个变形密钥通过原始密钥和非秘密常量集内的一个常数来进行计算。可重复密钥计算过程在4.3.3中描述。

每一种密钥类型应对应常量集内某一惟一的常数，该密钥类型对应的密钥使用密钥变形技术由原始密钥计算得出。

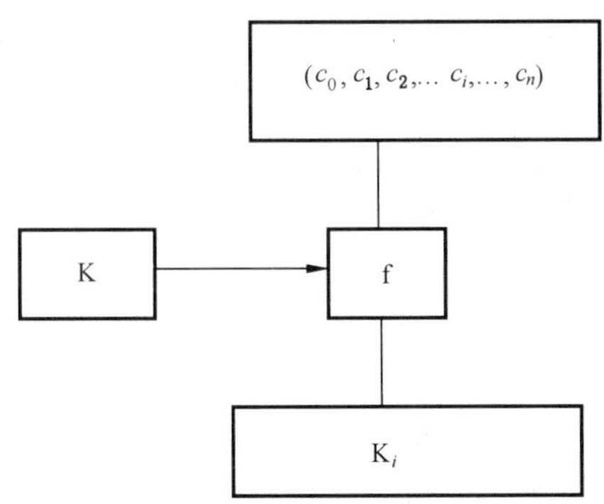

图2 变形密钥计算

使用可逆过程计算的变形密钥应只存在于包含原始密钥的密码设备中。

密钥变形技术适用于密钥分级结构中的所有级别。用一个密钥可计算出一组不同类型的KEK，每一个KEK可用来加密一种不同类型的密钥。或者，用一个密钥也可生成一组不同类型的工作密钥。

5.4 密钥衍生

密钥衍生是一种由一个初始密钥和非秘密可变数据生成(或导出)若干(可能是大量的)密钥的技术。其中每一个生成的密钥又作为另一种安全密码设备的初始密钥(典型的如POS终端的PIN键盘)。初始密钥被称为“衍生密钥”，同时每一个由它生成的密钥被称为“导出密钥”。密钥衍生通过为每一个密码设备生成(统计上)惟一的密钥来提供密钥分离，而无需管理大量分离的、不相关的密钥。因为当随后需要使用密钥时，它可从衍生密钥和适当的衍生数据中重新导出，所以密钥衍生就消除了将每一个初始密钥存储在收单方或接收节点的必要性。

导出密钥的生成程序利用了一个不可逆过程，如图3所示，该过程使用了衍生密钥和可惟一标识目标密码设备的数据。

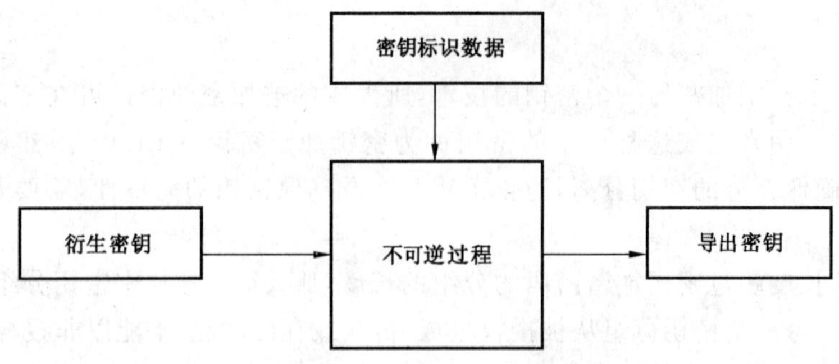

图3 导出密钥的生成

不可逆过程的使用确保了导出密钥的泄露不会导致衍生密钥和任何其他导出密钥的泄露。然而，衍生密钥的泄露会导致所有由它导出的密钥的泄露。

应用可逆过程的密钥计算(见4.4)不适合作为密钥衍生的方法。

5.5 密钥变换

密钥变换是这样一种技术，即安全密码设备(典型的如POS终端的PIN键盘)由当前密钥生成一个或多个未来的密钥并擦除当前密钥的所有痕迹，从而实现密钥更换。

密钥变换通过使密码设备在无需密钥分发过程的情况下频繁更换密钥(例如，每一次交易后)，从而减轻了密钥泄露的影响。

如图4所示，使用当前密钥作为不可逆密钥生成过程中的初始密钥来完成密钥变换。该过程还涉及与实施相关的其他数据，例如，设备或交易相关数据，或密钥更换计数器。

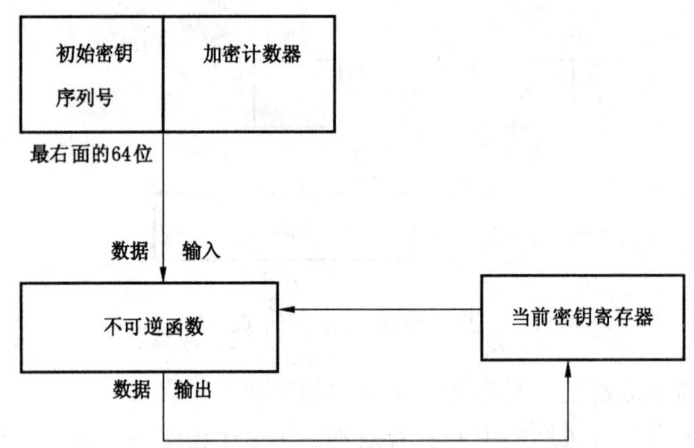

图4 未来使用的密钥的生成

即使掌握所有曾存在于该设备之外(也不存在于其他密码设备内部)的相关数据，使用不可逆过程也能确保在使用变换密钥的密码设备泄密的情况下，不会导致该设备之前使用的任何密钥的泄露。

配有密钥变换装置的密码通信设备，通过以下方式之一判断该装置在任意时刻使用的密钥：

a) 与装置同步执行密钥变换过程，并且存储生成的密钥供后续使用；

b) 接收包含在该设备传送的交易数据中的密钥更换计数器的当前值，并由计数器和初始密钥来生成当前密钥。这个过程能够实现所有直接从初始密钥到各种当前密钥的密钥变换。特别的，即使密钥更换计数器会增加到一个很大的值(例如，100万，见ANSI X9.24第1部分：2004，附录A)，但是它所需的转换次数也很小(例如，10)。

5.6 密钥偏移

密钥偏移是每当一个新加密的密钥被传输到接收节点时，由初始密钥计算出一个新 KEK 的技术。

该项技术可防止用先前的(但已更换的)密钥替换通信双方交换的当前密钥。

用于记载更换密钥请求的递增计数器，通过一个可重复的过程(例如，模二加法)与初始 KEK 相结合，其生成的密钥为用以加密更换密钥的 KEK，如图 5 所示。

典型地，计数器的当前值与加密的密钥一起被传输到接收节点。

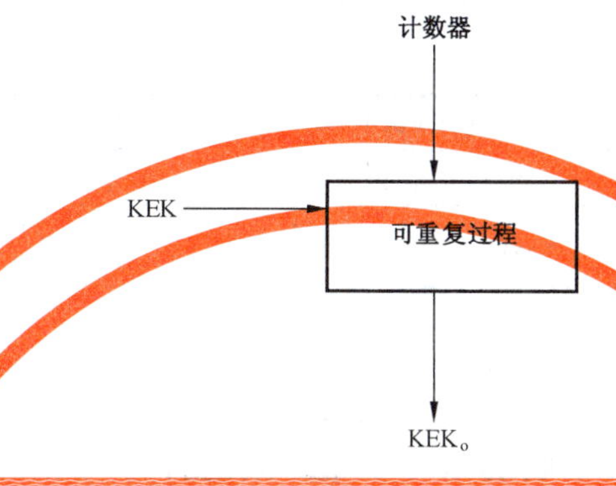

图 5 KEK 偏移量(KEKo)的计算

5.7 密钥公证

5.7.1 概述

密钥公证是在密钥加密发生前将通信双方的标识融入 KEK 的一种技术。

密钥公证防止了密钥替换。如果用其他通信方之间使用的加密密钥替换了正确的加密密钥，则对替换后的密钥的解密会产生一个不正确的结果。

密钥公证是用通信方的标识密封密钥的方法，它通过创建一个公证人密封(NS)实现。一旦公证后，通过下面描述的方法，密钥只能在掌握了用来公证的密钥(KP)及通信方的标识的情况下才能被恢复。密钥加密密钥(KEK)或者数据加密密钥(KD)可以通过使用公证密钥(KN)加密的方式进行公证，该公证密钥(KN)是由 KP 和 NS 进行模 2 加法形成的。

5.7.2 方法

应使用惟一标识符来标识公证过程的每一方。如果有必要，标识符可复制以形成必要的 16 个字节。假设甲方希望给乙方发送一个密钥，设 FM1 为甲方标识符的高 8 个字节，FM2 为低 8 个字节，同样设 TO1 和 TO2 分别为乙方标识符的高 8 个和低 8 个字节。双方都已获知用于完成公证的共享秘密密钥的信息。

中间密钥(KI)是由 TO1 与 FM1 连接后再与 KP 进行模 2 加法形成的。

$KI = KP \oplus (TO1 || FM1)$

公证人密封(NS)是由 TO2 和 FM2 与 KI 加密后的结果连接形成的。

$NS = eKI(TO2) || eKI(FM2)$

公证密钥 KN 是由 KP 和 NS 进行模 2 加法形成的。

$KN = KP \oplus NS$

则 KN 可用来公证(通过加密)KD 或者 KEK。

5.8 密钥标记

密钥标记是用相关标签来标识密码设备外存在的密钥类型的一种技术。密钥和它的标签以一种可以防止对密钥标签做不可检测的修改的方式绑定在一起。

密钥标记提供密钥分离。它与密钥加密结合使用,并且允许使用单个 KEK 对多密钥类型加密。

密钥标签由一个惟一却任意的常量构成。不同的密钥标签应被分配给每一个要被标记的密钥类型。当一个密钥在安全密码设备中生成时,作为密钥加密过程的一部分,它与和密钥类型相适应的标签绑定在一起,如图 6 所示。带标签的密钥随后可在密码设备外存储或分发。

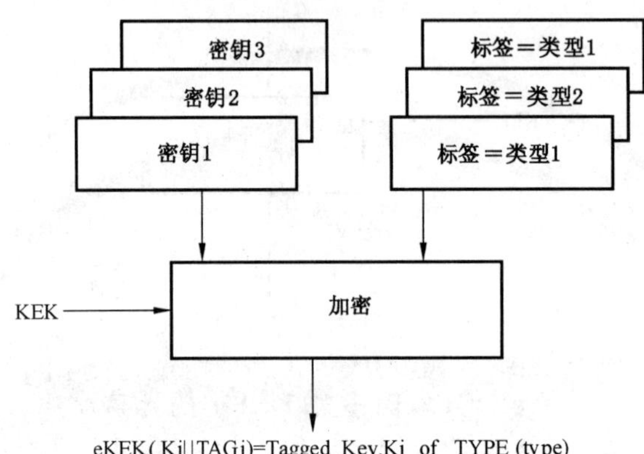

图 6 带标签的密钥生成

当一个带标签的密钥被传输到安全密码设备以用于特定功能时,它在设备内被解密并且密钥标签被恢复和并加以核查,如图 7 所示。如果密钥标签显示了该密钥类型不适合所要求的功能,则该功能应被终止。

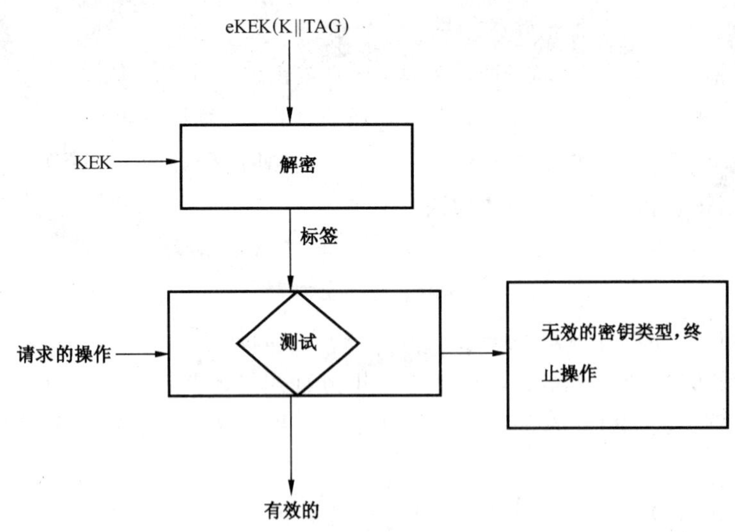

图 7 带标签密钥的使用

密钥和它的标签绑定的方式取决于它们组合后的长度是否超过用于密钥加密的密码分组的长度。如果没有超过,则密钥位和标签位可串联或交叉组合,作为结果的分组被加密。如果超过了,则密钥和标签占用不同的分组来进行加密。在这种情况下,应使用链式加密模型(见 ISO/IEC 10116)和完整性保护技术将密钥和其标签绑定在一起。

5.9 密钥验证

密钥验证码(KVC)是一个在密码技术上与密钥和一些附加的非秘密信息相关的值。当与适当的完整性保证机制一起使用时,KVC可保证满足以下一种或多种情况:

a) 密钥已被正确地输入密码设备中;

b) 密钥通过通信渠道被正确地接收;

c) 密钥未被改变;

d) 密钥变换或密钥衍生的实例保持同步。

KVC通常用于查找网络中密钥被修改或破坏的位置。任何没通过KVC测试的密钥都应被怀疑已遭到破坏或泄露。

一般的KVC实施实例(见图8)是用受到怀疑的密钥对一个不变的公开的且非秘密的常量(例如,16位的16进制值)进行加密,然后,截取产生的密文(例如,6位16进制值)。

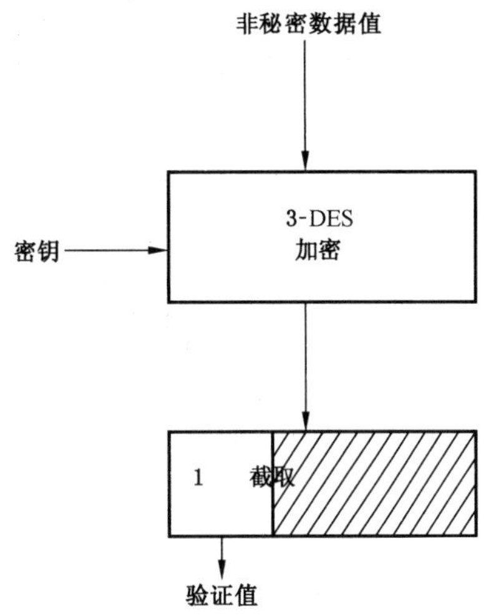

图8 KVC功能实例

KVC通过一种确保完整性的方式(电子的或者其他方法)被传输到某个进行验证的位置,然后再输入到密码处理器中。需要验证的密钥可通过相同的或不同的路径被传送到该位置。对接收到的密钥执行同样的密码功能,并且将它的输出与密钥验证码进行比较。

应由生成KVC的密码设备来提供已知的非秘密值,并截取KVC(例如,6位数),否则,产生KVC的能力可能被误用来加密已知的明文。

KVC应只通过完整的密钥来计算得出。

5.10 密钥识别

密钥识别可使交易接收者能确定与交易有关的相应的密钥。有两种密钥识别的方法,即显式及隐式。

显式密钥识别是指在交易报文中,包含用于加密或鉴别报文中数据的密钥的信息。当许多具有惟一密钥的密码设备与单个设备通讯时,该技术尤为有用。这是因为它可使该设备确定对接收的任一给定报文使用哪一个密钥。

使用隐式密钥识别是从其他报文相关信息来确定报文使用的密钥,例如,终端标识符或接收报文的通信线路。

5.11 控制和审计

阻止安全泄露并非总是可能的或可行的。然而,如果能检测到泄露,则往往可以避免其影响。尤为重要的是：

——检测密钥的泄露；

——检测合法密钥被替换成已泄露的密钥。

密钥泄露可通过以下方法来检测：

——对管理密钥和/或密码设备的人实施审计和控制，来检测可能引起密钥泄露的这些人之间的勾结；

——通过对传送未加密密钥或密钥组件的接口进行周期性的检查和控制来检测可能导致所传送密钥要素泄露的“利用缺陷”或“窃听装置”；

——通过对包含密钥的密码设备进行控制和审计来检测任何丢失的或被窃的设备。

如果已知或怀疑密码设备丢失或被窃，则认为该设备中包含的密钥已经泄露。

通过以下方法可检测密钥替换(使用泄露密钥的替换)：

a) 当使用显示密钥识别时，验证一个刚刚收到的密钥标识符是否具有所有期望的值；

b) 维护已知或怀疑泄露的密钥的“失效文件”，并且在恰当的场合对认为有效的密钥进行审计以确保没有任何一个被列在失效文件中；当使用显示密钥识别时，已泄露密钥的密钥标识符可用来识别属于“失效文件”条目中的密钥。否则可用密钥本身的加密版来识别“失效文件”条目中泄露的密钥；

c) 对认为有效的密钥进行周期性的审计以确保任何一个密钥只能与一个密码设备相联系(审计可使用加密的密钥或密钥标识符)。此方法可检测到对已泄露的密钥进行的复制。

当执行逆操作(例如，解密)的相应密码设备产生一个混乱或其他非法结果时，则可检测到相关密码设备(例如，加密)中已经发生未授权密钥的修改、删除和插入以及密钥替换的情况。

以上审计和控制措施也可用来防止一些安全泄露。更进一步，对密码设备的功能性审计还能确保设备只可执行授权的功能，从而防止密钥的误用。

5.12 密钥完整性

为满足5.2中所列出的密钥完整性要求，应采用以密码方式连接所有密钥位的技术。

确保加密密钥完整性的方法的示例见ISO/TR 19038。

如果满足5.2的要求，也可使用其他方法。

6 对称密钥生命周期

6.1 概述

为防止或检测密钥泄露，确保其完整性，在密钥整个生命周期中，用于存储和管理密钥的设备和程序应受到控制和审计。

以下章节详细描述了生命周期各个阶段的不同要求。

6.2 密钥生成

密钥和密钥组件应通过4.3中描述的方式之一生成：

a) 不可重复的密钥生成；
   1) 随机过程；
   2) 伪随机过程。
b) 可重复的密钥生成；
   1) 密钥变换；
   2) 密钥衍生。

6.3 密钥存储

6.3.1 概述

通过采用4.7.2中描述的密码安全存储方式可保护密钥不会在未授权的情况下泄露或替换。

应按照6.3.3中描述的过程更换已确认、怀疑或预计已被非法替换的密钥。

6.3.2 允许的形式

6.3.2.1 概述

以下描述了每一种允许形式的安全密钥的存储方法。

6.3.2.2 明文密钥

明文密钥只能存储在符合GB/T 21079.1和GB/T 20547.2中规定要求的安全密码设备中。

6.3.2.3 密钥组件

密钥组件应通过特定的密钥信封或密钥传输设备传送给被授权人。密钥信封的印制，应保证信封在开启后才能看到密钥组件。信封应只显示将密钥信封递交给授权人所必需的最少信息。密钥信封的结构应使得意外的或欺骗性的开启易于被接收方发现。如果出现这种情况，密钥组件就不应再使用。

当密钥组件输入安全密码设备以后，密钥信封应加以销毁或密封在另一个“防篡改”的密钥信封里，以备将来可能的使用。

应通过足够的访问控制(例如，口令)保护存储在密钥传输设备里的密钥组件。

6.3.2.4 加密的密钥

密钥的加密应遵循5.2的具体规定。

6.3.3 密钥替换——修正

如果根据攻击者已经获得的信息，可以确认、怀疑或预计已经发生了未经授权的密钥替换，则应遵循下列步骤进行密钥更换：

a) 擦除任何已经确认被替代的存储密钥的加密版本，确认现存的所有加密的密钥是否合法。如果有不合法的密钥，则应被删除；
b) 由某个新的密钥加密密钥对合法存储的加密的密钥重新加密；
c) 将旧的密钥加密密钥从所有运行位置上删除。

6.4 备份密钥的恢复

备份密钥的恢复应采用密钥分发和导入的方式来完成。

6.5 密钥分发和导入

6.5.1 概述

本条描述了满足4.9中规定要求的每一种允许密钥形式的分发和导入的实现技术。

可以通过下述技术将密钥分发并导入到安全密码设备里。

a) 手工，例如，密钥组件经键盘导入；
b) 电子直接导入，例如，从生成设备或密钥传输设备通过电缆直接导入密钥；
c) 网络分发和导入，如通过网络实现的远程的密钥传送。表2中用对钩指出了将不同密钥形式的密钥导入到安全密码设备里所允许的技术。

表 2 允许的密钥分发和导入技术

密钥形式	人工	电子	
		直接	网络
明文密钥		√	
密钥组件	√	√	
加密的	√	√	√

6.5.2 明文密钥

当某个明文密钥在两个安全密码设备之间以电子形式直接进行传输时，应确保这些设备之间是直连的（没有中间分接装置），并且应在持续的双重控制下操作。

当使用显式密钥识别时，密钥标识符（非机密的）应和密钥（机密的）同时传输。

当使用密钥传输设备时，密钥（及其标识符，如果使用显式密钥识别的话）从源安全密码设备传输到密钥传输设备里。该便携设备就可以被物理运输到真正使用这个密钥的安全密码设备的位置。然后，密钥及其标识符应从密钥传输设备传输到密钥使用设备里。如果密钥使用设备是一个交易发起设备，那么密钥应立即从密钥传输设备里擦除。明文密钥的传输应按照电子直接导入的具体规定实现。

密钥传输设备可接受多个互不相同的密钥（如果可能的话，每一个都有其标识符），从而可用于给多个远程的密码设备提供初始密钥。

密钥传输设备的另一种做法是采用一套密钥生成机制，在与单一中央密码设备通信的多个远程密码设备之间建立惟一的密码关系。在初始化过程中，密钥传输设备连接到中央密码设备接收初始密钥，然后密钥传输设备应使用该密钥的不可逆衍生方法为远程密码设备生成惟一密钥，并以物理形式直接运输到这些远程密码设备。在生成和导入密钥后，密钥生成设备不应保留任何可能导致密钥泄露的信息。

如果有密钥验证码，应在密钥导入后对其加以验证。

6.5.3 密钥组件

当使用该技术时，构成密钥的组件应手工输入到设备里。当密钥组件以可读的形式分发时，每一个密钥组件都应通过在开启前不会泄露密钥组件值的密钥信封进行分发。

在输入密钥组件之前，应检查密钥信封有无被篡改的迹象。如果组件之一被篡改，这一套密钥组件就不应被使用，且应遵循 GB/T 21078.1 中说明的程序将其销毁。

密钥组件应由密钥组件的每一个持有者单独输入并应运用 5.9 中描述的密钥验证方法来验证密钥组件的输入是否正确。当最后一个组件输入以后，密码设备将按照要求构造新的密钥。如果提供了利用 5.9 中描述的方法生成的密钥验证码，则应用该值验证密钥构造是否正确。

6.5.4 加密的密钥

在网络中分发加密的密钥可能需要传送专门的密码服务报文，发起密钥变化的一方通过这种方法通知其他各方。应注意避免密码不同步的问题。

一个密钥加密密钥的安全级别应至少与它保护的密钥持平或更强。

注：如 4.5 中注释，在标准发布时，零售金融服务环境的 3-DEA 密钥被用于保护其他密钥，3-DEA 密钥可被更换，这样就不可能收集足够数量的明文/密文对以削弱潜在的密码强度。可以认为 112 位 3-DEA 为 168 位 3-DEA 和 2048 位 RSA 密钥提供了足够的安全保护，见表 1。

为防止密钥在操作过程中被误用，应使用本部分中描述的技术来防止密钥替换和修改。

被加密密钥的发送者和接收者都需要获知用于加密其他密钥的密钥。

6.6 密钥使用

4.7.4 包含了用于获得恰当的密钥分离的技术列表。

一个密钥最多只应被两个通信方使用。

应防止继续使用被怀疑泄露的密钥。这可能需要：

a) 从所有的运行位置上删除这个密钥；

b) 阻断用于导出该密钥的方法。

6.7 密钥更换

密钥更换可以通过下列任何一种方法进行：

a) 重复适当的密钥生成、分发和导入过程；

b) 将由密钥加密密钥加密的工作密钥传输到安全密码设备中，该密钥加密密钥此前已经由初始密钥分发过程导入到该设备中；

c) 在设备里生成一个新的交易密钥，该密钥由前一密钥的不可逆变换得出。该技术的具体实例见 5.5；

  1) 一个可能的目标是自动地为每笔交易生成一个惟一的密钥。交易密钥或生成交易密钥所需的数据只能在单一的交易过程中或两个连续的交易之间存在；

  2) 当采用"每笔交易一个密钥"技术时，在一个交易结束后，无法从包含在安全密码设备里的信息里确定任何先前使用的交易密钥。

d) 作为固定密钥和交易数据的函数，通过在安全密码设备里计算一个新交易密钥的方法隐式分发新密钥。

如果进行密钥更换是为了防止对加密数据的字典攻击，则 4 种方法均可使用。

如果进行密钥更换是为了减小未来安全密码设备物理泄露造成的影响，则应采用方法 a)或 c)。

如果进行密钥更换是因为已知的或怀疑受到的泄露，则应采用方法 a)或 b)。

6.8 密钥销毁、删除、归档和终止

6.8.1 密钥擦除技术

密钥的擦除可通过将一个全新的，或一个不包含被擦除的密钥中的信息的密钥值重新写入到已暴露的密钥存储器当中；或是按照 GB/T 21078.1 中的规定销毁密钥存储介质来实现。

当要删除一个可读的密钥组件时，记录该密钥组件的存储介质应当用焚烧或与其等效的方法销毁，也可按照 GB/T 21078.1 中的规定的方法进行销毁。

6.8.2 密钥销毁

密钥销毁的实施见 6.8.1，密钥销毁针对单个密钥实例进行操作。

6.8.3 密钥删除

密钥删除的实施见 6.8.1，密钥删除针对给定位置的的所有密钥实例进行操作。

6.8.4 密钥归档

6.8.4.1 概述

密钥可以通过 4.7 中描述的任何一种允许的存储形式进行归档：

a) 在安全密码设备内部以明文形式；

b) 至少两种分离的密钥组件形式；

c) 使用密钥加密密钥加密的形式。

6.8.4.2 明文密钥

载有归档密钥的安全密码设备，应只允许这些密钥用于验证归档之前发生交易的合法性。

归档密钥和活动密钥之间的分离或者活动密钥免于被归档密钥所替代，可以通过采用 4.7.4 中描述的相应技术来实现。

6.8.4.3 密钥组件

对归档的密钥组件应建立一套程序以实施足够的访问控制。

归档的密钥要素应与使用的密钥要素分开存储。

6.8.4.4 加密的密钥

在归档过程中应考虑密钥管理方案的分级。这意味着用于归档密钥加密密钥的密钥不应用于归档其他级别的明文密钥。

用于归档过程的密钥加密密钥不应与任何用于加密活动密钥的密钥加密密钥相同。

归档的密钥要素应与使用中的密钥要素分开存储。

6.8.5 密钥终止

依据 6.8.1 对该密钥的所有实例在所有位置实施密钥终止。

7 密钥管理服务的对照参考

表 3 为 GB/T 27909.1 中定义的安全服务和第 5 章中详述的技术之间的对照参考。然而，应注意服务、技术的有效性将最终依赖于具体用户的实施。

表 3 密钥管理服务的对照参考

服务技术	分离	替换的防止	识别	同步(可用性)	完整性	机密性	泄露的检测
加密						5.2	
变形	5.3						
密钥衍生	5.4	5.4		5.4			
密钥变换	5.5	5.5		5.5			
偏移		5.6					
公证		5.7					
标记	5.8						
密钥验证		5.9		5.9	5.9		
密钥识别			5.10				5.10
审计和控制							5.11
密钥完整性					5.12		

附 录 A
（规范性附录）
本部分使用的符号

A.1 操作符

操作符可表示如下：

e——加密；

d——解密；

‖——连接；

⊕——模 2 加法。

A.2 密钥的后缀字母

后缀字母定义如下：

o——有密钥偏移的密钥；

S——正被发送的密钥；

R——正被接收的密钥。

如果不用作后缀，这些字母可用于其他任何目的。

附 录 B
（规范性附录）
缩 略 语

表 B.1 中的缩略语适用于本部分。

表 B.1 缩略语表

缩略语	含 义	描 述
DEA	数据加密算法	见 ANSI X9.65
f	函数	数据、密钥和密码操作的交互作用
K	密钥	与算法结合使用以实现验证、鉴别、加密、解密的目的的参数
KD	数据密钥	用来加密/解密数据的密钥
KEK	密钥加密密钥	用于对密钥加密和解密的密钥
KGK	密钥生成密钥	在生成其他密钥时，用来确保比特流不可预测的密钥（也称为“初始密钥”）
KVC	密钥验证码	加密一个值为随后通过比较来验证一个密钥而产生的代码
MAC	报文鉴别码	如 ISO 16609 中定义
PIN	个人识别码	一个与主账号（PAN）或者卡号关联在一起作为鉴别卡持有者的验证参数的秘密数值
T	时间	用做过程或函数的可变输入的时间参数
3-DEA	三重 DEA	如 ISO/IEC 18033-1 中定义
XOR	模 2 加法	不带进位的二进制加法

参 考 文 献

[1] ISO 8732:1988 银行业务 密钥管理(批发)

[2] ISO 9564-2:2005 银行业务 个人识别码(PIN)的管理和安全 第2部分:核准的PIN加密算法

[3] ISO 9564-3:2003 银行业务 个人识别码(PIN)的管理和安全 第3部分:ATM和POS系统中脱机PIN处理的要求

[4] ISO/TR 9564-4:2004 银行业务 个人识别码(PIN)管理和安全 第4部分:开放网络中PIN处理指南

[5] ISO 10202(所有部分) 金融交易卡 使用集成电路卡的金融交易系统的安全体系结构

[6] ISO/IEC 11770-2 信息技术 安全技术 密钥管理 第2部分:使用对称技术的机制

[7] ISO 15668 银行业务 安全文件传输(零售)

[8] ISO/IEC 18031 信息技术 安全技术 随机数生成

[9] ANSI X9.31 为金融服务业使用可逆公开密钥密码的数字签名

[10] MENEZES,A.,VAN OORSCHOT,P.以及VANSTONE,S.编著的实用密码学手册,1996年CRC出版社出版

[11] 特别报告(800-57)密钥管理建议 第1部分:国家标准和技术机构

ICS 35.240.40
A 11

中华人民共和国国家标准

GB/T 27909.3—2011

银行业务　密钥管理(零售)
第3部分:非对称密码系统及其密钥管理和生命周期

Banking—Key management(retail)—
Part 3:Asymmetric cryptosystems—Key management and life cycle

(ISO 11568-4:2007,MOD)

2011-12-30 发布　　2012-02-01 实施

中华人民共和国国家质量监督检验检疫总局
中国国家标准化管理委员会　发布

前　　言

GB/T 27909《银行业务　密钥管理(零售)》分为以下3个部分：

——第1部分：一般原则；

——第2部分：对称密码及其密钥管理和生命周期；

——第3部分：非对称密码系统及其密钥管理和生命周期。

本部分是GB/T 27909的第3部分。

本部分按照GB/T 1.1—2009给出的规则起草。

本部分修改采用国际标准ISO 11568-4:2005《银行业务　密钥管理(零售)　第4部分：非对称密码系统及其密钥管理和生命周期》(英文版)。

在采用ISO 11568-4时做了以下修改：

——删除了“ISO 11568-4附录A核准的算法”。

本部分还做了下列编辑性修改：

a) 对规范性引用文件中所引用的国际标准，有相应国家标准的，改为引用国家标准；

b) 删除ISO前言。

本部分由中国人民银行提出。

本部分由全国金融标准化技术委员会(SAC/TC 180)归口。

本部分负责起草单位：中国金融电子化公司。

本部分参加起草单位：中国人民银行、中国工商银行、中国农业银行、中国银行、交通银行、中国光大银行、中国银联股份有限公司。

本部分主要起草人：王平娃、陆书春、李曙光、赵志兰、周亦鹏、赵宏鑫、程贯中、刘瑶、喻国栋、杨增宇、黄发国。

引　言

GB/T 27909 描述了在零售金融服务环境下密钥的安全管理过程，这些密钥用于保护诸如收单方和受理方之间，收单方和发卡方之间的报文。

本部分描述了在零售金融服务领域内适用的密钥管理要求，典型的服务类型有销售点/服务点(POS)借贷记授权和自动柜员机(ATM)交易。

GB/T 27909 各部分描述的密钥管理技术结合使用时，可提供 GB/T 27909.1 中描述的密钥管理服务。

这些服务包括：

——密钥分离；

——防止密钥替换；

——密钥鉴别；

——密钥同步；

——密钥完整性；

——密钥机密性；

——密钥泄露的检测。

本部分描述了使用非对称密码机制时，密钥安全管理中涉及的密钥生命周期。依据标准第 1 部分和本部分描述的密钥管理原则、服务和技术，本部分还规定了密钥生命期内各个阶段的要求和实现方法。本部分不涉及对称密码机制的密钥管理或生命周期，该方面的内容见 GB/T 27909.2。

本部分是 GB/T 27909、GB/T 21078.1、GB/T 20547、ISO 9564-2、ISO 9564-3、ISO 9564-4、ISO/TR 19038 等描述金融服务领域安全要求的标准之一。

银行业务　密钥管理(零售)
第3部分:非对称密码系统及其密钥管理和生命周期

1　范围

本部分规定了零售金融服务环境中使用非对称密码机制时,对称和非对称密钥的保护技术,也描述了与非对称密钥相关的生命周期管理。本部分适用于技术符合GB/T 27909.1中描述的原则。

本部分的零售金融服务环境仅限于下述实体之间的接口:

——卡受理设备与收单方;

——收单方与发卡方;

——集成电路卡(ICC)与卡受理设备。

2　规范性引用文件

下列文件对于本文件的应用是必不可少的。凡是注日期的引用文件,仅注日期的版本适用于本文件。凡是不注日期的引用文件,其最新版本(包括所有的修改单)适用于本文件。

GB/T 27909.1　银行业务　密钥管理(零售)　第1部分:一般原则(GB/T 27909.1—2011,ISO 11568-1:2005,MOD)

GB/T 27909.2　银行业务　密钥管理(零售)　第2部分:对称密码及其密钥管理和生命周期(GB/T 27909.2—2011,ISO 11568-2:2005,MOD)

GB/T 17964—2000　信息安全技术　分组密码算法的工作模式(ISO/IEC 10116:1997,IDT)

GB/T 20547.2　银行业务　安全加密设备(零售)　第2部分:金融交易中设备安全符合性检测清单(GB/T 20547.2—2006,ISO 13491-2:2005,MOD)

GB/T 21078.1　银行业务　个人识别码的管理与安全　第1部分:ATM和POS系统中联机PIN处理的基本原则和要求(GB/T 21078.1—2007,ISO 9564-1:2002,MOD)

GB/T 21079.1　银行业务　安全加密设备(零售)　第1部分:概念、要求和评估方法(GB/T 21079.1—2007,ISO 13491-1:1998,MOD)

ISO/IEC 9796-2:2002　信息技术　安全技术　实现报文恢复的数字签名方案

ISO/IEC 10118(所有部分)　信息技术　安全技术　哈希函数

ISO/IEC 11770-3　信息技术　安全技术　密钥管理　第3部分:使用非对称技术的机制

ISO/IEC 14888-3　信息技术　安全技术　带附录的签名　第3部分:基于离散对数的机制

ISO 15782-1:2003　银行业务　证书管理　第1部分:公钥证书

ISO/IEC 15946-3:2002　信息技术　安全技术　基于椭圆曲线的密码技术　第3部分:密钥的生成

ISO 16609:2004　银行业务:使用对称技术的报文认证要求

ISO/IEC 18033-2　信息技术　安全技术　加密算法　第2部分:非对称密码

ANSI X9.42-2003　金融业务的公钥密码　使用离散对数密码的对称密钥协议

3 术语和定义

GB/T 27909.1、GB/T 27909.2 界定的以及下列术语和定义适用于本文件。

3.1

非对称密码 asymmetric cipher

加密密钥和解密密钥不同的密码，并且从加密密钥推导出解密密钥在计算上不可行。

3.2

非对称密码系统 asymmetric cryptosystem

该密码系统由两个互补的操作组成，每一个操作利用不同但相关的密钥即公钥和私钥之一进行加密或解密，并且从加密密钥推导出解密密钥在计算上不可行。

3.3

非对称密钥对生成器 asymmetric key pair generator

用于生成非对称密钥的安全密码设备。

3.4

证书 certificate

由颁发证书的证书授权机构的私钥签署的一个实体的凭证，从而确保不可伪造。

3.5

认证机构(CA) certification authority(CA)

受一方或多方信任的创建、颁发和撤销证书的实体。

注：可选地，认证机构也可以给实体创建和分发密钥。

3.6

通信方 communicating party

发送或接收公钥，用于与公钥所有者通信的一方。

3.7

计算上不可行 computationally infeasible

计算在理论上可以实现，但就实现该计算所需要的时间或资源而言，这种计算是不可行的。

3.8

凭证 credentials

实体的认证数据，至少包括这个实体的惟一识别名和公钥。

注：也可以包括其他数据。

3.9

密码周期 cryptoperiod

一个特定的时间周期，在此时间周期内，特定密钥被授权使用或者密钥在给定系统中保持有效。

3.10

数字签名系统 digital signature system

提供数字签名生成和验证的非对称密码系统。

3.11

哈希函数 hash function

将一组任意的串集映射到一组固定长度的比特串集的单向函数。

注：抗冲突的哈希函数是具有如下特性的函数，即：要创建映射为同一输出的多个不同输入在计算上是不可行的。

3.12

独立通信 independent communication

指允许实体在产生证书之前，逆向验证凭证和鉴别文件的正确性的过程(例如，回呼、视觉鉴别等)。

3.13

密钥协商 key agreement

在实体间以不能预知密钥值的方式建立共享密钥的过程。

3.14

密钥分享组件 key share

与密码密钥相关的参数之一(参数至少2个)，在生成该密码密钥时，只有参数的数量达到阈值时才能组合形成密钥，参数数量小于阈值则不能提供有关该密钥的任何信息。

3.15

来源的不可否认性 non-repudiation of origin

在可接受的可信度上，报文和相关密码检验值(数字签名)的源发者无法否认自己曾发出该报文的这种特性。

4 零售金融服务系统中非对称密码系统的使用

4.1 概述

非对称密码系统包括非对称密码、数字签名系统以及密钥协商系统。

在零售金融服务系统中，非对称密码系统主要用于密钥管理：首先用于对称密码的密钥管理，其次用于非对称密码系统本身的密钥管理。本章描述了非对称密码系统的这些应用，第5章描述了与密钥管理及证书管理相关的这些应用所采用的技术，第6章描述了这些技术和方法是如何应用在密钥对生命周期的安全和实施相关要求中的。

4.2 对称密钥的建立和存储

对称密码密钥可以通过密钥传输或密钥协商来建立。密钥传输或密钥协商机制见ISO/IEC 11770-3。该机制应确保通信方的真实性。

对称密钥的存储要求见GB/T 27909.2。

4.3 非对称公钥的存储和分发

非对称密钥对的公钥需要分发给一个或多个用户或由他们存储，以便随后作为加密密钥和/或签名验证密钥使用，或者在密钥协商机制中使用。虽然这个密钥不需要防止泄露，但是分发和存储过程应确保如5.6.1所描述的密钥的真实性和完整性。

非对称公钥分发机制见ISO/IEC 11770-3。

4.4 非对称私钥的存储和传输

非对称密钥对的私钥不需要分发给任何实体，在某些情况下，它仅可以保存在生成它的安全密码设备内。

如果必须要从生成它的设备内输出(例如，为了传输给准备使用或备份它的其他安全密码设备)，则应至少使用以下技术中的一种来防止泄露：

——按照5.2定义的方式用另一个密钥加密(见5.2)；

——如果不进行加密且要输出到安全密码设备外，需使用可接受的密钥分割算法将非对称密钥对的私钥分成若干个密钥分享组件；

——输出到另一个准备使用的安全密码设备中，或是用于此目的的安全传输设备中。如果通信路径不是足够安全，则传输应只允许在安全环境中进行。

应采用5.6.2中定义的技术之一保证私钥的完整性。

5 提供密钥管理服务的技术

5.1 概述

本章描述了可以单独或组合使用的多项技术，这些技术提供了GB/T 27909.1中介绍的密钥管理服务。某些技术可以提供多种密钥管理服务。

非对称密钥对不宜用于多种目的，但是如果使用了，例如，用在数字签名和加密中，那么应使用特殊的密钥分离技术，通过使用密钥对的变换来确保系统不受到攻击。

所选的技术应在安全密码设备内实现，该密码设备的功能应确保技术的实现可达到预定的目的。

安全密码设备的特性和管理要求见GB/T 21079.1。

5.2 密钥加密

5.2.1 概述

密钥加密是用一个密钥给另一个密钥加密的技术。由此得到的加密的密钥可以在安全密码设备之外安全地存在。用来实现这种加密技术的密钥被称为密钥加密密钥(KEK)。

这里描述了涉及非对称密钥和非对称密码的两种不同的密钥加密情况，分别是：

a) 用非对称密码给对称密钥加密；

b) 用对称密码给非对称密钥加密。

5.2.2 用非对称密码给对称密钥加密

用非对称密码的公钥给对称密钥加密典型地用于通过不安全信道分发该密钥。被加密的密钥可能是一个工作密钥，也可能本身是一个密钥加密密钥(KEK)。从而可建立起与对称和非对称密码密钥相结合的如GB/T 27909.2中描述的混合密钥分级结构。

对称密钥应格式化为适合于加密操作的数据分组。由于非对称密码的数据分组大小一般比对称密码密钥的更大，因此在加密时，在一个数据分组中通常可以包括一个以上的密钥。此外，数据分组中还应包括格式化信息、随机填充字符和冗余字符(见ISO/IEC 18033-2)。

5.2.3 用对称密码给非对称密钥加密

可使用对称密码对非对称密钥进行加密。

由于非对称密码系统的密钥长度通常大于对称密码的分组，所以非对称密钥可以格式化为多个数据分组并使用密码分组链(CBC)操作模式(见GB/T 17964)或等价的操作进行加密。

评估各种密码算法等效强度时应考虑已知的攻击。一般来说，当已知的最快的攻击花费平均 $2^{s-1}T$ 的时间进行攻击时，可称该算法能够提供 s 比特的强度，其中 T 是执行一次明文加密并与相应密文值比较的时间。

例如，在GB/T 17964中，提出了对112位3-DEA算法的攻击需要O(k)空间和 $2^{120-\log k}$ 次操作，其中 k 是已知明文-密文对的数量。如参考文献[11]中所讨论的，给定 2^{40} 个已知的明文密文对，则会将双密钥(112 位)3-DEA 的强度减小到 80 比特。表 1 中给出了标准发布时推荐的等效密钥长度。评估这些数值时,应考虑密码分析学、因数分解和计算技术的发展。

注: 当前,零售金融服务环境中的 3-DEA 密钥是用来保护其他密钥的,3-DEA 密钥可被变换,使得不可能收集足够数量的明文-密文对以削弱潜在的密码强度,因此,可以认为 112 位 3-DEA 为 168 位 3-DEA 和 2048 位 RSA 密钥提供了足够的安全保护。

表 1　加密算法等效强度

有效强度	对 称 密 码	RSA	椭圆曲线
80	112 位 3-DEA(带 2^{40} 个已知明文/密文对)	1024	160
112	112 位 3-DEA(不带已知明文/密文对)	2048	224
	168 位 3-DEA		

5.3　公钥认证

密钥认证是一种技术,当按照 ISO 15782-1 的要求使用时,可通过为密钥和相关有效数据创建一个数字签名来保证公钥的真实性。在使用公钥前,接受者通过验证数字签名来检验公钥的真实性。

用户的公钥和相关有效数据统称为用户的凭证。有效数据通常包括用户和密钥标识数据,以及密钥有效性数据(例如,密钥有效期)。公钥证书由被称为"认证机构"的第三方发布。公钥证书通过用认证机构所拥有的私钥签署用户凭证来创建,认证机构的私钥只能用于签署证书。

应使用独立通信方式来验证密钥的标识及其所有者合法且经授权,这可能要求通过一个渠道获得原始信息,然后通过另一个不同的渠道获得确认。

在公钥向被授权的接受者分发或在密钥数据库存储期间,应保证它的真实性。

5.4　密钥分离技术

5.4.1　概述

为保证存储密钥仅用于其预定目的,应以下述一种或多种方式进行存储密钥的分离:

a)　将存储的密钥按照其预定的功能进行物理隔离;

b)　存储由密钥加密密钥加密的密钥,该密钥加密密钥用于特定类型的密钥加密;

c)　在密钥加密存储之前,按照其预定功能修改密钥信息或向密钥追加信息,即进行密钥标记。

5.4.2　密钥标记

5.4.2.1　概述

密钥标记是一种识别存在于现有安全密码设备以外的密钥的类型及其用途的技术。密钥值和它的权限应采用某种方式绑定在一起,该方式应能防止两者中的任何一个遭到无法检测的篡改。

5.4.2.2　显式密钥标记

显式密钥标记使用一个字段,该字段包含定义相关密钥权限及其密钥类型的信息。这一字段与密钥值应采用某种方式绑定在一起,该方式应能防止两者中的任何一个遭到无法检测的修改。

5.4.2.3　隐式密钥标记

隐式密钥标记不依靠包含定义相关密钥权限及其密钥类型信息的显式字段的使用,而是依靠系统的其他特征，如密钥值在记录中的位置，或者确定和限制该密钥的权限的其他相关功能。

5.5 密钥验证

密钥验证是一种在不泄露密钥值并且不使用公钥证书的情况下检查和验证密钥值的技术。该项技术使用的密钥验证码（KVC）是通过抗冲突的单向函数与此密钥进行密码关联的。例如，参考 KVC 可以通过对公钥、私钥和相关数据使用 ISO/IEC 10118 定义的哈希算法进行运算获得。

在首次生成 KVC 后，该密钥可以再次输入单向函数。如果后来生成的 KVC 与最初产生的 KVC 完全相同，就可认定此密钥值未被改变。

可以用密钥验证来确定下列条件中的一项或多项已满足：

a） 密钥已正确输入密码设备；

b） 密钥已通过通信信道正确收到；

c） 密钥未被篡改或替换。

对公钥来说，只要 KVC 能够通过保证其完整性的信道分配，公钥就可以通过不安全的信道来分发。在安装使用公钥前，用户应通过计算 KVC 并与参考 KVC 进行比较来验证公钥。

应保证不可能篡改/替换 KVC 和公钥（及其相关数据）并使两者仍然保持一致。这可以通过下述方式之一来实现：

——通过确保 KVC 完整性的方式（见 ISO 16609）；

——通过将参考 KVC 进行独立存储/分发的方式。在该方式中可保证参考 KVC 的篡改/替换不与公钥（及其相关数据）的篡改/替换同步进行（例如，双重控制）。

5.6 密钥完整性技术

5.6.1 公钥

应采用下述的一项或多项技术来保证公钥的完整性：

——使用数字签名系统签名公钥和相关的数据，从而创建公钥证书。用于创建和验证证书的密钥的管理见第 5.3 及第 6 章；

——通过 ISO 16609 中定义的算法及保证公钥完整性的密钥为公钥及相关数据生成 MAC；

——将公钥存储在安全密码设备中（见 GB/T 21079.1 及 GB/T 20547.2）；

——在不受保护的信道上分发公钥，在受完整性保护的信道上分发公钥验证码及相关数据，例如，具有双重控制的经鉴别的信道。密钥验证内容见 5.5；

——使用经鉴别的加密方法。

5.6.2 私钥

应采用下述的一项或多项技术来保证私钥的完整性：

——通过 ISO 16609 中定义的算法及保证私钥完整性的密钥为私钥及相关数据生成 MAC；

——将私钥存储在安全密码设备中（见 GB/T 21079.1 及 GB/T 20547.2）；

——使用经鉴别的加密方法；

——以完整性受到保护的密钥组件的方式存储；

——通过使用密钥对中的两个密钥对任意数据进行加/解密转化并将结果与期望结果进行比较的方式，验证私钥和被鉴别公钥是否构成有效的密钥对。该操作应全部在安全密码设备中实现并销毁所有中间及最终转换结果。

6 非对称密钥生命周期

6.1 密钥生命周期的各个阶段

密钥生命周期包括三个阶段：

a) 使用前:该阶段密钥对产生并且可被传输；

b) 使用中:该阶段公钥被分发给一方或多方用于操作使用,私钥保留在安全密码设备(SCD)中；

c) 使用后:该阶段密钥对中的公钥被归档,私钥被终止使用。

图1和图2中分别给出了私钥(S)生命周期和公钥(P)生命周期的示意图。图中显示了密钥是如何通过特定的操作改变其状态的。有关公钥证书的生命周期见 ISO 15782-1。

密钥可被认为是单个对象,它的多个实例可以以不同形式存在于多个不同的位置。下列操作之间有明显的区分：

——给通信方分发公钥(见6.4)；

——向没有能力产生密钥对的所有者一方传输密钥对(见6.5)。

以及：

——销毁单个私钥的实例(见6.11)；

——从给定的位置删除私钥,即销毁该密钥在此位置的所有实例(见6.12)；

——私钥的终止,即从所有位置删除密钥(见6.14)。

对密钥执行的每一项操作都会改变密钥的状态,本章详细说明了获得给定状态或执行一给定操作的要求。6.2详细说明了各个生命周期阶段的要求。

注1：对归档私钥的要求不包括在本部分范围内。归档私钥用于后续对由相应公钥所加密的数据进行解密。

注2：后续的要求依赖于密钥对生成方法的实施。特别指出的是:密钥对由第三方非对称密钥对生成器生成或密钥对由所有者生成并存储,各个生命周期阶段的要求是不一样的。

6.2 密钥生命周期——生成阶段

6.2.1 概述

非对称密钥对的生成是为特定的非对称密码系统生成新密钥对的过程,该密钥对包含一个私钥和其相关公钥。非对称密钥对的两个密钥以特定的非对称密码系统中定义的某种数学关系联系在一起；并且从公钥推导私钥在计算上是不可行的。

密钥对生成应由密钥对的所有者或其代理方完成。

每个私钥和私钥组件应以这样一种方式生成,该方式应不可预测任何私钥,也不可确定某些私钥比可能的私钥集中的其他私钥更具可能性,参见参考文献[4]。在产生私钥和私钥组件的过程中应引入随机或伪随机值。

非对称密钥对的生成方式应保证私钥的机密性以及公钥的完整性。对用于不可否认服务的非对称密钥对的生成,应可以向第三方来证明公钥的完整性以及私钥的机密性。

私钥不应以可读形式存在。

如果密钥对由不使用该密钥对的系统生成,则：

——在确认传输已经完成后,密钥对和所有相关的机密种子元素应被立即擦除；

——应确保私钥的完整性。

非对称密钥对在生成时应包含更换日期以建立密钥对的生命周期。

非对称密钥对的长度应足够大以使攻击在计算上不可行。

非对称密钥对的生成应由认证机构(CA)、密钥对所有者或第三方授权机构完成。6.2.2 至 6.2.4 描述了密钥对生成机构的角色和责任。

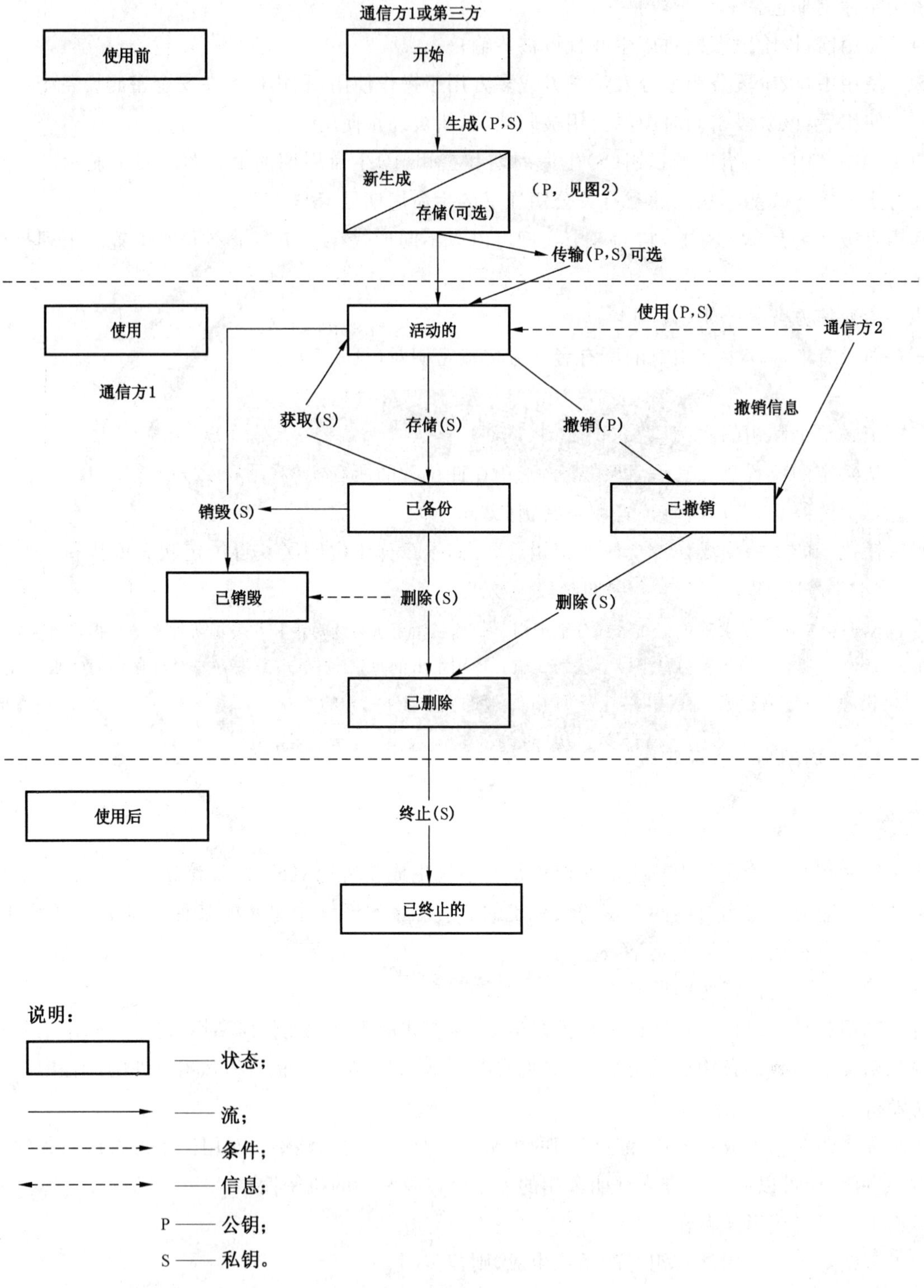

通信方1或第三方
使用前
开始
生成(P,S)
新生成
存储(可选)
(P，见图2)
传输(P,S)可选
使用
活动的
使用(P,S)
通信方2
通信方1
获取(S)
存储(S)
撤销(P)
撤销信息
销毁(S)
已备份
已撤销
已销毁
删除(S)
删除(S)
已删除
使用后
终止(S)
已终止的

说明：

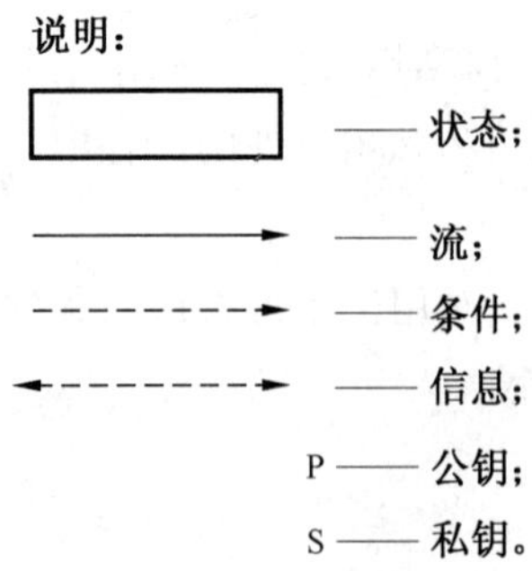

图 1　私钥生命周期

通信方1或第三方
使用前
开始
生成(P,S)
(S,见图1)
新生成
鉴别所有者
已鉴别
可选第三方
(CA)
认证(P)
已认证
使用
传输及
存储(P)
通信方1
备份
获取(P)
分发(S)
使用(P,S)
通信方2
已接收
验证(S)
获取(P)
通信方1
或CA
撤销信息
使用
存储(P)
(可选)
已备份
撤销(P)
使用后
恢复(P)
归档(P)
已撤销
已归档

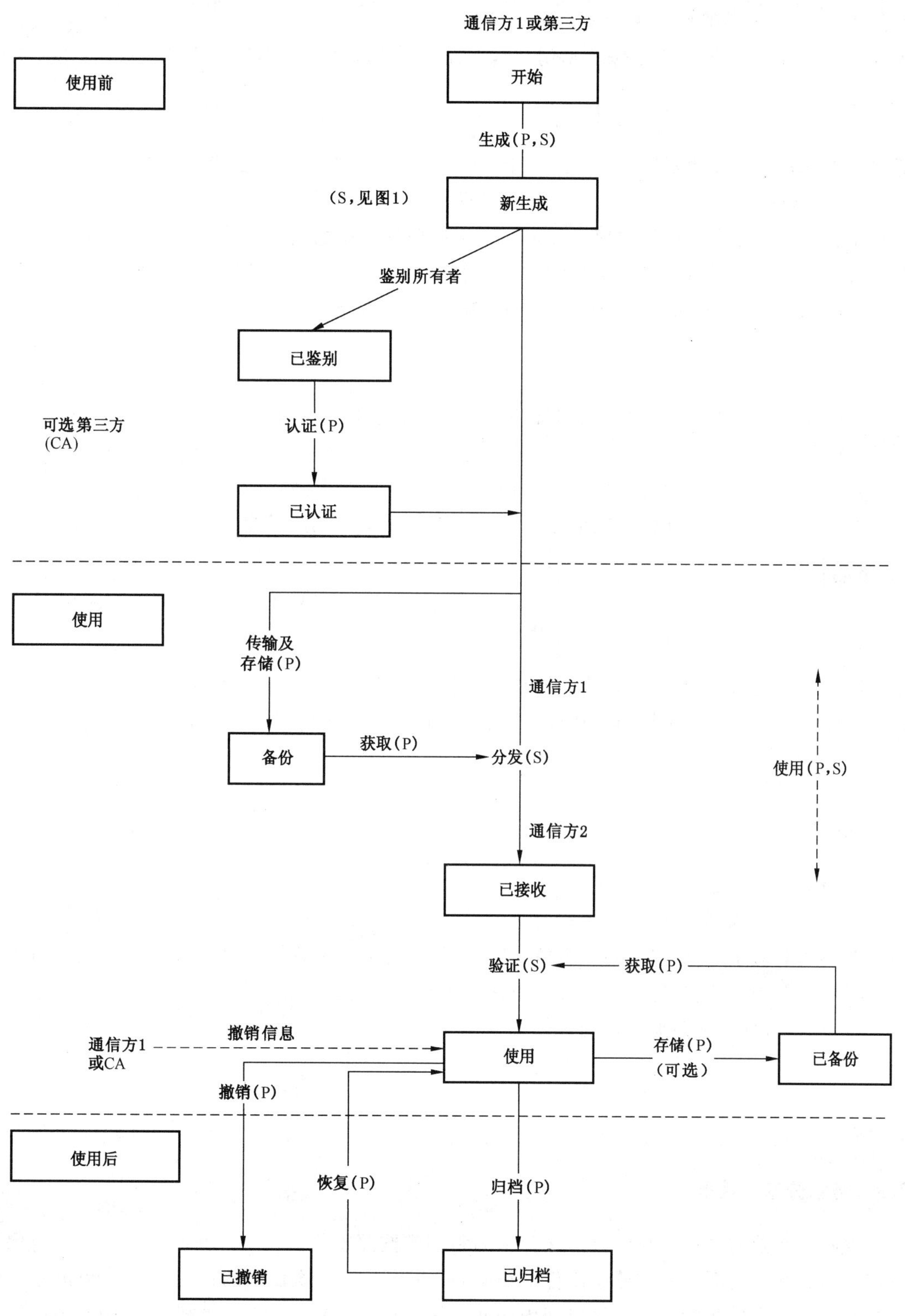

图2 公钥生命周期

6.2.2 认证机构

认证机构(CA)应在安全密码设备(SCD)中生成非对称密钥对,并将私钥按照6.5的要求传给密钥对所有者,将公钥以证书的形式传给密钥对所有者。

认证机构(CA)既不记录也不保留私钥及其他任何可能导致私钥泄露或重新生成的信息。

6.2.3 密钥对所有者

密钥对所有者应在安全密码设备中生成非对称密钥对,并满足下述要求之一:

——在使用密钥对的同一密码设备中生成该密钥对,或者;

——在能够安全地将私钥从生成它的密码设备传输到使用它的密码设备的设备中生成。

密钥对所有者应保留执行操作所需的最少私钥副本。

注:私钥实例越少,泄露的可能性越低,抗抵赖性越强。

6.2.4 第三方

第三方应在安全密码设备中生成非对称密钥对,并依据6.5中规定的要求将私钥传送给密钥对所有者。

第三方应根据6.5.2中规定的要求将公钥传送给密钥对所有者。

第三方不应记录和保留任何可能泄露私钥或者重新产生私钥的信息。

6.3 密钥存储

6.3.1 介绍

在密钥的存储过程中,应防止密钥非授权的泄露和替换,并且应提供密钥的分离机制。

私钥的存储要求保证机密性与完整性,公钥的存储要求保证真实性与完整性。

6.3.2 允许的私钥形式

6.3.2.1 概述

应当采用下述技术之一来存储私钥:

a) 明文密钥:在安全密码设备内;

b) 密钥共享组件:至少包含两个组件,其设计和管理方式应保证任何一方不可单独访问超过安全门限的组件数量(重建密钥需要的组件数量);

c) 加密的密钥:由密钥加密密钥进行加密。

6.3.2.2 明文私钥

明文私钥只允许存在于安全密码设备中。安全密码设备应遵循GB/T 21079.1描述的要求。

6.3.2.3 密钥分享组件

以至少两个单独的密钥分享组件形式存在的私钥应按照密钥分割和双重控制的原则进行保护。

对重构明文私钥的部分密钥分享组件的访问,不应泄露关于该私钥的任何信息。密钥分享组件应只被授权的个人或人员在所需的最短时间内访问。授权访问密钥某个组件的人不能访问该密钥的其他任何组件。

密钥分享组件应以对非授权访问有很高检出概率的方式存储。如果密钥分享组件以加密的方式存储,则密钥分享组件应满足对加密密钥的所有要求。密钥分享组件可以存储在密钥传输设备中(见

GB/T 20547.2)。

密钥分享组件应通过密钥信封或者密钥传送设备传输给被授权人。如果使用了密钥信封,密钥信封的印制方式应使得密钥分享组件在顺序编号的信封开启之前不可被获取。信封只应显示向被授权方传递密钥信封所需的最少信息。密钥信封的制作应当使收件人易于发现意外的或欺诈性的开启,在这种情况下,密钥分享组件应不再使用。如果密钥分享组件具有不安全的因素(例如,在密钥信封中以明文印制),应由唯一被授权人以单点方式及时访问,并且访问时间不超过组件被输入到安全密码设备所要求的时间。

6.3.2.4 加密的私钥

使用密钥加密密钥对密钥进行加密应在安全密码设备中进行。

私钥加密应按照 5.2.3 描述的方式进行。

6.3.3 允许的公钥形式

6.3.3.1 概述

非对称密码系统中对公钥的存储没有机密性的要求,但是应确保公钥的真实性与完整性。

应可以检测到任何对公钥或者相关信息的替换或篡改。

公钥只能以在 6.3.3.2 以及 6.3.3.3 中描述的明文或加密形式存储。

6.3.3.2 明文公钥

当公钥以明文形式作为证书存储时,应采用第 5 章描述的技术生成证书。

当公钥不以证书形式出现时,应对公钥的存储提供足够的保护,以确保可检测到任何对密钥值和其标识的修改,具体保护措施如下:

a) 以明文形式存储在可检测到未授权密钥替换的安全密码设备中,或者;

b) 采用 5.5 定义的密钥验证技术进行明文存储。

6.3.3.3 加密的公钥

在一些实例中,公钥的真实性和完整性可通过加密实现,例如,通过包含加密数据检验值。应按照 5.2 中定义的方式进行该类加密。

6.3.4 保护密钥在存储期间不被替换

当明文公钥不以证书的形式存储,或者证书经检验后而在使用时无需再次检验时,应根据 6.3.3 描述的方法以及第 5 章描述的技术保证密钥的完整性与真实性。

防止公钥在存储期间被替换是很重要的。例如,对用于加密的公钥的替换可对数据的机密性构成威胁。

防止公钥被替换的一种方法是采取与私钥相同的技术。另外一种方法就是将公钥存储在证书中,并允许在使用前对密钥的完整性与真实性进行验证。

应当通过以下一种或多种方法来防止对存储公钥的非授权替换:

a) 在物理上和流程防止对密钥存储区的非授权访问;

b) 根据使用目的不同将密钥加密存储,并且确保明文及其由该密钥加密密钥加密的相应密文不会均被知晓;

c) 保存包含公钥的证书,并在使用前验证证书。应保证用于验证此证书的公钥的真实性和完整性。

如果已知或怀疑有非授权的密钥替换发生,则应用正确的公钥进行更新。

6.3.5 密钥分离

为了确保非对称密钥对中的每个密钥只用于其预期目的，应通过以下一种或多种方法为存储的密钥提供密钥分离：

a) 根据使用目的不同对存储的密钥进行物理隔离；

b) 密钥存储前，由对特定类型密钥进行加密的密钥加密密钥进行加密；

c) 在对密钥加密存储前，根据使用目的不同修改或追加密钥信息；

d) 对于公钥，提供包含其用途的证书。

6.3.6 密钥备份

密钥备份指对密钥副本的存储，其目的是在密钥被意外破坏但尚未怀疑其泄露时进行密钥的恢复。

密钥副本应以允许的密钥存储形式保存。所有密钥副本应与当前使用的密钥保持相同或者更高的安全控制水平。

应使用与密钥存储相同的原则和技术来确保密钥副本的安全性。

6.4 公钥的分发

公钥分发是将公钥传输给准备使用公钥的通信方的过程。

公钥分发的方法(手工或自动)应保证公钥的完整性与真实性。

在分发过程中应防止公钥被替换，该目标可通过按照6.3.3描述的方式存储公钥来实现。

6.5 非对称密钥对的传输

6.5.1 过程

6.5.1.1 概述

非对称密钥对的传输是将密钥对和公钥证书传递给该密钥对的所有者的过程。该过程发生在密钥对的所有者没有能力生成密钥对时。

在传输密钥对之前应对所有者的身份进行鉴别。

公钥分发技术见4.3。

密钥分发期间的防替换技术见第5章。

应使用本章描述的技术进行非对称密钥对公钥及私钥的传输，这些技术归纳在表2中。

ISO/IEC 11770-3中提供了适用于公钥及私钥传输的有关技术。

表2 允许的非对称密钥对传输技术

密钥形式	技术		
	手工	电子	
		直接	网络
明文密钥	P	P、S	P
密钥分享组件	P、S	P、S	P
加密密钥	P、S	P、S	P、S
证书	P	P	P

注：P表示公钥；S表示私钥。

6.5.1.2 明文私钥

传输和导入明文私钥的通用要求为：

a) 密钥的传输过程应确保明文密钥的机密性和完整性；

b) 密钥的传输与导入过程应按照双重控制、密钥分割的原则进行；

c) 只有当安全密码设备至少鉴别了两个以上的被授权人身份时，如通过口令的方式，才可以传输明文私钥；

d) 只有确信安全密码设备在使用前没有受到任何可能导致密钥或敏感数据泄露的篡改时，才可以将明文私钥导入到安全密码设备中；

e) 只有确信安全密码设备接口处没有安装可能导致传输密钥的任何元素泄露的窃听装置时，才可以在安全密码设备之间进行明文私钥的传输；

f) 在生成密钥和使用密钥的设备间传输私钥时所使用的设备应是安全密码设备。在将密钥导入到目标设备后，密钥传送设备不应保留任何可能泄露该密钥的信息；

g) 当使用密钥传送设备时，密钥(如果使用显式密钥标识符，还包括密钥标识符)应从产生密钥的安全密码设备传输到密钥传送设备。这一便携设备应被物理运输到实际使用密钥的密码设备所在处。

对密钥传送设备应进行适当的监管，以确保私钥仅传送到预定的密钥使用设备。密钥(及其标识符)应由密钥传送设备传输到密钥使用设备内。

6.5.1.3 私钥分享组件

构成密钥的密钥分享组件应通过手工或密钥传输设备导入到设备中。

私钥分享组件传输与导入的通用要求为：

a) 密钥分享组件的传输过程不应向任何非授权的个人泄露密钥分享组件的任何部分；

b) 只有确信安全密码设备在使用前没有受到任何可能导致密钥或敏感数据泄露的篡改时，才可以将密钥分享组件加载到安全密码设备中；

c) 只有确信安全密码设备接口处没有设置可能导致传输的组件泄露的主动或被动的窃听机制时，才可以将密钥分享组件传输进安全密码设备；

d) 密钥的传输与导入过程应按照双重控制、密钥分割的原则进行；

e) 所需的密钥分享组件应由密钥分享组件持有者分别导入。
应使用5.5描述的密钥验证方法来验证密钥输入的正确性。当最后一个组件输入后，密码设备应执行构建密钥所要求的操作。

6.5.1.4 加密的私钥

加密的密钥可以通过通信信道以电子方式自动传输和导入。密钥加密密钥对密钥的加密应在安全密码设备中进行。该种情况应按照5.2.3中描述的要求实施。

加密的私钥的传输过程应防止密钥被替换或篡改。

密钥标识符和相关数据应随私钥一起传送。

6.5.2 公钥传输

公钥传输技术应确保密钥的真实性。

当密钥对不是由密钥所有者生成时，那么在分发公钥之前，密钥对所有者应验证所传输密钥对的正确性。验证过程是：通过使用密钥对中的一个对任意数据进行加密，使用另一个密钥进行解密并与预定结果进行比较来确认密钥对的正确性。验证操作应在安全密码设备中实现，并应将所有转换的中间和最后的结果销毁。

6.6 使用前的真实性

在使用前应验证公钥的真实性和完整性，或公钥应以确保其操作期间的真实性和完整性的方式存在。

公钥应通过认证(见 5.3)或 5.5 描述的方法来提供上述保证。

6.7 使用

第 4 章对非对称私钥与公钥的使用进行了描述。

在非对称密码系统中，密钥对中的每个密钥都用于单独的功能。除非另有说明，密钥对的两个密钥应满足下述要求：

a) 应防止私钥的非授权使用；

b) 除去用于 5.1 描述的用途，一个密钥只能用于一个功能，例如，仅用于真实性或机密性；

c) 一个密钥只能在预定的位置用于预期的功能；

d) 私钥应存在于保持系统有效运行的最少位置上；

e) 密码周期结束或者已知或怀疑私钥已经泄露时，应停止密钥对的使用；

f) 公钥只有在其真实性与完整性经过验证并且正确时才可以使用；

g) 应保护私钥的机密性和完整性。因此，私钥不应在安全密码设备外使用；

h) 应实施物理控制和逻辑控制来防止密钥的非授权使用；

i) 公钥的接受者应在使用前验证公钥的完整性和真实性。

第 5 章给出了用于获得恰当的密钥分离和验证公钥完整性及真实性的技术列表。

应通过以下方式之一防止已被怀疑泄露的密钥的后续使用：

a) 从所有运行位置删除该密钥；

b) 阻断获得密钥的途径。

6.8 公钥的撤销

公钥的撤销是因以下原因之一而终止使用公钥的过程：

——私钥泄露；

——各种业务原因。

当发现私钥泄露时，相应的公钥应尽快撤销。如果被怀疑的密钥对是密钥加密密钥，那么在该密钥对级别下的所有密钥都应被终止。

出于各种业务原因，授权实体可以停止非对称密钥对的使用，在这种情况下，公钥应被撤销。

应通知公钥用户某个公钥已被撤销，一旦收到这样的通知，公钥用户应立即停止该公钥的使用。这样的通知可以是主动方式的，如向所有公钥用户发送公钥撤销信息；也可以是被动方式的，如将公钥撤销信息加入到公钥用户普遍访问的数据库中。

已被废除的公钥可能需要用来验证以前签名的信息，或者需要用于法律目的，此时公钥将从归档文件中恢复。

6.9 更换

密钥对的更换是新密钥对代替已撤销或已失效的密钥对的过程：

应通过重复适当的密钥生成、传输、分发和加载程序来实现密钥更换。

如果由于业务的原因引发密钥对失效或撤销，例如，更换安全密码设备的所有者，不必或不适合进行密钥对的更换。

在密钥对更换时,密钥对所有者应遵循密钥对生成的所有要求。

在密钥对更换时,密钥对所有者应遵循公钥注册的所有要求。

密钥更换应发生在:

a) 密码周期结束(当有效期到期)时;

b) 已知或怀疑私钥泄露时;

c) 按照业务需求。

在更换密钥的情况下,密钥对的公钥与私钥都应进行更换。

在认为可能对该密钥加密的数据成功实施攻击前,或者在通过密码分析攻击可能确定私钥前(参见参考文献[11]),应将密钥更换。这将取决于攻击时可用的具体实施方法和技术。

密钥对的更换应在该密钥对存在的所有操作位置进行。

被更换的密钥不应再激活使用。

密钥更换要求将旧的私钥销毁。

6.10 公钥失效

公钥在生成及签发使用前,拥有决定密钥对生命周期的失效日期。超过其失效日期后,不应再使用该公钥。

6.11 私钥的销毁

当私钥的实例不再需要处于激活状态时,则应将其销毁。私钥实例可通过擦除的方式销毁。但是,信息仍将驻留在操作位置,以便密钥随后还可恢复使用。

相应的公钥不应再分发给相关各方。如果公钥存储在相关各方所在的位置,则应通知他们相应的私钥已被销毁。

当安全密码设备从服务中永久删除时,设备中存储的全部私钥都应被销毁。

私钥的销毁可通过使用新密钥值或使用非机密值完全覆盖原密钥值实现,这样关于被擦除密钥的信息不会再保留。也可以按照 GB/T 21078.1 中描述的程序销毁密钥存储介质。

6.12 私钥的删除

当特定位置的某个私钥的所有实例都被销毁时,就会引起密钥删除。

私钥的删除可以通过在某一运行位置擦除所有形式的密钥来实现,无论该密钥是物理安全的、加密的还是密钥组件形式的。

当要删除以可读方式存在的密钥组件时,记录该密钥组件的介质应被焚毁或者以其他等效的方式销毁。

6.13 公钥的归档

公钥的归档是为了验证公钥撤销前发生的签名而进行的存储公钥的过程。在这样的验证之后,应销毁执行验证所需的密钥的实例。

只要存在可被该密钥验证的数据,则归档的公钥就应被安全存储以保证它的完整性。

应保证公钥归档的安全级别与公钥存储的安全级别相同(见 6.3)。

将归档密钥与活动密钥分离以及防止活动密钥被归档密钥替换,该方面的要求应按照 GB/T 27909.2 和 5.4 中描述的相应技术来完成。

用于归档过程的密钥加密密钥不应与任何用于加密活动密钥的密钥加密密钥相同。

6.14 私钥的终止

当私钥在曾经出现的所有位置被删除时发生私钥终止。继私钥终止之后,任何可能重建该私钥的信息都不应再存在。

注：不必进行私钥归档。

按照6.12中规定的要求与方式，在所有位置销毁所有的密钥实例即可实现私钥终止。

6.15 擦除概要

见表3。

表3 擦除的效果

操作	位置	影响的信息	
		密钥实例	重建信息
销毁	单一位置	擦除单一实例	—
删除	单一位置	擦除所有实例	擦除
终止	所有位置	擦除所有实例	擦除

6.16 可选的生命周期过程

6.16.1 公钥认证

公钥认证是通过称为认证机构的可信第三方，来建立公钥和其他相关信息与所有者之间的关联性证明的过程。

有关密钥认证与认证机构的详细信息见5.3。

用于验证证书公钥的认证机构（CA）的公钥应使用一种经过鉴别的方式传输给用户。

6.16.2 密钥的重新获取

从备份中重新获得公钥的操作应根据6.4中描述的公钥分发和加载方法之一来实现。

从备份中重新获得私钥的操作应根据6.3中描述的私钥存储方法之一来实现。

参 考 文 献

［1］ ISO/IEC 9797-1 信息技术 安全技术 报文鉴别码 第1部分：使用分组密码技术的机制

［2］ ISO/IEC 9797-2 信息技术 安全技术 报文鉴别码 第1部分：使用哈希函数的机制

［3］ ISO/IEC 11770-1：1996 信息技术 安全技术 密钥管理 第1部分：框架

［4］ ISO/IEC 11770-2：1996 信息技术 安全技术 密钥管理 第2部分：使用对称技术的机制

［5］ ISO/IEC 18032 信息技术 安全技术 素数生成

［6］ ISO 21188 用于金融服务的公钥基础设施 实施和策略框架

［7］ ANSI X9.57 金融服务业的公钥密码 证书管理

［8］ 如何分享秘密，SHAMIR，A.编著，1979年11月 Communications of the ACM 出版

［9］ ISO/IEC 18033-3 信息技术 安全技术 加密算法 第3部分：分组密码

［10］ MENEZES，A.，VAN OORSCHOT，P.以及 VANSTONE，S.编著的实用密码学手册，1996年CRC出版社出版

［11］ 特别报告(800-57) 密钥管理建议 第1部分：国家标准和技术机构

［12］ ISO/IEC 9796-3 信息技术 安全技术 实现报文恢复的数字签名方案 第3部分：基于离散对数的机制

［13］ ISO 9807 银行业务与相关金融服务 报文鉴别要求(零售)

［14］ ANSI X9.30-1 金融服务业的公钥密码 第1部分：数字签名算法(DSA)

［15］ BSR X9.102-200x 金融服务业的对称密钥密码 密钥及相关数据的封装

［16］ AS 2805.5.3 电子资金转账 接口要求 密码 数据加密算法2(DEA 2)

ICS 03.060
A 11

中华人民共和国国家标准

GB/T 27910—2011

金融服务 信息安全指南

Financial services—Information security guidelines

(ISO/TR 13569:2005,MOD)

2011-12-30 发布 2012-02-01 实施

中华人民共和国国家质量监督检验检疫总局
中国国家标准化管理委员会
发布

前　　言

本标准按照 GB/T 1.1—2009 给出的规则起草。

本标准使用重新起草法修改采用国际标准 ISO/TR 13569:2005《金融服务　信息安全指南》。

考虑到我国国情，在采用 ISO/TR 13569:2005 时技术内容做了以下修改：

——删除了原文中的 5.2 法律和法规符合性，因为这部分内容主要描述了国外的法律法规要求，与国内情形不同；

——鉴于 ISO/IEC 17799:2005 已于 2007 年 7 月正式更改编号为 ISO/IEC 27002:2005，标准中对该标准的无日期引用更换为对 ISO/IEC 27002 的无日期引用；

——将原文中的一些错误进行修正，如附录 D.2.4 中的"E.2.3"改为"D.2.3"等。

为便于使用，本标准还做了下列编辑性修改：

——删除 ISO 前言。

与本部分规范性引用的国际文件有一致性对应关系的我国文件如下：

GB/T 22081　信息技术　安全技术　信息安全管理实用规则（GB/T 22081—2008，ISO/IEC 27002:2005，IDT）

本标准由中国人民银行提出。

本标准由全国金融标准化技术委员会（SAC/TC 180）负责归口。

本标准负责起草单位：中国金融电子化公司。

本标准参加起草单位：中国人民银行、中国农业银行、招商银行、上海浦东发展银行、中国信息安全测评中心、中钞信用卡产业发展有限公司。

本标准主要起草人：王平娃、陆书春、王韬、杨倩、李曙光、刘运、王连强、戴忠华、唐步天、李同勋、陈杰、李安安、赵志兰、贾树辉、田洁、景芸、张艳、马小琼。

引　言

随着计算机和网络技术的引入，金融业务的实现方式发生了巨大变化，具体体现在对电子交易的依赖性不断增加，从而带来了对信息和通信技术安全进行管理的需求。每天大量的资金和证券交易信息通过电子通信方式进行传输，这些通信方式均由基于业务规则的安全策略所控制。

开放环境中巨额、海量的电子交易给金融机构带来了巨大风险。高度互连的网络和日益增加的技术高超的恶意攻击者给银行和银行客户加重了风险，并且当金融交易涉及重要的支付系统时，这些后果可能对国内外金融市场产生不良影响。

为了在开放环境中拓展金融业务的同时，进行有效的风险管理，金融机构应该建立一个强有力且有效的企业级的信息安全方案。金融机构应像建立业务惯例和相关协议、外部采购流程、保险等适当的安全控制措施一样，来精心构建信息安全方案，降低风险，满足国内外法律法规的要求。

正如巴塞尔协议给我们的警示，运营、法律和法规风险可以导致或者恶化信贷和流动性风险。管理这些风险已成为金融机构信息安全方案的核心。为具体掌握风险，每一个机构必须按照其自身业务活动对其进行诠释。运营风险包括欺诈和犯罪活动、自然灾害、恐怖活动等，必须给予仔细考虑。针对小概率事件也必须制定应对计划，例如2004年12月亚洲海啸和2001年9月11日的恐怖袭击。

本标准给不同规模和类型的金融机构提供了审慎且成本合理的业务信息安全管理方案，同时它也为金融机构服务提供商提供了指南。对于面向金融业的培训机构和出版商，本标准也可作为原始文档。

本标准的目标是：

——定义信息安全管理方案；

——提出方案的策略、组织和必要的结构化组件；

——提出在金融应用中基于可接受的审慎业务措施来选择安全控制措施的指南；

——提出信息安全管理方案中系统化解决法律法规风险的金融服务管理需求。

本标准并未面向所有金融机构提供一个单一的、一般性的解决方案。每个金融机构必须进行风险分析并选择适当的措施。本标准是提供过程管理的指南，而不是具体的解决方案。

金融服务　信息安全指南

1　范围

本标准为金融机构提供了制定信息安全方案的指南。该指南包括策略讨论，机构和方案的结构化法律法规组件。本标准探讨了在选择和实施安全控制措施方面应考虑的内容，以及在现代化金融服务机构中管理信息安全风险的要素，并给出了基于机构业务环境、实践和规程方面应考虑的建议。本标准还包括对法律法规符合性问题的讨论，这需要在方案的设计和实施阶段予以考虑。

本标准适用于金融机构制定信息安全方案时的参考。

2　规范性引用文件

下列文件对于本文件的应用是必不可少的。凡是注日期的引用文件，仅注日期的版本适用于本文件。凡是不注日期的引用文件，其最新版本(包括所有的修改单)适用于本文件。

ISO 9564(所有部分)　银行业务　个人识别码的管理与安全(Banking—Personal Identification Number (PIN) management and security)

ISO 10202(所有部分)　金融交易卡　使用集成电路卡的金融交易系统的安全体系(Financial transaction cards—Security architecture of financial transaction systems using integrated circuit cards)

ISO 11568(所有部分)　银行业务　密钥管理(零售)(Banking—Key management (retail))

ISO/IEC 11770　(所有部分)信息技术　安全技术　密钥管理(Information technology—Security techniques—Key management)

ISO 15782(所有部分)　金融业务证书管理(Certificate management for financial services)

ISO 16609:2004　银行业务　采用对称加密技术进行报文鉴别的要求(Banking—Requirements for message authentication using symmetric techniques)

ISO/IEC 27002　信息技术　安全技术　信息安全管理实用规则(Information technology—Security techniques—Code of practice for Information security management)

ISO/IEC 18028(所有部分)　信息技术　安全技术　IT 网络安全(Information technology—Security techniques—IT network security)

ISO/IEC 18033(所有部分)　信息技术　安全技术　加密算法(Information technology—Security techniques—Encryption algorithms)

ISO 21188　用于金融服务的公钥基础设施　业务和策略框架(Public key infrastructure for financial services—Practices and policy framework)

3　术语和定义

下列术语和定义适用于本文件。

3.1

访问控制　access control

指仅允许经授权的人员或应用进行信息访问(或信息处理设施访问)的功能，包括物理访问控制(在未授权人员和被保护的信息资源之间放置物理障碍)和逻辑访问控制(采用其他方法进行限制)。

3.2

可核查性 accountability

确保实体活动可追溯到惟一实体的属性。

[ISO 7498-2;ISO/IEC 13335-1:2004,定义 2.1]

3.3

警报 alarm

安全违规、异常、危险状态的指示,需要立即关注。

3.4

资产 asset

对于机构有价值的任何事物。

[ISO/IEC 13335-1:2004,定义 2.2]

3.5

审计 audit

指确认控制措施得当,充分满足功能,并且报告针对相应管理级别的不足之处。

3.6

审计日志 audit journal

系统运行的时序记录,该记录足够重建、复审、检查环境的系列事物和周边行为,或导出一笔交易从起始到输出最终结果路径中的每个事件。

[ISO 15782-1:2003,定义 3.3]

3.7

鉴别 authentication

确认实体声称身份的过程。

[ISO/IEC TR 13335-4:2000,定义 3.1]

3.8

真实性 authenticity

应用到如用户,过程,系统和信息等实体上的属性,以确认对象或资源的身份是其所声称的。

3.9

可用性 availability

授权实体在需要时可访问和可使用的性质。

[ISO 7498-2;ISO/IEC 13335-1:2004,定义 2.4]

3.10

备份 back-up

业务信息的存储,一旦遇到信息资源丢失,可确保业务的持续性。

3.11

生物特征 biometric

可测量的用于识别个人身份或验证声称的生物或行为特征,该特征可有效区分一个人和其他人。

[ANSI X9.84:2003]

3.12

生物特征识别 biometrics

基于生物或行为特征,确认个人身份或验证其声称身份的自动方法。

3.13

卡鉴别方式 card authentication method CAM

一种概念,允许对金融交易卡以机读的方式进行惟一性识别,并且防止卡的复制。

3.14

分类　classification

把信息进行划分(例如按照潜在欺骗、敏感性或信息关键度)以便应用适当控制措施的方法。

3.15

机密性　confidentiality

信息对未授权的个人、实体或过程不可用或不可泄漏的特性。

[ISO 7498-2;ISO/IEC 13335-1:2004,定义 2.6;ISO 15782-1:2003,定义 3.19]

3.16

应急计划　contingency plan

使公共机构在自然或其他灾害之后能恢复运行的规程。

3.17

控制措施　control

见防护措施。

3.18

公司信息安全策略　corporate information security policy

建立信息安全方案的意图和目标的一般声明。

3.19

信用风险　credit risk

一方在到期日或未来的任意时候不能偿还其债务而产生的风险。

[CPSS,全局性重要支付系统核心原则]

3.20

关键度　criticality

为完成交易,对某项信息或者信息处理设施的需求度。

3.21

密码学　cryptography

用于加密或者信息鉴别的数学过程。

3.22

密码鉴别　cryptographic authentication

基于数字签名及按照 ISO 16609 产生的报文鉴别码进行鉴别的方式,其中所用密钥是按照 ISO 11568分发的,或者通过对报文的成功解密推出(该报文使用 ISO/IEC 11770 分发的密钥,通过 ISO 18033与 ISO/TR 19038 或 ANSI X9.52 加密)。

3.23

密钥　cryptographic key

用于控制加密,或者鉴别等密码过程的值。

注:获得正确的密钥信息才能保证报文的正确解密或报文完整性的验证。

3.24

信息破坏　destruction of information

无论何种原因,导致信息不可用的任何情形。

3.25

数字签名　digital　signature

对一个数据单元进行密码变换,以提供数据源鉴别、数据完整性和签名人抗抵赖性服务。

[ANSI X9.79]

3.26

信息泄漏　disclosure of information

未经授权的信息浏览或可能的浏览。

3.27

双重控制　dual control

利用两个或多个不同实体(通常是人)协同操作保护敏感功能和信息的过程。

注1：对交易中易受攻击要素提供物理保护，各个实体负有同等的责任。单个人不可以接触和使用这些要素(如加密密钥)。

注2：对手工密钥和证书的产生、传输、导入、存贮和恢复，双重控制要求实体间密钥分割。

注3：当要求使用双重控制时，要特别注意确保彼此之间的独立性。见密钥分割。

[ISO 15782-1:2003，定义3.31]

3.28

加密　encryption

一个信息转换过程，可使信息转换到除了特定密钥持有者以外，其他人均无法理解的形式。

注：加密可为加密过程和解密过程(加密的逆过程)之间的信息提供保护，避免信息泄漏。

3.29

防火墙　firewall

防火墙是放置在两个网络之间的组件的集合。该组件具有以下共同特性：

——所有网络间的信息往来都必须经过防火墙；

——经本地安全策略定义，只有授权的通信被允许；

——防火墙本身对渗透具有免疫性。

3.30

识别　identification

判断实体惟一身份的过程。

3.31

映像　image

在信息处理系统中处理和存储文档的数字化表示。

3.32

事故　incident

任何非预期和非期望的可能导致损害交易活动或信息安全的事件，例如：

——丢失服务，设备或设施；

——系统故障或过载；

——人为错误；

——不符合策略或指南；

——破坏物理安全安排；

——不可控的系统变更；

——硬件或软件故障；

——访问侵害。

[ISO/IEC 13335-1:2004，定义2.10]

3.33

信息处理设施　information processing facility

任何信息处理系统、服务、基础设施或放置它们的物理场所。

[ISO/IEC 13335-1:2004，定义2.13]

3.34

信息 information

任何以电子形式、书面形式、会议讲话或者其他媒体形式出现的，由金融机构用于做决定、转账、设置利率、放贷、处理交易及其他类似数据，包括处理系统的软件组件。

3.35

信息资产 information asset

机构的信息或者信息处理资源。

3.36

信息安全 information security

涉及定义、实现和维护信息或信息处理设施的机密性、完整性、可用性、抗抵赖性、可核查性、真实性和可靠性的所有方面。

［ISO/IEC 13335-1:2004，定义 2.14］

3.37

信息安全官(ISO) information security officer (ISO)

负责执行和维护信息安全方案的人员。

3.38

信息设备 information resources

用于处理、沟通或者存储信息的设备，不管其在机构之内还是机构之外，例如电话、传真和计算机。

3.39

完整性 integrity

维护资产准确和完整的性质。

［ISO/IEC 13335-1:2004，定义 2.15］

3.40

密钥 key

见密钥(cryptographic key)。

3.41

空头支票 kitting

使用无效支票获得信用或金钱。

3.42

法律风险 legal risk

由于未预期到的法律或法规的实施或者由于合同无法执行而造成损失的风险。

［CPSS，全局性重要支付系统核心原则］

3.43

保证函 letter of assurance

代表信函的接受方，说明信息安全控制措施的文档，用于所持有信息的保护。

3.44

流动性风险 liquidity risk

当一方没有充足的现金偿还其到期债务时而产生的风险，虽然未来的某些时候可能有能力偿还。

［CPSS，全局性重要支付系统核心原则］

3.45

报文鉴别码 message authentication code，MAC

发送方附加在报文之后的代码，它是对报文进行密码处理的结果。

注：如果接收方能够产生相同代码，那么就可以确信报文没有被修改，并由适当的密钥持有人所产生。

3.46

信息更改　modification of information

信息的未授权变更或者意外变更,不论其是否被检测到。

3.47

须知　need to know

对具有某些职责的人员,限制其对信息和信息处理资源进行访问的一个安全概念。

3.48

网络　network

若干用户共享的通信和信息处理系统的集合。

3.49

抗抵赖性　non-repudiation

证明一个活动或事件已经发生,且不可否认的能力。

[ISO/IEC 13335-1:2004,定义 2.16]

3.50

操作风险　operational risk

由与设备运行相关的因素导致的信贷或流动性风险,例如技术故障或操作错误。

[CPSS,全局性重要支付系统核心原则]

3.51

信息所有者　owner of information

负责收集和维护特定信息的人或者功能。

3.52

口令　password

用于鉴别用户的字符串。

3.53

审慎业务实践　prudent business practice

被普遍接受的必要的业务实践集。

3.54

可靠性　reliability

计划行为和结果的一致性。

[ISO/IEC 13335-1:2004,定义 2.17]

3.55

残余风险　residual risk

风险处置后仍残余的风险。

[ISO/IEC 13335-1:2004,定义 2.18]

3.56

风险　risk

威胁利用一个或一组资产的脆弱性对机构造成损害的潜在可能性。

注:可根据事件的概率和结果的组合来衡量。

[ISO/IEC 13335-1:2004,定义 3.19]

3.57

风险接受　risk acceptance

与策略例外相联系的经核准的风险。

3.58

风险分析　risk analysis

估计风险程度的系统过程。

[ISO/IEC 13335-1:2004,定义 2.20]

3.59

风险评估　risk assessment

风险识别,风险分析和风险评价的整个过程。

[ISO/IEC 13335-1:2004,定义 2.21]

3.60

风险评价　risk evaluation

按照事先制定的准则分析风险级别、确定需要实施风险处置领域的过程。

3.61

风险识别　risk identification

通过分析业务目标、威胁和脆弱性等进行识别风险的过程,以此作为进一步分析的基础。

3.62

风险管理　risk management

识别、控制、清除或最小化不确定事件的全部过程,该不确定事件可影响信息和通信系统资源。

[ISO/IEC 13335-1:2004,定义 3.22]

3.63

风险处置　risk treatment

选择和实施措施以改变风险的过程。

3.64

防护措施　safeguard

处置风险的实践、规程或机制。

注:"防护措施"术语可等同于术语"控制措施"。

[ISO/IEC 13335-1:2004,定义 2.24]

3.65

安全　security

系统免于未授权访问、或遭受不可控损失和影响的性质和状态。

注 1:实践中绝对的安全是不存在的,系统的安全性是相对的。

注 2:在一个以各种状态展现的安全系统中,安全是在各种操作下所保持的特定"状态"。

3.66

服务器　server

给其他计算机提供若干服务的计算机,例如处理通信、文件存储接口或打印设施等。

3.67

登录　sign-on

完成用户身份识别和鉴别。

3.68

知识分割　split knowledge

把关键信息拆分多个部分,使得必须具备最小数量的部分才能执行一项活动。

注:知识分割常用于双重控制的实施。

3.69

储值卡　stored value card

能够存储和转移电子现金的介质。

3.70

系统性风险 systemic risk

由于参与者无法履行义务或系统自行中断，导致其他系统参与者或金融系统其他部分的其他参与者在必要时无法履行义务的风险。

注：这样的错误将导致流动性或信贷问题的广泛扩散，结果将威胁系统或金融市场的稳定性。

[CPSS，全局性重要支付系统核心原则]

3.71

威胁 threat

导致系统或机构受损的事故的潜在原因。

[ISO/IEC 13335-1:2004，定义 2.25]

3.72

令牌 token

用户控制的包含在电子商务中用于鉴别和访问控制的信息的设备(例如磁盘，智能卡，计算机文件)。

3.73

用户 ID user ID

用于惟一标识系统中每个用户的字符串。

3.74

脆弱性 vulnerability

可能被一个或多个威胁所利用的一个或一组资产的脆弱性。

[ISO/IEC 13335-1:2004，定义 2.26]

4 符号和缩略语

ATM 自动柜员机
CEO 首席执行官
CFO 首席财务官
CIO 首席信息官
CISO 首席信息安全官
COO 首席运营官
CPSS 支付和结算系统委员会
CTO 首席技术官
DMZ 非军事区
ETF 电子资金转账
FTP 文件传输控制
HTTP 超文本传输协议
HTTPS 安全超文本传输协议
ICT 信息和通信技术
IDS 入侵检测系统
IP 网际协议
IPSEC IP 安全协议
IT 信息技术
LAN 局域网

LEAP　轻量级扩展代理平台
MAC　报文鉴别码
OS　操作系统
PC　个人电脑
PDA　个人数字助理
PEAP　保护扩展鉴别协议
PIN　个人识别码
POTS　普通老式电话业务
RF　射频
SMTP　简单邮件传输协议
SSH　安全壳
SSL　安全套接层
USB　通用串口总线
VPN　虚拟专网
VTAM　虚拟终端存取方法
WAN　广域网
Wi-Fi　无线相容性认证标准
WS　Web 服务
XML　可扩展标记语言

5 公司信息安全策略

5.1 目的

现今所有金融服务机构高度依赖信息技术(IT)以及信息通信技术(ICT)的应用,因此需要保护信息和管理信息资产的安全。为使管理者履行他们的职责,必须考虑信息安全并且使信息安全管理成为机构管理计划的组成部分。

制定信息安全方案是一个审慎业务实践,它帮助金融服务机构识别和管理风险。本标准推荐一个通用的,基于策略方法来实施信息安全管理的指南,使得金融机构根据其业务目标提炼出其所需要的信息安全管理方案,保护 IT 资产的策略和规程应支持业务目标。基于策略的方法适用于不同规模、不同的管理风格和不同组织形式的机构。

本标准提供指南而非具体的解决方案,这些指南可用于信息安全管理的各个方面,并在制定和维护信息安全方案方面提供协助。其他相关文献,特别是 ISO/IEC 27002,提供了通用的、对实施和保护很有价值的具体信息,比较而言,本标准将讨论法律法规的要求,当金融机构建立基于策略的信息安全管理方案时必须考虑这些要求。

5.2 制定安全策略

在确立机构信息安全目标和评估法律法规影响之后,应制定与已确立商业目标一致的行动计划。这个计划用于作为制定一个公司信息安全策略(策略)[1]的路线图。

公司制定一个考虑到公司目标及其组织特殊性的策略是很关键的。该安全策略应与公司业务、文化和业务运营的法律法规环境相一致。策略的制定对确保风险管理安全方案处理结果的适用性和有效性是至关重要的。机构管理者应对策略的制定和有效实施提供支持。安全策略同公司商业目标结合

1) 本文档通篇中“策略”代表“公司信息安全策略”。

时,该策略将有助于资源使用效率的最大化,并且确保对一系列不同信息系统环境有一个一致的安全方法。

5.3 文档层次

5.3.1 综述

5.3.1.1 概要

本指南描述了三个层次的信息安全方案文档。分别为公司信息安全策略(策略)文档,安全实践文档和可操作的安全规程文档[2)]。文档的层次和每层的含义如图1所示。

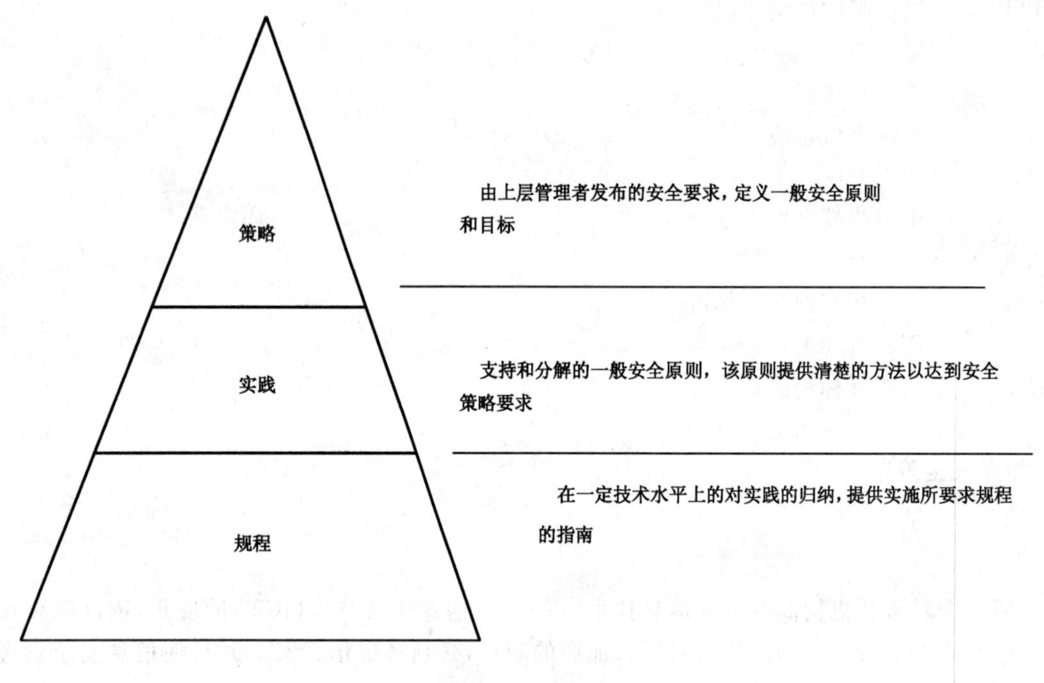

图1 方案文档

信息安全文档应从高层的机构目标到底层的实施安全策略的设备的具体安全设置。一般性信息和特定信息最好由多个层次文档进行涵盖。层次数量应保持最少,本指南推荐三层:策略文档、安全实践文档和可操作的安全规程文档。

当最新出现的技术引入机构时可要求附加文档。策略文档经常是简单的一页,规程文档可包含很多页以说明机构内单独的、特殊的环境、业务单元和策略。在某些情况下,一个单一的、有明确界限的系统也可有自己的安全实践文档。所有的实践和规程应采用从宏观描述到详细描述的结构,并同公司风险评估和整体策略保持一致。

5.3.1.2 公司信息安全策略

策略文档是信息安全方案的所有文档系列中最小的。典型情况下,策略用很少的文字来说明:管理者把各种形式的信息作为应保护的有价值的公司资源。策略应覆盖较广的范围,尽可能简明扼要的阐述,但应提供被保护资产的详细信息,例如客户数据,雇员记录,合作伙伴的约定和过程。例如,一个非常简单的策略文档可包含这样的单一声明:"公司所有信息资产的机密性、可用性和完整性应通过合适的安全控制措施得到保护"。

---

2) 这个术语和层次没有定义。机构可以使用更多的层次和不同的术语。

策略文档是一个概要的文档、应在一定范围内可理解，是信息安全方案的文档中对机构的影响最大的文档。在特定的时间内，应仅存在一份策略文档实例并应在全机构颁布。它应由负责信息安全的董事会成员，例如首席执行官(CEO)和首席信息官(CIO)签署。

策略文档本质上应是公开的，并广泛分发，可为所有公司股东得到。它应强调保护和提供信息资产是管理者和所有雇员的责任，最高级别管理者应得到安全方面的培训并对安全问题有清醒认识。

所有股东应清晰认识到以下内容：策略文档是由公司官员和董事会人员直接授权的。策略文档应根据本地和国际相关法律法规的约束说明机构的运营目标，根据国内和国际标准认可的合理原则和实践构建信息安全方案的基础。

策略文档应基本保持固定。仅当战略目标转变时、已知业务风险变更时或影响公司运营法律法规环境的事件出现时，它才应变更。公司官员和董事会人员指明变更的控制参数和规程。

5.3.1.3 代表

当制定策略时，来自各种职能部门的代表应参与。制定组应包括董事会董事、执行官、法律代表、风险管理委员会和审计委员会成员。在策略的形成过程中，制定组将从专家和业务人员处获得有关方面的信息，例如信息技术、物理安全和财务功能。

5.3.1.4 信息分类

实施信息安全策略的一个方面是信息分类。类似于军事系统分为“最高机密”、“机密”和“非密”一样，金融机构的信息也有不同的价值。信息资产分类的结果将指出何时应实施好的、更好的或最好的控制，有很多不同类型的分类体系，对金融机构来说，重要的是定义信息分类级别和信息分类对制定可接受风险决策的影响。例如，某个风险对公开信息是可接受的但对高一级分类信息则是不可接受的。信息分类的一个好处是管理者可告知雇员：期望雇员如何处理信息。如果一个文档、文件或数据库包含不同级别的信息，应根据其中含有的最高级别信息对应的规程处置。

认识到信息级别在它使用周期中可变化是很重要的。这些变化应置于机构策略控制下。

5.3.2 安全实践文档

安全实践文档衍生于策略文档。这些文档描述了机构应遵守的一般安全条款。在创建信息安全方案中它们反映最高级别管理者的意图和设置的目标，文档目的是通过独立的技术方法实施策略。每个安全实践文档在范围上比策略文档狭窄。每个实践文档在技术上中立并且包含机构安全要求的描述内容。特定实践文档的大小是变化的和依赖主题的。

实践文档的数量应保持最少。文档需要的数量依机构规模和业务需要以及机构活动范围和复杂性而有所区别。影响机构的法律法规同样影响所需实践文档的数量。

实践文档不是公开的[3)]。它本质上是通用目的、技术中立的。与策略文档相比缺乏概括性，因仅应用于机构的某个方面，所以可能对机构没有整体影响。例如，一个简单的实践文档仅包含如下简单内容：

“对公司信息资产的访问应以与资产敏感性相对应的方式鉴别。双因素鉴别(基于生物特征识别和基于口令)是可接受的最低鉴别级别。在访问被资产所有者分类为“机密”的资产时仅应采用三因素[4)]鉴别。双因素鉴别(基于生物特征识别和基于口令)的访问控制系统应遵守如下规则……”

虽然实践文档的权限衍生于必须严格遵守的策略，但比策略文档更具有可变性。这是因为当识别

3) 可能有时需要为规则制定者提供实践文档。

4) 名词“三因素”通常解释为：“你有什么，你知道什么和你是什么”。你有什么——可以是一张卡或一个标志。你知道什么——可以是PIN或口令。生物特征可以代表你是什么。

出新的风险,应用了新的控制措施时,它们容易频繁地发生变更。每个实践文档有其严格限制的读者,因为它通常影响机构或业务单元的一个特定部分而不影响机构的整体安全管理方案。

实践文档包含一个指导读者和每个实践文档的所有者的章节,这是有好处的。实践所有者可能是一位业务经理、一位IT经理或运行主管。文档中包含给定实践信息的分类方法也有好处,分类的目录指明了要求的信息保护级别。

5.3.3 可操作的安全规程文档

可操作的安全规程文档衍生于一个或多个安全实践文档。它们的长度随规程的主题和复杂性而不同。在所有文档中这些文档的范围最狭窄。它们是策略如何实施的专业技术性描述。这些文档应用于实际的业务系统中,特定供货商的产品细节都包含在依赖平台的文档中。

应根据需要制定相应的规程文档。制定文档时应保证文档是完整的、准确的和恰当的,并且不能同其他实践或策略冲突。在一个非常简单的规程文档中可能包含如下内容:

"使用'pwadmin'命令确保用户口令满足公司访问控制和鉴别实践文档中建立的标准。接下来的命令是……"

规程文档应符合机构整体策略和规程所依据的实践。规程文档不能与基于策略的实践冲突,并应对法规限制、外部生产标准和其他规程文档予以考虑。

规程文档应包括:先前的包含任何残余风险标识的安全风险分析和管理审查结果、随后行动的结果(诸如控制措施执行的安全符合性检查的结果)、日常信息安全行动监控和审查列表以及安全相关事故的报告。

6 信息安全管理——安全方案

6.1 概要

实施策略需要信息安全方案。在公司管理的最高层次上,公司管理的企业文化和强制控制措施应和员工交流,并定期强调这些企业文化和控制措施的重要性。信息安全既是个人的责任,也是基于团队合作的过程。信息安全方案的制定、维护、改进和监控需要机构内多个专业部门的协同参与。业务经理和信息安全职员应紧密协作。诸如审计、保险、法规符合性、物理安全、培训、职员、法律等方面的规定应用于支持信息安全方案。

6.2 方案建立

本标准最重要的建议是机构应建立一个信息安全方案。在公司管理的最高层次上,方案应遵循机构建立的策略。信息安全方案应提供符合策略的、覆盖整个机构的信息安全建立和维护机制。

制定一个详细的信息安全过程和规程可能要求机构内不同业务职能角色的合作,包括审计、风险、符合性、保险、负责法律法规符合性的官员以及合伙人和客户。

6.3 安全意识

安全意识方案应包括安全教育和安全意识,确保所有雇员了解与他们和他们周围人的活动相联系的安全问题并保持警觉。方案的结构应能使雇员知道他们的安全职责,应给对安全方面有兴趣的雇员提供资源并鼓励他们扩充知识。

6.4 审查

应指派一个或更多的机构官员承担对信息安全方案的责任,及时审查和更新方案,同时当新的威胁和技术出现时,确保必要的防护资金投入。方案应包括建立履行信息安全方案所需要的职责的详细的过程和规程,以检查和报告信息安全方案的合理性及符合性。

各个层次的管理者,包括执行层,可得到所有的监控和审查报告。应明确对任何策略例外或偏差进行考虑的规程并形成文档。还应有对产品必要的审计、符合性记录和监控安全审计日志信息的规程。应引起特别关注的是:识别审计日志信息的风险、为减少这些风险制定的要求,以及那些为确保信息安全资产得到充分保护所规定的要求。

6.5 事故管理

所有信息安全事件应迅速报告、文档化并根据机构实践予以解决。当未预期到的信息安全事件很可能破坏业务运营和威胁信息安全时,它们就成为必须说明的信息安全事故。安全专家在重新评估风险和选择实施安全控制中都使用事故和事件。进行信息安全方案改进时也使用事件和事故。

6.6 监控

应建立正式的机制报告入侵、系统故障和其他安全事故,应在审查过程中使用安全事故论证结果和事故管理文档结论,以影响防护措施投资和保护资产的控制措施,使其在过期后能得到重新评价和变更。

6.7 符合性

应由独立的审查确保实践符合已建立的策略并且有充分和有效的控制措施。任何被许可免除的审查应及时文档化并限定时间以便可定期重新评估。

6.8 维护

已制定的控制措施,如防火墙和病毒扫描软件应定期更新以便有效防护新威胁。

6.9 灾难恢复

信息安全方案应标明在破坏事件中对机构持续业务运营活动起关键作用的信息资产。应在方案中对灾难后业务的恢复制定详细的书面计划。在制定计划时,应考虑掌握关键技能的员工、法律协定、信息备份系统以及可用作替代的支持关键业务活动的处理资源和场所等方面,并且这些灾难恢复计划应定期检查和评估。

7 信息安全机构

7.1 承诺

机构范围内信息安全方案目标的承诺,应基于机构对信息安全需要的理解。机构应通过愿意为信息安全活动投入资源和说明其信息安全需要来证明履行其承诺,机构最高层应关注信息安全对机构的意义,以及信息安全的范围和程度。

信息安全目标应在整个机构发布。每个雇员和承包商应知道他们的角色、责任和他们对信息安全的贡献,应赋予他们适当的权力去完成这些目标。

7.2 机构结构

7.2.1 角色和责任

信息安全方案的目的是确保信息资产的机密性、完整性、可用性。达成这些目标是一项跨专业部门的工作。应适当划分责任并分配给相应角色。规程应确保所有重要的工作以有效方式执行并完成。

7.2.2 管理者

金融机构的管理者对机构和股东负有监督机构业务管理实践的责任。有效的信息安全实践构成审慎业务实践，并体现其对建立公众信任的重视。管理者应传达信息安全是机构的重要目标的观念，并支持信息安全方案。

7.2.3 审计委员会

金融机构审计委员会在监管中协助董事会，作为一个独立的部门负责目标检查、平衡内部控制和财务报告。信息安全方案中的监督和检查是审计委员会的一部分职责，通常通过机构内部审计部门或外部审计师进行。

7.2.4 风险管理委员会

董事会下的风险管理委员会应审查安全方案，只要这些信息安全项目减少机构运营风险（从而减少财务风险），就应为这些项目提供资金支持。风险管理委员会通过资助和支持能够实现机构信息安全策略的项目，体现出机构的安全承诺。如5.2中详细讨论的，委员会必须确定法律法规对信息安全方案的影响。

7.2.5 法律部门

机构可依靠自己法律部门的专业知识来解决信息安全管理某些方面的问题。法律部门有责任监管机构信息安全方案的法律、法规和案例等方面的变更。

应要求法律部门审查涉及雇员、客户、服务提供商、承包商和供货商的合同，以确保涉及信息安全方面的法律条款在合同中充分体现。这样的审查可包括隐私或工作场所安全条款以及雇员淘汰和投诉规程。

安全事故的法律问题及其对机构的影响可能需要法律部门的建议。机构可能希望依靠专家建议来评估安全事故处理规程的含义，确保符合运营环境方面的法律要求，这些要求由于当地规定不同而不同。法律部门应参与处理安全事故后续规程的制定、维护和改进，例如证据保留。

7.2.6 执行官

作为机构最高官员的首席执行官（CEO）或者总经理，对机构运营负有最终责任。CEO应授权建立符合公认标准的信息安全方案并对其提供支持，监管主要风险评估决策，参与宣传信息安全的重要性。

很多机构设有类似的首席执行官、首席财务官（CFO）、首席技术官（CTO）和首席运营官（COO）等角色，许多机构开始在机构高层引入另外的角色，例如首席信息官（CIO）和首席信息安全官（CISO）。CTO、CIO和CISO角色有很多其他变化，但每个金融机构应有一位资深官员或首席信息安全官最终向CTO或CIO汇报工作。

7.2.7 业务经理

专门的业务经理和机构内的其他经理，监督和管理机构雇员和代理商，这使得他们成为信息安全方案的参与者。每个经理应理解、支持和遵守机构的策略、实践和规程，并确保雇员、供货商和承包商也这样做。业务经理应创造积极的氛围鼓励雇员、供货商和承包商报告信息安全相关问题。

7.2.8 雇员

安全方案的要求应包含在雇员雇佣合同中。所有员工都应知道自身活动和周边活动的安全含义，以便他们能够主动报告任何可疑的信息安全事件。

7.2.9 外围

应在供货商服务协议和承包商协议中包含安全方案要求。供货商和承包商应理解、支持、遵守机构和业务部门的信息安全实践和规程，他们应遵守公司信息安全策略。当机构因经济或其他业务原因选择外包银行业务时，风险管理不可能外包，其责任仍属于机构。

7.2.10 安全角色

7.2.10.1 简介

这里说明了信息安全方案中个人的三个安全角色。这些角色被赋予执行信息安全方案所需要的不同的责任和功能。这里的三个角色是从功能性方面进行定义的，机构对人员如何监督和管理是不同的。

在一些机构中，信息安全人员存在于单独的管理部门中。另外一些机构中，业务部门的人员除他们的业务职责外还被分派了信息安全职责。也可能同时存在两种方法的混合。

无论信息安全方案采取何种结构，执行官和经理应支持它并使其有效。在大型机构中，设置其他角色可能对有效地实施特定功能更为有帮助，例如，一个安全架构师。在更小型的机构中，人员可能需要分派多重角色。

7.2.10.2 首席信息安全官(CISO)

首席信息安全官负责设计、实施和管理信息安全方案。在CISO的指导下，其他层次的人员执行信息安全方案的策略和实践中规定的职责。CISO可有专门团队，对信息安全人员实施管理控制。在另外一种情况下，CISO对那些除了业务责任之外还负有信息安全责任的人员进行有限的操作控制。不管机构类型和管理风格如何，CISO都是在实施信息安全方案方面对董事和执行官负有最终责任的人。

CISO按照机构确定的有利于其业务成功的条件管理信息安全方案。CISO负责：

——向执行官提出预算并说明信息安全方案的合理性；

——设计符合业务战略的安全架构；

——管理实施安全架构和履行信息安全职责的其他级别的人员；

——完成使安全架构生效的风险评估并弥补需要关注的缺陷；

——发布安全策略、实践和规程并管理一个安全意识方案；

——保持对目前的威胁和脆弱性的了解，掌握解决它们的最新安全技术；

——确保本机构被恰当地纳入该机构业务所开展的国家的重要基础设施保护的工作中。

7.2.10.3 信息安全官(ISO)

信息安全官是机构中按CISO指示肩负制定、实施和维护信息安全方案职责的任何人员。ISO可以是CISO的助手也可在机构业务部门控制之下。一个ISO可能是一个专门的职位，例如因为具有丰富的知识和经验而成为安全架构师。一些ISO因拥有专业的信息安全技术如风险评估、威胁知识等等而成为整个机构的资源。一些ISO可为特定业务部门提供信息安全方面的指导和建议。如果ISO既理解业务目标又了解机构内部过程，其工作将获得最高效率。

ISO应：

——理解安全架构、实践和规程；

——制定本地实践，发布并在合适的时候更新实践；

——从事风险评估；

——监控和审计安全实践；

——帮助IT系统从攻击中恢复；

——给出改进实践和规程的建议；
——跟踪最新的安全威胁、技术和方法；
——提高信息安全意识。

7.2.10.4 安全操作者

安全操作者执行最详细的、日复一日的活动以完成信息安全方案的目标。安全操作者可能是CISO的助手，也可能属于机构其他部门。他们应熟悉所在业务部门的硬件、软件和所需的安全规程。

因为安全架构中可使用不同的技术，安全操作者需要执行大量的规程。一些典型的职责描述如下：安装和维护网络设备的安全设置；安装操作系统安全补丁；维护和更新正确的访问控制文件；收集安全信息、审计信息、监控系统和网络活动发现安全问题。这些范围广泛的工作显示出安全操作者在信息安全方案成功运行中的重要性。

安全操作者负责：
——理解如何支持安全架构和方案；
——实施和维护安全实践和规程；
——监督安全规程并在合适的时候报告它们的状态；
——纠正安全错误和对抗攻击；
——在一个错误或攻击后重建与业务恢复有关的适当的安全规程；
——对改进实践和规程提出建议。

8 风险分析和评估

8.1 过程

希望对其安全态势进行评估的机构应执行信息安全方案中的一个或多个风险分析过程。这些过程用于评估机构的整体安全态势以及特定项目、系统和产品的安全。因为管理风格和机构规模及结构不同，可能需要多个策略使风险分析适合其使用的环境[5)]。

一个风险评估过程应给出降低机构安全风险到可接受级别的建议。这些建议应指导选择合适的控制措施。这些控制措施是评估并给出可能损失的结果，损失是一个或多个威胁利用了系统的可识别脆弱性而产生的。一般用于风险评估的机构资产包括：设施和设备、软件应用、公司数据库、通信系统和计算机操作系统。

附录C给出了一个实施风险评估方法的例子和一个典型的风险评估过程的例子。其他风险评估模型可在另外的资源中找到，例如ISO/IEC 13335(所有部分)。附录C中的例子提供了一个例证，不宜直接用作实施检查列表。

8.2 风险评估过程

金融机构和所有其他企业受到业务风险的影响。企业信息资产风险以多种形式存在，应系统地加以分析。风险评估需要考虑信息的脆弱性、威胁和风险。每个银行业务应用提供工作过程、潜在威胁及脆弱性位置等方面的背景和理解。这种理解对执行风险评估是重要的。风险评估分三步：

1） 通过完成风险评估矩阵，评估每个脆弱性区域潜在威胁的风险(见附录C.1)；
2） 通过完成风险评估表确定每个脆弱性区域的组合的风险级别(见附录C.3)；
3） 使用步骤2的结果和可用的控制措施确定合适的安全策略和防护措施。

更详细的风险目录列表和它们如何用于风险评估过程在附录C中给出。

5） 额外信息见ISO/IEC 13335(所有部分)。

8.3 安全建议和风险接受

在一个相关的系统集合内，或通过一个单一的系统或单一的应用，或一个系统内的特定的功能便可执行风险评估，以此来评价机构的风险。期望机构风险评估是机构内所有关键功能的简单组合是不现实的。

随着新技术的出现，脆弱性和威胁也不断地发生改变。在系统中发现新脆弱性，则引进新的或升级的产品进行应对，使得机构持续成长和发展。因此，一个机构内的不同的系统和不同机构的类似系统，它们的风险评估级别的描述和结论可能有显著的差异。

不过，任何风险评估都产生对评估系统的一组安全建议。这些可执行的建议说明了与系统相联系的风险。适度接受风险是业务经理的责任。在很多情况下，附加的控制措施用于(或在设计和开发阶段可能已经使用)把风险降低到可接受的级别。风险接受最好考虑机构的安全实践。考虑到执行安全策略的例外情况，业务经理应同信息安全团队一同工作，以确保将来满足策略要求，或者将长期的策略例外视为可接受的残余风险。

9 安全控制实施和选择

9.1 风险减缓

任何系统都存在脆弱性，一旦遭受攻击可能会导致机构财务损失、生产率损失和信誉损失。减缓这些风险，使风险最小化是机构内业务经理和与其他团队一起工作的信息安全团队共同的责任。管理安全有许多方面，例如上面讨论的最高管理层信息安全职责、CISO 对实施和管理信息安全方案的责任、安全方案自身等方面。

9.2～9.7 讨论了可用和可考虑的减缓风险的重要过程和通用技术，这些主要用于处理评估发现的高风险或处理新的脆弱性。业务经理应记住将安全融入系统设计的优点而不要试图在现存的系统上修补漏洞。

使用这些技术可提供直接的控制措施覆盖机构的风险。机构需要评估已计划好的和现存的控制如何减少风险分析中识别的风险，识别额外的可使用的或可开发的控制措施，开发信息安全架构和决定不同类型的约束。选择适当的和经过证明的控制措施来使已评估的风险降低到可接受的残余风险级别。另外的控制措施选择的详细说明见 ISO/IEC 13335[4](所有部分)。

9.2 约束识别和审查

很多约束可影响控制措施的选择。在提出建议和实施期间，这些约束应予以考虑。典型的约束和需要考虑的事情包括：

约束	需要考虑的事情。
时间	控制措施应在管理者接受的日期内实施，应在系统生命周期内实施并且只要管理者认为需要就应一直发挥作用。
财务	控制措施在实施上不应过于昂贵以致超出设计它们用于保护的机构资产的价值。
技术	控制措施应在技术上可行并与系统相兼容。
社会	控制措施可针对一个国家、地区、机构，甚至机构内一个部门，并确保为员工所接受。
环境	选择的控制措施需适应：可用空间、气候条件、自然环境和城市地理等等。
法律	控制措施既要考虑类似个人数据保护方面的法律因素、又要考虑非 IT 方面的法律法规，如消防法、劳动法等法律法规。

9.3 逻辑访问控制

9.3.1 概要

逻辑访问控制指系统采用的一组技术控制方法以及根据机构实践来限制信息访问的应用。一般来说,应给用户所需的最低访问权限以完成他们的工作任务,但经常由于系统的限制、设计或其他约束导致用户有一些额外的访问权限。不管怎样,保证系统访问的可核查性是至关重要的:例如知道谁被授权访问,知道个人访问了什么,知道什么时候访问发生了。其中最重要的是:一旦定义就应强制执行访问限制。以下控制措施应置于合适位置以完成有效的访问控制。

9.3.2 用户标识

有很多不同类型的用户有理由访问金融机构的信息和信息系统。用户包括雇员、客户、系统管理员和经理。在多数情况下,需要在某种程度上知道,哪种类型的用户试图获得对特定应用的访问。经常需要知道的不仅仅是类别,而是确切识别谁在试图获得访问权限。

传统上每个信息系统都有自己的识别过程。随着系统的快速扩展,多样化的系统的识别过程不断产生新的需求。外包这些识别服务可能是可行的。下面的指南适用于任何识别服务提供商。

为了在用户标识中提供更高的信任级别,机构应建立和执行在用户ID发布之前要求证明用户身份的策略。审慎业务实践要求将"知道你的客户"和"知道你的雇员"结合到用户ID发布活动中。更进一步,机构应建立和执行规程以确保每个用户ID在发布之前是惟一的,并可追溯到被识别的个人和发布者。

9.3.3 授权

授权是为已验证身份的用户提供执行系统特定功能的活动。机构应决定每个用户的访问权限。除非专门授权,不允许用户访问任何信息或应用。

基于角色的访问控制(RBAC)的维护记录有几种样式。一种传统的样式是使用列表维护每个用户的权限。通常在双重控制下工作的系统安全管理员追踪和维护这样的记录。安全软件把用户ID和记录进行匹配并根据这些记录允许用户访问信息和应用。

另一种样式针对分散的维护记录,每个系统有一个访问控制列表,或对不同应用的单独访问(例如瘦客户端、肥客户端、web、多层结构、web服务等等)。

9.3.4 用户鉴别

9.3.4.1 机制

用户鉴别是指(例如,规程的、物理的或通过硬件/软件)验证用户身份的过程。用户可以是机构内部的也可是机构外部的,失败的用户身份鉴别可导致机构无法证明一个人对其活动是否负有责任,并可能造成对数据和计算机资源的未授权访问。

有几种不同类型的鉴别机制。它们基于一个或多个特征:用户所知(例如口令)、用户所有(例如智能卡)、用户的某种物理特征(指纹或其他生物特征)。混合多重鉴别机制可确保更高等级的鉴别。

9.3.4.2 数字证书

数字证书用于签名或加密信息,以及为用户、程序代码和设备提供鉴别。基于证书的数字签名可用于提供鉴别信息来源、数据完整性和抗抵赖服务。基于证书的数据隐私服务可用于加密。

ISO 15782说明了在金融服务中X.509证书中的证书管理需要的控制和语法。ISO 21188提供关于机构中如何管理证书安全策略的详细信息以及证书业务声明中必需的要素。

9.3.4.3 口令

现在使用最普遍的鉴别方式是口令。口令是由字母、数字和键盘特殊字符的任意组合构成的一个字符串。与一个用户相联系的口令被认为是用户使用权利(例如访问系统中的特定程序、功能和文件)的授权证明。

口令可以是动态的(例如通过软件自动的,一般是频繁的生成和变更)或静态的(例如由用户自主决定的不频繁的变更)。很多出版物和 WEB 页面上可找到生成和控制口令的指南。标注日期为 1985 年 4 月 12 日(CSC-STD-002-85)的"美国国防部保护口令管理指南"提供了机构内生成、控制和使用口令的技术处理方法。http://computing.fnal.gov/security/userguide/password.htm 上的讨论提供了关于这个问题以及口令共享、组成和长度、变更和存储的一般处理方法。

9.3.4.4 生物特征识别

生物特征识别是一门通过生理特征来识别人员的科学,可以通过这些生理特征准确识别每个个体,这些生理特征具有高度惟一性。指纹可能是已知的最好的生物特征。已存在能读取指纹的电子设备,这些设备能将图像与已存储在系统中的图像做对比。其他的用于生物特征识别系统中的生理特征还包括眼睛视网膜、手形、脸部特征和声音。

ISO 19092[11]描述了在金融服务中如何将生物特征识别信息作为机构信息安全管理方案的一部分来进行管理。该技术报告说明了控制目标、控制措施、管理生物特征识别信息的详细事件日志以及如何达到这些目标。

9.4 审计日志

审计日志是系统生成的活动的记录,由机构使用,以提供一种重现事件和建立可核查性的手段。审计日志对问题或争论的解决至关重要,并且提供遵守法规的证据。审计日志帮助制止未授权活动并提供对这种活动的早期检测。所有系统应根据机构策略提供不同级别的审计日志。另外,级别的细节应尽可能详细,并与运营需要和机构策略保持一致。实用性方面,审计应提供重大安全事件的实时警告。

审计系统应支持即时调查和报告可疑活动。以帮助制止和检测未授权活动。管理者应按时(一般按天)执行对审计日志信息的审查,所有安全例外和异常事件都应调查和报告。

所有审计日志信息应根据业务要求保存一段合适的时间。这些信息应得到保护,免受偶然或恶意删除、篡改和伪造。

9.5 变更控制

为保护机构信息处理设施的完整性,应实施控制措施变更规程。如果没有变更控制,错误的处置或缺失服务将导致财务和效率的损失。变更控制因如下原因而存在:硬件变更、为应用软件和操作系统的补丁管理而发生的变更和手动规程的变更。这些变更控制规程也应说明如何管理紧急变更。

业务经理应确保由他们控制的系统变更控制过程的正确性。信息安全团队应准备好帮助管理安全相关的变更并管理信息安全团队直接负责管理的安全系统的变更。

9.6 信息安全意识

信息安全方案的一部分应是安全意识运动,以教育雇员保护机构的有价值信息。这部分方案以积极的方式影响雇员对信息安全的态度。安全意识应经常强调。

一个安全意识方案应包括一个对新雇员和新公司雇员的安全意识培训。无论何时引入新应用还是对已有应用作大范围修改,都应对用户进行培训。信息安全方案中应纳入公开报道的信息安全相关问题。

不同层次的管理者和员工有不同的关注点。当描述每个群体时应强调他们的特殊关注点。应使用所有层次和技能的人都理解的方式表述。经理们应知道泄露、风险、潜在损失和法规、审计的要求。这应在业务条款中描述，并且伴随与管理者职责领域相关的例子以及积极有效的信息。

9.7 人员因素

劳动力是金融机构最重要的资产。雇员的兴趣和合作在任何成功的信息安全方案中都是至关重要的。通过提升安全意识，提示雇员注意机构技术或操作规程中的异常，这些异常可能表明有安全问题。

另一方面，人也会犯错误。他们可能错误使用技术，他们可能犯罪，这些人为的错误使CISO有必要同机构所有部门就信息安全方案的制定和安全意识展开对话。其他部门可提供他们对机构雇员的观察以减少错误和犯罪活动的机会。

机构中某些职位应设置为"可信的"，这种职位允许或需要访问敏感的人事或财务信息。另一种可信的职位是对机构计算机或IT资产拥有广泛权力和强大能力的职位。被选择到"可信"位置的人员应极其忠诚并经过背景调查。应劝告可信位置上的雇员：不许与他们的家人和熟人讨论敏感的业务规程。业务竞争对手可能试图通过"社会工程"引诱人们泄露信息给未授权的人。引诱者对人们的工作、技术讨论显示虚伪的兴趣和奉承使雇员无意中透露敏感信息。

10 IT系统控制

10.1 保护IT系统

保护IT系统有很多种控制措施，其中可包括机构策略。然而第10章中，控制措施表示为系统设置和外部对策(例如加密)，这些控制措施用于提供鉴别、授权、机密性、完整性、可用性和其他安全服务。本章将讨论目前正在使用和未来可能用到的对策和控制措施。

除了初始的控制措施和策略，机构应采取步骤确保它们长期运作并得到维护，否则，随着时间推移，当新的脆弱性出现和发布的新补丁被忽视时，系统的安全将受到侵害。一个运作良好的安全方案应包括维护过程和规程以确保所要求的控制措施是合适的并能保持及时更新。

10.2 硬件系统控制

保护IT环境中的硬件系统对信息资产的完整性是至关重要的。附录D讨论了一些极其重要的保护关键资源的控制措施。本标准不包含一个机构可能使用的所有IT资源的综合列表，但将对几个主要资源进行简短的讨论。附录D.1提供了可使用的减少对这些资源威胁的一些合适的控制措施。每个讨论遵循一个相似的模板。关键要点在每个讨论中都加以说明，例如，为何一个专门的系统很重要，最重要的安全领域是什么，哪些控制措施需要考虑。

一个未说明、有时机构也缺乏考虑的是硬件系统的供应商的问题。通常对其采用信任的态度，即设备供应商和制造商为金融机构的利益工作，或知道他们的安全目标和策略。然而，由制造商和销售商配置好的机器可能提供对信息和网络连接的未授权访问。随机选购和在网络中分散部署机器能帮助防护这种恶意或偶然的威胁。在更高级别的安全应用中，可能需要考虑在机构和供货商之间建立可信任的控制措施。

特别地，对密码设备，应重点考虑硬件评估，例如FIPS140-2[6)][17]。对其他设备，在选择和使用时应依赖于遵循适当的或行业标准保护轮廓的通用准则评价。

---

6) FIPS 140-2即将形成国际标准ISO/IEC 19790。

10.3 软件系统安全

现代金融机构几乎完全自动化地处理全部交易，所以信息安全方案的核心是软件安全。因为软件的复杂性、大量交互以及访问软件的多重途径，确保软件系统的安全是困难的。另外，许多系统如防火墙、Web 服务器和应用服务器设计为可在许多硬件平台上运行。因为有很多详细讨论每个类型软件系统的文献存在，附录 A.2 的材料仅在宏观上讨论了软件系统安全。

10.4 网络和网络系统控制

虽然一个机构的复杂的处理系统，包括终端系统和不同类型的服务器，常常被认为是最重要的，但系统之间最主要的通信量发生在网络上，既没有加密，也没有特别好的管理。多数互联网和很多公司专用的"租赁线路"使用相同的开放协议和路由系统，在某些情况下与其他公司共享同样的网络设备和交换机。

网络通信容易遭受重新路由攻击、拷贝、数据包嗅探[7]攻击而完全难以被网络和使用网络的系统检测到。加密常常被看作通信安全的灵丹妙药，但对很多企业来说，网络层加密过于昂贵，在性能、吞吐量和时延上开销太大。虽然可使用 SSL、IPSEC 和其他安全通信协议，但它们对网络安全的第一道防线也不是必须的。为管理网络安全，可考虑 ISO/IEC 18028 中的指南。

作为替代，第一道防线通常是机构和电信供应商之间的合同安排以及对电信供应商的信任。因此，使用知名的电信供应商，精心定义的服务条款和考虑周到的合同语言，常常是第一位和最重要的控制措施。下一个最重要的网络控制措施是系统边界控制（如 10.5 所描述），该措施用于保护、监控和管理机构内网和外网之间的连接。

10.5 边界和连接控制

10.5.1 概述

增加公司网络开放性的文献已经很多。由于 web 服务、业务伙伴、外包支持、伴随记录系统的客户交互、临时和合同制劳工以及雇员访问（这些都是远程访问，从家庭和外部连接到其他业务），原来曾经稳定、紧密控制的边界现在变的开放了。日益增加的边界渗透意味着边界和连接系统成为公司信息安全一个关键要素。这种渗透性也意味着越来越多的设备可能成为恶意活动的进入点。这些设备需要考虑用防火墙、入侵检测或其他可能的控制措施来保护，如附录 D.1.1 终端系统的讨论中指出的那样。

企业与大的网络工作环境之间的所有这些边界连接都很关键。任何边界都代表了攻击企业脆弱性的机会。企业需要为如何应用边界控制措施制定自己的策略。例如，一个机构要求隔离以达到高等级的安全环境，具体的例子如：所有用户和终端系统应以物理方式在机构的建筑内部连接。另一方面，一个机构可在一个安全数据库内保护它所有的信息资产，这个数据库在一个安全 web 应用服务器、多层防火墙和入侵检测软件之后，或者有功能强大的用户鉴别检查。合适的措施取决于机构资产、风险评估和他们的策略。

10.5.2 防火墙

防火墙代表了在网络层提供边界控制的成熟技术。尽管实际功能和性能不同，所有防火墙设置在企业连接其他实体或互联网的边界路由器和交换机与企业内部网的路由器之间。一个设计很好的防火墙是保护企业网络的基本要素。

防火墙基于地址、端口、协议和（某些情况下）包的内容监控网络通信。在很多机构中，防火墙仅开

7） "数据包嗅探器"是一个程序，当信息"包"在网络中传输时，对其进行分析，寻找可用于攻击的信息，例如 e-mail 报文的内容、用户名和密码或网络地址。

放所有可用地址、端口和协议中一个非常小的部分。例如,一个防火墙保护一个复杂的web服务器仅允许HTTP协议80端口或HTTPS协议443端口(也就是SSL)通过。其他端口如FTP服务、SMTP(e-mail),可开放也可关闭,这取决于机构的需要和策略。

很多机构应用两层防火墙创建一个DMZ或称为非军事区。web服务器和其他面向外部的服务器和服务置于两个防火墙层之间。对大企业内部服务和数据的请求通信被重定格式和重定向。外部防火墙可仅支持HTTP通信,内部防火墙可允许SSH(安全壳)或其他服务,以支持管理web服务器的访问,或允许web服务器访问内部数据库。一个通用的实践是针对内部和外部位置使用两种不同类型(不同的制造商)的防火墙。

历史上,防火墙是特殊用途的软件,位于网络路径上,保护企业的大部分特定应用。它们是坚固的网络边界设施中最主要的一部分。在过去的两三年中,防火墙已整合到终端系统中,常称为用户防火墙。主要网络连接使用的专用防火墙、个人计算机和其他终端系统上的个人防火墙的使用正在持续发展。

最近的趋势是防火墙功能和入侵检测能力相结合。

10.5.3 入侵检测系统(IDS)

防火墙频繁地根据地址、端口和协议接受或拒绝连接。在这些参数中,可能存在许多含有真实攻击或恶意软件的数据流——当然主体是支持合法的业务活动的数据流。入侵检测系统观察包内的数据并将它们同已知攻击的特性作对比。检测系统通过e-mail、电话或纸面向机构内的适当人员发出警报。有两种主要类型的IDS:网络检测型IDS连接到网络路由器、交换机和服务器,以此来检查网络通信;基于主机的检测类型的IDS是装入服务器或终端系统的软件,用于检查连接到特定设备的通信。企业部署两种检测类型的数量日益增长[8)]。

IDS系统依赖已知攻击特征进行安全检测,对于未知特征的新的有效攻击,IDS可能无法检查到,因而具有一定的局限性。IDS系统开始寻找系统行为中的异常,例如一般使用HTTP通信的地方出现FTP通信,或者在奇怪的时间或以不正常的量进行通信。这种异常情况检测的能力正变得日益精确和复杂,但它们的价值并未得到广泛的证实。虽然如此,很多机构和多数IDS供应商开始增加IDS的分析能力或寻找异常的分析,不仅在边界上,而且在企业网络内部。

一些分析工具是纯粹的工具,依靠其他设备捕获的数据用于查找异常。防火墙和IDS系统开始整合:供货商经常销售同时具有防火墙和IDS功能的产品。这些产品也经常用于——特别是当IDS包括异常检测功能时——执行入侵保护。在这些新出现的入侵保护系统中,会关闭检测到的被用于攻击的网络连接,以在攻击完成前终止或预防它。虽然这是完美的可接受的实践,但应有一个权衡,因为其他合法的通信可能正在通过同一个连接。机构应自己权衡允许合法通信的价值和可能的攻击损失。

允许可能的攻击与攻击可能造成的损失的价值对比判断,是IDS系统局限性最重要的部分。事实上任何IDS系统都有一定数量的误报。就是在某些情况下IDS发布一个看上去像攻击的警告但实际上是合法的。同样地,存在(非常少)一个攻击未检测到而通过的可能性。IDS系统允许机构有相当大的自由度调整系统,以最小化误报和漏报。

10.5.4 其他保护对策

有很多其他的保护网络边界和连接的对策。不同的应用案例需要不同的考虑。例如,一个封闭的业务部门可有一个内部网的直接连接,或者可通过一个简单的防火墙路由,而不是通过两层防火墙。这些构成机构内部网络的路由器和交换机应被保护并妥善管理。很多作为路由功能之后的保护层的防火墙功能已经由网络基础设施完成了。在网络、防火墙和IDS之上,有两个其他主要对策:加密和鉴别。

---

8) JTC 1/SC 27信息安全技术组已经开始制定一个IDS标准,ISO/IEC 18043。

加密显然可用于保护秘密信息。这可在许多层上和许多地方做,但应考虑成本。这些权衡需要根据机构策略和公司信息价值来评估。

鉴别用于设备和设备的用户(包括软件"用户")。设备可通过使用 IPSEC 或在某种程度上通过 SSL 来鉴别。终端用户可通过 SSL 来鉴别,虽然 SSL 实际上不能真正鉴别用户(例如,一些浏览器记住用户名和口令,任何使用该计算机和浏览器的任何人在 Web 服务器看来都是同一个用户)。使用多因素而非仅依靠用户 ID 和口令可加强鉴别,但这样的话用户需要拥有一个令牌或智能卡,拥有一个与数字证书关联的私钥或者指纹(或其他生物特征)。

11 实施特定控制措施

11.1 金融交易卡

11.1.1 概述

金融交易卡可以是在磁介质上存贮信息的磁条卡或者是可处理信息,执行加密功能和比磁介质存储更多信息的"智能卡"[9]。因为智能卡比磁条卡有更多的灵活性,未来将开发这种卡的其他应用。请参考 ISO 10202 智能卡安全相关问题。

金融卡协会维护着他们自己的最低安全标准,这些标准主要用于金融机构和给金融机构提供服务的合同商。除了那些安全方案外,使用金融交易卡的机构应采用下列的安全控制措施。

11.1.2 物理安全

在处理阶段为保护交易卡信息免受破坏、泄露和篡改,卡个人化设施应放置在公安部门定期巡逻的地方和消防部门能服务的地方。这些设施应能通过备用电力发出入侵警报而得到保护。

11.1.3 内部人员滥用

为防止欺诈交易通过访问卡的信息而发生,所有包含合法的账户信息、账号、PIN、信贷限额和账户余额的介质应存储在只对选择过的员工开放的限定区域。卡的生产和发布功能应与 PIN 的生成和发布功能在物理上独立。

11.1.4 PIN 的传输

为防止 PIN 被未授权的人截取而丢失,应根据 ISO 9564-1 到 ISO 9564-4 或 ISO 10202-1 到 ISO 10202-8处理 PIN。ISO 9564 描述了提供有效的国际的 PIN 管理所需的最小安全措施方面的基本原则和技术。它也描述了应用于在线环境中金融交易卡发生交易时 PIN 保护技术,以及 PIN 数据互换的标准方法。ISO 9564 也包含了离线 PIN 环境和电子商务环境中 PIN 的管理和安全。机构应使用这些技术手段来管理和保护自动柜员机(ATM)和收单方部署的销售点(POS)终端中 PIN 信息。

注:ISO 13491-1[5]描述了金融服务设备(POS、ATM)需要的密钥管理控制措施。

本标准不覆盖非 PIN 交易数据的保密、保护 PIN 防止丢失、客户或发行方雇员故意的滥用,保护交易报文防止变更或替代,例如对一个 PIN 验证的授权响应,保护 PIN 或交易防止重放,或特定的密钥管理技术。负责实施技术以管理和保护自动柜员机(ATM)和收单方部署的销售点(POS)终端中 PIN 信息的机构,可使用这些技术。ISO 10202 描述了整个生命周期中,从卡制造到卡发行,从客户和雇员的使用到终止,IC 卡保护的原则。ISO 10202 还描述了交换要求的最低安全级别和安全选择权,即允许

9) "智能卡"这个术语描述了具有不同功能和能力的支付卡片大小的设备。这些设备与人们熟知的磁条卡(用于贷记、借记、ATM 和 POS 交易)具有几乎一致的外观。智能卡包括集成电路卡(ICC),储值卡和非接触式卡。

金融交易卡发卡方或供应商按应用策略选择一个合适的安全级别和安全策略。ISO 10202 中还描述了加密密钥关系、正确使用密钥算法和金融交易过程安全所需的密钥管理技术。ISO 10202 也描述了可加入到卡接受设备中的应用模式的安全要求。

11.1.5 员工

为防止将贷记卡处理责任分派给不合适的员工，在法律允许的情况下，应对所有处理凸印卡或背面未签名卡的雇员，包括兼职的和临时的雇员，进行信用和犯罪记录检查。

11.1.6 审计

为确保控制和审计信息的完整性，要求维护对打印塑胶表、图版、雕版和编码的设备、签名贴箔面板、全息图、磁带、完工的半成品和成品、样本卡、卡持有者账号信息和废物处理设备的控制措施和审计日志。

11.1.7 防止伪造卡

为防止销售划款中泄露信息用于生产伪造磁条卡，加密校验码应编码到磁条中并且这些编码在交易中应尽可能验证。

为防止截取信息用于生产伪造卡，物理卡鉴别方式(CAM)应用于验证卡的真实性。

11.1.8 自动柜员机

自动柜员机允许客户查询余额、取现和存款、付账单或者办理其他的一般柜员业务。这些设备可位于机构建筑内部、与机构建筑相连的外部或者远离任何机构办公地点。

为减少抢劫客户和恶意破坏机器，可提出更多的防护建议，但这超出了本标准的范围。这些设备的制造商和 ATM 网络的供应商一般出版使用 ATM 的安全指南。这些文档应予以参考。ATM 交易应遵守卡支付设计中规定的安全要求。

11.1.9 持卡者身份和鉴别

最普遍使用的鉴别持卡者的方法是个人识别码(PIN)。它们用于控制访问 ATM 和 POS 设备。应教育用户使其理解 PIN 安全是他们自己的责任。除了 PIN，生物特征识别和其他技术开始用于持卡者识别。

为防止未授权交易导致猜出 PIN 而使卡被未授权的人使用，尝试 PIN 输入的数量应限制为三次。三次尝试没有成功，建议锁住卡并联系拥有者。

11.1.10 鉴别信息

为防止信息进出 ATM 的传输中被未授权篡改，要求每次传输使用 ISO 16609 规定生成的报文鉴别码并按 ISO 11568 规定分发。为防止未授权篡改、破坏或泄露驻留在 ATM 中的信息，对 ATM 内部的物理访问控制应与目前现金箱物理安全保护控制保持一致。

11.1.11 信息泄露

为防止由于泄露用户输入的 PIN 信息而导致未授权使用 ATM 和 POS 终端，仅允许使用带有符合 ISO 9564 标准的加密键盘的设备。应考虑加密所有来自 ATM 的传输信息。应根据 ISO 相关标准管理 PIN。

11.1.12 欺诈防护

为检测和防护欺诈使用 ATM，如空头支票、空白信封存款和抵赖交易，提出了一系列建议。这包括限制每天每个账户交易次数和取款数量，双重控制下每天进行ATM资金平衡，安装摄像头防止欺诈或给予潜在的警告，尽可能维持ATM在线的运营，例如要求ATM具有完成交易前能检查账户余额的能力。如果在线运营是不可能的，应建立比在线运营更严格的发卡要求。

11.1.13 维护和服务

为防止维护和服务ATM期间未授权访问信息，在实施任何维护之前应确保ATM提示"停止服务"。对涉及打开ATM钞箱的服务应建立双重控制措施。

11.2 电子资金转账

11.2.1 未授权来源

与电子资金转账(EFT)有关的威胁和控措施应独立于它们使用的技术予以评价。为防止接受未授权来源的支付请求而遭受损失，应鉴别请求资金转账的报文的来源。应根据客户与合作方同意的安全规程鉴别来源。只要加密鉴别的成本和性能使得这种控制可行时，就推荐使用它。

按ISO 16609规定生成的MAC和按ISO 11568规定分发的加密密钥一起提供了加密鉴别。另外，按ISO/IEC 18033(同ISO/TR 19038[10]或ANSI X9.52[14]一起)或FIPS 197[18]，以及按ISO 11568的规定分发的密钥，成功解密加密的报文，可用于建立报文源鉴别，也可使用数字签名。

11.2.2 未授权变更

为防止因故意或意外变更报文内容导致错误的支付，应使用客户与合作方同意的指定安全规程鉴别报文中的支付日期、起息日、金额、币种、收益方姓名和可能有的收益方账号或IBAN组件。只要可行，所有文本都应鉴别。建议加密鉴别。

11.2.3 报文重放

为防止重放的报文导致未授权的重复支付，要求使用并验证报文标识的惟一性。在任何鉴别中应包括这个标识。

11.2.4 记录保留

为保存需要的证据证明支付的授权，无论传输报文使用何种介质，应记录资金转账要求的报文。证明授权需要的材料，包括支持加密的材料，应予以保存。

11.2.5 支付的法律基础

为确保正在进行的支付符合已签署的协议，应建立一个系统确保EFT请求基础协议是适当的和符合当前情况的。

11.3 支票

11.3.1 概述

支票，也称为可转让取款命令或提款权，是指示金融机构付款的书面命令。几种新的处理支票的方法增加了金融机构的安全问题。支票影像和其他截留设计是产生安全问题的技术例子。很多国家发布了支票处理操作的不同方面标准10)。

10) X9的B分委员会(美国)已发布了支票处理操作标准，例如ANSI X9 TG-2支票的理解和设计、ANSI X9 TG-8支票安全指南。为在金融机构间兼容并提升处理过程的性能，鼓励金融机构遵守X9技术指南2(TG-2)和X9技术指南8(TG-8)的建议。

11.3.2 新客户

当通过开放网络提供服务时，“了解客户”的要求面临特殊的挑战。虽然通过使用网页或其他电子媒介对金融服务进行宣传是可取的，但是，除非出现正确识别人员的普遍认可和强制的电子方法，否则个人还必须亲自到金融机构业务场所开立新账户。应遵守正常的客户验证规程。

11.3.3 完整性问题

应保护每个交易以确保识别用户身份、鉴别用户真实性、鉴别报文真实性、保护敏感信息的机密性、指令的抗抵赖性。

应通过机构的认证部门对交易请求使用鉴别密钥进行数字签名。正确的实施后，可确保正确识别用户，报文内容不可更改，用户和他的行为就实现了合法的绑定。

账号、PIN 或其他信息，一旦泄露，将允许对账户的未授权使用，因此这些应予以加密保护。

12 辅助项

12.1 保险

在设计信息安全方案时，信息安全官和业务经理应同保险部门、承保人(如果可能的话)协商。这样做可以使信息安全方案更有效，更好的使用保险费。

在索赔之前承保人可能要求可靠的控制措施，称为责任前条件或先例条件。责任前条件常处理信息安全控制措施。因为这些控制措施对保险的目的来说是恰当的，所以它们被整合进机构的信息安全方案。一些控制措施也可要求被担保，即从策略的开始，就显示其恰当性。

业务中断的保险范围，特别是失误和遗漏保险范围，一般应和信息安全计划结合。

12.2 审计

以下引用来自国际内部审计师协会定义的审计师角色：

“内部审计是一个独立的、为确保目标和协商而设计的活动，以增加价值和改进机构运营。它通过系统的、严格的方法评估和改进风险管理、控制措施、过程管理的效率来帮助机构完成它的目标。内部审计审查信息的可靠性和完整性、策略和法规的符合性、资产防护措施、经济的和高效的使用资源、已确立的可操作的目标。”

更明确来说，在信息安全领域，审计师应评估和测试覆盖金融机构信息资产的防护措施。致力于同信息安全官和其他人士及时沟通，对识别威胁、风险和已有或新产品的足够防护措施提出正确的观点。

审计师为管理者提供涉及控制环境的情况的客观报告，以及推荐经过需求和成本利益方面论证的改进措施，详述审计日志信息的保存和审查。在审计功能同其他功能结合的地方，要求管理者注意使潜在的利益冲突最小化。

12.3 灾难恢复计划

信息安全方案的一个重要部分是在破坏事件中继续重要交易的计划。灾难恢复是业务恢复计划的一部分，业务恢复确保信息和信息处理设备在中断后尽可能快地恢复。灾难恢复计划要确定必须实施保护的范围，并列出在灾难情况下的人员角色和人员责任。

灾难恢复计划应包括一个业务活动的重要性、优先级别的准确列表，并且应包括满足机构业务责任的合理的恢复时间框架。计划应确定能支持重要的业务活动的可用的灾备资源和场所。

在灾难事件中，当责任员工无法履行职责时，应确定能够恢复和运行信息处理资源的替代人员。如有可能，机构应寻求同服务提供商达成协议，以尽快恢复服务。灾难恢复计划应确保信息备份系统的可用性,该系统能及时定位和恢复关键信息。

很重要的是,灾难恢复计划应确保备份信息,确保备份信息安全的存储和按拟定的计划备份,信息存储的位置应予以明确标识,同时应给出在现场和不在现场的要求。

灾难恢复计划应根据需要尽可能频繁的测试以发现问题,并且在运作中不断进行人员培训。周期性对灾难恢复计划进行重新评价,以确定它仍然满足要求。机构应指定测试和重新评估的最小频度。

12.4 外部服务提供商

金融机构需要外部提供至关重要的服务,例如数据处理、交易处理、网络服务和软件制作,应和机构内部处理活动一样接受相同级别的防护措施和信息保护。外部服务商合同应包括如下必要条款满足金融机构的要求:

——供应商应遵守机构的安全策略和实践;

——由公共会计事务所出具的供应商的有效报告给机构;

——机构内部审计员有权对提供商涉及金融机构的相关规程和防护措施进行审计;

——提供商应遵守交付系统、产品或服务的有条件转让契约。

除如上所述之外,在执行服务提供商的合同之前,金融机构内部的专家应对供应商实施独立的财务审查。

除非获得了信息安全防护已到位的书面保证,不能和服务提供商开展任何业务。CISO 应检查服务提供商的安全方案以判断是否和本机构的相一致。任何不足应通过和供应商的谈判或通过机构内的风险接受过程来加以解决。

除了信息安全要求,同服务提供商的合同应包括非泄露条款和因信息安全过失导致损失方面的清晰责任划分。

12.5 渗透测试组

使用渗透测试组,通常是承包商,在得到机构适当官员的同意下,利用专业知识通过对系统的渗透攻击来测试系统安全访问的有效性。这是系统安全方案获得保证的一种方法。

随着计算机系统变得越来越复杂,安全也变得越来越难以维护。使用渗透测试组可帮助发现机构系统特有的脆弱性。然而,应考虑一些问题。承包商应有足够的保证或足够的力量承担由于他们的工作带来的责任。

机构不能仅依靠渗透测试报告来监控它的安全方案。

在与渗透测试组的合同中应注明结果不能泄露。任何安全问题的揭示应由机构掌控。

12.6 密码操作

IT 的发展已经给传统的控制信息的方法带来更多的挑战。广泛使用的加密设备使银行等金融机构有能力重新获得原先的安全级别,同时从日益增长的信息处理技术中获益。

像任何新出现的技术一样,存在误用密码解决方案的危险。对机构来说在基于防护的密码技术的选择、使用和持续评价上作出适当的决策是重要的。

假定已经认识到了密码防护措施的需要。这些防护措施在第 9～14 章中给出,包括应用加密、报文鉴别码和数字签名。每一个这样的服务也要求密钥管理或认证服务。

合适的密码防护可应对对信息机密性和完整性的威胁。像加密和鉴别这样的密码防护措施要求某种材料,如密码密钥,来保持秘密。

可能需要一个或多个设备来生成、分发和解释密码材料来支持密码防护。如有可能,应使用 ISO 关于银行业密钥管理的标准。

提供密码材料管理的设备应服从最高级别的物理保护和存取控制。密钥管理应在密钥分割下完成以保护系统安全。

可靠的密码实践和有效的灾难恢复计划可能引起目标冲突。进一步协商灾难恢复和密码支持之间的责任是必要的，可确保一个功能不危害另一功能。

应以最小化损害可能的方式为客户提供密码材料。客户应知道密码材料安全措施的重要性。客户、商务合作者或服务提供商的密码系统之间的互操作必须在完整的书面文档保证下进行。

密码产品提供的安全性质量依赖于这些产品的持续的完整性。硬件和软件密码产品需要与它们要提供的安全级别相一致的完整性保护。使用合适的已认证的抗攻击和密钥归零集成电路，使得硬件系统比软件系统在某种程度上容易提供保护。如果环境允许，也可使用软件密码产品。应采用增强系统完整性的方法，例如自测试，来达到最大程度的可行性。

密码产品要服从政府关于使用、进口和出口法规的变化。各地关于密码设备使用、制造、销售和进出口的法规差异很大。应向当地律师和授权机构咨询。

12.7 密钥管理

任何技术，都有相对容易执行和维护的部分以及需要尽最大努力才能完成的部分。密码密钥管理就是需要仔细计划、培训和执行的技术。描述密钥管理的标准包括 ISO 11568。

密钥管理是密码技术的一部分，它提供安全生成、交换、使用、存储和废止密码机制中使用的密钥的方法。在计算机系统和网络中，将多种密码技术，如加密和鉴别相结合可实现很多安全目标。然而，如果没有密码密钥的安全管理，这些技术是没什么价值的。

密钥管理的主要功能是通过密码技术，提供所要求的密钥并且保护这些密钥免于任何形式的泄露。密钥管理的特殊的流程和安全要求依赖于基于密码技术的密码系统的类型，密码技术本身的属性，以及受保护计算机系统或网络的特性和安全要求。

最重要的是在计算机系统或网络内，为了应用的高效率，密钥管理应有足够的灵活性，但仍应维持系统的安全要求。

密钥管理服务应随时随地提供，包括在备份地点。密钥管理应作为机构灾难恢复计划的一部分。

12.8 隐私

金融机构拥有很多个人和机构的敏感信息。法律和制度要求在某种安全和隐私规则下处理和保留这些信息。某些技术和业务的发展，例如网络、文档镜像、目标市场和跨部门信息共享，导致必须充分考虑银行隐私保护。

金融机构应审查所有的隐私法律和制度，例如那些涉及信用信息方面的。应对目前出现的国内隐私法律保持关注，它们或由银行法律办公室，银行业界发起者提出，或由独立信息发起者提出。另外，从事国际业务的银行需要知道区域的、国际的或其他方面的适用的隐私法律制度。

金融机构应审查其操作来判断客户和雇员的信息是否得到足够的保护。在关于如何收集，使用，保护信息方面应给出专门的策略和规程。这些策略和规程应为相关雇员所了解。隐私策略和过程应说明：

——收集信息时应确保只收集与识别业务需求有关的，精确的信息；

——处理信息以提供合适的访问限制，包括决定谁能访问信息，进行质量控制以避免数据输入或处理的错误，防止不经意的未授权访问；

——共享信息，仅能以事先定义好的方式存在。信息以最初收集时的原因为使用目的。这种共享不能导致产生其他未经授权的隐私入侵的新机会；

——存储信息确保以受保护方式存在以避免未授权访问；

——发布信息使用和有效的程序，允许信息拥有人纠正信息错误，建立使用信息的标准；

——当不再需要时安全地销毁信息。

另外，对雇员的电子或其他形式的监控应符合各类不同的法律要求。在考虑雇主权利的同时，雇员隐私保护和处置权同样应得到考虑。

金融机构可考虑进行隐私审计。这种审计可评估机构隐私保护的执行情况和IT处理隐私问题的方式。

13 后续防护措施

13.1 维护

防护措施维护，包括这些防护措施的管理，是金融机构安全方案的重要组成部分。确保如下要求是所有级别管理者的责任：

——清晰地建立维护防护措施的责任；

——机构资源分配给防护措施的维护；

——防护措施周期性审查和重新验证以确保按计划持续执行；

——IT系统软/硬件的修改和升级不能使计划好的现存防护措施的性能发生改变或无效；

——技术的升级不能引入新的威胁和脆弱性；

——当发现新需求时，升级防护措施和/或加入新的防护措施；

——防护措施有任何变更时，审查、改进安全策略或增加新安全策略；

当完成上述维护活动时，应避免带来不利的或高成本的影响。

13.2 安全符合性

安全符合性检查，也称为安全审计或安全审查，是一项非常重要的活动。符合性检查用于确保遵守和符合IT系统安全计划，以及确保IT项目或系统在整个运行生命周期中能够有效保持一个适当的信息安全级别。这包括设计、开发和实施阶段，也包括应用升级，改进或修订。当重新布置或处理系统组件时也应保持小心。

执行安全符合性检查可使用外部或内部人员(例如审计师)，并且通常依据与IT项目或系统安全策略有关的列表的使用。安全符合性检查应整合在IT项目或系统计划中。

另外，抽查技术对判断运营支持员工和用户是否遵守专门的防护措施和规程尤其有帮助。所做的检查应确保正确的安全防护措施被执行、使用，以及在合适的地方通过测试而恰当地验证。在发现防护措施不符合系统安全计划的地方，应建议区域经理，产生、实施和试验正确的行动计划并检查结果。

13.3 监控

监控是信息安全计划的重要的组成部分。监控可给管理者已实施的防护措施的指示，包括这些防护措施是否满足相关要求以及是否实施了防护措施维护方案。初始的安全计划可和监控的结果相比较以判断哪些防护措施起作用了，哪些没起作用。

很多防护措施生成安全相关事件的输出日志。这些日志应定期审查，如有可能，应使用统计技术分析以进行趋势变更的早期检测和重现不利事件的检测。资产、威胁、脆弱性和潜在的防护措施的所有变更对风险有重大的影响，及早检测出，就可以及早采取预防行动。仅从日志中分析过去事件会忽略日志的其他重要防护机能。

监控也应包括向相关信息安全官汇报的规程和一般基础上的管理。

14 事故处置

14.1 管理事件

安全事件是在信息系统或通信系统中已确定发生的情况，表明安全策略可能被破坏或保护资产的防护措施的失败。任何事先未知或意外的情况可能有安全相关问题,应作为安全事件对待。一个安全事故是一系列一个或更多未知或意外的安全事件,对信息有重大的潜在威胁,对业务运营有伤害。安全事件的发生是不可避免的。应调查每个安全事件,判断是否是安全事故。调查应深度衡量事件的危害程度,或事件导致的潜在危害程度。

事故处置提供了对无意或有意破坏正常 IT 系统运营的行为的反应能力。应开发适合整个机构的 IT 系统和服务的事故报告和调查计划。这个计划包括报告 IT 和业务一线员工使其获得目前信息安全事故和相关威胁以及它们对 IT 资产和业务运营相关影响的一个泛围很广的见解。关于事故处置和管理事件的其他信息可在 ISO/IEC TR 18044[9] 中找到。

信息安全事故调查的基本目标是以敏感和有效的方式对事故作出反应并且从事故中获取教训,避免未来相似的不利事件。在某些情况下这些是必须的,对机构名誉采取特别防护措施,避免恶意通告不利的公开批评以保护安全事故相关信息的机密性。

事先准备好的带有已定义的决策的行动计划允许机构在合理的反应时间里限制进一步的损害,通过辅助方法继续业务。一个事故处理计划应包括按年代顺序文档化的所有事件和行动。这应导致事故来源的识别。这是达到第二个目标的前提,即通过改进防护措施来减少未来的风险。

完成事故分析并文档化是重要的,提出以下问题。

——事件和行动按年代顺序正确文档化了吗?

——按计划执行了吗?

——相关员工可得到所要求的信息吗?

——要求的信息能及时获得吗?

——下次员工建议所做有何不同?

——事故分析处理功能(检测/反应/报告)效率高吗? 它能改进吗?

——有控制措施以防止安全事件再次发生吗?

回答这些问题并找出解决办法可减少未来事故的影响。

14.2 调查和取证

一些事故要求额外的调查。悬而未决的欺诈行为、不满意的雇员和一些法律问题要求能够在 IT 系统中进行调查。需要收集和分析系统日志、IDS 日志、有时还包括整个磁盘以支持一个调查。可能需要磁盘中数据的法律分析,包括寻找删除的文件,以及其他类型的详细分析。多数机构仅拥有有限的内部能力执行这些调查和分析。然而,所有安全方案应包括一些证据处理方面最小的训练和计划,包括谁将执行这些调查,他们如何开展工作以及他们能执行哪些类型的法律分析等等方面。不同机构和不同事故的实际需要有很大的不同。

14.3 事故处置

参加事故处置的所有人员应熟悉事故处置计划。计划应考虑很多潜在的问题:正常规定时间之外的事故,交流需要(包括机构内的交流以及与媒体和客户的交流),备份和应急计划,与供货商和支持商(包括业务伙伴)的沟通。

14.4 突发事件问题

为保持突发事件期间的完整性,不应省略安全过程。仅局限于解决突发事件中产品问题的特定过程应就位并且恢复正常的变更规程应尽快制定。在任何变更中,所有变更内容,包括突发事件支持人员的变更,必须以书面方式记录。最后,应审查所有突发事件变更。

附 录 A
(资料性附录)
示 例 文 档

A.1 董事会关于信息安全的决议

决议：

信息是公司的资产。

作为一项资产，公司的信息和信息处理资源应加以保护，防止未授权或不恰当使用。

首席执行官指导建立信息安全方案，方案应与审慎业务实践保持一致，目标是恰当地保护公司信息资产。

A.2 信息安全策略

ABC金融机构信息安全策略

ABC金融机构认为所有形式的信息均为公司的资产，需要采取适当的控制措施保护这些资产，以防止未授权或者不正确使用。信息对公司高效的日常运作是至关重要的。该信息只能用于其希望的目的——ABC金融机构业务行为。我们公司的策略是：只在已证实为"业务需要"的基础上才提供信息的访问，其他情况一概拒绝访问。

ABC金融机构的每位业务部门高级管理者负责维护其信息资产的机密性、完整性和可用性，他们必须遵守所有由信息安全部门公布的有关公司的信息资产保护的策略、标准和规程。

所有雇员有责任了解、支持和遵守所有有关信息资产保护的公司策略、标准和规程。

A.3 雇员认知表格

公司认为信息是应保护的资产。

我有责任了解、支持和遵守所有有关信息资产保护的公司策略、标准和规程。

我已经获得一份公司信息安全手册，同意遵守其中的条款。

我同意仅出于履行本人工作职责的目的，使用我有权访问的公司信息和信息处理设备。

我理解，公司可审查我使用公司的信息处理资源产生的任何信息或消息。这包括但不限于文字处理设备、e-mail系统和个人计算机。

我同意对可能危害公司信息资产的可疑行为和情形及时向我的主管汇报。

我理解滥用公司信息资产可导致对本人的纪律处分。

日期______________________

打印的雇员姓名______________________________ 签名______________________

证明人(或者主管)__________________________________

A.4 登录告警屏幕

这是一个仅向合法授权人开放的私人计算机系统。授权人仅限于执行为完成相关职责所分配的职能。任何未授权访问将被调查，并在法律范围内进行起诉。如果你不是授权用户，请立刻切断连接。

或者：

该计算机系统仅向授权用户开放。任何未授权访问和尝试将被调查。如未经授权，请立刻切断连接。

A.5 传真警告

支付警告

警告

在没有授权机构的确认的情况下，不要依赖本传输付款或者发起其他交易。

所有者声明

本传真文档包含了ABC公司的机密信息或者特别信息。该信息用于本传真件上所列出的收件人。如果你并非收件人，请注意：禁止对本传真信息的任何泄露、复印、分发或者使用。如果你已经错误地收到了本传真，请立即电话告知发送者，以便我们能够取回这些文档，费用无须您支付。

A.6 信息安全公告

计算机病毒警告

根据国家报告，名为"The Michelangelo Virus"的计算机病毒已经在整个世界迅速传播开来，可能成为近年来最具破坏性的病毒。该病毒感染基于版本为2.XX或以上的DOS的系统中。

影响

该病毒于3月6日(Michelangelo的生日)爆发。在该日，病毒将覆盖关键的系统数据，致使系统不可用。感染的数据包括启动盘(无论软盘或者硬盘)上的启动记录和文件分配表(FAT)。

从已经损坏的盘中恢复用户数据将非常困难。

症状

已知症状包括以下两个方面：

可用/总共内存减少2 048字节；

软盘在DIR(目录)命令下变得不可用，或者以乱码字符显示。

特别注意：Michelangelo病毒不会在任何时间在PC屏幕上显示任何消息。

感染风险

病毒通过以下方式之一传播：

- 从已经感染的软盘启动(即使该启动并未成功)；
- 从硬盘启动，但是在A驱动器中已经放入感染过的磁盘，并且驱动器门已经关闭。

同时用于商业和家庭的磁盘可能比通常的磁盘具有更高的风险。

A.7 风险接受表

信息安全风险接受

本表格宜仅在业务过程或系统不符合信息安全策略、信息安全标准以及对将来可预见的问题没有计划可参照执行时填写。

公司________________________________ 请求单位代码____________________

单位管理人____________________________ 请求单位名称____________________

策略/标准的页码和条款编号________________ 日期__________________________

请求的风险接受(描述)____

____

____

____

业务过程描述(可附加相关文档)

____

____

____

期间交易总数______________________________________

期间交易总额______________________________________

交易是否限时？(描述)________________________________

是否影响通用分类账户？______________________________

接收输出的管理级别__________________________________

输出决议的关键程度__________________________________

规定/法律上的考虑___________________________________

输出分发给客户了么？(描述)____________________________

所处理的信息的最高级别_______________________________

用于支持业务过程的系统的描述(可附加相关文档)________________

设备型号的描述(计算机编号、样式等)________________________

网络连接的描述(LAN、VATM、拨号等)_______________________

处理地点____

用户数____

用户地理位置______________________________________

与其他系统的接口的描述_______________________________

可用性要求_______________________________________

其他的应用是否运行在本设备上？(描述)______________________

系统是否由中央系统群提供支持？如果不是，描述支持安排____________

描述业务/系统对策略适用的要求__________________________

遵守策略的估计费用__________________________________

描述现在或建议的降低风险的控制措施________________________

现在或建议的降低风险的控制措施的估计费用____________________

本决定所考虑的其他因素(其他可选的、附加的业务因素、其他公司的行动等)

推荐：______________________________(部门经理)日期：____________

审阅：______________________________(信息安全官)日期：___________

意见：____

批准：______________________________(高级官员分配)日期：__________

风险接受编码(授权高级官员)_____________________________

下次审查日期______________________________________

信息安全级别______________________________________

A.8 远程办公协议和工作分配

雇主-雇员远程办公协议

本协议在____________________(以下称“雇员”)和___________________(以下称“公司”)中有效。在法律的范围内,达成协议如下:

协议范围

雇员同意作为远程办公者为公司提供服务。雇员同意远程办公是自愿的,并且公司可在任何时候终止该远程办公,无论是否有原因。

除了本协议中明确的雇员的职责和义务,公司和雇员在雇用过程中雇员的职责、义务、责任和条件保持不变。

术语“远程办公地点”或者“远程办公室”指由雇员管理层批准的雇员居住点或者任何远程办公室地点。

协议条款

本协议应自雇员、雇主签署协议日期的较后者起生效,并在雇员远程办公中保持有效,除非终止。

协议终止

雇员作为远程办公者参与工作完全是自愿的,且仅适用于根据公司判断认为合格的雇员。员工不拥有进行远程办公的权利。然而,当雇员自愿且被挑选去远程办公,雇员将许诺远程办公不低于X月的周期。由于远程办公者工作的中断所造成的费用、危害或损失公司概不负责。本文本并非雇佣协议,不可作为雇佣协议进行解释。

补偿

工作时间、加班、轮班、假期:雇员同意工作时间、加班费、轮班和职位安排将遵守雇员和公司所达成的条款。

远程办公和附带设备

雇员同意由公司在远程办公地点提供的设备、软件、资料供应、器具等,仅限于授权人员用于业务目的,包括自我发展、培训和工作任务。远程通信设备仅供雇员业务使用。公司将不对雇员在进行私人业务期间所发生的远程通信费用负责。

公司可根据其自身判断,选择购买雇员远程办公使用的设备和相关供应品,或者允许雇员使用其自有设备。有关硬件(包括但不限于电脑、传真机、视频显示终端、打印机、调制解调器、数据处理器和其他终端设备)、计算机软件、数据和远程办公设备(即电话线)等的型号、特性、功能和/或质量完全由公司决定。

以上设备、数据和/或软件的移除或废止完全取决于公司的决定。购买的供雇员使用的设备应作为公司的财产。公司不承担雇员自有设备的丢失、损害或磨损等的责任。

雇员同意,工作期间,在远程办公地点应指定一工作区放置和安装所使用的设备。雇员应保持工作区的安全,以使雇员和设备远离危险。选择作为雇员远程办公区的地点必须经公司批准。如果公司的远程办公设备的初始安装和设置发生变更,由雇员负责其费用。

雇员同意,公司可到远程办公地点确定该地点是否安全且远离危险,或现场维护、维修、检测、重新索回公司拥有的设备、软件、数据和/或供应品。在发生意外时,有必要采取法律行动重新拥有公司所有的设备、软件、数据和/或供应品。如果公司获胜,雇员同意支付公司承担的所有费用,包括律师费用。

碰到设备失效或者故障,为了对该设备进行立即维修或者替换,雇员同意立即通知公司。遇到维修或者替换的拖延,或者其他雇员不可能远程办公的情况,雇员同意其被分配从事其他的工作,或者被分配到其他地点,具体安排完全由公司决定。

公司拥有的设备、软件、供应品以及家具、照明设备、环境保护和其他家用安全设备应按其预定用途使用，且应在安全条件下使用和维护，避免故障和毁坏。

雇员同意，公司拥有的数据、软件、设备、设施和供应品应予以适当保护，并不能用于创建私人软件或数据。雇员应遵守公司所有关于利益冲突和机密性的策略和指南。工作相关活动所产生的任何软件、产品或者数据由公司所有，且必须以核准的形式和媒介生成。雇员同意，一旦雇佣关系结束，雇员将向公司归还所有属于公司的物品。

伤害责任

雇员理解，雇员对由于其自身造成的对第三人和/或雇员家人的伤害负责。雇员同意，在雇员提供的服务或者雇员在实施本协议的职责和义务中，由于其有意的误操作、粗心行为或者遗漏，无论直接或者间接导致的，将维护、赔偿和维持公司、其分支机构、雇员们、订约人、代理商，使之免于由于人员伤害（包括死亡）和财产损失所带来的所有控诉、索赔、或责任（包括任何相关损失、成本、费用合代理费），完全由公司的疏忽、有意误操作所导致的控诉、索赔或责任情况除外。

其他情况

雇员同意参与公司所有的，与远程办公相关的研究、调查、报告和分析，包括调查雇员可能认为的私人或者属于特权的方面。公司同意，如果雇员要求，雇员的个人答复应保持匿名，但是该数据可编辑并无需雇员的确认即可提供给公众。

雇员必须遵守公司所有的规章、政策、实践、指令和本协议，且明白，违背这些将导致失去远程办公和/或纪律处分，直至解除雇佣关系。

通过以下签名，确认我已经阅读过本协议，并且理解其含义。我确认我已有机会让我的法律顾问进行全面审查。

雇员签名：________________________

日期：________________________

当远程办公（或者说在另外一个地点工作，例如家里）对双方都有好处的时候，可以选择安排某些雇员进行远程办公。

远程办公不是一项雇员福利，而是满足公司需要的一种可选方式。雇员没有权利一定要去远程办公，公司可在任何时候中断该安排。

以下是远程办公者和其主管协商同意的远程办公条款：

1） 雇员同意在以下地点工作：______；
2） 雇员将每个星期远程办公__天；
3） 雇员工作时间如下所示：______；
4） 以下为雇员在预定交付日期，在远程地点进行工作的安排：______；
5） 雇员将在远程办公地点使用以下设备：______；
6） 以下为在远程办公地点的远程办公者，由于公司业务原因需要进行电话通信的协议条款：______；
7） 雇员同意从______获得所有在远程办公地点工作所需要的供应品；如果购买了公司办公室日常可以提供的供应品，这些支出通常不能报销；
8） 雇员将被要求经常性定期前往________________中心参加培训和团队/主管会议。

我已经在他/她参与公司远程办公计划之前，通读以上条款。

日期：________________________

主管签名：________________________

以上材料已经与我商榷。

日期：________________________

雇员签名：________________________

附 录 B
（资料性附录）
Web 服务安全分析示例

B.1 高级别安全分析

B.1.1 概述

策略可以非常详细也可非常简略，与之相似，风险分析也有不同的详细程度。本条对 Web 服务进行高级别讨论，Web 服务是一种新兴技术，对于许多金融服务公司和其他使用互联网完成业务的公司非常重要。本示例分析仅仅是个例子，不宜被认为是特定的安全建议。如同本文档中所标明的一样，每个机构必须基于其特定策略和业务需要，作出其自身的安全和风险决定。

Web 服务（WS）是一个业界的通用词汇，指一系列新出现的基于可扩展标志语言（XML）的标准，这些标准允许计算机在互联网上交换数据，进行业务和交易。核心的 WS 功能允许生成可被其他计算机（而非人眼通过浏览器）访问的信息服务。Web 服务处理系统间、业务单元间和公司间互操作的能力很强。

Web 服务主要的组件包括：

——装载服务的应用服务器（即服务软件代码运行的场所）；

——服务的接口（通常被描述为 Web 服务描述语言，WSDL）；

——用 WSDL 接口描述的数据存储或目录，这样 WS 客户端可以找到（并使用）接口；

——要使用 Web 服务的 WS 客户端；

——允许 WS 客户端与服务对话的通信协议（简单对象访问协议，SOAP）。

Web 服务有许多定义，但是被广泛认可的定义是通过 W3C 标准简单对象访问协议（SOAP）披露信息的信息服务。SOAP 的客户端接口必须知道如何访问这些信息服务。这些访问可以用另一个 W3C 标准，Web 服务描述语言（WSDL）描述。基于 SOAP 服务的创建者发布了 WSDL 文件。

B.1.2 Web 服务安全

Web 服务安全应处理维护服务、服务描述、服务库、使用服务的客户端和通信协议的应用服务器。多个供应商和银行开发了 WS 安全框架和一些规范。另外，无处不在的 web 安全解决方案 SSL 可为 Web 服务提供一些安全。其他的 Web 服务安全详情将在本章讨论。

B.1.3 安全标准

SOAP 和 WSDL 是报文和服务的定义，对每个使用它们的业务服务，它们必须分别地被保护。然而，当前它们没有规定为 Web 服务应用提供数据完整性、源鉴别或机密性服务的完整方法。预期将有新的要求，SOAP 具有扩展框架，允许在标准化方法中加入安全要素和协议。本条给出了一些关于 Web 服务的标准的概述。

安全声明标记语言（SAML）规定了可交换安全信息的基于 XML 的框架，可解释为某个安全域内具有一个标识的实体的声明。这些声明通过 SAML 请求和响应报文传送。交换的安全信息以 SAML 声明的形式传送，这些声明可传送关于先前鉴别事件、人或计算机主体的属性和授权决定（允许或不允许主体对资源的访问）的详情。业界注视 SAML 的发展，业界希望它成为传送基于 SOAP 的 Web 服务的登录信息的标准方法。SAML 现在具有用于 SOAP 的绑定的描述。

Web 服务安全(WS-Seurity)是 SOAP 的建议扩展集,它可使 Web 服务交易具有完整性和机密性。WS-Security 试图通过安全令牌传播、报文完整性和报文机密性提供完整性和机密性。Microsoft 和 IBM 建议的 WS-Security 和职责已提交 OASIS(Organization for the Advancement of Structured Information Standards)。

XML 加密是一个 W3C 规范,规定如何通过标准化加密方式传送 XML 信息。XML 加密允许对数字化内容进行加密和解密,这些内容包括在元素级别而非属性级别的 XML 文档中。该规范也允许对 XML 文档接收者用于解密内容的密钥信息进行安全传输。

XML 签名是一个 IETF 和 W3C 联合工作组的建议草案,该工作组致力于如何在 XML 文档中描述数字签名信息。对任何类型的数据,无论是否驻留在包括签名的 XML 中,"XML"签名提供了完整性、报文鉴别和/或签名人鉴别服务。"XML"签名是为其他安全标准(包括 XML 加密、SAML 和 WS-Security 在内)所引用的基础标准。

"自由联盟计划"是一个行业社团,由主要的业界机构领导,这些业界机构愿意共同使用开放的、统一的身份识别技术。统一的身份识别可以使消费者在多个机构中使用单一的、经过验证的身份。该消费者可以在一群机构中,采用同样的可信的身份信息,而不必提交新的身份、所有者身份证明。

XML 密钥管理(XKMS)是一个 W3C 规范,用于描述和注册可与 XML 签名和 XML 加密规范一起使用的公钥。XKMS 目前的版本号是 2。密钥管理工具包可以从许多供货商处得到。

B.2 Web 服务标准

B.2.1 概述

Web 服务标准正在迅速发展。为实现基本 SOAP 交易标准,需要补充三个关键领域的工作:服务发现、安全和业务过程。关键的服务发现标准是 UDDI,该标准描述 WSDL 文件的中央库(公有或私有设置)如何允许用户发现和调用服务。一大批安全标准正在用于在用户和报文级别上提供真实性、加密、签名和声明服务。业务过程标准主要致力于回答:"我如何把许多服务聚合起来,生成一个完全有用的过程,而非一个单个的功能。"

B.2.2 实现

一般来说,实现 Web 服务至少需要考虑 Web 服务面临哪些风险或威胁、降低安全威胁所采取的措施等方面的内容。对于这个分析,参见图 B.1,图中相对简单的 Web 服务(WS1)用于处理整个机构的网络中的其他位置的客户。在本图中,四个客户可能向 WS1 请求服务。注意这些客户从他们自身来说可能也是 Web 服务,从而为一个客户提供功能的 Web 服务本身可能扮演一个为完成其自身功能而向其他服务请求服务的客户。例如,为了提供一个月度付款计算服务,一个提供抵押计算的 Web 服务可能依赖于一个费率确定 Web 服务。

客户 S2 配置在一个相邻的网络,可能与 WS1 在同一个数据中心。客户 S3 也在公司的内部网络中,但可能相隔非常远,可能在另一个州或国家。客户 S4 在一个与互联网相连的非军事区(DMZ)中,与互联网和公司内部网络都有某种程度的连接。内部服务(如 WS1)可能对于在互联网上的客户(如 S5)是可用的。

B.2.3 安全

针对一般威胁,WS1 的安全要求可概括为几类。首先,请求服务的输入数据要求机密性,返回客户的输出数据也要求机密性。机密数据的完整性也是一个隐含的要求。第二,为确认客户身份,防止未授权客户使用服务,需要身份鉴别和客户请求的授权。最后,常常有一些登录请求,允许重构交易和、跟踪动作。对于某些 Web 服务,可能只需要数据完整性要求而无需机密性要求。

当直接要求WS1的安全时,考虑构建一个解决方案可能是复杂的。例如,在WS客户端和WS服务器间的安全鉴别可使用口令、证书或其他可能的方法。证书可提供极高的安全性,但是考虑性能、负载均衡、失效等,实现证书可能会遇到问题。口令在某些环境下安全性较低,但在某些情形下已经足够。例如,对于一个与同一硬件上运行的WS对话的WS客户,需通过机器的内存的口令提供足够的安全性。如果WS客户位于与服务不同的机器上,则可能需要加密口令。口令可在应用级别上用WS-Security标准加密,或在传输层用SSL加密,或在网络层用IPSEC(IP安全协议)加密。在应用层、传输层或网络层可能同样要求输入和输出数据的机密性。

注意身份鉴别要求特别是针对客户(也是软件)的,而非最终用户。Web服务可以假定客户已鉴别了最终用户的身份,或者Web服务可通过Web服务请求鉴别最终用户。

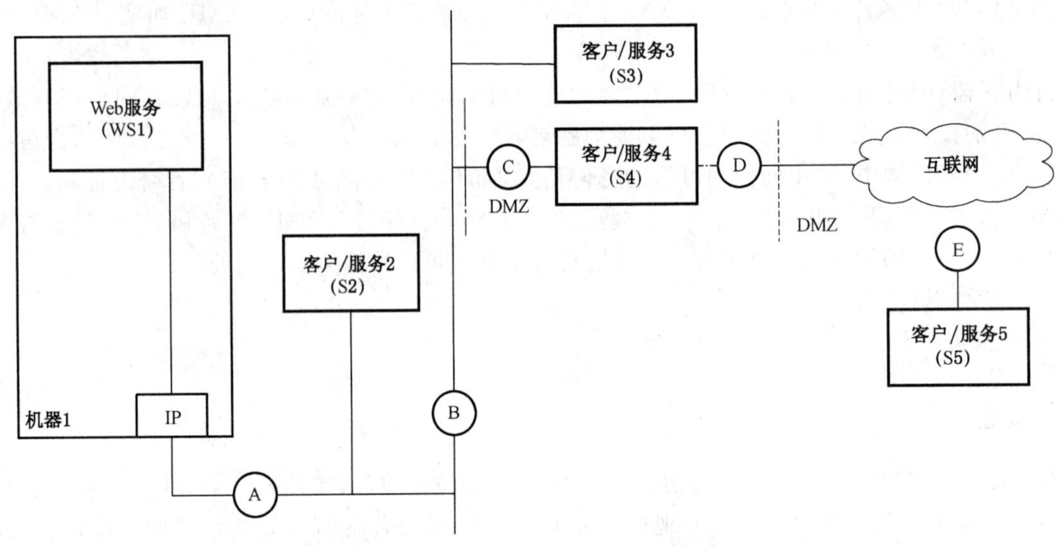

图 B.1 Web服务通用模型

B.2.4 威胁分析

对WS1的威胁包括滥用服务、拒绝服务和未授权使用服务。在多数情况下,滥用服务宜被服务本身阻止。WS1宜检查所有输入和输出的有效性,当I/O落在预期范围之外时,WS1生成错误报文。拒绝服务能通过在不同机器上生成服务的多个实例,通过在实例间的负载均衡请求,通过其他广为人知的确保IT服务可用性的方法处理。未授权使用可通过安全鉴别客户请求的服务来阻止。某个Web服务可能不需要鉴别客户请求,也可能需要很严格地鉴别客户请求,取决于WS的属性。请求在账户间转移资金的WS宜非常安全;否则会引起欺诈客户请求转移钱的服务。基于输入贷款值和抵押费率的计算贷款支付的WS不需要安全性,因为这仅仅是个计算。

B.2.5 解决方案

根据客户请求服务的不同,WS1安全要求的解决方案可能不同。考虑如果WS1仅仅支持如S2那样物理上距离WS1很近的客户。在这些情况下,在S2上,客户和服务距离很近,可通过路由表、虚拟LAN、网段间的内部防火墙或其他技术来降低未授权服务请求的机会。假定WS1和S2与外界的通信被适当地保护,由于它们与外部世界隔离,有理由相信,可以很容易地实现数据机密性和口令验证。

当我们移动到远离WS1时,复杂性就增加了。在客户S3和WS1之间,服务请求沿着一个更大的网络传送,这就为网络嗅探开放了更多的机会,使得可能在更多的地点产生和注入未授权请求。因此,需要在WS1和S3之间增加安全措施。如前所述,这可能是基于证书的鉴别,也可能是S3硬件和WS1硬件间的IPSEC协议。

对于客户 S4,机构的 DMZ 的位置涉及更多的安全考量。非军事区用于把互联网和内网的连接分隔开来。DMZ 内的系统面临更大的风险,因此可能需要增加安全措施。对于 S4,应用层和传输层或网络层的结合是满足机构的安全策略的恰当的途径。

最后,对于机构外部的 S5 的 Web 服务请求,这个进入的请求将可能需要一个复杂的解决方案。鉴别信息可能在应用层被保护,安全地穿过互联网,通过 DMZ,进入 WS1,因此 WS1 可决定是否向 S5 授权请求服务。同样地,请求的输入数据可在应用层加密,但应用层数据加密可能在 DMZ 中终止(或解密)、校验以确保数据具有合适的参数,可向 WS1 传输时重新加密,以使其可在 WS1 解密。类似地,在可重新生成对 WS1 的请求(可能以不同形式)的 DMZ 中,完整的 WS 请求可能在传输层或网络层进行额外的加密,然后传输给位于 DMZ 的中间服务(可能是 S4),在该 DMZ 中可重新生成对 WS1 的请求(可能以不同形式),这样,WS1 的接口就决不会暴露给机构之外。

概括一下,WS-Security 包括有许多可能的鉴别机制的组合,针对身份验证和机密性,有满足不同需求的口令加密和数据加密。在典型的机构的网络中有许多可能使用 Web 服务的位置。威胁和需要的对策依赖于 WS 客户、WS 服务器的位置,以及这两个系统之间的网络路径。

还有许多其他因素应被考虑。客户和服务器之间的性能常常非常关键。对失效切换、备份、恢复和类似的偶然事件的关心使得一些对策变得更有吸引力。不同公司的 WS 开发工具为 SSL 和 WS-Security 标准提供不同种类的支持;你的工具可能不支持基于证书的 SSL 会话重用。由于应用服务器可能具有和标准工具相关的不同能力,结果可能不同。

附 录 C
（资料性附录）
风险评估说明

C.1 风险评估矩阵表

表C.1为风险评估矩阵表。

表C.1 风险评估矩阵表

脆弱性区域：人员 确认以下威胁产生的风险的级别	资金损失风险			生产率损失风险			名誉风险		
信息的未授权泄漏、篡改或者破坏	H	M	L	H	M	L	H	M	L
信息的无意修改或破坏	H	M	L	H	M	L	H	M	L
信息的未能传递或错误传递	H	M	L	H	M	L	H	M	L
服务的拒绝或降级	H	M	L	H	M	L	H	M	L
脆弱性区域：设施和设备 确认以下威胁产生的风险的级别	资金损失风险			生产率损失风险			名誉风险		
信息的未授权泄漏、篡改或者破坏	H	M	L	H	M	L	H	M	L
信息的无意修改或破坏	H	M	L	H	M	L	H	M	L
信息的未能传递或错误传递	H	M	L	H	M	L	H	M	L
服务的拒绝或降级	H	M	L	H	M	L	H	M	L
脆弱性区域：应用 确认以下威胁产生的风险的级别	资金损失风险			生产率损失风险			名誉风险		
信息的未授权泄漏、篡改或者破坏	H	M	L	H	M	L	H	M	L
信息的无意修改或破坏	H	M	L	H	M	L	H	M	L
信息的未能传递或错误传递	H	M	L	H	M	L	H	M	L
服务的拒绝或降级	H	M	L	H	M	L	H	M	L
脆弱性区域：通信 确认以下威胁产生的风险的级别	资金损失风险			生产率损失风险			名誉风险		
信息的未授权泄漏、篡改或者破坏	H	M	L	H	M	L	H	M	L
信息的无意修改或破坏	H	M	L	H	M	L	H	M	L
信息的未能传递或错误传递	H	M	L	H	M	L	H	M	L
服务的拒绝或降级	H	M	L	H	M	L	H	M	L
脆弱性区域：环境软件和操作系统 确认以下威胁产生的风险的级别	资金损失风险			生产率损失风险			名誉风险		
信息的未授权泄漏、篡改或者破坏	H	M	L	H	M	L	H	M	L
信息的无意修改或破坏	H	M	L	H	M	L	H	M	L
信息的未能传递或错误传递	H	M	L	H	M	L	H	M	L
服务的拒绝或降级	H	M	L	H	M	L	H	M	L

C.2 风险评估描述

C.2.1 脆弱性区域

风险评估矩阵是一个一页的表格，用来帮助评估业务功能风险。它可分为5个脆弱性区域：

1) 人员；
2) 设施和设备；
3) 应用；
4) 通信；
5) 环境软件和操作系统。

C.2.2 潜在威胁

风险矩阵表格中的每个脆弱性区域中，4个要被评估的潜在威胁如下所示：

1) 未授权的信息泄漏、修改或破坏；
2) 信息的无意修改或破坏；
3) 不传递或错误传递信息；
4) 服务拒绝或降级。

C.2.3 风险级别和类别

在每个威胁的右边是三个风险类别：资金损失、生产率损失和名誉损失的风险级别。信息安全策略、程序和过程是机构用来评估和降低业务风险的风险管理工具。服务、信息系统或产品递送方面的问题可导致收入或资产的资金损失风险。风险级别是内部控制、信息系统、雇员诚实和操作过程的函数。

由于公众的负面看法导致的收入、资产和商业名誉的风险可对金融机构创建新的关系、服务或维持现存的关系、服务的能力产生影响。风险可能导致机构面临起诉、财务损失或对其声誉的进一步损失。由于侵犯或不遵守法律、规章、规定、预先的惯例或伦理标准所造成的更大风险可能使金融机构面临罚款、民事财务赔偿、损失补偿和合同失效。

本导则中使用的风险级别是：

——高(H)：由于相应的脆弱性造成的威胁而产生的巨大的资金损失、生产率损失或名誉损失；

——中(M)：少量资金损失、生产率损失或名誉损失；

——低(L)：最小的资金损失、生产率损失或名誉损失或没有损失。

C.2.4 风险评估说明

在五类脆弱性中按照不同业务功能，矩阵在最后一列以风险级别高(H)、中(M)或低(L)表示威胁的影响。要评估企业的风险，需要

——对于要评估的业务功能，分析矩阵中每个潜在威胁的意义；

——询问谁、如何面临风险，每个脆弱性中发生的潜在威胁导致何种级别的风险。

没有决定风险级别的绝对标准。在作出决定时，确定货币变化范围、员工工作时间范围和最坏情形的事件是有益的。当怀疑所分析的潜在的威胁时，假定最坏的情形将发生并选择最高风险级别。

当完成风险评估矩阵时，关键的假设应是不存在保护措施。

作为一个例子，矩阵中“设施和设备”的第一个威胁可作如下分析：

——如果具有普通访问权限的个人泄漏了关于你的设施和设备的信息(即一个部门雇员泄漏了包含有价值或机密的信息部门的安全信息)，该机构会有资金损失、生产率损失或机构名誉损失么？

——损失级别和/或名誉损失是高、中还是低?

被识别的威胁(即一个部门雇员泄漏了包含有价值或机密信息的部门的安全信息)应该记录。对于一个通过一个脆弱性或完整的一类脆弱性的特定的威胁,“不适用”(N/A)的响应可能对某些业务功能是合适的。当这种情况发生时,应记录所作出决定的根本原因,所有文档应以一个完整的矩阵形式保留。

一旦威胁被识别,则须作出选择:假定有权人士决定接受风险或降低风险。风险可以通过以下手段降低:风险分担(保险)、使用安全控制选定风险或变更业务目标来排除威胁源头。

C.3 风险评估表

表C.2为风险类别表。对于每个风险类别,填入与每个脆弱性相关的风险级别,高(H)、中(M)或低(L)。对每类风险作出评估后,要给出该脆弱性的整体风险。当该表完成时,选择合适的控制措施。

对每个风险类别,填入与每个脆弱性相关的风险级别。风险级别宜分级为高、中或者低。在对风险种类分级之后,为每个脆弱性指定一个整体风险。

表C.2 风险类别表

	风险种类			
脆弱性	资金损失	生产率损失	名誉损失	整体风险
人员				
设施和设备				
应用				
通信				
环境软件和操作系统				

C.4 风险评估表描述

C.4.1 概述

风险评估表用于展示每个脆弱性的综合风险级别。三个风险类别列在表格的顶端和左面脆弱性的五个区域之间。

通过给定五个脆弱性区域中每个区域的综合风险级别完成风险评估表格。综合风险级别宜通过C.2.2中风险评估矩阵的先前识别过的四类威胁获得。

C.4.2 风险表格指导

要综合每类风险,检查风险评估矩阵上的每个脆弱性所圈定的风险级别(见C.1)。单独考虑每个风险类别,决定四类威胁将导致何种综合风险级别(见C.2.2)。在风险评估表写下该风险级别。

测算每个风险类别之后,要得出一个整体风险,应分析每个脆弱性的风险级别背后的根本原因,给每个脆弱性指定一个整体风险级别,为高(H)、中(M)或者低(L)。

决定每个脆弱性的综合风险级别没有绝对的规则。然而,以下内容宜加以考虑:

——威胁发生的可能性。出现可能性更高的威胁应该对给定风险级别有更重大的影响。出现可能性更低的那些威胁宜具有更轻微的影响;

——对于和正在评估的业务功能具有最大相关性的威胁,在给定风险级别时宜更加着重对待;

——评估风险级别时宜保守,存在怀疑的时候,宜选择更高的风险。

作为整体风险级别的例子,在选择整体风险级别时,信息的未能传递和错误传递可能更加被重视,因为未能传递对正在接受分析的业务功能来说,比信息的未授权泄漏更为严重。

C.4.3 控制措施选择

安全防护措施的选择可提供机构对它所接受的风险的直接控制。机构需要评估计划的和现存的保护措施怎样降低风险分析中识别出的风险,识别出可用或可开发出来的额外保护措施,开发出 IT 安全架构并确定不同种类的限制(见 9.3~9.7)。应选择适当的、经过证实的保护措施把评估的风险降低到可以接受的级别。选择保护措施的额外的详情可在 ISO/IEC 13335 中找到。

C.4.4 影响和可能性排序

数字 1~9 用于表示可能性和影响。通过为可能性大小给定一个通用的评价,并在企业风险框架(Enterprise Risk Framework)的六个主要的类别中分别定义影响,本条描述了在实践中这些数字的意义。尽管这给出了量化的指标,这些值宜被看作给出了数量级的相对顺序而非绝对值。

以下数值给出了所采用的可能性的量值:

1) 可忽略——每 1000 年左右发生 1 次;
2) 极端不可能——每 200 年发生 1 次;
3) 非常不可能——每 50 年发生 1 次;
4) 不太可能——每 20 年发生 1 次;
5) 可能——每 5 年发生 1 次;
6) 很可能——每年发生 1 次;
7) 非常可能——每季度发生 1 次;
8) 预计会发生——每月发生 1 次;
9) 确信会发生——每周发生 1 次。

可以近似地认为每一种情况的可能性是前一种情况的可能性的 4 倍。

以下表 C.3 是框架中六个主要标题中每一个对应的影响。不是所有的格都填写了,但是它给出了一个范围。一些风险评估可能需要不同的词汇,但是使用的级别宜大致类似。

表 C.3 风险评估

级别		描述	名誉	运行	安全	法律/规章	资金损失	策略
低	1	可忽略			非敏感数据的本地密码泄漏但未被使用		<$100	
	2	非常小	在当地广播或出版物中对银行系统的负面报道	低级别的运行问题,不对客户产生影响	敏感数据的本地密码泄漏但不被使用	在法律规定的时间内没有收到规定的清算者应答	$100~$1 000	

表 C.3（续）

级别		描述	名誉	运行	安全	法律/规章	资金损失	策略
低	3	小	登载在国内新闻媒体或张贴在互联网上的关于银行系统的"日常性的"抱怨，例如，读者来信	对某个系统成员的服务临时失效(约1小时)，对客户产生有限的影响	企图访问运行的系统；运行的信息的微小泄漏或损失	识别出可纠正的潜在的不兼容	$1 000～ $5 000	策略或标准未能维护
中	4	值得注意	引起国内新闻媒体或广播的关注	对清算产生广泛影响的运行问题	合法的访问权利的滥用	不能提供法律所要求的数据，如萨班斯·奥克斯利法案	$5 000～ $20 000	
中	5	严重	出现在新闻媒体、广播、电视中的严厉的、批评性的文章或消息，这些文章或消息易于认为是来源可靠的	对多个系统成员的服务临时失效或对一个系统成员的服务长时间失效(最多1天)，对客户产生严重的影响	对一个或多个系统成员的运行的系统的逻辑或物理渗透；例如，产生一定损害的恶意病毒	法规干涉，投诉未获支持	$2 0000～ $100 000	策略或标准不存在
中	6	很严重	来自监管部门或业界的公开批评	系统成员不能清算	中低额的欺诈得逞	启动警方或司法调查；司法干涉，投诉被支持	$100 000～ $1 000 000	
高	7	巨大	广播和电视上的头条新闻	在一天中的关键时期(星期五下午3点以后)对多个系统成员的服务失效	高额欺诈得逞；业务数据或控制系统损坏	对清算中心的起诉(不成功)	$1 000 000～ $10 000 000	管理控制损坏
高	8	非常巨大	政府干预或相当的政治反应	整个工作日的无法完成清算	清算系统被攻击并严重损坏	对清算中心的起诉(成功)	$10 000 000～ $100 000 000	
高	9	灾难性的	新闻媒体和电视通篇报道，公众和系统成员完全丧失信任	几天或几周无法提供服务	清算中心或其密码系统完全被破坏；无法修复的高额欺诈	高管层有计划的、故意的违法	$100 000 000～ $1 000 000 000	未来将对清算中心的存在产生疑问；支付行业遭到破坏

注意评估是基于“净”风险而非“总”风险。换句话说，应考虑现存的控制手段对风险的影响。通常预防性控制措施的存在将减少事件发生的可能但不影响其后果；致力于减缓影响的控制措施通常并不影响可能性。

暴露程度或“严重性”

一旦对影响和可能性“记分”，以下图 C.3 中的模型将作为定义暴露程度或“重要性”的手段。这包括五级；在实践中，任何评分为 1 的东西不值得进一步分析，任何评分为 5 的东西应立即被处置而不再进行风险评估！因此实际上我们最后只有 3 个分数。

暴露程度/重要性

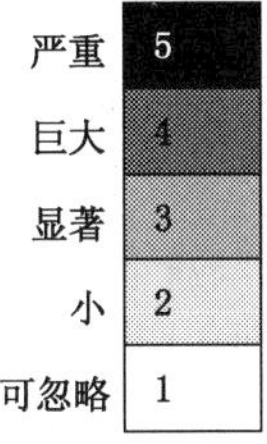

影响										
	9	3	3	4	4	4	5	5	5	5
	8	3	3	3	4	4	4	5	5	5
	7	2	3	3	3	4	4	4	5	5
	6	2	2	3	3	3	4	4	4	5
	5	2	2	2	3	3	3	4	4	4
	4	1	2	2	2	3	3	3	4	4
	3	1	1	2	2	2	3	3	3	4
	2	1	1	1	2	2	2	3	3	3
	1	1	1	1	1	2	2	2	3	3
		1	2	3	4	5	6	7	8	9
		可能性								

图 C.1 可能性与影响

很明显，重要性越高，越应在分析和控制风险方面加大力度。在这一阶段，不要紧跟“打分”系统，因为“打分”系统已经完成了识别对管理所需要处置的关键的风险问题，而应该基于所有可用的信息来分析和控制风险，这些信息包括但不限于风险暴露程度（不管它们的得分）。本阶段要考虑的因素都是通常的业务管理的决策性因素：资源可用性、预算、目前的公司战略和目标，政治影响，等等。

后续措施

为了处置识别出来的风险，通常可选择四种典型的措施：

——规避：如同名称所建议的一样，这仅仅意味着移除威胁源或变更业务目标，使风险不再发生作用。尽管听起来这是一个处置风险的理想方法，但它仅适用于少数情况。“没有风险，没有业务”！例如，你可以从不离开家，避免被汽车撞倒，但是你的生活中将失去很多。再举一个和业务操作更近的例子，我们可以通过不使用第三方来避免第三方故障造成的影响——这样我们可能会丢失很多可以运作的业务！然而，当风险可以真正规避时，这通常是廉价和持久的解决方案。

——处理：处理风险往往是我们所做的最多的，在某种意义上是我们可接受的通常做法，通常称为“制定一个行动计划”。它意味着采取某种措施来降低风险的可能性，或控制事件的结果从而降低影响的措施。这方面例子很多且显而易见——通过使用备份机制来处理数据丢失的风险,通过限制密钥生命周期等,可以控制密钥损坏的影响。

——转移:转移风险意味着让第三方承担主要影响。实现这一方法的典型手段是通过保险。不付出一些费用几乎不能实现明确的转移!例如,我们可能通过需一定费用的专业赔偿策略,把给出错误建议的责任转移出去。风险有时能通过合同安排(作为责任)分担给第三方,尽管他们处理后果的能力本身就是风险!

——接受:最后的选择就是简单的接受风险;风险可能发生,然而,可以评估可接受的代价和其他三种选择的代价,然后决定:接受风险的潜在益处超过风险的破坏程度。例如,我们可以决定接受手持轻武器的犯罪分子强行进入驻地的风险,因为物理保护措施的费用很高,而且物理保护措施会影响对客户的友好性。

当然,有可能使用混合方法处理特定的风险——这不是精确的技术——我们可能接受一定的风险,搜寻犯罪分子武装闯入的例子,通过使用非武装保护处理较小的威胁(如人们在街上随便走走),选择在关键区域加上 PIN 输入键盘或减少关键系统的功能以控制其影响,也许把一部分风险通过给我们的雇员购买人寿保险分担出去。

残余风险

要确定采取什么措施和监控活动来管理残余风险,并把所有行动的责任分派出去。

附 录 D
（资料性附录）
技 术 控 制

D.1 硬件

D.1.1 终端系统控制

如今，多数机构用一些台式机和笔记本电脑作为主要的面向用户的系统。这些终端系统使用各种操作系统，尽管其中大量的操作系统来自一个供货商。另外，这些机器的使用正在逐渐扩大，而在某些场合，更多地使用更小的个人数字助理(PDA)。蜂窝电话越来越普及，也越来越广泛地用作终端系统。文档、讲稿和表格及类似的信息的制作人员经常使用基于 PC 的解决方案。其他企业用户也经常使用基于 Web 的技术来处理应用——这样就需要授予用户使用 PDA 和蜂窝电话访问的权限。

对于任何终端系统，首先要考虑的是操作系统的安全设置。未使用和不必要的子系统，如数据库和操作系统的某些功能，应该被禁止并移除。其他功能应限于最少必要用户的正确的操作。另外，如果供货商可以为终端系统上运行的操作系统和应用程序提供系统补丁和分发更新功能，企业应有某种机制实现这些功能。例如，在 Office 套件中，已经发现一些与 Microsoft 的宏的性能有关的功能问题。

除了操作系统，企业应考虑这些终端系统的任务，以及额外的功能，如防病毒、入侵检测、入侵阻止、防火墙和虚拟专网，是否应提供给企业用户。许多情况下，机构的外围系统(如 10.5 中所指出的那样)将提供诸如防病毒、防火墙和入侵检测与阻止。然而，对于移动系统，随着企业的业务合作伙伴的扩展，在移动系统、PDA 及台式机上复制这些特性对于传统的分层防御是非常有意义的。例如，一个移动 PC 用户，位于家中，用 VPN 通过宽带连接进入企业，这样的用户可能成为一个攻击的渠道，临时的外围设备需要与其他外围设备具有同样的安全性。

D.1.2 服务器系统控制

如同终端系统一样，服务器系统需要内部操作系统的级别控制和外部应用控制。服务器常常需要一些终端系统不需要的功能和子系统。由于服务器可能会运行一个数据库、一个 Web 服务器、一个 FTP 服务和/或其他功能，这些服务器可能具有更大的潜在易受攻击点。服务器需要向其他可能不总是值得信赖的设备授权访问这些服务。另外，如同终端系统一样，当新版本和补丁发布时，必须制定测试、更新和管理系统的条款。适当的处理包括：为生产系统打补丁前，在非生产环境中测试新补丁。

内部控制方面，服务器必须充分利用操作系统的控制措施，限制服务器关键部位的功能和访问权限。例如，用于支持 Web 页面的服务器不必开通 FTP 服务，或为通用服务器队列开放端口。同样地，FTP 服务器不宜开放 HTTP 的端口和协议。

除操作系统外，还需要考虑服务器内外的防病毒、入侵检测和防火墙。这可能是把服务器放置在防火墙后的安全区内，使用基于硬件的网络入侵检测系统，或使用服务器自身所有的三层安全服务。大量的机构、网络和安全问题推动了评估和决定什么样的控制对什么样的服务器是合适的。

D.1.3 大型机系统控制

大型机系统仅由少数制造商制造，可以完成高负载处理。作为结果，大型机总是被看作比其他 IT 处理系统更安全、更强大。不过，大型机系统需要使用同其他系统一样的安全准则来管理。核心的操作系统需要保护或“加固”，在操作系统之外，还需要考虑其他的方法。典型地，大型机系统需要装载一个机构最有价值的信息和业务规则,因此大型机系统需放置在分层网络安全体系的核心部位。每个用户被分配一个适当的、具有有限功能的ID;只有很少数的人员具有对大型机的管理控制权限。和其他系统一样,应仔细考虑职责分离,将其作为大型机安全控制的一部分。

D.1.4 其他硬件系统控制

其他硬件设备和系统会涉及类似的方面,这些应于生产系统在机构内部署前予以评估。这些设备可以是专门的加密系统(这是一个为许多防火墙和入侵检测系统提供商所推崇的新的硬件类型),或网络硬件如路由器和交换机。在所有情况下,应了解产品所基于的操作系统,宜加固操作系统以防止简单攻击。另外,合理部署这些和内部网络连接、防病毒扫描、防火墙和入侵检测相关的设备很重要。

D.2 软件

D.2.1 Web 服务器

Web 服务器是非常普通和常用的软件应用,它主要用于向用户分发 Web 页面。其应用可以从非常简单——仅仅提供信息的封装页面,到非常复杂——多页面形式的文档,支持脚本、活动的计算机软件指令和其他。机构必须确定他们能承受何种程度的复杂性,以何种恰当的方式在互联网、Web 服务器和内部数据之间建立连接。典型地,金融机构应建设一个带有防火墙的三层体系结构,在互联网和 Web 服务器间、在 Web 服务器和内部数据间都提供边界。在系统中分出应用逻辑或业务逻辑的多层体系结构,常常用于提供对数据流的严格控制。

D.2.2 应用服务器和 Web 服务

专门的 Web 服务器发展成为应用服务器——运行某个应用的功能片的服务器,这些功能片作为可由许多应用所访问的可重用组件。例如,在账户间转移金钱的功能可以作为一个应用服务器的组件运行,可以由为用户提供在线银行体验的应用所使用,也可以由为客户提供银行服务的呼叫中心接线员使用。这些应用组件功能片具有接口,这些接口允许这些应用作为服务通过 Web 访问。这些 Web 服务的行为非常像早先的远程过程调用,但是它们具有 Web 友好的特性,因为它们使用可用于任何设备,甚至那些不支持传统的 Web 浏览器的设备上的可扩展标记语言(XML)。许多供货商提供支持 Web 服务的应用服务器。更多关于 Web 服务和 Web 服务安全的信息可在附录 B 中找到。

许多供货商分发应用服务器和 Web 服务软件,每个版本有其自身必须被管理的重点、设置和更新。供货商和第三方常常会分发在互联网上使用的推荐安全设置。这些宜针对特定机构的策略、实践和需求考虑并评估。

D.2.3 软件应用开发过程

许多机构使用大或小的供货商提供的开发工具来定制软件,或者说生成特定的应用。这些软件开发工具很少指导操作者将信息安全整合进来考虑。因此,在软件开发过程中就考虑信息安全是很重要的。当在软件开发时就考虑信息安全要求,而不是在系统完成时增加安全软件模块,有助于安全人员维护最有效的信息安全结果。

软件开发开始前,必须告知开发公司信息安全策略、这些策略如何与开发过程关联,以及理解机构面对的威胁。宜告知他们信息安全方案和开发进行时他们在哪里可以获得指导。机构策略、实践和与信息安全官持续对话是确保软件提供有效的信息安全的坚实基础。

整合了安全要求的应用软件的开发中需要考虑两个方面。首先,软件开发过程应遵循结构化、文档化的步骤。目的是生产仅满足其自身要求的软件,不允许执行不希望的操作,无论是偶然还是恶意。要达到这个目的,机构宜遵循 ISO 21827[13] 提供的指导。其他关于软件能力成熟度模型的信息可以在 http://www.sei.cmu.edu/cmmi/上获得。带有关键安全要求的应用软件宜使用成熟度模型中级别 3 或更高级别的过程来开发,这要求用于管理和工程活动的软件过程文档化、标准化并集成到一个用于机构的标准的软件过程中。所有计划使用机构的标准软件过程的经批准的、裁剪的版本,该软件过程用于开发和维护软件。

第二个方面是确保在应用软件中整合进适当的安全要求。公司信息安全策略、安全体系结构和风险评估将产生这些要求。在开发过程中,所有的要求需要被文档化,整合和测试。安全要求也应规定:需要多大数量的证据才能表明这些要求完全满足了安全策略和任何控制规章。

因为对安全软件运行方式的了解可能对应用造成危害,文档(如测试结果和操作员指南)宜为受控文件,使之不会因不经意而被非授权人员得知。可免费得到大型开发项目问题的完整描述:NIST SP 800-64“系统开发生命周期中的安全考虑”可在 http://csrc.nist.gov/publications/nistpubs/index.html 下载。

D.2.4 安全软件获取

一个机构可以与其他机构签约,开发安全软件或带有安全考虑的应用软件。这个问题在 D.2.3 中有相关描述,但是有两点不同。第一个不同是:开发过程受纸面合同限制。要求的变更将导致合同变更,可能导致费用增加、进度拖延。第二个不同是:订立合同的人通常并不清楚机构的结构和文化。对机构的假想和误解将同样导致合同的变更。因此,在指定要求、选择开发者和执行接受度测试时,机构会非常严格。

机构可能也会购买现成的安全软件来满足安全体系结构的一些要求。必须清楚地理解软件的能力和局限。这些知识是必要的,这样可以识别剩余的要求,这些要求可被体系结构的其他元素满足。

新的软件需要与现存软件兼容,这样它就不会危害或使得现存的安全过程无效。ISO 15408[7] 中定义的一套安全要求和规范:通用准则(CC)是普遍使用的安全软件基准。CC 描述了功能和保证要求;它对于审查要求和从多个来源中比对产品是非常有用的。

通用准则可免费下载,网址是:http://niap.nist.gov/cc-scheme/index.html。

D.3 网络

D.3.1 广域网

D.3.1.1 概述

广域网(WAN)系统覆盖了广阔的地区;通过通信协议,WAN 可以在一个校园内的一些建筑物内或一个建筑物内运行。互联网是由许多 WAN 构成的,每个 WAN 有其自己的路由器、交换机和与其他 WAN 相连的网关。所谓普通老式电话系统(POTS)是另一种 WAN。在所有情况中,这些网络允许数据到处流动。另外,它们提供很多信息易于受到攻击的接入点。

在机构内,尤其是地理上分散的大的机构内,机构的网络包括到更大的 WAN 如互联网的连接、校园内或一个建筑物内的几个局域网和一些把 WAN 与机构连接的专用连接。通常,这些专用的 WAN 连接被作为机构内部的连接,这些连接缺乏用于连接其他业务的或外部 WAN 如互联网的边界控制。作为常规风险评估的一部分,机构必须考虑专用的 WAN 连接可能被监控,因此具有高价值的信息应被加密。另外,对机构网络外部的用户授权的访问必须被严格控制。

D.3.1.2 有线 WAN 系统

多数 WAN 系统是有线网络,使用光纤或铜缆连接交换机和路由器。如上面所述,有线 WAN 系统中很少考虑加密,除非是在最关键的网络链路上。多数 WAN 线缆由墙、柜橱、几乎无人能进入的窄小空间所保护。这些物理保护的形式和对连接的周期性检查,就是多数 WAN 的所有安全措施。当公司购买了专线时,可能进行一些测试,但是基于合同的对电信服务提供商的信任别无选择。有时,甚至会出现假设的有线 WAN 连接,它们实际包括微波、激光或 RF(射频)链路(包括卫星),这些都会产生另外的机会,使得在 WAN 商监测信息流成为可能。

D.3.1.3 无线 WAN 系统

蜂窝电话网络正在迅速扩张,新的数据传输系统正在出现。尽管多数这类网络仍然相当慢(约 20kbs),基于网络协议,未来会出现 Mb 级(兆级)的通过基于蜂窝电话网络协议的传输能力。因为这些系统具备了蜂窝电话网络的移动特性,但是又支持高带宽,它们常常被称为无线 WAN 系统。这些系统也限制了提供加密和类似的安全能力的机会。然而,正在增加的许多机构用户对 WAN 安全问题的敏感性,尤其是针对蜂窝电话的,导致了更有计划的安全策略,包括至少达到电话级别的加密数据——见 9.3.2.2。

D.3.2 局域网

D.3.2.1 概述

在一个校园区域内,或者一个建筑物的一层上,或一个家庭办公室内,局域网(LAN)系统也在兴起。这些网络常常使用与其"堂兄"广域网同样的协议和路由系统,但是通过在 LAN 和 WAN 间使用某种类型的网关,可提供更安全的环境。网关可能是一个简单的流量带宽和路由集线器,或者它可能包含防火墙、防病毒扫描软件,入侵检测和其他边界安全控制(如 10.5 中所指出的)。在所有情况下,保持对网络连接的理解和对网关设备的控制是保护 LAN 的关键所在。其他的细节在下面讨论。

D.3.2.2 有线 LAN 系统

有线 LAN 通常通过对路由器、交换机和线缆连接的管理实现物理保护。某些情况下,IP 地址的分配和其他管理功能可以限制新设备进入 LAN,尽管如此严格地管理网络可能对企业内用户造成困难,打击他们的信心。

D.3.2.3 无线 LAN 系统

D.3.2.3.1 概述

无线 LAN 系统,特别是 Wi-Fi,或 802.1 lx 系统通常提供可用于网络连接和数据发送的短距离[<300 ft(~100 m)]RF(射频)信号。有许多和无线 LAN 系统相关的安全问题,最明显的是故意广播潜在的敏感的公司信息。很多复杂的攻击:如夺取连接,通信和信任重定向都是可能的。在局部的安全解决方案(有线设备隐私 Wired Equivalent Privacy)公开之后几年,802.1 lx 系统的可互操作和安全的标准出现了。在各种无线系统中,可以使用思科专利的安全模块化标准,轻量级可扩展代理平台(LEAP),开放保护可扩展认证协议(PEAP)。在企业内扩建无线 LAN 系统时,PEAP 的使用或相似的安全机制宜认真考虑。

扩建无线环境时,有两种主要的结构变化。一种变化是使用 PEAP,确保仅仅是授权系统和用户可以通过无线访问网络,并且在企业网络内部建立 LAN,把所有无线用户作为公司的可信成员。另一个变化是把外部 LAN 与公司网络连接,使用虚拟专网,SSL 站点或类似的安全技术保护对公司资源的访问。这些内容详见 D.3.2.3.2~D.3.2.3.4。

D. 3. 2. 3. 2 企业边界内部的无线 LAN

使用 PEAP 公司可确保只有授权用户可以访问无线 LAN 并使用公司资源。这类解决方案仍然易于受到拒绝服务攻击,但是如果无线服务是在一个由公司控制的建筑物或一个园区内管理和维护,这类解决方案还是很合理的。这类方案考虑了机构内的移动用户,在不同的会议室中参加多个会议的情形,或者经常往来于公司的各分部之间的管理人员。更进一步,这种类型的解决方案把对网络带宽的使用、互联网的接入和对其他的公司资源的访问限制到授权用户。这里有过多的关于 PEAP 的安全实现的细节需要在内部体系结构模型中深入讨论。供货商和互联网可提供很多资源。

D. 3. 2. 3. 3 企业边界外部无线 LAN

另一种为授权用户使用无线网络的方法是在企业网络外部提供带有互联网连接的无线连接。在这种情况下,无线用户可能是任何行走的路人,或者任何预订了服务的人。他们不能直接访问公司资源。需要访问公司资源的用户可使用 VPN(见 11. 2. 1)安全地接入公司网络。

这种解决方案在网络管理方面有缺点;但是有许多用户方面的优势。金融机构一般不希望外部用户使用无线 LAN 资源,但是大学可能会希望无线 LAN 对校园内的所有访问者开放。另外,资产管理公司可能希望一个建筑内的所有租赁人可以使用无线 LAN。

D. 3. 2. 3. 4 其他关于无线 LAN 的考虑

如同家中的宽带连接把介于互联网和公司网络与资源间的终端系统转变为边界设备一样,无线 LAN 也把终端系统(如笔记本电脑)转变为边界设备。因此使用无线连接的终端系统应考虑安装防病毒的软件、防火墙和入侵检测软件。

带有无线 LAN 连接的移动笔记本电脑将产生额外的需求。无论公司无线 LAN 是在企业网络内部还是外部,这些移动的用户都会需要通过 VPN(IPSEC 或 SSL)访问公司资源,因为无线"热点"越来越流行。这些热点位于机场、公园、大学、咖啡店、餐馆、饭店和其他商务旅行者频繁出现的地方。带有无线访问设备的经理人会希望互联网连接无时无处不在。VPN 为旅行中的用户提供访问公司资源的能力。

管理在"热点"的移动用户的一个主要的问题是对普通的互联网 IP 地址的信任。许多公司使用 10.(网段)和 168.(网段)。IP 地址是为文件和打印服务在公司内共享而设置的,这些不可路由的地址经常被重新使用,以至家庭网络、咖啡店和多重公司网络可能使用同样的地址(如,10. 1. 1. 100),即在每个网络中,不同的设备和资源具有同样的地址。因为 VPN 配置文件经常基于地址作加密和路由的决策,通过具有潜在的新的威胁的移动的笔记本,这些"10."和"168."地址可能会被错误的信任。类似 VPN、防火墙、IDS 系统也根据 IP 地址作连接和信任决定。因此,移动的笔记本信任一个工作环境中的打印机,甚至是家中的打印机可能是恰当的,然而信任咖啡店中的文件服务器就需要完全不同的考虑。对这些关切的策略、软件和其他对策宜基于公司的整体策略来评价和应用。

D. 3. 3 其他通信问题

这里还有一些其他通信问题。例如,在同一个网络上语音和数据不断整合,虽然这些问题刚刚开始产生,但它们开辟了通信问题和应对措施的新领域。最近,基于数据/语音整合的语音防火墙、中继 VPN 和多媒体入侵检测系统(IDS)解决方案的产品已出现,引起了主要供货商的关注。这些解决方案已被公司采用,提升了公司内部语音通信的管理质量,节省了成本。

参 考 文 献

[1] ITU-T Recommendation X. 509 (2001) | ISO/IEC 9594-8, Information technology—Open Systems Interconnection—The Directory: Public-key and attribute certificate frameworks—Part 8

[2] ISO 7498-2, Information processing systems—Open Systems Interconnection—Basic Reference Model—Part 2: Security Architecture

[3] ISO/IEC 10181-1, Information technology—Open Systems Interconnection—Security frameworks for open systems: Overview

[4] ISO/IEC 13335 (All parts), Information technology—Security techniques—Management of information and communications technology security

[5] ISO 13491-1, Banking—Secure cryptographic devices (retail)—Part 1: Concepts, requirements and evaluation methods

[6] ISO/IEC 13888 (All parts), Information Technology—Security Techniques—Non-Repudiation

[7] ISO/IEC 15408 (All parts), Information Technology—Security Techniques—Evaluation criteria for IT security

[8] ISO/IEC 18043, Information technology—Deployment and operation of Intrusion Detection Systems

[9] ISO/IEC TR 18044, Information Technology—Security techniques—Information security incident management

[10] ISO TR 19038, Banking and related financial services—Triple DEA—Modes of operation—Implementation guidelines

[11] ISO 19092 (All parts), Financial Services—Biometrics

[12] ISO/IEC 19790, Information technology—Security techniques—Security requirements for cryptographic modules

[13] ISO/IEC 21827, Information Technology—Systems Security Engineering—Capability Maturity Model (SSE-CMM®)

[14] ANSI X9. 52-1998, Triple Data Encryption Algorithm Modes of Operation

[15] ANSI X9. 79-2001, Financial Services Public Key Infrastructure (PKI) Policy and Practices Framework

[16] ANSI X9. 84-2003, Biometric Information Management and Security for the Financial Services Industry

[17] FIPS 140-2, Security Requirements for Cryptographic Modules, National Institute for Standards and Technology (USA.). http://csrc. nist. gov/cryptval/140-2. htm

[18] FIPS 197, Advanced Encryption Standard (AES), National Institute for Standards and Technology (USA.). http://csrc. nist. gov/publications/fips/fips197/fips-197. pdf

[19] Security Of Electronic Money, published by the Bank of International Settlement, Basle, August 1996

[20] W3C Extensible Markup Language (XML) 1. 0 (Second Edition), W3C Recommendation, Copyright© [6 October 2000] World Wide Web Consortium, (Massachusetts Institute of Technology,

Institut National de Recherche en Informatique et en Automatique, Keio University), http://www.w3.org/TR/2000/REC-xml-20001006/

[21] Institute of Internal Auditors Standards for the Professional Practice of Internal Auditing

[22] Gramm-Leach-Bliley (GLB) Act of 1999, http://www.senate.gov/~banking/conf/

ICS 03.060
A 11

中华人民共和国国家标准

GB/T 27911—2011

银行业　安全和其他金融服务　金融系统的安全框架

Banking—Security and other financial services—Framework for security in financial systems

(ISO/TR 17944:2002,MOD)

2011-12-30 发布　　2012-02-01 实施

中华人民共和国国家质量监督检验检疫总局
中国国家标准化管理委员会　发布

前　言

本标准按照 GB/T 1.1—2009 给出的规则起草。

本标准使用重新起草法修改采用 ISO/TR 17944:2002《银行业　安全和其他金融服务　金融系统的安全框架》。

考虑到我国国情，并考虑了 2002 年以来国际上发布了一些新的与金融相关的信息安全类标准，在采用 ISO/TR 17944:2002 时做了以下修改：

——2.2 条的表 1 中，在“生物特征识别技术”中加入了近年来新发布的一些国际标准；

——2.3 条的表 2 中，在“报文鉴别”中加入了 ISO/IEC 19772:2009；

——2.6 条的表 5 中，在“灾难恢复”中加入了 ISO/IEC 24762:2008；

——2.7 条的表 6 中，在“评估标准”中加入了 ISO/IEC 18045:2008、ISO/IEC TR 19791:2006、ISO/IEC 21827:2008；

——2.9 条的表 8 中，在“证书管理”中加入 ISO 21188；

——2.9 条的表 8 中，在“安全管理”中加入 ISO/IEC TR 18044、ISO/IEC 27001、ISO/IEC 27002、ISO/IEC 18043:2006、ISO/IEC 27000:2009、ISO/IEC 27005:2008、ISO/IEC 27006:2007、ISO/IEC 27011:2008；

——2.10 条的表 9 中，在“一般的”中加入了 ISO/IEC 18031:2005、ISO/IEC 18032:2005、ISO/IEC 18033-1:2005、ISO/IEC 18033-2:2006、ISO/IEC 18033-3:2005、ISO/IEC 18033-4:2005、ISO/IEC 19790:2006；

——2.10 条的表 9 中，在“对称的”中加入了 ISO 19038；

——第 3 章表 10 中删除生物识别、灾难恢复两行，因为在正文中加入了这两个领域的 ISO 标准，另外加入三行：“隐私和机密性”、“商业实体身份标识符”、“令牌”；

——各表格中，被引用的有年代号的标准，如有更新版本，用最新年代号标准替换；

——各表格中，删除已废止的国际标准。

为便于使用，本标准还做了下列编辑性修改：

——删除 ISO 前言和引言；

——对于已经发布的标准，删除原文中的表注“即将发布”。

本标准由中国人民银行提出。

本标准由全国金融标准化技术委员会(SAC/TC 180)归口。

本标准负责起草单位：中国金融电子化公司。

本标准参加起草单位：中国人民银行、中国工商银行、中国建设银行、交通银行、中信银行、北京银联金卡科技有限公司。

本标准主要起草人：王平娃、陆书春、李曙光、杨倩、田洁、刘运、赵志兰、邵冠军、李延、杨宝辉、贾静、李孟琰、刘志刚、仲志晖、贾树辉、景芸、张艳、马小琼。

银行业　安全和其他金融服务　金融系统的安全框架

1　范围

本标准提供了金融业所必要的安全方面的标准框架。

本标准汇总了金融行业已出现的一些关键安全问题，以及针对每一个问题的相关现有标准。

本标准适用于金融机构在实施安全策略时的标准参考。

2　标准化的领域

2.1　概述

金融行业中，信息技术安全的需求体现在令牌、设备、加密技术、密钥管理、应用程序接口(API)和协议等标准应用领域，这些不同领域可根据下面这些基础领域的基本业务需求进行分组。

多数领域已经有了各种各样可用的标准，而在其他领域，标准或正在制定或有了(新)标准需求。第2章中提及了金融机构信息安全标准化的主要领域，其中表1到表9包含了这些领域可用的(有时是必需的)的标准。表中排在前面的国际标准来自国际标准化组织，跟随在其后的有关标准来自其他标准组织[1)]。基于这些表中缺少的标准，第3章概述了ISO空白的标准化领域。

注：对于所提及标准的更加详细资料，可以联系参考的标准化组织(参见附录A)。

2.2　身份识别和鉴别

金融交易中涉及的所有实体的身份应被确定。鉴别确保一个实体的身份就是它声明的身份。金融机构应保证：只有授权的用户可以访问他们的信息技术系统。

用于身份识别和鉴别的机制建立在使用身份标识、令牌、口令短语、个人身份识别码(PIN)、生物识别技术、数字签名和证书基础之上，相关标准见表1。

表1　身份识别和鉴别

需　　求	可用的标准	标题/描述
身份识别和鉴别	ISO/IEC 9798-1	信息技术　安全技术　实体鉴别　第1部分：概述
	ISO/IEC 9798-2	信息技术　安全技术　实体鉴别　第2部分：采用对称加密算法的机制
	ISO/IEC 9798-3	信息技术　安全技术　实体鉴别　第3部分：采用数字签名技术的机制
	ISO/IEC 9798-4	信息技术　安全技术　实体鉴别　第4部分：采用密码校验函数的机制
	ISO/IEC 9798-5	信息技术　安全技术　实体鉴别　第5部分：使用零知识技术的机制
	ISO/IEC 9594-8	信息技术　开放系统互连　目录　第8部分：公钥和属性证书框架

1)　本标准中非ISO标准的引用仅用于资料目的；它们应是一个共识并且应该是被发表的或公认可用的。非ISO标准的引用并不表明ISO对这些非ISO标准的认可。

表 1（续）

需　　求	可用的标准	标题/描述
商业实体身份标识符	—	—
令牌	EBS 111-1999	欧洲银行业务标准:互用的金融电子钱包
口令　短语	—	—
个人识别码	ISO 9564-1	银行业务　个人识别码的管理与安全　第1部分:ATM和POS系统中联机PIN处理的基本原则和要求
	ISO 9564-2	银行业务　个人识别码的管理与安全　第2部分:核准的PIN加密算法
	ISO 9564-3	银行业务　个人识别码的管理与安全　第3部分:ATM和POS系统中脱机PIN处理的PIN保护的要求
	ISO/TR 9564-4	银行业务　个人识别码的管理与安全　第4部分:开放网络中PIN处理的最佳实践
	EBS 105-1998	基于PIN的POS系统(版本2) ——第1部分:鉴别程序的最低的标准 ——第2部分:带有联机PIN确认的POS系统——最低安全和评估标准 ——第3部分:带有脱机PIN确认的POS系统——最低安全和评估标准
生物特征识别技术	ISO 19092:2008	金融服务　生物特征识别　安全框架
	ISO/IEC 19784-1:2006	信息技术　生物特征应用接口　第1部分:BioAPI规范
	ISO/IEC 19784-2:2007	信息技术　生物特征应用接口　第2部分:生物特征文档功能提供者接口
	ISO/IEC 19785-1:2006	信息技术　公共生物特征交换格式框架　第1部分:数据元规范
	ISO/IEC 19785-2:2006	信息技术　公共生物特征交换格式框架　第2部分:生物特征注册机构操作程序
	ISO/IEC 19785-3:2007	信息技术　公共生物特征交换格式框架　第3部分:客户格式规范
	ISO/IEC 19794-1:2006	信息技术　生物特征数据接口格式　第1部分:框架
	ISO/IEC 19794-2:2005	信息技术　生物特征数据接口格式　第2部分:手指细节数据
	ISO/IEC 19794-3:2006	信息技术　生物特征数据接口格式　第3部分:手指模式频谱数据
	ISO/IEC 19794-4:2005	信息技术　生物特征数据接口格式　第4部分:手指图像数据
	ISO/IEC 19794-5:2005	信息技术 生物特征数据接口格式　第5部分:脸部图像数据
	ISO/IEC 19794-6:2005	信息技术 生物特征数据接口格式　第6部分:虹膜图像数据

表 1（续）

需　　求	可用的标准	标题/描述
生物特征识别技术	ISO/IEC 19794-7:2007	信息技术　生物特征数据接口格式　第7部分:签名/符号时间序列数据
	ISO/IEC 19794-8:2006	信息技术　生物特征数据接口格式　第8部分:手指模式轮廓数据
	ISO/IEC 19794-9:2007	信息技术　生物特征数据接口格式　第9部分:血管图像数据
	ISO/IEC 19794-10:2007	信息技术　生物特征数据接口格式　第10部分:手形轮廓数据
	ISO/IEC 19795-1:2006	信息技术　生物特征性能测试和报告　第1部分:原则和框架
	ISO/IEC 19795-2:2007	信息技术　生物特征性能测试和报告　第2部分:技术和场景评估的测试方法
	ISO/IEC TR 19795-3:2007	信息技术　生物特征性能测试和报告　第3部分:特定特征的测试
	ISO/IEC 19795-4:2008	信息技术　生物特征性能测试和报告　第4部分:互操作性能测试
	ISO/IEC 24708:2008	信息技术　生物特征识别 BioAPI 互作用协议
	ISO/IEC 24709-1:2007	信息技术　生物特征应用程序接口(BioAPI)符合性测试　第1部分:方法和程序
	ISO/IEC 24709-2:2007	信息技术　生物特征应用程序接口(BioAPI)符合性测试　第2部分:生物特征服务提供商测试声明
	ISO/IEC 24713-1:2008	信息技术　互操作性和数据接口的生物特征轮廓　第1部分:生物特征系统和生物特征轮廓概述
	ISO/IEC 24713-2:2008	信息技术　互操作性和数据接口的生物特征轮廓　第2部分:机场雇员身体访问控制
	ISO/IEC TR 24714-1:2008	信息技术　生物特征识别　商业应用的司法和社会考虑　第1部分:一般指南
	ISO/IEC TR 24722:2007	信息技术　生物特征识别　多种形式和其他多生物特征融合
	ISO/IEC TR 24741:2007	信息技术　生物特征识别指南
	ANSI X9.84-2003	金融服务业的生物识别技术信息管理和安全

2.3　数据完整性

数据完整性是指数据不会在未经授权的方式下被改变或者被破坏的特性。对于金融行业数据完整性是必要的。保证数据完整性的机制主要基于报文鉴别、哈希函数和数字签名，相关标准见表2。

表 2 数据完整性

需　　求	可用的标准	标题/描述
报文鉴别	ISO/IEC 9797-1	信息技术　安全技术　报文鉴别码　第1部分:采用分组密码的机制
	ISO/IEC 9797-2	信息技术　安全技术　报文鉴别码　第2部分:采用特定哈希函数的机制
	ISO 16609	银行业务　使用对称技术的报文鉴别要求
	ISO/IEC 19772:2009	信息技术　安全技术　鉴别加密
	ANSI X9.71-2000	带密钥的哈希报文鉴别码
哈希函数	ISO/IEC 10118-1	信息技术　安全技术　散列函数　第1部分:概述
	ISO/IEC 10118-2	信息技术　安全技术　散列函数　第2部分:采用n位块密码的散列函数
	ISO/IEC 10118-3	信息技术　安全技术　散列函数　第3部分:专用散列函数
	ISO/IEC 10118-4	信息技术　安全技术　散列函数　第4部分:使用模运算的散列函数

2.4　隐私和机密性

隐私是个体保持其个人信息机密的一种权利。机密性是信息不被未授权的个体、实体或程序获得或揭露的一种特性。隐私和机密性越来越被金融业所关注。

加密是用来确保隐私和机密性的一种机制,相关标准见表3。

表 3　隐私和机密性

需　　求	可用的标准	标题/描述
加密	—	—

2.5　抗抵赖

抗抵赖是指防止金融交易中的抵赖(否认)行为。

防止抵赖的机制基于时间戳、数字签名、证书和公钥基础设施(PKI)技术,相关标准见表4。

表 4　抗抵赖

需　　求	可用的标准	标题/描述
抗抵赖	ISO/IEC 13888-1	信息技术　安全技术　抗抵赖　第1部分:概述
	ISO/IEC 13888-2	信息技术　安全技术　抗抵赖　第2部分:采用对称技术的机制
	ISO/IEC 13888-3	信息技术　安全技术　抗抵赖　第3部分:采用非对称技术的机制

表 4（续）

需　　求	可用的标准	标题/描述
时间戳	ISO/IEC 18014 ETSI TS 101 861-2001	信息技术　安全技术　时间戳服务 ——第 1 部分：框架 ——第 2 部分：产生独立令牌的机制 ——第 3 部分：产生连接的令牌的机制 时间戳概述
数字签名	ISO/ICE 9796 ISO/IEC 14888 ANSI X9.31 ETSI TS 101 733	信息技术　安全技术　带消息恢复的数字签名方案 ——第 1 部分：使用冗余的机制 ——第 2 部分：基于整数因数分解的机制 ——第 3 部分：基于离散对数的机制 信息技术　安全技术　带附录的数字签名 ——第 1 部分：概述 ——第 2 部分：基于身份的机制 ——第 3 部分：基于证书的机制 金融服务行业中使用可逆的公钥加密技术的数字签名 电子签名格式
证书	ANSI X9.55-1997 ANSI X9.68:2-2001 ETSI TS 101 862-2000	金融服务行业的公钥加密技术：扩展部分　公钥证书和证书废止列表 移动/无线和大交易量金融系统数字证书：第 2 部分：域证书语法 合格证书简介
公钥基础设施(PKI)	ANSI X9.77 ANSI X9.79-2001 ETSI TS 101 456	公钥基础设施协议 公钥基础设施(PKI)实践和策略框架 发行合格证书的认证机构的策略要求

2.6　服务的可用性

可用性是指随时根据授权实体的需要保持可访问和可使用的特性。对于金融机构而言，在业务连续性和金融行业的整体形象方面，服务的可用性是重要的。

用来确保可用性的机制基于冗余、备份、异地储存、备份场所和灾难恢复计划，相关标准见表 5。

表 5　服务的可用性

需　　求	可用的标准	标题/描述
备份	—	—
灾难恢复	ISO/IEC 24762:2008 NIST 800-34-2002	信息技术　安全技术　信息和通信技术灾难恢复服务指南 指定的出版物：信息技术系统意外事件计划指南　国家标准技术协会建议书(草案)

2.7 可追溯性和审计

可追溯性是确保一个实体的活动能被唯一追溯到该实体的特性。显而易见，金融机构应能够向他们的客户和第三方证明交易的有效性。不同的安全方法、程序和产品应有一个合理的安全级别。系统或组织应建立一套最低限度的安全措施。

可追溯性和审计机制是以审计跟踪、日志、功能分类、保护轮廓、评估标准等为基础的，相关标准见表6。

表6 可追溯性和审计

需　求	可用的标准	标题/描述
功能分类	ISO 10181	信息技术　开放系统互连　开放系统安全框架： ——第1部分：概述 ——第2部分：鉴别框架 ——第3部分：访问控制框架 ——第4部分：抗抵赖框架 ——第5部分：机密性框架
	ANSI X9.45-1999	使用数字签名和属性证书加强管理控制
保护轮廓	ISO/IEC TR 15446	信息技术　安全技术　保护轮廓和安全目标的产生指南
	ISO/IEC 15292	信息技术　安全技术　保护轮廓注册规程
	ANSI X9.79	第2部分：证书发行和管理系统的保护轮廓(草案)
评估标准	ISO 13491-1	银行业务　安全加密设备(零售)　第1部分：概念、需求和评估方法
	ISO 13491-2	银行业务　安全加密设备(零售)　第2部分：金融交易中设备安全符合性检测清单
	ISO/IEC 15408-1	信息技术　安全技术　信息技术安全性评估准则　第1部分：简介和一般模型
	ISO/IEC 15408-2	信息技术　安全技术　信息技术安全性评估准则　第2部分：安全功能要求
	ISO/IEC 15408-3	信息技术　安全技术　信息技术安全性评估准则　第3部分：安全保证要求
	ISO/IEC 18045:2008	信息技术　安全技术 IT 安全评估方法
	ISO/IEC TR 19791:2006	信息技术　安全技术　可操作系统的安全评估
	ISO/IEC 21827:2008	信息技术　安全技术　系统安全工程　能力成熟度模型(SSE-CMM)
	ANSI X9.66	加密设备的安全
	ANSI X9.74	证书路径处理的一致性测试

2.8 互用性

对于金融行业，无论是在批发环境，还是在零售环境，互用性正在成为一个重要的问题。

互用性机制基于数据元、协议和接口标准。然而，应该指出的是，互用性与现在单独存在的标准相比是一个更显著的问题，相关标准见表7。

表7 互用性

需　求	可用的标准	标题/描述
互用性	EMV2000	支付系统集成电路卡规范 ——卷1：应用独立IC卡对终端接口的要求 ——卷2：安全和密钥管理 ——卷3：应用规范 ——卷4：持卡人、柜员和收单行的接口要求
	SET	安全电子交易规范 ——卷1：交易描述 ——卷2：程序员指南 ——卷3：正式协议定义
数据元	ISO 13616	银行业务和相关金融服务　国际银行账号(IBAN)
协议	ISO 7064	信息技术　安全技术　数据处理　校验码系统
	ISO 8583	产生报文的金融交易卡　交换报文规范 ——第1部分：报文、数据元和代码值 ——第2部分：机构标识码(IIC)的应用及注册规程 ——第3部分：报文、数据元和代码值的维护规程
	ISO 9992	金融交易卡　集成电路卡与卡接受设备之间的报文 ——第1部分：概念和结构 ——第2部分：功能、报文(命令与响应)、数据元和结构
	ISO 15668	银行业务　安全文件传输(零售)
接口	ISO 7813	信息技术　识别卡　金融交易卡

2.9 安全管理

金融机构使用的安全措施应得到管理。在密钥管理和证书管理领域，需要一些通用标准用来确保一个基本的最低安全级别，相关标准见表8。

表 8 安全管理

需　求	可用的标准	标题/描述
安全管理	ISO/IEC 13335-1:1996	信息技术 信息技术安全管理指南 第 1 部分:信息技术安全概念和模型
	ISO/IEC TR 18044	信息技术 安全技术 信息安全事件管理指南
	ISO/IEC 27001	信息技术 安全技术 信息安全管理体系 要求
	ISO/IEC 27002	信息技术 安全技术 信息安全管理实用规则
	ISO/TR 13569	银行业务和相关金融服务 信息安全指南
	ISO/IEC 15443	信息技术 安全技术 信息技术安全保证框架
	ISO/IEC 15816	信息技术 安全技术 访问控制的安全信息目标
	ISO 15947	信息技术 安全技术 信息技术入侵检测框架
	ISO/IEC 18043:2006	信息技术 安全技术 入侵检测系统的选择、部署和操作
	ISO/IEC 27000:2009	信息技术 安全技术 信息安全管理体系 概述和词汇
	ISO/IEC 27005:2008	信息技术 安全技术 信息安全风险管理
	ISO/IEC 27006:2007	信息技术 安全技术 对提供信息安全管理体系的审计和鉴别的实体的要求
	ISO/IEC 27011:2008	信息技术 安全技术 基于 ISO/IEC 27002 的电信组织的信息安全管理指南
	ANSI X9.41	金融服务行业安全服务管理
	BS 7799	信息安全管理
	ECBS TR 406	算法用法和密钥管理指南
密钥管理	ISO 11568	银行业务 密钥管理(零售) ——第 1 部分:一般原则 ——第 2 部分:对称密码及其密钥管理和生命周期 ——第 4 部分:非对称密码系统及其密钥管理和生命周期
	ISO/IEC 11770	信息技术 安全技术 密钥管理 ——第 1 部分:框架 ——第 2 部分:对称技术机制 ——第 3 部分:非对称技术机制
	ISO 13492:1998	银行业务 密钥管理相关数据元(零售)
	ANSI X9.42-2001	金融服务行业公钥加密技术:使用离散对数加密技术的对称密钥协议
	ANSI X9.44-2000	金融服务行业使用基于因式分解公钥加密技术的密钥建立(草案)

表 8（续）

需　　求	可用的标准	标题/描述
密匙管理	ANSI X9.63-2001	金融服务行业公钥加密技术：使用椭圆曲线加密技术的密钥管理和密钥传输
	ANSI X9.70	使用公钥算法的对称密钥管理
	ECBS TR 405	金融系统的密钥恢复
证书管理	ISO 15782	银行业务　证书管理 ——第 1 部分：公钥证书 ——第 2 部分：证书扩展
	ISO 21188:2006	用于金融服务的公钥基础设施 实施和策略框架
	ANSI X9.57-1997	金融服务行业的公钥加密技术：证书管理
	ANSI X9.79-2001	公钥基础设施实践和策略框架
	ECBS TR 402-1997	数字证书认证机构(版本 2)
	IETF RFC 2527:1999	互联网 X.509 公钥基础设施证书和证书废止列表(CRL)框架
可信任第三方管理	ISO/IEC TR 14516	信息技术　安全技术　可信任第三方服务的使用和管理指南
	ISO/IEC 15945	信息技术　安全技术　支持数字签名应用的 TTP 服务规范

2.10　加密算法

金融机构使用的安全措施大部分基于加密技术，由于互用性和基本安全水平的原因，加密技术领域需要一些通用标准，相关标准见表 9。

表 9　加密算法

需　　求	可用的标准	标题/描述
一般	ISO/IEC 9979	信息技术　安全技术　加密算法的注册程序
	ISO/IEC 18031:2005	信息技术　安全技术　随机数生成
	ISO/IEC 18032:2005	信息技术　安全技术　素数生成
	ISO/IEC 18033-1:2005	信息技术　安全技术　加密算法　第 1 部分：概述
	ISO/IEC 18033-2:2006	信息技术　安全技术　加密算法　第 2 部分：非对称密码
	ISO/IEC 18033-3:2005	信息技术　安全技术　加密算法　第 3 部分：分组密码
	ISO/IEC 18033-4:2005	信息技术　安全技术　加密算法　第 4 部分：流密码
	ISO/IEC 19790:2006	信息技术　安全技术　密码模块的安全要求
	ANSI X9.82	随机数生成
	ANSI X9.80-2001	素数生成
	ANSI TR 9	金融行业标准的抽象句法符号和编码规则

表 9（续）

需　求	可用的标准	标题/描述
对称	ISO 8372	信息处理　64 位块加密算法操作的模式
	ISO/IEC 10116	信息技术　安全技术　n 位分组加密操作的模式
	ISO/TR 19038:2005	银行和相关金融服务　3-DEA　操作模式　实施指南
	ANSI X9.52-1998	三重数据加密算法(T-DEA)的操作模式
	ANSI X9 TG-19	三重数据加密算法(T-DEA)的操作确认模式
	FIPS PUB 197	高级加密标准
非对称	ANSI X9.30-1	金融服务行业的公钥加密技术:第 1 部分数字签名算法
	ANSI X9.31	使用可逆公钥加密技术的数字签名
	ANSI X9.76	阈值的数字签名局部密钥更新机制
椭圆曲线	ISO/IEC 15946	信息技术　安全技术　基于椭圆曲线的加密技术 ——第 1 部分:概述 ——第 2 部分:数字签名 ——第 3 部分:密钥建立 ——第 4 部分:带报文恢复的数字签名[a]
	ANSI X9 TG-17	椭圆曲线算法的技术准则
	ANSI X9.62-1998	金融服务行业的公钥加密技术:椭圆曲线数字签名算法(ECDSA)
	ANSI X9.63	金融服务行业的公钥加密技术:使用椭圆曲线加密的密钥协议和密钥传输

3　ISO 空白的标准化领域

表 10 总结了第 2 章各个表中对应“需求”列的“可用标准”是空白的或无可用 ISO 标准的一些项目。

表 10　不可用总结

需　求	可用的标准	附加备注
口令短语	无标准	
证书	无可用的 ISO 标准	ANSI X9.79 标准可用(ISO NWI 提议)
公钥基础设施(PKI)	无可用的 ISO 标准	ANSI X9.79 标准可用(ISO NWI 提议)
备份	无标准	
互用性	无可用的 ISO 标准	
非对称的加密算法	无可用的 ISO 标准	ANSI X9 标准可用
隐私和机密性	无可用的 ISO 标准	
商业实体身份标识符	无可用的 ISO 标准	
令牌	无可用的 ISO 标准	EBS 111 可用

附 录 A
（资料性附录）
补 充 信 息

有关本文件提到的标准的进一步详细资料可以通过以下渠道获取。

能够从下面这些地方获得关于本文件所提及的标准的更加详细的资料。

国际标准化组织(International Organization for Standardization)
中央秘书处(Central Secretariat)
Case postale 56
CH-1211 Genève 20
瑞士(Switzerland)
电话:+41 22 749 0111
传真:+41 22 733 3430
电子邮件:clivio@iso. org

国际标准化组织(International Organization for Standardization)
ISO/TC 68 秘书处(ISO/TC 68 Secretariat)
转交美国银行家协会(c/o American Bankers Association)
1120 Connecticut Avenue,NW
Washington,D. C. 20036
美国(United States of America)
电话:+1 202 663 5284
传真:+1 202 828 4540
电子邮件:cfuller@aba. com

美国国家标准协会(American National Standards Institute)
ASC X9 秘书处(ASC X9 Secretariat)
转交美国银行家协会(c/o American Bankers Association)
1120 Connecticut Avenue,NW
Washington,D. C. 20036
美国(United States of America)
电话:+1 202 663 5284
传真:+1 202 828 4540
电子邮件:cfuller@aba. com

欧洲银行标准委员会(European Committee for Banking Standards)
秘书长(Secretary General)
Avenue de Tervueren 12
布鲁塞尔 B-1040(B-1040 Brussels)
比利时(Belgium)
电话:+32 2 733 3533
传真:+32 2 736 4988
电子邮件:ecbs@ecbs. org

参 考 文 献

［1］ ISO/IEC TR 13335(所有部分)信息技术　信息技术安全管理指南(Information technology—Guidelines for the management of IT Security)